『シートン動物記』に登場する動物

シンリンオオカミ

「…オカミ王…」の…なしより

…カミも、犬のようにかしこいのでしょうか？

ハヌマンラングール

「あばれザルジニー」のおはなしより

▶p.72

この顔の黒いサルは、どこから来たのでしょう？

ギンギツネ

「銀ギツネのドミノ」のおはなしより

▶p.324

キツネは、どうやって食べものを手に入れるのでしょう？

エゾヒグマ

「タラク山のクマ王」のおはなしより

▶p.220

からだの大きいクマは、なにを食べるのでしょう？

トビネズミ

「カンガルーネズミ」のおはなしより

▶p.401

うしろ足の長いこのネズミは、どうやって歩くのでしょう？

写真提供：名古屋市東山動植物園、宮城蔵王キツネ村

※ここでは、お話に出てくる動物と同じ仲間の写真をのせています。

『シートン動物記』

「ジャンル別さくいん」(p.444・445)

作者 アーネスト・トンプソン・シートン（1860～1946年）

シートンは、イギリス生まれの博物学者であり、作家、画家でもあります。子どものときにカナダの農場へ移住し、自然にかこまれて育ちました。画家をめざして絵を勉強するとともに、博物学を学び、動物の生態を観察・研究して、たくさんの動物文学を書きました。日本では『シートン動物記』としてまとめられています。

新訂版
「なぜ?」に答える
科学のお話
366
生きものから
地球・宇宙まで
PHP

はじめに

この本は、毎日の生活で出合う、さまざまな疑問を科学的に解き明かして、やさしく説明しています。

科学は、自然のふしぎを探ることです。そのとき、「こうかな？　ああかな？」と自分の考え（仮説）をもって、それが正しいかどうかを観察や実験を行って調べます。そうしてわかってきたことが科学としてまとめられているのです。

自然のふしぎは、わかったかなと思うと、また新しい疑問が出てきて、さらに科学者によって研究が続けられています。科学の研究には終わりがないかもしれません。

科学は、学校では「理科」という科目になっています。理科はさらに物理、化学、生物、地学の分野に分かれています。小さいものでは電子、原子、分子などから、大きいものでは宇宙までをあつかっています。

この本では、君たちがまだ学校で学んでいないこと、学校では教わらないことも出てきます。読んですぐにはわからないこともあるでしょう。でも、いいのです。わからなかったことを心にとめておいてください。何度も読んでいるうちにわかってくることや、学校で学んだり、本を読んだりしているうちに、なにかのきっかけで「あー、これだ！」とわかることがあると思います。

この本には、本当にいろいろな科学のお話がのっています。日づけ順でなくてもかまいません。気になったものから読みはじめてみてください。いろいろな「なぜ？」に答えた説明を読んで、わかったと思ったところも、ちょっと立ち止まってみましょう。わかるということは、じつは新しい「なぜ？」が出てくることでもあるからです。

子ども時代は、いろいろなことの知りたがりやさんになりましょう。好奇心、探究心の持ち主になりましょう。

そして、新しい疑問が出たら、まわりの人たちに聞いたり、自分で調べたりしてみましょう。この本が、そんなきっかけになればうれしいです。

法政大学教職課程センター教授
左巻 健男

もくじ

お話を読む前に……12

お話をもっと楽しむために
生きものの成長を見てみよう！……13

1月のおはなし

1月1日 お正月におせち料理を食べるのはなぜ？……18
1月2日 タコのすみとイカのすみはどうちがうの？……19
1月3日 おもちはどうしてすぐかたくなるの？……20
1月4日 石けんを使うときれいになるのはなぜ？……21
1月5日 地球は何歳なの？……22
1月6日 ほこりはどこから出てくるの？……24
1月7日 ネコの舌がざらざらしているのはどうして？……25
1月8日 蒸気機関ってなに？……26
1月9日 正座をすると足がしびれるのはなぜ？……28
1月10日 「iPS細胞」ってなに？……29
1月11日 動物にオスとメスがあるのはなぜ？……30
1月12日 満ち潮と引き潮があるのはどうして？……31
1月13日 寒くなると、こん虫のすがたが見られなくなるのはどうして？……32
1月14日 ペンギンが寒いところで生きられるのはなぜ？……34
1月15日 飛行機はどうやって飛ぶの？……35
1月16日 江戸時代の「悲劇の天才」ってどんな人？……36
1月17日 魚にも鼻や耳があるの？……38
1月18日 温度計で温度がはかれるのはなぜ？……39
1月19日 ねているときも心臓はずっと動いているの？……40
1月20日 恐竜は日本にもいたの？……42
1月21日 木は長生きって本当？……43
1月22日 地球温暖化はよくないことなの？……44
1月23日 ツルやフラミンゴはなぜ1本足でねむるの？……46
1月24日 もやしはなぜ白いの？……47
1月25日 赤ちゃんは生まれる前、なにをしているの？……48
1月26日 薬草ってなんの役に立つの？……49
1月27日 犬は飼い主のことをどうしておぼえているの？……50
1月28日 けがのあとにかさぶたができるのはどうして？……52
1月29日 ガムはだれがつくったの？……53
1月30日 地面が少しずつ動いているって本当？……54
1月31日 天気予報がはずれることがあるのはなぜ？……56

2月のおはなし

2月1日 紙ってなにでできているの？……58
2月2日 たまごの白身はどうして焼くと白くなるの？……59
2月3日 ドアノブをさわるとパチッとするのはなぜ？……60
2月4日 地球の大きさってはかれるの？……61
2月5日 魚にはなぜうろこがあるの？……62
2月6日 盲導犬っていつからいるの？……63
2月7日 鳥はだはどうして立つの？……64
2月8日 えんぴつの文字はなぜ消しゴムで消えるの？……65
2月9日 鳥はなぜ空を飛べるの？……66
2月10日 からだのしくみってどうやってわかったの？……67

もくじ

2月11日 サボテンはどうしてとげだらけなの？……68
2月12日 おふろに入るのはどうして？……69
2月13日 カメはどうしてじっとしているの？……70
2月14日 チョコレートはだれがつくったの？……71
2月15日 動物と友だちになるにはどうすればいいの？……72
2月16日 ものはどうして上から下に落ちるの？……74
2月17日 生きものはどうしていつか死ぬの？……75
2月18日 牛は毎日お乳が出るの？……76
2月19日 星や月は昼の間どこにあるの？……77
2月20日 新幹線の鼻はなぜとんがっているの？……78
2月21日 ジャガイモを置いておくと芽が出るのはなぜ？……79
2月22日 お父さん似、お母さん似はなぜあるの？……80
2月23日 アリの巣の中はどうなっているの？……82
2月24日 血液型を調べるのはどうして？……83
2月25日 宇宙では水も空中にうくって本当？……84
2月26日 木の中にトンネルをほる虫がいるの？……85
2月27日 雨や雪がふるのはどうして？……86
2月28日 サンゴって生きているの？……87
2月29日 2月29日がある年とない年があるのはなぜ？……88

3月のおはなし

3月1日 おっぱいはどうしてふくらむの？……90
3月2日 ネコはなぜせまいところや高いところによくいるの？……91
3月3日 カレイはどうしてあんなに平たいの？……92
3月4日 かんづめの食べものはどうしてくさらないの？……93
3月5日 草や木は水だけで生きられるの？……94
3月6日 飛行機雲は飛行機の出すけむりなの？……95
3月7日 磁石はどうやってつくっているの？……96
3月8日 北極や南極ってどのくらい寒いの？……97
3月9日 あせやなみだにはいろいろな種類があるって本当？……98
3月10日 はじめての飛行機はどうやって空を飛んだの？……99
3月11日 ジュースの入ったコップの外側がぬれるのはなぜ？……100
3月12日 ラッコはずっと水の上で生活しているの？……101
3月13日 ダンゴムシがまるくなるのはなぜ？……102
3月14日 つめやかみの毛はどうして切っても痛くないの？……103
3月15日 くつはいつからはくようになったの？……104
3月16日 カラスが苦手なものってなに？……105
3月17日 歩道の黄色いでこぼこはなんのためにあるの？……106
3月18日 歩くときにどうして手もいっしょに動くの？……107
3月19日 動物園のゾウは1日にどれくらいのエサを食べるの？……108
3月20日 タケノコはいつ竹になるの？……109
3月21日 蒸気機関車はどうやってつくられたの？……110
3月22日 ろうそくに火がつくのはなぜ？……111
3月23日 モンシロチョウはキャベツが好きなの？……112

3月24日 海の深いところに生きものはいるの？……113
3月25日 大昔にもこん虫はいたの？……114
3月26日 風はなぜふくの？……115
3月27日 地震のゆれがだんだん大きくなるのはなぜ？……116
3月28日 地球ってなにでできているの？……117
3月29日 あざはどうして青くなるの？……118
3月30日 フクロウはどうして暗やみでも飛べるの？……119
3月31日 熱気球はどうしてうくの？……120

お話をもっと楽しむために

石ってなにでできているの？……121
水はぐるぐると旅をしている！……122
食べものの栄養素を知ろう！……124
食べものの消化のしくみを知ろう！……126
五感を知ろう！……128

4月のおはなし

4月1日 おやつを食べるのはどうして？……130
4月2日 糸電話はなぜ声が聞こえるの？……131
4月3日 タンポポのわた毛はどこへ行くの？……132
4月4日 昔の人は地球は動かないと思っていたの？……133
4月5日 どうくつってどうやってできるの？……134
4月6日 ハリセンボンの針は本当に千本あるの？……135
4月7日 犬が片足を上げておしっこをするのはなぜ？……136
4月8日 赤ちゃんはどうしてすぐに泣くの？……137
4月9日 種から育てない植物があるのはなぜ？……138
4月10日 パンはどうしてふっくらしているの？……139
4月11日 メートルってどうやって決めたの？……140
4月12日 宇宙で宇宙服を着るのはなぜ？……141
4月13日 カモノハシはほ乳類なのになんでたまごをうむの？……142
4月14日 走るとわきばらが痛くなるのはなぜ？……143
4月15日 ヘリコプターはなぜ空中で止まっていられるの？……144
4月16日 視力はなぜ「C」のマークで検査するの？……145
4月17日 千円札にえがかれている人ってどんな人？……146
4月18日 地球上で一番大きいたまごをうむ鳥ってなに？……147
4月19日 春になっても富士山の上に雪があるのはなぜ？……148
4月20日 チョウがまっすぐ飛ばないのはなぜ？……149
4月21日 レントゲン写真にはなにがうつるの？……150
4月22日 声の高さを変えられるのはなぜ？……151
4月23日 アニメはどうやってつくられているの？……152
4月24日 川のはじまりはどこなの？……153
4月25日 アリはどうやって道をおぼえるの？……154
4月26日 カメレオンのからだの色はなぜ変わるの？……156
4月27日 飲んだぶんと同じだけおしっこが出るの？……157
4月28日 たまごを温めたらヒヨコは生まれるの？……158
4月29日 水筒のお茶がずっと冷たいままなのはなぜ？……159
4月30日 すぶたにパイナップルを入れるのはなぜ？……160

5月のおはなし

5月1日 化石ってどこにあるの？……162
5月2日 えんぴつっていつできたの？……163
5月3日 飛行機に乗ると耳がへんになるのはなぜ？……164
5月4日 木を切りすぎるとどうなるの？……165
5月5日 「細菌」ってなに？……166
5月6日 時計はなぜ右まわりなの？……167
5月7日 アユはどうして川をさかのぼるの？……168
5月8日 日食ってどうして起こるの？……169
5月9日 ライオンって本当に強いの？……170
5月10日 ザリガニやカニは、ハサミをどうやって使うの？……171
5月11日 メロンやスイカの皮にもようがあるのはなぜ？……172
5月12日 鼻毛って必要なの？……173
5月13日 トンネルってどうやってほるの？……174
5月14日 予防接種ってどうして必要なの？……175
5月15日 花がいいにおいなのはなぜ？……176
5月16日 虫のオスとメスはどうやって出合うの？……177
5月17日 「歩く百科事典」とよばれた人ってだれ？……178
5月18日 空からふってくるひょうってなに？……179
5月19日 みそってどうやってつくるの？……180
5月20日 アライグマはどんなくらしをしているの？……181
5月21日 春・夏・秋・冬があるのはどうして？……182
5月22日 サクランボはサクラの木になるの？……183
5月23日 折れた骨はどうやって治るの？……184
5月24日 ヘビはどうして足がないのに動けるの？……185
5月25日 恐竜はたまごから生まれたの？……186
5月26日 「かげろう」ってなに？……187
5月27日 しゃぼん玉はどうしてふくらむの？……188
5月28日 ショベルカーのタイヤはなぜまるくないの？……189
5月29日 夜ねないといけないのはなぜ？……190
5月30日 そうじ機はどうやってごみをすうの？……191
5月31日 カタツムリにはなぜからがあるの？……192

6月のおはなし

6月1日 オタマジャクシとカエルはどうして似てないの？……194
6月2日 ハムスターはどうしてまわるのが好きなの？……195
6月3日 地球1周分も歩いた人がいたの？……196
6月4日 むし歯になりやすい人がいるって本当？……198
6月5日 自分でふくらませた風船はなぜ飛んでいかないの？……199
6月6日 くるくるまかれた葉っぱはだれがつくったの？……200
6月7日 ハトはどうして首をふって歩くの？……202
6月8日 電気だけで動く車はあるの？……203
6月9日 お金はどうやってつくるの？……204
6月10日 食べものにカビが生えるのはなぜ？……205
6月11日 月はどうしていろいろな形になるの？……206
6月12日 のどちんこってどうしてあるの？……208
6月13日 花のさく時期はどうやって決まるの？……209

6月14日　雑草という名の植物はないって本当？……210
6月15日　地震はどうして起こるの？……212
6月16日　ツバメはなぜ人の家に巣をつくるの？……214
6月17日　ゴリラはやさしいって本当？……215
6月18日　ふたごはどうしてそっくりなの？……216
6月19日　水を冷やすと氷になるのはなぜ？……217
6月20日　印刷はいつからできるようになったの？……218
6月21日　植物のつるはどうしてまきつくの？……219
6月22日　クマの好きな食べものはなに？……220
6月23日　梅雨になるとなぜ雨の日がつづくの？……222
6月24日　しゃっくりはどうして出るの？……223
6月25日　昼と夕方で空の色が変わるのはどうして？……224
6月26日　いやなにおいはどうやって消すの？……226
6月27日　恐竜はなぜいなくなったの？……227
6月28日　いろいろな生きものがいるのはなぜ？……228
6月29日　かみなりはどうして大きな音を出して光るの？……230
6月30日　虫は雨の日、どこにいるの？……232

お話をもっと楽しむために
「太陽」って、どうなっているの？……233
「太陽系」って、どうなっているの？……234
地球はまわっている！……236
生命のうつり変わりを見てみよう！……238

7月のおはなし

7月1日　白い雲と黒い雲はどうちがうの？……242
7月2日　アサガオはどうして朝にさくの？……243
7月3日　新幹線っていつできたの？……244
7月4日　虫めがねで光を集めるとどうなるの？……245
7月5日　太陽がしずまないことがあるの？……246
7月6日　タツノオトシゴって魚なの？……247
7月7日　天の川の正体ってなに？……248
7月8日　草や葉っぱが緑色なのはなぜ？……249
7月9日　カにさされるとなぜかゆいの？……250
7月10日　納豆はどうしてねばねばするの？……251
7月11日　カニが横に歩くのはどうして？……252
7月12日　砂漠ってどうしてできたの？……253
7月13日　虫がもつ本能ってなに？……254
7月14日　女性ではじめてノーベル賞を受賞した人はだれ？……255
7月15日　暑い日に食欲がなくなるのはなぜ？……256
7月16日　スポーツで新記録がどんどん出るのはなぜ？……257
7月17日　空気には酸素以外のものもたくさんまじっているって本当？……258
7月18日　海の水がしょっぱいのはどうして？……259
7月19日　ゼリーはなぜプルプルしているの？……260
7月20日　オオカミは頭がいいの？……261
7月21日　足のうらはどうしてへこんでいるの？……262
7月22日　ミミズはなにを食べて生きているの？……263
7月23日　マンモスはゾウの仲間なの？……264
7月24日　はじめての映画はどんなものだったの？……265
7月25日　日本人がビタミンを発見したって本当？……266

もくじ

7月26日 毒をもつ生きものって見てわかるの？……267
7月27日 せんすいかんはなぜういたりもぐったりできるの？…268
7月28日 鼻血が出るのはどうして？……269
7月29日 ウミガメはたまごをうむときなぜ泣くの？……270
7月30日 動物はむし歯にならないの？……271
7月31日 花火はどうしていろいろな色があるの？……272

8月のおはなし

8月1日 貝がらにはどうしていろいろな形があるの？……274
8月2日 噴火する山としない山があるのはなぜ？……275
8月3日 ラムネのびんのガラス玉はどうやって入れたの？……276
8月4日 からいものを食べるとあせが出るのはなぜ？……277
8月5日 ロケットはどうやって空を飛ぶの？……278
8月6日 石はどうしてかたいの？……279
8月7日 バナナの皮の色が変わるのはなぜ？……280
8月8日 そろばんっていつできたの？……281
8月9日 山びこが聞こえるのはどうして？……282
8月10日 樹液はなんのためにあるの？……283
8月11日 カブトムシって力持ちなの？……284
8月12日 フンコロガシはどうしてふんをころがすの？……285
8月13日 「からくり儀右衛門」ってだれ？……286
8月14日 ドライアイスに水を入れるとけむりが出るのはなぜ？……287
8月15日 山の向こうの天気がちがうのはなぜ？……288
8月16日 ヒマワリはいつも太陽のほうを向いているの？……289
8月17日 日に当たるとなぜ日焼けするの？……290
8月18日 土の中にはどんな生きものがいるの？……291
8月19日 クラゲが人をさすのはなぜ？……292
8月20日 ウサギの耳はどうして長いの？……293
8月21日 パブロフの犬の実験ってどんなものだったの？……294
8月22日 コウモリは鳥じゃないの？……295
8月23日 大人はどうして肩がこるの？……296
8月24日 虫が明るいところに集まるのはなぜ？……297
8月25日 「生きた化石」ってどういうこと？……298
8月26日 宇宙人って本当にいるの？……299
8月27日 虹はどうして7色なの？……300
8月28日 鳥の親になった人がいたの？……301
8月29日 わたがしはなぜふわふわなの？……302
8月30日 目がまわるとふらふらになるのはなぜ？……303
8月31日 牛には4つの胃があるって本当？……304

9月のおはなし

9月1日 ボールはどうしてはずむの？……306
9月2日 ピーマンはなぜ苦いの？……307
9月3日 ネコの目はなぜ暗いところで光るの？……308
9月4日 イチョウには実のなる木とならない木があるの？……309
9月5日 車輪はいつできたの？……310
9月6日 月はどうやってできたの？……311

9月7日 おふろで指がしわしわになるのはなぜ？……312
9月8日 「モナ・リザ」をかいた人は科学者なの？……313
9月9日 トイレに流したものはどこに行くの？……314
9月10日 オジギソウはどうしておじぎをするの？……316
9月11日 空と宇宙のさかい目ってどこ？……317
9月12日 ドングリに小さなあなが空いているのはなぜ？……318
9月13日 カルシウムってなに色？……319
9月14日 コアラの赤ちゃんは親のふんを食べるの？……320
9月15日 しらがになるのはどうして？……321
9月16日 海の魚は川にすめないの？……322
9月17日 こんぺいとうはなぜとげとげしているの？……323
9月18日 キツネがずるがしこいって本当？……324
9月19日 月に住むことはできるの？……325
9月20日 目の錯覚ってどうして起こるの？……326
9月21日 数字っていつできたの？……327
9月22日 食べてもいい花があるの？……328
9月23日 米はどうして白いの？……329
9月24日 地球が動いていることはどうやってわかったの？……330

9月25日 トンボの目はどうして大きいの？……331
9月26日 どうしてごはん（米）はかむとあまくなるの？……332
9月27日 クレーン車はなぜあんなに力持ちなの？……333
9月28日 アイロンでしわがのびるのはなぜ？……334
9月29日 台風はどこからやって来るの？……335
9月30日 チョウやカブトムシはなぜさなぎになるの？……336

お話をもっと楽しむために

発明と発見の歴史を見てみよう！……337
水・光・音について知ろう！……342

10月のおはなし

10月1日 秋になると葉が赤や黄色になるのはなぜ？……346
10月2日 男の子は成長するとどうして声が変わるの？……347
10月3日 宇宙に終わりはあるの？……348
10月4日 ハチにさされると死んでしまうの？……349
10月5日 人がつくった最初の道具ってなに？……350
10月6日 犬はどうしてしっぽをふるの？……351
10月7日 昔はおまじないで病気を治していたって本当？……352
10月8日 かぎをかけたり開けたりできるのはなぜ？……353
10月9日 ハトが手紙をとどけていたって本当？……354
10月10日 ゲームをすると目がつかれるのはどうして？……355
10月11日 山の高さってどうやってはかっているの？……356
10月12日 建物にかみなりが落ちないのはなぜ？……357
10月13日 まずい薬はどうしてできたの？……358
10月14日 マツボックリってなに？……359
10月15日 コオロギはどうやって鳴くの？……360

もくじ

10月16日 雲と霧ってどうちがうの？……361
10月17日 夢ってどうしてすぐわすれちゃうの？……362
10月18日 食べものをこおらせると長持ちするのはなぜ？……363
10月19日 魚はなぜむれで泳ぐの？……364
10月20日 リサイクルってなに？……365
10月21日 エジソンはどうしてたくさん発明できたの？……366
10月22日 ほくろってどうしてできるの？……367
10月23日 携帯電話で話せるしくみは？……368
10月24日 カメムシがくさいのはどうして？……369
10月25日 日本にもオオカミはいるの？……370
10月26日 地球や月はどうしてまるいの？……371
10月27日 ナメコはどうしてぬるぬるしているの？……372
10月28日 心とからだって結びついているの？……373
10月29日 F1の車はどうしてあんなに速く走れるの？……374
10月30日 恐竜の色はどうやって知るの？……375
10月31日 ガスはどうやってつくられているの？……376

11月のおはなし

11月1日 鏡ってどうしてものがうつるの？……378
11月2日 酢はどうしてすっぱいの？……379
11月3日 おねしょをするのはどうして？……380
11月4日 服にくっつく種や実があるのはなぜ？……381
11月5日 クモの巣はどうやってつくられるの？……382
11月6日 「日本の細菌学の父」ってどんな人？……384
11月7日 ダチョウは飛べないの？……385
11月8日 温泉はどうして温かいの？……386
11月9日 モグラはどうしてトンネルをほるの？……387
11月10日 体温でとける金属があるって本当？……388
11月11日 電池ってだれがつくったの？……389
11月12日 ブラックホールってなに？……390
11月13日 泣くと鼻水まで出るのはなぜ？……391
11月14日 救急車のサイレンの音が変わるのはどうして？……392
11月15日 雪を人工的につくることができるって本当？……393
11月16日 ジェットコースターがさかさまになっても落ちないのはなぜ？……394
11月17日 日本と外国で時間がちがうのはどうして？……395
11月18日 オーロラは日本からは見えないの？……396
11月19日 寒くなると葉が落ちるのはなぜ？……397
11月20日 電線にとまっている鳥は感電しないの？……398
11月21日 かぜをひくと熱が出るのはなぜ？……399
11月22日 ヒトデって動物なの？……400
11月23日 カンガルーみたいなネズミがいるって本当？……401
11月24日 カードを近づけるだけでお金をはらえるのはなぜ？……402

11月25日 土星にはどうして環があるの？……403
11月26日 「20世紀最大の天才」ってどんな人？……404
11月27日 クジャクにはどうしてきれいな羽があるの？……405
11月28日 イクラってたまごなの？……406
11月29日 動物はどうして冬眠するの？……407
11月30日 重いものを持つときに声を出すのはなぜ？……408

12月のおはなし

12月1日 まゆ毛やまつ毛があまりのびないのはなぜ？……410
12月2日 流れ星ってどこへ行くの？……411
12月3日 江戸時代にもカレンダーはあったの？……412
12月4日 死んだふりをする虫がいるの？……413
12月5日 信号はだれが動かしているの？……414
12月6日 こん虫には血がないって本当？……415
12月7日 ピアノはだれがつくったの？……416
12月8日 人間は昔サルだったって本当？……417
12月9日 ミカンの実についている白いすじはなに？……418
12月10日 ノーベル賞ってどうやってできたの？……419
12月11日 車よいするのはどうして？……420
12月12日 虫を食べる植物があるって本当？……421
12月13日 空気がなくなることはないの？……422
12月14日 はじめて南極に行った人はだれ？……423
12月15日 冬にだけ見られる鳥は、どこからやって来るの？……424
12月16日 波はどうしてできるの？……425
12月17日 水草はなぜ水の中で生きていられるの？……426
12月18日 インフルエンザってなに？……427
12月19日 いろいろな色のびんがあるのはなぜ？……428
12月20日 しもばしらってどうしてできるの？……429
12月21日 電車はなぜガタンゴトンと音がするの？……430
12月22日 寒いとどうして息が白くなるの？……431
12月23日 ホタルイカはどうして光るの？……432
12月24日 トナカイにはどうして角があるの？……433
12月25日 どうしてへそがあるの？……434
12月26日 リスはなにを食べてくらしているの？……435
12月27日 カーナビはなぜ車の位置がわかるの？……436
12月28日 アレルギーってなに？……437
12月29日 星座ってだれが見つけたの？……438
12月30日 地球ではじめに生まれた生きものは？……439
12月31日 そばってどうやってつくるの？……440
ジャンル別さくいん……441
用語さくいん……446

お話を読む前に

それぞれのお話は、3～5分ほど*で読むことができます。お話以外にも、読んだあとに楽しめる要素が盛りだくさんです。お子さまとのゆたかな時間をすごすために、ご活用ください。

*読むスピードには個人差がありますが、1ページのお話は3～4分程度、2ページのお話は7～8分程度を目安としています。

読んだ日にち

読んだ日にちが書けるようになっています。思い出や成長の記録にしてください。

たまごを温めたらヒヨコは生まれるの？

お店で買ってきたたまごを温めると……

4月28日のおはなし

読んだ日にち（　年　月　日）（　年　月　日）（　年　月　日）

鳥

鳥は、たまごを温めてヒナを育てますね。それなら、わたしたちが食べているたまごも、温めればヒヨコが生まれるのでしょうか。

残念ながら、ヒヨコは生まれません。ふつうにお店で売っているたまごをいくら温めても、ヒヨコは生まれないのです。なぜなのでしょう。

たまごには、ふたつの種類があります。ひとつは、ニワトリのオスとメスが受精してうんだたまご。もうひとつは、メスだけでうんだたまごです。どちらも、見た目は同じようですが、中身には大きなちがいがあります。

オスとメスが受精してうんだたまごには、ヒヨコのからだのもとになる「はい」という部分がつくられています。メスだけでうんだたまごには、はいがありません。お店で売っているたまごは、メスだけでうんだたまごなので、はいがなく、ヒヨコにはならないのです。

では、オスとメスが受精してうんだたまごは、何日くらいでヒヨコになるのでしょうか。

ヒヨコになるまでには、だいたい二十日くらいかかります。温めはじめると、たまごの中で、はいの部分が少しずつ変化し、ヒヨコのからだがつくられていきます。そのとき、黄身の部分は、ヒヨコが育つための栄養になります。白身は、育っていくヒヨコのからだを守ったり、栄養になったりします。

白身のところにあるねじれたヒモのようなものは、「カラザ」といって、黄身が動かないように、しっかりと止めておく役割をしています。白身のまわりには、うすい膜があり、さらにその外側には、かたいからがあって、たまご全体を守っています。たまごの中身には、それぞれだいじな役割があるのですね。

このように、守られながら栄養をとり、二十日くらいたつと、ヒヨコは外に出る準備をはじめます。くちばしの先に小さな出っぱりがあり、生まれる日がくると、中からコッツンコッツンとからをつついてやぶります。

こうして外に出たヒヨコは、やがて、ふわふわとしたかわいらしいすがたに成長するのです。

157ページのこたえ　×

おはなし豆知識　ダチョウのたまごは、長さ約17センチメートル、重さ約1.5キログラムもあります。

おはなしクイズ　ニワトリは、メスだけでたまごをうむことができる。○か×か？

こたえはつぎのページ

158

日づけ

1月1日から12月31日まで、日づけを入れています。日づけどおりでも、読みたいお話からでも、好きなようにお読みください。

ジャンル

この本には、生活、植物、伝記、食べもの、からだなど、18のジャンルのお話があります。好きなジャンルや興味のあるジャンルを選んでもいいですね。

からだ

食べもの

植物　動物　鳥　魚　虫
水辺の生きもの　大昔の生きもの

地球・宇宙
天気・気象

乗りもの
道具・もの
生活

シートン動物記　ファーブル昆虫記
伝記　発明・発見

お話をもっと楽しむために

生きものの成長や、乗りもの・道具の歴史、食品の栄養素など、お話をさらに楽しむためのページもあります。

豆知識・クイズ

お話を深める豆知識や、お話の理解度をチェックできるクイズをのせています。読んだあとも、親子で会話をお楽しみください。

イラスト

お話ごとに、内容をイメージできるイラストをのせています。イラストも楽しみながら、さらに理解を深めてください。

フリガナ

お子さまの成長に合わせて、ひとりでも読めるように、お話にはフリガナをふっています。

*温度をあらわす単位には、「℃」もありますが、この本ではすべて「度」で統一しました。

さらに学べる！　元素周期表のポスターつき！

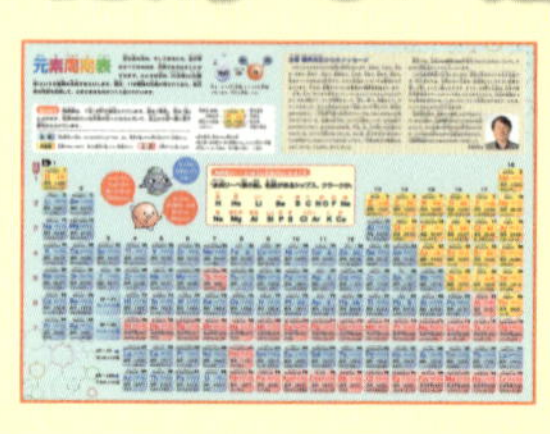

本書には、199ページほかで、酸素や水素などの用語が出てきます。こうした「元素」についての基本を知っておくと、さらに理解が深められます。より深く学んでもらえるように、本書の巻末に「元素周期表」のポスターがついていますので、ご活用ください。

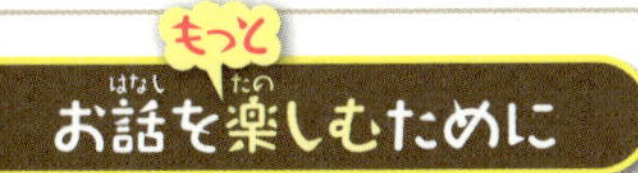

生きものの成長を見てみよう！

生きものには、植物やこん虫、動物、菌類・微生物などがいます。それぞれの生きものは、すがただけでなく、成長のしかたもちがいます。ここでは、一般的な成長の例を紹介します。

植物の生長

種でふえる植物　トマト

種から芽が出て、ふた葉が開き、本葉とくきがのびます。花がさいてしぼんだあとに、実がなります。実が大きくなると、下のほうから、だんだん色が変わります。

写真提供：有限会社とまとランドいわき

種はどうやってできるの？

植物が種をつくるためには、花の中にあるおしべの先についた花粉が、めしべにつくことが必要です。これを「受粉」といいます。自分で受粉するか、虫などに花粉を運んでもらい、受粉します。

こん虫の成長

成虫

成長した幼虫（アオムシ）

さなぎになるこん虫（完全変態）

アゲハチョウ ▶p.336

たまごから生まれた幼虫は、親とは大きくことなるすがたをしています。幼虫から成虫に変わるときには、さなぎになり、新しいからだをつくります。

写真提供：青沼秀彦

さなぎ

生まれたばかりの幼虫

たまご

成虫

脱皮

さなぎにならないこん虫（不完全変態）

オオカマキリ

たまごから生まれた幼虫は、親と似たすがたをしていますが、まだはねができていなかったり、からだが小さかったりします。脱皮をくり返して成虫になります。

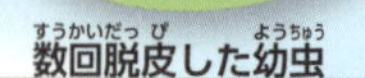

数回脱皮した幼虫

生まれたばかりの幼虫

たまご（200～300個のたまごが入っている）

動物の成長

成体　子　赤ちゃん

ほ乳類

ニホンザル

ほ乳類は、お母さんのおなかの中で赤ちゃんが育ちます。生まれた赤ちゃんは、お母さんのお乳を飲んで成長します。

成鳥　ヒナ　たまご

鳥類

ツバメ ▶p.214

鳥類は、かたいからにつつまれたたまごから生まれます。親は、たまごを温め、ヒナがかえるとエサを運びます。

成体　子　たまご

は虫類

ウミガメ ▶p.270

は虫類は、からのあるたまごから生まれます。からだの表面は、じょうぶなうろこにおおわれています。

写真提供：名古屋港水族館

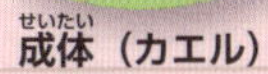

成体（カエル）　幼体（オタマジャクシ）　たまご

両生類

カエル ▶p.194

両生類は、水の中などでたまごから生まれます。はじめは水の中で育ち、成長すると陸で生活できるからだに変化します。

写真提供：魚津水族館

成魚　ち魚　たまご

魚類

サケ

魚類は、水の中でたまごから生まれます。一度にたくさん生まれますが、生き残って成長できるものはわずかです。

写真提供：サケのふるさと千歳水族館

菌類・微生物の成長

胞子でふえる生きもの

シイタケ

キノコは、「胞子」という目に見えない小さな細胞で子孫をふやします。胞子から「菌糸」が出て、菌糸が集まって、キノコになります。

写真提供：大分県農林水産研究指導センター
林業研究部きのこグループ

木や地面から栄養をもらって成長する

かさを開き、胞子を飛ばす

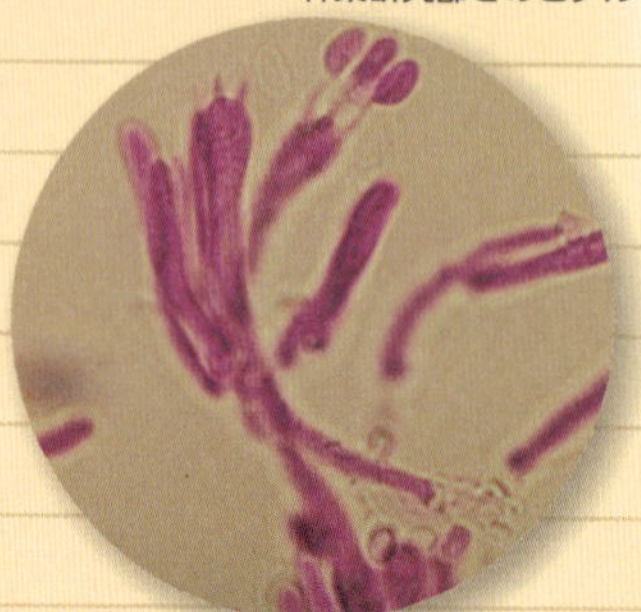

胞子のけんび鏡写真
（シイタケ）

分裂してふえる生きもの

アメーバ

アメーバなどの微生物は、からだのつくりがかんたんで、自分のからだを分裂させて子孫をふやします。

写真提供：宮城教育大学「マイクロバイオ・ワールド」

分裂前のアメーバ

ふたつに分かれはじめる

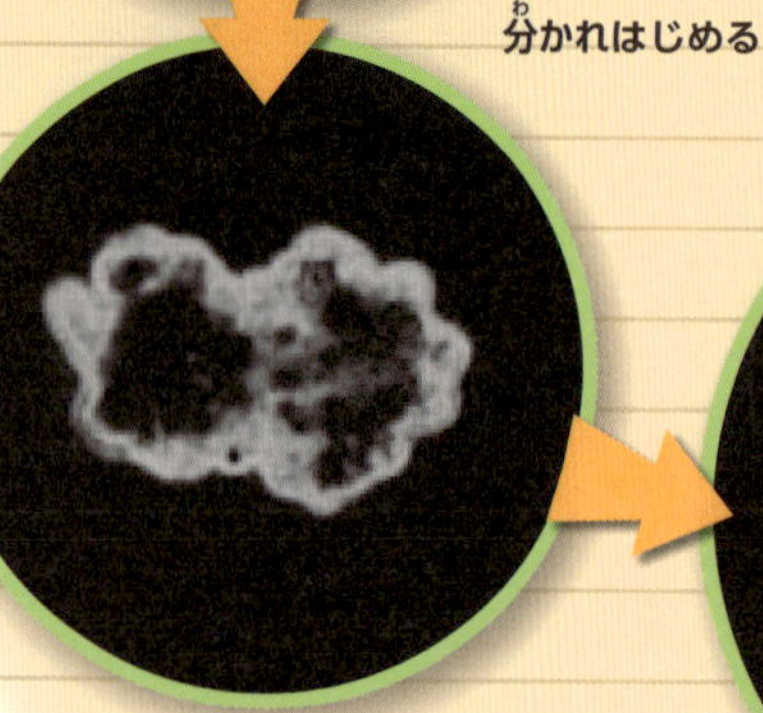

ふたつに分かれて、別のアメーバになる

アメーバのけんび鏡写真

1月のおはなし

文／深田幸太郎・山内ススム

お正月におせち料理を食べるのはなぜ？

縁起がよく、栄養もあり、保存のきく伝統的な和食です

読んだ日にち（　年　月　日）（　年　月　日）（　年　月　日）

日本のお正月の料理といえば、おせち料理ですね。「重箱」という四角い入れものの中に、栄養があって、保存のきく料理がぎっしりつまっています。

日本人は昔から、豊作を願って神さまにおそなえをしてきました。なかでもお正月は、一年を見守ってくれる年神さまがやって来る日として、たいせつにされてきました。おせち料理は、神さまをむかえるためのおそなえものなのです。

もともと、三月三日や五月五日などの奇数が重なる日は「節句」といって、特別な料理をおそなえしていました。それがいつしか一月一日だけになり、今日に伝わりました。

料理を、保存にも便利な重箱につめて重ねるのには、「めでたいことが重なるように」という意味があります。ひとつの重箱につめる料理の数は、縁起がよいとされる奇数（三、五、七、九）と決まっています。そして、日もちするように、こい味つけになっています。

おせち料理に入っている料理や素材の意味と栄養を見てみましょう。

子孫はんえいを願う数の子には、赤血球をつくるビタミンB_{12}がふくまれています。豊作を意味する田作りには、からだの筋肉や血液をつくるたんぱく質と、骨をじょうぶにするカルシウムが豊富です。お金や財宝をあらわす栗きんとんには、食物繊維とビタミンCがたっぷり入っています。赤と白で縁起のよいなますは、緑黄色野菜のニンジンと、消化を助けるダイコンでつくるので、からだにはとてもよい食べものです。

「こしがまがるまで長生きできますように」という意味のエビは、たんぱく質が豊富です。「よろこぶ」の語呂合わせから、おめでたいものとされるこぶ巻には、カルシウムなどがふくまれています。「まめにはたらけますように」の意味がある黒豆は、たんぱく質が豊富です。半円の形が日の出を連想させるかまぼこの原料は、白身魚のすり身です。巻物の形に似ていることから、文化や学問をあらわし、学業の成就などを願うだて巻にも、魚のすり身が入っています。どちらもたんぱく質がとれます。

おせち料理には、さまざまな願いがこめられているのです。

おはなし豆知識 おせち料理は地域や家庭によって、料理の種類やつめ方などに、ちがいがあります。

おはなしクイズ おせち料理は、だれをむかえるためにそなえる料理？

1月2日のおはなし

タコのすみとイカのすみはどうちがうの？

さらさらしたすみと、ねばねばするすみがあります

読んだ日にち（　年　月　日）（　年　月　日）（　年　月　日）

水辺の生きもの

タコやイカが黒いすみをはくことは、よく知られていますね。あれは、敵におそわれそうになったとき、自分の身を守ろうとしているのです。しかし、タコとイカのすみの性質は、似ているようでちがっています。

タコもイカも、すみはからだの中の「すみぶくろ」でつくられ、ここにたくわえられています。そして、いざというときに「ろうと」から外へはき出されます。

このろうとを口だと思っている人が多いのですが、じつは、そうではありません。ろうとは、すみだけでなく、からだの中のいらないものやたまごなどを外に出す器官です。すいこんだ海水をろうとからいきおいよくふき出して、空中を飛ぶことができるイカもいます。

タコのすみはさらさらしていて、海の中ではくと、ぱーっとけむりのように広がります。これで敵の目をくらませて、そのすきににげるのです。また、タコのすみには、敵の感覚をマヒさせる効果があるともいわれています。

いっぽう、イカのすみには、ねばねばする成分がふくまれているため、海の中ではいても、タコのすみのようには広がりません。ねばっこいかたまりのままただようので、敵の目には、まるでイカがふえたように見え、ごまかされるというわけです。また、イカの中でも光のとどかない真っ暗な深海にいるイカは、黒いすみのかわりに光る液体を出して、敵をおどかします。

ところで、イカのすみが、スパゲッティやラーメン、塩辛などの料理に広く使われていることを知っていますか。

「それならタコのすみも料理に使えるの？」と思うかもしれませんね。残念ながら、タコのすみは、ねばりけがないので食材にからみにくく、おいしくないといわれています。それに、すみぶくろが内臓のおくにうまっているため、取り出すのがむずかしいのです。

18ページのこたえ　年神さま（神さま）

おはなし豆知識　タコとイカの口はうでと足のつけ根の中央部にあり、「からすとんび」とよばれます。

おはなしクイズ　イカのすみはねばねばしているけれど、タコのすみはどんな感じ？

こたえはつぎのページ

おもちはどうしてすぐかたくなるの？

水分がぬけて乾燥したからでしょうか？　それとも……

読んだ日にち（　　年　　月　　日）（　　年　　月　　日）（　　年　　月　　日）

1月3日のおはなし

食べもの

おせち料理とならぶお正月の食べものといえば、おもちです。ぞうにしたり、焼いてのりをまいたりと、いろいろな食べ方がありますね。

おもちは、つきたてのころはやわらかいのですが、冷めると、かちかちにかたくなります。一度かたくなると、わるのはたいへんです。なぜ、こんなにかたくなるのでしょうか。

おもちがかたくなるのは、おもちの中にふくまれる「でんぷん」という物質が変化を起こすからです。

でんぷんには大きく分けて、「アミロペクチン」と「アミロース」という、ふたつの種類があります。おもちはもち米でつくりますが、もち米にふくまれているでんぷんは、ほとんどがアミロペクチンです。

アミロペクチンには、加熱するとよくのびる性質があります。これは、アミロペクチンの組織が網の目のようにつながっているためです。もち米に火を通すと、組織のつながりがほぐれて、おもちにすると、よくのびます。反対に、時間がたつと、一度ほぐれた組織がもとにもどるので、かたくなるというわけです。

いっぽう、アミロースには、のびる性質がありません。それは、アミロースの組織が直線状につながっているためで、引っぱられると、切れやすいのです。だんごは、アミロースのでんぷんをふくむうるち米（ふだん食べている米）でつくるので、あまりのびません。

おもちのやわらかさをたもつ方法には、冷凍があります。でんぷんの組織がほぐれたまま、保存することができるからです。

また、砂糖をまぜると、おもちの中の水分とくっついてでんぷんの中に入るため、組織がほぐれたままのやわらかい状態をたもつことができます。大福もちは砂糖をまぜてつくられているため、冷めてものびるのです。

おもちの栄養分は米と同じで、人間のエネルギー源になる炭水化物です。はらもちもいいので、持久力が必要なスポーツ選手が試合前に食べることも多いようです。

でんぷん

アミロース

アミロペクチン

直線状に
つながっている

網の目のように
つながっている

19ページのこたえ
さらさらしている

おはなし豆知識　1月11日に、鏡もちを下げて食べることを、「鏡開き」といいます。

おはなしクイズ　もち米にふくまれているでんぷんの、おもな種類は？

こたえは つぎのページ

石けんを使うときれいになるのはなぜ？

水で落ちないよごれも、ある成分のはたらきで落とします

読んだ日にち（　　年　　月　　日）（　　年　　月　　日）（　　年　　月　　日）

石けんは、今から五千年も昔に発見されたのが最初だといわれています。羊の肉を焼いたとき、肉のあぶらが落ちて、木のもえかすとまざり合いました。そのもえかすでなべをあらったところ、あわが立ってよごれがよく落ちたのです。

十二世紀に入ると、フランスやイタリアで、オリーブオイルと海藻の灰でつくった石けんが売られるようになります。日本には室町時代に、ポルトガルからもたらされました。

石けんはおもに、油と苛性ソーダという薬品をまぜてつくります。油には、オリーブやヤシなどにふくまれる植物性のものと、牛乳などにふくまれる動物性のものがあります。それにかおりや色をつけて練り合わせるのです。

洗たくのときに使う洗ざいも、石けんの仲間です。衣類のよごれで一番多いのは、あせやあか、毛あなから出る油分です。人のはだは、うすい膜のような油分でおおわれています。手やからだがよごれると、よごれの成分がこの油分とまざり、水であらってもなかなか落ちなくなります。これらは石けんや洗ざいを使わないと、落ちにくいのです。

ではなぜ、石けんや洗ざいでよごれが落ちるのでしょう。

ふつう、油と水は相性が悪く、まざり合うことはありません。ところが、石けんには、このふたつをくっつける力があるのです。

もっと正確にいうと、石けんには油となじみやすい成分と、水となじみやすい成分があり、まず、油となじみやすい成分が、よごれをつつみこみます。

つぎに、水となじみやすい成分が水とくっつき、よごれが水の力で細かくだかれて、水といっしょに流れていくというわけです。これが、よごれが落ちるしくみです。

20ページのこたえ　アミロペクチン

おはなし豆知識　石けんには、手のよごれにまざったばい菌をやっつけるはたらきもあります。

おはなしクイズ　よごれが落ちるのは、水となにが石けんの力でくっつくから？

こたえはつぎのページ

地球は何歳なの？

太陽ができてから、地球は水星や火星などといっしょに生まれました

読んだ日にち（　　年　　月　　日）（　　年　　月　　日）（　　年　　月　　日）

1月5日のおはなし

地球・宇宙

今から約百三十八億年前、宇宙は「ビッグバン」とよばれる大爆発によって生まれたといわれています。でもそれは、多くの研究や観測の結果、みちびき出された答えのひとつです。実際に見てきた人はいないので、地球が誕生して今のような形になった道のりも本当のところはわかりません。そのため、長い年月をかけて、研究がつづけられています。

宇宙が生まれて百億年近くたったころ、宇宙空間にただようちりやガスが一か所に集まって、円ばんのようにまわりはじめました。円ばんの中心は、しだいに温度と圧力が高くなり、やがてかがやきだしました。これが、太陽です。太陽は、今から四十六億年前にできた「恒星」です。恒星というのは、自分で熱や光を出し、位置がほとんど変わらない星のことです。

太陽の強くて熱い風は、集まっていたちりを遠くへふき飛ばしていきます。ガスはちりより軽いので、さらに遠くへ飛ばされます。ちりやガスは円ばんの中でまわりながら、ぶつかり合ってくっつき、「微惑星」という小さな星になりました。微惑星は、さらにたがいにぶつかったり、くっついたりをくり返して大きくなり、八つの星になりました。

太陽を中心とした円ばんのことを、「太陽系」といいます。生まれた八つの星は「惑星」といい、太陽のまわりをそれぞれの周期でまわりつづけています。太陽に近いほうから順に、水星・金星・地球・火星・木星・土星・天王星・海王星です。

地球もふくめ、水星から火星までは、おもにちりが集まってできたので、かたい地面があります。木星と土星は、ガスの集まりでできているので、地面はありません。天王星と海王星は、おもに氷でできている惑星です。

地球はこのように、ほかの惑星といっしょに誕生しました。今から約四十六億年前とされています。ですから、地球は四十六億歳だというこ

21ページのこたえ　油

海と大陸ができ、生命が生まれる

表面が少しずつ冷え、雨がふり、大地にたまる

微惑星がふりそそぎ、マグマがもえさかる

とになりますね。

生まれたばかりの地球は、微惑星がぶつかり合ったときのエネルギーのため、岩石のもとがどろどろにとけた、マグマがもえさかる星でした。空からは絶えず微惑星がふりそそぎ、ぶつかっては地球の一部になっていきます。そのたびに地球は大きくなり、微惑星にふくまれていた二酸化炭素とちっ素と水蒸気によって、こい大気をもつようになりました。

また、もえさかる大地では、鉄などの重たい金属がしずみこみ、地球の中心に「核」ができあがりました。反対に、それまで真ん中にあった軽い金属や岩石はうき上がって、核をつつむ層である「マントル」になりました（117ページ）。

それから数百万年がたつと、ぶつかってくる微惑星もへり、地球が少しずつ冷えてきます。大気中の水蒸気が冷えて雨になって落ちてくると、大地に雨がたまって、海になります。

すると、地球はさらに冷えて表面がかたまり、「地殻」ができました。

しかし、地球の内部はまだ熱く、マントル部分のマグマがわき上がります。マグマは、海水に冷やされてかたまり、岩石として地球の表面にたまり、大陸をつくりました。

大陸ができたことで、海の成分が変わりました。大陸にふくまれるナトリウムやカルシウムなどが海に流れこんだからです。大気の中の二酸化炭素も海にとけこみ、大気のおもな成分はちっ素になりました。

そして、約四十億年前、最初の生命が海の中で誕生しました。小さくて、からだのつくりもかんたんな微生物です（439ページ）。さらに、酸素をつくる生物がうまれ、酸素をふくんだ大気ができました。人間の祖先が登場するのは、それからずーっとあとのことです（417ページ）。長い地球の歴史から見れば、ついこの間のできごとといえますね。

おはなし豆知識　月は、地球にぶつかった微惑星のかけらが集まってできたといわれています（311ページ）。

おはなしクイズ　太陽を中心にした、８つの惑星などのグループをなんという？　㋐太陽系　㋑銀河系

こたえはつぎのページ

ほこりはどこから出てくるの？

1月6日のおはなし

わたしたちのまわりは、ほこりのもとになるものであふれています

読んだ日にち（　年　月　日）（　年　月　日）（　年　月　日）

しばらくそうじをしないと、部屋のすみやたなの上などが、うっすらと白くなりますね。これは、知らないうちにほこりがたまったからです。

でも、毎日きちんとそうじをしていても、ほこりは絶対に出てきます。ほこりは、いったい、どこから出てくるのでしょうか。また、なにでできているのでしょうか。

ほこりの正体は、わたしたちの身のまわりにある、あらゆるもののかけらです。かみの毛やあか、ふけにはじまり、ちり、糸くず、紙くず、食べかす、カビの胞子、ダニの死がいにふん、これらがみな、ほこりのもとになります。

ほこりのもとは、家の中にあるものだけではありません。空気中にただよう砂ぼこりや花粉、排気ガスなどは、開いた窓から、あるいは服にくっついて家の中に入り、ほこりになります。

ほこりが部屋のすみやたなの上に積もるのには、理由があります。人が歩けば、空気もそれに合わせて動きます。すると、床のほこりがまい上がり、空気の動きの少ない部屋のすみなどに落ちていくのです。たなの上には、高くまい上がった細かいほこりがたまります。

ちなみに、〇・〇〇一ミリメートルの大きさのわたぼこりの場合、空気中から一メートル下に落ちるまで九時間ほどかかり、積もる量は、人の数や季節によって変わります。

残念ながら、生活しているかぎり、部屋のほこりをすべてなくすことはできないのです。だからといって、ほうっておくと、アレルギーを引き起こす原因にもなるので、そうじをしないわけにはいきません。うまくそうじをするには、ほこりをまい上げないことがたいせつです。

ほこりには、水分が近くにあると、すいよせられて集まる性質があります。そのため、しめった茶がら（お茶をいれたあとの残りかす）をまいてからほうきではくと、ほこりが茶がらにくっつくため、かんたんに集めることができます。ぬれモップなどでふき取る方法もあります。

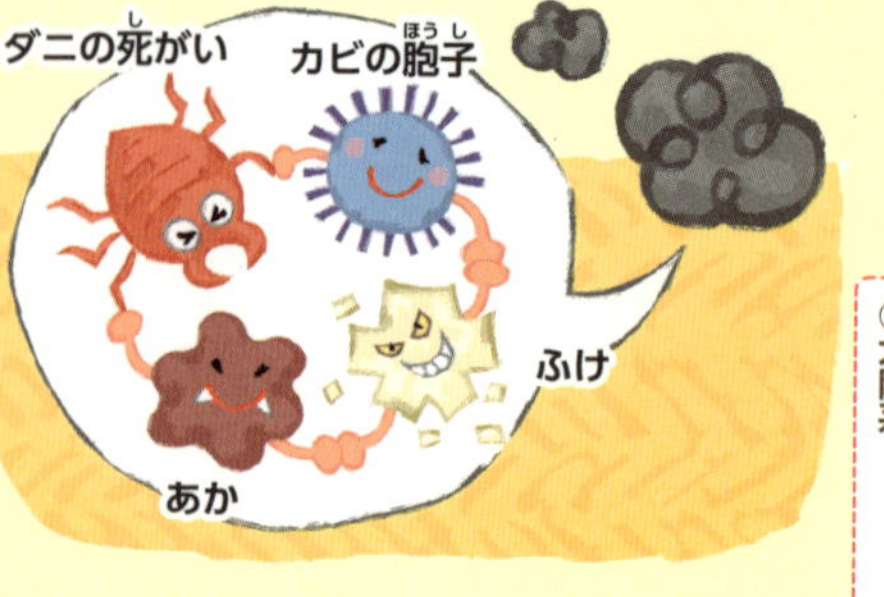

23ページのこたえ ㋐太陽系

おはなし豆知識　ダニの死がいやふんは、ぜんそくなどを起こす原因のひとつになります（437ページ）。

おはなしクイズ　ほこりが部屋のすみにたまるのは、なんの動きが少ないところだから？

こたえはつぎのページ

1月7日のおはなし

ネコの舌がざらざらしているのはどうして?

味にうるさいネコの舌にかくされたひみつとは……

読んだ日にち（　年　月　日）（　年　月　日）（　年　月　日）

動物

ネコの舌を見たことがありますか。細かいとげとげがびっしりならんでいて、さわるとざらざらしているのがわかります。

ざらざらの正体は、舌にびっしりと生えた突起で、二百本から三百本ほどあります。ライオンやトラなどネコの仲間は、みんなこのざらざらした舌をもっていて、食事のとき、肉を骨からそぎ落とすのにたいへん役に立ちます。

また、舌のざらざらは、ブラシの役目も果たします。ネコは、からだを舌でなめて、毛についたよごれを落としているのです。

水を飲むときも、ざらざらのおかげですくいやすく、じょうずに口に運ぶことができます。

また、ネコは水の味にびんかんだといわれています。たとえば、水道水に入っている塩素のぬけ具合がわかるとか、きれいな水しか飲まないなど、さまざまなこだわりがあるようです。

そんな、味にうるさいネコですが、最近の研究によれば、ネコの舌は、あまみを感じることが少ないそうです。あまみは、おもに植物性の食べものから生まれるものであり、肉食動物のネコは、進化の過程であまみを感じる器官が退化したのだと考えられています。そのかわり、ネコの舌は苦みや酸みをするどく感じることができ、大好物の肉がくさっていないかどうかを区別することができます。

このように、生きものの舌を観察してみると、それぞれのからだや食生活に合ったはたらきをしているのがわかります。たとえば、犬は、舌を出して体温の調節をしています。カメレオンは、先のほうがべたべたした、のびちぢみする舌で、遠くの獲物をつかまえます。ヘビは、舌を出すことで、周囲のにおいや温度差を感じとっています。

ブラシのように使い、毛づくろいをする

スプーンのように水をじょうずにすくう

舌の突起

24ページのこたえ 空気

おはなし豆知識　人間以外の動物は、火を使って調理をしないため、熱い食べものが苦手です。

おはなしクイズ　ネコの舌には、びっしりと突起が生えている。○か×か?

こたえはつぎのページ

蒸気機関ってなに？

産業の発展に大きな役割を果たしました

読んだ日にち（　　年　　月　　日）（　　年　　月　　日）（　　年　　月　　日）

1月8日のおはなし

伝記

ジェームズ・ワット（一七三六～一八一九年）

みなさんは、蒸気機関車を知っていますか。えんとつからもくもくとけむりを出して線路を走る機関車です。今ではあまりすがたを見かけませんが、ときどき鉄道のイベントなどで走ることがあるので、乗ったことがある人もいるかもしれませんね。

あの機関車を動かしているのが、「蒸気」の力です。水をふっとうさせると、目に見えない水蒸気（小さな水のつぶ）になっていきます。水蒸気になると、どんどんふくらもうとするので、その力で機械を動かす装置を、「蒸気機関」といいます。

この「蒸気の力を使ってものを動かす」という考えは、昔から知られていました。装置もいくつか発明されていましたが、さらに改良して使いやすいものにし、産業の発展に大きな役割を果たしたのが、ジェームズ・ワットという技術者です。

ワットは一七三六年、スコットランドの港町で生まれました。手先が器用で、模型をつくるのが好きな子どもでした。五歳のころ、火にかけられたやかんのふたがカタカタと動くのを見て、蒸気のはたらきに興味をもったともいわれています。

やがて、船大工だったお父さんの仕事を手伝うようになりますが、お父さんがお金の面で行きづまってしまい、ワットは別の仕事をさがさなくてはならなくなりました。

「よし、科学器具の職人になろう」

十八歳のとき、ワットはロンドンへ出て、器械をつくる職人の弟子になりました。一生けんめい勉強して、一年で三、四年分もの技術をおぼえました。その後、スコットランドにもどり、グラスゴーという町で店を開こうとしましたが、職人の組合に入っていなかったので、店を開けませんでした。しかし、知り合いになったグラスゴー大学の教授のおかげで、大学の科学器具の手入れをする仕事につくことができました。

グラスゴー大学に出入りするようになったワットは、多くのすぐれた人たちと出会います。のちに大学教授になる、三歳年下のジョン・ロビンソンもそのひとりです。あるとき、ロビンソンがワットに言いました。

「蒸気の力で走る車をつくれないかな？」

25ページのこたえ　○

「蒸気かあ。ぼくはよく知らないな。どんなものなのか、調べてみよう」

ワットはその日から、蒸気の研究をはじめました。

蒸気機関のしくみはこうです。シリンダーの中の水を温めて蒸発させると、水蒸気がふくらもうとする力でピストンが上がります。反対に水蒸気を冷やして水にもどせば、ちぢもうとする力でピストンは下がります。その上下運動で、ものを持ち上げるわけです。

それまであったニューコメンという人がつくった蒸気機関は、シリンダーの中に直接水を入れて冷やすことで、水蒸気を水に変えていました。

ワットの蒸気機関のしくみ

上下運動
上下運動
回転運動
ピストン
シリンダー
蒸気
水

しかし、その方法ではシリンダーの温度自体も下がってしまうため、つぎに温めるときに、大量の熱と時間が必要になります。

そこでワットは、シリンダーとは別のところに、蒸気を冷やす装置を取りつけました。これにより、装置の効率がぐんとよくなり、温めるための燃料も節約できるようになりました。

ワットはその後、資金を出してくれた実業家のマシュー・ボールトンと、「ボールトン・ワット商会」という会社をつくります。ピストンの上下運動を回転運動に変えることで、機械をまわしたり、乗りものの車輪を動かしたりできるようになると、蒸気機関はたくさんの工場で使われはじめました。

これらワットの発明がもととなって、一八〇四年にはじめて蒸気機関車が走り、その三年後にはアメリカで実用的な蒸気船が登場したのです。

おはなし豆知識 水が水蒸気になると、もとの水の1800倍もの体積にふくらみます。

おはなしクイズ 水が水蒸気になる力を使って、ものを動かす装置をなんという？

正座をすると足がしびれるのはなぜ？

しびれを起こさないようにするには……

1月9日のおはなし

読んだ日にち（　　年　　月　　日）（　　年　　月　　日）（　　年　　月　　日）

からだ

親せきの家にあいさつに行ったときや、お寺や神社でお参りをするときなどに、正座をすることがありますね。長い間、正座をつづけていて、いざ立とうとしたときに、足がびりびりしびれて、よろけてしまったことはありませんか。なんともかっこ悪くて、はずかしいものですね。

正座で足がしびれるのは、からだの重みで足の感覚神経がおされて、正しい感覚を脳に伝えられなくなるからです。

同時に、ひざからつま先までの血管もおされてせまくなり、血液が流れにくくなります。血液がスムーズに流れないと、つま先まで酸素を送ることができません。すると、筋肉や神経の動きが悪くなって、足がしびれてしまうのです。特に、足の甲は筋肉がうすいので、正座をすると皮ふの下にある感覚神経と血管が、すぐにおさえつけられます。

からだの中でしびれを起こすのは、足だけではありません。うでをまくらにしてねると、目が覚めたとき、うでがしびれていることがあります。ひどいときには、手のひらをたたいてもつねっても、なにも感じなくなります。

しびれは、しばらくするとおさまりますが、足のしびれを早くとりたいときは、ひざから足首までの間をこすったり、足の親指を引っぱって動かしたりするとよいでしょう。うでのしびれも、足と同じように動かしてやると早くおさまります。

足がしびれないようにするには、長い時間、正座をつづけなければよいのですが、正座をやめられないこともありますね。そんなときは、足の親指を重ねてすわり、ときどきこしをうかせて、親指の位置を上下入れかえてみましょう。足の甲にかかるふたんをへらすことができます。

あとは正座になれること。正座になれている人は、ひざのまわりや足の表側の血管が太くなって、血液の流れが悪くならないそうですよ。

からだの重み

感覚神経

血管

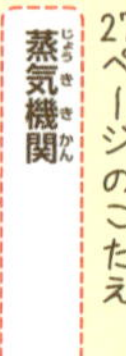

おはなし豆知識 感覚神経とは、からだが感じたしげきを脳に伝える神経のことです。

おはなしクイズ 足がしびれるのは、感覚神経となにがからだの重みでおしつぶされるから？

1月10日のおはなし

「iPS細胞」ってなに？

からだのうしなった部分を、もう一度つくることができたら……？

読んだ日にち（　年　月　日）（　年　月　日）（　年　月　日）

発明・発見

わたしたちが大きな病気やけがをして、からだの一部をうしなうと、もとにもどすことはできません。かわりに医療機器を入れたり、ほかの人から臓器を移植したりすることはできますが、からだに合わず、うまくはたらかないこともあります。

では、もし、うしなった部分を自分の細胞でもう一度つくることができたらどうでしょう。それなら、からだに合わないこともなく、病気の治療にたいへん役に立つはずです。

そんなすばらしいことができる可能性をもった細胞をつくり出したのが、京都大学の山中伸弥教授を中心としたグループです。この細胞を、「iPS細胞（人工多能性幹細胞）」といいます。

命のはじまりである受精卵は、はじめはひとつの細胞です。やがていくつにも分裂し、内臓や筋肉など、からだのすべての部分になることができます。受精卵ほどではないものの、からだのほぼすべての部分になる能力をもつ細胞を、「多能性幹細胞」といいます。でも、いったん細胞が内臓や筋肉になると、もうほかのものになることはありません。

ところが、受精卵から分裂していくとちゅうの細胞を取り出して、人工的にふやせば、多能性幹細胞をつくり出せることは、ずっと前からわかっていました。ただ、これをつくるには、受精卵が必要です。成長すれば赤ちゃんになるはずの受精卵を、人工細胞をつくるために使ってもいいのかという問題がありました。

そこで、山中教授は考えました。

「受精卵は使わずに、細胞自体をはじめの状態にもどすことはできないだろうか。それができる遺伝子が、きっとあるはずだ」

さっそく、その遺伝子さがしをはじめました。そして、二万個以上あるマウスの遺伝子の中から、「当たり」の遺伝子を四つ見つけ出したのです。この四つの遺伝子を細胞にあたえることで、新しい多能性幹細胞であるiPS細胞は完成しました。そして、ヒトでもiPS細胞をつくることに成功したのです。

「わたしの目標は、iPS細胞を患者さんのもとへとどけること」

山中教授はそう語ります。一日も早い実用化がのぞまれています。

皮ふなどの細胞

4つの遺伝子を細胞にあたえる

成長させる

iPS細胞

28ページのこたえ　血管

おはなし豆知識　山中教授は2012年、この研究でノーベル生理学・医学賞を受賞しました。

おはなしクイズ　からだのほぼすべての部分になれる能力をもつ細胞のことを、なんという？

こたえはつぎのページ

動物にオスとメスがあるのはなぜ？

子孫を未来に残していくためです

読んだ日にち（　　年　　月　　日）（　　年　　月　　日）（　　年　　月　　日）

1月11日のおはなし
鏡開き

動物

生きものが、はるか昔から今日までさかえてこられたのは、親が子どもをうみ、その子どもがまた子どもをうみ……と子孫を残してきたからです。この「子孫を残す」という行いは、生きものすべてにそなわっている本能です。

ほとんどの生きものには、オスとメスがいます。子孫を残すためには、オスの「精子」と、メスの「卵子」が必要です。これらの中には、「遺伝子」という、持ち主のからだつきや性質などの情報が入っています。そして、精子と卵子がいっしょになることで、親の遺伝子を半分ずつ受けついだ子どもが生まれます。

この、遺伝子を半分ずつ受けつぐということには、よいことがあります。なぜなら、遺伝子の組み合わせのちがいによって、さまざまな特徴をもつ子どもが生まれてくるからです。そうすると、環境が変化したときや病気がはやったときなどに、その影響を受けない体質の子どもは生き残ることができるのです。

このように、親とは少しちがう、新しい特徴をもった子孫を未来に残していくために、オスとメスがいるわけですが、生きものの中には、ちょっと変わった性別をもつものがいます。

ゾウリムシという細胞がひとつだけの小さな生きものには、いわゆる「オス」と「メス」の区別がありません。それなのに、遺伝子には十六のグループがあって、そのグループの仲間どうしでしか新しい特徴をもつ子孫をつくれないのです。

また、カタツムリやミミズは、一ぴきが精子と卵子両方の細胞をもっています。こうしておけば、どの相手と出合っても、子孫を残すことができます。

クマノミという魚は、むれの中でからだが一番大きい一ぴきだけがメスです。このメスが死ぬと、つぎに大きいオスが、なんとメスに変わります。

これらはみな、生きものがそれぞれの環境で生きのびるために、たどった、進化の結果なのです。

親から子へ、どんな特徴を受けついだかな？

29ページのこたえ　多能性幹細胞

おはなし豆知識　ゾウリムシは、自分のからだを分裂させて、同じ遺伝子をもつ子孫をふやすこともできます。

おはなしクイズ　持ち主のからだつきや性質などの情報が入っているものを、なんという？

こたえはつぎのページ

満ち潮と引き潮があるのはどうして?

海水の変化のひみつは月と太陽……!?

読んだ日にち(　年　月　日)(　年　月　日)(　年　月　日)

地球・宇宙

夜空にうかぶ月は、どうして落ちてこないのでしょう。それは、月と地球が引っぱり合いながら、月が地球のまわりをまわっているからです。たとえば、陸上競技のハンマー投げのように、ある速さでたがいに引っぱり合いながらまわると、ワイヤーがピンとはって、人とハンマーは、くっつきもはなれもしません。この、たがいに引き合う力を「引力」といいます。

引力は目に見えないので、ふだん気にすることは少ないのですが、海へ行くと、月の引力を感じることができます。

「満ち潮」「引き潮」という言葉を聞いたことがありますか。満ち潮のときは海の水がふえ、引き潮のときは海の水がへる現象です。

とはいっても、地球の海水の量そのものが変わるわけではありません。地球のまわりをまわっている月が近くなったとき、月側の海水が月の引力に引っぱられてもち上がり、結果として海水の量がふえたように見えるのです。そのため、いつもは浜辺だったところが海の中にしずみます。これが満ち潮です。

いっぽう、満ち潮の両わきにある海の水は、引っぱられたぶん、へってしまい、いつもは海の底だったところが、あらわになります。この状態が引き潮です。

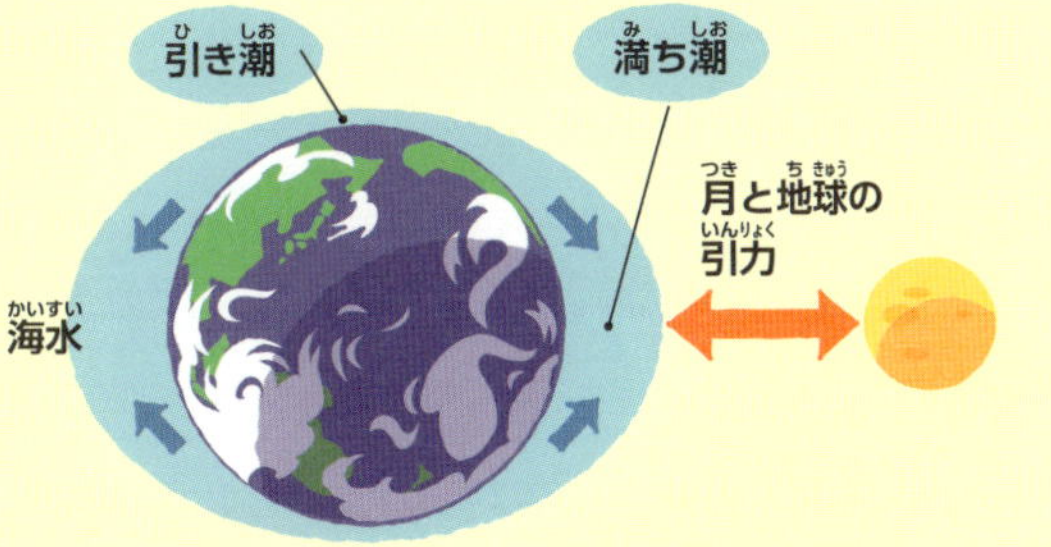

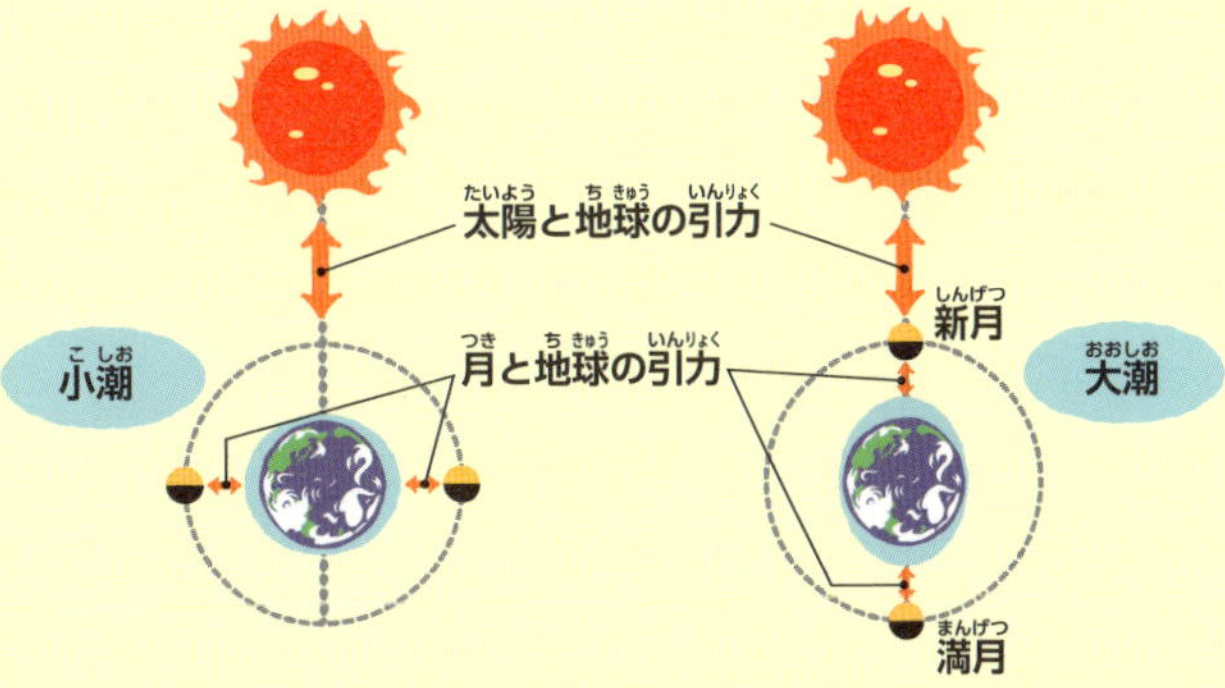

海はこの満ち潮・引き潮を、ふつう一日に二回くり返しています。海水の満ち引きで変わる水面の高さは、地形によってことなりますが、九州の有明海ではその差が六メートル以上にもなります。

地球は月だけではなく、太陽の引力の影響も受けます。太陽と月が一直線にならぶ満月と新月(206ページ)のときは、引力がより強くなるので、海面はさらに引っぱり上げられます。このときの海の状態を「大潮」といいます。

また、地球を中心に太陽と月が直角の位置にきたときは、たがいの引力が打ち消し合います。このときは、あまり海面は上がらない「小潮」になります。

30ページのこたえ　遺伝子

おはなし豆知識　月の反対側の海は、月の引力が弱いため、海水が取り残されて結果的に満ち潮になります。

おはなしクイズ　潮の満ち引きは、月と太陽のなんの影響を受けて起きる?　㋐重力　㋑引力　㋒超能力

こたえはつぎのページ

寒くなると、こん虫のすがたが見られなくなるのはどうして？

冬の間、こん虫はどこにいるのでしょう

読んだ日にち（　年　月　日）（　年　月　日）（　年　月　日）

わたしたち人間は、犬やネコと同じ「ほ乳類」という種類の生きものです。ほ乳類や鳥の仲間（鳥類）は、まわりの温度が変わっても、体温を一定にたもつしくみをもっています。

たとえば、わたしたち人間はいつも体温が三六～三七度くらいで、これより高くなったり、低くなったりすると、からだのはたらきが弱って、病気になってしまいます。このように、体温を一定にたもつしくみをもった動物を、「恒温動物」といいます。

いっぽう、こん虫や魚など、ほ乳類や鳥類以外の動物は、まわりの温度に合わせて体温が変化します。

たとえば、気温が二〇度のところにいると体温はほぼ二〇度になり、気温が三〇度に上がれば、体温も三〇度近くになります。また気温が一〇度くらいに下がれば、体温は一〇度くらいになります。このような動物を、「変温動物」といいます。

恒温動物は、体温が変化すると生きていくことがむずかしくなるのに対して、変温動物は少しくらいなら体温が変化しても、平気です。しかし、まわりの温度が下がりすぎてしまうと、いっしょに体温が下がるために、動くことができなくなります。

そのため、冬に寒くなる場所にすんでいる変温動物の多くは、冬眠します。その温度は、変温動物の種類によってちがいます。

こん虫やクモも変温動物なので、多くの種類が冬眠します。冬にこん虫やクモが見られなくなるのは、わたしたちの目に見えない場所で冬眠しているからです。

では、いったいどのような場所で、どのようなすがたで冬眠しているのでしょうか。

こん虫の冬眠のしかたは、種類によってさまざまです。カマキリは、草のくきや木のえだなどにうみつけられたたまごで冬をこします。コオロギは土の中にうみつけられたたまごで冬をこします。

カブトムシやオオムラサキというチョウなどは、幼虫で冬をこします。カブトムシの幼虫は、くさった落ち葉が積もっている地面の下で、オオ

気温 10度

31ページのこたえ　㋑引力

ムラサキの幼虫は、落ち葉の下などにかくれて、春を待ちます。また、モンシロチョウやアゲハは、さなぎの状態で冬をこします。

なかには、成虫で冬をこすものもいます。テントウムシは木の皮の下などに集まって、アリは巣のおくなどにこもって冬をこします。いっぽう、クモの仲間は成体、幼体、たまごと、種類によってさまざまな形で冬をこします。朽ち木の中や下にはさまざまなこん虫がいます。

ところで、多くのこん虫やクモは、地面の下や木の中など、外から見えにくい場所で冬眠するのは、いったいなぜでしょう。

いくつかの理由がありますが、ひとつは敵などから身を守るためです。冬眠している間、こん虫やクモは体温が下がってあまり動けないので、敵におそわれても、にげることができません。そのため、できるだけ目立たない、安全な場所を選んで冬眠するのです。

そして、もうひとつの理由は、体温ができるだけ下がらず、変化しないようにするためです。

はげしい寒さや温度の急な変化は体力をうばうため、冬眠しているこん虫やクモにとって、あまりいいことではありません。そのため、冷たい雨風にさらされにくいうえ、太陽の光が直接当たらず、一日の温度変化が少ない場所を冬眠場所に選んでいるのです。

これは、テントウムシの冬眠場所を観察してみると、よくわかります。木の皮の下で冬眠するテントウムシは、同じ木の皮でも、一日の温度変化が大きい南側に面した部分ではなく、温度変化が少ない北側に面した部分で冬眠することが多いといわれています。

おはなし豆知識 変温動物は寒さには弱いですが、食料が少し足りなくても生きぬく力があります。

おはなしクイズ 恒温動物は、つぎのうちどれ？　㋐犬　㋑カブトムシ　㋒クモ

こたえは つぎのページ

ペンギンが寒いところで生きられるのはなぜ？

からだをおおう羽毛や血液の流れ方にひみつがあります

読んだ日にち（　年　月　日）（　年　月　日）（　年　月　日）

ペンギンは、おもに南極大陸とそのまわりの島じまにすむ鳥です。鳥なのに空を飛ぶことができず、そのかわりに海にもぐることができる、ちょっと変わった生きものです。氷の上をちょこちょこと歩くすがたはとてもかわいいのですが、南極のようなところでくらしていて、寒くないのでしょうか。

ペンギンのからだは、ぶあつい脂肪でおおわれています。羽毛はほかの鳥にくらべてかたく短めで、すきまなくびっしり生えているので、マイナス五〇度の寒さにもたえられます。

さらに、ペンギンの足の血管にも、ひみつがあります。ペンギンの足の血管は、太い動脈に静脈がからみ合っています。動脈は、からだの中心から温かい血液を運んできます。足先の静脈の血液は冷たく、氷の冷たさを感じにくくなっています。静脈の血液がからだの中心にもどるとき、足の太い動脈のまわりを通ることで温められます。このため、冷たいのは足先だけで、体温をたもつことができるのです。

南極は五月から八月までが、きびしい冬にあたります。この時期に子育てをするコウテイペンギンは、冬がくる前に陸地に上がって、大きなむれをつくります。五月になると、メスがたまごをひとつうみ、オスがそれを足の上に置いて温めます。たまごがかえるまでのおよそ二か月間、オスはエサを食べず、ふぶきの中でひたすら立ちつづけるのです。メスはその間、海にもぐり、たくさんの食べものを胃にたくわえてもどってきます。

七月にヒナがかえると、今度はオスが食べものをとるために海へもぐります。ヒナが大きくなって、食べものの量が足りなくなると、オスとメスがともに海に出かけ、ヒナは親の帰りを待ちます。

食べもののゆたかな夏、ヒナは親のもとをはなれます。羽毛もすっかり大人のものに生え変わり、魚やオキアミ、イカなどをもとめて、海へ出ていくのです。

33ページのこたえ　㋐犬

おはなし豆知識　コウテイペンギンは、ペンギンの中で一番大きく、体長が120センチメートルほどあります。

おはなしクイズ　コウテイペンギンでたまごを温めるのは、オスとメスのどっち？

1月15日のおはなし

乗りもの

飛行機はどうやって飛ぶの？

左右の大きなつばさにひみつがあります

読んだ日にち（　　年　　月　　日）（　　年　　月　　日）（　　年　　月　　日）

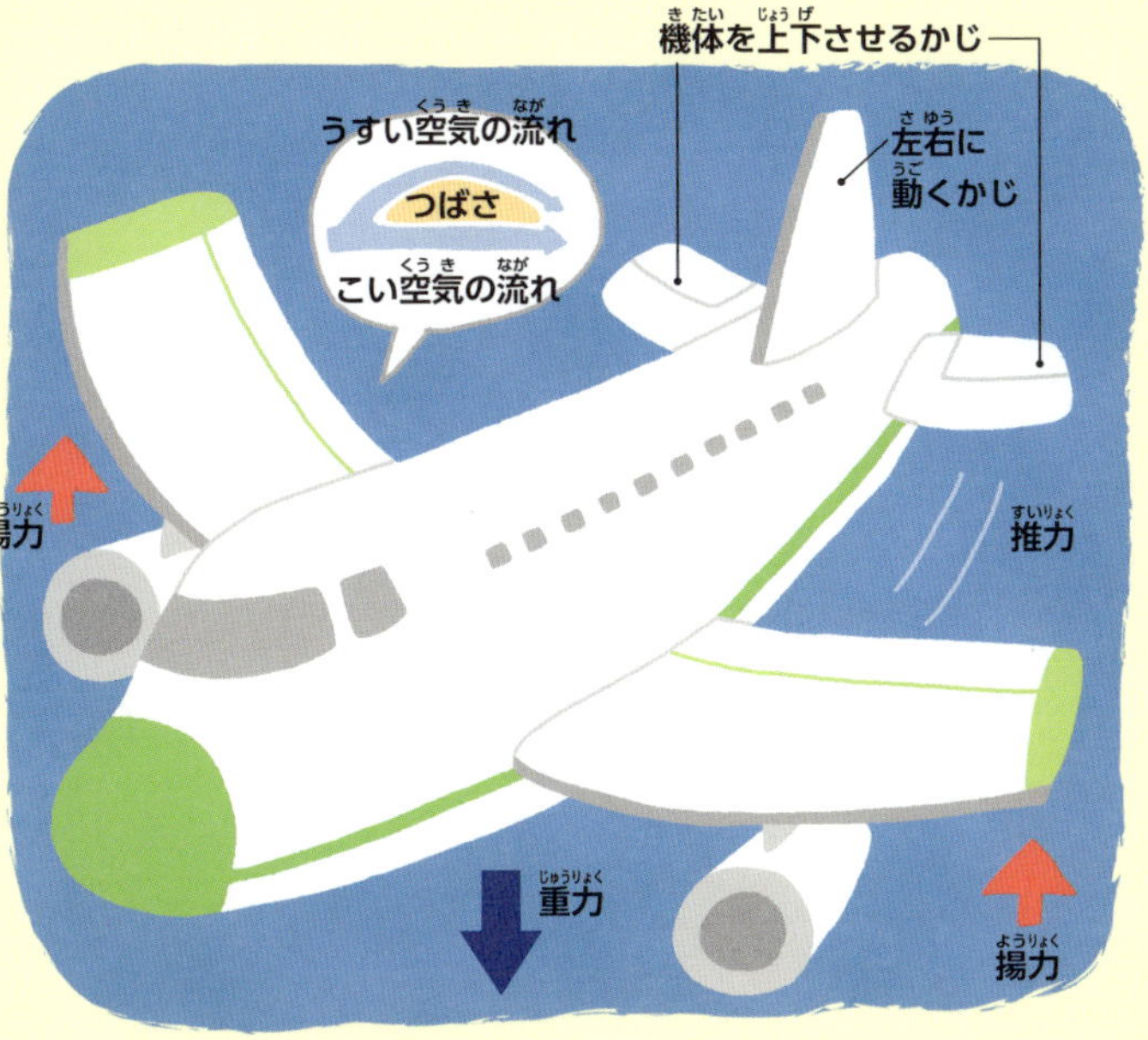

みなさんは飛行機に乗ったことがありますか。とうじょう口から入って、近くで飛行機を目にすると、「こんな大きなものが、どうして雲の上を飛ぶのかなあ」

なんて、どきどきわくわくしてきますね。そこには、科学の力をいっぱい使ったくふうがあるのです。

飛行機が空を飛ぶには、ふたつの大きな力が必要になります。ひとつは、左右のつばさについているジェットエンジンがつくり出す、前に進む力です。これを「推力」といいます。

飛行機が推力によって前に進むと、空気がうしろに向かって流れていきます。空気は左右のつばさにも当たりますが、じつはこのつばさ、ただの平たい板ではありません。横から見るとわかりますが、つばさの上の部分はまるくふくらみ、下は平らなつくりになっています。

そのため、つばさの上を通る空気は、遠まわりをするぶん、下の空気に追いつこうとして、流れが速くなります。すると、つばさの上は空気がうすく、下は空気がこくなり、下からつばさをもち上げようとする力が生まれます。これがもうひとつの力、「揚力」です。揚力は、前に進むスピードが速いほど大きくなるので、滑走路をぐんぐん進んでいくうちに、あの大きな飛行機が重力にさからって空へうき上がっていくというわけです。

空を飛んでいる飛行機の上下左右の向きを変えるのは、機体のうしろにある三まいの小さなつばさです。たてについているつばさには左右に動くかじが、横についている二まいのつばさには機体を上下させるかじがあります。これで空気の流れる方向を操作して、機体の向きや角度を変えるのです。

飛行機のスピードは、ふつうの旅客機で時速九〇〇キロメートルくらいです。これまでで一番速かった旅客機「コンコルド」は、音が伝わる速度より速い「超音速」で飛んでいました。

34ページのこたえ　オス

おはなし豆知識 世界一速い実用飛行機は、米軍の偵察機ブラックバードで、音速のおよそ3倍の速さで飛びます。

おはなしクイズ 飛行機が空を飛ぶのに必要なふたつの力は、推力となに？

こたえはつぎのページ

江戸時代の「悲劇の天才」ってどんな人？

時代に先がけて、さまざまな分野で活やくしました

読んだ日にち（　　年　　月　　日）（　　年　　月　　日）（　　年　　月　　日）

1月16日のおはなし

伝記

平賀源内（一七二八〜一七七九年）

いつの時代も、「はやりもの」にはたいてい、それを考えた〝しかけ人〟がいるものです。

たとえば、夏の土用の丑の日にウナギを食べる習慣がありますが、あれは自然に生まれたものではなく、江戸時代に、ある人物がキャッチコピー（宣伝文句）をつくって、はやらせたものです。

その人物の名前は、平賀源内といいます。コピーライターのような仕事のほか、学者、発明家、作家、画家などの顔をもつ、才能にあふれた人でした。また、一生結婚をせず、好きなように生きた自由人でもありました。

源内は一七二八年、高松藩（今の香川県）に生まれました。子どものころからたいへん頭がよく、むずかしい本もすらすら読みこなしていたそうです。

十三歳のときには、酒をおそなえすると、天神さまの顔が赤くそまるしかけの、かけじくをつくって、大人たちをおどろかせました。

やがて、植物や動物、鉱物などから薬をつくる「本草学」という学問に夢中になり、高松藩の薬草園ではたらきはじめます。しかし、それだけでは物足りません。

「わたしは長崎へ行って、外国から入ってくるいろいろなものを見てきたい。それが将来、日本のためになるのだ」

そのころの日本は、外国との貿易や交通を禁止する、「鎖国」という状態でした。ただ一か所、長崎にある出島だけが、オランダなどとの貿易をゆるされた場所でした。源内は、高松藩の殿さまからゆるしをもらって、長崎へ出かけました。

長崎でふれた外国の文化は、とてもしげき的なものでした。本草学の勉強はもちろん、油絵や電気を使った器具など、見たことのないものが山ほどあります。一年間の見物を終えると、高松藩にもどる気持ちはすっかりどこかへ消えていました。

「日本の中心は江戸（今の東京都）だ。江戸へ出よう」

源内は江戸で、各地の産物や薬の展示会を開きました。それが話題となって、江戸幕府の老中・田沼意次や、医者の杉田玄白（67ページ）らと知り合いになります。

35ページのこたえ　揚力

また、学者として有名になるかたわら、男が小人の国や女性だけの国に旅をする小説や、演劇の台本、そのころ町をわかせていたおなら芸人の見物記などを書いて、江戸一番の人気者になりました。

しかし、高松藩からお金がもらえなくなったことに加え、手がけていた鉱山事業の失敗などが重なって、いつも借金をかかえる身でした。

源内が「エレキテル」という西洋のふしぎな器具と出合ったのは、二度目の長崎見物のときでした。さっそく、友人からこわれたエレキテルを引き取ると、江戸に帰ってしくみを研究し、七年かかって修理に成功したのです。

源内は人びとを集めると、自信たっぷりに言いました。

「これは、人間のからだから火を出して、病気を治す機械だ。だれか、この二本のぼうを持ってみてくれたまえ」

そして、源内がエレキテルのハンドルをまわすと、バチバチッと静電気が流れ、火花が飛びちりました。

「ひゃあ！」

集まった人びとはびっくり。エレキテルは今でいう、電気治療器です。

しかし、電気というものがまだ知られていない江戸時代では、あまりにとっぴすぎたのか、エレキテルが世の中に受け入れられることはありませんでした。

「頭はいいけれど、ちょっと変わったおじさん」

源内に対する江戸の人びとの評価は、だいたいそんなところです。

「わたしは有名になったけれど、世のためになることはなにもしないいま、月日だけがすぎていくなあ」

源内はそうなげくようになり、ある日、かんちがいから人をうたがって、きりつけてしまいます。そのためとらえられ、まもなくろうやの中でなくなりました。

おはなし豆知識　源内は電気の知識がないにもかかわらず、独学でエレキテルを直しました。

おはなしクイズ　源内がエレキテルに出合ったのは、日本のどこ？　㋐江戸　㋑高松　㋒長崎

こたえはつぎのページ

魚にも鼻や耳があるの？

魚と人間のからだのしくみのちがいとは……

1月17日のおはなし

読んだ日にち（　年　月　日）（　年　月　日）（　年　月　日）

魚

わたしたち人間が水中にもぐると、一分もしないうちに息苦しくなります。水の中では、においもわかりませんし、音もよく聞き取れませんね。でも、水の中にいる魚は、そんなことはないようです。どんなしくみになっているのでしょう。

魚の頭を正面から見ると、口の上に小さなあながふたつずつ、計四個空いていますね。これが鼻のあなです。

魚が泳ぐと、前の鼻のあなから水が入り、「嗅板」というところを通って、うしろの鼻のあなから出ていきます。この嗅板は、水にとけたにおいをかぎ取る器官です。においによって、魚はエサや敵、仲間の存在を知ることができるのです。

さて、魚の鼻のあなはすぐに見つかりますが、耳のあなは見つかりませんね。それもそのはず、魚には、人間のような耳のあなも耳たぶもありません。でも、きちんと音を感じることができます。頭の骨の中、ちょうど左右の目のうしろに、「内耳」という器官があり、ここで水中を伝わってくる音のゆれを感じとるのです。また内耳には、からだのバランスをたもつ役割もあります。

魚には、内耳のほかに、もうひとつ音を感じるところがあります。魚のからだの側面に、えらぶたの上あたりから尾にかけて点線がつづいているところがあるでしょう。この点線を「側線」といい、ここで水の流れや水圧の変化、音や振動を感じとっているのです。それによって、自分や仲間のいる位置がわかるというわけです。よく魚のむれが、いっせいに向きを変えて泳ぎだしたりしますが、これは側線で仲間の動きを感じとって動いています（364ページ）。

このように魚は、においや水の流れをびんかんに感じて、水の中でくらしているのです。

鼻のあな

水の流れ

嗅板

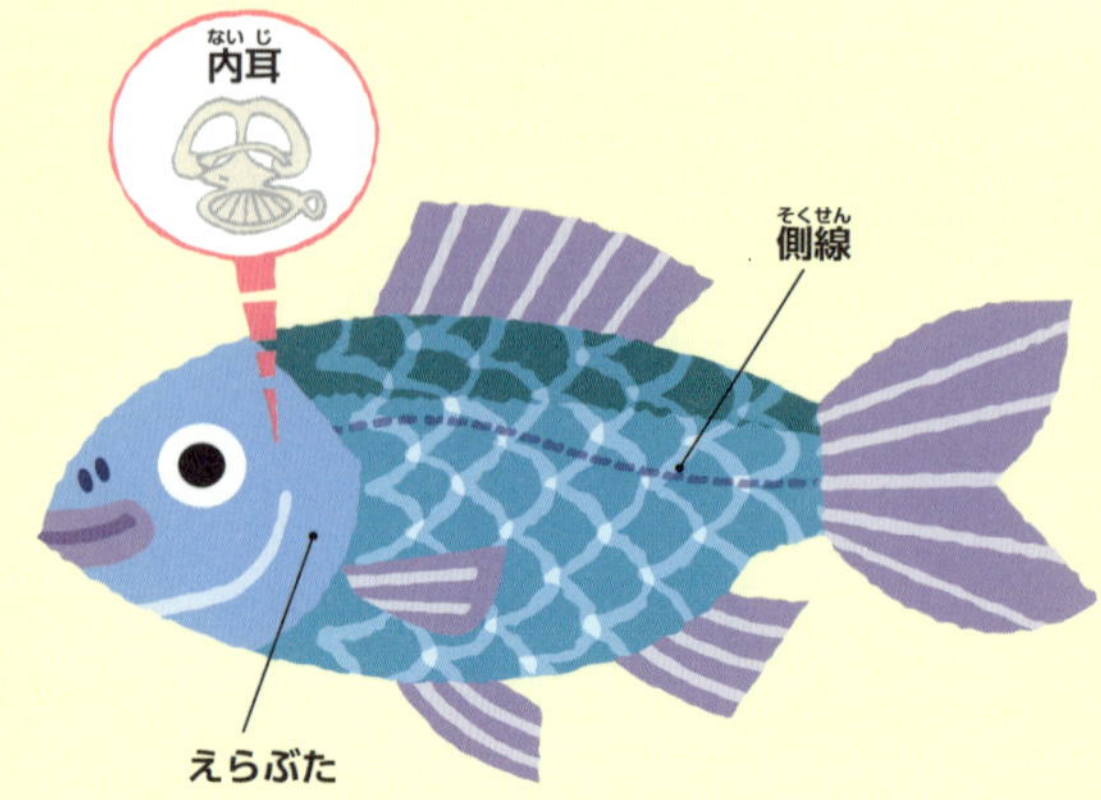

37ページのこたえ　ウ長崎

おはなし豆知識　トビウオなど、鼻のあなが左右にひとつずつしかない魚もいます。

おはなしクイズ　魚には、耳のあなや耳たぶがある。○か×か？

こたえはつぎのページ

1月18日のおはなし

温度計で温度がはかれるのはなぜ？

温度が変わると、液体がふくらんだりちぢんだりする性質を利用しています

読んだ日にち（　　年　　月　　日）（　　年　　月　　日）（　　年　　月　　日）

温度計には、いろいろな種類があります。針で温度をさしめすものやデジタル式のものもあれば、理科の実験などで使う細長いガラス管のものもあります。

針やデジタル式のものは、温度の変化を電気の信号に置きかえて、温度をあらわすしくみです。細長いガラス管のものは、温度計の下のふくらみに入った銀色や赤色の液体が、ガラス管の中でのびちぢみすることで、温度がわかります。

銀色の液体は「水銀」という金属で、赤い液体はアルコールや灯油に色をつけたものです。これらの液体は温度によって、ふくらんだりちぢんだりする性質があり、それを利用して温度計がつくられています。めもりの読み方は同じですが、銀色と赤色の温度計では、なにがちがうのでしょうか。

この中で最初にできたのは、アルコールの温度計でした。アルコールは、マイナス一一七度近くまで液体のままです。熱によってふくらみやすいので、温度計に使うのに向いていましたが、七八度をこえるとふっとうしてしまいます。水は一〇〇度になるとふっとうするので、これでは、水がふっとうする温度をはかることはできません。

そこで、一〇〇度をこえてもふっとうしない、水銀の温度計がつくられました。水銀は、常温で液体の状態のままのただひとつの金属です。ところが、マイナス三九度近くになるとこおってしまいます。そのため、すごく寒いところでは使えません。また、水銀には毒性があるので、食べものなどの温度をはかる際に、われて外へ流れ出ると、たいへんきけんです。

こうした特性から、熱いものをはかるには水銀の温度計、寒いところで使うにはアルコールの温度計と、使い分ける必要があります。その点、灯油の温度計は特に使い分けをする必要もなく、毒性もないので安心です。ですから、今使われている赤い液体のほとんどの温度計には、灯油が入っています。

アルコール
寒いところで使う温度計

灯油
使い分けの必要のない温度計

水銀
ブル　ブル
熱いものをはかる温度計

38ページのこたえ　×

おはなし豆知識　体温計には、わきの下や舌のうら、直腸や耳のこまくなどではかるタイプがあります。

おはなしクイズ　温度計の赤い液体はアルコールや灯油ですが、銀色の液体の正体はなに？

こたえはつぎのページ

ねているときも心臓はずっと動いているの？

1月19日のおはなし

心臓は自分の力で止めることはできません

読んだ日にち（　年　月　日）（　年　月　日）（　年　月　日）

からだ

心臓は、からだ中に血液を送るポンプの役割をする器官です。もし心臓が止まったら、血液を送ることができなくなるので、生きものは死んでしまいます。ですから、ねているときでもきちんと動いてくれないと、たいへんなことになります。

わたしたちは、自分の思ったように手足を動かしたり、息を止めたりすることができますね。しかし、心臓は自分の力で動かしたり止めたりすることができません。

それは、心臓が脳からの命令で動くのではなく、自分では調節のきかない、「自律神経」というところからの信号で、自動的に動いているからです。だから、ねているときでも、動いていることができるのです。

むねに手を当ててみると、ドクドクと脈打つ音が感じとれるでしょう。ここが心臓のあるところです。心臓は、ろっ骨（あばら骨）にしっかりと守られています。その重さはおよそ二〇〇～三〇〇グラムほどで、ちょうどその人のにぎりこぶしくらいの大きさです。

心臓の中は、四つの部屋に分かれています。自分から見て、右側の上の部屋が「右心房」、その下が「右心室」。左側の上が「左心房」で、下が「左心室」です。右側と左側の部屋は、筋肉のかべでさえぎられているので、血液が出入りすることはありません。

心房と心室の間には、それぞれ、「弁」とよばれるとびらがついています。また、心室から心臓の外へ出る出口の部分にも、弁がついています。これらの弁は一方通行で、反対の方向には血液が流れないつくりになっています。血液はこの四つの弁を通って全身に送り出され、人間が生きるのに必要な酸素や栄養分を細胞にとどけているのです。

では、血液が全身に流れるしくみを、もう少しくわしく見てみましょ

39ページのこたえ　水銀

心臓からの血液の流れ

上半身から流れてくる大静脈
肺
上半身へ流れていく動脈
下半身へ流れていく大動脈
心臓
下半身から流れてくる大静脈

心臓にある4つの部屋

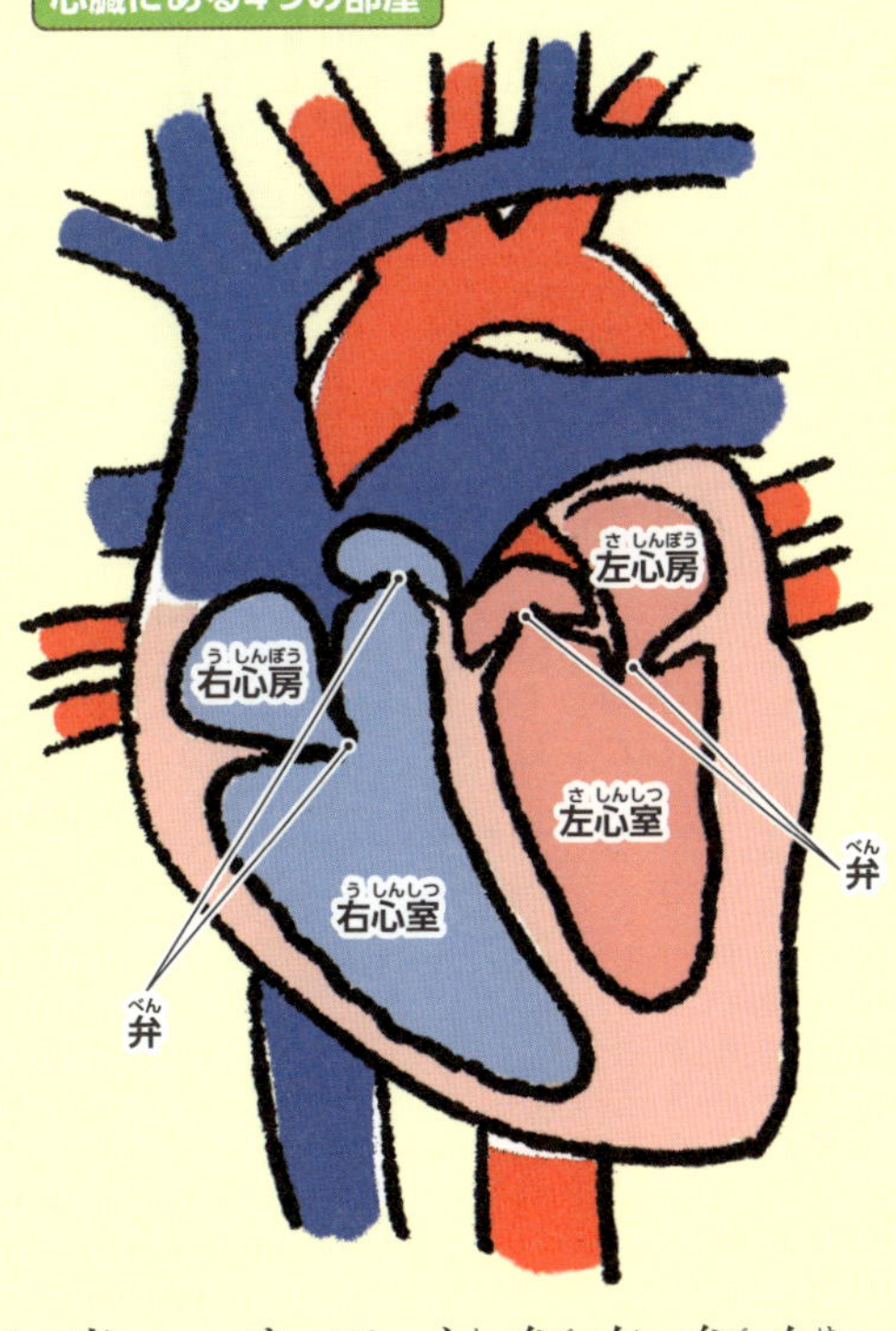

う。

全身を流れて酸素が少なくなった血液は、「大静脈」という血管から弁を通って、右心房に流れこみます。右心房が血液でいっぱいになると、弁が開いて右心室に送られます。右心室にたまった血液は、ポンプの力でおし上げられ、外へ出るための弁を開けて、肺に向かいます。

肺では、呼吸によって空気中の酸素を取りこみ、血液にとどけます。こうして、酸素をたくさんもってきた血液は、今度は左心房へ入っていきます。右心房と同じように、左心房が血液でいっぱいになると、弁が開いて左心室に送られます。左心室から弁を通って外へ送り出された血液は、「大動脈」という血管を通って、全身へ流れていきます。

左心室は、からだのすみずみにまで血液を送るので、特に強いポンプの力がないといけません。そのため、右心室の三倍のあつさの筋肉がついています。

からだ中をめぐった血液は、また右心房へもどってくるわけですが、心臓はこのポンプの仕事を一分間に約七十回、規則正しく行っています。一回に送り出す血液の量は約七〇ミリリットルで、一分間だと約五リットル。一日にすると、なんと七トンにもなります。

この、一分間に心臓が動く回数を「心拍数」といいます。心拍数は、その人の活動の状態によって変わります。たとえば、運動をするときは、からだに多くの酸素と栄養を送らなくてはいけないので、心臓の活動は速くなります。すると、心拍数は一分間に二百回以上に上がることもあります。

好きな男の子や女の子と話すときに、むねがどきどきするのも、きんちょうとこうふんで心拍数が上がっているからですね。でもそれは、生きている証拠でもあります。

おはなし豆知識 長距離を走る選手は、心拍数を上げずに全身に血液を送ることができる心臓になっています。

おはなしクイズ 血液を全身に送る役目をする心臓の部屋は、右心室と左心室のどっち？

こたえはつぎのページ

恐竜は日本にもいたの？

たくさんの種類の恐竜の化石が見つかっています

読んだ日にち（　　年　　月　　日）（　　年　　月　　日）（　　年　　月　　日）

地球に恐竜がいたのは、今からおよそ二億五千万年前から六千六百万年前までの間でした。はじめは小さな恐竜しかいませんでしたが、およそ二億年前に、映画やテレビで見られるような大型の恐竜が登場します。

恐竜とは、「立って歩くことができる、陸上のは虫類」のことをいいます。同じは虫類のワニやトカゲは、からだの横からつき出た足で、地面をはうようにして歩きますが、恐竜は、下にまっすぐ生えた足でからだをしっかりとささえて歩いていました。二本足で歩くものと、四本足で歩くものに分類でき、獲物をつかまえて食べる肉食性と、植物を食べる草食性に分かれます。

こういったことはすべて、「化石」からわかります。化石は大昔の生きものや生きていたあとが、長い年月をかけて石になったもので、その時代の土や砂、どろなどが積もってできた、「地層」からほり出されます。

恐竜の化石では、骨や歯、足あと、たまごやふんなどがアメリカや中国でたくさん見つかっています。恐竜がいたころ、日本はまだ島国ではなく、大陸とつながっていました。しかも、国土の多くが浅い海の底だったので、見つかるのは、貝や海の生きものの化石がほとんどでした。

しかし、一九七八年、岩手県の地層から、四本足で歩く首の長い大型恐竜の足の骨が見つかります。これが日本ではじめての恐竜の化石で、「モシリュウ」とよばれています。

その後、全国各地で発掘されるようになり、今ではたくさんの種類の恐竜の化石が見つかっています。なかでも、富山県、福井県、石川県、岐阜県にまたがる「手取層群」は、日本最大の発掘地です。一億二千万年以上前の地層で、草食恐竜のフクイサウルスや、肉食のフクイラプトルなどの化石が見つかりました。

二〇一八年九月には、北海道でむかわ竜（通称）の化石を岩から取り出す作業が完了し、そのすがたが明らかになりました。この恐竜は、大型草食恐竜で、全長は約八メートルです。

手取層群

41ページのこたえ　左心室

おはなし豆知識　プテラノドンなどの翼竜や、海にすむ首長竜は、恐竜には分類されません。

おはなしクイズ　恐竜の化石が見つかる、昔の土やどろが積もったところをなんという？

1月21日のおはなし

木は長生きって本当？

3000年も生きるといわれている木もあります

読んだ日にち（　　年　　月　　日）（　　年　　月　　日）（　　年　　月　　日）

植物

　植物も、人間と同じ生きものですから、とうぜん寿命があります。一年草の草花の場合、その年かぎりで一生を終えますが、木は何年にもわたって生長をつづけます。その一生は十数年から数百年ですが、なかには、鹿児島県の屋久島のスギのように三千年も生きるといわれているものもあります。

　木は種から芽を出して根をはり、大きくなっていきます。上へのびていく生長は、ある程度のところでゆるやかになりますが、みきやえだは木が生きているかぎり太くなります。つまり、みきの太い木ほど、長生きをしているのです。

　では、みきを輪切りにして、木の内部を見てみましょう。まず、一番外側は「樹皮」です。ふだん目にする木の皮ですね。その内側には、「形成層」とよばれるところがあります。そして、形成層より内側を「木部」といいます。じつは、木部にある細胞はほとんど死んでいます。

　木の生長には、形成層がたいせつなはたらきをします。ここで細胞の分裂が起き、新しい細胞が生まれて、みきやえだを太くするのです。

　木部をよく見ると、輪が何重にも重なっています。これを、「年輪」といいます。年輪は、形成層でつくられた新しい細胞が積み重なってできるもので、外側の輪ほど新しいものです。一年にひとつずつふえていくので、この輪の数をかぞえれば、木の年齢がわかります。

　年輪は場所によって、輪と輪の間かくが広いところとせまいところがあります。間かくが広いということは、それだけ太ったというあかしですから、その年は育ちがよかったということになります。

　しかし、いくら木が長生きといっても、虫に食いあらされたり、はげしい風や雨にさらされたりすれば、命をちぢめてしまいます。それをふせぐために、木は樹皮をぶあつくし、自分を守っているのです。

育ちがよかった年の年輪
育ちがよくなかった年の年輪
木部
形成層
樹皮

42ページのこたえ　地層

おはなし豆知識　みきの表面のさけ目は、木が生長してきたあとです。長生きしている木ほどたくさんあります。

おはなしクイズ　木の内部にある年輪で、なにがわかる？　㋐性別　㋑年齢　㋒好きな食べもの

こたえはつぎのページ

地球温暖化はよくないことなの？

小さな島が海にしずんでしまうかもしれません

読んだ日にち（　　年　　月　　日）（　　年　　月　　日）（　　年　　月　　日）

1月22日のおはなし

地球・宇宙

地球の多くの国ぐにでは、産業の発展によって、ゆたかなくらしができるようになりました。

森や山を切り開いて道路や工場をつくったり、地中からほり出した石油からプラスチックなど、いろいろなものをつくったりしてきました。

しかし、そのかげで、工場から出るけむりや排気ガスによる大気汚染、排水による海洋汚染など、さまざまな問題が起きています。

そのなかでも、一九八〇年代の終わりごろから注目されてきたのが、「地球温暖化」という環境問題です。

夏はもともと暑い季節ですが、最近は、猛暑といわれる異常に暑い日が長くつづきます。とつぜん集中的に大雨がふったり、台風がいつもとちがう進路をたどったりすることもあります。こういった異常気象の原因のひとつが、「温室効果ガス」にあるといわれています。

温室効果ガスとは、水蒸気、二酸化炭素、メタンなどのガスのことで、太陽の熱をしばらくためて、地球をほどよく温めています。地球の平均気温は約一五度ですが、温室効果ガスがないと、マイナス一八度になります。つまり、三三度分が温室効果によるものなのです。

ところが現在、温室効果ガスの量が必要以上にふえたため、地球が温かくなりすぎてしまいました。この状態を「地球温暖化」とよびます。

温室効果ガスの中で、人間による影響が一番大きいのが二酸化炭素です。二酸化炭素は、おもに石油や石炭をもやしたときに発生します。火力発電で電気をつくるときにも石油や石炭を使うので、電気を使えば使うほど、二酸化炭素が発生します。

植物には、二酸化炭素を吸収する力がありますが、森林の面積が開発などによりへってきているため、とてもすべてを処理することはできません。そして、大気中に二酸化炭素をはじめとする温室効果ガスがふえると、地上の熱がにげることができず、気温は上がりつづけるというわけです。

百年ちょっとの間に、地球の平均気温は〇・八五度ほど上がりました。「それだけ？」と思うかもしれませんが、これでも大きな影響があります。

気温が上がると、とうぜん海水の温度も上がります。すると水がふくれ上がり、海面が上昇します。また、南極の氷やグリーンランドの氷河がとけて、海の水の量がふえます。

もし、このまま地球温暖化が進むと、二一〇〇年には、一九八六〜二〇〇五年にくらべて、平均気温が最大で四・八度も高くなり、海面は一メートル近く上昇するといわれています。そうなると、海の中にしずむ陸地も出てくるでしょう。実際に、インド洋にあるモルディブという島は、陸地の面積が少しずつへってき

43ページのこたえ
㋑年齢

ています。海面が一メートル上がれば、日本の砂浜の九〇パーセントがなくなるともいわれています。

気温がそれだけ上がれば、農業にあたえるダメージも深刻です。また、動植物の中には、絶滅するものが出るおそれがあります。

そんな地球のピンチに、一九九七年、世界のおもな国ぐにが京都に集まって温室効果ガスをへらす約束をし各国がそれぞれ目標を決めました。

そして、二〇一五年には、おもな国ぐにだけでなく、一五九の国や地域が話し合いをしました。日本は、二〇三〇年までに、温室効果ガスを二〇一三年にくらべて二六パーセントへらすことを目標にしています。

地球温暖化をふせぐには、国だけではなく、わたしたちの心がけもたいせつです。使わない電気は消す、もやすごみをへらす、バスや電車、自転車を利用するなど、小さな取り組みが大きな力になるのです。

おはなし豆知識 石油や石炭、天然ガスなど、地中にうまった資源のことを「化石燃料」といいます。

おはなしクイズ 温室効果ガスの中で、人間による地球温暖化にもっとも影響のあるものはなに？

ツルやフラミンゴはなぜ1本足でねむるの？

長い足から熱が外ににげないようにするためです

読んだ日にち（　　年　　月　　日）（　　年　　月　　日）（　　年　　月　　日）

1月23日のおはなし

鳥

動物園や旅行先の水辺で、ツルやフラミンゴが片足で立っているのを見たことがありますか？

　こうした足の長い鳥は、たいてい片足で立ったままねむります。よくたおれないものだと感心しますが、なぜ鳥たちは片足で立っているのでしょう。

　鳥のからだは、たくさんの羽（羽毛）でおおわれていますね。羽毛には体温をたもち、熱を外ににがさない役割があります。ところが足には、この羽毛がありません。

　もともと鳥の足には、冷たい血液が流れる静脈が通っているので、外の寒さを感じないようにできています。これは、ペンギンが冷たい氷の上で立っていられるのと同じしくみです（34ページ）。それでもじっとしていれば、羽毛のない足から、からだの熱が外へにげていきます。それをふせぐために、片足をまげて羽毛の中にしまっているのです。

　ツルは、北海道に生息しているタンチョウのほか、冬にロシアや中国から飛んでくるマナヅル、ナベヅルがよく知られています。みずうみや沼、湿原にすんでいて、小魚から木の実まで、なんでもよく食べます。しかし、今では数がへり、どれも特別天然記念物に指定されています。

　フラミンゴは、アフリカや南アメリカの水辺にすむコウノトリの仲間で、たいへん大きなむれをつくってくらします。その数が十万羽以上になることも、めずらしくありません。

　からだはとてもあざやかなピンク色ですが、あの色は、食べものが関係しています。フラミンゴが食べるもには、カロチノイドという赤い色素がふくまれていて、これが羽毛をピンク色にそめるのです。そのため、カロチノイドをとらないと、羽毛は白くなります。

　たまごを温めるとき以外は、長い足でずっと立ったままのフラミンゴ。いっせいに飛び立つと空がピンク色にそまり、まるで夕やけのような美しさです。

45ページのこたえ　二酸化炭素

おはなし豆知識　フラミンゴはヒナを育てるときに、栄養満点のミルクを口から出してあたえます。

おはなしクイズ　鳥が片足で立つのは、からだのなにを外へにがさないようにするため？

こたえはつぎのページ

1月24日のおはなし

もやしはなぜ白いの？

ひょろひょろだけど、栄養満点の野菜です

読んだ日にち（　　年　　月　　日）（　　年　　月　　日）（　　年　　月　　日）

食べもの

もやしは野菜のひとつです。でも小さくて、ひょろひょろしているので、たよりなさそうな気もしますね。色が白くて、あまり外で遊ばない子どものことを「もやしっ子」などとよぶので、よけいにそう感じるのかもしれません。

でも、いためものにしたり、ラーメンなどにたっぷり入れたりすると、シャキシャキとした歯ごたえがおいしい野菜です。ビタミンCやカルシウム、アミノ酸、鉄分などの栄養もしっかり入っていて、貧血やかぜ、便秘の予防などに効果があります。

もやしは、大豆や緑豆、ブラックマッペといった豆を、光の当たらない、暗いところで育てたものです。豆が水をすいこむと、全体がふくらみ、芽が出てきます。一週間ほどで一〇センチメートルくらいの大きさになり、もやしのできあがりです。

大豆でつくったもやしは、豆の部分が黄色く残ります。これは「大豆もやし」として売られています。緑豆やブラックマッペは、豆の部分がもやしになるとなくなってしまいます。こちらのほうが一般的な「もやし」です。

光のあるところで育てたもやし

暗いところで育てたもやし

色が白いのは、暗いところで育てるため、植物が生長するのに必要な葉緑素ができないからです。葉緑素というのは、植物の葉やくきにある緑色の色素で、太陽の光を集めるたいせつな仕事をします（249ページ）。

ではなぜ、わざわざ暗いところで育てるのでしょうか。植物は暗いところで育つと、光を取り入れようと細胞のひとつひとつを大きくして育ちます。もやしを食べたときの、あのシャキシャキした歯ごたえは、暗いところで育てるからこそ生まれるのです。

では、もやしを光のあるところで育てると、どうなるのでしょう。芽や根を出すところまでは同じです。その後、どんどん生長し、緑色の葉をしげらせ、りっぱに植物として育ちます。色の白いもやしにはなりません。

46ページのこたえ　熱

おはなし豆知識　豆にふくまれるビタミンCはわずかですが、もやしには豊富です。

おはなしクイズ　もやしを育てる場所はどんなところ？　㋐明るいところ　㋑暗いところ

こたえはつぎのページ

赤ちゃんは生まれる前、なにをしているの？

お母さんから栄養をもらって外に出る準備をしています

読んだ日にち（　　年　　月　　日）（　　年　　月　　日）（　　年　　月　　日）

1月25日のおはなし

からだ

　赤ちゃんは、およそ二百八十日間（約四十週）、お母さんのおなかの中にある、「子宮」というところでくらします。

　赤ちゃんのもとになるたまご（受精卵）が、お母さんのおなかの中の子宮にたどり着くと、子宮の一部にあつみができ、「胎盤」という器官がつくられます。この時期の赤ちゃんは、まだ人間というより魚のようなすがたをしています。

　赤ちゃんと胎盤は、「へそのお」という管でつながっていて、そこから成長に必要な栄養と酸素を、生まれてくるその日まで、お母さんの血液を通して送ってもらいます。

　子宮の中の赤ちゃんは、「羊水」という温かい水にうかんでいます。羊水は羊膜という膜の内側からしみ出てきて、子宮内の温度をたもち、外の衝撃から赤ちゃんを守ってくれます。また、羊水を飲むことで、おっぱいを飲んだり、おしっこをしたりする練習をします。

　成長の進み具合は、赤ちゃんによってちがいがありますが、八週目くらいになると、手足の指の形ができはじめ、どんどん人間のからだになっていきます。

　十六、七週をすぎたあたりから、お母さんはおなかの中で赤ちゃんが動くのを感じはじめます。びくっと動いたりもぞもぞしたり、手足も自由に使えるようになるので、全身を大きく動かします。ときにはおなかの中をけって、お母さんをびっくりさせるかもしれません。しゃっくりもします。お母さんは、これらの動きを感じて、赤ちゃんが元気に育っていることを確認します。

8週以降　羊水を飲む
へそのお
胎盤
子宮
ゴクゴク
羊水
おーい
16週以降　おなかの中をける
30週以降　外の音やしげきに反応する

　二十五週目あたりになれば、病院で性別もわかるでしょう。このころにはもう耳も聞こえ、目鼻立ちもはっきりしてきます。およそ三十週目には、身長が約四〇センチメートルにまで育ち、外の音やしげきに反応し、感情の表現もできるようになります。

　そして三十八週目には、生まれる準備がととのいます。赤ちゃんはこの週以降、お母さんの助けを借りながら、生まれてきます。

47ページのこたえ　㋑暗いところ

おはなし豆知識　赤ちゃんが生まれたあと、胎盤は子宮からはがれ落ち、外へ出ます。

おはなしクイズ　子宮の中の赤ちゃんとお母さんをつなぐ、栄養や酸素を運ぶ管はなに？

1月26日のおはなし

薬草ってなんの役に立つの？

薬品がなかったころ、人びとは自然にあるものでくふうしました

読んだ日にち（　　年　　月　　日）（　　年　　月　　日）（　　年　　月　　日）

植物

わたしたちが今、薬局で買える薬は、おもに化学物質を原料とした薬品です。しかし、このような薬が開発されていなかったころ、人びとは植物や動物、鉱物などから病気にきくものをさがし出して、薬として使っていました。なかでも、植物を使って病気を治すことは、世界各地で古くから行われてきました。

この、薬としての効果をもつ植物を「薬草」といいます。薬草は決して、めずらしい植物ではありません。わたしたちの身近に生えている草や花の中にも、たくさんあります。

たとえば、乾燥したタンポポの根を煮出したお茶を飲むと、胃の調子がよくなるといわれています。アサガオやスギ、フキの葉の汁は虫さされに効果があります。かぜのときには、オオバコを乾燥させて煮つめたものを飲むとよいといいます。アロエの果肉がやけどにきくことは、よく知られていますね。また、五月五日の端午の節句におふろに入れるショウブの葉には、からだを温める効果があります。冬至の日（十二月二十二日ごろ）に入るユズ湯は、ただの乾燥をふせぐといわれています。

このように、からだの具合に合わせて、植物を煮つめてお茶にしたり、しぼり汁をとったり、果肉をはりつけたりするわけですが、使いたいときに、その薬草がないこともあります。そんなときのために、薬草の薬として使う部分を乾燥させて保存できるようにしたものを、「生薬」といいます。

中国では昔から、生薬を使った「漢方医学」が研究されてきました。漢方の薬局に行くと、数ある生薬の中から何種類かの生薬をまぜ合わせて、その人の体質や症状に合った薬をつくってくれます。

薬草は自然のものですから、おおむね人のからだにもやさしいといえます。しかし、なかには毒性の強いものや、使い方をまちがえると副作用を起こすものもあるので、注意が必要です。ふつうの薬もそうですが、正しい使い方をすることが、なによりもたいせつです。

48ページのこたえ　へそのお

おはなし豆知識　エジプトのピラミッドで見つかった文書にも、薬草のことが書かれています。

おはなしクイズ　薬草を乾燥させて、保存しやすくした薬のことをなんという？

こたえは つぎのページ

犬は飼い主のことをどうしておぼえているの？

犬は人間の心がわかるのでしょうか

読んだ日にち（　　年　　月　　日）（　　年　　月　　日）（　　年　　月　　日）

1月27日のおはなし

シートン動物記

「ビンゴ　わたしの犬」のおはなしより

〈これは、シートンが犬を飼っていたときのお話です。〉

一八八二年、わたし（シートン）は、知人から子犬を買い、ビンゴと名づけました。まるでクマのように真っ黒で、口のまわりだけが白く、ころころとしたかわいい子犬です。ビンゴは、成長するにつれ、一ぴきでいても平気な強さを身につけていきました。

ビンゴは、馬について歩くのが好きでした。ところが、あるとき馬車で出かけるわたしについてくるのをいやがったことがありました。

「ウオーン、ウオーン」

馬車が動きだすと、何度もかなしそうな声でほえるのです。それはまるで、「なにかよくないことが起きるよ」と言っているようでした。実際にはなにも起こらなかったのですが、うらない師に聞いてみると、

「その犬は、人間の心がわかるのです。なにも起こらなかったのは、ビンゴがあなたを守ってくれたからですよ」

と、教えてくれました。

そんな話は信じない人間なのですが、わたしは、のちに、本当に信じたくなるようなできごとが起きたのです。

しばらく町をはなれることになったわたしは、ビンゴを近所の友人にゆずりました。二年後に町へ帰ってきたとき、ビンゴはもう、わたしのことをわすれてしまったようでした。

四月の終わり、わたしは、家から遠くはなれた平原に出かけていきました。オオカミやコヨーテ（北アメリカにいるオオカミに似た動物）をつかまえるために、わなをたくさんしかけておいたのです。わなは浅くほった地面にしかけ、その上から土や砂をかけて、見えないようにします。わなにはくさりがついていて、引きずってにげることはできません。

わたしは、わなにかかっていた一ぴきのコヨーテをしとめてから、工具を使ってわなをしかけ直しました。帰りにわすれないように、乗ってきた馬のほうへ工具を投げ、わなの上に砂をかけようとしたそのときです。

「バチン！」と音がして、わたしは右手をわなにはさまれてしまいました。わなは、工具がないとはずすことができません。

わたしは、さっき投げた工具をたぐりよせようと、うつぶせになって

49ページのこたえ　生薬

右足をのばしました。しかし、どうしてもとどきません。そこで、からだの位置を変えたりしているうちに、またも「バチン！」と音がしました。なんと左足まで、別のわなにはさまれてしまったのです。

　わたしは地面にうつぶせのまま、動けなくなりました。寒い季節はすぎていましたが、夜になれば気温はぐんと下がります。しかもこの平原には、めったに人はやって来ません。

　夜になると、向こうのほうからコヨーテの遠ぼえが、いくつも聞こえてきました。遠ぼえはしだいに大きくなり、馬がおびえはじめました。

　やがてコヨーテのむれが、わたしの目の前にあらわれました。はらをすかせたコヨーテたちは、動けないわたしに向かって、うなり声を上げました。

「ああ、ここで食われてしまうんだ」

　そう思ったとき、とつぜん黒いかげがコヨーテのむれに飛びかかりました。黒いかげは、ビンゴだったのです。ビンゴはコヨーテを追いはらうと、わたしのほほをなめました。

「ありがとう。あそこに落ちている工具を取ってきておくれ」

　ビンゴのおかげで、わたしは助かりました。でもなぜ、ビンゴはわたしがここにいることがわかったのでしょう。飼い主の友人によれば、ビンゴはその日、かなしげな声を上げながら、暗やみの中をかけていったそうです。何年も別れてくらしていても、わたしとビンゴは心と心でつながっていたのです。

おはなし豆知識 犬が飼い主に忠実なのは、その人をむれのリーダーだと感じているからです。

おはなしクイズ シートンがわなに手足をはさまれたとき、むれで近づいてきた動物は？

けがのあとにかさぶたができるのはどうして？

かさぶたは、きず口を守る“自然のばんそうこう”です

1月28日のおはなし

読んだ日にち（　　年　　月　　日）（　　年　　月　　日）（　　年　　月　　日）

からだ

ころんでひざをすりむいたりすると、血が出ますね。でも、いつしか血は止まり、かさぶたができて治ってしまいます。人間のからだは、けがや病気を自分で治す力をもっています。これを「自然治癒力」といいます。かさぶたも、そんな自然治癒力のひとつです。

血は、皮ふがきずつき、血管が切れたときに出てきます。なぜ血が出るかというと、きず口からばい菌が入らないように、あらい流しているのです。おなかが痛いときには下痢をしますが、下痢にはからだの中に入った異物を外に出す役割があります。このように、一見たいへんなことが起きたように思える反応は、自分のからだを守るために行われているのです。

さて、血液には、酸素を運ぶ赤血球や、ばい菌と戦う白血球、栄養分を運んだり、体温の調節をしたりする血しょう、血を止める血小板がふくまれています。

血が出ると、まず血小板が集まって、きず口をふさぎます。さらに、血しょうにとけている成分から細い糸のようなものがつくられ、血小板とからみ合って、血を止め、きず口でかたまります。

つぎに白血球が、きず口のばい菌をころしたり、こわれた細胞のかけらをそうじしたりします。

また、皮ふの細胞が、きず口を治す作業をはじめます。

きず口でかたまっていた血は、ますますかたくなり、作業が終わるのを待ちます。

このかたまりが、かさぶたです。かさぶたは、きず口を守る〝自然のばんそうこう〟ともいえるので、無理にはがしてはいけません。

そして一週間もすると、きずは完全に治り、役目を終えたかさぶたは、はがれていきます。

ところで、けがをしたあと、きずのまわりやかさぶたの下がかゆく感じられることがありますね。皮ふがきずつくと、最初は痛みを感じますが、きずが治ってくると、きずの深さが浅くなります。すると、浅い部分にあるかゆみを感じる神経がしげきされるためだといわれています。

血小板がかたまってかさぶたになる

赤血球　白血球　血小板　血しょう

51ページのこたえ　コヨーテ

おはなし豆知識 血液の成分の中で一番多いのは血しょうで、全体の約55パーセントをしめています。

おはなしクイズ 血が出ると、きず口のまわりに集まってくる血液の成分はなに？

こたえはつぎのページ

1月29日のおはなし

ガムはだれがつくったの？

約1700年前、木から出る液のかたまりをかむ人たちがいました

読んだ日にち（　年　月　日）（　年　月　日）（　年　月　日）

発明・発見

ガムはいくらかんでも口の中からなくならない、ふしぎなおかしです。やわらかくてよくのびるので、まるでゴムみたいですが、いったいなにでできているのでしょう？

千七百年ほど前から、約六百年もの間、現在のメキシコを中心にした中央アメリカでは、マヤ文明がさかえていました。マヤの人たちには、サポディラという木から出る液のかたまりをかむ習慣がありました。

十六世紀になって、メキシコがスペインに征服されると、この習慣が西洋に伝わります。さらに十九世紀の中ごろ、アメリカのトーマス・アダムスという人が、木の液のかたまりのにおいを消し、「アダムス・ガム」として売り出しました。

これが大当たり。やがて、砂糖で味をつけたものが発売され、世界中に広まりました。

ガムの原料は、おもにサポディラの木からとれる液を煮つめてかためたもので、「チクル」とよばれています。まずチクルをとかし、そのままでは味がしないのであまみやかおりを加えて、練りこみます。最後にローラーでのばして小さく切れば、ガムのできあがりです。

ガムがよくのびるのは、チクルにのびる性質があるためです。ただ、風船ガムは、やわらかくてのびのよい人工の材料でつくられています。

ガムが日本に伝わったのは、大正時代でした。しかし、ガムをかみながらなにかをしたり、人前でクチャクチャかむのは行儀が悪く、日本人にはあまりこのまれませんでした。

しかし、今では、何回もかむことで歯をきれいにし、だ液が出て口の中にばい菌がふえるのをふせぐともいわれています。また、リラックスできて脳のはたらきもよくなるということで、スポーツ選手が試合中によくかんでいます。

かみ終わったら紙につつんでごみ箱にすてましょう。でも、ガムは、万が一飲みこんでしまっても消化されずに、うんちといっしょにからだの外に出てきます。

52ページのこたえ　血小板

おはなし豆知識　最近のガムの多くは、キシリトールというむし歯をふせぐ甘味料を使っています。

おはなしクイズ　ガムのもとになる、サポディラの木の液を煮つめてかためたものをなんという？

こたえはつぎのページ

地面が少しずつ動いているって本当？

今から２億５千万年前、地球上の大陸はひとつにつながっていました

読んだ日にち（　　年　　月　　日）（　　年　　月　　日）（　　年　　月　　日）

1月30日のおはなし

伝記

アルフレッド・ウェゲナー（一八八〇～一九三〇年）

地球には大きな大陸が六つあります。アジアやヨーロッパのあるユーラシア大陸、アフリカ大陸、北アメリカ大陸と南アメリカ大陸、オーストラリア大陸、南極大陸です。それぞれがまわりを海にかこまれ、たくさんの人びとが住んでいます。

しかし、今から二億五千万年前には、これらの大陸がくっついていて、ひとつの大きな「超大陸」だったと考えられています。それを、さまざまな証拠から解明しようとした人がいました。アルフレッド・ウェゲナーという気象学者です。

ウェゲナーは一八八〇年、ドイツのベルリンで生まれました。勉強よりも、外で遊びまわったり、生きものを観察したりするのが好きな少年でした。

やがて、天文学者をめざして大学に進学します。ところが、ふたつ年上のお兄さんが気象についての勉強をしていたため、ウェゲナーもしだいに、そちらのほうへ興味がうつっていきました。

「今、世界の国ぐには北極と南極に注目している。もしかすると、いずれ探検に行けるかもしれないな」

大学を卒業すると、お兄さんの助手としてはたらくかたわら、いっしょに気球によるぼうけんの計画を練りはじめます。ときには、気球が風で流されてゆくえ不明になるなど、失敗もしました。しかし、二十五歳のとき、五十二時間という気球の世界最長滞空記録をつくりました。また、北極海にあるグリーンランドへの探検隊に加わって、現地の調査を行いました。

グリーンランドからもどると、調査の報告や講演会で大いそがし。しかしそのころから、地球儀や世界地図を見るたびに、ウェゲナーはある疑問を感じていました。

「アフリカ大陸の西海岸と、南アメリカの東海岸を合わせると、まるでパズルのようにぴったりくっつくではないか。それに、北アメリカ大陸

53ページのこたえ　チクル

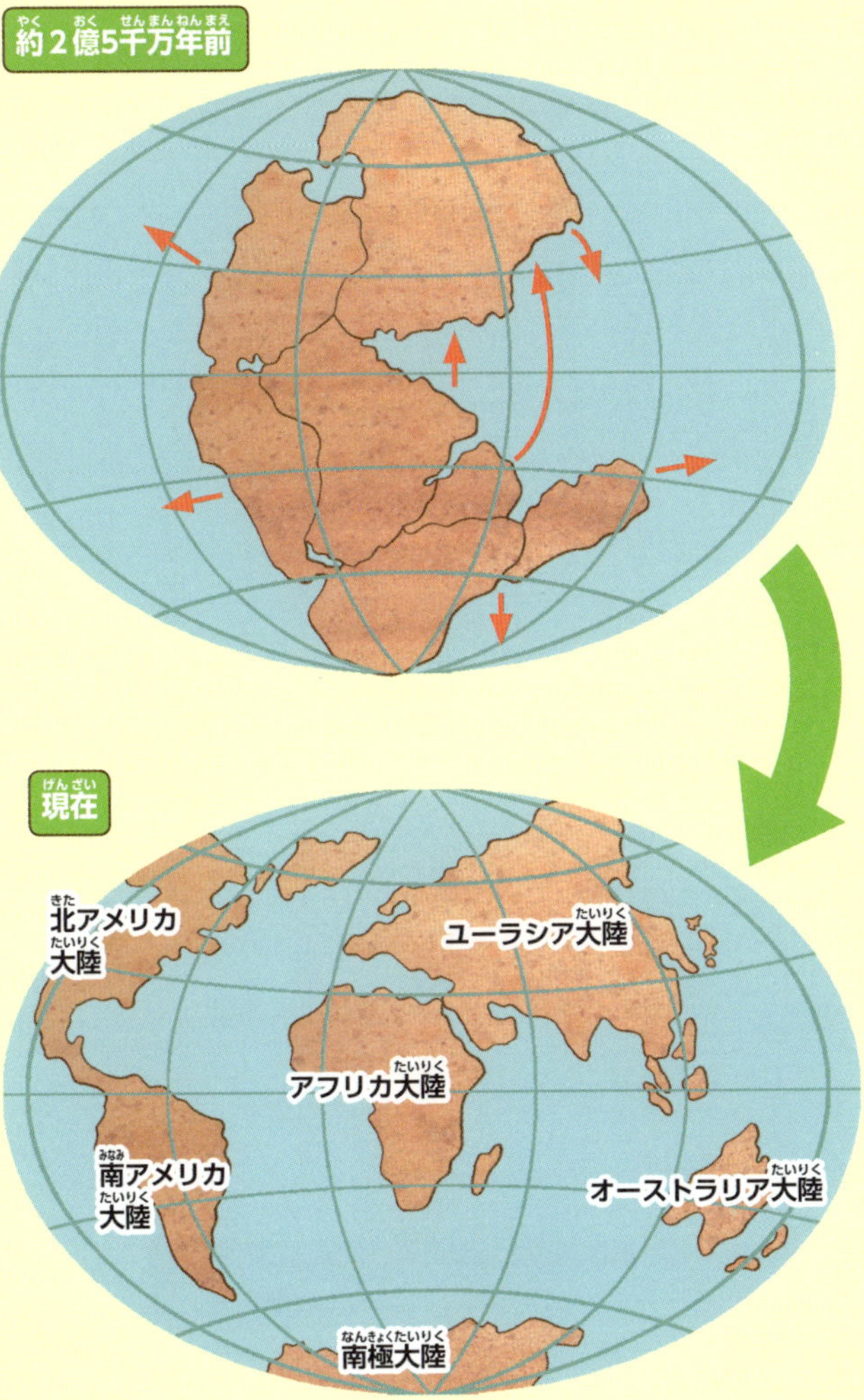

約2億5千万年前

現在

北アメリカ大陸
ユーラシア大陸
アフリカ大陸
南アメリカ大陸
オーストラリア大陸
南極大陸

とヨーロッパのあたりもくっつきそうだ。やはりこれらの大陸は、もともとひとつの大陸だったのだ。それが長い年月の間に分かれて移動し、今のような形になったのではないだろうか」

　じつはこの説は、ずっと以前からある考えではありました。しかしまだ、きちんと調べて発表した学者はいませんでした。そこでウェゲナーは、大陸がひとつだった証拠をさがして、各地を歩きまわりました。そして、遠くはなれた大陸の両岸で、同じ地質や生きものの化石を見つけたのです。

　一九一二年、ウェゲナーは、地球上の大陸がひとつの大陸だったという「大陸移動説」を学会で発表しました。ところが、学者のほとんどは、この説を信用しませんでした。

「ウェゲナーくん、ではどうやって、あんな大きな大陸が動くというんだね？」

　それについては、ウェゲナーも説明できませんでした。その後も研究をつづけ、自分の考えを『大陸と海洋の起源』という本にまとめ上げ、超大陸は「パンゲア」と名づけました。しかし、一九三〇年、五十歳のとき、五回目のグリーンランド探検の最中に命を落としてしまうのです。

　大陸が動くしくみが解明されたのは、一九六〇年代に入ってからでした。大陸はそれぞれ、あつさ一〇〇キロメートルほどの板状の岩石（プレート）の上にのっていて、それが地球内部の熱で動いていることがわかったのです。

　じつは、大陸は今でも、一年間に数ミリメートルから数センチメートルの速度で動いています。そのため、数億年後にはふたたび、大陸がひとつになると考えられています。

おはなし豆知識 プレートが動くしくみを説明するための考え方を、プレートテクトニクスといいます。

おはなしクイズ 大昔にあった、すべての大陸がひとつにつながった「超大陸」の名前は？

こたえは つぎのページ

天気予報がはずれることがあるのはなぜ？

1月31日のおはなし

天気の特徴を知って、明日の天気を予想してみよう

読んだ日にち（　年　月　日）（　年　月　日）（　年　月　日）

天気・気象

天気予報は、ふだんのわたしたちの生活に欠かせないものですね。

日本の天気予報は、さまざまな観測機器を使い、全国から集められた気象に関するデータを、スーパーコンピュータで分析して予測をはじき出したものです。それを、天気を予報する国の機関である気象庁や各地の気象台などが発表しています。

天気の観測は、気象レーダー、宇宙から雲の動きなどを調べる気象衛星「ひまわり」、地上にある「アメダス」という観測装置などが行います。また、気象観測船を使って海上の天気を調べる方法や、通信できる風船を空に上げて上空の空気の様子を調べる方法もあります。

こうしたさまざまな観測システムのおかげで、つぎの日の天気なら、約八〇パーセントの確率で正確に予測することができます。しかし、一週間後の予測だと約七〇パーセントと確率が下がり、一か月先だと、なかなか予測するのはむずかしくなります。どんなに技術が進歩しても、自然が相手なので、データどおりにいかないことや、思いがけない気候の変化が起こるからです。

天気は、温かくてしめった空気と、冷たくかわいた空気の動きを観察して予測します。

このふたつがぶつかって地上に接したところを「前線」とよびます。たとえば、天気が悪くなるとき、前線では、温かい空気は上へのぼり、冷たい空気は下にもぐるので、雲ができやすくなります。

また、日本の空には「偏西風」というとても強い風が西からふいていて、雨をふらせる低気圧や、晴れをもたらす高気圧を東へおし流します。そのため天気は、西から東へと変わっていきます。特に秋は、低気圧と高気圧がつぎつぎとやって来るので、天気が変わりやすい季節です。

こういった気圧や前線の動きは、新聞に出ている「天気図」をならべてみるとよくわかります。季節によってそれぞれ特徴があるので、天気図の見方をおぼえたら、みなさんも天気予報ができるようになるかもしれませんよ。

55ページのこたえ　パンゲア

おはなし豆知識　天気予報は気象庁だけでなく、民間会社が独自に行っているものもあります。

おはなしクイズ　温かい空気と冷たい空気がぶつかって地上に接したところをなんという？

こたえは58ページ

2月(がつ)のおはなし

文／飯野由希代

紙ってなにでできているの？

身近にあるものを原料にしてつくられています

読んだ日にち（　年　月　日）（　年　月　日）（　年　月　日）

2月1日のおはなし

道具・もの

紙を手でやぶったとき、やぶれたところをよく見ると、糸のようなものが出ているのに気づきませんか。

これは、紙の「繊維」です。紙は、繊維がからみ合い、何層にも重なって、平らになったものです。この繊維は、木や草などの植物からできています。

紙には「洋紙」と「和紙」がありますが、基本的なつくり方はどちらもよく似ていて、木を細かくくだくところからはじまります。

洋紙は、まず紙のもととなる「パルプ」をつくります。パルプとは、木を機械で細かくくだいたかけらを、薬品といっしょにかまに入れて煮こんで、繊維を取り出したものです。

つぎに、ごみを取りのぞいたパルプを、薬品を使って白くします。そのあと、水に入れてほぐし、同じあつさに広げてシートをつくります。そして、そのシートをローラーにはさんで水分をしぼり取ります。機械を使ってかわかし、表面がなめらかになったらまき取って、完成です。

パルプをつくるところから紙をまき取るまでの作業は、大きな機械の中で、流れるように行われます。

日本で昔から使われてきた和紙も、同じように木を原料にしてつくられます。おもに、強くて長く、からみやすい繊維をもつ、ミツマタやガンピ、コウゾなどの木が使われます。

まず、木の皮を煮こみ、繊維を取り出します。そこに、トロロアオイという植物からとったねばり気のある汁をまぜます。つぎに、大きな水そうの中で、紙をすいていきます。「すきげた」という細かいあみ目のついた道具で汁を何度もすくい、繊維をうすく重ねていくのです。最後に、これをかわかして完成です。

今では機械でつくられている和紙もありますが、伝統的には人の手でていねいにつくられます。

わたしたちが、ふだんなにげなく使っている紙は、森や自然からのたいせつなおくりものだったのですね。

資源をむだにしないために、一度使った紙（古紙）を再利用する方法もあります。古紙からパルプを取り出し、再生紙をつくるのです。

ほかに、牛乳パックから取り出したパルプや、ゾウのふんを材料にして紙をつくることもできます。

ミツマタ

ガンピ

コウゾ

木をくだいたかけら

和紙

洋紙

56ページのこたえ　前線

おはなし豆知識　古代エジプトでは、「パピルス」という植物から、紙をつくっていました。

おはなしクイズ　一度使った紙（古紙）を原料にして、もう一度新しくつくった紙のことをなんという？

2月2日
のおはなし

たまごの白身はどうして焼くと白くなるの？

たまごは、どんな成分でできているのでしょうか

読んだ日にち（　　年　　月　　日）（　　年　　月　　日）（　　年　　月　　日）

食べもの

みなさんが食べる、ゆでたまごや目玉焼き。白身の部分は、白くかたまっていますね。でも、生のたまごをわると、白身は透明でどろっとしています。同じたまごなのに、ちがうのはどうしてでしょう。

たまごの白身は、九〇パーセントが水分で、残りのほとんどが「たんぱく質」でできています。たんぱく質は、ふだんはとろとろと流れますが、いったん熱を加えると、かたくなる性質をもっています。そして、色も透明から白に変わるのです。

たまごの黄身も同じように、しっかり火を通すと色が白っぽく変化します。黄身の部分にも、たんぱく質がたくさんふくまれているからです。

ほかにも、熱を加えると色が変わる食品はいろいろあります。たとえば牛肉。生の状態では赤い牛肉も、火を通すと茶色くなります。

エビやタコも、もとは黒っぽい色ですが、ゆでると赤くなります。これは、たんぱく質とくっついていた色のもと（色素）が切りはなされて、赤い色の物質に変わるからです。

ところで、たまごの黄身と白身とで、かたまりはじめる温度がちがうことを、知っていますか。目玉焼きをつくったことがある人なら気がついているかもしれませんが、黄身より先に白身がかたまっていきます。

白身
60～80度でかたまる
黄身
65～70度でかたまる

白身は、約六〇度でかたまりはじめ、八〇度で完全にかたまります。

いっぽう黄身は、六五度くらいでかたまりはじめ、約七〇度で完全にかたまります。

この、黄身と白身のかたまる温度の差を利用すると、種類のちがうゆでたまごをつくることができます。

たとえば、長い時間ゆでると、黄身も白身もしっかりかたまった「かたゆでたまご」ができ、ゆで時間を短めにすると、黄身がとろりとした「半熟たまご」になります。お湯をふっとうさせずに六五～七〇度くらいでゆでると、黄身より白身がやわらかく、完全にはかたまっていない「温泉たまご」ができあがります。

また、たまごの白身と黄身をまぜたり、調味料を加えたりすると、かたまりはじめる温度がさらに変わります。調理の温度や手順、材料をくふうすることで、味だけでなく、いろいろな食感のたまご料理を楽しむことができます。

58ページのこたえ　再生紙

おはなし豆知識 たまごを高速回転させ、黄身と白身が反対になったゆでたまごをつくる方法もあります。

おはなしクイズ たまごの白身は、成分のほとんどが水分となにでできている？

こたえはつぎのページ

ドアノブをさわるとパチッとするのはなぜ？

プラスとマイナスの「電気のつぶ」が関係しています

2月3日のおはなし
節分（2月3日ごろ）

読んだ日にち（　　年　　月　　日）（　　年　　月　　日）（　　年　　月　　日）

生活

みなさんは、金属製のドアノブをさわったときに、パチッとして、思わず手を引っこめたことがありませんか。それから、セーターをぬぐときに、パチパチッと音がすることもありますね。これらの現象は、静電気のせいで起こります。静電気とは、どういうものなのでしょうか。

すべてのものは、プラスとマイナスの「電気のつぶ」をもっています。人間のからだもそうです。このプラスとマイナスのつぶは、ふだんは同じ量で、バランスがとれています。

ところが、この量が変わることがあります。マイナスの電気のつぶには移動しやすい性質があり、ものとものがふれ合ったり、こすれ合ったりすると、電気のつぶがものの間を移動するのです。

こうして、プラスとマイナスのつぶのどちらかの量が多くなると、ものにとってバランスの悪い状態になります。特に、わたしたちのからだは、プラスの電気が多くなりやすい性質があります。プラスの電気がからだにたまると、もとの安定した状態にもどるために、マイナスの電気のつぶを引きよせようとします。

この状態で金属製のドアノブにさわると、ドアノブから手に向かって、マイナスの電気のつぶが流れこむのです。これが、静電気の正体です。

そのときに流れる電気の量が多いと、パチッと音がするだけでなく、火花が散ったり、光ったりするのが見えることがあります。

湿気が多い夏の間は、静電気はあまり起きません。空気中の水蒸気やあせを伝わって、電気がからだの外に移動するためです。

反対に、乾燥した冬の部屋では、静電気が起こりやすくなります。パチッと痛い思いをしないためには、加湿器や観葉植物を置いて、湿度を上げるとよいでしょう。

⊖の電気が、ドアノブから手に向かって一気に移動する

59ページのこたえ　たんぱく質

おはなし豆知識　かみなり（230ページ）も、プラスとマイナスの電気のつぶの移動によって起こる現象です。

おはなしクイズ　湿気が多い場所では、静電気が起きやすい。〇か×か？

こたえはつぎのページ

2月4日のおはなし

地球の大きさってはかれるの？

ぼうのかげをヒントに、地球１周の長さを計算した人がいます

読んだ日にち（　年　月　日）（　年　月　日）（　年　月　日）

地球・宇宙

わたしたちが住んでいる地球は、どれくらいの大きさなのでしょう。

まず、重さは、およそ六キログラムに十を二十四回かけた数で、六〇億トンの一兆倍ほどです。とても想像がつかない数字ですね。おまけに、宇宙にういている地球の重さを、はかりで直接はかることはできません。

この重さは、地球をつくっている岩石や金属などの重さをもとにした計算でみちびき出されたものです。

つぎに、地球一周の長さですが、はかる場所によって少しちがいがあります。よく、「地球はまるい」といわれますが、少し大げさにいえば、わずかにおしつぶされていて、まんまるではありません。みかんを少しまるくしたような形です。

そのため、北極と南極を通る南北の一周は約四万九キロメートルなのに対し、赤道を通る東西の一周は約四万七七キロメートルです。つまり、赤道一周のほうが少し長くなります。赤道一周は、二千二百万人もの大人が集まり、手をつないだ長さと同じくらいになります。

では、地球一周の長さは、どのようにしてはかったのでしょうか。はじめてはかったのは、今から二千二百年以上も昔の、紀元前三世紀です。

当時のエジプトの首都、アレクサンドリアに住んでいたギリシャ人のエラトステネスは、ある日、本を読んでいました。その中に、「アレクサンドリアよりも南にあるシエネという町では、夏至の正午に地面に垂直に立てたぼうのかげが消える」と書かれているのを見つけます。

そこで、アレクサンドリアでも、同じ時間に同じ条件でぼうを立ててみました。しかし、かげは消えません。もしも地球が平らなら、どこにいても、かげが消えるはずです。

こうしてエラトステネスは、地球がまるいことに気がつきました。そして、ぼうのかげをもとに、地球の中心から見たアレクサンドリアとシエネの間の角度をわり出し、そこから地球一周の距離を計算したのです。

結果は、四万六二五〇キロメートルで、実際の距離にかなり近いものとなりました。すごいですね。

科学が発達した今では、人工衛星を利用して、地形を正確にはかることができる「衛星測量」という方法を使っています。

60ページのこたえ　×

おはなし豆知識　地球の重さは、月の81個分とだいたい同じくらいです。

おはなしクイズ　エラトステネスがはじめてはかったのは、地球のなに？　㋐重さ　㋑１周の長さ　㋒地形

こたえはつぎのページ

魚にはなぜうろこがあるの？

うろこには、いろいろな種類と役割があります

読んだ日にち（　年　月　日）（　年　月　日）（　年　月　日）

2月5日のおはなし

魚

魚のからだの表面をよく見ると、板のようなものがたくさんついています。これが「うろこ」です。うろこには、いくつかの種類があります。「円りん」は、コイやサケなどのうろこで、まるみをおびた形をしています。「しつりん」は、スズキなどに見られ、うろこの外側に出ている部分がぎざぎざになっています。サメやエイなどがもつ「じゅんりん」は、とがった形のうろこで、歯と同じ成分でできています。シーラカンス（298ページ）などは、「こうりん」というひし形に近い形のかたいうろこをもっています。

では、うろこはいったいなんのためにあるのでしょうか。

ひとつ目は、病気や敵からからだを守るためです。うろこは、よろいのようなはたらきをします。

ふたつ目は、カルシウムなどの栄養素をためておくためです。血液中のカルシウムが足りなくなってくると、ためていたカルシウムをうろこから出して補うのです。

三つ目は、水の中を泳ぎやすくするためです。魚を頭からしっぽに向かってなでるとなめらかですが、反対向きになでるとうろこがひっかかります。うろこは、魚が前に進みやすく、うしろに流されにくいようについているのです。

また、魚のからだの両側には、えらぶたの上から尾にかけて「側線」という線があります（38ページ）。この側線上にあるうろこには、あなが空いていて、魚はこの側線から、水の流れなどを感じとっています。そのため、仲間や障害物にぶつからずに、じょうずに泳げるというわけです（364ページ）。魚のうろこには、いろいろな役割があるのですね。

ところで、うろこには、成長するときにしわがきざまれます。たとえば、円りんには、木の年輪（43ページ）のような輪っか状のしわができます。魚の成長がおそくなる水温の低い時期には、うろこの成長もおそくなります。すると、しわとしわの間がせまくなるので、その部分を目安に、魚のおよその年齢を知ることができます。

いろいろなうろこ

じゅんりん
円りん
サメなど
サケなど
こうりん
しつりん
シーラカンスなど
スズキなど

61ページのこたえ　㋑1周の長さ

おはなし豆知識　ハリセンボン（135ページ）のとげの部分は、うろこが変化したものです。

おはなしクイズ　ふだんはうろこにためておき、血液中に足りなくなるとうろこから補う栄養素とは？

こたえはつぎのページ

2月6日のおはなし

盲導犬っていつからいるの？

はじめて訓練されたのは、200年ほど前です

読んだ日にち（　年　月　日）（　年　月　日）（　年　月　日）

動物

目の不自由な人のくらしを助ける犬を、「盲導犬」といいます。みなさんも、ハーネスとよばれる白い胴輪と、ハンドルをつけた犬を見かけたことはありませんか。

盲導犬は、目の不自由な人の横を歩き、ぶつかりそうなものがあるとよけたり、あぶない場所を知らせたりできるよう、訓練されています。

たとえば、横断歩道を渡るときは、その手前で止まるように教えられています。犬の目は、色をよく見分けられないため、信号が変わったことを判別できません。ですから盲導犬は、ユーザー（盲導犬の利用者）が歩きだすまで待ちます。ユーザーは、まわりの人が渡りはじめる音や音声案内をたよりに、信号が変わったことを自分で判断するのです。

現在、日本の盲導犬は、半年から十か月ほど訓練されたあと、約八年間、人間でいう六十歳くらいの年齢まで活やくします。

さて、この盲導犬はいったいいつからいるのでしょうか。

その歴史は古く、犬が目の不自由な人を助けていたのは、紀元前からといわれています。イタリアの古代都市のかべにかかれた絵や、中国の古い絵巻物にも、その様子が残っています。もともと、犬と人間は仲がよく、犬の祖先が人のそばにやって来たのは、およそ二万年以上も前のことだといわれています。

盲導犬としてきちんと犬を訓練したのは、一八一九年、ヨハン・ヴィルヘルム・クラインというウィーンの神父が最初です。

その後、今のように本格的に盲導犬の訓練がはじまったのは、第一次世界大戦後のドイツでのことです。戦争で目が不自由になった軍人のために、盲導犬が育てられました。

日本にはじめて盲導犬が紹介されたのは、一九三八年のことです。アメリカの青年が盲導犬を連れて旅行中、日本に立ちよったのが最初です。翌年、ドイツで訓練を受けた四頭の盲導犬が日本に輸入されました。

その後、日本で訓練された国産第一号の盲導犬「チャンピィ」が誕生し、一九六七年には、日本盲導犬協会が設立されました。

今では、手足が不自由な人を助ける「介助犬」や、耳の不自由な人を助ける「聴導犬」、災害現場で人を見つけ出す「災害救助犬」など、たくさんの犬が人のくらしをささえています。

カルシウム

62ページのこたえ

おはなし豆知識　引退した盲導犬は、訓練施設や一般家庭に引き取られます。

おはなしクイズ　耳の不自由な人を助ける犬をなんという？

こたえはつぎのページ

鳥はだはどうして立つの？

動物がからだを温かくたもつための、くふうがかくされています

読んだ日にち（　　年　　月　　日）（　　年　　月　　日）（　　年　　月　　日）

2月7日のおはなし

からだ

寒いときにうでを見ると、皮ふの毛あなが持ち上がって、ぶつぶつしていることはありませんか。まるで羽をむしられた鳥の皮ふのようなので、「鳥はだ」といいます。

人間の皮ふにはたくさんの毛が生えていますが、その毛の一本一本の根元には、「立毛筋」という小さな筋肉がついています。

この筋肉は、寒さを感じると、わたしたちの意思とは関係なくちぢみます。すると、毛あながとじられ、はだにそってななめに生えていた毛が立ち上がります。同時に、毛あなのまわりの皮ふも持ち上がるので、はだがぶつぶつしているように見えます。これが、鳥はだです。

どうして鳥はだが立つかというと、それは、体温をたもつためです。からだが毛でおおわれている動物や羽毛のある鳥などは、毛を立ててふくらませると、毛と毛の間に空気の層ができます。それから、毛あながとじられることによって、熱がにげにくくなります。こうして、からだを温かくたもつことができるのです。

でも、長い歴史の中で、人間にはからだをおおうほどの毛がなくなりました。そのため、毛あながとじても鳥はだが立つだけで、ほかの動物のように、じょうずにからだを温めることはできません。

かわりに人間は、血管をうまく調節することで体温をたもっています。

たとえば、寒いと感じると、脳から全身に指令が出て血管がちぢみます。すると、流れる血液の量がへり、体温がからだの外へにげるのをふせぐことができるのです。

それから、寒いときにからだがガタガタふるえることがありませんか。これは、筋肉をふるわせてからだを動かすことによって、熱をつくり出し、寒さのせいで下がった体温を取りもどそうとしているのです。

このように筋肉がふるえているときには、皮ふの表面の毛あなも血管もちぢんでいます。

おしっこをしたときに、同じようにブルッとふるえることがありますね。これも、おしっこといっしょににげてしまった、からだの熱を取りもどそうとするからなのです。

鳥はだが立つしくみ

立毛筋

汗腺

さむーい

鳥はだ

立毛筋がちぢんで毛あながとじ、皮ふが持ち上がる

63ページのこたえ　聴導犬

おはなし豆知識　寒いときだけでなく、こわかったり、おこったりしたときも鳥はだが立ちます。

おはなしクイズ　人間は寒さを感じると、自分の意思で毛を立てる。〇か×か？

こたえはつぎのページ

2月8日のおはなし

えんぴつの文字はなぜ消しゴムで消えるの？

えんぴつで書いた文字の正体とは……

読んだ日にち（　年　月　日）（　年　月　日）（　年　月　日）

道具・もの

えんぴつでノートに書いた文字は、消しゴムを使って消すことができますね。でも、いったいどうして、書いたものが消えるのでしょう。

紙は繊維が集まってできているので（58ページ）、表面には、じつはとても細かいでこぼこがあります。えんぴつで文字を書くと、このでこぼこにえんぴつのしんがひっかかってけずられ、細かい粉になります。この粉が、紙のでこぼこのすきまに入っていきます。これが、えんぴつで書いた文字の正体です。

消しゴムには、この細かいえんぴつのしんの粉を、紙からはがす力があります。

消しゴムで紙をこすることにより、紙のでこぼこのすきまに入ったえんぴつのしんの粉がかき出され、消しゴムの表面にすいついて紙からはなれます。こうして字は消えるのです。

消しゴムは、紙の上にあるえんぴつのしんの粉をすいつけながら、消しゴム本体のよごれた表面もこすってはがします。そして、きれいな新しい面にまた粉をすいつける、ということをくり返します。

消しゴム本体からはがれた消しゴムの表面は、まるまって、「消しかす」となります。えんぴつのしんの黒い粉は、その消しかすの中につつみこまれていきます。

昔、消しゴムがなかった時代には、パンをまるめて、えんぴつで書いた文字を消していました。一七七〇年に、イギリスの科学者ジョセフ・プリーストリーが、ゴムの木からとった天然ゴムで消しゴムをつくりました。その後、日本の文具メーカーが、ゴム製の消しゴムよりも、もっとよく消えるプラスチック製の消しゴムを開発しました。

今では、ほとんどの消しゴムが、石油からつくられるプラスチック製です。原料の中には、えんぴつのしんの粉をすいつけやすくするための薬品も入っています。

えんぴつで書けるしくみ

紙の表面にえんぴつのしんの粉がもぐりこむ

消しゴムで消せるしくみ

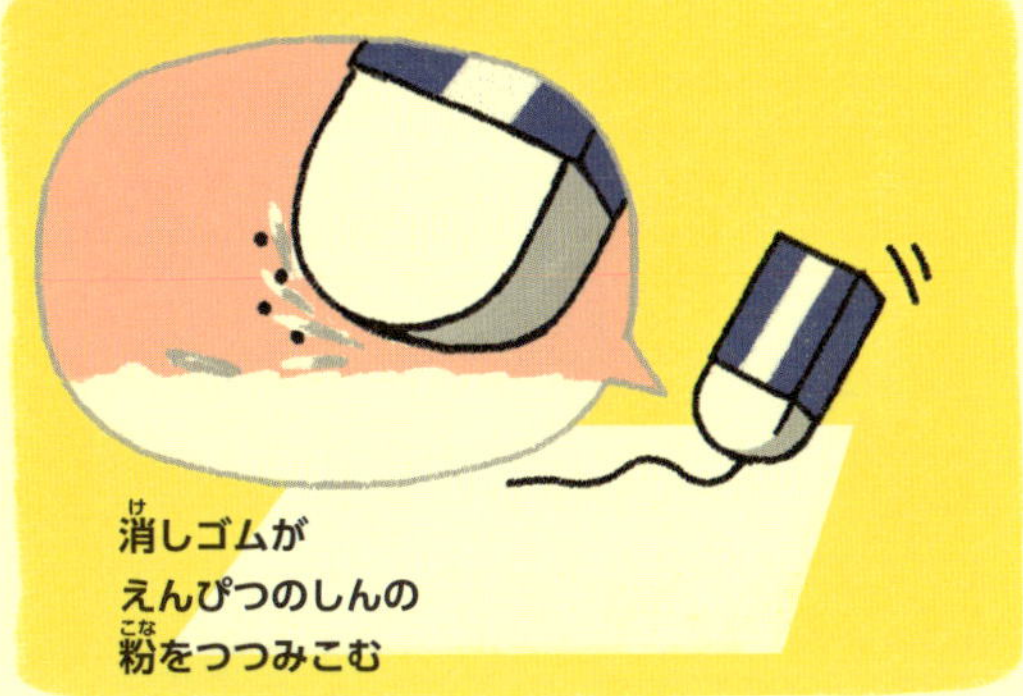

消しゴムがえんぴつのしんの粉をつつみこむ

64ページのこたえ　×

おはなし豆知識　砂消しゴムは、紙の表面をけずってボールペンなどのインクで書かれた文字を消します。

おはなしクイズ　消しゴムがなかった時代は、なにで文字を消していた？

こたえはつぎのページ

鳥はなぜ空を飛べるの？

からだ全体のつくりと、羽毛にひみつがあります

2月9日のおはなし

鳥

読んだ日にち（　　年　　月　　日）（　　年　　月　　日）（　　年　　月　　日）

みなさんは、鳥のように空を飛べたら、どんなに気持ちがいいだろう、と思ったことはありませんか。

鳥のほとんどは、つばさを使って空を飛びます。鳥のからだは、空を飛ぶのにぴったりのつくりになっているのです。

まず、犬やネコなどの前足にあたる部分は、つばさになっていて、つばさをはばたかせるむねの筋肉がとても発達しています。その筋肉をささえるむねの大きな骨もじょうぶなつくりになっているので、力強くはばたくことができます。

はばたく力に加えて、空中にうき上がりやすいように、からだ全体が軽いつくりになっています。

たとえば、全身の骨の中は、空どうになっています。歯がないぶん、くちばしの中は軽くなります。また、腸が短いので、食べたものをからだにためず、こまめに外に出します。

さらに、肺には「気のう」という空気のふくろがいくつもついていて、からだを軽くすると同時に、呼吸を助けます。

全身をおおっている羽毛は表面がなめらかで、何まいも重なるようにびっしりとならんで生えています。これによって、空気の流れをよくして、風の抵抗をへらしています。水の中を泳ぎやすくするためについている魚のうろこ（62ページ）と同じような役割を果たしているのです。

からだの場所によっていろいろな役割の羽毛が生えていますが、飛ぶために使われる羽毛は、特に長くてじょうぶにできています。たくさんある羽毛のなかで、「風切り羽」と「尾羽」は、飛ぶことに直接関係しています。風切り羽は、からだをうき上がらせたり、前に進んだりする力を生み出します。尾羽は、かじやブレーキのはたらきをします。

羽毛にはそのほかに、からだが水にぬれるのをふせぎ、冷えないようにする役割もあります。

つばさをはばたかせてまっすぐに飛ぶ鳥、波形をえがいて飛ぶ鳥、風を利用してつばさを広げたまま飛ぶ鳥など、鳥によって飛び方はいろいろです。飛べないわたしたちにとっては、うらやましいかぎりですね。

65ページのこたえ　パン

おはなし豆知識　ペンギンはつばさが退化した鳥です。小さいつばさで水中を泳ぎます。

おはなしクイズ　犬やネコなどの前足にあたる部分は、鳥のどの部分？

こたえはつぎのページ

2月10日のおはなし

からだのしくみってどうやってわかったの？

日本では３人の医師が力をつくして医学を発展させました

読んだ日にち（　年　月　日）（　年　月　日）（　年　月　日）

伝記

杉田玄白（一七三三～一八一七年）

図鑑や教科書には、骨や血管、臓器など、からだの中のしくみがくわしくえがかれています。これらは、いつ、どのように調べたのでしょう。

江戸時代の中ごろまで、日本の医者は古い中国の医学を学んでいて、からだの中のことはよくわかっていませんでした。

やがて、長崎に出入りするオランダ船によって、西洋の文化が持ちこまれると、西洋の医学を学ぼうとする人があらわれました。杉田玄白も、そのひとりです。

玄白は、生まれてすぐにお母さんをなくし、お父さんの手できびしく育てられました。そして、お父さんと同じ医者になりました。

ある日、玄白は、『ターヘル・アナトミア』というオランダ語で書かれた西洋の医学書を手に入れました。その本には、なんと、人のからだの中の細かな部分までえがかれているではありませんか。玄白は、これによって人のからだのしくみがわかれば、いろいろな病気を治すことができる、と考えました。

そこで、本にえがかれているからだのつくりが、実際と同じかどうかを見くらべようと、死刑場に行きました。死刑になった人のからだを切り開いて中を観察する「ふわけ」を見るためです。先輩の前野良沢や、仲間の中川淳庵もいっしょです。

「なんということだ。心臓や胃、骨のつながりが、この本にえがかれている図とそっくりじゃないか」

ふわけに立ち会って衝撃を受けた玄白たちは、ひとりでも多くの日本の医者にこの本を読んでもらいたいと思い、日本語に訳すことにしました。しかし、オランダ語の辞書もかんたんなものしかなかった当時、専門的な言葉だらけの本を訳すのは、とてもたいへんな作業でした。

しんぼう強く努力を重ね、三年以上の年月をかけて、一七七四年に、『ターヘル・アナトミア』の訳書である『解体新書』を完成させました。この本は、人間のからだのしくみが、図と文章でとてもくわしく説明された、貴重な資料になりました。

こうして、玄白たちの苦労の結果、日本の医学は大きく発展しました。

玄白は、その後も医者として人びとのために熱心にはたらき、一八一七年に八十三歳でなくなりました。

66ページのこたえ　つばさ

おはなし豆知識　玄白は『蘭学事始』の中で、『解体新書』をつくったときの苦労を書いています。

おはなしクイズ　玄白が参考にした医学書『ターヘル・アナトミア』は、何語で書かれていた？

こたえは つぎのページ

サボテンはどうしてとげだらけなの？

水分をにがさないようにするためのくふうなのです

読んだ日にち（　　年　　月　　日）（　　年　　月　　日）（　　年　　月　　日）

2月11日のおはなし
建国記念の日

植物

サボテンの断面図

くき
とげ
根

ちくちくしたとげがあって、なんだかへんな形のサボテン。いったい、どんな植物なのでしょう。

みなさんの家でも育てているかもしれませんが、じつはほとんどのサボテンは、北アメリカ大陸と南アメリカ大陸がもともとの産地です。多くは、砂漠などの乾燥した土地に生えていますが、熱帯雨林や岩の上などで育つ種類もあります。

サボテンは、乾燥してあれた土地でも生きていくことができるように、くきが大きく太くふくらみ、そこに水をためておくことができるようになっています。このようなゆたかなくきをもつ植物を、「多肉植物」といいます。サボテン以外にも、アロエなどがよく知られています。

サボテンのくきの形は、太くて長いもの、うちわのようにまるくて平べったいもの、ボールのようにまるいものなど、いろいろあります。

では、サボテンの葉はどこにあるのでしょうか。じつは、サボテンについている「とげ」こそ、葉が変化したものなのです。

サボテンのとげは、乾燥した土地で、なるべく体内から水分をにがさないようなしくみになっています。

たとえば、多くの植物の葉のうら側には、空気や水蒸気の通り道となる「気孔」とよばれるものがあります。しかし、サボテンのとげにはありません。サボテンの気孔はくきの表面にあり、夜だけ開くようになっています。気孔から水分が出ていかないように、数も少なめです。

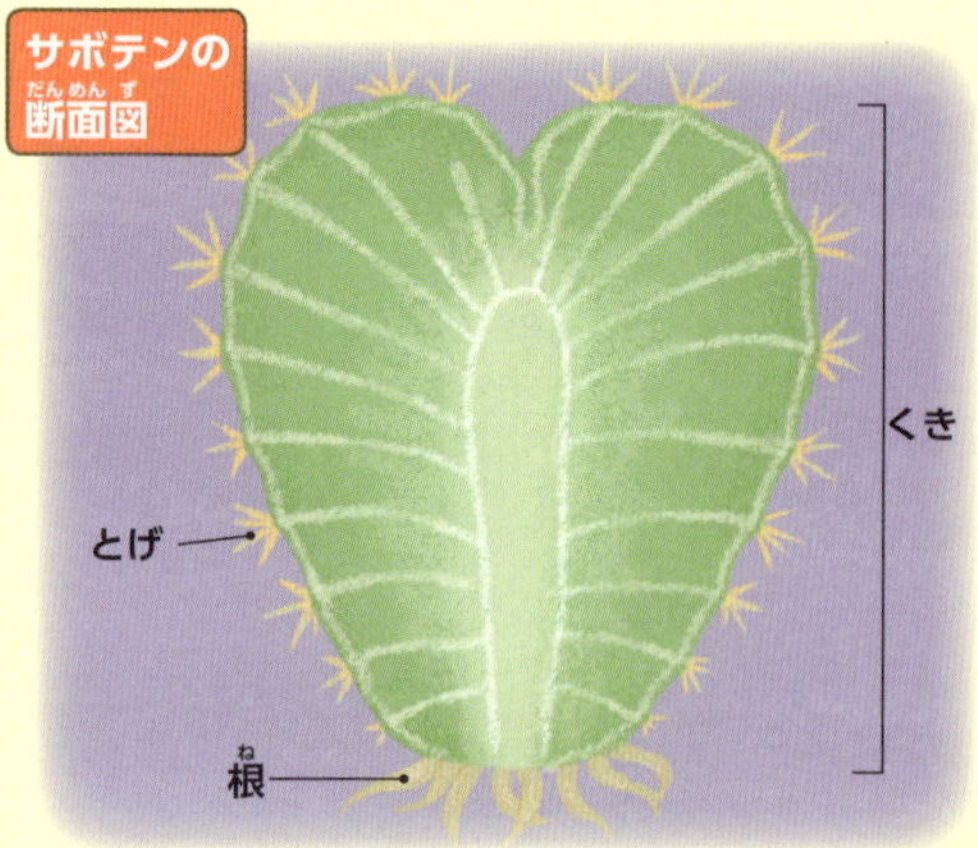

また、サボテンのとげには、動物から身を守る役割があります。砂漠では、水分をもとめてサボテンを食べようとする動物がいるためです。

なかには、くきの一部分がかんたんにはずれる種類のサボテンもあります。とげといっしょにはずれたくきの部分が、動物にくっついて遠くに運ばれると、サボテンは、くきから根を出して、その場所でふえていくわけです。

67ページのこたえ　オランダ語

おはなし豆知識　サボテンは、気孔がくきにあるので、光合成もくきで行います。

おはなしクイズ　サボテンのような植物をなんという？　㋐多肉植物　㋑果肉植物　㋒果実植物

こたえはつぎのページ

2月12日のおはなし

おふろに入るのはどうして？

おふろに入らないでいると、どうなるでしょう

読んだ日にち（　年　月　日）（　年　月　日）（　年　月　日）

からだ

おふろに入っているとき、からだをあらったタオルを洗面器のお湯につけると、白いごみのようなものがういてきたことはありませんか。あるいは、家族がおふろに入ったあとの湯船をよく見ると、なにか白っぽいものがういていませんか。それは、からだから出た「あか」です。

人間の皮ふの一番外側にある細胞は、つねに新しく生まれ変わっています。古くなった細胞は、新しい細胞におされて、少しずつ表面に出てきます。そして、その古い細胞が死ぬと、「角質層（312ページ）」という層になり、皮ふの表面にたまります。時間がたつと、この角質層が、あかとしてはがれ落ちるのです。

新しい細胞が角質層になるまでの期間は、約二週間。その角質層が、あかとなってはがれるのに、さらに約二週間かかるそうです。

人によってちがいますが、一日に出るあかの量は、およそ六〜一四グラムといわれています。

おふろに入ると、このあかやあせ、からだから出るあぶら分などが、きれいにあらい流されるので、とてもさっぱりします。

逆に、おふろに入らずに、皮ふにあかをためておくと、あせの出口や毛あながふさがれてしまいます。それが、ばい菌やカビの発生する原因となって、病気になることもあります。

最近は、シャワーだけですませる人も多いようですが、湯船につかったほうがいいことがたくさんあります。

湯船につかってしばらくすると、からだがぽかぽかしてきますね。

これは、血行がよくなるからです。血液がからだの中をぐるぐるとめぐるので、温かくて気持ちがいいだけでなく、からだにたまったいらないものが、外に出やすくなるのです。

夜、からだを温めておくと、ぐっすりねむることができ、つぎの日もすっきりと目覚めることができます。気持ちにも健康にも、おふろはいいことがいっぱいですね。

68ページのこたえ　㋐多肉植物

おはなし豆知識 おふろでからだが温まるのは、血管が広がり、からだの中まで熱が伝わるからです。

おはなしクイズ 皮ふの古い細胞がはがれ落ちると、あかになる。〇か×か？

こたえはつぎのページ

カメはどうしてじっとしているの？

病気をふせぐために、太陽の光をあびているのです

読んだ日にち（　　年　　月　　日）（　　年　　月　　日）（　　年　　月　　日）

2月13日のおはなし

水辺の生きもの

みなさんは、天気のいい日に、川や池の水辺で、カメが首をのばしてじっとしているのを見たことはありませんか。これは、カメの日光浴で、「こうらぼし」といいます。なぜ、こうらぼしをするのでしょうか。

カメは「変温動物」（32ページ）といって、自分では体温を一定にたもつことができません。そのため、日光の熱を利用して体温を調節しています。

カメのこうらは、人のつめのようなかたくてうすい層におおわれていて、そのすぐ下側には、細い血管が通っています。こうらぼしをすると、血液のめぐりがよくなって、効率よくからだが温まるのです。

また、カメは、「ビタミンD」という栄養素を食べものからとることができません。カルシウムの吸収をよくするビタミンDは、こうらの形づくりや骨の成長に、必要不可欠な栄養素です。

そこでカメは、日光にふくまれている紫外線を利用します。まず、ビタミンDのかわりに、「プロビタミンD」という物質をからだの中に取りこみます。これに紫外線を当てて、ビタミンDに変えているのです。

ビタミンD不足によってカルシウムをうまく吸収できなくなると、こうらがやわらかくなったり、まがったりする病気になることもあります。

それから、紫外線には、からだをかわかし、皮ふについている寄生虫や悪い菌をやっつける力もあります。紫外線が当たらないと、こうらやからだに、もが生えてくることがあります。そうならないためにも、こうらぼしは、カメにとってだいじなことなのです。

家や教室の中でカメを飼うときは、わすれずに日光浴をさせましょう。ただ、ガラスによっては紫外線をさえぎるものもあるので、直接カメのこうらに日光が当たるようにします。

日光浴をさせるときは、温度の上がりすぎにも注意が必要です。カメも熱中症（256ページ）になることがあるからです。

カメを飼う水そうの中に、日光が当たる場所だけでなく、日かげの部分もつくって、風通しのよい場所に置くといいですよ。

69ページのこたえ　○

おはなし豆知識　長生きでめでたいことをたとえて、「ツルは千年、カメは万年」といいます。

おはなしクイズ　カメが、食べものからとることのできない栄養素とは？

2月14日のおはなし
バレンタインデー

チョコレートはだれがつくったの?

はじまりは、からくて苦い「ショコラトル」という飲みものです

読んだ日にち（　年　月　日）（　年　月　日）（　年　月　日）

発明・発見

みなさんがよく知っている、あまくておいしいチョコレートは、「カカオ」という木の実の種からできています。ココアも同じ原料です。

カカオの実は、カカオポッドとよばれ、長さ二〇～三〇センチメートルのラグビーボールのような形をしています。この実の中には、カカオの種が二〇～六〇つぶも入っています。これが、カカオ豆です。

ではいったい、いつ、だれが、この豆からチョコレートをつくる方法を発明したのでしょう。

カカオ豆は、今から約四千年も前から、現在のメキシコやグアテマラの周辺で栽培されていました。

このころチョコレートは、「ショコラトル」という名前で、からだを元気にする〝飲みもの〟として飲まれていました。とても貴重で、王様や身分の高い人だけが口にすることができました。そして、今とは似ても似つかない、からくて苦い味でした。中に、トウガラシなどのスパイスがたくさん入っていたからです。今のようなあまいチョコレートができたのは、ずっとあとのことです。

一五〇二年に、クリストファー・コロンブスがマヤの商人と出会った際、カカオ豆を受け取ったという記録が残っています。

一五一九年には、スペイン人のエルナン・コルテスが、兵とともに今のメキシコに上陸したときに、ショコラトルでもてなされました。数年後、コルテスがカカオ豆をスペインに持ち帰ると、とても貴重な飲みものとしてあつかわれ、お金のかわりに使われることもありました。

やがて、砂糖やバニラ、シナモンなどの香料が加えられるようになり、ヨーロッパ各地に広まりました。

今のような〝食べる〟チョコレートは、一八四七年にイギリス人のジョセフ・フライが発明しました。

日本では、一八七八年に米津凮月堂が、チョコレートの原料を輸入して加工し、売りはじめました。四十年後の一九一八年には、森永製菓が日本ではじめて、国産のミルクチョコレートを発売しています。

その後、世界中のたくさんの人の手に渡るようになり、つくり方や味の改良が進められました。そうして今のように、なめらかでおいしい、いろいろな種類のチョコレートがつくられるようになったのです。

70ページのこたえ　ビタミンD

おはなし豆知識 ホワイトチョコレートは、乳白色のココアバターからつくられています。

おはなしクイズ チョコレートは、なんという木の実の種からできている?

こたえはつぎのページ

動物と友だちになるにはどうすればいいの？

2月15日のおはなし

動物がおこるのは、わたしたちがおこるときとはちがうのでしょうか

読んだ日にち（　年　月　日）（　年　月　日）（　年　月　日）

シートン動物記

「あばれザル　ジニー」のおはなしより

〈動物が、とつぜんおこったような態度をとるのは、どうしてでしょうか。これは、シートンが書いた、動物園の飼育係ジョン・ボナミーと、サルのジニーの友情のお話です。〉

ある日、ボナミーのいる移動動物園に、インド産のハヌマンラングールという種類のメスのサルがやって来ました。そのサルが入っているおりには、「きけん」と書かれたラベルがはってあります。それも、そのはずです。このサルは、人間がおりに近づこうとしただけで、おりのさくにものすごいいきおいで飛びついて、大あばれするのです。

おりの中のふんをかき出そうと、飼育係がぼうをおりにさしこむと、サルはそのぼうをつかんで、めちゃくちゃにかみくだいてしまいました。

飼育係長のボナミーは、飼育係たちに言いました。

「相手は人間と同じだということをわすれるなよ」

そして、みんながいなくなったあと、ボナミーはおりのそばにしゃがみこんで、ゆっくりとそのサルに話しかけました。

「いいかい、ジニー」

「ジニー」は、ボナミーが、ふと思いついてつけた名前です。

「ジニー、おまえとわたしは、友だちにならなくちゃいけないんだ」

ボナミーは、やさしくなだめるように言います。そしてその間中、サルをびっくりさせないために、手足を動かさないようにしました。

ジニーと名前をつけられたサルは、はじめはとても意地の悪い目でボナミーをにらみつけていましたが、しだいに落ち着いてきました。

と、そのときです。風がふいてぼうしが飛ばされそうになったので、ボナミーはあわてて手をあげ、ぼうしをおさえました。すると、ジニーはビクッとして、また、はげしくうなりはじめたのです。

「わかったぞ。今まで、おまえは人間からひどい目にあわされていたんだな」

ボナミーが、ジニーのからだをよく見てみると、なんと、あちこちに痛いたしいきずあとがあります。

ジニーは、遠い国から船で運ばれてきました。きっと、はげしい船よいになやまされたうえに、ろくなエサもあたえられず、ひどい目にあわ

71ページのこたえ　カカオ

されたのでしょう。だから、人間が近づいたり、手をあげたりすると、またひどい目にあわされると思って、うなりだすのです。

ボナミーは、ゆっくりと時間をかけて、ジニーの信頼を取りもどすことにしました。

飼育係のひとりが、ジニーのあつかいに手こずっているのを見て、ボナミーは、ジニーにやさしく話しかけました。

「ジニー。わたしたちはみんな、おまえと友だちになって、おまえが幸せにくらせるようにしてやりたいと思っているんだよ」

すると、ジニーは静かになって、高いたなの上にのぼりました。こわい顔つきのままですが、ボナミーを見つめています。どうやら、今まで会った人間とボナミーは、なにかがちがうと思ったようです。

やがて、ジニーは、ほかのサルがいる大きなおりにうつされました。

ボナミーは、できるだけ何回も、ジニーのところをたずねるようにしました。そして、やさしくおだやかに話しかけ、行くたびにちょっとしたおいしい食べものを持っていくようにしました。

そのうち、ジニーは、ボナミーが毎日たずねて来るのを心待ちにするようになりました。とうとう、ジニーとボナミーはとても仲のいい友だちになったのです。

〈お話は、このあともつづきます。ジニーは、お客さんの前でも陽気なすがたを見せるようになり、すっかり人気者になりました。ボナミーが、がまん強く時間をかけて、だれもよせつけなかったジニーの心を開いたのです。

動物も人間と同じように、ひどいことをされれば、おこります。でも、やさしい心で接すれば、なかでも人間に近いサルなどは、それにきちんとこたえてくれるのですね。〉

おはなし豆知識 サルはおこったとき、姿勢を低くし、歯をむき出しにして、かん高い声で鳴きます。

おはなしクイズ ジニーとボナミーは、とても仲のいい友だちになった。○か×か？

こたえはつぎのページ

ものはどうして上から下に落ちるの？

ものにはたらく力を研究し、科学の世界を発展させた人がいます

2月16日のおはなし

読んだ日にち（　年　月　日）（　年　月　日）（　年　月　日）

伝記

アイザック・ニュートン（一六四二〜一七二七年）

アイザック・ニュートンは、一六四二年に、イギリスの小さな農村で生まれました。生まれる三か月前に、お父さんはなくなり、お母さんもすぐに別の人と結婚してしまいました。おばあさんに育てられましたが、どこかにさびしい気持ちをかかえたまま、少年時代をすごしました。

そのせいか、ニュートンはひとりでもの思いにふけることが多く、目にふれるふしぎなものに対して、「どうして、こうなるのだろう？」と、考えこむことがよくありました。

そして、自分の知らないことを、もっと知りたい、もっと勉強したいと思うようになったのです。なんでも勉強して知識をたくわえ、自分で実験をすることもありました。

その後、ニュートンは、イギリスのケンブリッジ大学に入学しました。けんめいに研究をつづけ、光と色についての研究や数学の法則の発見などを成しとげました。

特に、「万有引力の法則」の発見は、科学の世界に大きな影響をあたえました。

ものが、上から下に落ちるのは、「重力」という力によって、地球に引っぱられるためです。このことは、当時、すでに知られていました。

ニュートンは、「地球上のものだけでなく、地球から遠くはなれた月やほかの天体にも、重力がはたらいている」と考えました。そして、その考えが正しいことを計算で証明したのです。さらにそこから、「あらゆるものには、たがいに引っぱり合う力が存在する」という法則もみちびき出しました。これが、「万有引力の法則」です。

この法則は、ニュートンが発見したほかのいくつかの法則といっしょに、『プリンキピア』という本にまとめられました。

『プリンキピア』の登場によって、身のまわりに起こるいろいろな現象に説明がつくようになりました。数百年たった今でも、科学的な考え方の土台となっています。

73ページのこたえ　○

おはなし豆知識　ニュートンは、光と色の研究から「反射望遠鏡」もつくり出しました。

おはなしクイズ　ニュートンは、ものを引っぱる力があるのは地球だけだと考えた。○か×か？

こたえはつぎのページ

2月17日のおはなし

生きものはどうしていつか死ぬの？

からだの中では、なにが起こっているのでしょうか

読んだ日にち（　　年　　月　　日）（　　年　　月　　日）（　　年　　月　　日）

からだ

　みなさんのなかには、身近な人やペットがなくなり、かなしい思いをしたことのある人もいるでしょう。生きているものは、いつか死にます。人間もほかの動物と同じように、いつか、かならず死をむかえます。年をとって死ぬこともあれば、わかくして死ぬこともあります。また、死をむかえる原因は、病気や事故など、人によってさまざまです。

　わたしたち人間や動物のからだは、何十兆個もの「細胞」が集まってできています。細胞は、毎日からだの中で分裂をくり返し、新しい細胞をつくります。そのいっぽうで、役目を終えた細胞はこわれて死んでいきます。このような、新しい細胞が生まれ、古い細胞はこわれるという変化を、からだの中できちんとくり返すことが「生きている」ということなのです。

　ところが、病気や事故などで、一部の細胞が生死をくり返せなくなることがあります。それがからだ全体に広がると、「死」となるのです。

　病気や事故などがなければ、人間は百二十歳くらいまで生きられるといわれています。でも、実際にそこまで生きることができる人は、ほとんどいませんね。

　命が生まれてから死ぬまでの期間を「寿命」といいます。二〇一七年の日本人の平均寿命は男性が約八十一歳、女性が約八十七歳でした。日本は、世界の中でもトップの長生きの国です。

　その理由としては肉・魚・野菜のバランスがとれた健康にいい食事をしていることや、ほとんどの人が医療サービスを受けられることなどが大きいと考えられます。

　ところで、野生動物の寿命とからだの大きさをくらべてみると、大きい動物のほうが、小さい動物よりも長生きすることが多いようです。

　体重が三〇グラムくらいしかないハツカネズミの寿命は二～三年ですが、体重が四トンもあるゾウの寿命は六十～八十年ほどです。体重が六〇～一〇〇トンあるホッキョククジラは、長いもので二百年も生きたという記録が残っているそうです。

　人間は、生活環境の改善や医療の進歩により、体重の重いゾウよりも長く生きることができるようになったのです。

74ページのこたえ　×

おはなし豆知識　脳のはたらきが止まり、回復できない状態を「脳死」といいます。

おはなしクイズ　命が生まれてから死ぬまでの期間を、なんという？

こたえはつぎのページ

牛は毎日お乳が出るの？

人間と同じで、お乳が出る期間が決まっています

2月18日のおはなし

読んだ日にち（　　年　　月　　日）（　　年　　月　　日）（　　年　　月　　日）

動物

　お乳をとるために飼っている牛を「乳牛」といいます。乳牛は、ホルスタイン種、ジャージー種をはじめとする五種類に分けられますが、日本では、ほとんどが、からだに黒と白の大きなもようがあるホルスタイン種です。

　みなさんが飲んでいる牛乳は、メスの乳牛からとれます。人間といっしょで、牛も赤ちゃんをうまないとお乳が出ません。そこで農家では、お乳が出るように、メスの乳牛が妊娠するのを手伝います。

　赤ちゃんが生まれると、お母さん牛は、十か月間ほど母乳を出します。このうち最初の五日から一週間だけは、お母さん牛のお乳を赤ちゃん牛に飲ませます。そのあとは、人工のミルクで育てます。赤ちゃん牛にお乳をあげる一週間ほどをのぞいて、残りの九か月と約三週間分のお乳は、人間のためにしぼられるのです。

　生まれて二か月もすると、赤ちゃん牛は、大人の牛と同じエサを食べるようになります。おもに、ほし草やトウモロコシなどです。

　そこからさらにたいせつに育てられ、メスの牛の場合、生まれてから一年ちょっとで赤ちゃんをうむことができるようになります。そして、人の手を借りて妊娠し、およそ十か月たつと出産します。

　ですから、生まれたばかりのメスの赤ちゃん牛が、子どもをうんでお母さん牛になるまで、だいたい二年くらいかかることになります。

　赤ちゃんをうんだメスの牛は、お乳を出しはじめますが、二か月から三か月ほどたつと、つぎの赤ちゃんができるように人の手で妊娠を手伝います。こうしてお乳を出しながら、おなかの中でつぎの赤ちゃんを育てるのです。そして、最初の出産から十か月ほどしてお乳が出にくくなってくると、休憩期間に入ります。つぎのお産にそなえて体力をつけるための、たいせつな時期です。

　妊娠と出産をくり返しながら、お乳を出しつづけてくれるように、農家の人びとはたっぷりと愛情をかけて牛を育てるわけです。

　一頭の乳牛からとれるお乳の量は、一年間に八〇〇〇～九〇〇〇リットル、一リットルの牛乳パックで九千本分ほどにもなります。

75ページのこたえ　寿命

おはなし豆知識　人間は、古くから羊やヤギのお乳も利用してきました。

おはなしクイズ　お乳をとるために飼っている牛をなんという？

こたえはつぎのページ

2月19日のおはなし

星や月は昼の間どこにあるの？

じつは、昼間もちゃんと空でかがやいているのです

読んだ日にち（　年　月　日）（　年　月　日）（　年　月　日）

地球・宇宙

きらきらと、夜空いっぱいにかがやく星、そして、ぽっかりとうかぶ月。星も月も、夜になるとどこからかいっせいに、わいて出てくるような気がしますね。

でも本当は、夜になるととつぜん出てくるのではなく、昼間も同じように、空にあります。太陽の光が明るすぎて、見えないだけなのです。

地球は、ボールのようなまるに近い形をしていて、一日に一回転しています。この動きを地球の「自転」といいます（236ページ）。

このとき、地球上で太陽の光が当たるところは昼、かげになっているところは夜となります。昼と夜が規則正しくくり返され、自転している地球のまわりの宇宙には、たくさんの星がかがやいているのです。

では、どうして夜は星が見えるのに、昼間は見えないのでしょうか。

昼間の空は、空気の中にあるちり・や水蒸気のつぶに太陽の光が当たって、明るく光っています。このときも空には星が光っているのですが、太陽の明るさに負けて、光の弱い星は見えなくなるのです。

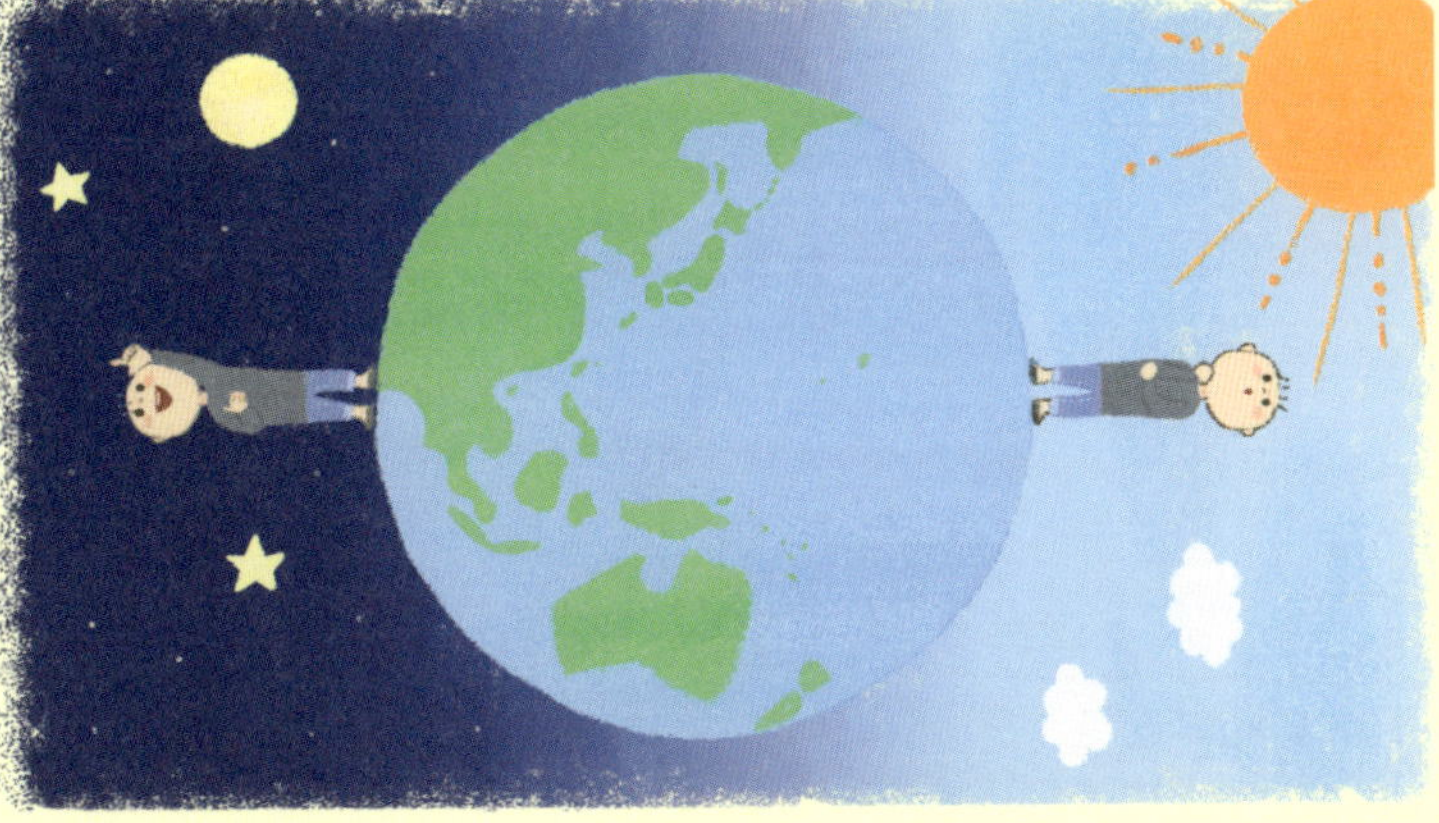

また、わたしたちの目は、明るいところでは光が入りすぎないように、ひとみの部分が小さくなります。反対に、暗いところでは光をたくさん取りこめるように、ひとみが大きくなります。明るい場所から急に暗い場所に行ったときに、だんだんとまわりが見えてくるようになるのは、ひとみがゆっくりと大きくなり、少しずつ目に光が入るからです。

このように、わたしたちのからだには、目を守るために光の量を調節するしくみがあります。そのため、明るい昼間は、光が入りすぎないようにひとみが小さくなっています。それで、光の弱い星を見ることはむずかしいのです。

これに対して、月は太陽の光を受けて星よりも明るくかがやきます。そのため、明け方や昼間にも見えることがたびたびあります。

空が明るいのに、白っぽい月が出ているのを見たことがある人もいるでしょう。日本では、このような夜明けの空にぼんやりと残っている月のことを、昔から「有明の月」とよんでいます。

76ページのこたえ　乳牛

おはなし豆知識　金星はほかの星より明るいため、明け方の東の空や夕方の西の空に見ることができます。

おはなしクイズ　月は、空に見える星よりも暗い。○か×か？

こたえはつぎのページ

新幹線の鼻はなぜとんがっているの？

新幹線の車体には、走りやすくするためのくふうがつまっています

読んだ日にち（　　年　　月　　日）（　　年　　月　　日）（　　年　　月　　日）

2月20日のおはなし

乗りもの

新幹線は、東京オリンピックが開かれた一九六四年に開通しました。「０系」とよばれる当時の新幹線の最高速度は、時速二一〇キロメートル。車体は、まっすぐでくびれのないつくりで、鼻のように見える先頭部分の長さは、五メートルほどしかありませんでした（244ページ）。

それ以来ずっと、新幹線は、「いかに速く快適に、そして安全に人を運ぶことができるか」へのちょうせんをつづけています。

E5系、H5系、E6系、N700系などの新幹線の先頭部分は、一〇～一五メートルと長いうえ、ところどころに出っぱりやくぼみがあり、複雑な形をしています。

このように、先頭部分が長くとんがり、鼻のような形をしているのはなぜでしょう。それは、空気にじゃまされずに、より速いスピードで走らせるためです。また、走っているときの騒音をへらすためでもあります。特に、トンネルに入るときに聞こえる「ドン」という音をおさえる効果があります。

新幹線は、先頭部分以外にも、速く走るためのくふうがされています。

たとえば車両のかべは、アルミニウムという軽い金属でできています。断面を見ると、段ボールのような、ジグザグの骨組でささえられています。これらのおかげで、軽くてじょうぶな車体になっています。

それから、車体と台車の間には、「空気ばね」という装置があります。カーブをまがるとき、ふつうは安全のためにスピードを落としますが、空気ばねの力でカーブに合わせて車体を内側にかたむけて、スピードを落とさずに走ることができます。

こうした改良は、模型や実物の車両を使い、コンピュータの力を借りながら行われ、今でもその研究はつづけられています。

現在、日本で一番速く走る新幹線は、東北新幹線「はやぶさ」と、秋田新幹線「こまち」です。どちらも、最高時速は三二〇キロメートルです。

先頭部分は、はやぶさが一五メートル、こまちが一三メートルもあります。この中には車両どうしをつなぐ連結器が入っていて、はやぶさとこまちは、連結して東京と東北の間を走っているのです。

東北新幹線
E5系「はやぶさ」

空気の流れがスムーズになる

15メートル

77ページのこたえ ×

おはなし豆知識 リニアモーターカーは、電磁石の力でういて進む、超高速の新幹線です。

おはなしクイズ 新幹線の鼻がとんがっているのは、トンネルにぶつからないようにするため。○か×か？

こたえはつぎのページ

2月21日のおはなし

ジャガイモを置いておくと芽が出るのはなぜ？

イモの中にたっぷり栄養がつまっているからです

読んだ日にち（　　年　　月　　日）（　　年　　月　　日）（　　年　　月　　日）

植物

コロッケや肉じゃが、ポテトフライなど、ジャガイモはとても身近で、よく口にする食べものです。みなさんの家でも、日ごろから、買い置きしているかもしれませんね。

ところで、ジャガイモのくぼみの部分から、白くて太いものが出ているのを見たことはありませんか。それはジャガイモの「芽」です。

土に植えているわけでもなく、水もやっていないのに、ただ置いておくだけで芽が出てくるのは、なぜでしょうか。

その理由は、ジャガイモの中に栄養がたくさんつまっているからです。

じつはジャガイモは、実や根っこではなくて、「くき」なのです。地下にあるくきに、生長するための栄養がたくわえられて、太ってイモになったものがジャガイモです。

ですから、たくわえていた栄養分を使って、どんどん芽をのばして生長しようとするのです。

ジャガイモを育てるときは、種子ではなく、「種イモ」とよばれるイモを植えて育てます。種イモを半分に切って、切り口を下にして土に植えると、そこから芽や根がのびます。生長すると、やがて土の中にたくさんのジャガイモができます。

植える時期は国や地域によってちがいますが、日本では、春に植えることがほとんどです。すると、五月の終わりごろに花がさき、七月のはじめごろに収穫できます。

さて、ジャガイモを料理するときには、かならず芽を取ります。なぜかというと、芽の部分には「ソラニン」という毒があるからです。食べると、頭痛やはき気、腹痛などが起こることがあります。

土の中にあるイモの部分は、鳥や動物などに食べられることは少ないのですが、地上に出てきた芽はそうはいきません。そこでジャガイモは、わかい芽を食べられないように、芽の部分に毒をもつようになったと考えられています。

それから、ジャガイモに実がなることもあります。赤くてまるい、ミニトマトのような形をしていますが、この実にも毒があるため、食用にはなりません。

ジャガイモの中で食べられるのは、ふだんみなさんが食べている、地下のくきの部分だけなのです。

78ページのこたえ　×

おはなし豆知識　ジャガイモはくきですが、サツマイモは根に栄養がたまったものです。

おはなしクイズ　ジャガイモの芽にふくまれているのは、なんという毒？

こたえはつぎのページ

お父さん似、お母さん似はなぜあるの？

エンドウを使った実験で、親に似るひみつがとき明かされました

2月22日のおはなし

読んだ日にち（　　年　　月　　日）（　　年　　月　　日）（　　年　　月　　日）

伝記

グレゴール・ヨハン・メンデル（一八二二〜一八八四年）

親と子は、似ていますね。兄弟も似ています。ただ、兄弟のなかでも、「お父さん似」や「お母さん似」があって、少しずつ特徴がちがいます。このように、両親がもつさまざまな特徴が子どもに伝わることを、「遺伝」といいます。この遺伝の法則を見つけ出したのが、グレゴール・ヨハン・メンデルです。

メンデルは、オーストリア・ハンガリー帝国にあった小さな村（今のチェコ共和国）に、農家の子として生まれました。牛や羊などの動物や、おいしいくだものにかこまれ、自然とふれ合いながら育ちました。しかしメンデルは、家の果樹園の仕事を手伝うよりも、学校での勉強のほうが好きだったようです。

そこで、キリスト教の修道院に入り、修道士として勉強や仕事をしながら、あまった時間を好きな植物などの研究についやしました。

そして、修道院の院長らの助けを借りて、ウィーンの大学へ留学することができました。メンデルは、この留学で、「自然のしくみをとき明かすためには、たくさんのデータを集め、数字に置きかえることがたいせつだ」ということを学びました。

また、「動物も植物も、細胞という小さな部屋のようなものが集まってできていて、それが生命のはたらきをささえているらしい」ということも知ります。そこでメンデルは、生命のはたらきには、なにかだいじな法則があるのではないかと考えるようになりました。

留学を終えて修道院にもどったメンデルは、さっそく実験をはじめました。修道院の庭の片すみにエンドウを植えて、どんな親からどんな子ができるかを調べたのです。

まず、何代にもわたってなめらかなまるいマメしかできない「まるつぶ」のエンドウと、何代にもわたってしわしわのマメしかできない「しわつぶ」のエンドウをかけ合わせました。すると、子どものエンドウにできたマメは、全部まるつぶでした。

つぎに、全部まるつぶだった子どものエンドウどうしをかけ合わせました。つまり、孫のエンドウも調べたのです。すると、どうでしょう。まるつぶどうしをかけ合わせた孫の世代から、まるつぶとしわつぶのマメができたではありませんか。その割合は、まるつぶが三に対して、しわつぶは一でした。

79ページのこたえ
ソラニン

メンデルはほかに、マメの色や、くきの高さなどがちがう、いろいろなエンドウをかけ合わせてみました。そして、その形を調べ、数をかぞえ、根気強く記録したのです。

その結果、どれも、まるつぶとしわつぶのときと同じように、孫の世代になると、三対一の割合で、ちがう形が出てきました。何度実験しても、結果は同じでした。

こうしてメンデルは、いくつかの法則を発見しました。

それまで、遺伝については、両親の特徴がまざり合って子どもに伝わり、ぐうぜん、どちらかの特徴が出る、と考えられていました。ところがメンデルは、両親がもつ特徴には、子どもに伝わりやすいもの（顕性＝優性）と伝わりにくいもの（潜性＝劣性）があることを実験で明らかにしました。「お父さんに似るか、お母さんに似るかはぐうぜんではなく、顕性と潜性の組み合わせによって、法則的に決まる」ということがわかったのです。

この考えがのちの『遺伝子』のもとになっています。一八六五年、メンデルは、この研究の結果を論文にまとめて発表しました。しかし、当時はだれからも注目されませんでした。

みんなからしたわれたメンデルは、その後、修道院の院長になりました。研究はやめましたが、遺伝についての研究成果には、とても満足していました。「きっとみとめられるときがくる」と、言っていたそうです。

一九〇〇年、オランダ、ドイツ、オーストリアの研究者が、それぞれ別に、メンデルの法則を再発見しました。ついに、メンデルの研究が世界にみとめられたのです。

メンデルがなくなってから、十六年もあとのことでした。

おはなし豆知識 遺伝子の研究は現代もつづけられ、遺伝子治療など、病気の治療にも役立っています。

おはなしクイズ 両親の特徴には、子どもに伝わりやすいものと伝わりにくいものがある。○か×か？

こたえはつぎのページ

アリの巣の中はどうなっているの？

いくつもの部屋に分かれていて、いろいろな役割のアリがくらしています

読んだ日にち（　年　月　日）（　年　月　日）（　年　月　日）

2月23日のおはなし
天皇誕生日（2020年より）

虫

アリは、地面や木の中に巣をつくり、集団でくらすこん虫です。

ひとつの巣の中でくらしているアリの数は、わたしたちがよく見かけるクロオオアリの場合で、約二千びきもいるといわれています。

土の中につくられた巣は、女王アリの部屋、たまごの部屋、食べものの部屋などに分かれていて、それぞれがトンネルでつながっています。

女王アリは一ぴきだけで、からだが大きくてはねがあります。結婚すると、はねを落として巣をつくり、毎日、巣の中でたまごをうみます。

たまごからかえったたくさんのはたらきアリはすべてメスですが、ふだんはたまごをうみません。食べものをさがしに外に出たり、巣の中でたまごや幼虫の世話をしたりします。

クロオオアリは、クロシジミというチョウの幼虫も巣の中で世話をし、そのかわりに、みつをもらいます。

はたらきアリの数がふえてくると、やがて、新しく女王アリとなるメスアリと、オスアリが生まれます。

このメスアリは、はたらきアリと同じたまごからかえりますが、幼虫のときにたくさんの食べものをもらうので、からだが大きく、はねの生えたりっぱなすがたに成長します。

いっぽうオスアリは、はたらきアリとはちがう、精子の入っていないたまごから生まれます。

こうして生まれたメスアリとオスアリは、成長すると巣から飛び立ち、新しい巣づくりをはじめます。

オスアリは役目を終えるとすぐに死んでしまうので、女王アリは一ぴきで巣あなをほってたまごをうみ、たいせつに育てます。そうして生まれたアリがはたらきアリとなり、また巣を大きく広げていくのです。

クロオオアリの場合、女王アリは十～二十年も生き、その間に、およそ十万個ものたまごをうみます。これに対してはたらきアリの寿命は、一～二年しかありません。

クロオオアリの巣の例

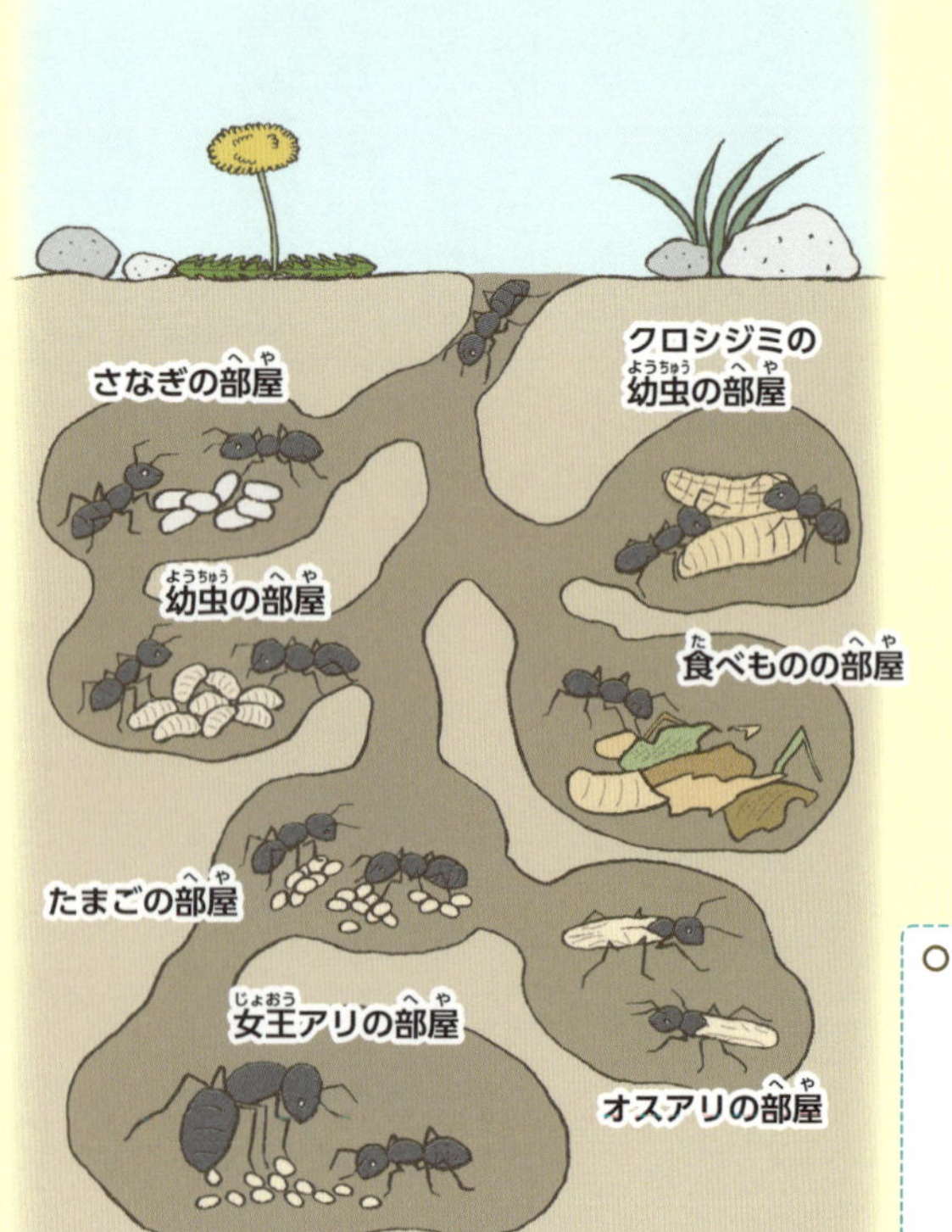

81ページのこたえ ○

おはなし豆知識　女王アリが死ぬと、はたらきアリがオスのアリをうんで育てます。

おはなしクイズ　はたらきアリは、すべてメスのアリ。○か×か？

こたえはつぎのページ

血液型を調べるのはどうして？

A型、B型、O型、AB型以外にもいくつかの分け方があります

読んだ日にち（　　年　　月　　日）（　　年　　月　　日）（　　年　　月　　日）

みなさんは、自分の血液型が何型か知っていますか？　A型、B型、O型、AB型は、「ABO式」とよばれる血液型で、両親の血液型の組み合わせで決まります。こうした血液型は、いったいどうやって調べているのでしょう。

血液の中には、酸素を運ぶ「赤血球」などの細胞があります。その表面に「抗原」という物質がありますが、抗原は、人によって種類がちがいます。血液型は、この種類のちがいを調べればわかるのです。

血液型を調べる理由はいくつかありますが、おもな目的は「輸血」です。大きな事故や病気などで、たくさんの出血があり、からだの血液が足りなくなったときに、ほかの人の血液を分けてもらうことができます。これを輸血といいます。

輸血をするときは、輸血をする人とされる人の血液を前もって検査して、同じ血液型どうしで行います。

もしも、ちがう血液型の人から輸血されると、からだの中で血液がかたまってしまいます。そうすると、血管がつまって血液が流れなくなり、命にかかわります。

じつは、O型の人は、どの血液型の人にも血液を分けてあげることができ、AB型の人は、どの血液型の人からも血液を分けてもらうことができます。ただし、ほんのわずかですが、血液がかたまってしまうきけんがあるため、実際には行われていません。

また、輸血のときは、ABO式だけではなく、「Rh式」などの方法でもさらに細かく調べて、同じ型の血液を選ぶ必要があります。命を守るために、血液型の分類はとてもだいじなことなのです。

血液型の分類方法には、ABO式やRh式のほかに、MN式、P式などがありますが、それほど知られてはいません。これらの分類方法は、親子関係を確認するときや警察で犯罪をそうさするときなど、より細かい情報が必要な場合に使われます。

82ページのこたえ　○

おはなし豆知識　人間だけでなく、動物にもそれぞれ血液型があります。

おはなしクイズ　からだの血液が足りないとき、ほかの人の血液を分けてもらうことをなんという？

こたえはつぎのページ

宇宙では水も空中にうくって本当？

宇宙飛行士がふわふわとうく映像をよく見ますが……

読んだ日にち（　年　月　日）（　年　月　日）（　年　月　日）

2月25日のおはなし

地球・宇宙

みなさんは、宇宙船の中でふわふわとうく宇宙飛行士のすがたを、テレビなどで見たことがありますか。宇宙船の中では、人だけでなく、水も、シャボン玉のようにまんまるくなって空中にうきます。

このように、いろいろなものがうく状態を、「無重量状態」といいます。無重量、つまり「重さがない状態」とは、いったいどのような状態でしょうか。

すべてのものには、磁石のようにたがいに引き合う力があります。これを、「引力」といいます。地球の中心からも、この引力がはたらいていて、わたしたちはいつも、地面から下の方向に引っぱられています。そのため、まるい地球から落ちずに立っていられるわけですね。

地球では、この引力のほかに、「遠心力」という力もはたらいています。遠心力は、ものが回転しているときに外側の向きにはたらく力のことです。自動車に乗ってカーブをまがるときに、ふわっと引っぱられる感じがするのは、遠心力のためです。

この「引力」と「遠心力」を合わせた力が「重力」です。そして、ひとつひとつの物体にはたらく重力の大きさが「重量（重さ）」です。つまり、無重量状態とは、重さを感じない状態ということなのです。重さがないので、ふわふわとうかぶのですね。

さて、無重量状態の宇宙船の中で、宇宙飛行士はどのように生活しているのでしょうか。

まず、食事は、飛び散らないようにプラスチックや缶などの容器に入れられた宇宙食を食べます。飲みものは、粉の状態のものに水をまぜ、ストローを使って飲みます。

かみの毛は、水を使わないシャンプーであらいます。あらい終わったら、タオルでふき取るだけです。からだのよごれも、ボディソープをふくませたタオルでふきます。トイレは、からだを固定して、そうじ機のような機械ですいこみます。

無重量状態で生活すると、体型も変わります。血液が軽くなって上半身に集まるので、足は細くなり、顔がまるくなります。また、地球上より骨や筋肉を使わないため、おとろえないように、宇宙飛行士は筋力トレーニングを毎日欠かさず行います。

83ページのこたえ　輸血

おはなし豆知識　宇宙船の中では、地球上と同じような服装ですごすことができます。

おはなしクイズ　無重量状態のときも、シャワーでからだをあらえる。○か×か？

こたえはつぎのページ

2月26日のおはなし

木の中にトンネルをほる虫がいるの？

トンネルの中で、大人になる準備をする虫がいます

読んだ日にち（　年　月　日）（　年　月　日）（　年　月　日）

ファーブル昆虫記

「カミキリムシ」のおはなしより

〈ファーブルは、カシの古い木にひそんでいる、カミキリムシの幼虫の「テッポウムシ」の観察をしました。これは、そのときのお話です。〉

まき用の古い丸太をふたつにわると、樹液（283ページ）がしみ出ていました。よく見るとそこに、白くすべすべしたはだの、ぷっくり太ったテッポウムシが動いているではありませんか。これは、カシミヤマカミキリの幼虫です。

カミキリムシの仲間の多くは、木のみきをかんで、きずをつけ、そこにたまごをうみつけます。たまごからかえった幼虫は、大あごでその木をかじりながら、トンネルをほっていきます。朝から晩まで木を食べ、ふんを出しながら、どんどんトンネルをほり進むのです。

わたし（ファーブル）は、この幼虫の耳が聞こえるかをたしかめるため、そばで大きな音を立ててみました。でも、幼虫は知らん顔です。

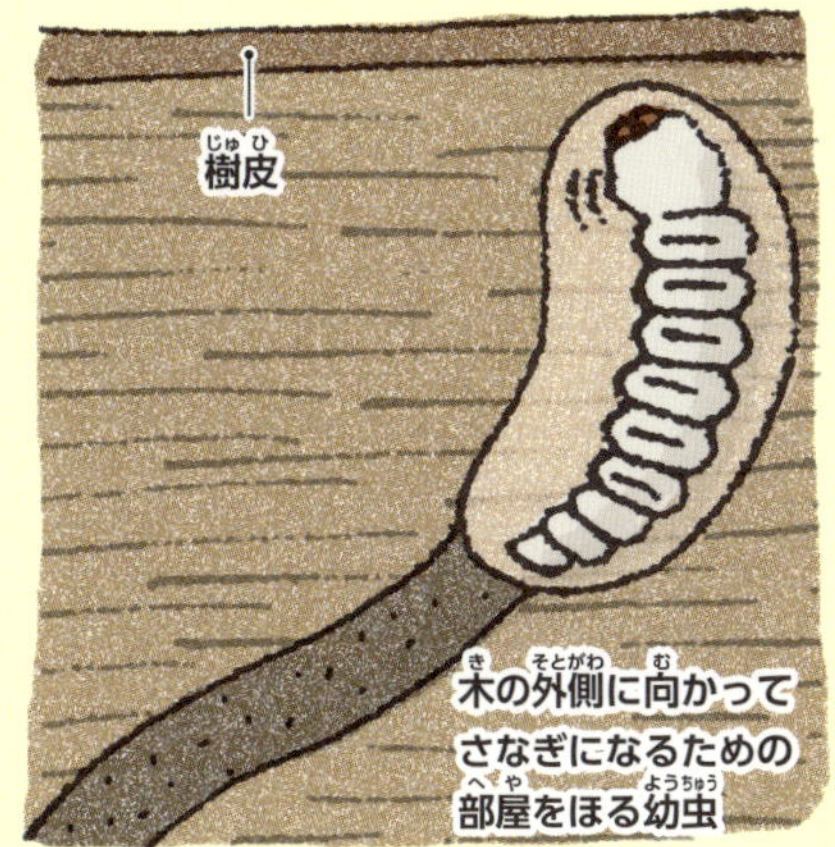

では、においはわかるのでしょうか。かおりの強い木にうつしかえてみましたが、幼虫は平気です。どうやら、においも感じないようです。

それでは、この幼虫が成虫になったとき、いったいどうやって外に出るのでしょう。コナラの木にいくつか小部屋をつくり、二センチメートルくらいかじれば外に出られるようにして、カミキリムシの成虫をとじこめてみました。しかし、どの小部屋にいた成虫も、外に出ることはできませんでした。どうやら、外に出るための準備は、成虫になる前の幼虫時代にするようなのです。

幼虫は、木の外側に向かってトンネルをほり、木の皮（樹皮）のすぐ内側まで来て止まります。そして、その少しおくに、さなぎになるための部屋をつくります。ふしぎなことに、このときさなぎの頭は、ちゃんと出口のほうを向いています。

夏になると、羽化してうすい木の皮をやぶり、外へと飛び出します。

ひたすらトンネルをほって、前進するだけのように思われた幼虫ですが、ちゃんと先を見通して、成虫になってから外に出やすいように、準備を進めていたのですね。

成虫になる準備をするさなぎ

84ページのこたえ　×

おはなし豆知識 カミキリムシの幼虫は、胃から石灰分をはき出して木くずをかため、まゆをつくります。

おはなしクイズ カミキリムシの幼虫は、大きな音や強いにおいに反応しなかった。〇か×か？

こたえはつぎのページ

雨や雪がふるのはどうして？

水は、温められたり冷やされたりすると、状態が変わります

読んだ日にち（　年　月　日）（　年　月　日）（　年　月　日）

天気・気象

みなさんは、雨や雪にどのようなイメージをもっているでしょうか。うっとうしい雨、ちょっとわくわくする雪……いろいろありますね。

さて、そんな雨や雪はどうしてふるのか、知っていますか。

川や海などの水や、雨がふったあとに地面にしみこんだ水は、太陽の熱によって温められて蒸発します。そして、目に見えない水蒸気になって、上空へのぼっていきます。

空気は、空の高いところに行くと温度が下がるため、運ばれていった水蒸気は冷やされます。すると、水のつぶどうしがくっついて、目に見えるほどの大きさになります。このように水のつぶがたくさん集まってできたものが、雲です。じつは、雨や雪は、この雲から生まれるのです。

雨には、「冷たい雨」と「温かい雨」があり、それぞれ、できかたが少しちがっています。

日本などの、温帯地方より北の地域でできる雨は、「冷たい雨」です。冷たい雨をふらせる雲の中の温度は〇度以下なので、水蒸気がくっついてできた水のつぶは、すぐに氷のつぶになります。氷のつぶは、雲の中の水分を吸収して大きくなります。

この氷のつぶが、雲からふってくるとちゅうでとけると、「冷たい雨」となります。また、そのままとけずにおりてきて、地上の冷たい空気に冷やされると、雪になります。

これに対して、熱帯地方でふるのは、「温かい雨」です。日本でも、暑い季節にふります。

熱帯地方の雲は、低いところにでき、中の温度は〇度以上なので、氷のつぶはできません。水蒸気は、雲の中でたがいにくっついて大きくなり、水のつぶになります。さらに水分を吸収して水のつぶがどんどん大きくなり、重さにたえられなくなると、雨となってふってくるのです。

ところで、雪には大きく分けて、「粉雪」と「ぼたん雪」の二種類があります。気温が低く空気がかわいているときは、水分が少ないので、さらさらした粉雪になります。反対に、気温が高く空気がしめっているときは、水分をたくさんふくんだ、重たいぼたん雪になります。

上空と地上の温度のちがいや空気のしめり具合によって、雨や雪の様子が変わるのですね。

85ページのこたえ　○

おはなし豆知識　日本語には、雨や雪の様子を細かく言いあらわしたよび名がたくさんあります。

おはなしクイズ　水分をあまりふくまず、さらさらとした雪のことをなんという？

こたえはつぎのページ

サンゴって生きているの？

サンゴは動物でしょうか、それとも植物でしょうか

読んだ日にち（　年　月　日）（　年　月　日）（　年　月　日）

真っ青できれいな南の海。色とりどりのサンゴにかこまれた海は、波が静かで、たくさんの種類の魚や生きものが集まっています。

ところで、みなさんはサンゴが生きものだと知っていましたか。サンゴは、木のえだのような形をしていますが、植物ではなく動物で、イソギンチャクの仲間です。

サンゴは、直径〇・五～一センチメートルくらいの「サンゴ虫」という小さな生きものの集まりです。たまごから生まれたサンゴ虫は、岩にくっつくと、小さなイソギンチャクのような形の「ポリプ」に成長します。このとき、自分のまわりをかためてすっぽりとおさまり、動かないよう固定します。このように、いくつもの小さなポリプが集まることで、えだのような形のサンゴができあがるのです。

サンゴは、夜になると触手をのばして、小さな動物プランクトンをつかまえて食べます。また、「褐虫藻」という小さなもを、からだの中で育てているサンゴもいます。この褐虫藻に栄養をもらういっぽうで、褐虫藻の安全を守り、たがいに助け合いながら生活しているのです。

そして、このサンゴがたくさん集まった地形のことを、「サンゴしょう」といいます。サンゴしょうは、温かくて浅い、きれいな海にできます。日当たりのいい場所にできやすく、かくれ場所になるようなでこぼこが多いサンゴしょうは、たくさんの生きものたちのすみかになっています。また、サンゴしょうにすんでいる生きものを食べる、大型の生きものも、まわりに集まってきます。

サンゴも生きものなので、環境の変化などが原因で死ぬことがあります。からだの中で褐虫藻を育てる種類のサンゴは、褐虫藻がへってくると白くなり、やがて死んでしまいます。ときどき、サンゴ虫がとれて、表面にあなのあいたサンゴの骨のかけらが、浜辺に落ちていることがあるので、さがしてみてください。

ポリプの断面図
触手
口
褐虫藻

86ページのこたえ　粉雪

おはなし豆知識　全身がとげにおおわれているオニヒトデは、サンゴしょうにすみ、サンゴを食べます。

おはなしクイズ　サンゴがからだの中で育てるもは？　㋐サンゴ虫　㋑ポリプ　㋒褐虫藻

こたえはつぎのページ

2月29日がある年とない年があるのはなぜ？

カレンダーと季節が合うように、くふうが重ねられてきました

読んだ日にち（　年　月　日）（　年　月　日）（　年　月　日）

2月29日のおはなし
うるう日

生活

みなさんは、四年に一回、二月が二十九日まであることを知っていますか。その年を「うるう年」といい、ふつうの年よりも、一日多くなります。一年が三百六十六日になるので、ふつうの年よりも、一日多くなります。なぜ、このようなことが起きるのでしょうか。

地球はつねに、太陽を中心にしてまわっています（237ページ）。太陽のまわりを一周するのにかかる時間は三六五・二四二二日なので、一年は三百六十五日と決められました。けれど、〇・二四二二日分、ずれが起こります。

そこで、そのずれをなくすために、四年に一度、二月を一日ふやして調節しているのです。

人類は最初、月の満ち欠けをもとにした「太陰暦」という暦（カレンダー）をつくりました。でも、この暦は正確ではありませんでした。一年の日数が十一日も足りなくなり、そのままつづけていくと、季節がだんだんずれてしまうのです。

そこで、月だけでなく太陽の動きも観察して、新しい暦をつくりました。それが、「太陰太陽暦」です。

太陰太陽暦では、一年の長さを太陽の動きに合わせ、一か月の長さを月の満ち欠けで決めています。さらに、二〜三年に一度「うるう月」をもうけて、十三か月ある年をつくり、季節と暦が合うようにしました。

日本でも、中国から伝わった太陰太陽暦を一八七二年まで使っていました。これを、「旧暦」とよびます。

今から五千年ほど前には、古代エジプトで、太陽の動きをもとにした「太陽暦」という暦がつくられました。

そして、今から二千年ほど前、この太陽暦をもとに、古代ローマの権力者ユリウス・カエサルが「ユリウス暦」を制定しました。

ユリウス暦では、一年を三六五・二五日と決め、四年に一回うるう年をもうけて、季節のずれをなくそうとしました。ただ、一年は、正確にいうと三六五・二四二二日なので、ユリウス暦でもほんのわずかにずれが生じます。

そこで、四百年に三回だけ、うるう年を省くことが決められた「グレゴリオ暦」が、新しくつくられたのです。一五八二年のことでした。

このグレゴリオ暦は「新暦」とよばれ、現在、日本だけでなく、世界で広く使われています。

87ページのこたえ
ウ 褐虫藻

おはなし豆知識 地球のまわる速さと時計の時刻のずれを調節する「うるう秒」もあります。

おはなしクイズ 4年に1回おとずれる、2月が29日まである年のことをなんという？

こたえは90ページ

3月のおはなし
文／山畑泰子

おっぱいはどうしてふくらむの？

成長するとあらわれる男女のからだのちがいのひとつです

読んだ日にち（　　年　　月　　日）（　　年　　月　　日）（　　年　　月　　日）

男女のからだは生まれたときからちがっていますが、小学校の低学年くらいまでは、からだつきに大きなちがいは見られません。しかし、十歳をすぎるころから、男女のちがいが少しずつはっきりしてきます。

男の子は、「男性ホルモン」のはたらきによって、がっしりしたからだつきになり、「声変わり（347ページ）」したり、ひげが生えてきたりします。

それに対して、女の子は、「女性ホルモン」のはたらきが活発になって、まるみをおびたからだつきになり、おっぱいがふくらみはじめます。

「ホルモン」とは、からだの各部分のはたらきを調節する物質です。なかでも、このような男女のちがいをつくるものを「性ホルモン」といい、男女とも性ホルモンのはたらきが活発になって、からだが大きく成長する時期を、「思春期」といいます。

女の子のおっぱいがふくらむのは、将来、お母さんになったとき、赤ちゃんにお乳をあげるためです。やわらかいおっぱいの中身は、九〇パーセントがあぶら分（脂肪）で、残りの一〇パーセントはお乳をつくる「乳腺」です。

ただ、思春期の女の子は、まだ乳腺が発達しておらず、まず、お乳を運ぶ「乳管」ができます。乳管は、片方のおっぱいだけで十二〜二十本あります。

こうしておっぱいが大きくなっても、まだお乳は出ません。赤ちゃんが生まれると、ホルモンが乳腺にはたらきかけて、お乳がつくられるようになるのです。そして、赤ちゃんがおっぱいをすうと、別のホルモンが乳腺のまわりの筋肉にはたらきかけて、お乳を外に出すのを助けます。

つまり、赤ちゃんがおっぱいをすってくれるからこそ、しっかりとお乳が出るのです。こうして赤ちゃんは、お母さんのおっぱいをたっぷりすって、大きくなります。

ところで、男の人はお乳が出ないのに、なぜおっぱいがあるのでしょうか。おっぱいは、そもそも皮ふのあせを出す部分が変化したもので、男女ともに、お母さんのおなかの中にいるときに、もうできているのです。男の人でも、おすもうさんのように太っていると、おっぱいが大きくなることもあります。

88ページのこたえ うるう年

おはなし豆知識　男女のからだの変化は、男の子より女の子のほうが先に出てきます。

おはなしクイズ　性ホルモンのはたらきが活発になって、からだが大きく成長する時期を、なんという？

こたえはつぎのページ

ネコはなぜせまいところや高いところによくいるの？

ネコの祖先のくらしにヒントがあります

読んだ日にち（　年　月　日）（　年　月　日）（　年　月　日）

動物

小さな段ボール箱やかごの中で、まるくなってねていたり、たんすやへいの上から、えらそうに人を見下ろしていたり……。ネコは、せまいところや高いところが大好きです。これは、ネコの祖先がすんでいたところと深い関係がありそうです。

ネコは、アフリカからアジアにかけて、砂漠などにすむ野生のリビアネコを、大昔に人間が飼いならしたものだといわれています。

リビアネコはヤマネコの一種です。その名のとおり、もともと山にすんでいたヤマネコは、森の中の木の上がおもな生活の場です。木のみきに空いたあなの中や、岩場のすきまなどをねぐらにしていました。ネコの仲間は、からだがやわらかいので、少しくらいごつごつしたところでも平気なのです。

からだがやっと入るくらいのせまさで、高いところにあるあなは、おそろしい敵におそわれるきけんが少ないでしょう。また、自分よりも大きな動物が入ってくる心配がないうえ、あたたかくすごすことができます。さらに、あなの中には、獲物になるネズミや虫などの小さな生きものがいるかもしれません。

このように、せまいところや高いところは、野生のヤマネコにとって安心できる場所なのです。ですから、今でもネコは、そういうところが好きなのだと考えられています。

ところで、ネコがねているときのかっこうで、おおよその気温がわかることを知っていますか。飼いネコの場合、足を投げ出してねているときは、ネコが一番すごしやすい一五～二二度くらいです。それ以下の気温だと寒いので、体温をたもつためにからだをまるめ、二二度以上の暑さになると、からだをのばしてねます。特に暑い日などは、おなかを見せて大の字になってねることもありますが、これは、かなりリラックスしている証拠といえます。

のらネコは、家で飼われているネコより用心深く、おなかを見せてねることはめったにありません。まるくなって身を守りながらねむります。

90ページのこたえ　思春期

おはなし豆知識　ネコが高いところからうまく飛び下りるのも、木の上でくらしていたなごりです。

おはなしクイズ　家で飼っているネコがからだをまるめてねているときは、どんなとき？

こたえはつぎのページ

カレイはどうしてあんなに平たいの？

成長とともに目が移動します

読んだ日にち（　　年　　月　　日）（　　年　　月　　日）（　　年　　月　　日）

3月3日のおはなし
ひなまつり

魚

「左ヒラメに右カレイ」という言葉を聞いたことはありますか。ヒラメもカレイも平たいからだをしていて、よく似ています。例外はありますが、はらを手前に置いたとき、基本的にヒラメ類は左側に、カレイ類は右側に両目がついているので、それが見分けるポイントになっているのです。

カレイやヒラメのような平たい魚は、世界中で五百種類以上いますが、どれも生まれつき平たいわけではありません。たまごからかえって数日間は、ふつうの魚と同じ形をしています。しかし、成長とともに、しだいに平たいからだになります。

そしてカレイの場合は、左目が頭のてっぺんをこえて、右目の横にならぶのです。それに合わせて、からだを横だおしにして生活するようになります。ヒラメはこの逆で、右目が移動して左目の横にならびます。

カレイやヒラメは、おもに岸近くの海底にすんでいます。両目のある側は黒っぽい色をしていますが、目のない側は、砂やどろに接しているので、白い色をしています。

カレイはふだん、砂やどろの中にもぐって身をかくし、エサがやって来るのを待ちます。いっぽう、ヒラメは、カメレオンのように、自分のからだの色をまわりの砂やどろの色と同じにすることができます。

カレイやヒラメの祖先は、平たくてもタイやカワハギのようにからだを立てていたのが、進化の過程で、やがて横だおしになり、目も移動したのだと考えられています。タイのような魚は、進む方向をさっと変えることが得意ですが、カレイやヒラメは、このような動きは苦手です。

つまり、カレイやヒラメは、海底でじっとしているのに都合がいいように進化したのです。ただ、ヒラメは筋肉が発達しているので、獲物となる魚が近づくと、さっと飛び上がってつかまえることができます。

91ページのこたえ　寒いとき

おはなし豆知識　海底であまり動きまわらないエイやアンコウも、平たいからだをしています。

おはなしクイズ　カレイやヒラメがすんでいるのは、どんなところ？

かんづめの食べものはどうしてくさらないの？

食べものをくさらせる微生物が入らないように、くふうしてあります

読んだ日にち（　年　月　日）（　年　月　日）（　年　月　日）

食べものは、ほうっておくと、くさってしまいます。これは、食べものにふくまれるたんぱく質などを、目に見えない小さな生きもの（微生物）が分解して、人間が食べられないものに変えるからです。ただし、微生物の仲間には、チーズや納豆、しょうゆ、お酒などをつくるときに役立っているものもあります。

さて、食べものがくさらないようにするには、微生物が食べものにつかないようにすればよいわけです。これを実現したもののひとつが、「かんづめ」です。

かんづめをつくるには、金属のかんの中に食べものを入れ、かんの中の空気をぬいて、しっかりとふたをします。そして、熱を加えて殺菌します。最後に冷やしてできあがりです。

微生物は、熱することで完全に死にます。また、ふたがしっかりとじられていれば、外から微生物が入ることもありません。ですから、かんづめの食べものはくさらずに長く保存できるのです。それでも、古くなるといたむので、ふたなどに記された賞味期限を確認してから食べるようにしましょう。

かんづめのアイデアは、今から約二百年前に、フランスで生まれたといわれます。そのころ、ヨーロッパ中で戦争をしていたナポレオン・ボナパルトは、兵士たちの食べものをどうするかがなやみの種でした。肉や野菜を何日も持ち歩いていると、くさってしまうからです。そこで、新しい食品保存の方法を賞金つきでぼしゅうしました。そして、一八〇四年に、ニコラ・アペールという人が、食べものをびんづめにする方法を発明したのです。

その後、びんよりも軽いブリキのかんを使ったかんづめがつくられ、しだいに改良されて世界中に広まりました。日本では、一八七一年に長崎でフランス人の指導のもと、イワシのかんづめをつくったのがはじまりとされています。

二十世紀になると、びんやかんより軽く、手でもかんたんに開けられるレトルト食品が登場し、宇宙食にも採用されるようになりました。

微生物

92ページのこたえ　岸近くの海底

おはなし豆知識　かんのふたのふちの部分は、微生物などが入るのをふせぐため、二重にまきこんであります。

おはなしクイズ　食べものをくさらせる生きものは、つぎのうちどれ？　㋐植物　㋑微生物　㋒犬

こたえはつぎのページ

草や木は水だけで生きられるの？

水のほかにも必要なものがあります

3月5日のおはなし

読んだ日にち（　　年　　月　　日）（　　年　　月　　日）（　　年　　月　　日）

植物

　生きものは、食べものから栄養をとらなければ生きていけません。では、動物とはちがって、自由に動きまわれない草や木などの植物は、どうしているのでしょう？

　じつは植物は、水と光と空気から、自分で栄養をつくり出して生長しているのです。

　植物は、土の中にのばした根から水をすい上げます。このとき、土にふくまれる栄養分もいっしょにすい上げますが、それだけでは栄養が足りません。

　栄養をつくるためには、まず、空気中の「二酸化炭素」を、葉から取り入れます。そして、葉の中で水と二酸化炭素から、でんぷんなどの栄養分と「酸素」をつくります。このとき、光が必要になります。

　このように、光を利用して水と二酸化炭素を、でんぷんなどの栄養分と酸素に変えるはたらきを、「光合成」といいます。

　光合成でつくられたでんぷんなどの栄養分は、くきを通って、からだ全体に運ばれます。そして、生長するための栄養分として使われたり、根にたくわえられたりします。

　また、光合成でつくられた酸素は、葉から外に出されます。こうして、わたしたち人間をふくめた生きものに必要な酸素が、大気中に広がっていくのです。

　植物は、葉から酸素を取り入れて二酸化炭素を出す、ほかの生きものと同じような「呼吸」もしています。呼吸は、光合成でつくられた栄養分を、酸素を使ってエネルギーに変えるために行われます。

　ところで、根からすい上げる水が足りないと、葉の中で、光合成が行われなくなります。つまり植物は、水と光のどちらかいっぽうでも足りないと、光合成ができないので生長できず、かれてしまうのです。

　植物のくきの中には、たくさんの管が通っていて、根からすい上げた水分や葉でつくられた栄養分の通り道になっています。また、根とともに植物全体をささえる役目もしています。

光

葉で行われる光合成

でんぷんなどの栄養分

水

酸素

二酸化炭素

93ページのこたえ ㋑微生物

おはなし豆知識 植物のくきが太くなったのが木のみきです。

おはなしクイズ 植物が水と光と空気中の二酸化炭素から栄養分をつくるはたらきを、なんという？

こたえはつぎのページ

3月6日 のおはなし

飛行機雲は飛行機の出すけむりなの？

晴れた日の空に長くのびる白い雲の正体とは……

読んだ日にち（　年　月　日）（　年　月　日）（　年　月　日）

――青空に、きらりと光る飛行機の機体。そのうしろには、白い帯のような雲がのびている。――

みなさんは、こんな飛行機雲を見たことがありますか。

飛行機雲は、どこにでもできるわけではありません。飛行機雲ができるのは、だいたい地上六〇〇〇メートルより高い空です。そこでは気温がとても低く、マイナス何十度にもなっています。

飛行機が飛ぶとき、エンジンから出る排気ガスには、水蒸気がたくさんふくまれています。六〇〇〇メートル以上の上空で、熱いエンジンから水蒸気が外に出され、急に冷やされることで、一気に氷のつぶになります。

この氷のつぶの集まりが、下から見ると白い雲に見えるのです。これが飛行機雲の正体で、飛行機のエンジンから出たけむりではありません。

ところで飛行機雲は、なかなか消えないときと、できてすぐ消えるときがありますね。

消えないで、どんどん形が変わるときは、上空にしめった空気が流れこんでいて、雲が成長しやすくなっています。そのため、つぎの日は雨になることが多くなります。

逆に、すぐ消えるときは、上空の空気がかわいていて、雲を形づくる氷のつぶがどんどん蒸発しています。こんなときは、つぎの日も晴れる確率が高くなります。

94ページのこたえ　光合成

おはなし豆知識 ふつうの雲も、空気中の水蒸気が上空で水や氷のつぶに変わることでできます。

おはなしクイズ 飛行機雲は、なんのつぶが集まってできる？

こたえは つぎのページ

磁石はどうやってつくっているの？

磁石につく性質の強い金属を原料にしてつくります

読んだ日にち（　　年　　月　　日）（　　年　　月　　日）（　　年　　月　　日）

3月7日のおはなし

道具・もの

磁石には、N極とS極があります。ふたつの磁石のN極とS極を近づけるとくっつきますが、同じ極どうしを近づけると反発しますね。

このように、磁石どうしがくっついたり反発したりするのは、磁石に「磁力」があるからです。

じつは、石でも生きものでも、地球上にあるものにはすべて、小さな磁力があります。でも、それぞれの磁力は同じ方向を向いていないので、くっついたり反発したりする力にはなりません。

磁石にくっつくもので、まず思いつくのは鉄でしょう。鉄は、小さな磁力が集まってできています。磁石を近づけると、それまでばらばらな方向を向いていた小さな磁力のN極とS極が、全部同じ方向を向いてならびます。すると鉄全体が一本の磁石になり、磁石にくっつくのです。

このように、磁石につくものは、磁石に近づけると、自分も磁石のようになる性質をもっています。

磁石につく性質が強い金属は、鉄のほかに、ニッケルやコバルトがあります。磁石には、かならずこれらのうち一種類以上が入っています。

逆に、金属の中で磁石につく性質が弱いのは、金、銀、銅、アルミニウムなどです。銅は十円玉に、アルミニウムは一円玉に使われています。

くっついた！

鉄のくぎを磁石にこすりつけると……

わたしたちが、一番よく目にする磁石は、鉄と酸素が結びついたフェライト磁石です。よく冷蔵庫や黒板にくっつけるのに使われている黒色の磁石です。

フェライト磁石は、さびた鉄（酸化鉄）をおもな材料としてつくられています。ほかの材料とまぜてから高温で焼き、くだいて細かい粉にします。そして、高温で焼きかためて形をととのえます。ここまででは、まだ磁石になっていません。

最後に、磁石にするために、「着磁」という作業をします。大きな電流を流したコイルの中に、先ほど焼きかためたものを入れます。すると、磁力のN極とS極の方向がそろい、その状態をずっとたもった磁石になるのです。

このように、磁石は、鉄のくぎに磁石をこすりつけると、くぎが磁石のようになるのと同じようなしくみでつくられているのです。

95ページのこたえ　氷

おはなし豆知識　現在、世界で一番強い磁石は、ネオジムという金属を鉄などとまぜたものです。

おはなしクイズ　つぎのうち、磁石につく性質が強いのはどれ？　㋐鉄　㋑銅　㋒ゴム

こたえはつぎのページ

3月8日のおはなし

北極や南極ってどのくらい寒いの？

どちらもとても寒いですが、大きなちがいがあります

読んだ日にち（　　年　　月　　日）（　　年　　月　　日）（　　年　　月　　日）

地球・宇宙

北極は地球の一番北に、南極は一番南にあります。地面にとどく太陽の光の量は、赤道に近いほど多く、北極や南極では少なくなります。そのため、北極や南極は寒いのです。

また、北極の中心は氷におおわれた北極海で、大陸はありませんが、南極には南極大陸があります。この、中心が海か陸かのちがいによって、北極と南極の気温差は、平均で二〇度くらいあるのです。

北極のまわりには、温かい海水の流れがあります。また、北極の氷は海水がこおってできたもので、あつさは平均一〇メートルほど、最大でも三〇メートルくらいです。海水の温かさが、氷を通って伝わってくるため、北極はそれほど気温が下がりません。

いっぽう、南極のまわりには、冷たい海水の流れがあります。陸地の上にふった雪が、とけずに何万年も積もってできた氷の層が積み重なっていて、あつさは平均二四五〇メートルほど、一番あついところでは、四〇〇〇メートルにもなります。つまり、富士山より高い氷の山がそびえているわけです。地面の下からは、地球の内部で生まれる熱が伝わってきますが、その熱は、ぶあつい氷の層を通って上がってくる間にすっかり冷えてしまいます。また、山の上も気温が低いため（148ページ）、南極は北極よりもずっと寒いのです。

では、実際に北極と南極の気温を見てみましょう。

北極で、調査の中心となっているニーオルスンという場所の平均気温は、マイナス六・二度です。南極には、日本の調査基地があり、そのひとつ、ドームふじ基地の平均気温は、マイナス五四・四度です。

北極で一番寒い場所の気温には、マイナス七一・二度という記録があります。いっぽう、南極の最低気温は、マイナス九七・八度で、これは、今まで地球上ではかった中でもっとも低い気温です。

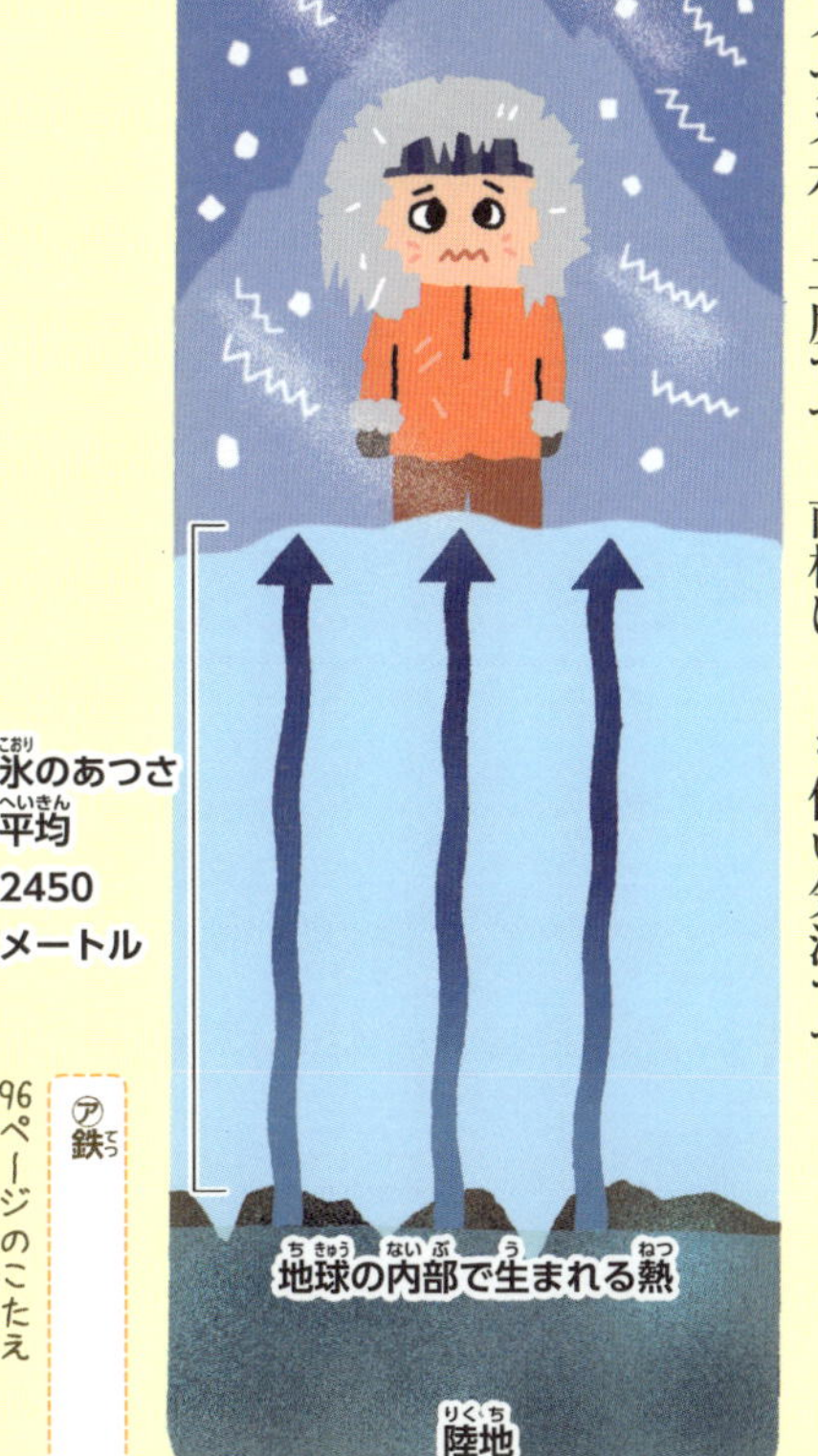

北極
氷のあつさ平均10メートル
海水の熱

96ページのこたえ　㋐鉄

おはなし豆知識　北極と南極では、地球の歴史の解明や、環境問題の調査などが行われています。

おはなしクイズ　北極と南極とではどちらが寒い？

こたえはつぎのページ

あせやなみだにはいろいろな種類があるって本当？

3月9日のおはなし

どんなときに出るかによって味もことなります

読んだ日にち（　　年　　月　　日）（　　年　　月　　日）（　　年　　月　　日）

からだ

からだから出るものに、あせやなみだがありますね。

あせはだいたいしょっぱいですが、すっぱかったり、苦かったりすることもあります。そのちがいは、いずれもあせの成分によるものです。

あせは、皮ふにある「汗腺」というところから出てきます。汗腺には、「エクリン腺」と「アポクリン腺」という二種類があります。

全身に二百万〜五百万個もあるエクリン腺からは、暑い日や運動をしたあとに、水分の多いあせが出て、体温の調節をします。成分のほとんどが水で、少しだけ塩分やアンモニアなどがふくまれています。

アポクリン腺は、わきの下や耳の中などにあり、ここから出るあせは、脂肪やたんぱく質をふくんでいます。きんちょうしたときや、ひやっとしたときのあせがねっとりしているのは、脂肪などをふくむためで、なめると苦みを感じることもあります。

いっぽう、なみだは、水分とあぶら分とねばり気のあるねん液の三つの層からできていて、たいせつな目を守っています。なみだの成分の多くは水ですが、塩分やたんぱく質、カルシウムなどもふくまれています。

なみだの役目は、目のかわきをふせいでうるおすことです。ねている間はほとんど出ませんが、大人で一日に約二〜三ミリリットルのなみだが出ます。なみだを出すことで、ごみをあらい流したり、目の表面を消毒したり、酸素やたんぱく質、塩分などの栄養を目に運んだりもしています。

ほかにも、なみだには、しげきから目を守るという役目もあります。タマネギを切ったときになみだが出るのはこのためです。また、うれしいときやかなしいときに出るなみだは、ストレスの原因になる物質を外に出す役割を果たしています。泣いたあとに気分がすっきりするのは、このためだといわれています。

目を守るためのなみだや、おこったときやくやしいときに出るなみだは、うれしいときやかなしいときに出るなみだより、塩分が多いことがわかっています。ですから、うれしなみだより、くやしなみだのほうがしょっぱいことになりますね。

97ページのこたえ　南極

おはなし豆知識　運動をして一度にたくさんのあせが出るときは、よりしょっぱく感じられます。

おはなしクイズ　あせやなみだの成分で、一番多くふくまれているものはなに？

こたえはつぎのページ

3月10日のおはなし

はじめての飛行機はどうやって空を飛んだの？

鳥が自由に空を飛ぶすがたからヒントを得ました

読んだ日にち（　年　月　日）（　年　月　日）（　年　月　日）

伝記

世界ではじめて、エンジンのついた飛行機に乗って空を飛んだのが、アメリカのライト兄弟です。

四人兄弟の三男ウィルバーと四男オービルは、工作好きでした。こわれたものを修理したり、ものづくりの得意なお母さんのまねをして図面をかき、速くすべるそりや、ものを運ぶ箱車をつくったりしていました。

あるとき、お父さんが変わったおもちゃを買ってきました。

「ゴムをいっぱいにねじったら、手をはなしてごらん。ゴムがもどろうとする力でプロペラがまわるよ」

そのおもちゃは、ねじったゴムひもで羽根をまわすことによって、竹とんぼのように空を飛ぶしくみでした。ふたりは夢中になり、こわれても同じものをつくり上げてしまうほどでした。

やがてふたりは大人になり、自転車をつくったり修理したりする仕事をはじめ、町でも評判になりました。

そんなある日のこと、エンジンなしで空を飛ぶグライダーをはじめてつくったドイツ人のオットー・リリエンタールが、飛行中に事故死したニュースを知り、ふたりはショックを受けました。そして、

「よし、ぼくたちが空を飛ぶ夢を実現しよう」

と、強く決心したのです。

ふたりはけんめいに勉強して、実験をくり返しました。特に、飛行中にバランスをとることと向きを変えることに苦労しました。これは、鳥がつばさの片方を上に、もう片方を下にひねることで、自由に空を飛んでいるすがたを見て、機体のつばさも動かせるようにくふうしました。

一九〇三年十二月十七日、大西洋に面した海岸で、ふたりがつくった飛行機「ライト・フライヤー一号」のエンジンがかかり、プロペラがまわりはじめました。そして、オービルを乗せた機体は、レールの上を助走し、ふわりとうき上がったのです。飛行時間は十二秒、距離にして三六メートル。兄弟以外でこの歴史的瞬間に立ち会ったのは、たったの五人です。何度失敗しても、決してあきらめなかったふたりが、ついに得た成功の瞬間でした。

ライト兄弟
ウィルバー（一八六七〜一九一二年）、オービル（一八七一〜一九四八年）

水

98ページのこたえ

おはなし豆知識　ライト兄弟が考えたアイデアは、形を変えて現代の飛行機にも生かされています。

おはなしクイズ　ライト兄弟は、飛行中にバランスをとることと向きを変えることに苦労した。○か×か？

ジュースの入ったコップの外側がぬれるのはなぜ？

3月11日のおはなし

目に見えない水の変化によって起きるふしぎです

読んだ日にち（　　年　　月　　日）（　　年　　月　　日）（　　年　　月　　日）

生活

コップに水を入れて置いておくと、量が少しずつへっていきます。また、雨がふったあとにできる水たまりも、だんだん小さくなって、そのうちになくなってしまいます。

これらは、時間とともに、水が目に見えない「水蒸気」に変わっていくため、起こる現象です。海やみずうみ、川や池、地面など、いろいろなところにある水が水蒸気になることで、空気には、目に見えない水蒸気がたくさんふくまれているのです。

じつは、冷たいジュースや氷水の入ったコップの外側に水滴がつくのも、このことと関係があります。

コップに冷たいジュースや水を入れると、コップは冷たくなりますね。このとき、まわりの空気とコップの間に温度差が生まれます。すると、コップにふれた空気中の水蒸気が冷えて、もとの水のすがたにもどるのです。これがコップの外側につく水滴の正体です。これを「結ろ」といいます。

結ろは、空気とコップの温度差が大きいほど、起こりやすくなります。暑い夏、よく冷えたジュースをコップに入れると、たくさん水滴がつくのは、このためです。

また、寒い冬、あたたかい部屋にいると、窓ガラスの内側に水滴がついていることがあります。これも、コップにつく水滴と同じ理由で起こります。冷たい窓ガラスに、部屋の中の温かい空気がふれることで、部屋の中の水蒸気が水に変わるというわけです。

反対に、夏、部屋の冷房がききすぎていると、外の温かい空気が冷房で冷えた窓ガラスにふれて、ガラスの外側に水滴がつきます。

冷たい飲みものの入ったコップ

空気中の水蒸気

冷えてもとの水のすがたにもどる

99ページのこたえ　○

おはなし豆知識 部屋の窓ガラスの結ろは、ときどき外のかわいた空気を室内に入れることでふせげます。

おはなしクイズ ジュースの入ったコップの外側につく水滴は、空気中のなにが変化したもの？

こたえはつぎのページ

3月12日のおはなし

ラッコはずっと水の上で生活しているの？

食事もすいみんも水の上でとります

読んだ日にち（　　年　　月　　日）（　　年　　月　　日）（　　年　　月　　日）

動物

　水族館で、気持ちよさそうに水にぷかぷかういているラッコは、かわいい人気者ですね。

　野生のラッコは、アラスカなど北太平洋の沿岸の岩の多い場所にすんでいて、ほぼ一日中、海の上ですごします。陸に上がることはめったにありません。ラッコはイタチの仲間ですが、海の上でくらすのに都合のいいからだに進化しているのです。

　みっしり生えたラッコの毛は、いつも毛づくろいをしているのでふかふかで、毛の間にたくさん空気をためることができます。この毛がうきぶくろがわりになって、平気でういていられるのです。

　泳ぐときは、水かきがついた大きなうしろ足を動かして進み、平たくて長いしっぽでかじを取ります。

　また、顔の横についている小さな耳は、泳ぐとき、ふたのようにとじます。ラッコは、数分間も水の中にもぐっていることができるうえ、水深四〇メートルまでは楽にもぐれるといわれています。

　ラッコといえば、食事のしかたがユニークですね。あお向けになって、おなかの上にのせた石でコンコンと貝をたたきわって食べます。石は、海底からひろってきます。だぶだぶにたるんだわきの下に、お気に入りの石を入れておき、貝をわるときに取り出すのです。

　肉食動物のラッコの歯はするどく、魚やカニ、ウニなども前足を使ってじょうずに食べます。飲みものは、真水ではなく海水です。

　ラッコのねどこは、ジャイアントケルプという、長さ六〇メートルもある大きな海藻の森です。潮に流されたり、岸に打ちつけられたりしないように、海藻をからだにまきつけて休むのです。頭がいいですね。

　ジャイアントケルプの森には、大好物のウニがたくさんいますし、天敵のシャチから身を守ってもくれます。

　ラッコは、陸上で赤ちゃんをうむこともありますが、たいていは海にういたままうみます。生まれた赤ちゃんは、すぐにひろい上げられ、お母さんのおなかの上で育ちます。

100ページのこたえ　水蒸気

おはなし豆知識　道具を使うほ乳類は、人間以外ではサルの仲間とラッコくらいです。

おはなしクイズ　ラッコはどの動物の仲間？　㋐ブタ　㋑シャチ　㋒イタチ

こたえはつぎのページ

ダンゴムシがまるくなるのはなぜ？

小さな人気者の大きななぞとは……

読んだ日にち（　年　月　日）（　年　月　日）（　年　月　日）

3月13日のおはなし

虫

さわると、ボールのようにからだをまるめるダンゴムシ。手のひらにのせて、ころころころがしてみたことはありますか？

　ダンゴムシは、身のきけんを感じると、敵におそわれないように、頭も足も引っこめてまるくなります。力を入れて無理に開こうとしても、かたくとじたこうらは、びくともしません。しかし、しばらくそっとしておくと、二本のひげ（触角）を出して外の様子をうかがい、安全を確認すると、もとのすがたにもどります。

　体長約一三ミリメートル、幅約六ミリメートルのダンゴムシは、「ムシ」といってもこん虫ではなく、エビやカニの仲間です。左右に七本ずつ計十四本の足をもち、十四の節に分かれたこうらは、かたい表皮でできています。

　遠い昔、ダンゴムシの祖先は海の中でくらしていましたが、長い長い時間をかけて、しだいに陸に上がり、森林の落ち葉の下や土の中などの、暗くしめった場所にすむようになったと考えられています。

　ですから、基本的にかわいたところは苦手で、暑い夏や空気がかわいている冬は、からだの水分がなくならないように、まるくなってすごします。つまり、ダンゴムシがまるくなるのは、敵や乾燥から身を守るためなのです。

　ダンゴムシのからだは、こん虫とはちがい、頭、むね、はらの区別がはっきりしていません。十四の節に分かれたこうらのうち、一番前の節が頭、二～八番目の節がむね、九～十三番目の節がはら、一番うしろの節が尾とされています。それぞれの節と節の間はうすい皮でつながっています。このうすい皮が内側に引っぱられることで、かんたんにからだをまるめることができるのです。

　夜になると活発に動きだすダンゴムシは、しめった落ち葉や虫の死がいなどを食べます。そして、ダンゴムシが出したふんは、土の中にすむ小さな生きもの（微生物）のエサになり、植物を育てる土になっていくのです。

101ページのこたえ　ウ イタチ

おはなし豆知識　ダンゴムシの赤ちゃんは、お母さんのおなかについたふくろの中で育ちます。

おはなしクイズ　ダンゴムシがまるくなるのは、敵となにから身を守るため？

こたえはつぎのページ

3月14日のおはなし

つめやかみの毛はどうして切っても痛くないの？

わたしたちのからだを守るたいせつな役割を果たしています

読んだ日にち（　年　月　日）（　年　月　日）（　年　月　日）

からだ

わたしたちのからだは、皮ふにおおわれていますね。皮ふはいくつもの層からできていて、一番外側の層を「角質層」といいます。じつは、つめもかみの毛も、この角質層が変化したものです。つまり、もともとは皮ふの一部なのです。

つめは、指先をけがから守るはたらきをしています。また、細かいものをつまんだりするのにも役に立っています。では、つめを切っても痛くなく、血も出ないのはなぜでしょうか。

それは、つめの中には、痛みを感じる「神経」や、血が通る「血管」がないからです。

新しいつめは、皮ふの下にかくれているつめのつけ根でつくられます。つめの先に向かって、毎日約〇・一ミリメートルずつのびます。つめのつけ根の白い部分は、できたばかりのつめなのです。

また、つめ自体の色は透明ですが、皮ふを流れる血がすけて見えるので、ピンク色になります。寒かったり病気だったりして血のめぐりが悪くなると、つめが白っぽく見えます。

つめは、一か月に三ミリメートルくらいのび、ほうっておくと、のびつづけます。長いつめは折れやすく、ばい菌もたまりやすいので、定期的に切るようにしましょう。ただ、切りすぎると指先の皮ふなどを痛めるので注意が必要です。

かみの毛も、皮ふの一部ですが、やはり神経がとどいていないので、切っても痛くはありません。かみの毛は、根元の皮ふの中にかくれている部分でつくられています。新しい毛がつくられるとき、古い毛は上へおし上げられ、最後はぬけ落ちます。

かみの毛は、一日に約〇・三ミリメートルのび、一か月では約一センチメートルのびます。かみの毛一本の寿命は、男女差や個人差がありますが、三～六年くらいです。

人間のからだは、くちびるや手のひら、足のうらなどをのぞいて、太い毛や細い毛におおわれています。かみの毛は、だいじな頭をけがから守るとか、体温をにがさないなどの役目を果たしているのです。

102ページのこたえ　乾燥

おはなし豆知識　かみの毛を引っぱると痛いのは、皮ふの下でかみの毛と神経がつながっているからです。

おはなしクイズ　つめやかみの毛は、なにが変化してできたもの？

こたえはつぎのページ

くつはいつからはくようになったの？

大昔、サンダルは身分の高い人のはきものでした

読んだ日にち（　　年　　月　　日）（　　年　　月　　日）（　　年　　月　　日）

3月15日のおはなし

発明・発見

人類は、今から一万年以上も前から、はきものを使っていたと考えられています。そのころは、野山をかけめぐって狩りをしたり、木の実を集めたりして食料を手に入れていました。地面の熱さや冷たさ、ごつごつした岩から足を守るために、植物をあんだものや動物の皮などで足をおおっていたようです。

今に残る世界最古のはきものは、アメリカのどうくつで見つかった約一万年前のサンダルです。また、エジプトのツタンカーメン王の墓から出てきた約三千五百年前のサンダルも残っています。このサンダルは、身分の高い人だけがはくことができ、多くの人は、はだしのままでした。

約3500年前のエジプトのサンダル

サンダルは、古代のギリシャやローマ、インドなどでも使われていました。これらの地域はあたたかいので、足の見える部分の多いサンダル型のはきものが発達したのです。

それに対して、寒い地域や、山や森の中などでくらす人たちの間では、足をしっかり守れるよう、動物の毛皮などで足をつつみこむタイプのはきものが発達しました。

サンダルや、毛皮をふくろ状にしたはきものは、ヨーロッパを中心に、さまざまなくつに変化していきます。

馬に乗る軍人や騎士たちは、すねを守るために、じょうぶなブーツ型のくつをはくようになりました。それとともに、毛皮を加工して革にする技術も発展しました。

一三〇〇年代には、ぬかるんだ道でくつがよごれないように、木の台にサンダルのようなベルトがついたくつ台が生まれました。のちにこれが、かかとだけを高くしてくつにつけたヒールになっていったのです。なお、ヒールは、騎馬兵や遊牧民たちのブーツから生まれたという説もあります。一八八〇年代になると、ゴム底のスニーカーができて、くつの種類は一気にふえました。

日本では、江戸時代まで、多くの人たちが、げたやわらであんだぞうりやわらじをはいていました。西洋のくつが広まったのは、明治時代になってからです。

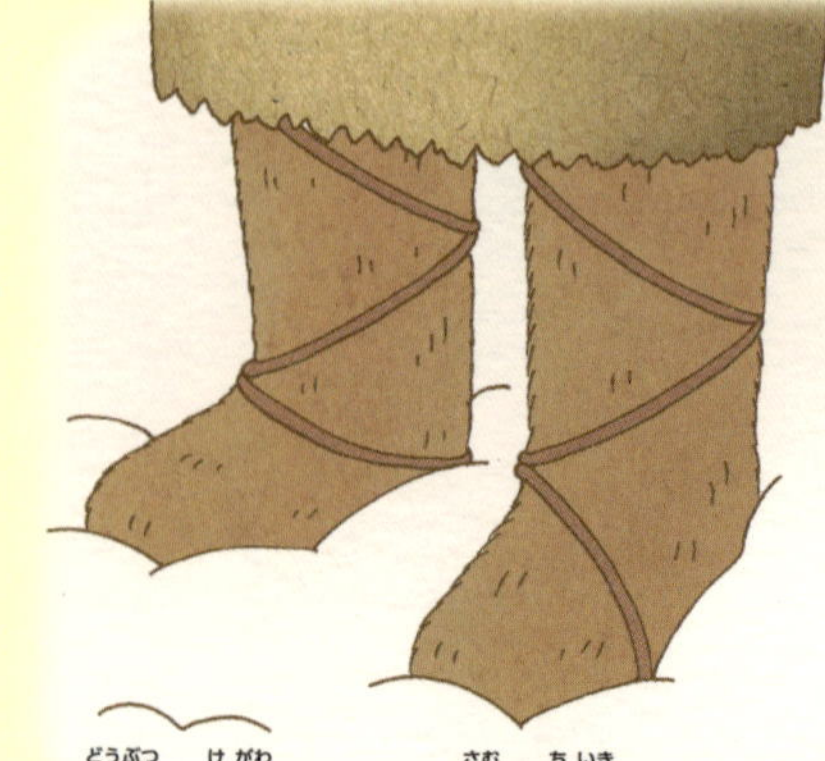
動物の毛皮でつくった寒い地域のくつ

103ページのこたえ　角質層

おはなし豆知識　日本では2000年以上前から、田んぼで足がしずまないように「田げた」が使われていました。

おはなしクイズ　サンダルが発達したのは、あたたかい地域？　それとも寒い地域？

こたえはつぎのページ

3月16日のおはなし

カラスが苦手なものってなに？

強くて利口なカラスでも夜は苦手です

読んだ日にち（　年　月　日）（　年　月　日）（　年　月　日）

シートン動物記

「銀の星」のおはなしより

〈シートンは、二十代の半ばごろ、カナダのトロントに住み、丘の上の家から、谷間を行き来するカラスのむれを観察しました。これはそのときのお話です。〉

二百羽ほどのカラスのむれのリーダーを、その土地の人たちは、「シルバースポット」とよんでいました。右目とくちばしの間に、銀白色の星のような印がついていたからです。

カラスはとてもかしこい鳥です。むれはリーダーを先頭に、グループで飛び、仲間どうしで助け合って、きけんから身を守ります。むれの中で年長の、一番利口で強いカラスがリーダーをつとめます。シルバースポットも、そんなたよりになるリーダーでした。

わたし（シートン）は、毎日観察しているうちに、カラスが自分たちの言葉で話していることに気づきました。わたしが外でカラスのむれをじっと見ていると、先頭を飛ぶシルバースポットが、「人間だ、気をつけろ！」と言っているかのように、「カウ！」と鳴いて、空高くまい上がったのです。しかし、わたしが銃を持っていないことがわかると、頭上六メートルくらいのところをすぎていき、あとにつづくカラスたちも同じような行動をとりました。

別の日に、わたしは、ためしに銃を持ってみました。シルバースポットは、「たいへんだ、銃を持っているぞ！」とでも言うように、「カカカカ、カウッ！」とさけび、副リーダーも同じようなさけびをくり返しました。すると、カラスたちはぐんぐん上空にのぼり、ばらばらに散ってにげ去ったのです。

カラスは、光るものを集めるのが好きです。シルバースポットは、貝がらや小石、カップのかけらなどの「宝物」を地面にうめていて、ときどきほり出して遊んでいました。

ところがある日、シルバースポットは、ミミズクにおそわれて死んでしまいました。強くて利口なカラスのリーダーでも、目が見えにくくなる夜は大の苦手で、夜に活動するフクロウやミミズクは、おそろしい天敵なのです。

104ページのこたえ　あたたかい地域

おはなし豆知識　シートンが観察したのは、北アメリカでよく見られる「アメリカガラス」というカラスです。

おはなしクイズ　カラスが苦手な時間帯はいつ？　㋐朝　㋑昼　㋒夜

こたえはつぎのページ

歩道の黄色いでこぼこはなんのためにあるの？

目の不自由な人が安全に歩けるようにしかれているものです

3月17日のおはなし

読んだ日にち（　　年　　月　　日）（　　年　　月　　日）（　　年　　月　　日）

生活

歩道や駅のホームに、黄色いでこぼこしたところがありますね。

これは「点字ブロック」といって、目の不自由な人が安全に歩けるようにしかれているものです。正しくは、「視覚障害者誘導用ブロック」といいます。

ブロックのでこぼこをよく見ると、細長い線と、まるいぽつぽつの二種類の形があることがわかります。

じつは、この二種類のブロックの置き方によって、「進む」「止まる」などの意味をあらわしているのです。

細長い線がならんでいるブロックは、「線状ブロック」といって、進む方向をしめしています。目の不自由な人は、まっすぐにのびたこの線にそって歩きます。

まるい点がならんでいるブロックは、「点状ブロック」といい、「止まれ」の合図になります。また、線状ブロックと交わるところにある点状ブロックは、「方向が変わります」ということをしめします。ほかにも、横断歩道や階段の手前にある点状ブロックは、「いったん止まれ」と注意をうながしています。

目の不自由な人は、手に持った白いつえの先やくつの底で、これらのブロックのちがいをたしかめながら歩きます。ですから、点字ブロックのあるところに自転車などがとまっていると、目の不自由な人たちがたいへんこまります。点字ブロックの上にものを置いてはいけませんね。

横断歩道と、歩道のはしの点状ブロックとのさかいには、車いすの人でも乗りこえられる約二センチメートルの段差があります。目の不自由な人は、この段差でどこまでが横断歩道なのかがわかるのです。

このほか、音の出る信号機、点字つきの階段の手すり、ゆるやかなスロープなど、からだの不自由な人やお年よりが、安心してまちを歩けるくふうがあちこちにあります。このように、どんな人でも不便な思いをすることなく、くらしやすくすることを、「バリアフリー」といいます。

音の出る信号機

2センチメートルの段差

点状ブロック

線状ブロック

信号の青の時間が長くなるボタン

105ページのこたえ　㋒夜

おはなし豆知識　黄色は目立つので、目の見えにくい人でも見分けやすいといわれています。

おはなしクイズ　細長い線がならんでいる点字ブロックは、なにをあらわしている？

こたえはつぎのページ

3月18日のおはなし

歩くときにどうして手もいっしょに動くの？

大きくうでをふると、楽に歩くことができます

読んだ日にち（　年　月　日）（　年　月　日）（　年　月　日）

からだ

人間はふつうに歩くと、前に出す足と反対側の手が、いっしょに前に出るようになっています。手をふらないで歩いたり、右足と右手、左足と左手をいっしょに出して歩いたりしてみてください。どうですか？歩きにくいでしょう。

なぜ、右足を出すときには左手を、左足を出すときには右手を出したほうが歩きやすいのでしょうか。それは大昔、人間の祖先が四本足で歩いていたころのなごりがあるからです。

犬やネコ、サルなど四本足の動物が歩くときのことを考えてみましょう。右のうしろ足を前に出すとき、左の前足をいっしょに出すという具合に、前後左右の足をたがいちがいに動かしますね。

つまり、動物の前足を人間の手と考えれば、動物と人間の歩き方は同じというわけです。赤ちゃんがはいはいをするときも、これらの動物と同じです。このような歩き方を、「斜対歩」といいます。

ただ、キリンやラクダ、ゾウなど、おもに足の長い動物は、「側対歩」といって、同じ側の前足とうしろ足を同時に出して歩きます。これは、長い足を生かした歩幅の広い歩き方です。

側対歩で歩く足の長い動物が、斜対歩をしようとすると、うしろ足を大きくふみ出したときに、前の足にぶつかります。でも、犬やネコの場合、歩幅がせまいので、だいじょうぶなのです。

ところで、陸上選手の走るすがたを見ると、うでを大きく動かしていますね。うでをふると、胴体がねじれて、足を前に出しやすくなります。また、むだな力が入らないので、あまりつかれません。

ですから、見た目も美しく、楽に歩くには、背すじをのばして、まっすぐ前を向き、大きくうでをふることです。手と足を交互に出すと、上半身と下半身のバランスをうまくとることができます。

背中をまるめてポケットに手を入れて歩くのは、歩きにくいうえ、ころんだときに手で顔や頭をかばえないので、とてもきけんです。

106ページのこたえ　進む方向

おはなし豆知識　斜対歩は、からだが大きく上下にゆれますが、側対歩はほとんど上下にゆれません。

おはなしクイズ　人間の歩き方は、ネコとキリンのどちらと同じ？

こたえはつぎのページ

動物園のゾウは1日にどれくらいのエサを食べるの？

3月19日のおはなし

草を中心に1日100キログラム以上食べます

読んだ日にち（　年　月　日）（　年　月　日）（　年　月　日）

動物

陸上でくらす動物の中で、一番大きいのはゾウです。体重は、大型のアフリカゾウのオスで七・五トンほどあり、日本の小学三年生二百五十人分と同じくらいの重さです。

そんな大きなからだですから、ゾウはエサをたくさん食べなければ生きていけません。動物園の中で一番たくさんエサを食べるのは、もちろんゾウです。生の青草、乾燥させた草、サツマイモ、ニンジン、リンゴなどを、一日で合計一〇〇キログラム以上食べます。サツマイモやリンゴはぺろっと食べてしまいますが、草はおく歯ですりつぶし、長い時間をかけてゆっくりと食べます。

ゾウは鼻が長いので、口を食べもののところへ近づけることはできません。そのかわり、長い鼻を手のように使って、食事をすることができます。水を飲むときも、一度鼻ですいこんでから、口に流し入れ、七〜八リットルも飲むことができます。

一日に飲む水の量は一〇〇リットル以上で、これは一リットルの牛乳パック百本分の量です。

たくさん食べるぶん、ふんも大量に出ます。ふんの量は、一回で約一〇キログラム、一日の合計は一〇〇キログラム近くになります。つまり、食べたエサのほとんどは、ふんになって出てくるわけです。

ところで、海には、ゾウよりもっと大きく、もっと多くのエサを食べる動物がいます。それは、シロナガスクジラです。体重は一〇〇トン以上もあり、小学三年生三千人分より重いのです。こんなに重くても、海の中ではからだをささえる必要がないので、問題はありません。

シロナガスクジラの食事は、大きな口を開けて、海水ごとエサを飲みこむという方法です。おもなエサは小さいエビの仲間で、一日に四〜六トンは食べるといわれています。これは、アジアゾウのオス一頭とほぼ同じ重さです。

107ページのこたえ
ネコ

おはなし豆知識　野生のナマケモノは、1日に7〜8グラムしかエサを食べません。

おはなしクイズ　動物園でエサを一番多く食べる動物はなに？

こたえはつぎのページ

3月20日のおはなし

タケノコはいつ竹になるの？

竹は草と木の両方の特徴をもっています

読んだ日にち（　年　月　日）（　年　月　日）（　年　月　日）

植物

竹は、昔から日本人に親しまれてきた植物です。竹の中から生まれて、やがて月に帰る「かぐやひめ」は、今から千年以上前に書かれた『竹取物語』のヒロインです。かぐやひめは、たった三か月で赤ちゃんから美しい一人前の女性に成長します。

じつは竹も、地中にのびたくきから芽が出てタケノコとして生長し、わずか二～三か月でりっぱな竹になるのです。

春、土の中からにょっきりと頭を出したタケノコは、うぶ毛が生えた皮につつまれています。何まいも重なったこの皮は、やわらかいタケノコを守る役割をしているのです。

やがて、タケノコがのびるにつれ、皮は一まい一まい、自然にはがれ落ちていきます。そして、皮がすべてはがれ落ちたとき、竹になるのです。

つまり、皮をかぶっているのがタケノコで、皮が完全に取れたものが竹というわけです。また、皮が落ちないで残るものを、「ササ」といいます。

タケノコは、ほらないでそのままにしておくと、あっというまに背がのびて、木のようにかたくなります。わたしたちがふだんタケノコとして食べるモウソウチクの場合、生長の速いときには、一日に約一メートルものびるといわれています。

なぜ、竹の生長はそんなに速いのでしょう？

そのひみつは、くきを区切っている「節」という部分にあります。

ふつうの植物は、くきの一番先に「生長点（のびる部分）」があります。しかし、竹の場合は、この生長点だけでなく、節にものびる部分があり、それぞれの節ごとに大きくなるのです。一本の竹に、節は約六十個ありますから、竹は、ふつうの植物の約六十倍速く生長することになります。

そうして生長した竹は、えだをのばして葉をつけますが、中心のくきの高さや太さはずっと変わりません。生長を止めた竹は、つぎの年のタケノコのために、地下にのびた別のくきに栄養分をたくわえておくのです。

108ページのこたえ　ゾウ

おはなし豆知識　竹は、種類によりことなりますが、67年や120年に一度、花がさくといわれています。

おはなしクイズ　タケノコが竹になるのは、皮がすべてはがれ落ちたときである。〇か×か？

こたえはつぎのページ

蒸気機関車はどうやってつくられたの？

炭鉱の村で生まれた少年が、苦労のすえにつくり上げました

読んだ日にち（　年　月　日）（　年　月　日）（　年　月　日）

3月21日のおはなし

伝記

ジョージ・スチーブンソン（一七八一～一八四八年）

世界ではじめて、実用的な蒸気機関車をつくったのが、ジョージ・スチーブンソンです。

スチーブンソンは、一七八一年に、イギリスの炭鉱の村に生まれました。お父さんは、炭鉱にある蒸気機関のかまたきでした。炭鉱では、石炭をほるあなの中に水がたまると、石炭がほれなくなるため、蒸気の力（26ページ）を使って、ポンプで水をくみ上げていたのです。

やがて、お父さんと同じ蒸気機関のかまたきになったスチーブンソンは、蒸気機関を動かす機関室ではたらくようになります。そして、蒸気機関のしくみをもっと知りたいと思いました。

まずしくて学校に行けなかったスチーブンソンは、十八歳ではじめて読み書きと算数を習い、はたらきながら熱心に勉強をつづけました。そして、新しい蒸気機関の故障を直したことがみとめられると、スチーブンソンは機関士になりました。

そのころ、炭鉱でほり上げた石炭は、馬車で運ばれていました。これでは時間がかかると考えていたスチーブンソンは、ある日、はじめて蒸気の力で走る車を目にしました。そして、これからは蒸気機関車の時代だと確信したのです。

お父さんから、「しんぼうすることと経験を積むことはたいせつだ」と教わっていたスチーブンソンは、苦労のすえ、一八一四年に蒸気機関車をつくり上げました。石炭を積んだ八両の貨車を引いて走ることに成功したのです。

その後、スチーブンソンは、息子のロバートとともに、鉄道づくりや機関車の改良に力をそそぎました。

一八二五年に、イギリス中部のストックトンとダーリントンという町を結ぶ世界ではじめての公共鉄道が開通すると、スチーブンソン親子は、石炭や荷物、そしておおぜいのお客さんを乗せた蒸気機関車「ロコモーション号」を走らせました。また、マンチェスターとリバプールを結ぶ鉄道では、コンクールで優勝した「ロケット号」を走らせました。

こうしたスチーブンソン親子の努力により、蒸気機関車は、イギリスからヨーロッパ中に広まったのです。

109ページのこたえ　○

おはなし豆知識　日本では、1872年に東京の新橋から神奈川の横浜まで、はじめて蒸気機関車が走りました。

おはなしクイズ　蒸気機関車は、はじめはなにを運ぶために使われていた？

こたえはつぎのページ

道具・もの

3月22日のおはなし

ろうそくに火がつくのはなぜ？

ものがもえるためには、どこにでも存在するあるものが必要です

読んだ日にち（　年　月　日）（　年　月　日）（　年　月　日）

ろうそくの、ろうのかたまりに直接火を近づけても、ろうがとけるだけでもえません。でも、しんの部分に火をつけると、ろうそくはしんがなくなるまでもえつづけます。

ろうそくに火がつくしくみを考えてみましょう。まず、しんに火を近づけると、火の熱でろうそくの上の部分のろうがとけます。そして、とけて液体になったろうは、しんのまわりのくぼみにたまります。たまったろうは、しんに少しずつすい上げられて、上にのぼっていきます。やがて、火のそばまで上がったろうは、ほのおの熱で蒸発します。この蒸発したろうが空気とまざり合うことで、ろうそくに火がつくのです。

こうしてろうそくは、一度火がつくと、火の熱でろうがとける→とけたろうがしんをのぼって蒸発する→もえる、という順番をくり返します。

ろうそくのしんが、とけて液体になったろうをすい上げるのは、しんに細かい繊維のすきまがあるからです。すきまに液体がすいこまれることで、液体はしんをのぼります。しんは、液体になったろうを少しずつもえる場所に運ぶ役割をしているのです。そのため、ろうそくのしんが太いと、ろうを運ぶ力が大きくなり、ほのおも大きくなります。

しんのほかに、ろうそくがもえるために欠かせないものが、空気の中にある「酸素」です。酸素は、高い温度になると、もえるものと結びつき、光と熱を出します。

ですから、火をつけるには、酸素ともえるものを結びつけるために、もえるものが高い温度になることが必要ということになります。

ろうそくの場合、もえるものはろうですね。ろうのかたまりに直接火を近づけてももえないのは、それだけでは、ろうが蒸発しないからです。ろうは気体になって、もえだす高い温度になり、酸素と結びついてもえます。

いっぽう、うすい紙の場合は、火を近づけるとすぐに高い温度になるので、空気中の酸素と結びついて、どんどんもえるのです。

空気
ろうが蒸発する
ろうがしんにすい上げられる
とけて液体になったろう
ろうそくの中心を通るしん

110ページのこたえ 石炭

おはなし豆知識 火のついたろうそくをびんに入れてふたをすると、酸素がなくなって火は消えます。

おはなしクイズ ろうそくの火がもえるために欠かせない、空気中にあるものはなに？

こたえはつぎのページ

モンシロチョウはキャベツが好きなの？

キャベツ畑をひらひらと飛びまわるすがたをよく見かけます

読んだ日にち（　　年　　月　　日）（　　年　　月　　日）（　　年　　月　　日）

3月23日のおはなし

ファーブル昆虫記

「モンシロチョウ」のおはなしより

〈ファーブルは、モンシロチョウについて、つぎのように考えました。〉

今、わたしたちが食べているキャベツは、野生のキャベツを人間が改良してつくったものです。野生のキャベツの祖先は、ヨーロッパの決まった海岸地方にしか生えていませんから、今のキャベツができるずっと前から地球上にすんでいたモンシロチョウは、それまで、なにを食べていたのでしょう。モンシロチョウの幼虫は、なにかほかの植物も食べていたはずです。

そう考えたわたし（ファーブル）は、キャベツの仲間の十字花科（十の字形の四つの花びらをもつ植物。今のアブラナ科）の野生植物を、虫かごの中に入れたオオモンシロチョウの幼虫にあたえてみました。

すると、幼虫は、十字花科であれば、どんな植物の葉でもよろこんで食べて、無事に成長しました。しかし、十字花科ではない植物のレタスやエンドウの葉をあたえても、いっさい食べようとしませんでした。

そこでわたしは、もともと十字花科の植物を食べていたオオモンシロチョウの幼虫が、人間がつくったキャベツ、その仲間のブロッコリーやカリフラワーなども食べるようになって、くらせる場所をふやしていったのだと考えました。

オオモンシロチョウの産卵時期とキャベツができる時期は、うまく重なっています。

オオモンシロチョウは、多いときは二百個くらいのたまごをひとかたまりにして、キャベツの葉にうみつけます。

たまごをうむところを観察すると、どうやらチョウのお母さんは、植物のまわりを飛びまわるだけで、十字花科かそうでないかを判断していることがわかりました。

やがて生まれてきた幼虫は、キャベツの葉を食べる前に、まず自分が出てきたたまごのからを食べて、からだから細い糸を出します。それは、すべすべしたキャベツの葉からすべり落ちないように、糸を足場にするためではないかとわたしは考えました。これが幼虫の生まれてはじめての食事と決まっているのです。

111ページのこたえ
酸素

おはなし豆知識　モンシロチョウは、幼虫がエサの取り合いにならないように、たまごをはなしてうみます。

おはなしクイズ　モンシロチョウの幼虫が食べないのはどれ？　㋐ブロッコリー　㋑レタス　㋒キャベツ

こたえはつぎのページ

海の深いところに生きものはいるの？

変わったすがたをした魚がたくさんいます

読んだ日にち（　　年　　月　　日）（　　年　　月　　日）（　　年　　月　　日）

地球の表面の約三分の二は海です。その深さは、平均で約三八〇〇メートルもあり、もっとも深いところでは一万メートルをこえています。

　深さが二〇〇メートル以上の海を、「深海」といいます。太陽の光は、二〇〇メートルより深くなるとほとんどとどかなくなり、一〇〇〇メートルより深いところではまったくとどきません。ですから、深海は暗くて、水温が低い場所なのです。

　海の中では、水の重さによる圧力がかかります。深くなるにつれて、かかる圧力が大きくなり、一〇〇〇メートルの深さの海中では、海の上にいるときの約百倍の圧力がかかります。深さ一万メートルでは、海の上の約千倍にもなり、その重さは、指の先に小型自動車がのっているようなものです。つまり、深海にくらす生きものには、陸上であればつぶれてしまうほどの強い力がのしかかっているのです。

　光がとどかない深海には、海藻などの植物は育ちません。このような環境でくらしている深海の生きものには、変わったすがたに進化したものが多くいます。暗い中で少ないエサをさがすため、みずから光を出す魚や目が大きい魚。反対に、見ることをあきらめ、目が退化した魚。自分より大きい獲物でもまる飲みできるように、口や胃が大きい魚。ほかに、海底でじっとしていて、からだがやわらかい魚などがいます。

　深さ三〇〇～五〇〇メートルくらいまでには、足を広げると三メートル以上にもなる「タカアシガニ」、アンモナイトのような原始的なすがたをした「オウムガイ」などがくらしています。

　深さ一〇〇〇メートルくらいまでになると、人魚のモデルともいわれる「リュウグウノツカイ」や、巨大な口をもつ「メガマウス」というサメ、世界最大級の軟体動物「ダイオウイカ」などがすんでいます。

　ダイオウイカは、頭から胴までの長さが五～六メートルあり、「触腕」という長いうでまで入れた全長が、一八メートル近くになるものもいます。天敵は、マッコウクジラです。

　一〇〇〇メートル以上深いところでは、アンコウの仲間やナマコの仲間などがすんでいます。

ダイオウイカ

112ページのこたえ　㋑レタス

おはなし豆知識　マッコウクジラは、3000メートル以上もぐることができます。

おはなしクイズ　光がとどかない深海には、海藻などの植物は育たない。○か×か？

こたえはつぎのページ

大昔にもこん虫はいたの？

3月25日のおはなし

巨大な虫たちが飛びまわっていた時代がありました

読んだ日にち（　　年　　月　　日）（　　年　　月　　日）（　　年　　月　　日）

大昔の生きもの

こん虫類は、地球上でもっとも種類が多い生きもののグループです。現在、八十万種類以上が確認されていますが、毎年、新種が発見されており、百万種類以上いるともいわれています。

こん虫は、一生が短いので進化のスピードが速く、すむところのちがいに合わせて、多くの種類に分かれていったのです。また、からだが小さく、せまい場所でもたくさんの種類が共存できたことも、こん虫の種類がふえた原因だと考えられます。

こん虫の祖先が地球上にあらわれたのは、今からおよそ四億八千万年前です。恐竜が登場したのがおよそ二億五千万年前、わたしたち人類の祖先が誕生したのがおよそ七百万年前だといわれていますから、こん虫は地球上の生きものとして、わたしたちの大先輩なのです。

地球上に誕生した生きものは、最初は海の中でくらしていましたが、はじめて陸に上がったのがこん虫の祖先です。最初に、現在のトビムシやムカデに似た、はねをもたない生きものがあらわれ、およそ四億年以上前には、はねをもつ「ムカシアミバネムシ」というこん虫が登場しました。この時期には、水辺にシダなどの大森林が発達していたので、こん虫の種類もふえ、トンボやバッタ、カメムシ、コガネムシなど、現在見られるこん虫の祖先がほぼそろっていたと考えられます。

そのなかで、史上最大の飛ぶこん虫である「メガネウラ」がいます。大きなものは、はねを広げると六〇センチメートルにもなりました。当時は、鳥やコウモリなどの天敵がまだいなかったので、巨大化して思うぞんぶん、木から木へと飛びまわっていたのでしょう。

また、この時代にあらわれた「エトブラッティナ」というゴキブリの仲間は、はねを広げた幅が約二〇センチメートルもありました。

およそ一億四千万年前には、花をつける植物が登場したことで、ミツバチなども生まれました。

このような大昔のこん虫は、化石として世界各地で発見されています。

113ページのこたえ

おはなし豆知識　大昔の植物の樹脂に、虫が入ったままかたまってできた化石もあります。

おはなしクイズ　こん虫と恐竜とでは、どちらが先に地球上にあらわれた？

こたえはつぎのページ

3月26日のおはなし

風はなぜふくの？

わたしたちは空気の動きを風として感じています

読んだ日にち（　年　月　日）（　年　月　日）（　年　月　日）

天気・気象

「風がふく」というのは、言いかえると、「空気が動いている」ということです。たとえば、おふろに入っているときにふろ場のドアを開けると、外から風が入ってきますね。つまり、このときわたしたちは、空気の動きを風として感じているのです。

では、なぜ空気は動くのでしょう。その一番大きな理由は、温度のちがいです。

空気には、温度が上がると軽くなる性質があります。ふろ場のドアを開けたとき、ふろ場の中の温かくて軽い空気は、上のほうから外へ出ていきます。そして、もともと温かい空気があったところに、外から冷たくて重い空気が入ってきます。

外でふく風も、このように温かい空気と冷たい空気がまざり合うことで起きるのです。太陽の熱で温められた空気は、軽くなって上空へと上がっていきます。そのあとには、まわりから冷たく重い空気が流れこんできます。これが、風がふく基本的なしくみです。

地球上では、これと似たようなことが、広い範囲で起こっています。

海の上と陸の上の空気をくらべると、水は温度の変化が起きにくいため、海面上の空気の温度は一日中あまり変わりません。いっぽう、陸は温まるのも冷えるのも速いので、陸上の空気は一日の温度差が大きくなります。

太陽の熱を受ける昼間は、地表の空気が先に温まります。そこへ海面上の冷たい空気が流れ、風がふきます。この、海面から地表へとふく風を「海風」といいます。反対に、日がしずむと地表の空気が先に冷え、地表から海面へと風がふきます。これを「陸風」といいます。

このほかに、季節の温度の変化でも風は起きます。夏と冬の温度差によって起きる「季節風」という大きな風です。

夏は、太陽の光がたくさん当たり、大陸の温度が高くなるので、海から大陸へと風がふきます。冬には、大陸が冷えるので、大陸から海へと風がふくのです。冬にふく風が冷たいのは、日本の北にあるロシアのシベリア方面の大陸から、冷たい空気が流れてくるからです。

温かい空気
陸風

114ページのこたえ　こん虫

おはなし豆知識　海面上と陸上の空気の温度がほぼ同じになる明け方と夕方に、風がやむことがあります。

おはなしクイズ　海面から地表へとふく海風は、昼と夜のどちらに起こる？

こたえはつぎのページ

地震のゆれがだんだん大きくなるのはなぜ？

「地震学の父」ともいわれた人物が、ゆれの長さのなぞをとき明かしました

読んだ日にち（　　年　　月　　日）（　　年　　月　　日）（　　年　　月　　日）

伝記

大森房吉（一八六八〜一九二三年）

日本での本格的な地震の研究は、明治時代にイギリスから来ていたミルン博士を中心にはじまりました。

一八六八年に福井県で生まれた大森房吉は、帝国大学理科大学（今の東京大学理学部）でミルン博士に教わりました。一八九一年、岐阜県と愛知県で大きな地震が起きたときには、現地に行き、調査を行いました。

その後、ヨーロッパに留学し、帰国して東京帝国大学（今の東京大学）の地震学の教授になった房吉は、地震や津波に関するさまざまな研究に取り組みます。

なかでも大きな功績は、地震のゆれを連続して記録できる地震計をつくったことと、震源（地震の発生した地下の場所）までの距離をもとめる公式を発見したことです。

地震のとき、最初に小さくゆれるのを「初期微動」、つぎに大きくゆれるのを「主要動」といいます。房吉は、地震の発生した場所から遠いほど、初期微動の時間が長いことに気づきました。そして、初期微動のつづく時間によって、震源までの距離をもとめる式をみちびき出したのです。これは「大森公式」とよばれます。かみなりが光ってから鳴りだすまでの時間で、かみなりまでの距離をわり出すのに似ています。

飛行機がまだなかった時代に、房吉は、船で世界各地で起きた大地震の現地調査を行い、国際的な地震学をリードしました。

一九〇五年、房吉の後輩の今村明恒が、そう遠くないうちに関東で大地震が起こるおそれがあるとして、火事をふせぐ方法などを雑誌に発表しました。それを新聞が、「大地震が来る」と書きたて、東京は大さわぎになりました。そこで房吉は、今村に反論して、人びとがこわがる気持ちを取りのぞこうと努力しました。

一九二三年九月一日、房吉は出張先のオーストラリアでたまたま最新式の地震計を見ていて、関東大震災が起きたことを知りました。船で帰国するとちゅう、病にたおれた房吉は、横浜港で出むかえた今村に、船内のベッドの上であやまったといわれます。そして、震災から二か月後に五十五歳でなくなりました。

115ページのこたえ 昼

おはなし豆知識　房吉は、家の近くで鳴くキジが地震を予測するかどうかを調べたこともありました。

おはなしクイズ　地震が発生した地下の場所までの距離をもとめる公式を、なんという？

3月28日のおはなし

地球ってなにでできているの？

地球のつくりはニワトリのたまごに似ています

読んだ日にち（　　年　　月　　日）（　　年　　月　　日）（　　年　　月　　日）

地球・宇宙

日本列島からあなをほって地球の反対側に向かったとしたら、沖縄県からは南アメリカ大陸のブラジルやパラグアイに、そのほかの場所からは南アメリカ大陸近くの海に出ます。しかし、実際にそんなことはできませんね。

地球の半径は約六四〇〇キロメートルもあり、石油をほるための深いあなでも、せいぜい数千メートルが限度です。それでも、地球の内部のことは、地震の波の伝わる速さなどをくわしく調べることによって知ることができます。

地球内部のつくりは、ニワトリのたまごにたとえるとわかりやすいでしょう。三つの層に分かれていて、一番外側のたまごのからにあたる部分が「地殻」、その下の白身の部分が「マントル」、真ん中の黄身の部分が「核」です。

地殻は、大陸や海底をつくる地球の表面で、かたい岩石でできています。その深さは、海の下だと五キロメートルくらい、陸の下では三〇～六〇キロメートルくらいで、地球全体から見ると、たまごのからのようにうすい部分です。

その下のマントルは、地殻より少し重い岩石でできた固体の層ですが、長い時間で見ると、ゆっくりと動きつづけています。深さは約二九〇〇キロメートルまであり、マントル部分の体積は地球全体の約八割をしめています。マントルは、岩石の種類のちがいにより、上部と下部に分けられます。深くなるほど温度が高く、一番深いところは四〇〇〇度以上あります。

地球内部のつくり

マントル
地殻
外核
核
内核

中心部の核は、おもに鉄やニッケルなどの金属でできていて、深さ五一〇〇キロメートルまでを「外核」、中心の六四〇〇キロメートルまでを「内核」といいます。外核は、金属がどろどろにとけた液体状です。内核は、まわりからの圧力が大きいのでかたまっていますが、たいへん高温です。中心部は太陽の表面と同じ六〇〇〇度くらいあると考えられています。

現在、日本の海洋研究開発機構が、マントルまでほることができる世界初の地球深部探査船「ちきゅう」で、地球の内部を調べています。

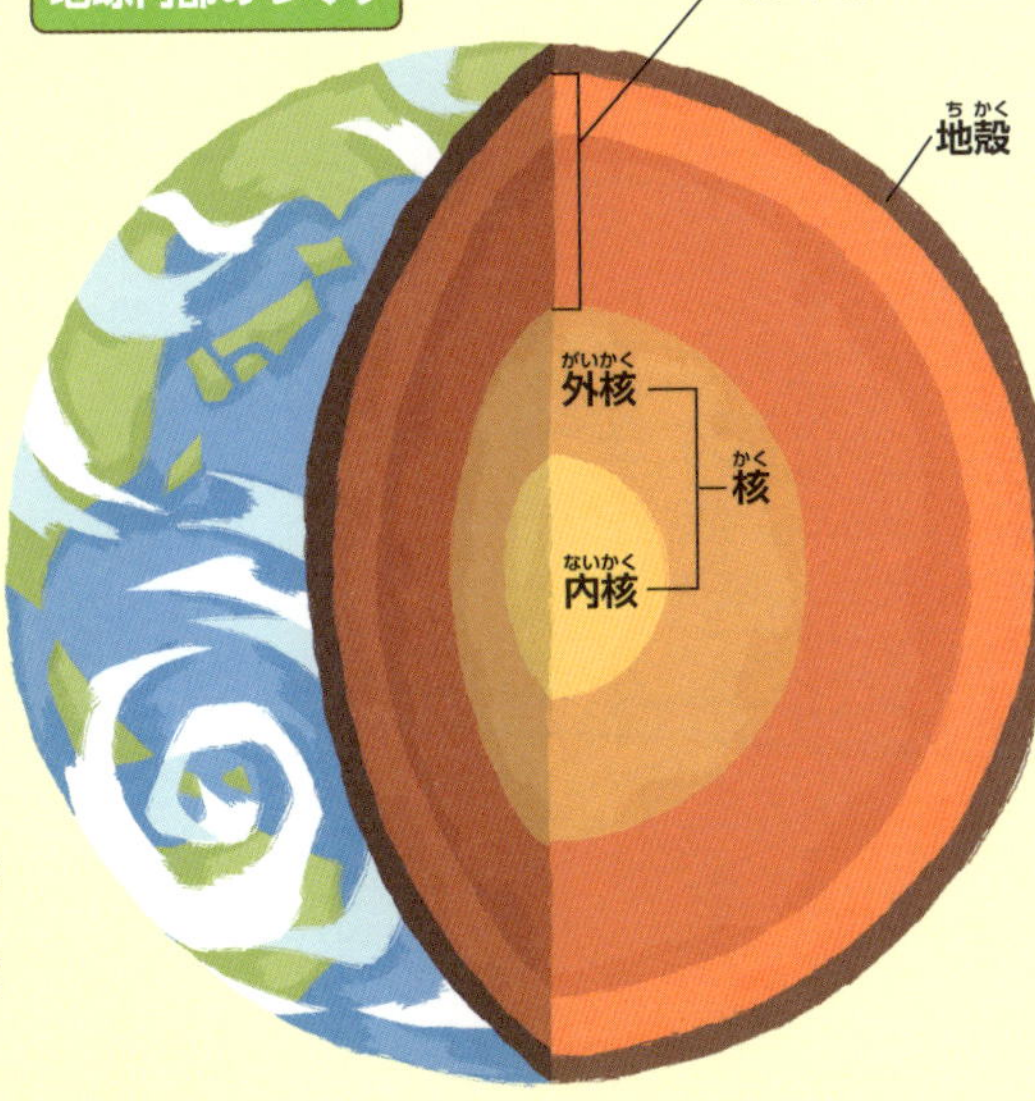

116ページのこたえ　大森公式

おはなし豆知識　探査船「ちきゅう」は、巨大地震が起きた震源までほり進み、地震発生のしくみを調べます。

おはなしクイズ　地球内部の３つの層のうち、たまごの白身にあたる部分をなんという？

こたえはつぎのページ

あざはどうして青くなるの？

うでや太もも、おしりなど、からだのやわらかい部分にできます

3月29日のおはなし

からだ

読んだ日にち（　　年　　月　　日）（　　年　　月　　日）（　　年　　月　　日）

人やものにぶつかったり、ころんだりしたときに、青いあざやこぶができることがありますね。

からだ中の皮ふの下には、細い血管がたくさん通っています。あざやこぶは、からだを強くぶつけることで皮ふの下の細い血管がやぶれ、血が流れ出てできるものです。これを、「内出血」といいます。

うでや太もも、おしりなどのように、からだのやわらかい部分が内出血を起こすと、血が皮ふの内側に広がります。血は赤色ですが、皮ふを通して見ると、青色やむらさき色に見えます。これがあざです。あざには、「あおたん」「くろなじみ」「つぐろじん」など、地方によってさまざまなよび方があります。

皮ふ
血が内側に広がる
血管

頭のように、皮ふのすぐ下にかたい骨があるところでは、内出血しても血は内側に広がることができず、外側にふくらみます。これが、こぶやたんこぶとよばれるものです。

また、手のひらや指などをなにかで強くはさんだり、バットなどを強くにぎったり、くつずれなどによって、皮ふに小さな赤むらさき色の点てんができることがあります。これも内出血で、血まめとよばれます。

ころんだりして血が出たとき、きず口をおさえると、ふつう、出血は止まりますね。内出血の場合は、直接おさえても皮ふの下の血を止めることはできません。でも、からだにはみずからきずを治す力があります。血液の中には「血小板」という成分があって、血をかためるはたらきをしてくれるのです（52ページ）。そして、やぶれた血管は自然にふさがり、血も吸収されて、あざやこぶ、血まめは、やがて消えてしまいます。

それでも、あざやこぶができたら、すぐにぬれたタオルなどで冷やしましょう。血管をちぢめて血の流れをおさえることで、痛みがやわらぎ、治りも早くなります。ただし、頭などをぶつけたときに、血が出たり、目、鼻、口、耳から少しでも血が出たり、気分が悪くなったりしたら、すぐにお医者さんにみてもらいましょう。

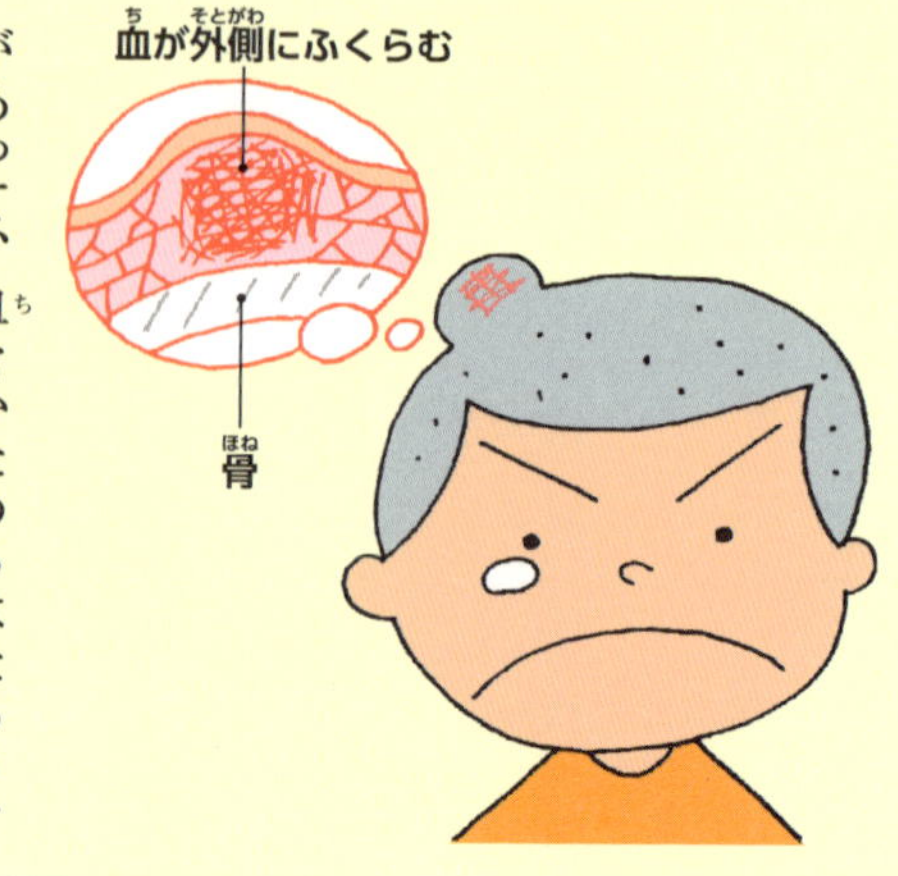

117ページのこたえ　マントル

おはなし豆知識　こぶをいじったり、温めたりすると、よけい痛くなることがあるのでやめましょう。

おはなしクイズ　あざの青色やむらさき色の正体はなに？

こたえはつぎのページ

3月30日のおはなし

フクロウはどうして暗やみでも飛べるの？

まんまるの顔にはひみつがたくさんあります

読んだ日にち（　年　月　日）（　年　月　日）（　年　月　日）

鳥

夜に活動する夜行性の鳥は、すべての鳥類のうち三パーセントもいませんが、そのうち半数以上はフクロウの仲間です。

フクロウは、昼間活動するワシやタカなどと同じ肉食性の鳥で、夜間に飛びまわり、ネズミやこん虫、小鳥などの小動物をつかまえます。そのため、昼間に活動する鳥とはちがうからだの特徴をもっています。

フクロウの顔は、大きくてまるく、平らに見えます。これは、顔をふちどっている羽が、パラボラアンテナのように、音を耳に集めやすい形になっているからです。

羽毛にかくれたふたつの耳の高さは、左右でわずかにずれています。耳の高さが左右でことなると、音の上下方向のずれがわかるので、暗いところでも音のする方向や距離を、正確に知ることができるのです。

目は、弱い光もキャッチできるようなつくりになっています。そして、

人間と同じように顔の正面に目がついているので、両目を使って獲物との距離を正確にはかることができます。両目で同時に見える範囲は七〇度くらいですが、ぐるっと真うしろに顔をもってくることができるほど、首がよく動くようになっています。

こうしてフクロウは、獲物の位置を正確にとらえると、バサバサという音も立てずに一気に獲物におそいかかります。

なぜ羽の音がしないのかというと、つばさがはばたきの音を吸収するような形になっているからです。そのうえ、つばさの毛は細かくてビロードのようになめらかで、羽のこすれる音がしません。

夜の名ハンター・フクロウは、ワシやタカのようにとがったツメで、獲物をしっかりとつかみます。そして、するどく下にまがったくちばしで、獲物を小さく引きさいて食べるのです。

118ページのこたえ　血

おはなし豆知識　頭に耳のような毛の束があるフクロウの仲間を、一般的に「ミミズク」といいます。

おはなしクイズ　フクロウの耳は左右同じ高さについている。○か×か？

こたえはつぎのページ

熱気球はどうしてうくの？

空気のふしぎな性質を利用します

3月31日のおはなし

読んだ日にち（　　年　　月　　日）（　　年　　月　　日）（　　年　　月　　日）

乗りもの

大空にふわりとういてただよう熱気球は、なんともロマンチックで夢のある乗りものですね。

小型の飛行機でも約八〇〇キログラムの重さがあるのに対し、熱気球は、重いエンジンを積んでいないので、三〇〇キログラムほどしかありません。飛行機のようなつばさもエンジンもない熱気球が、なぜ空を飛べるのでしょう。

みなさんは、バーベキューやたき火で、けむりが空にのぼっていくのを見たり、エアコンやストーブをつけたら、部屋の上のほうの空気だけ温かくなったりした経験はありませんか。それは、温められた空気が、まわりの空気より軽くなるからです。

また、空気には、温まるとふくらむという性質があります。これは、かんたんな実験でたしかめることができます。

まず、あなの空いていないポリぶくろを、ある程度ふくらませて、中の空気がもれないように口を結びます。それを、お湯をはったおふろに、そっとうかべてみましょう。すると、ふくろはだんだんふくらんでくるはずです。

熱気球もこれと同じように、温められた空気がふくらんで軽くなる性質を利用して飛んでいます。

熱気球を上げるときは、まず、うすい布でできたふくろのような熱気球の中に、大きなせんぷう機で風を送りこんでふくらませます。そして、ガスバーナーの火で温めていくと、熱気球内の空気がふくらみ、外の空気よりも軽くなってうき上がるというわけです。

地上に下りるときは、ガスバーナーの火を弱めたり、熱気球の上部を開いたりして、熱気球内の空気を冷やします。

熱気球は、高さの調節はできますが、かじやブレーキがないので、空の上ではふわふわ風まかせです。パイロットは、飛ぶ前に風の向きや強さ、地形などをきちんと調べておき、熱気球を上下させながら進路をコントロールしているのです。

119ページのこたえ ×

おはなし豆知識 気球には、空気よりも軽いガスを利用してうく「ガス気球」もあります。

おはなしクイズ 空気は、温められるとどうなる？ ㋐ちぢんで重くなる ㋑ふくらんで軽くなる

こたえは130ページ

石ってなにでできているの？

石をよく見ると、小さなつぶやはへんがたくさんまざっているようなものがあります。つぶのように見えるひとつひとつが、「鉱物」といわれるものです。これらの石は、鉱物が集まってできています。ここでは、花こう岩を例に、石のつくりを見てみましょう。

花こう岩

陸地をつくる岩石のひとつで、建物の装飾などに利用されています。

いろいろな鉱物が集まってできている！

拡大すると……

石英

透明な部分がある鉱物です。ほかの鉱物のつぶとつぶの間をうめるように入っています。

黒雲母

板のようにうすくはがれるのが特徴の鉱物です。

長石

ほとんどの石に入っている鉱物です。ふくまれる成分によって、さらに、斜長石やカリ長石などに分けることができます。

斜長石

白く不透明な鉱物です。

カリ長石

うすいピンク色をした細長い柱のような形の鉱物です。

写真提供：徳島県立博物館

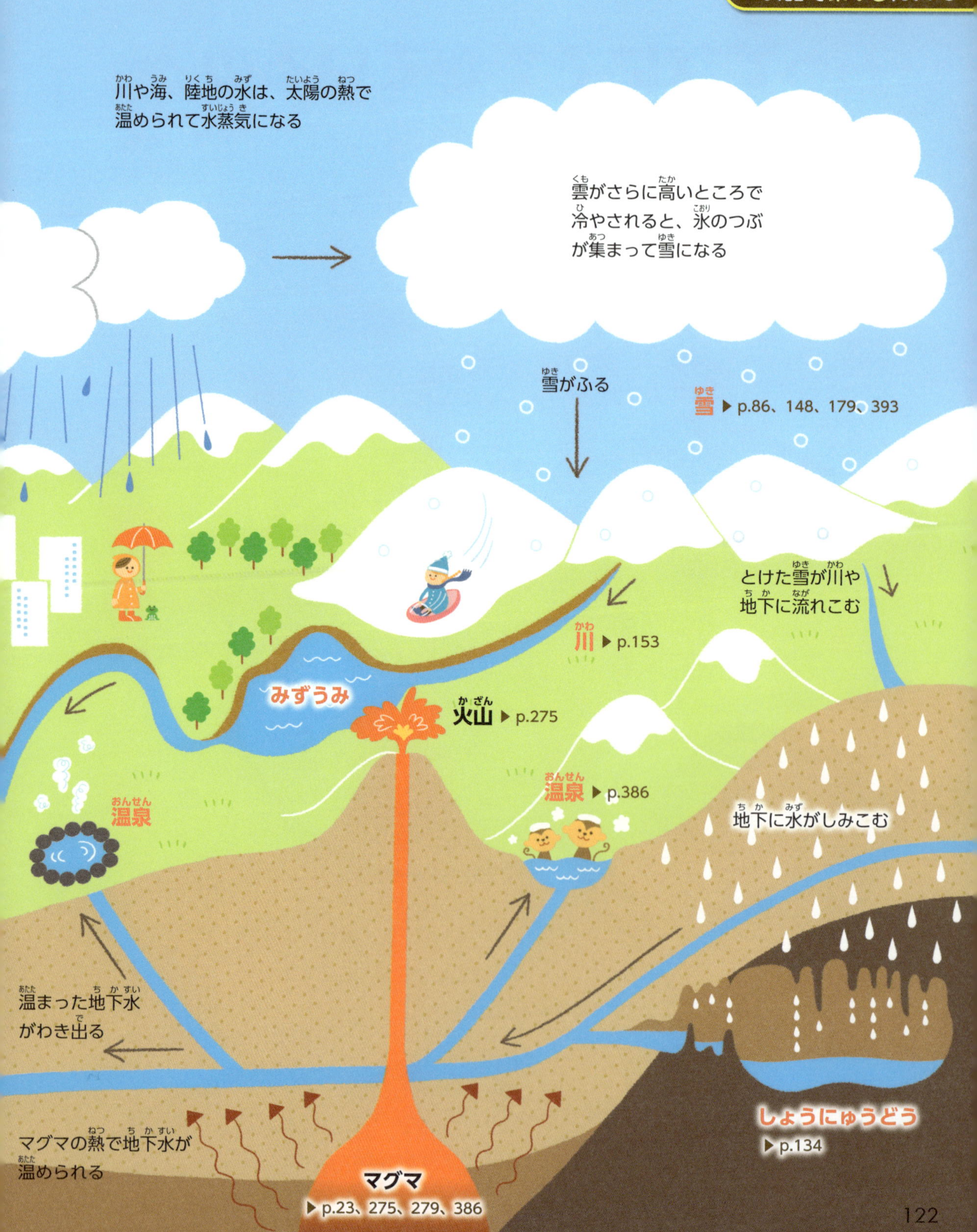
川や海、陸地の水は、太陽の熱で
温められて水蒸気になる
雲がさらに高いところで
冷やされると、氷のつぶ
が集まって雪になる
雪がふる
雪 ▶p.86、148、179、393
とけた雪が川や
地下に流れこむ
川 ▶p.153
みずうみ
火山 ▶p.275
温泉 ▶p.386
温泉
地下に水がしみこむ
温まった地下水
がわき出る
しょうにゅうどう
▶p.134
マグマの熱で地下水が
温められる
マグマ
▶p.23、275、279、386

水はぐるぐると旅をしている!

地球は水が多く、「水の惑星」ともよばれています。ほとんどの水は海にありますが、雨や雪、雲、地下水などにすがたを変えて、ぐるぐると旅をしています。水が旅をする様子をのぞいてみましょう。

雲 ▶ p.95、179、242、361

雲になる

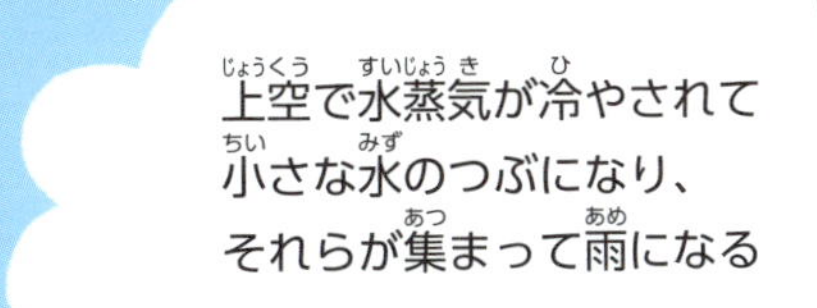

雨 ▶ p.86、222

雨がふる

海の水が
水蒸気になる

海にも
雨がふる

海 ▶ p.259、425

川の水として
海にもどる

みずうみ

くぼんだ土地に雨水や川の水が
流れこんで、みずうみができる

地下水が
海水とまざる

食べものの栄養素を知ろう！

食べものには、わたしたちが生きるために必要な成分がふくまれています。これを「栄養素」といいます。食べものによって、ふくまれる栄養素はちがいます。おもな栄養素と、その栄養素を多くふくむ食べものを知りましょう。

食品の五大栄養素

たんぱく質

筋肉や内臓、皮ふなど、からだのいろいろな部分の材料となります。たんぱく質には、動物性と植物性があります。多くふくむ食べものは、肉類、魚類、牛乳やチーズ、たまご、とうふ、納豆などです。

脂質

エネルギーのもとになります。脂質を多くふくむ食べものは、バター、油、マヨネーズ、豚バラ肉、クルミなどです。

炭水化物

人が活動するために必要なエネルギーのもとになります。炭水化物を多くふくむ食べものは、主食となる米、小麦粉（パン、うどん、パスタなど）のほか、サツマイモ、ジャガイモなどのイモ類です。

ビタミン

からだの調子をととのえるはたらきをします。ビタミンを多くふくむ食べものは、ニンジン、カボチャ、ピーマン、サツマイモ、ほうれん草、シイタケ、イワシ、アーモンドなどです。

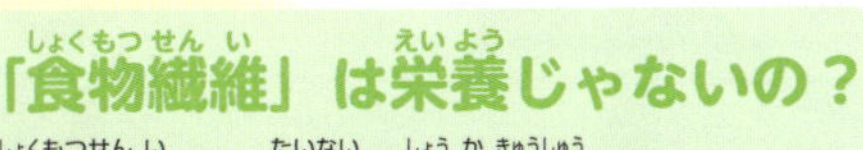

無機質（ミネラル）

カルシウムや鉄などは、ミネラルの仲間です。骨や歯などをつくったり、からだの調子をととのえたりします。ミネラルを多くふくむ食べものは、ヨーグルト、ほうれん草、ワカメやヒジキなどです。

「食物繊維」は栄養じゃないの？

食物繊維は、体内で消化吸収されにくいため、ほとんどからだをつくる成分やエネルギーにはなりませんが、腸内の環境をととのえてうんちが出やすくなるようにしてくれます。食物繊維を多くふくむ食べものは、玄米、イモ類、こんにゃく、大豆、ヒジキ、オクラ、ゴボウなどです。

もっと お話を楽しむために

食べものの消化のしくみを知ろう!

人のからだは、どのように栄養を取り入れているのでしょうか。
また、食べたものがどうやってからだの中を通っていくのかを見てみましょう。

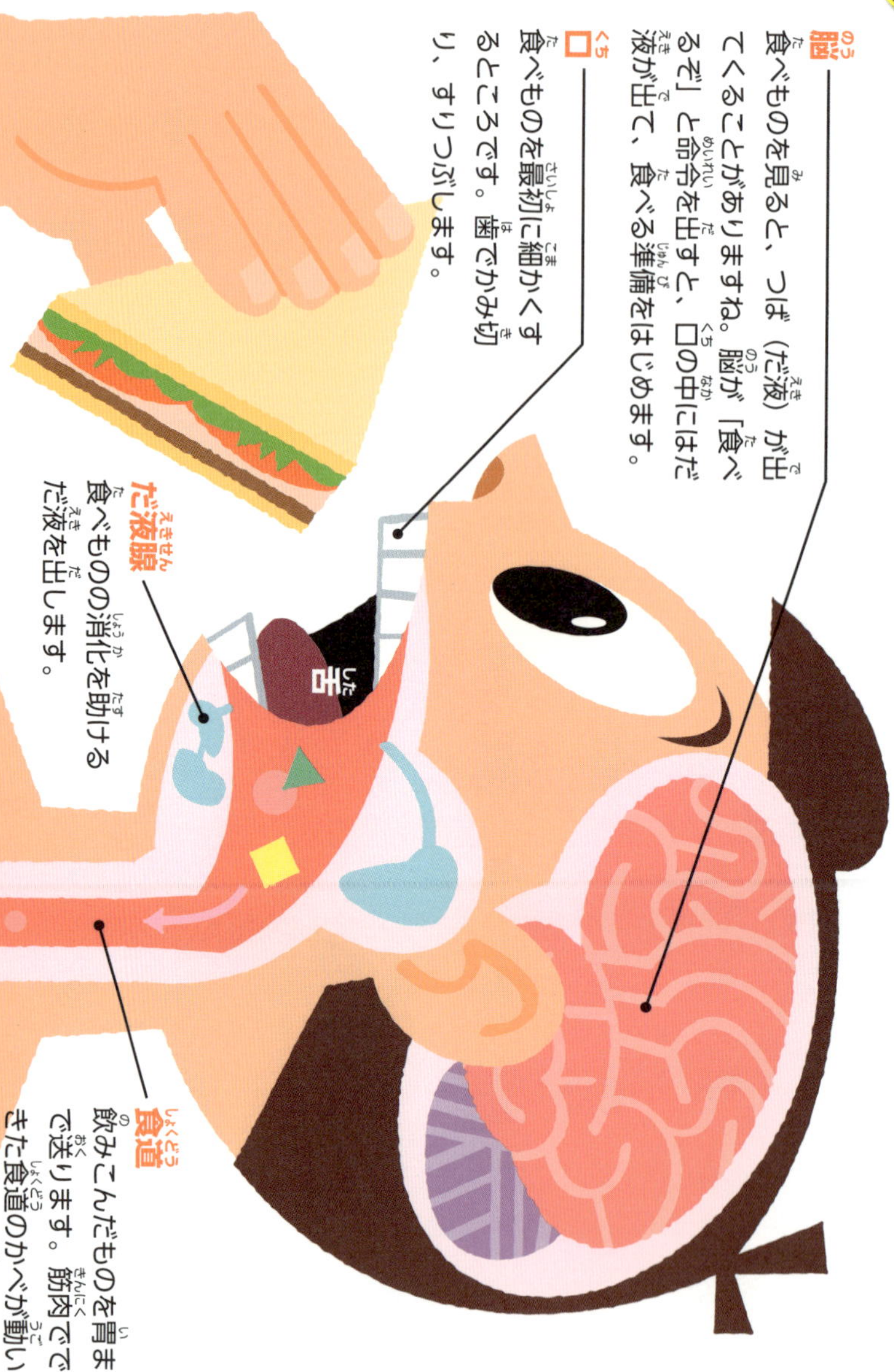

食べるとき、息はどうなっているの？

のどには、食べものを胃に送る「食道」と、空気を肺に送る「気管」があります。食べたものを飲みこむときには、肺に食べものが入らないように、気管の入り口のふたはとじられます。そのため、ものを飲みこんでいるときに息はできません。

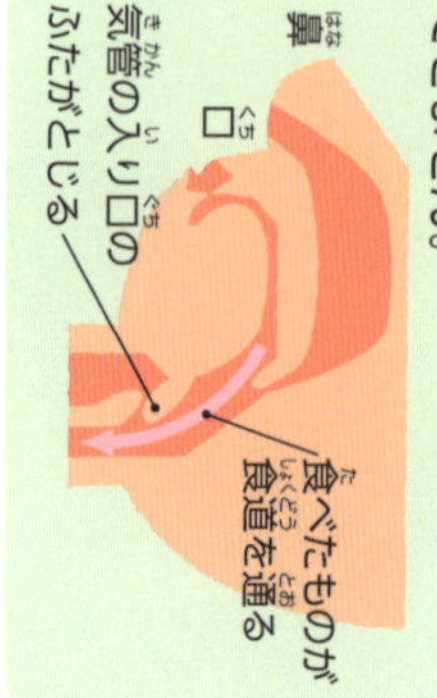

胃に食べものが入るとどうなるの？

胃は、なにも入っていないとき、小さくなっています。食べものが入ると、胃液が出て、胃はふくらんでいきます。消化された食べものは、十二指腸へと送られます。

空っぽ
ふくらむ
腸へ送る

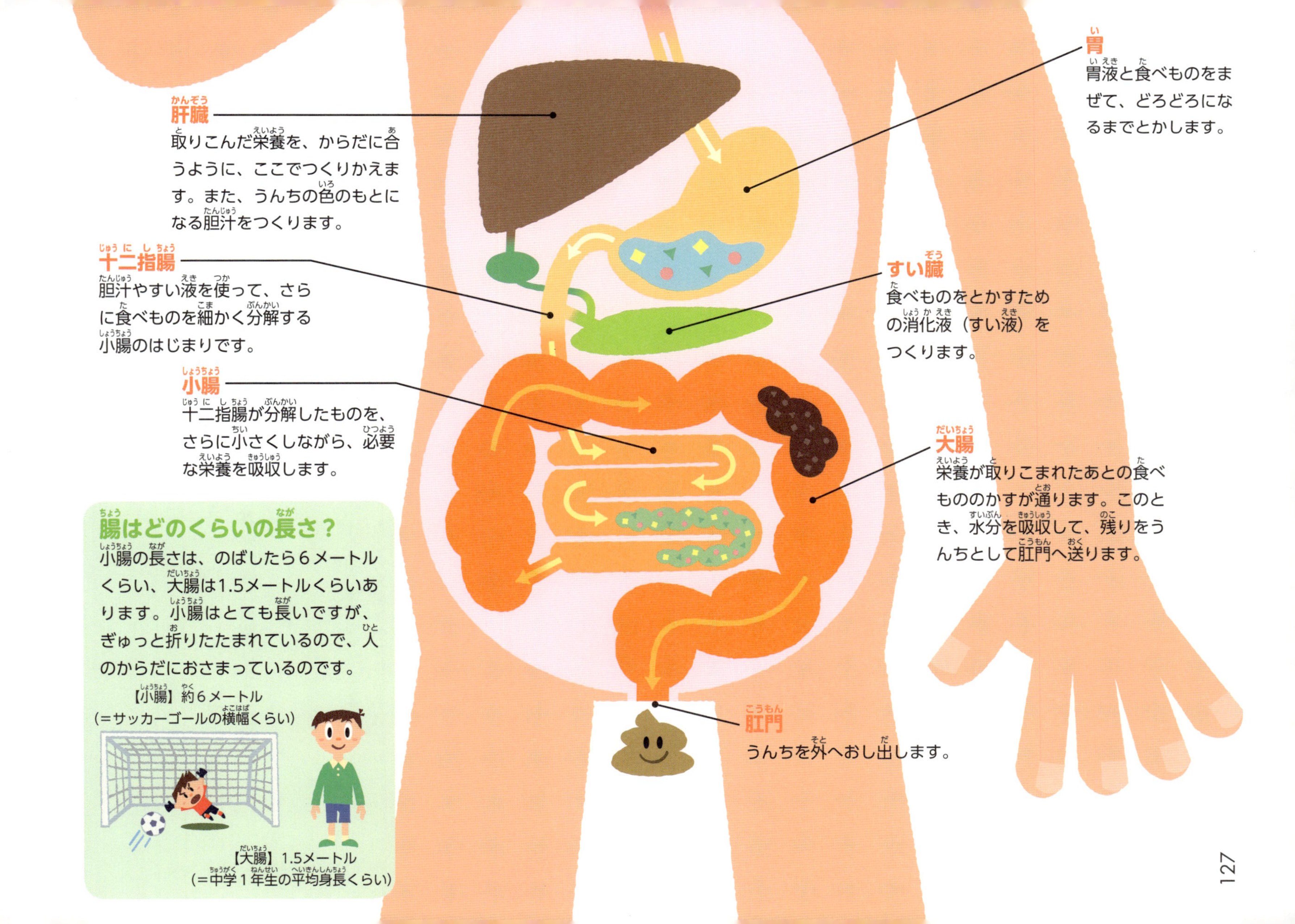

腸はどのくらいの長さ？

小腸の長さは、のばしたら6メートルくらい、大腸は1.5メートルくらいあります。小腸はとても長いですが、ぎゅっと折りたたまれているので、人のからだにおさまっているのです。

【小腸】約6メートル
（＝サッカーゴールの横幅くらい）

【大腸】1.5メートル
（＝中学1年生の平均身長くらい）

五感を知ろう!

五感といわれる5つの感覚は、わたしたちのからだの中や外で起きていることを知るのにたいせつな役割を果たしています。五感で得た情報はすべて、神経を通じて脳に伝わります。

視覚

ものを見る感覚です。人間の目は、ものを立体的にとらえ、まわりとの距離をつかみ、色の区別ができるように発達しています。

▶p.326

聴覚

音を聞く感覚です。耳は聴覚だけでなく、バランスをとるための平衡感覚もつかさどっています。

▶p.303

嗅覚

においを感知する感覚です。嗅覚は、食べられないものを判断するなど、生きるために必要な役割があります。

触覚

ものがふれて、かたい、やわらかい、熱い、冷たい、といったことを感知する感覚です。

味覚

舌で、味を感知する感覚です。あまさ、塩からさ、すっぱさ、苦さ、うまみの基本の5つの味を感じ分けます。

4月(がつ)のおはなし

文／早野美智代

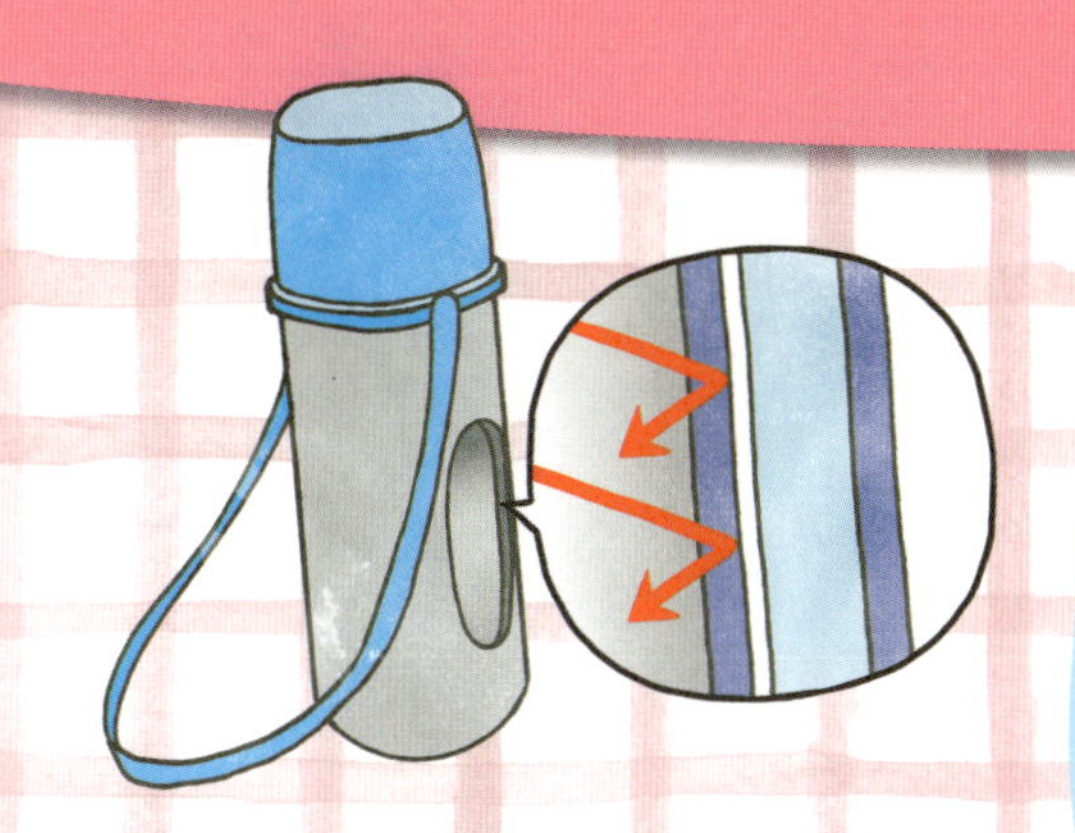

おやつを食べるのはどうして？

大人と子どもの食べられる量のちがいに注目してみましょう

4月1日のおはなし
エイプリルフール

読んだ日にち（　　年　　月　　日）（　　年　　月　　日）（　　年　　月　　日）

からだ

みなさんにとっておやつは、とても楽しみなものですよね。おやつと聞いただけで、つい、にこにこ顔になってしまいます。でも、ただ楽しいだけでなく、おやつにはだいじな役割があります。どうしておやつを食べるのか、いっしょに考えてみましょう。

わたしたちは、からだをじょうぶにし、大きく育つために、いろいろな食べものから、からだの中に栄養を取り入れています（124ページ）。

たとえば、肉や魚、たまご、豆などにふくまれるたんぱく質は、筋肉や血液をつくって、からだを大きくしてくれます。ごはんやパン、うどんなどにふくまれる炭水化物は、力をつくり出して、からだを動かすはたらきをします。野菜やくだものなどにふくまれるビタミンは、からだのバランスをととのえ、病気にかかりにくくします。ほかの食べものにも、それぞれいろいろな栄養素がふくまれています。

栄養は、どれかが足りなくても、どれかだけをとりすぎても、からだによくありません。そのため、食事をとるときは、さまざまな食べものを組み合わせて、栄養がかたよらないようにすることがたいせつです。

大人は、からだの大部分ができていますが、まだ成長とちゅうの子どもは、これからどんどんからだをつくっていかなければなりません。それに、子どもは走ったり遊んだりと、よく動くので、エネルギーをたくさん使います。

しかし、子どもの胃は小さいため、大人のように一度にたくさん食べることができません。一日三回の食事だけでは、栄養が足りなくなることもあるので、食事と食事の間におやつを食べて、不足分を補おうというわけです。

食事の補助として食べるものですから、おやつは、くだものや乳製品など、できるだけ栄養があって、消化にいいものを選んだほうがいいですね。

けれど、いつも栄養のことばかり考えていたのでは楽しくありません。つかれたときには、ケーキやチョコレートなどのあまいおやつを食べるのもいいでしょう。ゆったりとした気持ちになり、自然と元気も出てきます。このように、おやつには、気持ちを元気にする役目もあるのです。

120ページのこたえ　㋑ふくらんで軽くなる

おはなし豆知識 江戸時代、食事が1日2食だったころも、午後3時ごろにおやつを食べていました。

おはなしクイズ 筋肉や血液をつくる栄養素を多くふくむのは？　㋐たまご　㋑パン　㋒野菜

こたえはつぎのページ

4月2日のおはなし

糸電話はなぜ声が聞こえるの？

音はどうやって伝わるのでしょう

読んだ日にち（　　年　　月　　日）（　　年　　月　　日）（　　年　　月　　日）

道具・もの

紙コップに糸をつけて、糸電話をつくったことはありますか？

糸電話を使うと、はなれたところにいる人の声が、まるで耳のすぐそばで話しているかのように聞こえます。本物の電話ではないし、電気も使っていないのに、どうして声が聞こえるのでしょうか。

音には、ふるえながら進むという性質があります。その細かいふるえは、空気や水、ものを通して伝わっていきます。わたしたちの耳の中にある「こまく」という膜が、そのふるえをキャッチすると、音として聞こえるのです。

でも、空気を伝わって進んでいくうちに、ふるえはだんだん広がって弱くなり、やがて消えてしまいます。はなれたところの音がよく聞こえないのは、このためです。

しかし、筒状のパイプを通せば、小さな声で話しても聞こえます。空気のふるえがパイプの中を通り、外に広がりにくくなるからです。

音のふるえは、糸を通しても伝わります。糸電話の紙コップに口を当てて話をすると、声が紙コップの底の紙をふるわせます。その紙のふるえが、糸を通して伝わり、もうひとつの紙コップの底の紙をふるわせます。これで、話した声が相手の耳にとどく、というわけです。

でも、糸がたるんでいたり、糸のとちゅうを指でつまんだりすると、音のふるえが伝わらないので、声はとどかなくなります。

ところで、糸電話はどのくらいの距離まで聞こえるのでしょう。

これについて、実験が行われたことがあります。糸は太めのじょうぶなものにして、だんだん長くしていきました。ぴんとまっすぐに糸をはるには広い場所が必要なので、ビルの屋上で実験をしました。

結果は、なんと六八八メートルまで、声が聞こえたそうです。それ以上の長さで聞こえなくなったのは、糸をぴんとはろうとしても、糸の重さでたるんでしまったからです。

糸電話は、ふたりだけでなく、三人以上でも遊ぶことができます。糸電話の糸の先を三本以上つなげて、放射状に糸をはって話します。ためしてみると、おもしろいですよ。

130ページのこたえ　㋐たまご

おはなし豆知識　つり糸や電気工作用のエナメル線を使ってもよく聞こえます。

おはなしクイズ　音のふるえは、水の中でも伝わる。○か×か？

こたえはつぎのページ

タンポポのわた毛はどこへ行くの?

4月3日のおはなし

ふわふわと遠くへ飛んでいくのには、理由があります

読んだ日にち（　年　月　日）（　年　月　日）（　年　月　日）

植物

まるくてふわふわのタンポポのわた毛。ふうっと息をふきかけて、飛ばしたことはありますか？　息をかけると、まるかったわた毛はばらばらにほぐれて、風に乗って飛んでいきます。ほぐれたひとつひとつは、わた毛のついたじ・く・で、その下には種がついています。タンポポのわた毛は、どこへ行くのでしょうか。

このわた毛は、タンポポの黄色い花が変化したものです。タンポポは、くきの先にひとつの花がさいているように見えますが、じつは、小さな花がたくさん集まったものです。

タンポポの花は、昼間開いて夕方にはとじます。これを三日くらいくり返すと、ついに花はしぼんで、くきがたおれます。

でも、花はかれたわけではありません。たおれている間も、まだせっせとはたらいています。つぎの世代のために、一生けんめい種をつくっているのです。

種ができると、くきはまたぐーんと立ち上がります。そのとき、くきの先に、ふわふわのまるいわた毛をつけています。そして、花をさかせていたときよりも、くきはもっと長くのびています。風を受けて、できるだけ遠くまで種を運ぶための、タンポポのくふうなのです。

では、どうしてそんなに遠くまで種を飛ばすのでしょうか。

もしわた毛がなくて、風で飛ばされなかったら、種は同じ場所にたくさん落ちることになります。

そうすると、まわりがタンポポだらけになって、土の中の栄養が足りなくなります。それに、同じ場所にぎっしり生えていると、葉っぱが重なり、太陽の光もよく当たらないでしょう。

遠くへ種を飛ばせば、新しい場所で仲間をふやすことができます。タンポポは生き残るために、知恵をはたらかせているのですね。

さて、風に乗ってふわふわと飛んでいったタンポポのわた毛は、遠くの地面に着くと、種がわれて、根と芽が出ます。やがて、葉っぱを広げ、くきをのばします。そして、太陽の光をたくさんあびて、その場所で、また新しい花をさかせるのです。

131ページのこたえ ○

おはなし豆知識　ススキやアオギリなど、ほかにも風を使って種を飛ばす植物はたくさんあります。

おはなしクイズ　タンポポのわた毛は、なにを遠くに運ぶために飛んでいく？

こたえはつぎのページ

4月4日
のおはなし

昔の人は地球は動かないと思っていたの？

地球が宇宙の中心にあると考えられていた時代がありました

読んだ日にち（　年　月　日）（　年　月　日）（　年　月　日）

伝記

ニコラウス・コペルニクス（一四七三～一五四三年）

昔の人は、地球は動かず、太陽や星が地球のまわりをまわっていると考えていました。このような考え方を、「天動説」といいます。

しかし、実際に天体観測をすると、天動説との食いちがいが起こります。また、天体観測をもとに船を動かすと、方向がくるってきけんな目にあうこともありました。そのため、正しい天体の動きを知ることがもとめられていました。

ポーランドで生まれたニコラウス・コペルニクスは、十歳でお父さんをなくしました。けれども、教会の司祭（教会で儀式や典礼をとり行う人）だったおじさんのおかげで、じゅうぶんな教育を受けることができました。ポーランドの大学だけでなく、イタリアにも行き、数学や美術、医学や法律など、いろいろな勉強をしました。その中でも一番興味をもったのが、天文学でした。

やがてコペルニクスは、教会の医者になりましたが、はたらきながらも天文学の勉強はつづけました。そして、天文学について学べば学ぶほど、天動説はまちがいであると思うようになりました。

あるときコペルニクスは、「地球は自分自身もくるくるとまわりながら、太陽のまわりをまわっている」という考えにたどりつきました。この考えを、「地動説」とよびます。

地動説によって、それまでの天動説では解決できなかったことも、つぎつぎと説明がつきました。計算や観測で、その正しさもたしかめることができました。

けれども、そのころのヨーロッパの社会では、とても長い間、天動説が信じられてきたため、地動説はなかなか受け入れられませんでした。「それまで信じられてきた、神のつくった世界をこわし、人びとを不安にさせる」というのが理由です。

コペルニクスは、長い間、自分の考えを発表せずにいましたが、弟子たちの熱心なすすめで、本にすることを決心しました。一五四三年に、『天体の回転について』という本ができあがってまもなく、コペルニクスは七十歳でなくなりました。

その後、コペルニクスの地動説はガリレオ・ガリレイ（330ページ）によって証明され、世界中の多くの天文学者にみとめられていきました。

132ページのこたえ　種

おはなし豆知識　ポーランドには、「コペルニクス通り」や「コペルニクス大学」があります。

おはなしクイズ　天動説を考えたのは、コペルニクスだ。○か×か？

こたえはつぎのページ

どうくつってどうやってできるの？

人がつくったどうくつと、自然にできたどうくつがあります

4月5日のおはなし

地球・宇宙

読んだ日にち（　　年　　月　　日）（　　年　　月　　日）（　　年　　月　　日）

どうくつとは、がけや岩石に空いた、人が入ることができるくらいの大きさのあなのことです。でき方によって、「しょうにゅうどう」「溶岩どう」「海食どう」「人工どうくつ」の四種類に分けられます。

しょうにゅうどうは、日本で一番多く見られるどうくつです。

大昔の日本は、海の底にありました。海の底に、貝がらやサンゴがあつく積もり、それが何万年もかかって、石灰岩という岩石に変わりました。やがて、その海の底は地球の力でおし上げられて海上にあらわれ、陸になりました。そのため、日本には石灰岩地帯がたくさんあります。

雨がふると雨水が地面にしみこみ、地下水になります。石灰岩は水にとけやすいので、地下水がしみこむと、どんどんとけてけずれていきます。そこからあなが大きく広がり、しょうにゅうどうができるのです。

しょうにゅうどうの中には地下水が流れていて、天井からも水がしたたり落ちています。ポタンと水が落ちるとき、その水にふくまれている石灰分だけが天井に残って、かたまりになります。これが長い間くり返され、天井から、つららのようにのびた「しょうにゅう石」ができます。地面に落ちたしずくにも石灰分がふくまれているので、下に積もり、タケノコのようにのびた「石じゅん」ができます。そして、上と下からそれぞれのびた石が柱のようにつながり、「石柱」ができるのです。

溶岩どうは、火山活動がさかんなところでできます。火山から流れ出た熱い溶岩の表面が冷えてかたまり、中のまだ熱い溶岩やガスがぬけ出て、空どうになったものです。

海食どうは、海岸にある岩が、波の力でけずられてできます。

人工どうくつは、人の手によってほられたものです。どうくつの中は、温度や湿度が変わりにくくなっています。そこで、ものを保存したり、キノコなどを育てたりするのに利用されているのです。

岩と水だけのどうくつですが、コウモリ、クモやダニの仲間、コケやシダの仲間、カビなど、いろいろな生きものがすんでいます。

133ページのこたえ　×

おはなし豆知識　日光が当たらず中の空気の移動も少ないので、どうくつは外にくらべてすずしくなっています。

おはなしクイズ　日本で一番多いどうくつの種類は？

こたえはつぎのページ

ハリセンボンの針は本当に千本あるの？

1本、2本、3本……とかぞえてみると？

読んだ日にち（　年　月　日）（　年　月　日）（　年　月　日）

魚

ハリセンボンは、フグの仲間の魚です。世界中の温帯や熱帯の地方でよく見られ、日本では、本州中部より南の、岩場やサンゴしょう、砂底などにいます。海の底にいる貝やエビ、カニ、ウニなどをエサにして生きています。じょうぶな歯があるので、かたいからもかみくだいて、中身を食べます。

魚にはふつう、うろこがありますが（62ページ）、ハリセンボンの針は、そのうろこが変化して、かたくて長い、とげのようになったものです。針の先はするどくとがっていて、長さは五センチメートルほどもあります。

ところでこの針、たくさんあるように見えますが、名前のとおり、本当に千本もあるのでしょうか？

じつは、ハリセンボンがもつ針は、三百～四百本くらいがふつうです。千や万というのは、「本当はそんなにないが、数が多い」という意味で使われることがあります。

ハリセンボンは、ふだんはからだが細く、針をうしろのほうにたおしています。敵におそわれたときなど、きけんを感じると、風船のようにからだをふくらませて、ぱっと針を立てます。そうすると、ふだんの二倍か三倍くらいの大きさになります。

からだがふくらむのは、大量の水を一気に飲みこんで、胃を大きくふくらませるからです。そうすると、針が立つしくみになっています。また、水の中から地上に引き上げられたときも、空気をすいこんで、からだをふくらませます。

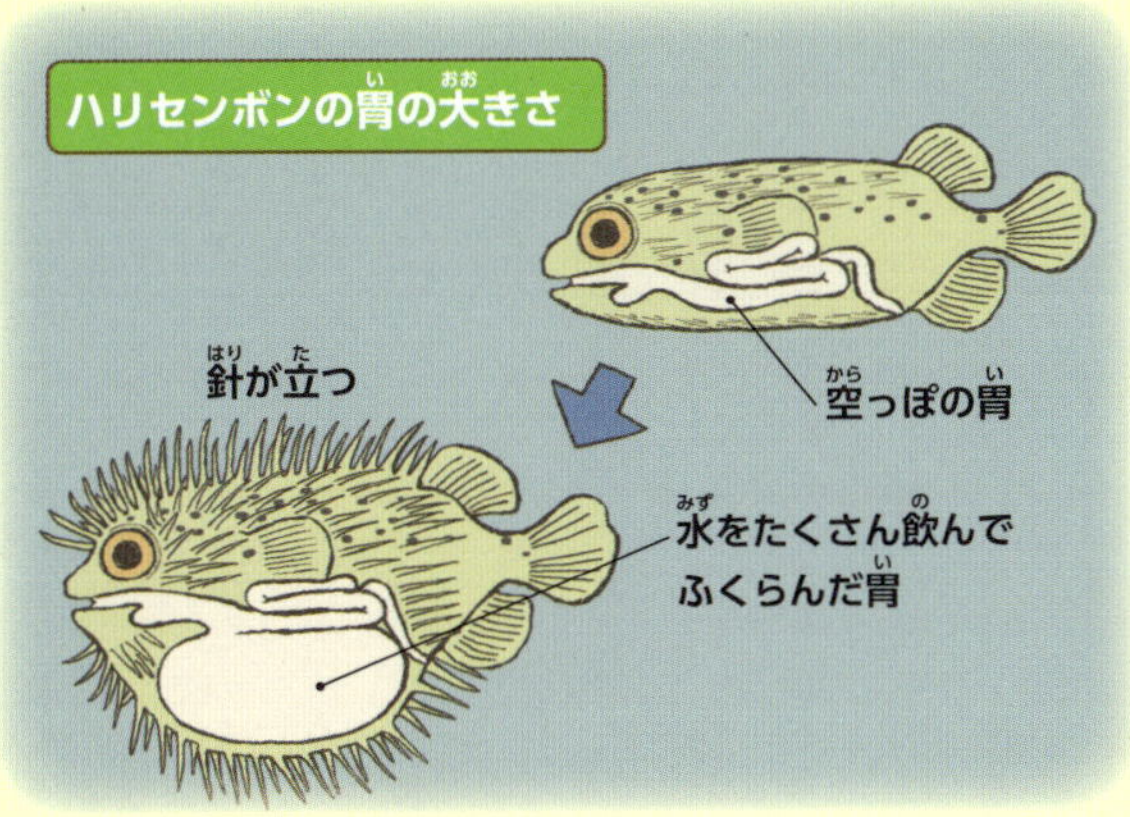

ハリセンボンは、からだがふくらんで針を立てたままでも、むなびれ、しりびれ、背びれをぱたぱたと動かして、ゆっくり泳ぐことができます。

このからだの変化には、ふたつの役目があります。ひとつは、とげのある大きなからだで敵をおどかして、追いはらうため。もうひとつは、敵の口に入らないくらい大きくふくらんで、食べられないようにするためです。

ヤマアラシやハリネズミも、同じように、敵に合うと針を立てます。きびしい自然の中で、身を守ろうとする知恵です。

ところで、フグの仲間には毒をもったものもいますが、ハリセンボンには毒はありません。食用とされている地域もあります。

134ページのこたえ
しょうにゅうどう

おはなし豆知識　針を立てるときに歯をきしませるので、キューキューと鳴いているような音がします。

おはなしクイズ　ハリセンボンの針は、からだのどの部分が変化したもの？

こたえはつぎのページ

犬が片足を上げておしっこをするのはなぜ？

4月7日のおはなし

おしっこには、犬の「個人情報」がつまっています

読んだ日にち（　　年　　月　　日）（　　年　　月　　日）（　　年　　月　　日）

動物

散歩をしている犬が、ときどき立ち止まり、片足を上げて、電柱や植木におしっこをかけているのを見ることがあります。そして、少し先に進むと、またおしっこをかけます。どうして片足を上げて、おしっこをするのでしょう。それから、どうしていっぺんにしないのでしょう。

昔、犬は人間に飼われることなく、自然の中でくらしていました。それで、ほかの犬や動物たちから自分の生活する場所を守るために、「ここは自分のなわばりだ！」と知らせる必要がありました。あちこちにおしっこをかけて、それをにおいで知らせていたのです。

人間に飼われるようになっても、そのくせは残っていて、電柱などにおしっこをかけて、ほかの犬に自分のなわばりを教えているのです。あちこちにかけるのも、なわばりが広いことを知らせるためです。

地面でなく、電柱などの高さがあるものにおしっこをかけるのは、そのほうが、においが目立つし、ふまれて消えてしまうことも少ないからです。また、片足を上げるほうが、高いところにおしっこをかけることができます。

さらに、高いところにおしっこのにおいがあれば、ほかの犬に、自分は大きな犬だと思わせることができます。高いほうが、ほかの犬にあとからおしっこをかけられても、消される可能性が少なくなります。

犬は、においをかぐ力がとてもすぐれています。人間の百万倍から一億倍もあるといわれていて、においでまわりの様子や、ほかの犬のことをかぎ分けます。散歩のときも、あたりをくんくんかぎまわりますが、これはその辺にどんな犬がいるのか、たしかめているのです。

おどろくことに、犬には、おしっこやふんのにおいから、ほかの犬の年齢やオスとメスの区別、自分より強いかどうかなどがわかります。

犬どうしが出合ったとき、たがいのおしりのにおいをかぎ合うことがありますね。これは、犬のあいさつのようなものです。おしりのにおいから、相手がどんな犬かをさぐっているのです。

135ページのこたえ　うろこ

おはなし豆知識　犬が自分のことを知らせるためにおしっこをかけることを、「マーキング」といいます。

おはなしクイズ　犬は、おしっこやふんのにおいから相手の年齢を知ることができる。○か×か？

こたえはつぎのページ

4月8日のおはなし

赤ちゃんはどうしてすぐに泣くの？

よく見ると、いろいろな表情で泣いているのがわかります

読んだ日にち（　年　月　日）（　年　月　日）（　年　月　日）

からだ

赤ちゃんは、よく泣きます。よほどかなしいことがあるのでしょうか。

じつは、赤ちゃんは、かなしいだけで泣いているのではありません。まだ言葉が話せないので、言葉のかわりに、泣いて自分の気持ちを伝えようとしているのです。同じ泣き方のように聞こえても、よく観察してみると、伝えたい気持ちによって、泣き方が少しずつちがいます。

おなかがすいたときは、くちびるを動かしながら、かなしそうな表情で泣きます。がまんできなくて、指をすっていることもあります。おむつがぬれて気持ち悪いときは、きげんが悪そうに大声で泣きます。

ねむいときは、目を細くして弱よわしく泣きます。手で目をこするときもあります。ほかにも、さびしいとき、どこか痛いとき、病気のときなど、いろいろな場合があります。

お母さんは、泣き声や様子から、赤ちゃんがどうしてほしいのかを考えて、それにこたえてやります。赤ちゃんにとって、泣くことは、まわりの大人に気持ちを伝えるたいせつな方法なのですね。

このようによく泣く赤ちゃんも、生まれて二、三か月までは、なみだをこぼすことはありません。まだ、そのための脳のはたらきがじゅうぶんではないからです。三、四か月ごろになって、動くものを目で追いかけるようになると、なみだを流すようになるといいます。

ちなみに、赤ちゃんは、お母さんのおなかの中にいる間は、お母さんとつながっている「へそのお（434ページ）」から酸素をもらうので、呼吸をしなくても平気です。

生まれたときに、はじめて肺の中に空気が入り、その空気が、元気のよい「おぎゃあ」という泣き声といっしょに、外にはき出されます。それからは、わたしたちと同じように肺で呼吸をすることができるようになるのです。

ところで、赤ちゃんは、からだにくらべて頭や顔が大きく、まるくてふっくらしています。おでこが広くて、目も大きく、だれもがよろこんで世話をしたくなりますね。

赤ちゃんは、自分で身のまわりのことができないので、大人から気持ちよく世話をしてもらえるように、かわいらしいすがたをしているといわれています。

136ページのこたえ　○

おはなし豆知識　牛、馬、キリンなどの赤ちゃんは、生まれてすぐに立つことができます。

おはなしクイズ　生まれたばかりのころの赤ちゃんは、泣いてもなみだを流さない。○か×か？

こたえはつぎのページ

種から育てない植物があるのはなぜ？

植物の生長に合った育て方をするのです

4月9日のおはなし

植物

読んだ日にち（　年　月　日）（　年　月　日）（　年　月　日）

チューリップを育てるとき、ふつうは球根を買ってきて植えます。種ではなく、どうして球根から育てるのでしょう。

じつは、チューリップにも種はあります。花がさき終わると、実ができ、やがて、種ができます。この種をまいても花はさきますが、なんと、さくまでに四～五年もかかってしまうのです。

チューリップは、生長すると、土の中にこぶのようなかたまりがいくつかできます。これが大きくなったものが、新しい球根です。

球根は土の中にあるので、冬の寒さや、夏の暑さ、乾燥などを乗り切ることができます。

また、球根には、新しい芽を出して生長するための栄養がたくわえられています。気温や光の当たる時間がちょうどよくなると、球根から新しい芽が出てきます。秋に球根をうめておけば、春にはきれいなチューリップがさくというわけです。

種をまいて四～五年待つより、球根をうめて半年で花がさくほうが、手軽で楽しみもふえます。

球根で育てる植物は、ほかにも、ヒヤシンス、フリージア、スイセンなど、たくさんあります。球根をうめる時期はそれぞれちがいますが、どれも、種から育てるより、ずっと早く花がさきます。

また、ヒヤシンスは、球根を見ればどんな色の花がさくか、わかります。球根にも、花と同じような色がついているからです。

種からでなく球根から育てる植物があるのは、このような理由のためなのですね。

種や球根以外に、くきや葉や根から育てる植物もあります。

たとえば、キクやベゴニアは、葉を土にさしておくだけで育ちます。タンポポは、二センチメートルくらいに切った根をうめておくと、根の下からは根がさらにのび、上からは、くきや葉が出て、やがて花がさきます。サツマイモは、くきを切って土にさしておけば、生長してサツマイモができます。

植物には、種類によって、いろいろな育て方があります。

137ページのこたえ　○

おはなし豆知識　スイセンやチューリップなど、葉や球根に毒がある植物もあります。

おはなしクイズ　チューリップで、植えると先に花がさくのは、種と球根のどちら？

こたえはつぎのページ

4月10日のおはなし

パンはどうしてふっくらしているの？

パンをわってよーく見てみると……

読んだ日にち（　年　月　日）（　年　月　日）（　年　月　日）

食べもの

ふっくらしたパンをわってみると、中は、スポンジのようにあちこちにすきまがあいています。パンがふっくらしていると感じるのは、このすきまがあるためです。

では、どうして、こんなすきまができるのでしょうか。

パンをつくるときは、小麦粉と水と「酵母菌」を使います。酵母菌は、食べものを発酵させるはたらきのある微生物で、カビ（205ページ）の仲間です。

まず、これらの材料をまぜて、ねばりが出るまでよくこね、パン生地をつくります。そのままにしばらくあたたかいところに置いておくと、パン生地の中の酵母菌がはたらきはじめます。

パンをつくる場合は、酵母菌の中でもより発酵する力の強い、イースト菌（パン酵母）を使うことが多いようです。

酵母菌は、パン生地の中の糖分を食べて、かわりに二酸化炭素とアルコールを出します。二酸化炭素は、あわのようにぷくぷくと出てきます。このあわでおし広げられて、パン生地全体が、ぐーんとふくらんでくるのです。そうすると、パン生地の中に、たくさんの小さなすきまができます。ふくらんだ生地を焼くと、ふっくらしたパンのできあがりです。

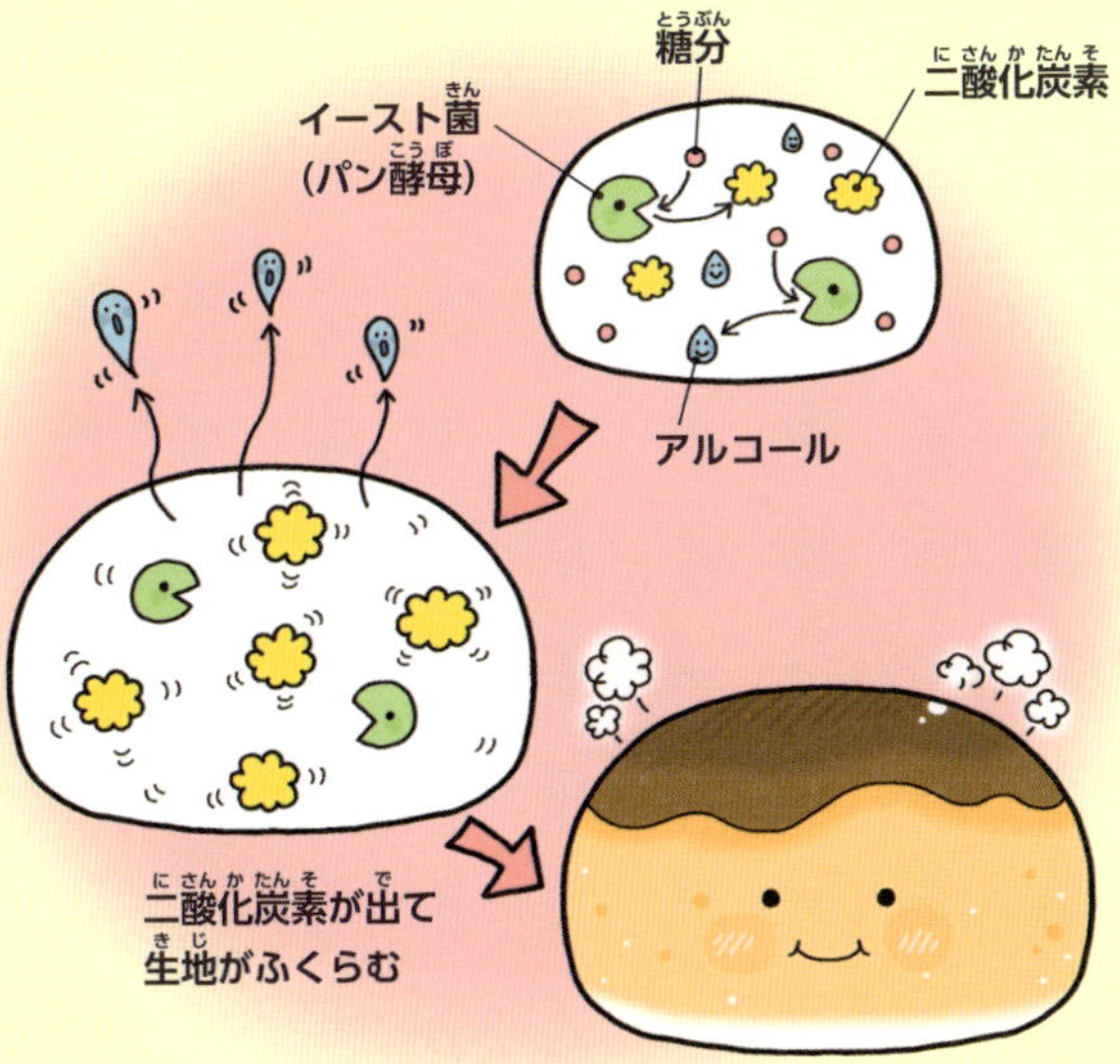

パンを手でおすとつぶれるのは、このすきまがなくなるからですね。

二酸化炭素といっしょに出てきたアルコールは、焼くときに熱で蒸発してなくなり、あとには、いいかおりだけが残ります。

古い時代のパンは、小麦粉と水を練って焼いただけのもので、クレープのように、ふくらみのない平たい形をしていたそうです。今でも、アジアの一部の国には、そのようなパンがあります。

ふっくらしたパンを焼きあげる技術が、いつ、どのようにして生まれたかは、はっきりしていません。パン生地をほうっておいたところに、たまたま酵母菌がつき、ぐうぜんできたともいわれています。今から六千年以上前のメソポタミア（今のイラクの一部）という地域にはすでに、発酵させたパンを焼くためのかまどがあったそうです。

二酸化炭素が出て生地がふくらむ

138ページのこたえ　球根

おはなし豆知識　パンをつくる酵母菌の仲間には、酒種酵母やレーズン酵母などがあります。

おはなしクイズ　パン生地を発酵させる力があるのは？　㋐ばい菌　㋑ミュータンス菌　㋒イースト菌

こたえはつぎのページ

メートルってどうやって決めたの？

もとになっているのは、大きな大きな地球です

読んだ日にち（　　年　　月　　日）（　　年　　月　　日）（　　年　　月　　日）

4月11日のおはなし

発明・発見

「一メートルもある大きな魚」「身長が一センチメートルのびた」などと、長さを単位であらわしますね。こういった単位は、いつ、だれが決めたのでしょうか。

昔、ものの長さをあらわすときは、からだの一部を使っていました。指を広げた長さ、両手を広げた長さ、足のつま先からかかとまでの長さなど、それぞれの国で、それぞれのはかり方がありました。

でも、国と国との行き来がさかんになると、それでは不便です。そこで、世界中、みんなで使える「メートル法」をつくろうという意見が出されました。十八世紀のフランスの、タレイランという人の意見です。

北極から赤道までの長さをはかって、その一千万分の一を一メートルと決めました。でも、昔の技術では、地球をはかるのはたいへんなことです。さらに、それまでのやり方を変えたくない国もあって、メートル法が各国で取り入れられるまでに、八十年以上もかかりました。

メートル法を取り入れた国には、「メートル原器」という一メートルの長さの金属のぼうがありました。ただ、現在は、決められた時間に光の進む長さをもとにして決めるので、メートル原器は使われていません。

そして、一メートルの百分の一を一センチメートル、千分の一を一ミリメートル、千倍を一キロメートルとしました。

体積や重さの単位も、メートル法をもとに決められました。たて、横、高さが、それぞれ一〇センチメートルの入れものに水を入れて、その量を一リットル、重さを一キログラムと決めたのです。

今では、メートル法は世界のほとんどの国で使われています。世界中に広がったのは、メートル法が便利でわかりやすかったからです。

日本も、明治時代にメートル法を取り入れましたが、それまでに使いなれた「尺」「寸」などの単位は長く残っていました。

一九五一年に法律で決められてからは、正式な取引などではメートル法を使うようになっています。でも、和室の広さをいうときに「六畳の和室」などというように、日本独特のものには、昔ながらの単位を使うこともあります。

メートル原器

1万キロメートル＝1千万メートル
（北極から赤道までの長さ）
北極
南極
赤道

139ページのこたえ
㋒イースト菌

おはなし豆知識　自分の指の長さをはかっておくと、定規がなくてもだいたいの長さを知ることができます。

おはなしクイズ　メートル法を取り入れた国にあったのはなに？

こたえはつぎのページ

4月12日のおはなし

宇宙で宇宙服を着るのはなぜ？

もこもこして、動きにくそうです

読んだ日にち（　年　月　日）（　年　月　日）（　年　月　日）

地球・宇宙

宇宙船の中は、温度や湿度、気圧などが地球上と同じくらいになるよう調節されているので、ふつうの服でもすごすことができます。でも、船外に出ていくときは、特別な服を着ます。それが、宇宙服です。宇宙服には、宇宙飛行士の命を守り、安全に作業ができるように、いろいろなくふうがほどこされています。

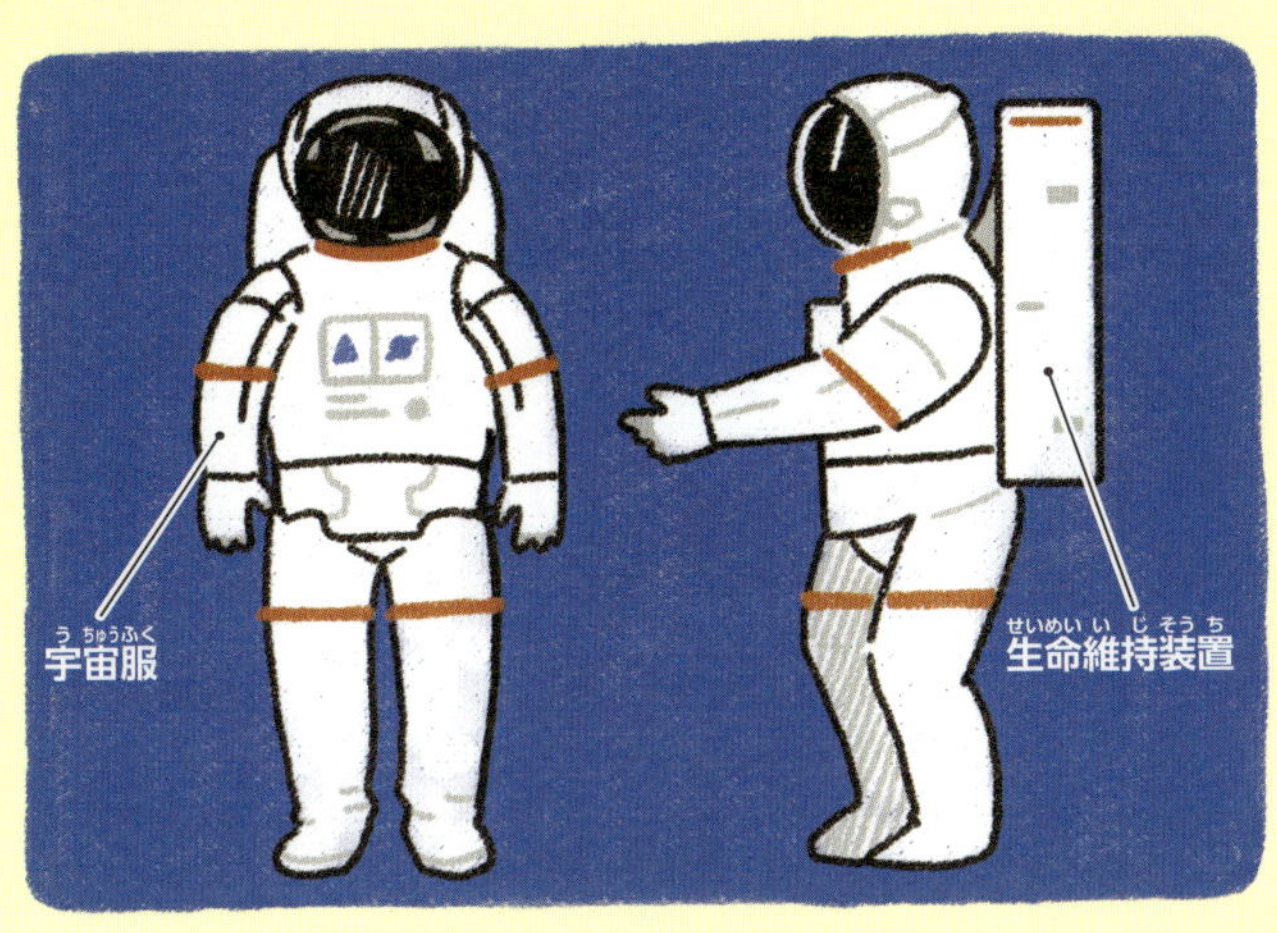

宇宙服は、あつさが五ミリメートルほどあって、十四もの層の重なりからできています。

一番目から三番目までの、はだに近い内側の層には、水を流すパイプが通っています。この水を使って、体温やまわりの温度の変化に合わせて、宇宙服の中の温度を調節します。

四番目と五番目には、酸素をとじこめてあり、圧力によって酸素がもれたり、宇宙服がふくらんだりするのをふせいでいます。

さらに、六番目から十四番目は表面に近いので、宇宙でのはげしい温度差にもたえられるよう、熱をさえぎるつくりになっています。この層は、大量にあびるとからだに害のある紫外線や、飛んでくるちりなどからも守ってくれます。

もこもこして見える宇宙服ですが、動きやすいように、宇宙飛行士のからだに合わせてつくられています。たとえば、指先は、細かい仕事もできるように、うすくてやわらかいシリコンゴムでできています。頭には、マイクやイヤホンがついた布のぼうしをかぶり、その上に、日よけが収納されているヘルメットをつけます。

宇宙飛行士は、この宇宙服のほかに、背中に箱のようなものをつけています。「生命維持装置」というものです。空気のない宇宙でも呼吸ができるように、酸素を送り、二酸化炭素を取りのぞく機械が入っています。宇宙服の中の気圧を調節したり、電力をつくり出したりもします。

宇宙飛行士は、宇宙服と生命維持装置の両方を身に着けているので、きけんな宇宙でも安全に作業ができるのです。宇宙船の外に出て、最長八時間も活動することができます。

これらすべてを身に着けると、なんと一二〇キログラムもの重さになります。でも、宇宙は無重量状態なので、重さを感じません。宇宙服は、うまくできているのですね。

140ページのこたえ　メートル原器

おはなし豆知識　太陽の熱で温度が上がるのをふせぐため、宇宙服の表面は、光を反射しやすい白色です。

おはなしクイズ　宇宙服の、はだに近い1番目から3番目までの層には、なにが流れている？

こたえはつぎのページ

カモノハシはほ乳類なのになんでたまごをうむの？

4月13日のおはなし

そんな生きものはいるはずがないとうたがわれました

読んだ日にち（　年　月　日）（　年　月　日）（　年　月　日）

動物

オーストラリアにすむ、カモノハシという動物を知っていますか？ビーバーのようなしっぽと、カモのようなくちばしをもった、ふしぎな動物です。カモノハシが、ヨーロッパの人びとに知られるようになったのは、十八世紀の終わりごろでした。オーストラリアに住む人からイギリスへ、カモノハシの毛皮が送られてきたのです。はじめて見た人びとは、ビーバーの毛皮に、カモのくちばしをぬいつけたのではないかと思いました。けれども、どう調べてみても、ぬったあとはありませんでした。

カモノハシは、今もオーストラリアなどにいます。体長は四〇〜五〇センチメートルくらいで、川などの水辺にいます。夕方暗くなってから朝日がのぼるまでの、暗い時間だけ活動します。水中の虫や小魚を食べるのですが、水中では目・鼻・耳をふさいでしまうのに、じょうずにとるのには、わけがあります。カモに似たくちばしは、ゴムのようにやわらかくて、水の圧力や、獲物から出る弱い電流を感じることができます。そのために、エサになる獲物をじょうずにとることができるのです。

生まれた子どもをお乳で育てる動物を、ほ乳類といいます。カモノハシも、お乳で育てます。けれども、ほかのほ乳類と大きくちがうのは、赤ちゃんをうむのではなく、たまごをうんで温めて、そこから子どもになるということです。

ほ乳類なのにたまごをうむ動物は、ほかにもいます。やはりオーストラリアにすむハリモグラです。両方に共通するのは、たまごをうむあなと、おしっこやふんをするあなが、同じだということです。鳥類やは虫類も同じひとつのあなです。カモノハシは、鳥類やは虫類に近い原始的なほ乳類なのです。

大昔は、どんなほ乳類もたまごをうんでいましたが、その後、子どもをうむように進化してきました。カモノハシはたまごをうむという段階のまま、ほかのほ乳類とは別の進化をたどってきたと考えられています。

カモノハシは1〜3個のたまごをうむ

水中では、くちばしにあるセンサーで獲物をつかまえる

141ページのこたえ 水

おはなし豆知識 カモノハシの子どもは、お母さんのおなかからあせのようにしみ出るお乳で育ちます。

おはなしクイズ カモノハシのくちばしはかたい。○か×か？

こたえはつぎのページ

4月14日のおはなし

走るとわきばらが痛くなるのはなぜ？

血液の流れと、ある臓器が関係しています

読んだ日にち（　年　月　日）（　年　月　日）（　年　月　日）

からだ

急にかけ出して、わきばらが痛くなったことはありませんか？　特に、食事のあと、すぐに走ったときなどは、わきばらが痛くなることがよくありますね。これは、どうしてなのでしょうか。

わたしたちのからだは、すみずみまで血管が通っていて、その中を血液が流れています。血液は、からだ中に酸素や栄養を運んでいます。

ふだんじっとしているとき、血液はからだ全体にまんべんなく流れています。でも、からだのどこかが活動をはじめると、その部分には、ほかよりもたくさんの酸素や栄養が必要になります。勉強しているときは脳に、運動しているときは使っている筋肉に、食事をすると胃や腸にと、血液は必要な場所に集まります。そういう血液の流れを調節しているのが、「ひ臓」です。

ひ臓は、左わきばらの内側のあたりにあります。走ったときに痛いと感じる、ちょうどその部分です。ひ臓は、ふだん血液をためておいて、必要なときに必要な場所に、血液を送り出すはたらきをしています。

食事をしたあとは、食べたものを消化するために、血液が胃や腸に集まります。でもそのときに、走ったり、はげしい運動をしたりすると、からだを動かす筋肉にも、血液を送りこまなくてはなりません。

胃や腸のほかに、筋肉にもどんどん血液を送りこむため、ためておいた血液を全部出して、ひ臓は空っぽになります。血液を急に送ったときにぎゅっとちぢむので、引きつるような痛みとして感じられます。

わきばらが痛くなるのは、「もうこれ以上は血液を送れないから、しばらくじっとしていてちょうだい」という、ひ臓からの合図なのです。

食事のあとに運動をして、わきばらが痛くなったら、運動を少し軽くするか、やめて休けいしましょう。じっとしていれば、ひ臓に血液がたまってきます。そうすれば、痛みはなくなりますよ。

ひ臓

142ページのこたえ ×

おはなし豆知識 食後にからだの右側を下にして横になると、胃の中のものの流れがよくなります。

おはなしクイズ 左わきばらの内側にあって、血液の流れを調節している臓器は？

こたえは つぎのページ

ヘリコプターはなぜ空中で止まっていられるの？

まっすぐ飛ぶ飛行機とちがい、トンボに似た飛び方をします

4月15日のおはなし

読んだ日にち（　年　月　日）（　年　月　日）（　年　月　日）

乗りもの

飛行機もヘリコプターも、どちらも空を飛ぶ乗りものです。でも、大きなちがいがあります。それは、ヘリコプターは空中で止まることができるということです。これを、「ホバリング」といいます。

では、どういうしくみで、空中で止まっていられるのでしょうか。

ヘリコプターには、「ローター」という細長くて大きな四まいの羽根があります。まずエンジンの力でローターを回転させて、うき上がる力をつくり出します。そしてうき上がったら、ローターのかたむきを前後左右に変えます。かたむけることによって、前だけでなくうしろにも進むことができます。また横に進んだり、進む方向を変えたりもできます。

ホバリングできるのは、ローターでつくられたうき上がる力と、ヘリコプターの重さが、ちょうど同じになったときです。うき上がろうとする力（揚力）と、重みで下に落ちようとする力（重力）がつり合っているので、飛びながら空中で止まれるのです。

この、ヘリコプターがホバリングできるという便利さは、いろいろなところで役立っています。

たとえば、事故や災害のときに、現場の上空にとどまって、けが人をつり上げて機内に安全に運びこむことができます。火事の現場に飛んでいって、真上から水や消火剤をかけつづけることもできます。

ほかにも、ヘリコプターの便利なところはいくつもあります。飛行機が、長い滑走路を走ってから飛び立つのに対して、ヘリコプターは、そのまま真上に飛び上がることができます。飛ぶために広い場所がいらないので、ビルの屋上や学校の運動場などでも、離着陸ができます。

また、前後左右に自由に飛べるので、せまい場所やふくざつな地形のところへも、人やものを運んでいくことができます。地震などの災害の様子、道路のこみ具合などを、上空から調べたり、カメラで撮影したりすることもできます。

このように、小まわりがきいて便利なヘリコプターは、世界のいろいろなところで活やくしています。

ローター

前に進む
ローターを前にかたむける

うしろに進む
ローターをうしろにかたむける

横に進む
ローターを左右にかたむける

（うしろから見たところ）

143ページのこたえ　ひ臓

おはなし豆知識　きけんな場所では、人が遠隔操作する「ロボコプター」が活やくしています。

おはなしクイズ　ヘリコプターは、上下には動くことができるが、左右には動けない。○か×か？

こたえはつぎのページ

4月16日のおはなし

視力はなぜ「C」のマークで検査するの？

文字で検査をしないのはどうしてでしょう

読んだ日にち（　年　月　日）（　年　月　日）（　年　月　日）

生活

目がどのくらいよく見えるのか調べることを、視力検査といいます。視力検査では、英語の「C」に似た黒い輪を使いますね。この輪の切れ目が、上や下、右や左を向いていたり、ななめになっていたりします。この切れ目の向きが正しく見えるかどうかで、視力をはかるのです。

　では、このマークは、いったいなんなのでしょう。なぜ、このマークが使われているのでしょう。

　このマークを考え出したのは、フランスの眼科医エドマンド・ランドルトです。この人の名前にちなんで、マークを「ランドルト環」とよんでいます。

　一九〇九年に、国際眼科学会でランドルト環が定められてから、日本でもこのマークが取り入れられるようになりました。

　ランドルト環がどこの国でも同じように使えるのは、文字が必要ないからです。また、切れ目の方向を指さすだけでいいので、文字が読めない小さな子どもでも、検査を受けることができます。

　ところで、検査をしたあと、「右目は一・〇」「左目は〇・九」などといいますが、この数字はどうやって決められているのでしょうか。

　まず、ランドルト環の形には、決まりがあります。「線の太さは、直径の五分の一」「切れ目の幅と線の太さは同じ」のふたつです。

　この決まりにしたがうと、直径が七・五ミリメートルの場合、線の太さが一・五ミリメートル、切れ目の幅も同じ一・五ミリメートルということになります。

　日本では、この七・五ミリメートルのランドルト環を、五メートルはなれたところから見て、切れ目がどちらを向いているかがわかると、その視力は一・〇と決められています。

　ランドルト環には、直径七・五ミリメートルより大きいものもあれば、小さいものもあります。検査に使う表には、いろいろな大きさのものがならんでいますね。小さいランドルト環の切れ目がわかる人ほど、検査の数字が大きくなり、視力がよいということです。

144ページのこたえ　×

おはなし豆知識　アフリカのマサイ族の人びとは視力がよく、10.0以上ある人もいるそうです。

おはなしクイズ　Cのマークに似たランドルト環は、日本人が発明した。〇か×か？

こたえはつぎのページ

千円札にえがかれている人ってどんな人？

病気の研究で、世界の人びとを救った日本の医学者です

4月17日のおはなし

読んだ日にち（　年　月　日）（　年　月　日）（　年　月　日）

伝記

野口英世（一八七六～一九二八年）

千円札にえがかれている人を知っていますか？　病気のもとになる細菌の研究をした、野口英世という医学者です。アメリカにあるお墓には、「そのすべてを科学にささげ、人類のために生き、人類のために死んだ」と書かれています。

英世は、東北のまずしい家に生まれました。赤ちゃんのとき、左手に大やけどをして、五本の指がみんなくっついてしまいました。その手をからかわれるくやしさをばねに、英世は、一生けんめい勉強しました。

勉強ができた英世は、まわりの人の助けで、高等小学校に進むことができました。さらに、大きな病院で手の手術を受けることもできました。そのとき、医学のすばらしさを知った英世は、自分も医者になって、人の役に立ちたいと決心したのです。

はたらきながら勉強するのは、たいへんな苦労でしたが、努力のすえ、英世は二十歳のときにとうとう医者の資格を取りました。

その後、北里柴三郎ひきいる伝染病研究所（今の東京大学医科学研究所）で研究をつづけ、アメリカに渡りました。毒ヘビにかまれたときの治療方法や、「梅毒」という感染症の研究により、英世はしだいに世界に名前を知られるようになりました。

そのころ、南アメリカでは、高い熱が出て、からだが黄色くなったり、全身から出血したりするこわい病気で、多くの人がなくなっていました。英世は、さっそく南アメリカに行き、病気の人の血液から原因を見つけました。そして、それをもとにワクチン（175ページ）をつくり、多くの人の命を救ったのです。

この病気は黄熱病といわれていました。しかし、英世が発見したのは黄熱病の病原体ではなく、似た病気のワイル病の病原体でした。そのため、その後アフリカではやった黄熱病には、英世のつくったワクチンはききませんでした。理由をつきとめるため、英世はアフリカに渡り、黄熱病の研究をつづけました。しかし、今度は英世自身が、その病気にかかってしまいます。のちに、黄熱病の原因は、当時のけんび鏡では見ることのできない微生物であることがわかりました。

原因がわからないまま、英世はなくなりましたが、多くの人びとを救った「野口英世」の名前は、今でも世界中の人の心に残っています。

145ページのこたえ　×

おはなし豆知識　福島県猪苗代町には、野口英世が生まれた家が、今も残されています。

おはなしクイズ　野口英世は、黄熱病を研究しているときになくなった。○か×か？

こたえはつぎのページ

地球上で一番大きいたまごをうむ鳥ってなに？

大きいたまごをうむ動物は、からだも大きいのでしょうか

読んだ日にち（　年　月　日）（　年　月　日）（　年　月　日）

鳥

現在では、地球上で一番大きなたまごをうむのは、ダチョウです。けれども、今から二百五十年ほど前には、もっと大きなたまごをうむ鳥がいました。その鳥は残念ながら絶滅しましたが、たまごは今でも残っています。

二〇一三年四月のことです。イギリスのロンドンで、絶滅した大きな鳥エピオルニスのたまごが、競売にかけられました。買いたい人がつぎつぎにねだんをあげていき、最後には六万六千七百ポンド（当時、日本円で約一千万円）で買われていきました。

エピオルニスは、アフリカ大陸の南東にあるマダガスカル島で、二百五十年ほど前まで生きていました。からだの高さが、三〜四メートルにもなる巨大な鳥です。

そのたまごの重さは約一〇キログラム、ダチョウのたまごでは約七個分、ニワトリのたまごでは、約百七十個分にもなります。大きさでいうと、長いところで約三五センチメートル、短いところで約二二センチメートルもありました。『シンドバットの冒険』という物語にロック鳥という大きな鳥が出てきますが、そのモデルではないかといわれています。

現在、地球上で一番大きいたまごであるダチョウのたまごは、長いところで約一七センチメートル、短いところで約一五センチメートル、重さは約一・五キログラムになります。ニワトリのたまごは温めはじめてから二十日くらいでかえりますが、ダチョウのたまごは、四十二日ほどかかります。

ちなみに、現在、地球上で一番小さい鳥のたまごは、南米キューバにすむマメハチドリのたまごです。マメハチドリは、体長約四〜六センチメートル、体重約二グラムと、鳥類の中では、一番小さい鳥です。そのたまごもとても小さく、長いところで約一一ミリメートル、短いところで約八ミリメートル。重さは約〇・三グラムしかありません。

146ページのこたえ
○

おはなし豆知識 キウイという鳥は自分の体重の20パーセントにもなる、からだのわりに大きなたまごをうみます。

おはなしクイズ エピオルニスのたまごはダチョウのたまごの約何個分？

こたえはつぎのページ

春になっても富士山の上に雪があるのはなぜ？

4月19日のおはなし

近くにある太陽の熱で、とけないのでしょうか

読んだ日にち（　年　月　日）（　年　月　日）（　年　月　日）

天気・気象

日本一高い山、富士山。その富士山の絵をかくとき、山のてっぺんの部分を、白い色でぬる人が多いと思います。多くの人がそうイメージするほど、富士山の上には長い間、雪が残っています。

富士山の上では、ほかの場所よりも早く雪がふりはじめます。だいたい、九月のすえごろには初雪がふります。そして、春になってもなかなかとけません。それは、高い山の上は気温が低いからです。

ふもとの低い場所よりも、山の上のほうが太陽に近いので、てっぺんはあたたかくてもいいような気がしますね。でも、気温が低いのは、空気のこさがちがうからです。

太陽から出た熱は、まず、地面を温めます。温まった地面の熱は、地面に近い空気から、だんだんと上のほうの空気に伝わっていきます。

地面からはなれるほど、熱は冷めていきます。たとえば、火にかけたフライパンの近くに手をかざすと熱く感じるけれど、手をはなしていくと、だんだん熱さが感じられなくなるのと同じです。

富士山にも地面があるので、太陽の熱で温まりそうです。でも、ここでだいじなのが空気のこさです。空気は、「重力」という力で地球に引っぱられています（84ページ）。地面からはなれるほど重力は弱くなるので、高い場所では重力が弱く、空気はうすくなります。

空気がうすくなるというのは、空気をつくっている小さいつぶどうしがはなれて、空気がふくらむということです。このとき熱を使うため、その場所の気温は下がります。

高い山の上では、空気がふくらんで気温が低くなっているので、いくら太陽が照らしても、空気が温まりにくいのです。

こういうわけで、高い山になればなるほど、気温が低いのです。すると、空気中の水分が冷やされて、たくさん雪がふります（86ページ）。

そして、春になっても富士山の上はまだ気温が低いので、なかなか雪がとけず、残っているのです。

147ページのこたえ　約7個分

おはなし豆知識　高い山にふくろ入りのおかしを持っていくと、中の空気がふくらむことがあります。

おはなしクイズ　山の上などの高い場所に行くと、空気のこさはどうなる？

こたえはつぎのページ

チョウがまっすぐ飛ばないのはなぜ？

ゆうがな飛び方をするのには、わけがありました

読んだ日にち（　年　月　日）（　年　月　日）（　年　月　日）

チョウは、上下にゆれるように、ひらひらと飛びます。どういうしくみで、このような飛び方ができるのでしょう。そして、まっすぐに飛ばず、ひらひらとおどるように飛ぶのは、なぜなのでしょうか。

チョウは、からだにくらべてとても大きなはねをもっています。前のはねは、うしろのはねにかぶさるようにできているので、前のはねを動かすと、うしろのはねもいっしょに動きます。この大きなはねを打ち下ろすと、からだは上に上がり、打ち上げるとからだは下がります。この動かし方をくり返すので、ひらひらと飛んでいるように見えるのです。

こうやって飛びながら、チョウはさがしものをしています。目的の場所へ行くのなら、まっすぐに飛んでいけばいいのですが、さがしものをするときは、ひらひらと、ゆっくり飛ばなければなりません。

まずは、花のみつをさがします。チョウは、種類によってさまざまな花のみつをすいます。樹液（283ページ）をすうチョウもいます。自分がさがしている植物がどこにあるのか、ひらひらと飛びながら、まわりを見ています。

つぎに、オスのチョウは、結婚相手になるメスのチョウをさがして飛びまわります。メスも飛びまわっているので、あちこちさがさなくてはなりません。メスがいそうなところをねらって、ひらひらと飛びまわります。

オスとメスが結婚すると、メスは、たまごをうむ場所をさがして飛びまわります。たまごからかえった幼虫は、チョウの種類によって、それぞれちがう植物の葉を食べます。まちがった植物にたまごをうみつけると、幼虫は食べるものがなくて死んでしまうこともあります。

そこで、これからお母さんになるメスのチョウは、植物をまちがいなく見つけるために、ていねいに見てまわらなくてはなりません。ひらひらと飛びながら、植物を見分けるのです。

チョウをねらう敵からのがれるのにも、この飛び方は役立ちます。鳥などは一直線に飛ぶので、ひらひらゆらゆらと飛ぶチョウは、つかまりにくいのです。

前のはね
うしろのはね
はねを打ち上げると、からだが下に下がる
はねを打ち下ろすと、からだが上に上がる

148ページのこたえ　うすくなる

おはなし豆知識　アサギマダラというチョウは、2000キロメートルもの旅をします。

おはなしクイズ　チョウの幼虫は好ききらいがないので、どの葉っぱも食べる。○か×か？

こたえはつぎのページ

レントゲン写真にはなにがうつるの？

こつこつと研究をつづけ、すばらしい発見をした物理学者がいます

4月21日のおはなし

読んだ日にち（　年　月　日）（　年　月　日）（　年　月　日）

伝記

ウィルヘルム・レントゲン（一八四五〜一九二三年）

　病院に行くと、お医者さんが「レントゲン写真をとりましょう」と言うことがあります。レントゲン写真とは、正しくは、レントゲンという人が発見した、X線を使った写真のことです。

　この写真は、からだの中の様子をうつし出すので、からだを切り開かなくても、病気の原因をつきとめるのに役立ちます。骨が折れたときも、レントゲン写真を見れば、どこの部分が折れたか、ひと目でわかります。からだの中になにかが入ったときも、どこに入っているのかがわかり、手術で取り出すこともできます。

　こんなすばらしいしくみを考え出したレントゲンは、ドイツ人のお父さんとオランダ人のお母さんの間にドイツで生まれました。

　特別に勉強ができるというわけではありませんでしたが、工作が得意な少年でした。大学を卒業したあとも大学に残り、物理学の研究をつづけました。

　ある日のこと、レントゲンは、黒い紙でおおったガラス管を空気のない真空の状態にして、その中に電気を通す実験をしていました。すると、暗くした部屋の中で、黒い紙のおくからふしぎな光が出てきました。手をかざしてみると、なんと、手の骨がはっきりとすけて見えたのです。

　その後も実験を重ね、このふしぎな光は、黒い紙だけでなく、木の板や人のからだも通りぬけることがわかりました。そして、このふしぎな光にかざした、妻の手の写真を撮影したのです。一八九五年、レントゲンが五十歳のときに、この光に「X線」と名前をつけました。

　X線を使った写真は、病気やけがの治療に、たいへん役立つものとなりました。X線の発見は、医学の進歩を、おおいにおし進めたのです。

　このすばらしい仕事により、レントゲンは、第一回のノーベル物理学賞を受賞します。そのときの賞金は、すべて大学に寄付し、発見したX線も、だれもが自由に無料で使うことができるようにしました。ほかの人の利用を制限するための「特許」を取らなかったのです。

　そのため、レントゲン自身は、まずしいくらしを送りました。自分のぜいたくよりも、人びとの健康を願いながら、生涯をとじたのです。

X線ではじめて撮影されたのはレントゲンの妻の手だった

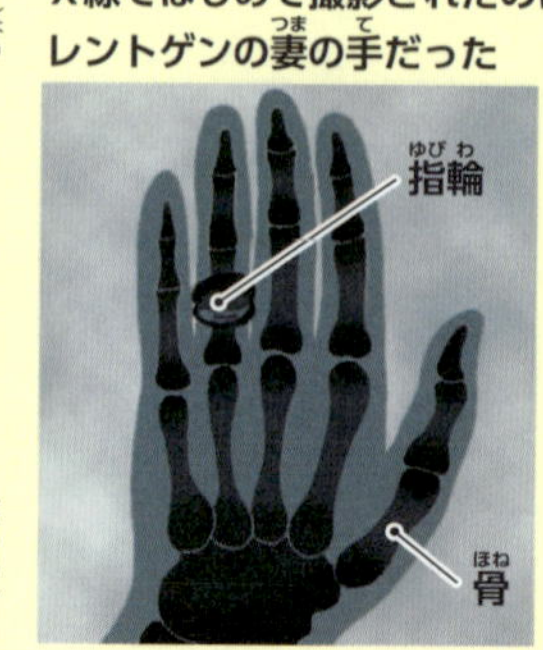

149ページのこたえ　×

おはなし豆知識　からだの中の様子を見るために、磁石と電波の力を利用する装置（ＭＲＩ）もあります。

おはなしクイズ　レントゲン写真に利用されている光の名前は？

こたえは つぎのページ

声の高さを変えられるのはなぜ？

声の高さのちがいはどこで調節しているのでしょう

読んだ日にち（　　年　　月　　日）（　　年　　月　　日）（　　年　　月　　日）

声の高さは、男の人と女の人ではちがいます。大人と子どもでもちがいます。また、同じ人でも、高い声や低い声を好きなように出すことができますね。では、声の高さはどうやって変えているのでしょう。

まず、声の出るしくみを説明しましょう。声は、のどにある「声帯」という筋肉のひだでつくられます。そこに、肺からはき出した空気がぶつかって、声になるのです。

ふつうに息をしているときは、声帯のひだは開いていて、空気はそのまま通っていきます。声を出すときは、ひだをとじます。そこへ、肺から出た空気がぶつかって、声帯のひだがふるえます。そのふるえが、声のもとになります。

でも、これはまだ声ではありません。その音が外へ出るときに、のどや口や鼻の中でひびかせることで声になります。人はそれぞれ、口や鼻の形がちがうので、ひとりひとり、声がちがうのです。

つぎに、人によって声の高さがちがうのは、声帯のつくりがちがうからです。声帯が太くて長いほど、低い声が出ます。男の人は、声帯が太くて長いので、声が低いのです。女の人や子どもの声が高いのは、男性にくらべて、声帯が細くて短いからです。

では、同じ人で、声の高さを変えられるのは、どうしてでしょうか。

それは、声帯のひだの状態によって決まります。高い声を出すときには、ひだがきゅっと引きしまります。すると、ひだがふるえる回数が多くなり、高い声になるのです。反対に、ひだがゆるむと、ひだがふるえる回数が少なくなり、低い声が出ます。

わたしたちは、ふだん、声帯のひだを引きしめたりゆるめたりするように意識することはありません。脳からの命令で、自然に調節されるようになっています。

声帯のひだの引きしめ方のほかにも、ひだのすきまの開け方、肺からはき出す息の強さなどを変えて、いろいろな声を出すことができます。

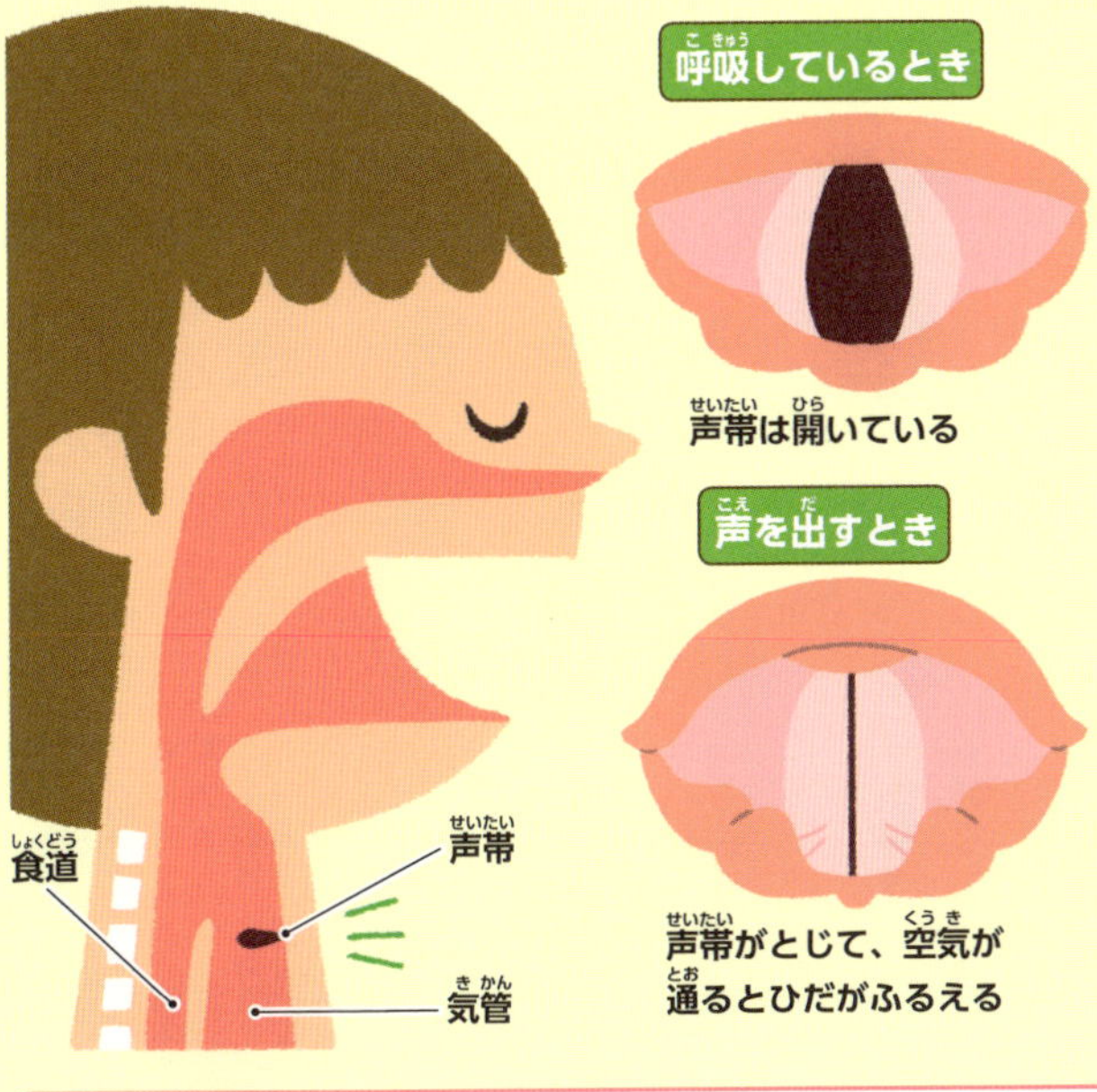

150ページのこたえ
X線

おはなし豆知識　言葉を話すときは、舌やくちびるを動かして、空気の通り道の形を変えます。

おはなしクイズ　のどにある、声を調節している筋肉のひだをなんという？

こたえは
つぎのページ

アニメはどうやってつくられているの？

たくさんの絵の連続で、人やものが動いて見えるのです

4月23日のおはなし

読んだ日にち（　年　月　日）（　年　月　日）（　年　月　日）

生活

「パラパラまんが」という言葉を聞いたことがありますか？　ノートや本のすみなどに、何まいも絵をかいて、すばやくめくる遊びです。

たとえば、一まい目は、人がまっすぐに立っているところをかき、つぎからは、からだをまげる様子を、少しずつずらしてかいていきます。それをすばやくめくると、人がおじぎしているように動いて見えます。

これは、目の錯覚（326ページ）による「残像現象」を利用したものです。人の目には、ひとつの絵を見たあとすぐに、動きをずらしたつぎの絵を見ると、頭の中で、前の絵とつぎの絵をつないでいくというはたらきがあるのです。

アニメーション（アニメ）にも、この現象が利用されています。

まず、物語に合わせて、登場人物が動きだす前とあとの絵をかきます。そして、その間の細かい動きを、何まいもかいていきます。走っている場面なら、手や足の位置を少しずつずらすのです。この絵のまい数が多ければ多いほど、人の動きがなめらかに見えます。

数年前までは、この絵をセルという透明なシートにかきうつし、一まい一まい手作業で色をぬっていました。背景は別のシートにかき、うしろに重ねます。三十分のアニメには、だいたい一万まいものシートを使い、まい数が多いので、たいへん手間がかかる作業でした。

今は、手でかいた絵のりんかく線を取りこんで、コンピュータで色をつけたり動かしたりしています。はじめからコンピュータ上で絵をかいて処理する場合もあります。

絵のほかにも、人形を少しずつ動かしてつくるアニメもあります。絵の場合と同じで、たくさんの写真を動きがつながるように見せます。

このようにして映像ができあがったら、最後に、せりふや音楽を組み合わせて完成です。

すべて手作業でつくるアニメは、手がきならではの、味わいのある色合いや質感を出せるというよさがありました。いっぽう、コンピュータでつくるアニメでは、作業が効率的になっただけでなく、本物のように立体的なものや、特殊な効果を使った映像などがつくれるようになり、表現の幅が広がっています。

151ページのこたえ　声帯

おはなし豆知識　世界ではじめてのアニメは、黒板にチョークで絵をかいて撮影したものです。

おはなしクイズ　アニメが動いて見えるのは、目の錯覚のため。○か×か？

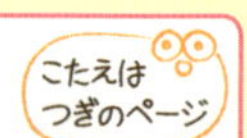

川のはじまりはどこなの？

上のほうに向かって川をたどっていくと……

読んだ日にち（　　年　　月　　日）（　　年　　月　　日）（　　年　　月　　日）

川の水は、いつも流れています。流れていった先は、海につながっています。反対に、上流になるにつれて、川幅はだんだんとせまくなり、流れが細くなっていきます。もっと先は、どうなっているのでしょう。どうやら、そのあたりに、川のはじまりがありそうですね。

川の上流は、木が生いしげった山や森の中にあります。山に雨がふると、木や地面をぬらします。その水分は、蒸発したり、地面をそのまま流れていったりします。また、木の根や落ち葉、コケなどの間にしばらくたまって、やがて土の中にしみこんでいくものもあります。しみこんだ雨水は、水を通しやすい地層の中に、さらにどんどんしみこんでいきます。そして、水を通しにくいねん土や岩石の地層のところにくると、その上にたまり、地下水になります。

その地層がかたむいていると、地下水は、かたむいている方向に流れていきます。流れてきた地下水は、地層のさかい目やわれ目から、わき水となって流れ出てきます。これが、川のはじまりです。

わき水は、そのまま流れていくこともあるし、そこにたまって泉になることもあります。流れたわき水や、泉から流れ出た水は、地面の形にそってどんどん流れていきます。はじめは細くて小さな流れですが、とちゅうで、地上にふった雨やほかの流れと合わさって大きな流れになり、だんだん川の形になっていきます。

ふった雨が地面にしみこんで、地層を通って出てくるまでには、長い年月がかかります。だから雨がふらない日がつづいても、何年もかかってたまった地下水があるので、川の水がなくなることはありません。

そして、流れていった先で、海に合流します。海の水は、太陽の熱をあびて蒸発し、水蒸気になります。上空に上がった水蒸気が冷たい空気に冷やされると、雲ができます。そして、その雲がまた地上に雨をふらせます。水は、空と地上の間で、ぐるぐると旅をしているのですね（122ページ）。

152ページのこたえ　○

おはなし豆知識　山に木がないと水をためられず、大雨のときに洪水になることもあります（165ページ）。

おはなしクイズ　地上にふった雨は、全部流れ出して川になる。○か×か？

こたえはつぎのページ

アリはどうやって道をおぼえるの？

ぞろぞろとつづく行列の前に、いろいろなものを置いて観察しました

読んだ日にち（　　年　　月　　日）（　　年　　月　　日）（　　年　　月　　日）

4月25日のおはなし

ファーブル昆虫記

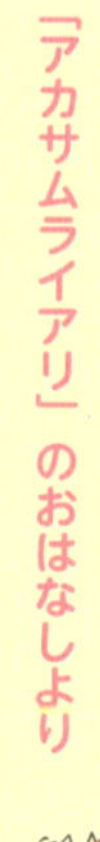
「アカサムライアリ」のおはなしより

〈ファーブルは、アリの行列に興味をもち、観察することにしました。これは、そのときのお話です。〉

アカサムライアリというアリは、自分でエサをとったり、子どもを育てたりしません。すべて、クロヤマアリなどのほかのアリにやらせます。アカサムライアリのすることといえば、仕事をさせるアリの入っている「まゆ」を取ってくるだけです。

暑いさかりのお昼ごろ、アカサムライアリは、五百ぴきくらいの行列をつくり、クロヤマアリのまゆを取りに出かけます。巣が見つかると、いっせいにおそいかかり、まゆをうばい取ります。クロヤマアリが、まゆを取り返そうと立ち向かってきますが、アカサムライアリはかれらをほうり出すだけで、決してころしたりはしません。生かしておいて、これからもつぎつぎとまゆをつくってもらうためです。

うばい取ったまゆをあごでしっかりとくわえ、アカサムライアリは、自分の巣へ帰っていきます。

このとき、アカサムライアリは、かならず行きに通ったのと同じ道を帰っていきます。どんなにじゃまなものがあっても、きけんなところでも、かならず来た道を通るのです。

アカサムライアリは、どうやって、その道をおぼえているのでしょうか。

アリは、においをつけて、それをたよりに行動していると考える学者もいます。それに疑問をもったわたし（ファーブル）は、実験をしてみました。

まず、行きの通り道の一部の土を取りのぞき、よそから持ってきた土を置きました。土ににおいがついていたとしたら、それがなくなったわけです。新しい土のところにやって来たアリたちは、様子の変わったことに気がついて、あともどりしたりうろうろしたり、横のほうにそれて新しい道をさがしたり、しばらくまよっていました。そのうちに、ぐるりとまわり道をしたアリが、もとの道を見つけました。すると、ほかのアリもいっせいにつづき、無事に巣に帰ることができたのです。

つぎの実験では、アリの通った道に水をたっぷりかけて、すべてのにおいをあらい流しました。そして、

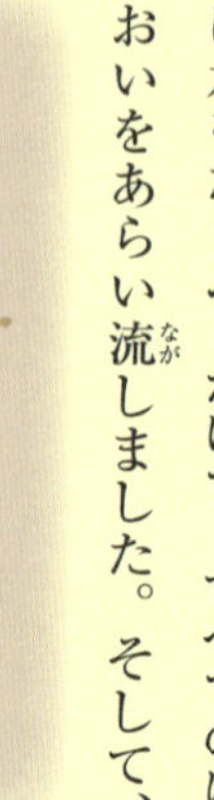
153ページのこたえ
×

細くゆるい水の流れを残しておきました。アリは、水の前でかたまってまよいます。そのうち、水の上に飛び石のように出ている小さな石をたどるアリが出てきました。なかには、水に流されてしまうアリや、うきしずみしながら、また土の上に乗り上げるものもいます。

いずれにせよ、どのアリも、くわえたまゆは決してはなしません。運よく、水の流れを渡りきったアリがもとの道を見つけ、ほかのアリもそれにしたがって帰りました。

ここまでの実験で、わたしは、アリがにおいにたよっているのではないと思いはじめました。それをたしかめるために、三回目の実験をしました。アリの道に、強いにおいのするハッカの葉をこすりつけたのです。アリが、人間が感じない特別なにおいをつけたとしても、消し去ってしまうくらいの強いにおいです。

実験の結果、ハッカのにおいがついていても、アリは、まようことなくもとの道を帰っていきました。

そのあとも、新聞紙を広げて道をじゃましたり、地面の色とまったくちがう黄色の砂をまいたりしてみました。アリたちはしばらくこまっているようでしたが、やがて、これも乗りこえて、巣に帰っていきました。

わたしは、これらの実験結果から、アリはにおいではなく、目で見て道を見分けていると考えました。

そして、かなり長い間、見たことをおぼえていられるということもわかりました。まゆがたくさんありすぎて、一度に持って帰れなかったとき、何日かたったあと、まよわずにその場所へ行けたからです。

〈ファーブルはこのように考えましたが、実際は、ちがいました。その後の研究によって、アリは「フェロモン」というにおい物質や、目で見た情報、太陽の位置などから道を判断することがわかっています。〉

おはなし豆知識 クロヤマアリの巣に入りこんで、女王の座をうばう「サムライアリ」というアリもいます。

おはなしクイズ アカサムライアリは、自分の子どもをかならず自分で育てる。○か×か？

こたえはつぎのページ

カメレオンのからだの色はなぜ変わるの？

まわりの色に合わせて、自由自在に変身できるのでしょうか

4月26日のおはなし

読んだ日にち（　　年　　月　　日）（　　年　　月　　日）（　　年　　月　　日）

動物

カメレオンは、まわりの色に合わせて、からだの色を変えることができます。光の強さでも色が変わり、ひなたでは明るい色に、日かげでは暗い色になります。ただし、自由に好きな色になれるわけではなく、生活している場所などによって、変えられる色は決まっています。

色を変えるのは、からだを目立たなくするためです。カメレオンは動きがおそいので、色を変えることで、こっそり待ちぶせして獲物に近づいたり、敵からかくれたりします。

反対に、派手な色でからだを目立たせることもあります。敵をいかくするときや、オスがメスに結婚を申しこむときなどです。メスも、色を変えてオスに返事を伝えます。

さて、ふしぎなカメレオンのからだですが、いったいどうやって色を変えているのでしょう。まわりの色を見ているのでしょうか。

こんな実験が行われました。目をつぶってねむっているカメレオンのすぐそばにぼうを置いて、からだの一部にかげができるようにしました。カメレオンはねむっているので、ぼうを置かれたことに気がついていません。しばらくすると、ぼうのかげになったところだけ、色が変わりました。別の実験では、カメレオンに目かくしをして、まわりの色を変えました。そのときもやはり、色が変わりました。

これらの実験から、カメレオンは目で見て色を変えるのではなく、皮ふで感じて、色を変えていることがわかりました。

カメレオンの皮ふの下には、赤、白、黄、黒などの、色のもとになるつぶが集まっています。光や熱をあびると、そのつぶの大きさや形が変わります。黒のつぶが大きいと暗い色に、白のつぶが大きいと明るい色になります。こうやって、からだの色を変えているのです。

わたしたち人間の皮ふは、熱いとか冷たいとかの、温度を感じることはできます。でも、色や光を感じることはできません。もし、カメレオンのように、皮ふで色や光を感じて、からだの色を変えることができたら、おもしろいとは思いませんか。

155ページのこたえ ×

おはなし豆知識　カメレオンは、左右の目を別べつに動かして、広い範囲を一度に見ることができます。

おはなしクイズ　カメレオンは、からだのどの部分で色や光を感じる？　㋐目　㋑舌　㋒皮ふ

こたえはつぎのページ

4月27日のおはなし

飲んだぶんと同じだけおしっこが出るの？

水分は、からだの中のどこを通って、おしっこになるのでしょうか

読んだ日にち（　年　月　日）（　年　月　日）（　年　月　日）

からだ

水をたくさん飲むと、何度もトイレに行きたくなります。たくさん飲むとたくさんおしっこが出るのは、よくわかりますよね。では、コップに三ばいの水を飲めば、三ばいぶんのおしっこが出るのでしょうか。

まず、おしっこが出るしくみについて考えてみましょう。

人間のからだは、成分の半分以上が水分でできています。その水分は、いつも同じ量になるように調節されています。決まった量よりも多くなると、おしっこやあせとして外に出されます。足りないと、のどがかわいて、水が飲みたくなります。

飲んだ水は、まず胃に入ります。そこで、どろどろに消化された食べものといっしょになり、腸に送られます。腸では、栄養だけでなく、水分もすいこまれて、血液の中にまじります。血液は血管を通って、からだ中に栄養や水分を運びます。

血液が「じん臓」というところにたどり着くと、よぶんなかすと水分が取りのぞかれて、きれいな血液だけが血管にもどされます。そのとき取りのぞかれたかすと水分は、「ぼうこう」というところにたまります。

ふだん、ぼうこうはちぢんでいますが、かすと水分がたまってくると、ふうせんのように少しずつふくらみます。そして、ぼうこうの中がいっぱいになると、かすと水分はおしっことなって出ていくのです。

もし、じん臓がよくはたらかず、おしっこが出なくなると、からだの中にいらないかすがたくさんたまります。ひどくなると、死んでしまうこともあります。おしっこは、いらないものをからだの外に出す、とてもだいじな役目をしているのです。

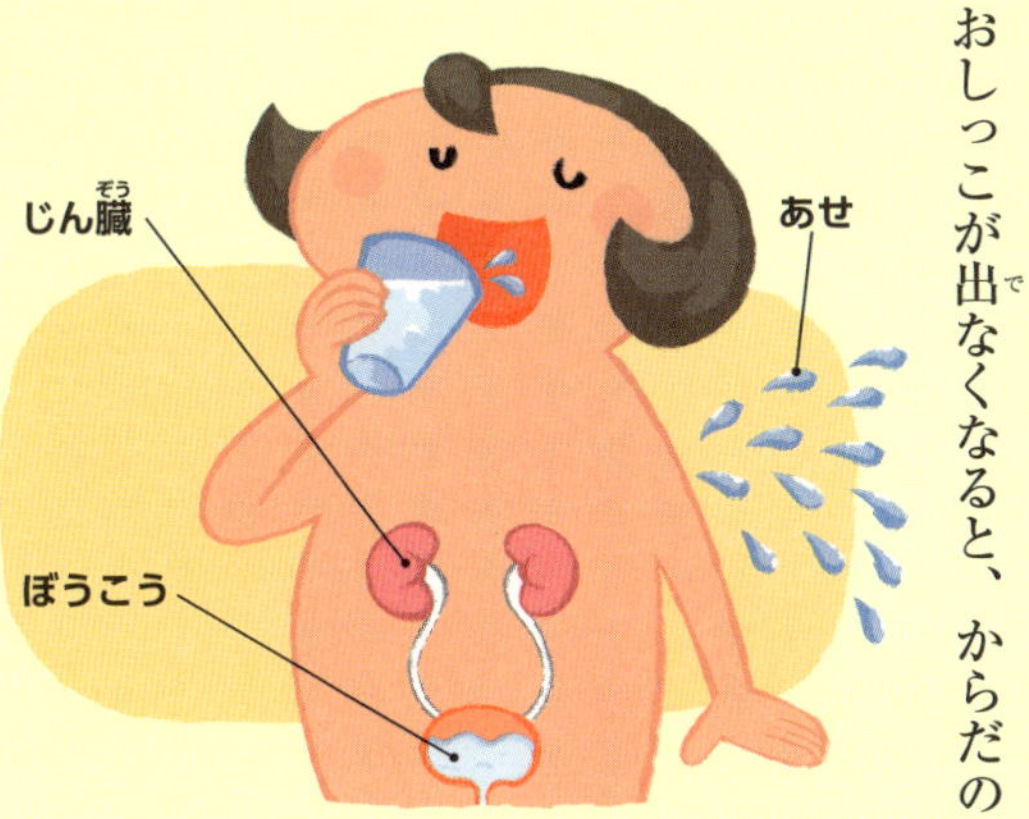

からだに入った水分は、おしっこのほかに、あせや、息の中にふくまれる水蒸気としても、からだの外に出ていきます。からだの中で使われるものもあります。つまり、飲んだぶんと同じだけ、おしっこになるというわけではないのですね。

おしっこの色は、ふつうは、うすい黄色です。でも、水分が足りないと、茶色やオレンジ色に近い、こい色になります。反対に、水分をたくさんとると、うすい色になります。

体調によって、においや量なども変わります。このように、おしっこには健康状態があらわれやすいので、健康診断の検査にも使われていますね。自分でも、ときどき観察してみましょう。

156ページのこたえ
㋒皮ふ

おはなし豆知識 おしっこのもとは血液ですが、赤い色の成分は血管の中にもどされるので赤くありません。

おはなしクイズ からだの中でいらなくなった水分は、すべておしっこになって外に出される。○か×か？

こたえはつぎのページ

たまごを温めたらヒヨコは生まれるの？

お店で買ってきたたまごを温めると……

読んだ日にち（　年　月　日）（　年　月　日）（　年　月　日）

鳥は、たまごを温めてヒナを育てますね。それなら、わたしたちが食べているたまごも、温めればヒヨコが生まれるのでしょうか。

残念ながら、ヒヨコは生まれません。ふつうにお店で売っているたまごをいくら温めても、ヒヨコは生まれないのです。なぜなのでしょう。

たまごには、ふたつの種類があります。ひとつは、ニワトリのオスとメスが受精してうんだたまご。もうひとつは、メスだけでうんだたまごです。どちらも、見た目は同じようですが、中身には大きなちがいがあります。

オスとメスが受精してうんだたまごには、ヒヨコのからだのもとになる「はい」という部分がつくられています。メスだけでうんだたまごには、はいがありません。お店で売っているたまごは、メスだけでうんだたまごなので、はいがなく、ヒヨコにはならないのです。

では、オスとメスが受精してうんだたまごは、何日くらいでヒヨコになるのでしょうか。

ヒヨコになるまでには、だいたい二十日くらいかかります。温めはじめると、たまごの中で、はいの部分が少しずつ変化し、ヒヨコのからだがつくられていきます。そのとき、黄身の部分は、ヒヨコが育つための栄養になります。白身は、育っていくヒヨコのからだを守ったり、栄養になったりします。

白身のところにあるねじれたヒモのようなものは、「カラザ」といって、黄身が動かないように、しっかりと止めておく役割をしています。白身のまわりには、うすい膜があり、さらにその外側には、かたいからがあって、たまご全体を守っています。たまごの中身には、それぞれだいじな役割があるのですね。

このように、守られながら栄養をとり、二十日くらいたつと、ヒヨコは外に出る準備をはじめます。くちばしの先に小さな出っぱりがあり、生まれる日がくると、中からコツンコツンとからをつついてやぶります。

こうして外に出たヒヨコは、やがて、ふわふわとしたかわいらしいすがたに成長するのです。

157ページのこたえ　×

おはなし豆知識　ダチョウのたまごは、長さ約17センチメートル、重さ約1.5キログラムもあります。

おはなしクイズ　ニワトリは、メスだけでたまごをうむことができる。○か×か？

こたえはつぎのページ

4月29日のおはなし
昭和の日

水筒のお茶がずっと冷たいままなのはなぜ？

朝入れても、遠足から帰るまでおいしく飲めますね

読んだ日にち（　　年　　月　　日）（　　年　　月　　日）（　　年　　月　　日）

道具・もの

このごろは、内側が銀色になった水筒がふえてきましたね。時間がたっても、中に入れたものの温度が、あまり変わらない水筒です。そういう水筒を、「まほうびんタイプ」といいます。

まほうびんは、今から百年以上も前に、ドイツで発明された入れものです。お湯を長い時間そのままの温度にしておけるので、まるで、魔法のようだということから、日本ではそうよばれるようになりました。ポットともいいますね。

冷えたお茶も、コップやペットボトルのままだと、時間がたつにつれて生ぬるくなります。でも、まほうびんタイプの水筒に入れておけば、冷たいお茶は冷たいまま、熱いお茶は熱いままです。どうして温度が変わらないのでしょう。それには、水筒のつくりにしかけがあるのです。

まほうびんタイプの水筒には、内側と外側と、二重のガラスびんが入っています。そしてその間は、空気がない真空状態にしてあります。さらに、内びんの外側には、銀メッキをしてあります。落としても中のガラスがわれないように、ステンレスという銀色の金属でできたものもあります。

熱は、空気にふれると外へにげていきます。でも、まほうびんタイプの水筒は、筒の部分が真空状態になっているので、熱がにげません。また、ガラスに銀メッキをすることで、赤外線（熱線）という光を鏡のように反射して、さらに熱をにげにくくしています。

このしくみのおかげで、まほうびんタイプの水筒は、長い時間、温度をたもつことができます。でも、ふたを開け閉めすると熱がにげるので、少しずつ、ぬるくなっていきます。

また最近では、電気を使って温度を調節できる電気ポットも多くなっています。このポットは、電気の力を借りていますが、まほうびんタイプの水筒と同じように、真空状態と熱のはね返りを利用したつくりになっています。

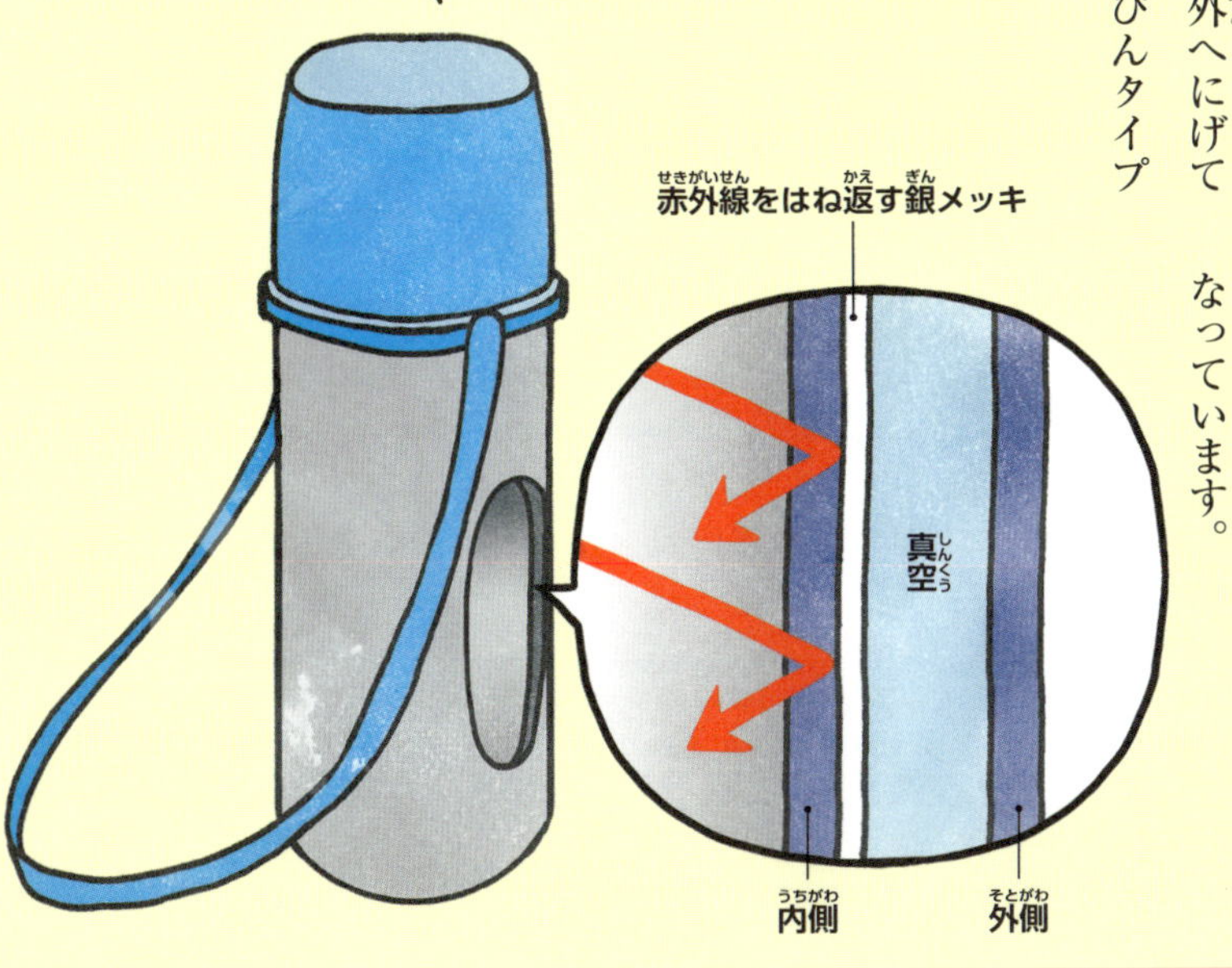

赤外線をはね返す銀メッキ
真空
内側
外側

158ページのこたえ ○

おはなし豆知識 プラスチック製の水筒は、温度をたもつしくみはありませんが、軽くて持ち運びに便利です。

おはなしクイズ まほうびんタイプの水筒の筒の部分にある、空気がない状態のことをなんという？

こたえは つぎのページ

すぶたにパイナップルを入れるのはなぜ？

中国料理に、どうしてあまいくだものを入れるのでしょう

読んだ日にち（　　年　　月　　日）（　　年　　月　　日）（　　年　　月　　日）

あまずっぱくておいしいすぶたは、中国料理のひとつです。肉や野菜のほかに、パイナップルが入っていることもあります。料理にあまいくだものであるパイナップルが入っているので、「あれ？」と思ったことはありませんか。それには、ちゃんとしたわけがあります。

パイナップルを生で食べると、口のまわりがちくちくしたり、舌がびりびりしたりすることがあります。これは、パイナップルにふくまれている特殊な成分のせいです。もともとは、パイナップルの実が、病気になったり虫にかじられたりするのをふせぐための成分です。

この成分には、たんぱく質を分解するはたらきがあります。つまり、たんぱく質を消化しやすい形にする作用があるのです。そのため、肉とパイナップルをいっしょに料理すると、肉がとてもやわらかくしあがります。

また、この成分がからだの中に入ると、もちろん消化を助け、栄養の吸収をよくします。

すぶたにパイナップルを入れるのは、すぶたをさらにあまずっぱくするためだけではないのですね。

ただ、この成分は、熱に弱いという性質があります。煮たりゆでたりすると、たんぱく質を分解するはたらきがなくなってしまうのです。

ですから、煮こんだあとシロップづけにしてあるかんづめのパイナップルには、肉をやわらかくするはたらきはありません。肉をやわらかく調理したいときは、生のパイナップルを最後に入れるようにしましょう。

ほかにも、メロンやパパイヤ、キウイなどにも、肉をやわらかくして消化を助ける成分がふくまれています。メロンに生ハムがそえられているのを、食べたことがあるかもしれませんね。このようなくだものは、お肉を食べたあとのデザートとして食べても、消化を助けるのに役立ちます。

159ページのこたえ
真空状態

おはなし豆知識　日本では、1866年にはじめて、現在の沖縄県の石垣島にパイナップルが伝わりました。

おはなしクイズ　生のパイナップルといっしょに料理すると、肉はやわらかくなる。○か×か？

こたえは162ページ

5月のおはなし

文／山内ススム

化石ってどこにあるの？

5月1日のおはなし

よく、地面の下や大理石の中から発見されたと聞くけれど……

読んだ日にち（　年　月　日）（　年　月　日）（　年　月　日）

地球・宇宙

みなさんは、化石を見たことがありますか。見たことはあっても、実際に地面などをほって見つけたことがある人は、少ないでしょう。それは、化石がどこにでもあるわけではないからです。

化石は、植物や動物の死がいなどの上に、土や砂がふり積もってできます。水や空気にふれないので、くさらずにかたまって石になるのです。動物のふんや足あとなどが化石になる場合もあります。このように、土や砂などでできた、化石をふくむことがある岩石を、「たい積岩」といいます（279ページ）。

いっぽう、火山活動によってできた「火成岩」や、岩石が地下深くで熱や圧力を受けてできた「変成岩」という岩石もあります。これらの中には、化石はありません。つまり、化石を見つけられるのは、たい積岩でできている場所だけです。

また、化石ができるまでには何千年、何万年という長い年月がかかります。化石ができたとしても、その上にさらに土や砂がふり積もって、新しい層（地層）ができると、化石がある場所は地下深くになります。

このように、場所がかぎられていて、しかも調べづらいところにあることが多いので、化石を見つけるのはむずかしいのです。

でも、古い地層が表面に出ているがけや岩場などでは、少し見つけやすくなります。建物のかべや床に使われる大理石から、うずまき状のか・らをもつアンモナイトなどの化石が発見されることもあります。

化石を調べると、その地層ができた時代や、できた場所の様子を知ることができます。たとえば、恐竜の化石が見つかると、その地層は恐竜がいた「中生代」という時代にできたことがわかります。サンゴの化石が見つかれば、その場所は温かい海だったことがわかります。

ときどき、海にいるはずの生きもの化石が、山から見つかることがあります。これは、もともと海だった場所がじわじわとおし上げられて地上に出て、山になったためです。

化石は、大昔の様子を教えてくれるタイムカプセルなのですね。

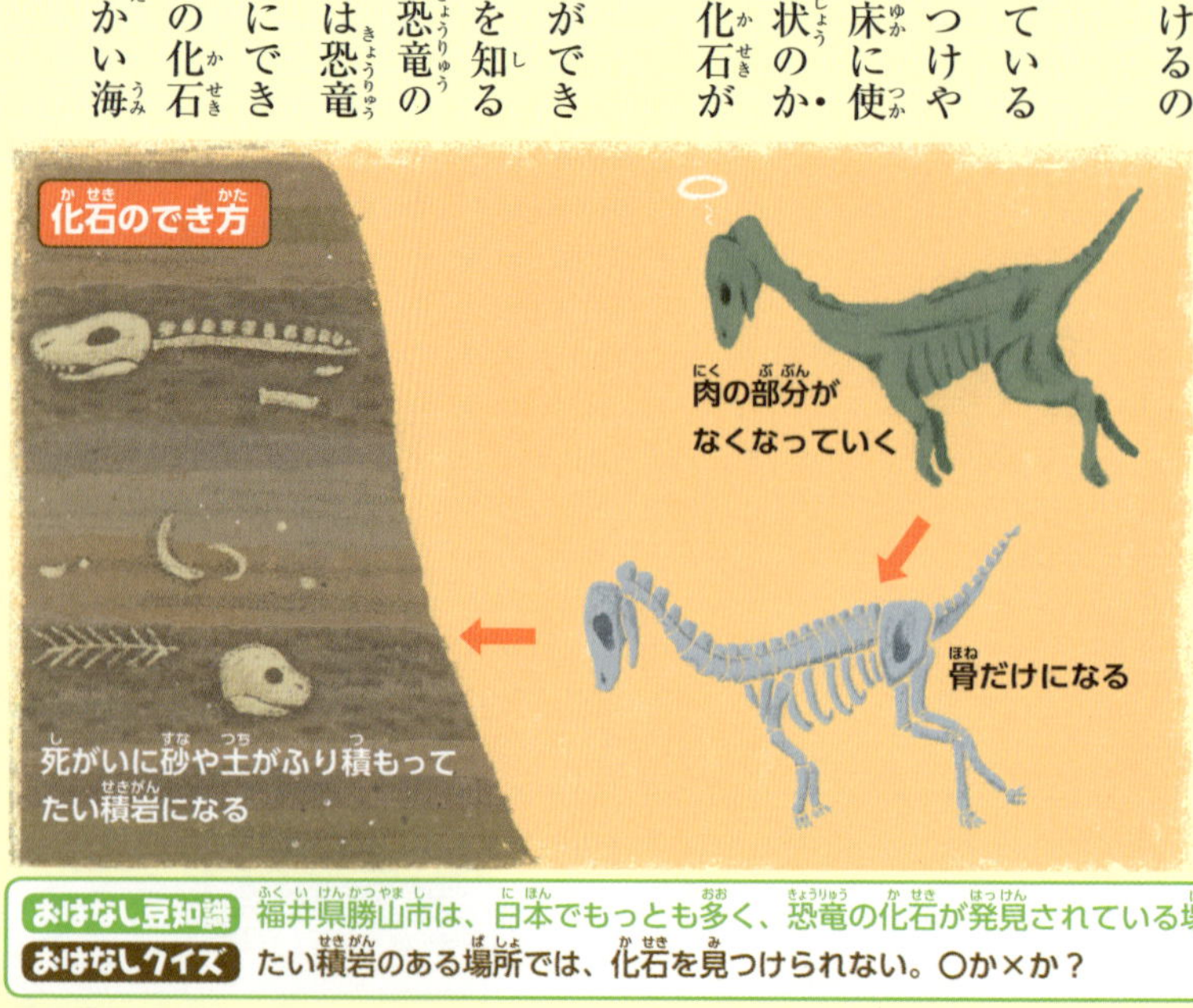

化石のでき方

肉の部分がなくなっていく

骨だけになる

死がいに砂や土がふり積もってたい積岩になる

160ページのこたえ　○

おはなし豆知識　福井県勝山市は、日本でもっとも多く、恐竜の化石が発見されている場所です。

おはなしクイズ　たい積岩のある場所では、化石を見つけられない。○か×か？

こたえはつぎのページ

5月2日
のおはなし

えんぴつっていつできたの？

質が悪く書きづらかったえんぴつも、時間をかけて改良されました

読んだ日にち（　年　月　日）（　年　月　日）（　年　月　日）

学校では、字を書くときにえんぴつを使いますね。えんぴつのしんは、「黒鉛」でつくられます。鉛という字がついていますが、黒鉛は鉛のような金属ではなく、炭やダイヤモンドと同じ「炭素」でできています。

えんぴつのしんは、この黒鉛にねん土と水をまぜてよく練り、かわかして焼いたものです。なめらかにするために、油をしみこませてあります。

人間が、いつから道具を使って文字などを書くようになったのかは、よくわかっていません。

少なくとも、今からおよそ八千年前のメソポタミア（今のイラクの一部）では、ぼうをねん土板におしつけてへこませることで、文字を書いていたことがわかっています。

そして、今から五千年ほど前のエジプトでは、パピルスという植物からつくった紙に、ランプのすすなどからつくったインクで文字を書くようになっていました。その後、インクはいろいろな材料でつくられ、多くの人びとに使われました。

十五世紀ごろには、鉛などでできた金属のぼうの先に銀をつけた「銀ぴつ」という筆記用具が、おもに画家たちの間で、デッサン用として使われるようになりました。

そして十六世紀、イギリスで黒鉛が発見されます。持ち運びが不便な液体のインクに対して、黒鉛は、手軽に持ち運びできたため、人びとはこれを筆記用具として利用するようになりました。ただ、黒鉛をそのまま持って使うと手がよごれるので、糸をまきつけたり、木ではさんだりして使ったのです。しかし、今のえんぴつにくらべると質が悪く、折れやすいという欠点がありました。

十八世紀になると、黒鉛は戦争用の弾丸に使われるようになったため、イギリスでは手に入りにくくなります。そこで、外国の質の悪い黒鉛を、加工して使いました。

ドイツのカスパー・ファーバーが、一七六〇年に、木の板にみぞをほって黒鉛のしんを入れる、今のような形のえんぴつをつくりました。フランスのニコラ・ジャック・コンテも、一七九五年に、黒鉛にねん土をまぜて高温で焼き上げた、かたくてじょうぶなしんをつくりました。のちに、使いやすいえんぴつの長さや太さ、しんのかたさなどがくふうされ、現代のような質のよいえんぴつができあがったのです。

162ページのこたえ　×

おはなし豆知識　黒鉛は地下からほり出されますが、日本ではほとんどとれないので、輸入しています。

おはなしクイズ　板にみぞをほってしんを入れる、今のえんぴつと同じつくり方を発明したのは、だれ？

こたえはつぎのページ

飛行機に乗ると耳がへんになるのはなぜ？

耳の中に水が入ったときのように、つーんとすることがありますね

読んだ日にち（　　年　　月　　日）（　　年　　月　　日）（　　年　　月　　日）

5月3日のおはなし
憲法記念日

からだ

地球には、空気があります。そして、地球上にあるものは、空気の重さを受けています。重さなどで空気がものをおす力を、「気圧」といいます。

気圧の大きさは、地上では一メートル四方当たり、一〇トンにもなります。わたしたち人間のからだには、約二〇トンもの気圧がかかっていますが、からだの内側にも空気があり、同じ大きさの力でおし返しているので、おしつぶされることなくくらすことができるのです。

空気によって外からおされたり、内側からおし返したりすることは、耳の中でも起こっています。

耳のおくには、「こまく」といううすい膜があります。音が聞こえるのは、耳の外から入ってきた音のふるえが伝わって、こまくがそのふるえをキャッチするためです（131ページ）。こまくは、気圧で外からおされていますが、こまくの内側にある空気がおし返しているため、やぶれることはありません。

ところが、空気は上空に行くほどうすくなり、気圧も低くなります。飛行機が飛ぶ約一万メートル上空では、気圧は地上の約五分の一しかありません。飛行機には、機内の気圧をできるだけ地上と同じようにたもつしくみがありますが、それでも地上より気圧が低くなります。そのため、こまくを内側からおし返す力が、外からおされる力よりも大きくなります。それで、こまくが外側にふくらんで痛くなったり、へんな感じがしたりするのです。

このとき、ごくんとつばを飲みこんだり、鼻をつまんだまま鼻をかむように息を送りこんだりすると、耳の痛みやへんな感じは治ります。この方法を、「耳ぬき」といいます。

こまくのおくには、「耳管」という細い管があり、この部分が鼻とつながっています。ふだん、耳管のあなはとじていますが、耳ぬきをすると開きます。耳管にたまっていた空気が鼻のほうににげていくので、うまくいくと、耳の内側と外側の気圧が調整され、すっきりするのです。

耳ぬきは、飛行機に乗ったときだけでなく、エレベーターの中や、スキューバダイビング中などに、耳がつーんと痛くなったときにも効果があります。

耳管のあな
こまく
耳管

163ページのこたえ　カスパー・ファーバー

おはなし豆知識　あくびや、ガムをかんであごを動かすことで、耳管のあなを開き、耳ぬきする方法もあります。

おはなしクイズ　こまくのおくにある耳管は、どことつながっている？　㋐目　㋑鼻　㋒胃

こたえはつぎのページ

5月4日のおはなし
みどりの日

木を切りすぎるとどうなるの？

森は、わたしたちのくらしをどのようにささえているのでしょう

読んだ日にち（　年　月　日）（　年　月　日）（　年　月　日）

植物

わたしたちは、森の木を切り、家や家具の材料、紙の原料、燃料など、さまざまなものに利用しながらくらしています。もし、森の木を切りすぎてしまったら、いったいどうなるのでしょう。

森の木には、葉が生いしげり、木の実がなります。そのため、葉や木の実を食べる動物やこん虫、それらの生きものを食べる動物たちがたくさん集まってきます。また、葉やかれた木がくさって、養分を多くふくんだ「腐葉土」になります。これが、新しく生えてくる植物やキノコなどを育てます。

もし森がなくなったら、森でくらす動物たちの食べものや養分をふくんだ土はすべてうしなわれ、動物や植物は生きていくことができなくなってしまいます。

それだけではありません。落ち葉や腐葉土の間には、小さなすきまがたくさんあります。また、土の中では木が根をはっているため、根と土の間にも、たくさんのすきまができます。森にふった雨は、一度このすきまにたくわえられ、少しずつ地下深くにしみこんで地下水になります。

森がなくなれば、このような水をたくわえるはたらきがうしなわれるため、地下水がへり、雨のふる量が少ないときには水不足になるでしょう。反対に、強い雨がふったときには、水が土にしみこみにくく一気に流れ出すので、川のはんらんや洪水が起こりやすくなります。

また、水のいきおいで山の斜面がけずられ、土砂が流れ出したり、がけくずれが起きたりします。木がなくなった山の斜面では、木がある山の約百倍もの土砂が流れ出るといわれています。その量が多いと、山道やふもとの道路をふさいだり、人の住んでいるところまで土砂がなだれ落ちたりして、命にかかわる災害になることもあります。

このように、森は、動物や植物だけでなく、わたしたち人間にとってもたいせつな役割を果たしています。森を守ることは、自分たちの生活を守ることにもつながるのですね。

164ページのこたえ　㋑鼻

おはなし豆知識　木には、わたしたちが生きていくために必要な酸素をつくり出すはたらきもあります。

おはなしクイズ　森の木の下では、ふった雨が地下水としてたくわえられる。○か×か？

こたえはつぎのページ

「細菌」ってなに？

人びとがおそれていた病気の原因をつきとめた人がいます

読んだ日にち（　　年　　月　　日）（　　年　　月　　日）（　　年　　月　　日）

5月5日のおはなし
こどもの日

伝記

ロベルト・コッホ（一八四三〜一九一〇年）

　コッホは、ドイツに生まれました。おさないころから、花や虫など、自然の中にあるものに興味をもつ少年だったそうです。

　人間のからだにも興味をもっていたコッホは、医者になるために大学の医学部に入学し、感染症（病原体がからだの中に入って症状が出る病気）を研究しました。そして、卒業してから小さな病院を開きました。

　そのころ、町では「炭そ病」という病気が流行していました。からだにかさぶたのようなものができ、息が苦しくなって、ひどいときには死んでしまう、おそろしい病気です。炭そ病を研究したコッホは、この病気の原因が、「炭そ菌」という細菌であるとつきとめました。細菌とは、わたしたちの身のまわりにたくさんいる、目に見えない小さな生きものです。

　細菌には、炭そ菌のように病気を引き起こすものもあれば、ヨーグルトやチーズをつくる乳酸菌などのように、わたしたちのくらしに役立つものもあります。

　コッホは、感染症の病原体となる細菌かどうかを見分けるための、四つの基準を考え出しました。

「その病気にかかっている人からは、決まった細菌が見つかる」「取り出した細菌を育ててふやすことができる」「ふやした細菌を動物に注射すると、同じ病気になる」「その病気になった動物から細菌を取り出し、ふやすことができる」の四つです。

　この考え方はその後、細菌を研究する世界中の科学者にとって、たいせつな基準となりました。

　また、コッホは、「死の病」とおそれられていた結核や、ひどい下痢になって死ぬこともあるコレラという病気の細菌も発見しました。

　その後、結核を治すと考えられたツベルクリンという薬も開発しました。残念ながら、ツベルクリンは、結核を治すはたらきをもっていませんでした。しかし、結核菌とたたかう「めんえき力」があるかどうかを調べ、予防接種（175ページ）を行うための「ツベルクリン反応検査」に使われるようになりました。

　細菌についてのコッホの研究は、今もなお、世界中の人びとの役に立っています。

165ページのこたえ　○

おはなし豆知識　コッホは、細菌の研究により、1905年にノーベル生理学・医学賞を受賞しました。

おはなしクイズ　すべての細菌は、わたしたちに悪い影響をおよぼす。○か×か？

こたえはつぎのページ

5月6日のおはなし

時計はなぜ右まわりなの？

大昔の時計がヒントになったといわれています

読んだ日にち（　年　月　日）（　年　月　日）（　年　月　日）

道具・もの

今、みなさんの近くに、針のついた時計はありますか。もしあったら、その時計を見てみてください。時計の針は、どちらの向きにまわっているでしょうか。すべての時計の針は、右まわりに動いていますね。

いったいなぜ、時計の針は右まわりなのでしょうか。

時計が生まれたのは、今から四千年ほど前のことだといわれています。そのころの時計は、平らな場所に、ぼうを立てただけのものでした。太陽の光に照らされると、ぼうにかげができます。時間がたつと、太陽が動くのといっしょにかげも動きます。その方向で、時間をはかっていました。このような、太陽の光を利用する時計を、「日時計」といいます。

その後、砂の量で時間をはかる砂時計や、水の量で時間をはかる水時計なども考えられましたが、手軽につくれる日時計は、長い間使われつづけました。

今から千三百年ほど前、八世紀ごろになると、中国ではじめて、機械で動く時計が発明されました。そして、十四世紀になると、ヨーロッパでも機械で動く時計がつくられるようになりました。

時計が右まわりになった理由は、機械で針が動く時計をつくった職人たちが、日時計の動きを参考にしたからという説が有力です。

わたしたちが住む日本をはじめ、中国やヨーロッパがある北半球（赤道より北の地域）では、太陽は東から南を通って西に動くので、日時計のかげは太陽と反対に、西から北を通って東に動きます。これは、右まわりの動きです。そのため、時計をつくるときにも、日時計と同じように右まわりにしたのではないかと考えられているのです。

ただし、日時計が右まわりになるのは、北半球だけです。オーストラリアなどがある南半球（赤道より南の地域）では、かげが動く向きは、反対の左まわりになります。

もしも、機械で針が動く時計が南半球で発明されていたら、時計は逆まわりになっていたのでしょうか。「時計まわり」という言葉も、今とは反対の意味で使われていたかもしれませんね。

北半球の太陽の動き

166ページのこたえ　×

おはなし豆知識　とこやさんなどで鏡にうつして読めるように、文字と動きが左右逆になった時計もあります。

おはなしクイズ　太陽の光でできる、ぼうのかげを利用して時間をはかる時計のことを、なんという？

こたえはつぎのページ

アユはどうして川をさかのぼるの？

海にいたアユが、川へ行くわけとは……

読んだ日にち（　　年　　月　　日）（　　年　　月　　日）（　　年　　月　　日）

アユという魚を知っていますか。

アユは、からだの長さが一〇〜三〇センチメートルほどの魚です。春の終わりから秋にかけて日本各地の川でとれ、塩焼きなどにして食べます。

この時期によくとれるのは、海でくらしていたアユが川をさかのぼり、川の上流にすみはじめるためです。いったいなぜ、川をさかのぼるのでしょうか。

アユは、きれいな川にすみ、おもに川底の石についた小さなもを食べてくらします。ふつうはむれをつくりますが、単独で行動することもあります。特に大きく成長したアユは、川の中の食べものの多い場所に自分のなわばりをもちます。そして、外から入ってきたアユを追い出すという行動をとります。

こうして栄養をたっぷりとって成長したアユは、秋になると川をくだり、川の下流でたまごをうみます。たまごをうんで役目を終えたアユは、やがて死んでしまいます。

数週間たつと、たまごから赤ちゃんがかえり、河口近くの海へ出て成長します。そしてつぎの年、大きくなったからだで川をさかのぼります。

アユが川をさかのぼるのは、食べものがたくさんある上流で栄養をたくわえ、たまごをうむためなのです。

では、川で生まれたアユは、なぜ海へくだるのでしょうか。それは、冬の川には食べられるものがあまりないため、プランクトンなどが豊富な海へ出て、じゅうぶんに栄養をとるためだと考えられています。

なかには、海にくだらずに、一生を川やみずうみですごすアユもいます。このようなアユを「陸封アユ」といいます。陸封アユが海と川を行き来しないのは、人間がつくったダムなどによって、海にくだっていくための道がふさがれたからという理由がほとんどです。

167ページのこたえ 日時計

おはなし豆知識 なわばりを守る習性を利用して、アユでアユをつる「友づり」という方法があります。

おはなしクイズ アユは、なにをもとめて海へくだる？　㋐食べもの　㋑塩分　㋒たまごをうむ場所

こたえは つぎのページ

日食ってどうして起こるの？

太陽と月と地球のならび方にひみつがあります

読んだ日にち（　年　月　日）（　年　月　日）（　年　月　日）

地球・宇宙

みなさんは、日食を見たことがありますか。二〇一九年一月に起こった部分日食を見た人もいるかもしれませんね。二〇一二年五月には、二十五年ぶりに金環日食も起こりました。日食が起こると、昼なのに、あたりがうす暗くなることもあります。なぜ、そんなことが起こるのでしょう。

月は地球を中心にまわり、地球も太陽を中心にまわっています。この回転はずっとつづいていますが、あるとき、月が地球と太陽の間に入って、太陽がかくれてしまうことがあります。これが、「日食」です。

月は、自分で光を出しているわけではなく、太陽の光を反射することで光っています（206ページ）。そのため、「太陽→月→地球」の順にほぼ一直線にならぶと、地球からは月の光っている面が見えなくなります。月のかげに入った太陽の光もさえぎられてしまうので、昼なのに夜のように暗くなる地域ができるのです。

日食には、太陽がすっぽりかくれる「皆既日食」、太陽の真ん中がかくれて輪っかのように見える「金環日食」、太陽の一部がかけたように見える「部分日食」があります。

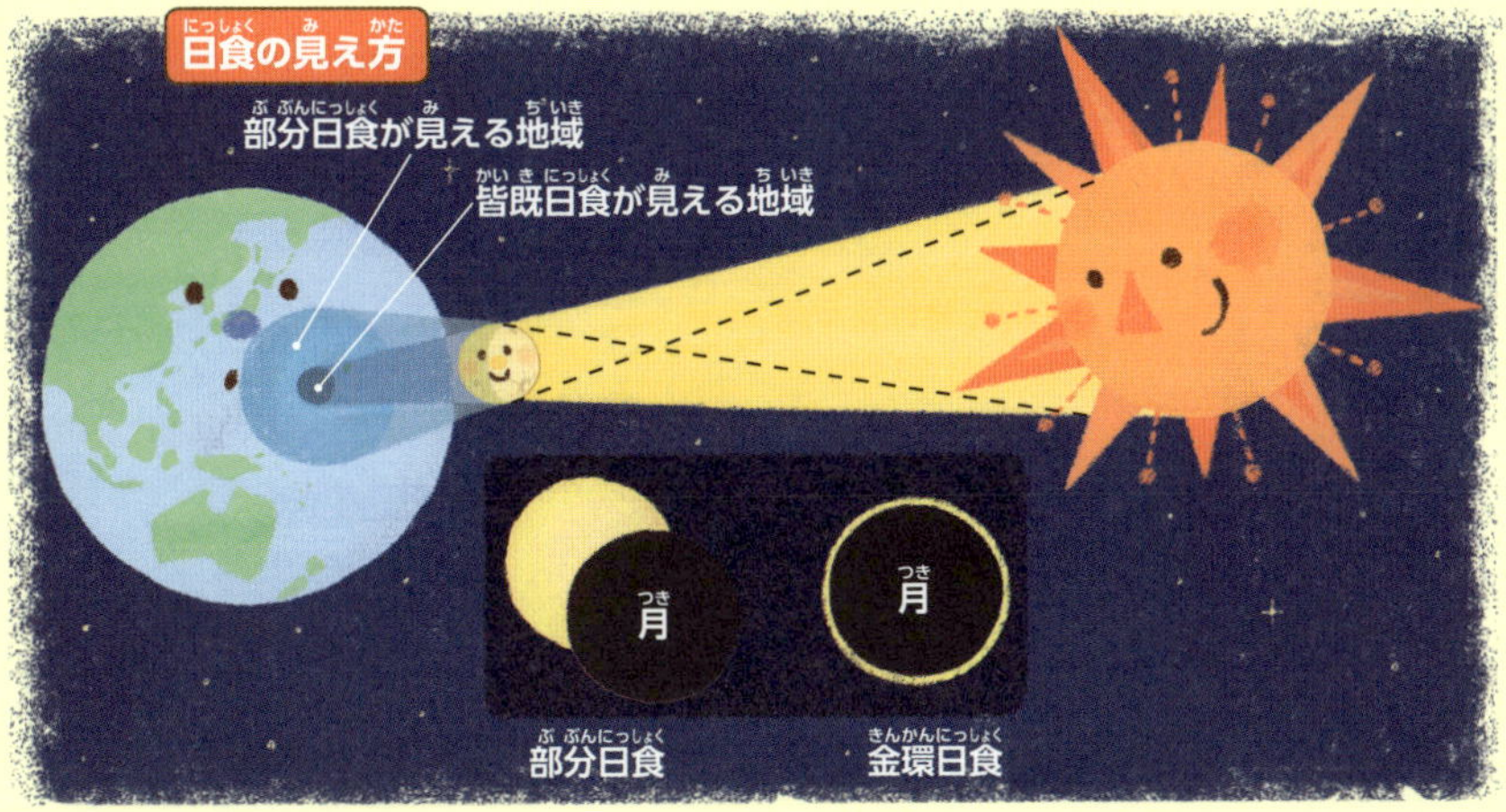

地球から見て、太陽と月がぴったり一直線にならんで見える場所では、皆既日食が起こります。実際の太陽の大きさは、月の四百倍もありますが、太陽は遠くにあるので、地球から見ると重なって見えるのです。

そのため、同じように一直線にならんでも、月が地球からはなれているときは、太陽の外側が少しはみ出して見える金環日食になります。

皆既日食や金環日食が起こっているときでも、見る地域によっては、部分日食になります。しかし、「太陽→月→地球」の順にならんだとしても、多くの場合は日食にはなりません。地球が太陽を中心にまわる軌道（通り道）に対して、月が地球を中心にまわる軌道が少しかたむいているため、三つの星のならび方が少しずれてしまうことのほうが多いからです。

日食は、三つの星がタイミングよくならんだときにだけ見られる、めずらしい現象なのですね。

168ページのこたえ　㋐食べもの

おはなし豆知識　「太陽→地球→月」の順にならび、月が地球のかげにかくれる「月食」という現象もあります。

おはなしクイズ　太陽が月によってすっぽりかくれてしまう日食を、なんという？

こたえはつぎのページ

ライオンって本当に強いの？

「百獣の王」とよばれるライオンは、どのように敵と戦うのでしょうか

5月9日のおはなし

読んだ日にち（　　年　　月　　日）（　　年　　月　　日）（　　年　　月　　日）

動物

ライオンは、大人のオスの場合で、体長が二・五〜三メートル、体重は二五〇キログラムもある、大きな動物です。するどいきばと強い力で、肉はもちろん骨までかみくだくことができます。かむ力は、五〇〇キログラムに相当するそうです。さらに、ツメもひじょうにするどく、肉をかんたんに切りさくことができます。このような、からだの大きさと武器をもっているため、ライオンはもっとも強い動物といわれています。

ライオンは、一〜二頭のオスと数頭〜数十頭のメス、それに、子どもたちが集まって、むれをつくっています。このむれを、「プライド」とよびます。プライドの中で、狩りをするのはメスのライオンの仕事です。たてがみがあって、いかにも強そうなオスのライオンは、じつは狩りをしません。メスが狩りに出かけている間、子どもたちやなわばりを敵から守るのが仕事です。

獲物となるのは、おもに、シマウマや牛の仲間のヌー、インパラなどです。特に、年をとったりけがをしたりして動きのにぶったものや、子どもをねらいます。

獲物を見つけると、メスたちは、獲物のまわりを取りかこむ役、うしろから追い立てる役、待ちぶせしてしとめる役などに分かれて、少しずつ近づきます。

数十メートルまで近づくと、まず追い立て役が追いかけます。ライオンは、短い時間なら、時速約六〇キロメートルものスピードで走ることができます。まわりを取りかこむ役も協力して追いかけ、待ちぶせ役のいる方向に獲物を追いこみます。

最後に、反対側で待ちかまえていた待ちぶせ役が、飛びこんできた獲物をしとめるのです。のどや鼻にかみついて息ができないようにしたり、首の骨を折ったりします。しかし、狩りはとてもむずかしく、成長した大人ライオンでも草食動物をしとめることはかんたんではありません。

また、子どものうちはハイエナなどの肉食獣に食べられたりしますし、大人のライオンでも、時には一週間も獲物にありつけないこともあります。百獣の王、ライオンも、いつも死ととなりあわせで生きているのです。

169ページのこたえ　皆既日食

おはなし豆知識　子どものライオンのからだには、ヒョウのような、まだらもようがあります。

おはなしクイズ　ライオンのむれを、なんとよぶ？

こたえはつぎのページ

5月10日のおはなし

ザリガニやカニは、ハサミをどうやって使うの？

人間と同じように、いろいろなハサミの使い方をしているようです

読んだ日にち（　　年　　月　　日）（　　年　　月　　日）（　　年　　月　　日）

水辺の生きもの

ザリガニやカニをつかもうとして、指をはさまれたことはありませんか。とても痛いですね。いったいなぜ、あんなに大きなハサミをもっているのでしょうか。それには、いくつかの理由があります。

ひとつ目は、食べものを食べるためです。ザリガニやカニは、ハサミを使って食べものをはさみ、口に運びます。ハサミは、フォークやナイフのように、食べものを切ったり運んだりする役目をもっているのです。生きている獲物も、ザリガニやカニのハサミにはさまれると、かんたんにはにげることができません。

ふたつ目は、身を守るためです。ザリガニやカニは、敵に出合ったときに、ハサミをふり上げて相手をおどかすポーズをとります。それでも相手がにげないときは、ハサミで相手をはさみます。逆に、相手につかまったときに、わざとハサミを切りはなし、相手がおどろいているすきににげることもあります。ハサミは、また新しく生えてきます。

三つ目は、巣あなをほるためです。特にカニは、土や砂にもぐるときに、ハサミをスコップのように使って、あなをほることがあります。

また、カニのなかには、オスがハサミをふり上げておどる種類があります。おどり方は、種類によって少しずつちがいます。シオマネキという種類のカニは、おどったときに、より目立つように、オスのハサミの左右どちらかが大きくなっています。

さらに、もや・海藻などをからだにつけるイソクズガニなどもいます。このカニは、ハサミを手のように器用に使って、切り取ったもや・海藻を、背中のかたい毛にからませていきます。こうして、すがたを目立たなくして、敵から身を守るのです。

このように、ザリガニやカニのハサミには、種類によっていろいろな使い方があります。

170ページのこたえ　プライド

おはなし豆知識　ハサミをふるすがたが潮をまねいているように見えるので、「シオマネキ」と名づけられました。

おはなしクイズ　ザリガニやカニは敵につかまると、ハサミを切りはなすことがある。○か×か？

こたえはつぎのページ

メロンやスイカの皮にもようがあるのはなぜ?

メロンとスイカにもようがある理由は、それぞれちがいます

5月11日のおはなし

読んだ日にち（　年　月　日）（　年　月　日）（　年　月　日）

食べもの

メロンやスイカは、とてもあまくておいしいですね。メロンにはしわしわのあみ目もようがあり、スイカには緑と黒のしまもようがあるので、くだもの屋さんでもすぐにわかります。どうしてこのようなもようがあるのでしょうか。

メロンは、もともと小さい実が生長して大きくなります。このとき、外側の部分にくらべて、中身はとても早く生長します。そのため、皮が中身の生長についていくことができず、ビリッとやぶれるのです。

やぶれた部分をそのままにしておくと、そこからばい菌が入って病気になってしまいます。そこでメロンは、やぶれた部分から汁を出して、われ目をふさぎます。メロンのしわは、きず口をふさぐかさぶたのようなはたらきをしているのです。

品種によっては、このあみ目もようのないメロンもあります。

いっぽう、スイカには、なぜしまもようがあるのでしょうか。スイカは、メロンと同じ、ウリの仲間です。同じウリの仲間であるキュウリやカボチャなどをよく観察すると、表面に、すじがたくさん入っています。スイカのしまもようは、このウリの仲間のすじが、もように置きかわったものなのです。

ただ、日本にスイカが伝わってきたころ、このしまもようはありませんでした。どうやら、おいしく食べられるように品種改良をくり返している間に、たまたまできたらしいのです。昭和のはじめのころには、しまもようのないスイカもよく売られていました。

メロンのあみ目もようが、生長のとちゅうでできるのとちがい、スイカのしまもようは、実がまだ小さいときからあります。最初はうすい色をしていますが、生長するにつれて、こくはっきりしてきます。

171ページのこたえ ○

おはなし豆知識 スイカを種ごと食べたり、種に火を通して食べたりする国もあります。

おはなしクイズ メロンのあみ目もようは、実が大きくなるとちゅうでできる。○か×か？

こたえはつぎのページ

5月12日のおはなし

鼻毛って必要なの？

毛の生えているところは、からだの中でもだいじな部分といいますが……

読んだ日にち（　年　月　日）（　年　月　日）（　年　月　日）

からだ

鼻のあなの中をよく見ると、たくさんの鼻毛が生えています。鼻毛の先が出ていたりすると、なんだかはずかしいですね。できれば、生えていないほうがいいような気がしますが、鼻毛はなにかの役に立っているのでしょうか。

わたしたちは、息をして外の空気を取り入れ、その中にふくまれている酸素をエネルギーにしています。鼻は、外の空気を取り入れるための通り道です。ところが、空気の中には目に見えない小さなごみや、病気のもとになる細菌などが、たくさんふくまれています。

ごみや細菌が、からだの中にどんどん入ってきたら、たいへんです。そのため、鼻からのどまでをつなぐ「鼻くう」という部分から、ねん液（ねばねばした液体）を少しずつ出して、ごみや細菌をからめ取っています。からめ取ったねん液や、それがかたまったものが外に出ると、鼻水や鼻くそになります。

鼻くうには鼻毛がたくさん生えているので、鼻毛の表面にもねん液がたくさんつきます。そうすることで、より多くのごみや細菌をからめ取ることができるのです。

もし、鼻毛がなくすべすべしていたら、ねん液につかなかったごみや細菌は、のどや肺にまでかんたんにたどり着いてしまうでしょう。

つまり鼻毛は、からだの中に入ってはいけないものを、なるべくたくさん取りのぞくための、バリアのような役目を果たしているのです。

同じようなしくみは、のどから肺につづく「気管」にもそなわっています。気管の表面から出たねん液が、からめ取ったごみや細菌といっしょに外に出てきたものが、たんです。

ところで、鼻水の色には、透明、白、黄色などがあります。ふだんは透明なことが多いのですが、たくさんの細菌やウイルスをからめ取ると、白や黄色になって、ねばり気も強くなります。

かぜをひいているときなどには、緑っぽい色になることもあります。これは、からだの中の細胞が細菌やウイルスとたたかっている証拠です。細菌やウイルスの死がいがたくさんまじっているので、色が緑っぽく、ねばり気も特に強くなります。

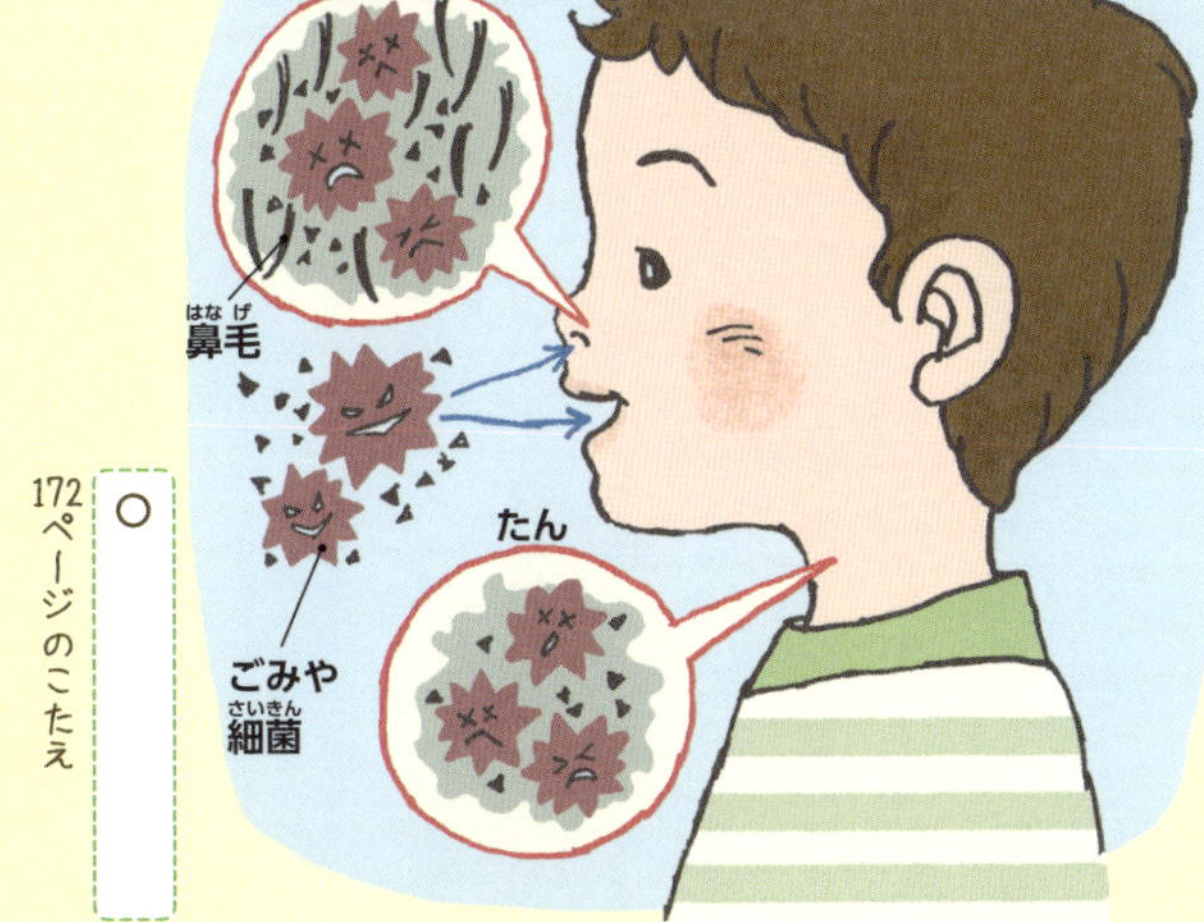

172ページのこたえ　○

おはなし豆知識　鼻から入るごみのうち、半分以上が鼻毛や鼻水によって取りのぞかれます。

おはなしクイズ　鼻から入ろうとしたごみや細菌をからめ取って、外に出たねん液はなんになる？

こたえはつぎのページ

トンネルってどうやってほるの？

5月13日のおはなし

場所や目的に合わせて、いろいろなほり方があります

読んだ日にち（　年　月　日）（　年　月　日）（　年　月　日）

生活

電車や自動車などに乗っていると、たくさんのトンネルを通ります。山が多い日本は、トンネルがとても多い国です。また、東京などの大きな都市では、せまい場所に建物がたくさんあり、新しく線路や道路をつくることがむずかしいので、地下にもトンネルがつくられています。

では、トンネルはどうやって新しくつくっているのでしょうか。トンネルのつくり方には、いくつかの方法があります。

ひとつ目は、「山岳工法」という方法です。山の横からあなを空け、くずれないように鉄のわくやコンクリートで補強しながらほり進めます。昔のトンネルは、ほとんどがこの方法でつくられていました。

ふたつ目は、「開削工法（オープンカット工法）」という方法です。地面に大きなみぞをほり、床やかべをつくってから、土でふたをする方法です。これは、地下鉄のトンネルや水道管を通すトンネル、地下駐車場などのように、地下に空間をつくるときに使われる方法です。

三つ目は、「シールド工法」という方法です。この方法では、巨大な筒のような「シールドマシン」という機械を使います。シールドマシンの先頭には、ほるあなと同じ大きさの円形の巨大なカッターがついています。このカッターを回転させ、土や岩をくだきながら地中をほり進みます。ほり出した土は、マシンの中を通って地上に運び出されます。

マシンはとてもゆっくり進みますが、ほり進むのと同時に、「セグメント」というかべをうしろ側にはめこんでいきます。つまり、ほったあとにかべをつくるのではなく、ほり進むのと同時にかべをつくっていくというわけです。

やわらかくてくずれやすい地面でも、地上に建物などがある状態でもほることができるため、今では多くのトンネルがこのシールド工法でほられています。

ほかにも、爆薬で爆破してあなをほる方法や、地上でつくったトンネルをしずめ、海や川の中でつないで水底トンネルをつくる方法などがあります。また、トンネルをつくる場所や目的に合わせて、いくつかの工法を組み合わせることもあります。

173ページのこたえ　鼻水や鼻くそ

おはなし豆知識　東京の神田川の下を走る地下鉄は、川の水がもれないように、地中をこおらせてほりました。

おはなしクイズ　山の横からあなをほり、補強しながらほり進めるトンネルのつくり方をなんという？

こたえはつぎのページ

5月14日のおはなし
種とう記念日

予防接種ってどうして必要なの？

からだにそなわった力を利用して、病気にかかりにくくするためです

読んだ日にち（　　年　　月　　日）（　　年　　月　　日）（　　年　　月　　日）

伝記

エドワード・ジェンナー（一七四九～一八二三年）

今から二百年以上前、人びとは、「天然とう」という病気をたいへんおそれていました。この病気にかかると、高熱が出て全身に水ぶくれができ、ひどいときには死んでしまいます。十八世紀のヨーロッパでは、この天然とうで、六千万人もの人がなくなったといわれています。

このおそろしい病気を治す方法を見つけたのは、イギリス人のジェンナーという人です。

ジェンナーは、牧師の子としてイギリスに生まれました。生きものや石などの自然のものに興味をもつ少年でした。大人になるとジェンナーは、大学で医学を勉強し、故郷に病院を開きました。

ジェンナーの故郷には、天然とうに関するある言い伝えがありました。天然とうによく似た病気で、おもに牛がかかる「牛とう」という病気にかかった人は、天然とうにかからなくなるというのです。

これを知ったジェンナーは、知り合いの少年の協力を得て、牛とうの患者からとった液を少年に接種しました。そして、牛とうの症状がおさまったあと、天然とうの液を接種する実験を行ったのです。少年は天然とうにかかりませんでした。

人間には、一度からだの中に入ってきたウイルスをおぼえていて、ふたたび入ってきたときには、そのウイルスをやっつける「めんえき」をつくり出す力がそなわっています。少年のからだには、牛とうのめんえきができていたので、牛とうに似た天然とうのウイルスをやっつけることができたのです。

病気のウイルスをうすめてつくった薬を「ワクチン」といい、ワクチンを接種してめんえきをつくることを「予防接種」といいます。ジェンナーの実験は、世界初のワクチンによる予防接種になりました。一七九六年のことでした。

その後、ワクチンによる予防接種は、世界中に広まりました。そして、ジェンナーの成功から約二百年後の一九八〇年、天然とうの患者は、地球上からいなくなったのです。

174ページのこたえ　山岳工法

おはなし豆知識　1790年に緒方春朔という日本人が、ジェンナーとちがう方法で天然とうを予防しました。

おはなしクイズ　天然とうにかからないようにするための実験で、ジェンナーはなんという病気を利用した？

こたえはつぎのページ

花がいいにおいなのはなぜ？

いいにおいを出すと、どんないいことがあるのでしょうか

5月15日のおはなし

植物

読んだ日にち（　　年　　月　　日）（　　年　　月　　日）（　　年　　月　　日）

花屋さんにならべられている花や、花だんに植えられている花の多くは、とてもいいにおいがします。いったいなぜ、これらの花はいいにおいがするのでしょうか。

ふつう、花の中心にはおしべとめしべがあり、おしべの花粉がめしべにつくことで、やがて種ができます。このように、花粉がめしべにつくことを、「受粉」といいます。そして、同じ花や同じ株の中で受粉することを、「自家受粉」といいます。

植物のなかには、自家受粉ではなく、ほかの花からもらった花粉でしか受粉できない種類があります。そのような受粉のしかたを、「他家受粉」といいます。

他家受粉をする植物は、花粉を運んでもらうために、風や虫、鳥など、さまざまなものを利用します。特に、虫や鳥に花粉を運んでもらう植物は、それらをひきつけるために、花びらがきれいな目立つ色をしていたり、あまいみつや、いいにおいを出したりします。色やみつ、においにさそわれて、虫や鳥たちが花に集まってきます。そうすると、からだに花粉がつきますね。からだに花粉のついた虫や鳥たちが、花から花へつぎつぎと飛びまわることで、受粉が行われるのです。つまり、花のいいにおいは、花粉を運んでもらい、子孫を残すためのくふうというわけです。

しかし、花が出すにおいは、わたしたちにとっていいにおいだけではありません。おもにハエに花粉を運んでもらうクロユリやオバケコンニャクなどの花は、とてもくさいにおいを出します。人間にはくさく感じるにおいでも、ハエにとってはいいにおいなのです。

いっぽう、自家受粉する植物は、虫や鳥を利用する必要がないため、きれいな花やあまいみつ、いいにおいを出すしくみをもつ種類は少なく、見た目も派手ではありません。

175ページのこたえ　牛とう

おはなし豆知識　花粉を虫に運んでもらう花を「虫ばい花」、鳥に運んでもらう花を「鳥ばい花」といいます。

おはなしクイズ　おしべの花粉がめしべにつくことをなんという？

こたえはつぎのページ

5月16日のおはなし

虫のオスとメスはどうやって出合うの？

ファーブルは、オスがメスを見つけ出す方法を調べようとしました

読んだ日にち（　年　月　日）（　年　月　日）（　年　月　日）

ファーブル昆虫記

〈ある日、ファーブルの研究室で、オオクジャクヤママユという大きなガのメスが羽化*しました。これは、そのときのお話です。〉

わたし（ファーブル）は、羽化したばかりのメスをかごに入れ、部屋の中に置いておきました。すると、夜の間にたくさんのオスが家の中に飛んできたのです。

オスは、どうやってメスのいる場所を知り、暗やみの中を飛んでくることができたのでしょうか。

触角にひみつがあるかもしれないと考えたわたしは、触角を切ったオスを、外ではなしてみました。すると、ほとんどのオスは、メスのもとへやって来ませんでした。どうやら、メスを見つけるためには、触角がたいせつな役割を果たしているようです。でも、オスが触角でなにを感じているのかはわかりませんでした。

つぎに、オスは、メスのにおいを感じているのかもしれないと考えました。そこで、メスのにおいを打ち消すために、部屋中にナフタリンという薬をまきました。しかし、においを打ち消しても、オスはやって来ました。どうやら、においが原因ではないようです。

記憶も関係しているのかもしれないと考え、メスのいる場所を変えながら、同じオスを使って実験してみました。すると、オスはちゃんとメスのいる場所を見つけてやって来ました。このことから、ガは記憶にたよっているわけではないことがわかりました。

もしかすると、メスが電波を出しているのかもしれないと考えました。そこで、いろいろな箱にメスを入れてみました。すると、電波が通るか通らないかに関係なく、空気がもれる箱にはオスがやって来ますが、空気がもれないようにした箱にはやって来ないことがわかりました。さらに、メスのすがたが見えなくても、オスはメスのいる場所を知ることができることもわかりました。

これらの結果から考えると、やはり、メスのガからにおいのようなものが出ていて、オスはそれにひかれてやって来ているようです。そのにおいは、ナフタリンでは打ち消されなかっただけかもしれません。

結局、わたしには、においのようなものの正体はわかりませんでした。

「オオクジャクヤママユ」のおはなしより

*羽化…さなぎが成虫になり、はねが生えること

176ページのこたえ　受粉

おはなし豆知識　オスを引きつけたのは、メスのからだから出る「フェロモン」というにおい物質です。

おはなしクイズ　オオクジャクヤママユのオスは、メスを見つけるために、からだのどの部分を使う？

こたえはつぎのページ

「歩く百科事典」とよばれた人ってだれ？

ずばぬけた記憶力をもつ研究者がいました

5月17日のおはなし

読んだ日にち（　年　月　日）（　年　月　日）（　年　月　日）

伝記

南方熊楠（一八六七～一九四一年）

　みなさんは、百科事典を読んだことがありますか。百科事典には、おぼえきれないくらいたくさんの知識がまとめられていますね。

　昔、とても記憶力がよく、たくさんのことを知っていたために、「歩く百科事典」とよばれた人がいました。南方熊楠という人です。熊楠は、もの知りであるだけでなく、十数か国もの言葉を話すことができました。

　和歌山県で生まれた熊楠は、子どものころから読書が大好きでした。本屋などで、大人が読むようなむずかしい本を熱心に読んで暗記し、家に帰るとそれを思い出しながら書いていたそうです。その記憶力のよさから、近所では「神童（とてもかしこい子ども）」とよばれていました。

　いっぽうで、きらいなことはまったく勉強しないうえに、ふんどしで山をかけまわるような、ちょっと変わった子どもでもありました。

　成長した熊楠は、東京の大学予備門（今の東京大学）に入りますが、ここでもきらいなことは勉強しないで、遺跡や植物などの研究ばかりしていました。そのため落第して中退し、アメリカに渡りました。植物について学んだ熊楠は、イギリスの大英博物館で手伝いをはじめますが、東洋人だということで差別を受けてトラブルを起こし、やめます。その後は和歌山に帰って、ひっそりと読書や研究をつづけました。

　熊楠は、伝説や宗教、動物、植物など、さまざまな研究をしました。なかでも、キノコやその仲間である「ねん菌」というものにはとてもくわしく、調べた種類も多かったため、今では、熊楠はこれらの研究の先がけのひとりといわれています。

　熊楠はまた、自然保護運動の先がけでもありました。各地の森がつぎつぎと切られていくのを見た熊楠は、反対運動を起こし、長いたたかいのすえに勝ちました。熊楠が守った森がある和歌山県の神島は、のちに天然記念物になりました。

177ページのこたえ　触角

おはなし豆知識　ねん菌はカビに似ていますが、自分で動きまわることができるふしぎな生きものです。

おはなしクイズ　熊楠は、たくさんの国の言葉を話すことができた。○か×か？

こたえはつぎのページ

5月18日のおはなし

空からふってくるひょうってなに？

氷のつぶやかたまりがふってくるのを、見たことがあるでしょうか

読んだ日にち（　　年　　月　　日）（　　年　　月　　日）（　　年　　月　　日）

天気・気象

急に天気が悪くなり、寒くないのに氷のつぶやかたまりがふってくることがあります。これらは、「ひょう」や「あられ」です。いったい、どこからふってくるのでしょうか。

地上にある空気は、太陽の熱などで温められると、軽くなって空の上にのぼっていきます。

空の上のほうで空気の温度が下がると、空気の中にふくまれている水蒸気どうしがくっついて、目に見える小さな水のつぶになります。この小さなつぶがたくさん集まったのが、雲です。

雲の中で、氷のつぶが水のつぶを取りこみながらゆっくり成長すると、雪になります。成長した雪は、たがいにくっつき合ってある程度大きくなると、重くなって下に落ちはじめます。この雪がそのまま地上に落ちると雪になり、落ちてくるとちゅうでとけると、雨になります（86ページ）。

ところが、氷のつぶは、雲の中のはげしい空気の流れに乗ると、上に行ったり下に行ったりしながら少しずつ水のつぶを吸収し、大きな氷のかたまりに成長することがあります。この氷のかたまりが、とけずに氷のままふってくると、ひょうやあられになるのです。

大きな氷のかたまりになっていく
水のつぶ
氷のつぶ
上向きの風
ひょうやあられになり地上へ

ひょうとあられのちがいは、大きさです。直径が五ミリメートル以上のものをひょう、五ミリメートルより小さいものをあられとよびます。

日本でひょうが一番多くふるのは、五月ごろです。冬でもないのに、なぜ氷ができるのでしょうか。

この時期は日差しが強く、地面が熱くなるため、空気がどんどん温められ、上空にのぼっていきます。そのため、空気の流れがはげしくなり、「積乱雲」というもくもくした雲ができやすくなります。積乱雲の中では、水のつぶがぶつかり合って、どんどん大きく成長するので、ひょうができやすいのです。

積乱雲は夏にもできますが、夏は暑すぎるために、多くの場合、ひょうは地面にとどく前にとけてしまいます。九月や十月ごろになると少しすずしくなるので、その時期にも、ひょうがふりやすくなります。

178ページのこたえ　○

おはなし豆知識 埼玉県熊谷市で、直径30センチメートル近くのひょうがふったことがあります。

おはなしクイズ ひょうとあられは、なんのちがいで区別される？

こたえはつぎのページ

みそってどうやってつくるの？

日本の料理をぐんとおいしくしてくれる、そのひみつは……

読んだ日にち（　年　月　日）（　年　月　日）（　年　月　日）

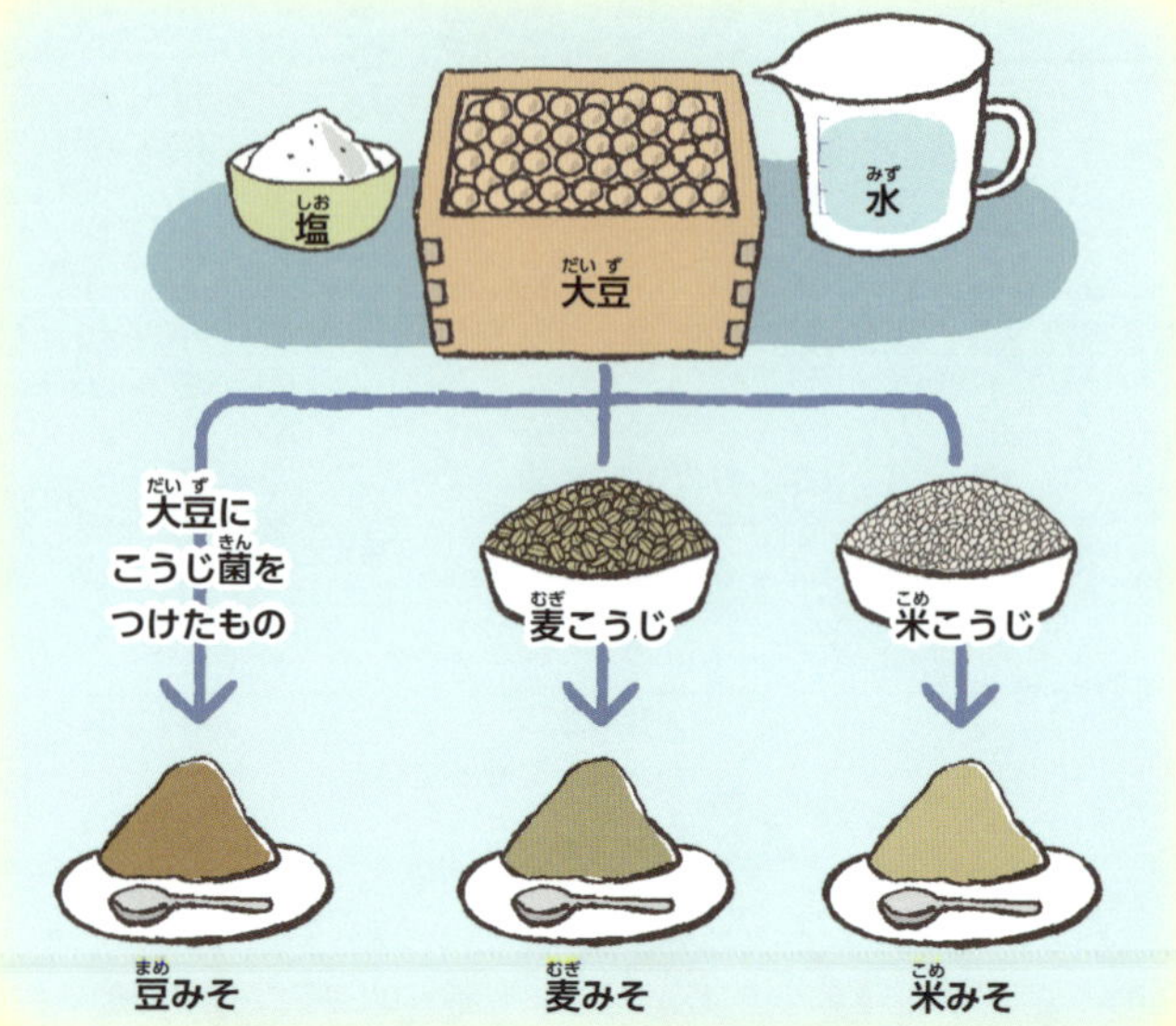

5月19日のおはなし

食べもの

塩
大豆
水
大豆にこうじ菌をつけたもの
麦こうじ
米こうじ
豆みそ
麦みそ
米みそ

みそは、わたしたち日本人が古くから利用してきた伝統的な調味料です。みそ汁やみそづけ、みそ煮こみなど、さまざまな料理に使われています。便利なみそですが、いったいなにからできているのでしょうか。

　おもな材料は、水と大豆、塩、そして「こうじ」です。こうじは、米、麦、大豆などに「こうじ菌」という微生物をつけ、ふやしたものです。

　みそは、使うこうじの種類によって大きく三つに分けられます。米にこうじ菌をつけた米こうじを使う「米みそ」、麦にこうじ菌をつけた麦こうじを使う「麦みそ」、材料の大豆そのものにこうじ菌をつけた「豆みそ」です。

　つくり方は、まず、水につけてもどした大豆を、むしたりゆでたりしてやわらかくします。それをすりつぶして塩とこうじを加え、まぜます。これをしばらくおくと、こうじ菌が、大豆や米、麦の栄養分を食べて分解し、うまみ成分をつくり出します。このはたらきを、「発酵」といいます。そのまま数週間～一年ほど熟成させると、おいしいみその完成です。

　さて、みそはさらに、「赤みそ」と「白みそ」に分けられます。赤みそは熟成期間が長く、白みそは短期間でできます。大豆のたんぱく質が分解されると、ほかの成分と結びついて赤くなる性質があるため、熟成が進むと赤っぽくなるのです。

　また、はじめに大豆に火を通す方法によっても色が変わります。赤みその大豆はむしますが、白みその大豆はゆでます。ゆでると、たんぱく質がゆで汁の中に流れ出るので、色が赤くなりにくいのです。

　今では調味料として使われるみそですが、質素な食事が中心だった江戸時代より昔の人びとにとっては、たいせつなおかずでした。肉や魚をあまり食べることができなかった時代なので、たんぱく質をたくさんふくんでいるみそは、貴重だったのです。今とちがって、米や大豆のつぶが大きいままで、つまんで食べられるようなものだったようです。

179ページのこたえ　大きさ

おはなし豆知識　1万年以上前の日本では、どんぐりを使って、みそに似たものをつくっていたようです。

おはなしクイズ　みそを発酵させるために入れる微生物とは？

こたえはつぎのページ

アライグマはどんなくらしをしているの？

アライグマは、ごちそうをあらって食べます

読んだ日にち（　　年　　月　　日）（　　年　　月　　日）（　　年　　月　　日）

シートン動物記

「キルダー川のアライグマ」のおはなしより

〈これは、森のおくにすむ、アライグマの家族のお話です。〉

ある日のことです。アライグマの子どものウェイ・アッチャは、家族といっしょに食べものをとりに出かけました。

沼のほとりに着くと、お母さんは、前足を水に入れてかきまわしはじめました。子どもたちもまねをしてみると、オタマジャクシがとれました。お母さんは、どろだらけだったオタマジャクシを水であらって、きれいにしてくれました。こうして子どもたちは、ごちそうは、あらってから食べるのだと学びました。

その後、ウェイ・アッチャは、人間につかまって飼われることになりました。いたずらをすることもありましたが、子どもたちがかわいがるので、家の主人もしかたなくがまんしていました。

ところが、ウェイ・アッチャが事件を起こします。ひとりで留守番をしていたときに、インクびんをたおし、部屋中をよごしてしまったのです。ウェイ・アッチャは、食べものをあらうときと同じように、インクに前足をつっこんでかきまわしました。そして、自分の足あとがつくのがおもしろくなって、部屋中を歩きました。テーブルや子どもたちの教科書、ドレスや真っ白なベッドにまで足あとをつけてしまいました。

悪気はなかったウェイ・アッチャですが、このできごとのせいで、最初につかまえた猟師のもとに返されました。そこでは、猟犬を訓練するためのおとりにされるなど、つらい生活を送ることになります。

しかし、必死の思いでにげ出し、故郷のキルダー川にもどることができました。アライグマは鼻がいいので、故郷の川や、自分の家族のにおいがわかったのです。

別れてから何か月もたっていましたが、アライグマの家族もウェイ・アッチャのにおいに気づいてくれたので、運よく再会を果たすことができました。こうしてふたたび、野生のアライグマとしてたくましく生きていくことになりました。

キルダー川のほとりの森には、今も、人間に見つからないようにひっそりと、アライグマたちがくらしています。

180ページのこたえ
こうじ菌

おはなし豆知識 アライグマはタヌキに似ていますが、タヌキの仲間ではありません。

おはなしクイズ アライグマが故郷の川にもどることができたのはなぜ？　㋐目がいい　㋑鼻がいい　㋒耳がいい

こたえはつぎのページ

春・夏・秋・冬があるのはどうして？

夏は暑く冬は寒くなるのは、なぜでしょう

5月21日のおはなし

読んだ日にち（　年　月　日）（　年　月　日）（　年　月　日）

地球・宇宙

日本は、「春」「夏」「秋」「冬」がはっきりした国です。どうして、四季が生まれるのでしょうか。それには、太陽の光が関係しています。

春夏秋冬、それぞれの日差しを思いうかべてみましょう。春はぽかぽかとあたたかく、夏はぎらぎらと照りつけます。秋や冬になると、日差しはやわらかくなります。この感じ方のちがいが生まれるのは、太陽の光が当たる「時間の長さ」と、受け取る「熱の量」が変わるためです。

太陽は、朝、東からのぼって南の空を通り、夕方になると西にしずみます。この太陽の通り道は、季節によって少しずつ変わります。方角は同じですが、夏と冬をくらべてみると、夏の太陽のほうが長い時間出ていて、空の高いところを通ります。

太陽が高いところにあると、日差しは上のほうから当たります。すると、強い光がまっすぐ当たるので、受け取る熱の量も、多くなります。

冬は反対に、太陽が空の低いところを通るので、光がななめから当たるため広がって弱くなり、熱の量も少なくなります（236ページ）。

日本で太陽が一番高くのぼるのは、「夏至」（六月二十二日ごろ）の日です。雲の量や天気によってもちがいますが、高いところから太陽の光が当たるので、日差しは強くなります。けれど、日本の暑い夏といえば、七月と八月ですね。

夏の太陽の通り道

冬の太陽の通り道

これは、太陽の光が地面に当たってから空気が温められるまでに、少し時間がかかるためです。たとえば、ストーブをつけてから部屋全体の空気が温まるまでに、時間がかかるのと同じです。そのため、夏至から一か月ほどおくれて気温が上がり、暑い夏がやって来るのです。ほかにも、日本では、六月ごろに梅雨（222ページ）をむかえるため、気温が上がりにくいという理由もあります。

また、「季節風」とよばれる風も関係しています。日本では、夏になると南から温かい風が、冬になると北西から冷たい風がふきます。

このように、太陽の通り道や空気の温まり方、季節風などのいろいろな理由が組み合わさって、春夏秋冬が生まれているのですね。

181ページのこたえ　㋑鼻がいい

おはなし豆知識　1年を通して太陽の通り道が変わるのは、地球の自転軸がかたむいているためです。

おはなしクイズ　日本では、夏になると太陽の高さはどうなる？　㋐高くなる　㋑低くなる

こたえはつぎのページ

5月22日のおはなし

サクランボはサクラの木になるの？

花見のあとは、おいしいサクランボが食べられるのでしょうか

読んだ日にち（　年　月　日）（　年　月　日）（　年　月　日）

植物

春になると、いっせいに花をさかせるサクラは、とてもきれいです。日本では、多くの人が花見をしてサクラの花を楽しみますね。

では、お店で売っているくだもののサクランボは、このきれいなサクラの実なのでしょうか。

春に花見をするサクラと、サクランボがなる木は、どちらもサクラですが、別の種類です。花見をするサクラは、きれいな花がさくように品種改良された「ソメイヨシノ」という種類がほとんどです。それに対して、サクランボがなる木は、「ミザクラ」という種類です。

サクランボがなるミザクラにも、いくつかの品種があります。現在、サクランボをとるために育てられているミザクラは、そのほとんどが明治時代にヨーロッパから伝えられた、「セイヨウミザクラ」という品種です。セイヨウミザクラはさまざまな品種改良が行われ、今では世界中で千種類以上もあるといわれています。そのうち、日本には約六十種ほどがあります。

いっぽう、ソメイヨシノは、「エドヒガン」と「オオシマザクラ」というサクラの木をかけ合わせて、江戸時代につくられたそうです。ソメイヨシノには、自分で種をつくってふえることができないという性質があります。今、日本にあるソメイヨシノは、すべて「接木」という方法

などでふやしたものです。接木とは、ほかの木の株にえだなどをくっつけて生長させる方法です。

ソメイヨシノにはあまり実ができませんが、花がさいたあとにサクランボに似た実ができることがあります。しかし、くだもののサクランボよりもずっと小さく、しぶいので、食用には向いていません。

ところでミザクラは、えだからじくが出て、その先に花がさきます。このとき、じくの根元が二本でひとまとまりになっていることが多いので、実になったときも、じくがつながったふたごのサクランボをよく見かけます。

ただし、品種によっては、じくがまとまる本数がちがううえ、すべての花が実になるわけではないので、かならずふたごになるわけではありません。たとえば、五個つながった、五つ子のサクランボができることもあるのです。

182ページのこたえ ㋐高くなる

おはなし豆知識　サクランボの名前は、サクラの子という意味の「サクラん坊」からきているといわれています。

おはなしクイズ　ソメイヨシノは、おもになんという方法でふやす？

こたえはつぎのページ

折れた骨はどうやって治るの？

じつは骨も、成長したりおとろえたりしています

読んだ日にち（　　年　　月　　日）（　　年　　月　　日）（　　年　　月　　日）

5月23日のおはなし

からだ

みなさんは、骨折したことがありますか。骨が折れても、動かないようにきちんと固定しておくと、いつのまにかくっつきます。折れた骨は、いったいどのようにして治るのでしょうか。

骨は、ずっと変化しないかたまりのように思われがちですが、じつは、中では生きた細胞がさかんに活動しています。これらの細胞のうち、骨をつくる細胞を「骨芽細胞」、骨をこわす細胞を「破骨細胞」といいます。骨は、一生同じではなく、古くなったところはこわれて、新しくつくり変えられます。そして、数か月から数年かけて、少しずつ新しい骨に入れかわっていきます。

骨折すると、骨だけでなく、骨のまわりや中にある血管も切れ、血のかたまりができます。

数日たつと、骨芽細胞がその中ではたらきはじめます。折れた部分をつつみこむように、少しずつ仮の骨がつくられていきます。血液中のカルシウムが取りこまれ、強くてかたい新しい骨ができるのです。

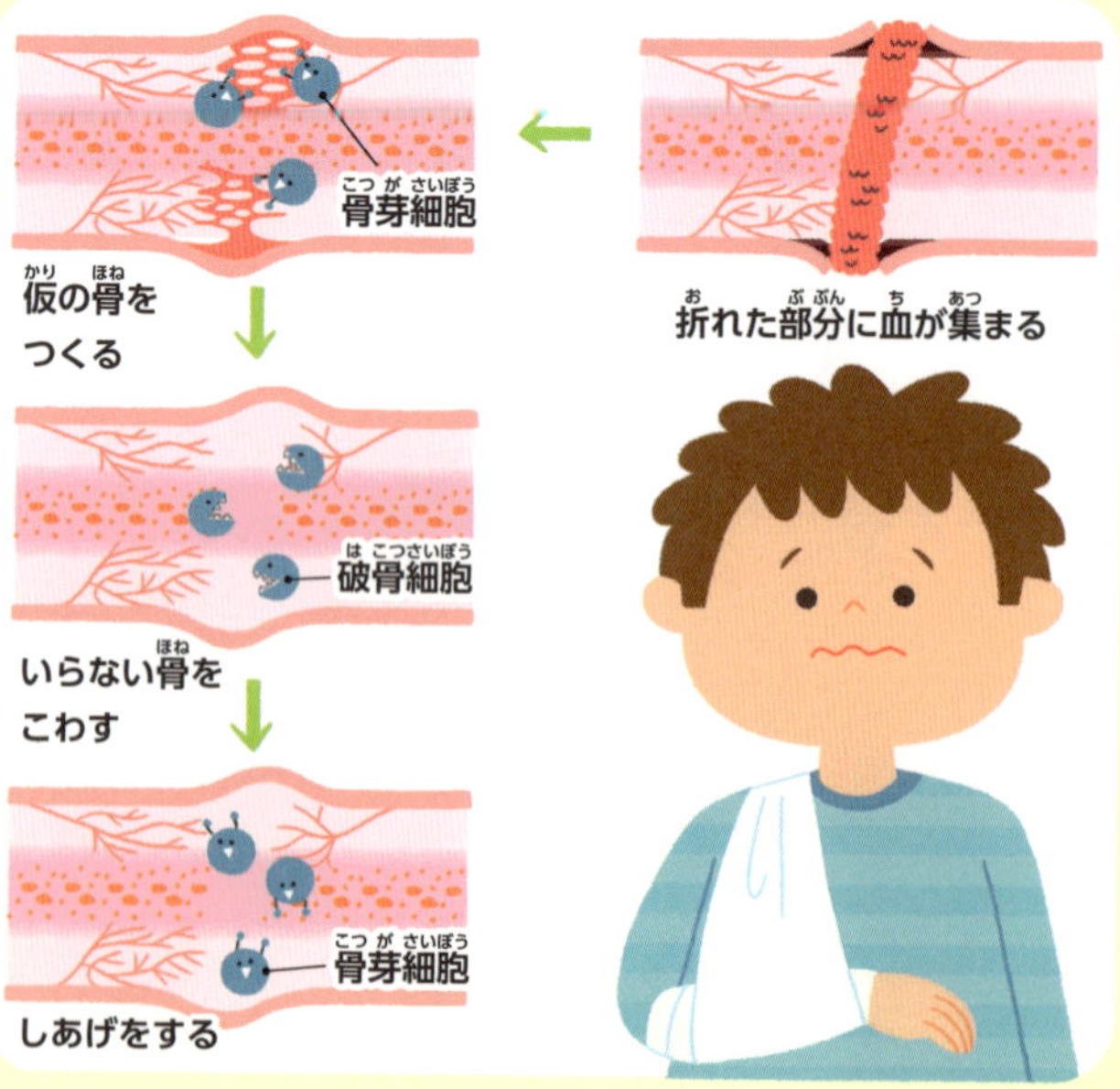

血のかたまりやいらない骨などは、破骨細胞に分解され、からだの中に吸収されていきます。そして、骨芽細胞が最後にしあげをします。

折れた骨が完全に治るまでの期間は、年齢や折れ方などによってまちまちですが、だいたい一～二か月といわれています。治った部分は、一時的に折れる前よりも太くなることがありますが、もとにもどります。

このように、生きもののからだには、きずついた部分を自分で治そうとする再生力があります。皮ふを切ったりすりむいたりしても、いつのまにか治っていることがありますよね。

医療が発達し、骨折も治療や手術で治すことができるようになっています。しかし、場合によっては、骨折が原因で死にいたることもあります。折れた骨が器官にささったり、きず口からばい菌が入りこんでほかの病気になったりと、理由はさまざまです。

特にお年寄りは、体力が落ちているうえ、骨がもろくなって折れやすいので、注意が必要です。ふだんから、じょうぶな骨をつくっておくことがだいじですね。

183ページのこたえ
接木

おはなし豆知識 弱い力でも、ふたんがかかりつづけると起こる「疲労骨折」という骨折もあります。

おはなしクイズ 骨をこわす細胞を破骨細胞というが、骨をつくる細胞はなんという？

こたえはつぎのページ

5月24日
のおはなし

ヘビはどうして足がないのに動けるの？

まっすぐなからだで、どのように進むのでしょう

読んだ日にち（　年　月　日）（　年　月　日）（　年　月　日）

動物

わたしたちが知っているヘビには、足がありませんね。でも、今から数千万年前に生きていたヘビの祖先には、もともと足がありました。それではなぜ、ヘビの足はなくなったのでしょうか。

じつは、その理由はよくわかっていません。土の中にもぐるために足がないほうが便利だった、水の中でくらしている間に足が必要なくなったなど、さまざまな説があります。

ところで、ヘビは足がないのに、なぜ、すばやく動くことができるのでしょうか。それには、はらのうろこが関係しています。

ヘビのからだの表面には、小さいうろこがならんでいます。しかし、はらの表面は少しちがっていて、幅の広いうろこが、列になってならんでいます。これを、「腹板」といいます。

腹板は、前からうしろに向かって屋根のかわらのように重なっています。指で、頭からしっぽの方向になぞるとなめらかで、反対だと指が引っかかります。地面を進みやすいようなつくりなのです。

ニシキヘビなどの大型のヘビは、筋肉を使ってこの腹板を波立たせ、地面に引っかけながら進みます。

いっぽう、アオダイショウやシマヘビなどは、腹板を引っかけながら、からだをS字形にくねらせてすばやく前進します。多くのヘビは、この方法で進みます。

マムシのように、腹板を引っかけながら、からだをアコーディオンのようにのびちぢみさせて前に進む種類もいます。

なかには、前に進むのではなく、横に進むヘビもいます。砂漠にすむヨコバイガラガラヘビというヘビです。砂の地面には腹板が引っかかりにくいため、からだをくねらせてうかせながら、からだをはわせて横に進みます。ヘビによって、いろいろな進み方があるのですね。

184ページのこたえ　骨芽細胞

おはなし豆知識　ヘビには100〜400個もの背骨があるので、からだを自在にくねらせることができます。

おはなしクイズ　ヘビのはら側にある、幅の広いうろこをなんという？

こたえはつぎのページ

恐竜はたまごから生まれたの？

たまごの化石が見つかり、いろいろなくらしぶりがわかっています

読んだ日にち（　年　月　日）（　年　月　日）（　年　月　日）

恐竜は、大昔に、は虫類（今のトカゲやワニなど）から別の進化をした生きものです。今からおよそ二億五千万年前から六千六百万年前の地球にくらしていました。

は虫類は、中身がかわかないようにからにつつまれたたまごを、陸上にうんで子孫を残します。同じように、恐竜もからのあるたまごを陸上にうんでいました。

なぜ、たまごをうんでいたことがわかるのでしょうか。じつは、恐竜のたまごの化石が見つかっているからです。

恐竜のたまごの化石は、中国北部やモンゴルに広がるゴビ砂漠をはじめ、世界中で発見されています。ふつう、たまごの中身はドロドロの状態だったり、赤ちゃんになっていても骨がやわらかかったりするため、化石として残ることはほとんどありません。そのため、たまごの化石は中身を確認できないことが多く、どの種類の恐竜のたまごなのかを知ることは、とてもむずかしいのです。

しかし、近くから親と思われる恐竜の化石が見つかったり、かえる直前のたまごが発見されたりして、恐竜の種類がわかることがあります。

では、恐竜の赤ちゃんはどのようなくらしをしていたのでしょうか。

多くの恐竜は、親に育てられることはなく、生まれたときから自分の力で生きていたと考えられています。わたしたちが知っているほとんどのは虫類と同じです。

しかし、なかには子育てをする恐竜もいたことがわかっています。子育てをしていた恐竜としてよく知られているものに、マイアサウラという種類がいます。マイアサウラとは、ラテン語で「やさしい母親トカゲ」という意味です。マイアサウラは、もり上がった土の真ん中にあるくぼみに、たまごをうんでいました。そして、生まれてきた子どもたちにエサを運んで、子育てをしていたらしいのです。複数の巣がかたまって見つかることから、いくつかの家族が集団で子育てをしていたとも考えられています。

まだまだふしぎの多い恐竜ですが、たまごからも、いろいろなことがわかるのですね。

185ページのこたえ　腹板

おはなし豆知識　鳥と同じように、たまごをだいて温める恐竜がいたこともわかっています。

おはなしクイズ　マイアサウラという恐竜の名前は、ラテン語でどういう意味？

5月26日のおはなし

「かげろう」ってなに？

遠くの景色がゆらゆらとゆれているのを見たことがありますか

読んだ日にち（　年　月　日）（　年　月　日）（　年　月　日）

天気・気象

夏の暑い日などに、地面の近くの景色が、ゆらゆらとゆらめいて、もやがかかったように見えることがあります。これを、「かげろう」といいます。いったいなぜ、このような現象が起こるのでしょうか。

日差しが当たって地面の温度が高くなると、地面に近い場所の空気は温められます。空気には、温められると、ふくらんでうすくなるという性質があります。ですから、地面の熱で温められた空気は、ふくらんでうすくなります。このうすい空気が、温まっていないこい空気とまざり合おうとすると、空気の中に、こい部分とうすい部分ができます。

また、光には、空気のこさがちがう部分を通るとわずかに折れまがる「屈折」という性質があります。折れまがり方は、空気のこさによって変わります。そのため、うすい空気とこい空気のさかい目の部分は、光が複雑に折れまがります。この光の性質により、その部分にもやがかかったようになり、景色がゆらゆらと動いて見えるのです。これが、かげろうの正体です。

夏の暑い日に起こるのは、かげろうだけではありません。遠くのほうの道路に、水たまりがあるように見える「にげ水」を知っているでしょうか。にげ水も、かげろうと同じように、温かくてうすい空気と、冷たくてこい空気が原因です。

地面の温度が高くなると、地面に近い場所には、温かい空気が広がります。温かい空気と、その上にある冷たい空気のさかい目の温度差が大きいと、光の屈折が強くなります。そのため、遠くの地面を見ると、空や遠くにある景色などが屈折して、まるでそこに水たまりがあって反射しているかのように見えるのです。

水たまりのように見える場所に近づいてみても、実際に、そこに水たまりはありません。そして、見ている人が近づくのといっしょに、その水たまりのようなものはさらに遠くに移動するため、決して近づくことができません。にげていくように見えるので、にげ水とよばれるのです。

186ページのこたえ　やさしい母親トカゲ

おはなし豆知識　同じようなしくみで、遠くの景色がさかさまに見える「しんきろう」という現象もあります。

おはなしクイズ　空や遠くにある景色などが屈折して、まるで水たまりがあるように見える現象は？

こたえはつぎのページ

しゃぼん玉はどうしてふくらむの？

ふつうの水と、石けんを入れた水のちがいはなんでしょう

5月27日のおはなし

読んだ日にち（　　年　　月　　日）（　　年　　月　　日）（　　年　　月　　日）

みなさんは、しゃぼん玉で遊んだことがありますか。うまくふくらますと、とても大きなしゃぼん玉をつくることができます。でも、最後にはわれてしまいますね。しゃぼん玉は、なぜふくらんだり、われたりするのでしょうか。

水は、小さな水のつぶが集まってできていますが、このつぶには、たがいに引っぱり合う力がはたらいています。この力を、「表面張力」といいます。葉っぱやかさの上の水のつぶがころころとまるくなってころがるのは、水のつぶの表面に、この表面張力がはたらいているためです。

水は表面張力が強いため、中に空気をふきこんでふくらまそうとしても、すぐにつぶにもどります。そのため、ふつうの水は、しゃぼん玉のようにふくらますことができないのです。

しゃぼん玉液をつくるときに使う石けんや洗ざいには、表面張力を弱めるはたらきがあります。このようなはたらきをするものを、「界面活性剤」といいます。水に界面活性剤を入れると表面張力が弱くなり、うすく広がりやすくなります。

さらに、界面活性剤には、水の表面でたがいに結びついて、膜をつくるはたらきもあります。そのため、石けんや洗ざいをとかしたしゃぼん玉液は、うすく広がって表面に膜をつくり、しゃぼん玉になるのです。

では、しゃぼん玉はどうしてわれるのでしょうか。

地球上にはつねに重力がはたらいているので、すべてのものが下向きに引っぱられています。しゃぼん玉液も、ゆっくりと下側に流れていくので、上のほうの膜はだんだんうすくなります。

さらに、水分が蒸発するので、膜が少しずつうすくなっていきます。そして、膜がうすくなりすぎて状態をたもっていられなくなると、われてしまうのです。

宇宙ステーションなどの重力がはたらいていない場所では、しゃぼん玉は、なにかにふれてわれることはあっても、ふわふわとただよっている状態でわれることはほとんどありません。また、南極などのとても寒いところでは、しゃぼん玉はふくらんですぐにこおるそうです。

187ページのこたえ　にげ水

おはなし豆知識　しゃぼん玉液に砂糖水をまぜると、水分が蒸発しづらく、われにくいしゃぼん玉ができます。

おはなしクイズ　水のつぶが、たがいに引っぱり合う力を、なんという？

こたえはつぎのページ

ショベルカーのタイヤはなぜまるくないの？

はたらく車が活やくする場所が関係しています

読んだ日にち（　　年　　月　　日）（　　年　　月　　日）（　　年　　月　　日）

乗りもの

工事現場などで、土をほったり運んだりと大活やくするショベルカー。多くのショベルカーには、ふつうの自動車に使うようなまるいゴムのタイヤではなく、ぐるっとベルトをまいた、横に長いふしぎな形のものが使われています。いったいなぜでしょうか。

　このベルト状のものは、「クローラー」といいます。クローラーは、短い鉄の板を何まいもつないだようなつくりになっています。ゴムでできているものもあります。

　クローラーの中には動力輪があり、それがまわることで、クローラー全体が動きます。

　ふつうのタイヤでは、大きな出っぱりに乗り上げたときに、タイヤが地面からうき、前に進めなくなることがあります。また、タイヤと地面がふれている面積が小さいため、地面のくぼみにはまりやすいうえ、すべりやすく、急な坂などをのぼることができません。

　しかし、クローラーは、どんなにでこぼこな道でも、うまったりすべったりしにくく、地面としっかりふれ合い、前に進むことができます。また、つねに幅の広いクローラー全体で地面をしっかりつかむため、急な坂でものぼることができます。

　このような理由で、でこぼこした地面の工事現場で使われることが多いショベルカーなどには、クローラーが使われているのです。

　クローラーを使うのは、ショベルカーだけではありません。一部の農機具や戦車などにも使われています。幅や材質、構造など、使う場所や目的に合ったクローラーが使われています。

188ページのこたえ　表面張力

おはなし豆知識　ショベルカーは、アーム（うで）の先をつけかえて、ものをすくったりつかんだりできます。

おはなしクイズ　ショベルカーはタイヤのかわりになにで動いているの？

こたえはつぎのページ

夜ねないといけないのはなぜ？

からだには、自然ときざみこまれたリズムがあります

読んだ日にち（　　年　　月　　日）（　　年　　月　　日）（　　年　　月　　日）

5月29日のおはなし

からだ

夜になり、ふだんねている時間が近づくと、ねむくなりますね。なぜ、いつもだいたい同じ時間にねむくなるのでしょうか。

人間のからだには、「朝になると目が覚め、夜になるとねむくなる」という生活のリズムが、生まれつきそなわっています。窓も時計もない部屋の中で生活する実験を行ったときも、だいたい、そのようなリズムになったそうです。

このように、時計がなくても時間を感じとる感覚を、「体内時計」といいます。体内時計は、わたしたちの祖先が、「お日さまが出たら起きて、しずんだらねる」というくらしを、何千年、何万年とつづけるなかで、身につけてきたものです。

最近の研究では、わたしたち人間の体内時計の周期は、約二十五時間だということがわかっています。一日は二十四時間ですから、からだが感じている一日は、それよりも一時間長いのです。このずれを直しているのは、太陽の光だといわれています。わたしたちは、朝起きて太陽の光をあびることで、体内時計を調節しているのです。

では、もし夜にきちんとねないで不規則な生活をしたら、どうなるでしょう。夜おそくまで起きていると、朝は起きられなくなりますね。それがつづくと、朝と夜が逆転します。人間がもともともっている生活のリズムにさからうことになるので、体内時計がくるい、頭やからだのはたらきのバランスがくずれてきます。

たとえば、勉強しても頭に入りにくくなったり、運動する力が落ちたりします。細菌やウイルスへの抵抗力が弱くなるので、病気にかかりやすくなります。また、ぐっすりねむれなくなるので、いくらねても、なんとなくねむい感じが残ります。これでは、もったいないですね。

ときどきは、おそくまで起きていたい日もあるかもしれませんが、早寝早起きの習慣を身につけておくと、いいことがたくさんあります。日本には昔から、「早起きは三文の徳」という言葉があるほどです。からだがおぼえている自然のリズムと、お日さまの光の力を借りて、毎日元気に気持ちよくすごせるといいですね。

189ページのこたえ
クローラー

おはなし豆知識 わたしたちは、浅いねむりと深いねむりをくり返しながらねむっています（362ページ）。

おはなしクイズ もともとからだにそなわっている、時計がなくても時間を感じとる感覚をなんという？

こたえはつぎのページ

5月30日のおはなし

そうじ機はどうやってごみをすうの？

すったあと、ごみはどこへ行くのでしょう

読んだ日にち（　年　月　日）（　年　月　日）（　年　月　日）

道具・もの

スイッチひとつでごみをすい取ってくれるそうじ機。中は、どんなしくみになっているのでしょうか。

そうじ機には、紙パック式とサイクロン式があります。

紙パック式は、紙パックにごみをためていくしくみです。紙パックのうしろには、ファンという強力なせんぷう機のような部品があり、そこで風を起こしてごみをすいこみます。いっしょにすいこまれた空気は、紙パックの表面の小さなあなを通り、排気口から外に出ていきます。

いっぽう、サイクロン式は、「遠心力」という力を利用しています。遠心力とは、まわっているものが外側に引っぱられるように感じる力のことです。たとえば、自動車で道をまがるとき、外側に引っぱられるように感じる力も遠心力です。

サイクロン式は、ごみを分ける部屋と、ためる部屋に分かれています。まず、すいこんだごみがひとつ目のためる部屋に集められて、空気といっしょにぐるぐると竜巻のようにまわります。この竜巻によって、空気より重い大きなごみには、大きな遠心力がはたらくので、外側のほうに引っぱられます。そして、そのままおし出され、ためる部屋の底にたまるのです。

このとき、うまく分けられずに空気といっしょに外に出て行くあなにすいこまれてしまう小さなごみもあります。けれど、その先にはさらに、小さな竜巻でごみを分ける部屋があります。こうして、最後は空気だけが外に出ていくのです。

紙パック式のそうじ機は、紙パックごとすてられるので、手をよごさずにすみます。ただ、紙パックがいっぱいになると、すう力が弱くなったり、排気が少しにおったりすることがあります。

サイクロン式は、紙パックがいらないので、経済面でも環境面でもやさしいうえ、すう力も持続します。でも、ごみをすてるときに散らばりやすく、ごみをためておくカップの手入れも少し手間がかかります。

どちらにも、いい点と悪い点がありますが、すう力、手入れのしやすさ、静かさなどが研究され、そうじ機はどんどん進化しています。

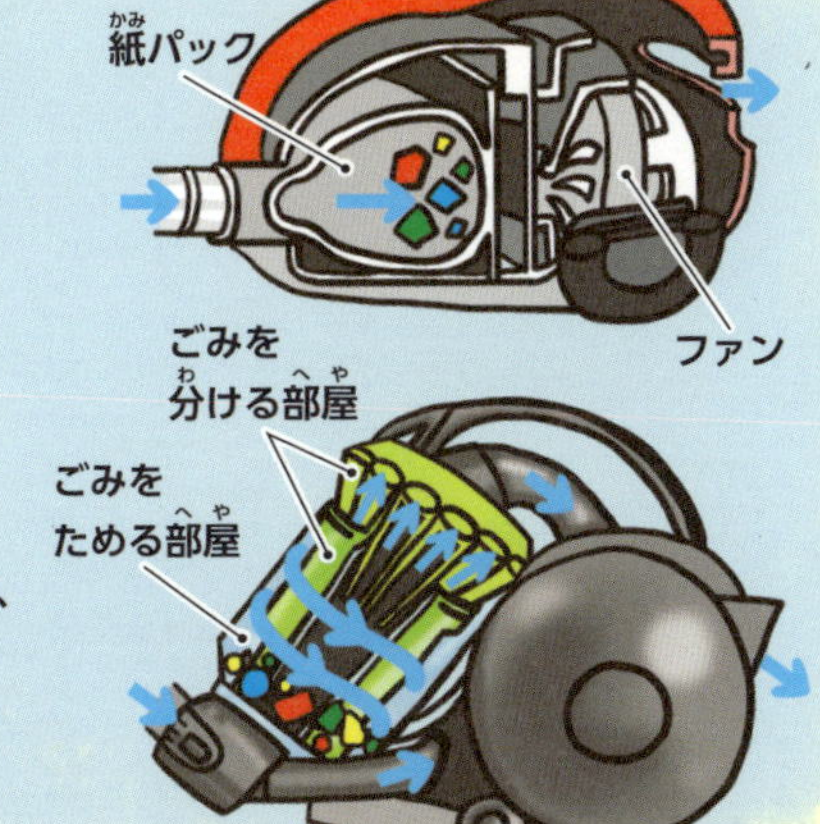

190ページのこたえ　体内時計

おはなし豆知識　「サイクロン」とは、もともとはインドの近くなどで発生する熱帯低気圧のことです。

おはなしクイズ　遠心力を利用して、ごみを分けるそうじ機は？　㋐紙パック式　㋑サイクロン式

こたえはつぎのページ

カタツムリにはなぜからがあるの？

もし、カタツムリにからがなかったらどうなるでしょう

読んだ日にち（　　年　　月　　日）（　　年　　月　　日）（　　年　　月　　日）

　カタツムリは陸にすんでいますが、じつは、田んぼなどにすんでいるタニシや、河口近くの砂の中にすんでいるシジミなどと同じ、「貝」の仲間です。そのため、背中にりっぱな貝がらをもっています。

　カタツムリやタニシなどのように、うずまき形の貝がらの貝を「巻貝」、シジミなどのように二まいの貝がらの貝を「二まい貝」といいます（274ページ）。

　そもそも、貝の仲間は、なぜ貝がらをもっているのでしょうか。

　貝のからだは、とてもやわらかくできています。そのうえ、多くの貝には、敵と戦うための武器がありません。そこで、身を守るためにかたい貝がらをもち、その中にかくれるように進化したのです。

　貝がらは、おもに、わたしたちの骨にもふくまれている炭酸カルシウムという物質でできています。生まれたときは小さな貝がらですが、からだの成長に合わせて少しずつ新しい部分をふやして、貝がらも大きくなっていきます。

　カタツムリのように、陸にすむ貝の貝がらには、もうひとつたいせつな役目があります。それは、からだがかわくのをふせぐことです。

　カタツムリは、かたい皮ふやうろこなどでおおわれている生きものとちがって、からだの表面がむき出しになっています。そのままでは、どんどん水分がうしなわれ、やがてひからびて死んでしまうでしょう。そうならないために、からだの表面をねばねばした液でおおったり、ときどき、からの中に入ったりして、水分をたもっているのです。

　カタツムリに近い仲間に、ナメクジがいます。ナメクジはからをもっていないように見えますが、じつは、からだの中に小さな貝がらをもっています。昔はカタツムリと同じように大きな貝がらをもっていたのですが、からをつくるエネルギーを、成長のために使うようになったのです。

　海の岩場などにすむウミウシという動物も貝の仲間で、ナメクジと同じように、小さくなった貝がらをからだの中にもっています。

肺

心臓

からで、たいせつな部分を守っている

191ページのこたえ　㋑サイクロン式

おはなし豆知識　カタツムリは、土の中に白いたまごをうみます。生まれるときには、すでにからがあります。

おはなしクイズ　カタツムリのように、うずまき形の貝がらをもっている貝をなんという？

こたえは194ページ

6月(がつ)のおはなし

文／長井理佳・髙木栄利

オタマジャクシとカエルはどうして似てないの？

呼吸のしかたにちがいがあるためです

6月1日のおはなし

読んだ日にち（　年　月　日）（　年　月　日）（　年　月　日）

水辺の生きもの

オタマジャクシがカエルの子であることは、みなさんも知っているでしょう。でも、子どものときと大人になってからでは、ずいぶんすがたがちがいますね。いったいどうしてなのでしょうか。

カエルの仲間は、「両生類」というグループの生きものです。両生類は、子どものころは水の中でくらし、大人になると、多くが陸に上がって生活できるようになります。

ほとんどのカエルは、水の中にたまごをうみます。そのため、たまごからかえったオタマジャクシは、生まれてすぐに、水の中で生活できなければなりません。

オタマジャクシのからだの横には、「えら」がついています。ここから、魚と同じように、水にとけている酸素を取りこんで呼吸ができます。そして、ひれのついた長い尾をくねらせて泳ぎます。口は、おろし金のように細かい歯がならんだおちょぼ口で、石についたコケや、死んだ魚の身などをけずり取って食べるのに適しています。目は、目立たない小さい目です。

やがて成長すると、オタマジャクシは、足が生え、えらと尾が消えて、陸に上がります。このころには、えら呼吸から、人間と同じ「肺呼吸」に変わっています。

カエルは、陸上や水辺で虫をとってくらします。そのため、獲物を見つけるためのとび出した目をもち、すばやくとらえるための長い舌と大きな口をそなえています。肺のほかに、皮ふでも呼吸ができるので、土にもぐって冬眠しても、呼吸をすることができます。

トノサマガエルのようにうしろ足が長いものは、ジャンプが得意で泳ぎもじょうずです。ヒキガエルのようにうしろ足が短いものは、歩きながら陸上や水辺でくらします。

このように、水の中でくらすオタマジャクシと、陸の上でくらすカエルとでは、すがたも、からだのしくみも、大きくちがうのです。だから、親子なのに、こんなに似ていないのですね。

192ページのこたえ　巻貝

おはなし豆知識　最近の研究で、オタマジャクシは皮ふでも呼吸していることがわかりました。

おはなしクイズ　オタマジャクシにあって、カエルになるとなくなるものは？　㋐目　㋑えら　㋒足

6月2日
のおはなし

ハムスターはどうしてまわるのが好きなの？

野生のころの習性が今でも残っています

読んだ日にち（　　年　　月　　日）（　　年　　月　　日）（　　年　　月　　日）

動物

ハムスターを飼ったことはありますか？　ハムスターは、ネズミやリスの仲間です。野生のハムスターは、砂漠や草原などの乾燥した地域で、地面にあなをほって生活しています。小さくて愛らしく、とても親しみやすい生きものです。

ハムスターは人によくなれ、ケージ（金属製のかご）の中で世話をすることができます。ただ、けんかをすることがあるので、ひとつのケージにつき、一ぴきずつ飼うのがいいようです。

ケージの中は、床にほし草などをたっぷりしき、巣箱、トイレ、エサ入れ、給水器などが必要です。そのほかに、とてもたいせつなのが、まわし車などの遊び道具です。ハムスターは、じつは、とても活発な動物なので、よろこんでまわします。

これは、野生でのくらし方に関係があります。ハムスターは、からだが小さく、武器もありませんから、天敵から身を守るには、あなの中にすばやくにげこむしかありません。また、外に出たら、できるだけ早くエサを見つけて、巣あなに運びこまなければなりません。そのころの習性が残っているので、人に飼われるようになった今でも、じっとしていられない性質なのです。

ハムスターは夜行性で、昼間はぐっすりねむっていますが、夕方くらいからいきいきと動きはじめます。あの小さなからだで、なんと、一日に平均一〇キロメートル歩くという説もあるほどです。

ですから、本当は広いところで飼うのが一番なのかもしれませんが、家具のすきまに入ったり、電気コードをかじったりするので、家の中で自由にさせるわけにはいきません。そのため、運動不足にならないように、遊び道具が必要なのです。

ハムスターは、好奇心が強く、動くのが大好きです。ラップのしんや空き箱で迷路をつくったり、ときには、せまいケージから出して、自由に動きまわれるようにしたりしてもいいですね。ただし、外ににげないように、じゅうぶん気をつけましょう。

194ページのこたえ　㋑えら

おはなし豆知識　ハムスターは雑食性で、野菜やくだもののほかに、チーズやゆでたまごなども好きです。

おはなしクイズ　ハムスターは、夜行性の動物である。○か×か？

こたえはつぎのページ

地球1周分も歩いた人がいたの？

測量のため、約15年かけて日本全国を歩きました

6月3日のおはなし

読んだ日にち（　　年　　月　　日）（　　年　　月　　日）（　　年　　月　　日）

伝記

伊能忠敬（一七四五〜一八一八年）

地図はとても便利なものです。はじめてたずねる町でも、地図を見ながら歩くことができます。

今では、人工衛星やコンピュータを使って、とても正確な地図をつくれるようになりましたが、昔の人はいったいどうやって地図をつくったのでしょう。

江戸時代のはじめには、距離や山の高さをはかる測量の技術は、かなり進んでいました。しかし、それぞれの地域をおさめる藩がつくった「国絵図」という地図が中心で、日本全体をあらわした正確な日本地図は、まだありませんでした。

日本全国を測量して歩くためには、たくさんの手間とお金がかかりますし、そんなたいへんなことをしようとする人もいなかったのです。

しかし、江戸時代の半ばに、とてつもない根気と強い意志で、それを成しとげた人がいました。それが、伊能忠敬です。

上総の国（今の千葉県）に生まれた忠敬は、おさないころにお母さんをなくしましたが、子どものころから勉強が好きで、数学や医術を学んでいました。

十七歳で伊能家のむこ養子になると、かたむいた家業をおよそ十年で立て直しました。村がききんにみまわれたときには、すすんで村人に米を分けあたえ、人びとに尊敬されました。

四十九歳のとき、忠敬は家業を息子にゆずりました。そのころの四十九歳といえば、もうわかくはありません。でも、忠敬には、「好きな学問がしたい」という大きな夢がありました。五十歳のとき、江戸（今の東京都）に出て、十九歳も年下の高橋至時という人の弟子になり、暦学や天文学を学んだのです。

天体観測を学んだ忠敬は、あるとき、地球の大きさをわり出してみました。ところが、先生の至時に、「江戸から蝦夷（今の北海道）あたりまでの距離をもとにしなければ、正しい予測はできない」と言われてしまいます。それが、忠敬の心に火をつけました。実際に測量してやろうと思ったのです。

一八〇〇年、五十五歳のとき、忠敬は蝦夷に向かって江戸を出発しま

195ページのこたえ ◯

した。「歩測」といって、一歩の長さを守りながら距離をはかる方法です。忠敬の一歩の長さは、六九センチメートルでした。

地図をつくるためには、距離をはかるだけではなく、磁石で方位をたしかめたり、山の頂上を目印に方角を知ったり、星の高さから今いる場所の正しい位置をはかったりすることが必要です。そのために、忠敬はさまざまな道具を使い、くふうを重ねながら測量をつづけました。

方向が変わるごとに立てる目印に、測量用のなわをはって進む方法が、忠敬の測量の基本です。忠敬が発明した、方位を調べるための「半円方位盤」という磁石も、測量の強い味方でした。

蝦夷の測量は、残念ながら、半分まわったところで、人手不足のために引き返すことになります。しかし、一回目の測量でできた精密な地図には、幕府の役人も感心しました。

それからは、幕府から測量のためのお金も出るようになり、その金額は、忠敬の仕事がすばらしいものであると知られるにつれ、だんだん上がっていきました。

忠敬は、それからなんと約十五年もかけて日本全国を歩き、測量をつづけました。測量は、第十回までつづけられ、そのうち、第九回をのぞいて、自分も旅に参加して、歩き通しました。歩いた距離は、地球一周分、約四万キロメートルに達していたそうです。

最後に残っていた江戸市内の測量を終えたあと、忠敬は七十三歳でなくなりました。未完成だった日本地図『大日本沿海輿地全図』は、その三年後に、弟子たちが完成させています。この地図は「伊能図」ともよばれ、三種類つくられました。それまでにない正確な日本地図として信頼され、昭和のはじめごろまで利用されたのです。

おはなし豆知識　忠敬は、旅の間は１日も欠かさず、くわしい日記をつけていました。

おはなしクイズ　忠敬が最後に測量した場所はどこ？　㋐江戸　㋑蝦夷　㋒京都

こたえは つぎのページ

むし歯になりやすい人がいるって本当？

食べるときに口から出るあるものが関係しています

読んだ日にち（　　年　　月　　日）（　　年　　月　　日）（　　年　　月　　日）

　歯医者さんに行くのが好きな人は、少ないのではないでしょうか。でも、急に歯がしみたり痛んだり、いつのまにかむし歯になっていて、歯医者さんに行かなければならないことがありますね。

　むし歯をつくるのは、「ミュータンス菌」という細菌です。ミュータンス菌は、歯の間にはさまった食べかすにふくまれる糖分を酸に変えて、その酸で歯をとかすのです。糖分を酸に変えるスピードは、なんと約三分。ですから、食後に歯みがきをして、歯についた食べかすやミュータンス菌を落とすことがたいせつです。

　でも、毎日正しく歯みがきをしていても、むし歯になることがあります。むし歯の原因は、歯のみがき残しだけではないようです。むし歯になりやすい人と、なりにくい人がいるのでしょうか。

　歯みがきのしかた以外の、むし歯の原因には、いくつかあります。歯ならびが悪くて、歯ブラシのとどかない場所があること。あまいものや、歯にくっつきやすいものをよく食べること。そして、もうひとつ、むし歯に関係が深いのが「だ液（つば）」です。

　だ液には、口の中をあらい流してきれいにしたり、生えてきた歯をかたくしたり、細菌をころしたりするはたらきがあります。つまり、口の中がかわくと、だ液がへって、むし歯になりやすくなるのです。

　口の中には、六か所もだ液の出る場所があり、食べものをかめばかむほどたくさん出るしくみになっています。

　でも、むし歯があると、痛くてよくかむことができませんから、ますます口の中がかわいて、むし歯がふえることになります。さらにひどくなると、「歯周病」という歯ぐきの病気にもかかりやすくなります。だ液が少ない人は、むし歯になりやすい人といえます。

　むし歯ができている人は、まずきちんと治療しましょう。そして、食べものはよくかんで、だ液をよく出すようにしましょう。

　よくかめば、口の中がうるおい、むし歯になりにくくなります。また、あごをよく動かすことで、脳のはたらきや血のめぐりがよくなり、からだが健康になるのです。

197ページのこたえ　㋐江戸

おはなし豆知識　すいみん中はだ液が出にくいので、ねる前にはきちんと歯みがきをしましょう。

おはなしクイズ　むし歯をつくるのは、なんという細菌？

こたえはつぎのページ

自分でふくらませた風船はなぜ飛んでいかないの？

気体は種類によって重さがちがいます

読んだ日にち（　年　月　日）（　年　月　日）（　年　月　日）

生活

遊園地などでもらう風船は、ふわふわうかんで、うっかり手をはなしたら飛んでいってしまいますね。でも、自分でふくらませた風船は、どうして飛ばないのでしょう。

これは、風船をふくらませている「気体」にちがいがあるからです。気体は色もなく透明なので、ふだんはあるのかないのかも、あまり気になりません。でも、じつはいろいろな種類があり、重さや性質もさまざまです。

空にうかぶ風船は、「ヘリウム」というガスを入れてふくらませてあります。ヘリウムは、わたしたちをとりまく空気とくらべて、重さが七分の一ほどの軽い気体です。ヘリウムをつめた風船は、空気よりずっと軽いので、風船の重みがあっても空にうかぶのです。

このヘリウムよりもさらに軽い気体に、「水素」があり、昔は飛行船を飛ばすのにも使われていましたが、水素はもえやすくきけんなので、ヘリウムが使われるようになりました。

それに対して、自分でふくらませる風船には、口からはく息がつまっていますね。わたしたちをとりまく空気は、おもに「ちっ素」「酸素」「二酸化炭素」という気体でできています。

わたしたちは空気にふくまれる酸素を取りこみ、二酸化炭素を出すことで、呼吸をしています。そのため、すった空気とはいた息とでは、はいた息のほうに二酸化炭素が多く入っています。この二酸化炭素は、空気の約一・五倍の重さがあるので、空気よりも息のほうが重たいのです。それで、自分でふくらませた風船は、飛ばずに落ちてしまうわけです。

ところで、せっかく一生けんめいふくらませた風船なのに、つぎの日になったら、小さくなっていてがっかりしたことはありませんか。

風船のゴムのうすい膜には、じつは、目に見えない小さなあながたくさん空いています。風船がしぼむのは、この小さいあなから、空気がもれるからです。そのため、ヘリウムでふくらませた風船も、同じようにしぼんでいき、いつか地面に落ちてしまいます。

198ページのこたえ　ミュータンス菌

おはなし豆知識　風船を使って作品をつくるバルーンアートには、口でふくらませた風船を使います。

おはなしクイズ　空気より重い気体は、つぎのうちどれ？　㋐水素　㋑ヘリウム　㋒二酸化炭素

こたえは つぎのページ

くるくるまかれた葉っぱはだれがつくったの？

6月6日のおはなし

オトシブミのゆりかごづくりを観察してみると……

読んだ日にち（　年　月　日）（　年　月　日）（　年　月　日）

ファーブル昆虫記

「オトシブミ・チョッキリ」のおはなしより

〈あるとき、ファーブルは、オトシブミという虫に興味をもちました。オトシブミについてのファーブルのお話を見てみましょう。〉

オトシブミは、木の葉をうまく切って、じょうずにくるくるとまき、小さな巻物のような形をつくる虫です。その中にはたまごがうみつけられており、幼虫は、中で葉っぱを食べて育ちます。この巻物は、オトシブミのゆりかごというわけです（地面に落ちているところが、まるでまるめた手紙が落ちているように見えたことから、日本では、「落とし文」とよばれるようになりました）。

オトシブミに近い仲間に、チョッキリという名前のついた虫がいます（木のえだや葉の根元に、はさみでチョッキリと切るようにかみきずをつけるところから、その名がつきました）。チョッキリの仲間もまた、オトシブミのように、葉っぱをまいて、ゆりかごをつくります。

オトシブミやチョッキリの仲間は、種類によって、からだの形やしくみが少しちがいます。からだのわりに頭が小さく、奇妙なすがたをしていて、とても葉っぱであんな器用な作品をつくるようには見えません。

「こん虫のからだつきの特徴と、つくり出すものとの間には、なにか関係があるのだろうか」

そう思ったわたし（ファーブル）は、何種類かのオトシブミやチョッキリの仲間を家で飼って、観察してみることにしました。

わたしの家の近くで、もっともつかまえやすかったのは、アシナガオトシブミと、ホソドロハマキチョッキリでした。

アシナガオトシブミは、ずんぐりした赤い小さな虫です。ゆりかごに使う葉っぱは、セイヨウヒイラギガシというかたい木の葉です。

観察していると、アシナガオトシブミは、夜、葉っぱがしめってやわらかくなるころ、仕事をはじめまし

199ページのこたえ
ウ 二酸化炭素

た。まず、葉っぱの根元から少しはなれたところの、右側と左側に大あごで切れ目を入れます。そして、葉っぱが少ししおれてやわらかくなると、両側からふたつにたたみ、葉の先のほうを少しまいてからたまごをうみます。そしてくるくるとまき上げて、一センチメートルほどのかわいいゆりかごにします。

このゆりかごが木から落ちて、日照りでからからにかわいてしまうと、中の幼虫は成長を止めて、雨がふるまでねむったようにすごします。そのことを知ったわたしは、とても感動しました。このような能力をもつのは、オトシブミやチョッキリの中では、アシナガオトシブミだけです。

ホソドロハマキチョッキリは、金属のようにかがやくはねをもつ美しい虫で、ドロノキやポプラの木につきます。

この虫はまず、葉の根元のくきに口の先をつきさして、あなを空けます。木のみきから送られる水分は、このきずのところで止められて、葉の先には行かなくなります。ホソドロハマキチョッキリは、どこに口の先をさせば水が止まるのか、ちゃんとわかっているのです。そして、葉っぱがしんなりしたところで、左右からていねいにまいて、葉巻のような細長いゆりかごをつくります。葉っぱを開けてみると、たまごは、一まいの葉にひとつのこともあれば、三つや四つのこともありました。

「オトシブミやチョッキリの仲間は、からだのつくりにちがいはあるけれど、みな、じょうずに葉っぱのゆりかごをつくった。幼虫のために、安全なゆりかごをつくるのだ、という本能の命令があれば、虫たちは、自分の道具をちゃんと使いこなして、すばらしい仕事をするのだ」

わたしは、オトシブミやチョッキリの観察を通して、そのことを発見したのです。

おはなし豆知識　ゆりかごをつくるのは、オトシブミではメスだけです。

おはなしクイズ　オトシブミのゆりかごの中にはなにが入っている？　㋐オス　㋑たまご　㋒手紙

こたえはつぎのページ

ハトはどうして首をふって歩くの？

わざと首をふっているわけではありません

6月7日のおはなし

読んだ日にち（　年　月　日）（　年　月　日）（　年　月　日）

鳥

頭を前につき出す

からだが前に進む

公園や広場に、たくさん集まっているハト。ハトの歩き方には、どんな特徴があるでしょうか。

ハトは、首を前後にカクカクとふって歩いていますね。この動きがどうなっているかというと、まず、頭だけ前につき出し、からだが前に進むと、また頭を前につき出します。

これをくり返しながら歩いているのです。こんなに首をふったら、なんだか歩きにくそうに思えますね。ハトはどうして、こんなふしぎな歩き方をするのでしょう。

それは、ハトの目にひみつがあります。眼球、つまり目の玉には、いろいろな筋肉がついています。光を感じることによって、よりよく見えるように動いたり、とっさに目をつぶったりするなど、脳が無意識に判断して、筋肉の動きを調整しています。人間をはじめ、ほ乳類の目にはこのはたらきがあり、歩いているときも眼球が動いて、同じ景色を見つづけることができるのです。

ところが、ハトなどの鳥類は目のつくりがほ乳類とちがい、ほとんど眼球を動かすことができません。そのため、歩いているときはとても景色が見えにくいのです。それで、まず頭だけつき出し、からだが前に進むときには頭を動かさないようにして、景色が動かないようにしているのです。

つまり、首をふっているように見える歩き方は、景色のゆれを止めるためだったのです。また、この動きには、からだが左右にゆれるのをふせぎ、バランスをとる効果もあるようです。

ところで、首をふって歩くのは、ハトだけではありません。ゆっくり歩きながらエサをついばむ鳥に、首をふるものが多いようです。スズメやニワトリ、キジなどもよく見ると、首をふりながら歩いています。地面に落ちているエサを見つけて食べるには、よく見えるように歩く必要があるのでしょう。

201ページのこたえ　㋑たまご

おはなし豆知識　ハトに目かくしをして歩かせると、なにも見えないので首をふりません。

おはなしクイズ　鳥と人間、ほとんど眼球を動かせないのは、どっち？

こたえはつぎのページ

6月8日のおはなし

電気だけで動く車はあるの?

ガソリンを使わない自動車があります

読んだ日にち（　年　月　日）（　年　月　日）（　年　月　日）

乗りもの

「電気自動車」は、環境にやさしい自動車です。ふつうの車は、ガソリンを燃料にしてエンジンで走りますが、電気自動車は電気を使ってモーターで走ります。ガソリンなどの燃料をもやさないので排気ガスを出しません。またとても静かに走ります。家のコンセントにつなぐこともできますが、公共の場所にある充電スタンドなら、速く充電ができます。最近ではたくさんの量の電気をたくわえられる、軽くて小さいリチウムイオンバッテリーができたことで、以前より長く走れるようになりました。

電気自動車のモーターは力強く、アクセルをふむとすばやく加速します。車を動かす電気代はガソリン代より安く、排気ガスを出さないので、家の中にガレージをつくって、重い荷物を楽に運ぶことができます。

しかし、電気自動車は、ふつうの車にくらべると、あまり長く走ることができず、車内の冷暖房を使うと、バッテリーに充電した電気が早くなくなってしまいます。また、ガソリンを満タンにするのとくらべて、一回の充電に時間がかかります。

さらに、電気自動車を動かすもととなる電気をつくるための火力発電などには、天然ガスや石油が使われるので、本当の意味で地球にふたんがかからないエネルギーとはいえないという意見もあります。

環境にやさしい車には、「燃料電池車」もあります。水素を燃料に使って、空気中の酸素と反応させて電気をつくるしくみで、発電するときは水が出るだけです。水素の補給には充電ほど時間がかかりませんし、より長く走ることができます。燃料電池がとても高価なことや、水素をどのようにつくるのかという課題もありますが、すでに実用化され利用拡大が目指されています。

また、最近では自動運転車も開発されています。自動運転車は、AI（人工知能）が車についていて、現在地や周囲の状況を確認しながら、目的地に向かうことができます。今は研究が進められている段階です。

ガソリン自動車
排気ガス
ブーン
ガソリン
電気自動車
充電
電気
酸素
燃料電池車
水素
水

202ページのこたえ　鳥

おはなし豆知識　燃料電池車の水素は３分で満タンになり、500キロメートル以上走ることができます。

おはなしクイズ　電気自動車は、排気ガスを出す。○か×か？

こたえはつぎのページ

お金はどうやってつくるの？

6月9日のおはなし

かんたんにまねされないように、さまざまなくふうがされています

読んだ日にち（　年　月　日）（　年　月　日）（　年　月　日）

道具・もの

わたしたちが使うお金には、コイン（こう貨）とお札があります。コインには製造年がきざまれていて、何十年も前につくられたものも使われています。お札は、コインほど長持ちはしませんが、ふつうの紙よりも強く、折りまげたり、ぬれたりしても、かんたんにはやぶれません。

お金は、いったいどんなふうにつくられているのでしょう。

コインは、まず銅やニッケルなどの金属をとかし、金属の板をつくります。それを、まるいコインの形に型ぬきし、まわりにふちをつけます。つぎに、よごれを落とすために、よくあらってかわかします。最後に、表とうらにもようをつけてできありです。このあと、きずがついていないか、形がちゃんとしているかなどをきびしく検査して、合格したものだけが使われます。

日本のお札は、「ミツマタ」というじょうぶな植物からできています。ミツマタは、大昔から和紙の原料に使われてきました（58ページ）。日本のお札の紙の質は、世界一いいといわれています。

お札のもとの絵は、筆と絵の具を使って、「工芸官」という人たちがえがいています。その絵から、印刷のもとになる原版を彫るのは、工芸官の中でも特別なうで前をもった人です。その原版から、印刷のための版面をつくり、印刷機を使って印刷していくのです。

ところで、お札には、にせ札をふせぐためにさまざまなくふうがされています。そのひとつが、光を当てると絵がうき出る「すかし」です。ほかに、見る角度によってもようが変化して見える「ホログラム」をはりつけたり、紫外線を当てると光る特別なインクを使ったりと、かんたんにまねされないようになっています。

長く使われたお金は、一度回収され、お金を発行している日本銀行にもどります。そして、まだ使えるものだけが、また世の中に出ていくのです。使えなくなったコインはふたたびコインの材料となり、お札は、トイレットペーパーなどにリサイクルされます。

203ページのこたえ　×

おはなし豆知識　500円玉の側面には、偽造防止のために、ななめのギザギザがついています。

おはなしクイズ　日本のお札に使われる原料の木はなに？　㋐ミツマタ　㋑ポプラ　㋒イチョウ

こたえはつぎのページ

食べものにカビが生えるのはなぜ?

食べられるカビと食べられないカビのひみつ

読んだ日にち(　年　月　日)(　年　月　日)(　年　月　日)

食べもの

食べようと思っていたおもちやパンにカビが生えていたら、ショックですね。

カビは、ひとつひとつは目に見えない微生物です。食べものを、あたたかい部屋などに置いたままにしておくと、空気中にただよっている「胞子」というカビの種のようなものがくっついて、カビが生えてきます。じめじめしたあたたかい場所が好きなカビは、胞子がとなりどうしでくっついて広がって、かたまりをつくると、目に見えるようになります。そして、「胞子のう」という、胞子がいっぱいつまったふくろをつくり、そこからまた胞子を飛ばしてふえていくのです。

アオカビ
胞子
カビが生えたパン
コウジカビ

カビには、アオカビやコウジカビなど、毒をつくる種類があり、食べると中毒を起こしたり、病気になったりするものもあるので、カビが生えたものを食べてはいけません。

薬
チーズ

しかし、同じアオカビでも、チーズに生えた食べられるものや、薬の材料をつくるものもあります。また、コウジカビ(こうじ菌➡180ページ)は、みそやしょうゆをつくるときに使われるため日本人の食事になくてはならないカビです。すべてのカビが悪者というわけではないのですね。

カビのほかにも、空気中にはさまざまな微生物がいます。食べものを置きっぱなしにしておくと、ぬるぬる、べたべたしてきて、いやなにおいになり、最後には形がくずれて、くさってしまいます。これは、「腐敗菌」という微生物のしわざです。

いっぽう、人間の役に立つ微生物もたくさんあります。たとえば、「乳酸菌」はヨーグルトを、「納豆菌(251ページ)」は納豆を、「酵母菌(139ページ)」はパンを、「酢酸菌(379ページ)」は酢をつくるのを助けます。

これらの菌は、「発酵」というはたらきをします。発酵とは、食べものを微生物のはたらきによって、別の食べものにつくりかえることです。つまり、人間の役に立つか立たないかで、「発酵」と「腐敗」に分かれるというわけです。しかし、どれもみな、微生物のはたらきであることに変わりはありません。

204ページのこたえ　㋐ミツマタ

おはなし豆知識　自然の中でも、カビや腐敗菌は、生きものの死がいなどから栄養をすい取って分解します。

おはなしクイズ　カビの好きなところは、どんなところ?　㋐すずしい場所　㋑あたたかい場所

こたえはつぎのページ

月はどうしていろいろな形になるの？

6月11日のおはなし

月がやせたり太ったりするのには、ちゃんとわけがあります

読んだ日にち（　　年　　月　　日）（　　年　　月　　日）（　　年　　月　　日）

地球・宇宙

月の表面の写真を見ると、でこぼこした白っぽい地面が広がっているだけのようです。それなのに、夜になると美しくかがやき、日によって形がさまざまに変わります。月はふしぎですね。

月は、自分で光をはなってかがやいているわけではありません。月が光って見えるのは、太陽の光を反射しているからです。

でも、ただ太陽の光が当たっているだけなら、どうして満月になったり三日月になったりと、形を変えていくのでしょう。

月は、ボールのような球体で、もとの形はずっと変わりません。それでも、形が変わるように見えるのには、月と地球と太陽の、三つの位置に関係があります。

月は地球のまわりをまわり、地球は太陽のまわりをまわっています。

地球から見て、月が太陽と同じ方向にあるとき、月が太陽に照らされている部分は、地球から見て向こう側になります。月はかげの側を地球に向けるので、見えなくなります。

このときが、「新月」です。

やがて、月が少しずつ動いていくと、地球から見て、光が当たっている場所が変わっていきます。すると、月の見え方も変わっていきます。

新月から約三日目には、地球から見て、太陽のある右側が細くかがやきます。これが「三日月」で、太陽の光がななめうしろから当たっているときです。

約七日目には、照らされている月を横から見るので、「半月」になります。

約十三日目には、ふっくらとしたレモンのような形の月になります。

約十五日目になると、月が新月のときの反対側にやってきます。照らされた明るい月面が正面に見えるときが、「満月」です。

満月のとき、太陽、地球、月の順でまっすぐにならぶと、月に地球のかげがうつって、月が欠けて見えることがあります。これを「月食」と

太陽
太陽の光
月
地球から見える月の形
地球

205ページのこたえ
㋑あたたかい場所

いいます。ただ、三つがきちんと一直線にならぶことは、せいぜい一年に二回ほどで、まったく起こらない年もあります。

　満月のあと、月は少しずつ欠けていき、約二十二日目には、また半月になります。そして、約一か月でふたたび新月になります。

　このように、月は、光の当たる角度によって見えるすがたを変えながら、地球のまわりをまわっています。それで、形が変わっていくように見えるのです。このうつり変わりを、「月の満ち欠け」といいます。

　月の満ち欠けをわかりやすく知りたければ、真っ暗な部屋の中で、かい中電灯でボールを照らして実験してみるといいでしょう。回転するいすにすわるか、その場でまわりながら、光の当たったところの形を見てみると、月に太陽の光が当たったときの見え方がよくわかります。

　ところで、いつも見ている月ですが、わたしたちは、月の顔をすべて知っているわけではありません。というのも、月はいつも地球に同じ面を向けながら、地球のまわりをまわっているからです。つまり、地球からは、月のうら側を見ることはできないのです。

　また、じつは、満ち欠けしているのは、月だけではありません。わたしたちの住む地球も、太陽に照らされています。ですから、宇宙空間からながめれば、地球もまた、満ち欠けして見えているのです。

おはなし豆知識　1959年、ソ連（今のロシア）の探査機が、はじめて月のうら側の写真撮影に成功しました。

おはなしクイズ　月はなにに照らされて光っている？　㋐金星　㋑太陽　㋒地球

こたえは つぎのページ

のどちんこってどうしてあるの？

食べものが鼻に入るのをふせぐ役目をしています

6月12日のおはなし

読んだ日にち（　年　月　日）（　年　月　日）（　年　月　日）

からだ

食べものを口に入れてから、飲みこむまでの間に、口の中ではどんなことが起きているか、考えたことがありますか？

ただ、かんで飲みこむだけ？　いえいえ、それだけではありません。ためしに鏡の前で、口を「あーん」と開けてみてください。歯と、舌と、そのおくにのどが見えますね。それらはすべて、たいせつな役目を果たしているのです。

口は、食べものの入り口です。でも、かたいまま飲みこんだのでは、おなかの中でうまく消化することができません。それでまず、歯で細かくかみくだき、舌でだ液とまぜ合わせながら、飲みこみやすくします。

口の中の天井部分を、「口がい」といいます。口がいは、かたい骨と筋肉でできていて、うしろのほうがよく動くようになっています。この口がいの、一番うしろのたれ下がった部分が「口がいすい」、つまり、のどちんこです。ふしぎな形をしていますが、どんな役目があるのでしょう。

食べものは、かみくだかれたあと、のどのほうに下りていくのですが、のどちんこのおくには、いくつかの通り道があります。下には、食べものを胃に送る「食道」と、空気を肺に送る「気管」が、上には、鼻からすった空気を通す「鼻くう」があります。のどは、入ってきた空気と食べものが合流する場所ですから、ここで行き先をまちがえたらたいへんなことになります。

食べものを飲みこもうとすると、まず、のどちんこがもち上がり、鼻くうとのどの間をふさぎます。のどちんこは、食べものが鼻に入るのをふせぐ役目をしているのです。

同時に、舌のおくにある「こう頭がい」というところがうしろにたおれて、食べものが肺に入らないように、気管の入り口をふさぎます。この動きがうまくいかないと、気管に食べものが入り、むせてしまいます。

ごはんを食べるとき、口の中では、いろいろなしくみがそれぞれの役目をきちんと果たしているのです。ときには、このしくみを思い出しながら、ゆっくりと味わってみましょう。

207ページのこたえ　㋑太陽

おはなし豆知識　のどちんこが大きい人は、いびきをかきやすいといわれています。

おはなしクイズ　のどちんこは、食べものがどこに入るのをふせいでいる？

こたえはつぎのページ

6月13日のおはなし

花のさく時期はどうやって決まるの？

花は季節の変化がわかるのでしょうか

読んだ日にち（　年　月　日）（　年　月　日）（　年　月　日）

植物

日本は、春・夏・秋・冬という四つの季節の変化が、はっきりした国です。夏は日差しが強く暑くなり、冬は寒く、雪がふるところもありますね。花の季節もだいたい決まっています。サクラは春、ヒマワリは夏というように、季節によっておなじみの花があります。なぜでしょうか。

植物が芽を出したり、育ったりするためには、それぞれちょうどいい温度があり、あたたかすぎても寒すぎても芽は出ません。たとえば、アサガオやマリーゴールドなどは、あたたかいときによく育ち、パンジーやヒナギクは、寒いときによく育ちます。

アジサイは、六月から七月にかけて、梅雨の時期にさく花として知られています。雨の中でさく、うすむらさきや水色の花は、とても美しいものです。アジサイは、雨が好きな花というイメージがありますね。

アジサイは、秋にはつぎの年の花となる芽を準備して、冬をこします。そして、日の当たりすぎない木かげや山の中などでよく育ち、夏になる前に花の季節をむかえます。ただ、水がとても好きな植物なので、乾燥すると元気がなくなってしまいます。

アジサイにとって、雨の多い梅雨の時期は、大好きな水がたっぷりあって、美しい花をのびのびさかせるには、ちょうどいい季節なのです。

花がさくためには、このほかに、もうひとつだいじなスイッチがあります。それは、植物が日の光を一日にあびる時間の長さです。

たとえば、春は、あたたかくなるにつれて、日の当たる時間が長くなりますが、秋は、だんだん寒くなり、日が短くなっていきます。木かげと日なたでも、日当たりの時間がちがいます。植物は、こうした温度や光の変化をびんかんに感じて、一年のうちで自分がさくのにちょうどいいときを決めているのです。

同じ種類の植物は、だいたい同じ時期にさいて、仲間どうしで受粉（13ページ）をし、子孫を残します。こうして、つぎの年にもたくさんの花をさかせるのです。

208ページのこたえ　鼻

おはなし豆知識　環境や気象の変化により、花が季節はずれにさくことがあります。

おはなしクイズ　アジサイが好きな天気はどれ？　㋐雨　㋑雪　㋒晴れ

こたえはつぎのページ

雑草という名の植物はないって本当？

1500種類以上の植物に名前をつけた日本人がいます

読んだ日にち（　年　月　日）（　年　月　日）（　年　月　日）

6月14日のおはなし

伝記

牧野富太郎（一八六二〜一九五七年）

小さい男の子が、おばあさんに連れられて、お墓まいりにやって来ました。ふたりは、きれいな花束をかかえています。

「お父さんもお母さんも、お花が好きだったから、きっとよろこぶよ」

おばあさんが言うと、男の子は、

「じゃあ、お花は、お父さんとお母さんへのお手紙だね」

と、言いました。

男の子は、のちに世界的な植物学者となる牧野富太郎です。おさないころに両親をなくし、おばあさんに育てられました。高知県の佐川村というところで、一番大きな商店の子どもだったので、くらしに不自由はありませんでした。でも、小さいころはやせっぽちで青白く、からだの弱い子どもでした。

十歳になると、富太郎は寺子屋（江戸時代の塾）に通いはじめました。寺子屋の帰り道、うら山をぶらぶらして、草花を見るのが、富太郎の楽しみでした。小さいころから草花が大好きで、花をつんできては、絵にかいていたのです。

十二歳で小学校に入りましたが、勉強がやさしすぎて、ちっともおもしろくありません。ひとつだけ心をひかれたのは、学校にかざってあった植物の絵でした。そして、世の中には、名前のない植物があることを先生に教えてもらいました。

富太郎は二年で小学校をやめると、そのあとは、草花を観察して絵をかいたり、植物の本をすみずみまで読んだりしながら、ひとりで好きな勉強をつづけました。

「いつか、だれも知らない植物を見つけて、ぼくが名前をつけるんだ」

そう思うと、わくわくしてたまらないのでした。

やがて、二十歳をすぎると、富太郎は、もっと植物を勉強したいと思い、東京に出ました。小学校に二年間しか通っていなくても、自分で集め、調べた植物の知識は、たいへんなものでした。二十二歳で東京大学の植物学教室に通うことをゆるされ、熱心に勉強をつづけました。

そのころ、日本でも植物を研究している人はいましたが、植物に「学名」をつけた日本人はまだいませんでした。学名というのは、動植物に

209ページのこたえ　㋐雨

つけられる、世界共通の名前のことです。それまでは、日本で見つかった植物でも、まず外国に送って、学名をつけてもらっていたのです。

「よし、ぼくは、自分で見つけて、自分で名前をつけてみせるぞ」

富太郎は、植物を採集し、とことん確認し、分類しました。そして、まだ学名がついていなかった植物を発見し、植物学者の大久保三郎とともに、「ヤマトグサ」と名づけました。これは日本人がはじめて日本でつけた植物の学名です。

新しく発見された植物に学名をつけるには、その植物をくわしく知っているだけでなく、ラテン語でもあらわさなければなりません。富太郎は、この仕事を日本人ではじめてやりとげ、なくなるまでに千五百種類以上の植物に名前をつけました。

富太郎のいきおいは止まりません。

「つぎは、植物図鑑を出したい」

高知の実家からお金をあまり送ってもらえなくなっても、自分で絵をかき、文を書き、印刷機を借りて自分で印刷して、本をつくったのです。『日本植物志図篇』という本で、それから三年の間に、なんと十一冊の図篇を発行しました。

富太郎は、大学で講師として教えながら、九十四歳でなくなる少し前まで大好きな植物の研究をつづけ、「日本の植物学の父」とよばれるようになりました。

富太郎は、学生たちと野山に行くと、「そもそもこの植物は……」と説明をはじめて、なかなか話が終わらなかったそうです。それをからかわれたことから名づけられたという、「イブキソモソモ」という植物もあるほどです。

「雑草という植物はない。みな名前をもち、人の価値観とは関係なく美しく存在しているのです」

草花を愛する富太郎の気持ちがこもった言葉ですね。

おはなし豆知識　富太郎が妻の名前をとって名づけた、「スエコザサ」というササもあります。

おはなしクイズ　牧野富太郎が大久保三郎とともに、日本人ではじめて植物につけた学名は？

こたえは
つぎのページ

地震はどうして起こるの？

地球の中の活動が原因で、ひんぱんに起きています

読んだ日にち（　　年　　月　　日）（　　年　　月　　日）（　　年　　月　　日）

日本は昔から地震の多い国として知られていますが、地震は、いったいどうして起こるのでしょうか。また、地震の多いところと少ないところがあるのは、なぜなのでしょうか。

地震は、地面がゆれることだと思われがちですが、じつは、地面のずっと下、地球の中の活動が原因で起きています。

地球の中心をくるんでいるのは、「マントル」という岩石です（117ページ）。マントルは、数万年から数億年という、気の遠くなるような長い時間をかけて、ゆっくりゆっくり動いていています。

マントルの外側には、「地殻」があります。マントルの上部と地殻のうち、かたい板状の岩石のかたまりでできている部分を「プレート」といいます。プレートは、およそ十数まいに分かれて地球をつつんでいて、あつさが一〇～一〇〇キロメートルほどもあります。

わたしたちがくらす陸やそのまわりの海は、このプレートの上にあります。そのため、地球の内部でマントルが動くと、その上のプレートも動きます。特に、プレートとプレートのさかい目のところは、動きがさかんになり、ふたつのプレートがぶつかると、どちらかがもういっぽうのプレートの下に入りこみます。

海の下にあるプレートと、陸の下にあるプレートがぶつかったところでは、海のプレートが、陸のプレートの下にもぐっていきます。陸のプレートは、海のプレートにまきこまれながら、少しずつゆがんでいきます。長い年月をかけてできた、このゆがみが、あるときたえきれなくなって、もとにもどろうとしてはね返ると、地震が起きるのです。

このはね返りが海の底で起こると、海の水が大きく動いて、波ができます。これが「津波」です。はじめは小さな波でも、ゆれが波となって伝わり、海岸に着くころには、一〇メートル以上の大波になっていることもあります。

このように、プレートどうしがぶつかり合うところで、多くの地震が発生します。日本列島は、四つのプレートのさかい目にあるので、世界の中でも、特に地震が起こりやすい国なのです。からだで感じる地震だけでも、なんと、一年で二千回も発生しています。

地震が起きたときの、地面の上でのゆれの大きさは、「震度」という単位であらわします。震度1では、部屋の中にいる一部の人がわずかにゆれを感じるくらいですが、震度3では、部屋の中にいるほとんどの人がゆれを感じるようになります。さらに、震度6や7になると、立っていることができなくなり、建物がこわれることもあります。

「マグニチュード」という単位もよく耳にしますが、これは地震そのも

211ページのこたえ　ヤマトグサ

の大きさのことで、ゆれた場所によって変わるものではありません。

ここ十年ほどの間に日本で起きた大きな震災（地震による災害）は、二〇一一年の東日本大震災のほかに、二〇一六年の熊本地震、二〇一八年の北海道胆振東部地震などがあります。それぞれ、起きた場所によって、津波や山くずれ、火事などが発生し、さまざまなひがいがありました。

日本は地震が多いので、家の建て方も、地震に強い技術がもとめられます。がんじょうな建物を建てて、ゆれてもかんたんにこわれないようにすることを、「耐震」といいます。もうひとつ、建物と地面の間に、ゆれを吸収する装置をつけるなどして、地震によるゆれをへらすことを、「免震」といいます。免震のための技術は、大きなビルやマンションに多く使われるようになりました。

地震が起きる前に、時間や場所がわかるようにすることを、「地震予知」といいます。今も研究がつづけられていますが、予知はとてもむずかしいようです。地震がいつ起きても、落ち着いて行動できるように、わたしたちも日ごろから気をつけておきたいものですね。

おはなし豆知識 震度は、0〜4、5弱、5強、6弱、6強、7の10段階に分けられています。

おはなしクイズ 地震そのものの大きさをあらわす単位はどちら？ ㋐マグニチュード ㋑震度

こたえは つぎのページ

ツバメはなぜ人の家に巣をつくるの？

天敵からヒナたちを守ることができるからです

6月16日のおはなし

読んだ日にち（　　年　　月　　日）（　　年　　月　　日）（　　年　　月　　日）

鳥

　春になると、町中でツバメをよく見かけるようになります。すいーっ、すいーっと空を泳ぐように飛んでいくすがたは、とてもきれいですね。

　ツバメは、家の屋根の下や駅の天井などに巣をつくり、ヒナを育てます。どうしてわざわざ、人のいる近くに巣をつくるのでしょう。

　一番の理由は、天敵からヒナたちを守ることができるからです。人が生活しているところでは、自然の中とくらべて、ヘビやカラス、ワシなどはあまりいません。安心してヒナを育てることができます。

　ツバメは、どろやかれ草にだ液をまぜて、おわん型の巣をつくります。そのつくり方は、日本の伝統的な土かべとよく似ていて、とてもじょうぶです。直しながら、毎年、同じ巣を使いつづける場合もあるそうです。

　しかし、いくらじょうぶといっても、雨や風に当たってばかりいては、巣はもろくなってしまいます。ヒナたちのためにも、雨をふせげる場所はとても重要です。そういう点でも、人の住む建物はぴったりなのです。

　ところで、ツバメは昔から縁起のよい鳥として知られています。「ツバメが巣をつくる家には、吉がある」「ツバメが巣をつくった家は火事にならない」など、全国各地にさまざまな言い伝えがあります。そのため、人びとは自分の家にツバメが巣をつくると、とてもよろこびました。

　巣をつくりやすいように台でささえたり、巣が落ちたときには、段ボール箱や木の板を使ってもとにもどしたりしていました。

　ツバメは野鳥の中でも、弱い鳥とされています。だから、人の力を借りようとするのです。

　人間の近くでなければ生きていけないなんて、ちょっと変わっていますが、もし町中で見かけたら、温かく見守りましょう。

213ページのこたえ　㋐マグニチュード

おはなし豆知識　ツバメはふだん時速50キロメートルくらいで飛びますが、最速は時速200キロメートルです。

おはなしクイズ　ツバメの天敵はどれ？　㋐人間　㋑ヘビ　㋒トンボ

こたえはつぎのページ

6月17日のおはなし

ゴリラはやさしいって本当？

むねをポコポコたたく理由とは……？

読んだ日にち（　　年　　月　　日）（　　年　　月　　日）（　　年　　月　　日）

動物

みなさんは、ゴリラを見たことがありますか？

ゴリラは、人間やチンパンジーなどと同じ「ヒト科」の動物です。

十九世紀半ばに、はじめて生きたゴリラに出合った探検家は、オスのゴリラはとてもきょうぼうで、戦いの好きな動物だと、人びとに伝えました。そのため、長い間、ゴリラはおそろしい動物であると思われてきました。

しかし、学者たちの研究によって、これが大きな誤解であったことがわかります。実際のゴリラは、争いを好まない、やさしい性格の持ち主なのです。

人びとがゴリラをきょうぼうだと考えた原因は、ゴリラの「ドラミング」でした。ドラミングとは、両手でむねをたたいてポコポコとたいこのような大きな音を出すことです。

ゴリラは、敵が近づいてきたり、こうふんしたりしたときに、立ち上がってむねをたたきます。これを最初に見た人びとは、ゴリラがこうげきをしてくる合図だと思いました。

しかし、本当は、相手が近づかないようにおどしているだけで、こうげきするつもりはありません。「近づくなよ」と警告することで、むだな争いをさけようとしているのです。

ゴリラは、オスを中心としたむれで生活し、そのむれの中にはたくさんの子どもたちがいます。ドラミングで敵を遠ざけるのは、家族をきけんから守るためでもあるのです。

ゴリラのむねの筋肉の下には、空気をためるふくろがあり、かれらはそのふくろを手のひらでたたいて、大きな音を出しています。その音は、なんと、二キロメートル先までひびきわたることがあるそうです。

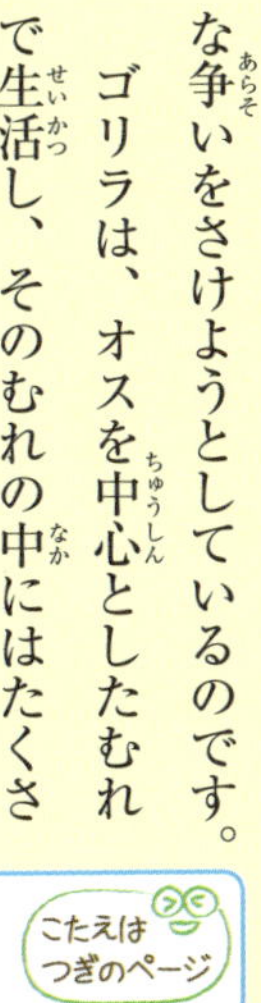

昔のきょうぼうなイメージやからだが大きいことから、ゴリラを肉食だと思う人も多いようですが、ゴリラはくだものや木の実を食べてくらす、ほぼ草食の動物で、ほかの動物をおそったりはしません。

214ページのこたえ　㋑ヘビ

おはなし豆知識 ゴリラのオスは、大人になると背中のあたりが白くなり、「シルバーバック」とよばれます。

おはなしクイズ ゴリラが、むねをたたいて大きな音を出すことを、なんという？

こたえはつぎのページ

ふたごはどうしてそっくりなの？

そっくりのひみつは、「遺伝子」にある!?

6月18日のおはなし

読んだ日にち（　年　月　日）（　年　月　日）（　年　月　日）

からだ

受精卵がふたつに分かれる

それぞれ成長する

わたしたちのからだの細胞の中には、「遺伝子」というものがあります。からだの形や性質をつくる設計図のようなものです（30ページ）。

わたしたちは生まれてくるときに、この遺伝子を、お父さんとお母さんから半分ずつ受けついでいます。両親から受けつぐ遺伝子の組み合わせはかぎりなくあるため、同じ両親から生まれても、顔やからだのつくりにちがいが出てきます。兄弟や姉妹の顔がひとりひとりちがうのは、そのためです。

ただし、ふたごの場合は、同じ遺伝子をもって生まれてくるので、顔やからだ、声などがそっくりになります。では、どうしてふたごは、同じ遺伝子をもって生まれてくるのでしょうか。

赤ちゃんの命は、お父さんのからだの中にある「精子」と、お母さんのからだの中にある「卵子」がいっしょになることで、誕生します。これを「受精」といいます。

精子と卵子でできた受精卵は、もともとひとつです。お母さんのからだの中でゆっくり育っていきますが、とちゅうでなにかのひょうしにふたつに分かれてしまうことがあります。

その分かれた受精卵がそれぞれ赤ちゃんに成長していくと、ふたごになるのです。もともとはひとつのものだったので、もっている遺伝子が同じなのですね。

ところで、ときどき、ふたごなのにそっくりではないこともあります。いっしょに生まれてきても、受精卵がもともとひとつではなく、ふたつだった場合です。

ふたごには、ひとつの受精卵がふたつに分かれてふたごになる場合と、ふたつの受精卵からそれぞれ育つ場合があるのです。

ひとつの受精卵から生まれるふたごを「一卵性」、ふたつの受精卵から生まれるふたごを「二卵性」といいます。二卵性のふたごは、男女の組み合わせもありますが、一卵性のふたごは、男と男、女と女の組み合わせでしか生まれてきません。

215ページのこたえ　ドラミング

おはなし豆知識 ふたごは、先に生まれてきたほうが兄や姉で、あとから生まれてきたほうが弟や妹とされます。

おはなしクイズ 一卵性のふたごは、同じ遺伝子をもって生まれてくる。○か×か？

こたえはつぎのページ

6月19日のおはなし

水を冷やすと氷になるのはなぜ？

水は水の分子という、とても小さいつぶからできています

読んだ日にち（　年　月　日）（　年　月　日）（　年　月　日）

生活

水は、いつもさらさらと流れていて、形をもっていないように見えます。けれども、冷凍庫で冷やすと、かたい氷になりますね。これは、どういうことなのでしょう。

水は、水の「分子」という小さいつぶからできています。この分子はとても小さくて、けんび鏡でも見ることはできません。

水が形を変えられる状態（液体）のとき、分子はあちこち自由に動きまわっています。

しかし、水の温度が低くなってくると、しだいに分子の動きはにぶくなっていきます。そして、○度より低くなると、たがいに結びついて動かなくなります。これが氷です。分子の動きが止まっているので、形の変わらない状態（固体）になるというわけです。

また、水を温めて一〇〇度をこえると、分子はばらばらになって空間にとび出していきます。形がなく、目に見えない状態（気体）の水蒸気に変化するのです。

このような変化は、水だけではありません。わたしたちのまわりにある物質は、温度によってすがたを変える性質をもっています。

ところで、水の入ったコップに氷を入れると、氷はうかびますね。もともと同じものだったのに、どうして氷になると軽くなるのか、ふしぎだと思ったことはありませんか。

ふつう、固体になったときの分子は、きっちりと整列するようにならびますが、水の分子は氷になると、中にすきまができるような特別ならび方をします。そして、そのつぶとつぶの間にできたすきまのぶんだけ、大きくなります。

水を容器いっぱいに入れてこおらせると、容器のふちからもり上がった氷ができますね。これは、すきまのぶん、体積がふえたからなのです。けれども、すきまができただけなので、最初に入れた水の重さと変わりません。

つまり、同じ体積でくらべると、水より氷のほうが軽くなるので、氷は水にうくというわけです。

216ページのこたえ　○

おはなし豆知識　水以外のほかの多くの物質では、固体は液体より重くなります。

おはなしクイズ　水は何度以下になると、氷に変わる？

こたえはつぎのページ

印刷はいつからできるようになったの？

6月20日のおはなし

発明・発見

印刷の発明により、本はだれもが手に取れるものになりました

読んだ日にち（　　年　　月　　日）（　　年　　月　　日）（　　年　　月　　日）

ふだん見る教科書やまんが本、チラシなどは、すべて印刷されたものです。印刷は、文字や絵、写真などをたくさんの紙や布に刷りうつすことができます。

この印刷技術が発明されるまで、本は一さつ一さつ、手で書きうつすのが当たり前でした。そのため、本はとても貴重なもので、かぎられた人しかもつことができませんでした。

そこで考え出されたのが、「木版印刷」です。木の板に文字を彫って印刷のもとになるものをつくり、表面にすみをぬって、上から紙をおしつけてこすることで印刷する方法です。これなら、かんたんに同じ本をつくることができます。

この印刷方法がどこではじまったのか、くわしいことはわかっていませんが、七世紀ごろに中国で発達したという説が知られています。

便利な木版印刷ですが、木の板はやわらかいので、表面がすぐにつぶれてしまい、印刷できるまい数にはかぎりがありました。また、文字を彫りまちがえると、全部最初からやり直さなければなりませんでした。

十一世紀になると、中国の畢昇という人が、ねん土を焼いてつくった陶製の「活字」を発明します。

活字とは、一文字一文字ばらばらに彫った文字のことで、これを組み合わせて印刷する「活版印刷」が誕生したのです。活字をならべかえることで、何回も使用することができました。

そして十五世紀の半ば、今につながる新しい印刷方法を発明したのが、ドイツのヨハネス・グーテンベルクです。

グーテンベルクは、木製でも陶製でもない、金属製の活字を使って印刷することを思いつきます。さらに、ブドウしぼり機からヒントを得た印刷機を使って、今までになくきれいに、しかも大量に印刷できる方法をつくり上げました。

この印刷技術は、あっというまにヨーロッパ中に広まりました。グーテンベルクの発明のおかげで、貴重だった本はだれもが手に取れるものになり、人びとはいろいろな知識を身につけられるようになりました。

217ページのこたえ　0度

おはなし豆知識　現存する世界最古の印刷物は、８世紀につくられた日本の「百万塔陀羅尼」というお経です。

おはなしクイズ　グーテンベルクの印刷技術は、なかなかヨーロッパに広まらなかった。○か×か？

こたえはつぎのページ

6月21日のおはなし

植物のつるはどうしてまきつくの？

生きのびるためのくふうです

読んだ日にち（　年　月　日）（　年　月　日）（　年　月　日）

植物

ほかの植物や、ぼうなどにまきついてのびていく植物を、「つる植物」といいます。

一番身近なつる植物といえば、アサガオでしょうか。みなさんも、くるくるとなにかにまきついているすがたを見たことがあると思います。ほかにも、スイカやヘチマ、かべなどにはりついてのびていくツタなども、つる植物の仲間です。

植物は基本的に、光合成によって生長していきます（94ページ）。そのため、太陽の光をいっぱいあびることができるように、上へ上へとのびていきます。上へのびていくためには、からだをささえるくきが欠かせません。しかし、つる植物にはそのじょうぶなくきがないのです。

つる植物は、弱点を補うために、ほかの植物やぼうにまきつきます。自分のからだではなく、ほかのものによりかかって生きていけば、じょうぶなくきがなくても上にのびることができるからです。また、強い風にふかれても、まきついていれば、たおれることがないので安心です。

つるのまき方は、種類によってちがうようです。まき方がどのようにして決まるのかは、遺伝的なものだということ以外わかっていません。つる植物を見つけたら、どのようにまいているのか、観察してみるといいかもしれませんね。

また、つる植物の中には、ほかの植物のからだをささえにするだけでなく、栄養分を横取りして生長するものもいます。

これらの植物は、自分の力で栄養分をつくれなかったり、自分でつくるぶんだけでは足りなかったりするので、ほかの植物のからだからすい取ってしまうのです。

少しこわい気もしますが、みんな生きのびるためにいろいろなくふうをしているのです。

218ページのこたえ
×

おはなし豆知識　ツタの先には、吸盤がついているため、ツタはかべをよじのぼることができます。

おはなしクイズ　つる植物は、からだをささえるじょうぶなくきをもっている。○か×か？

こたえはつぎのページ

クマの好きな食べものはなに？

やんちゃな2ひきのクマのお話です

6月22日のおはなし

読んだ日にち（　　年　　月　　日）（　　年　　月　　日）（　　年　　月　　日）

シートン動物記

「タラク山のクマ王」のおはなしより

〈これは、シートンが、クマについて書いたお話です。〉

アメリカのタラク山で、猟師のラン・ケルヤンは、二ひきのハイイログマの子をつかまえ、飼うことにしました。ジルとジャックです。

ジルはいつまでも人間をこわがっていましたが、ジャックはあまえんぼうで、いつもランのあとをついて歩いていました。

ランは、ジャックが野生のクマとまちがえられないように、耳に輪っかをつけてやりました。ほかの猟師に銃でうたれたりしたら、たいへんだからです。

けれどもジャックは、その耳輪をとてもいやがりました。何度もあばれるので、結局、ランはあきらめて、はずしてやりました。

「おーい、ジャック！　ハチミツがあるぞー！」

ランがハチの巣を見つけて声をあげると、ジャックは、うれしそうにかけよってきて、鼻をひくひくさせました。ジャックはハチミツが大好きなのです。

ジャックは、ハチがするどい針をもっていることをちゃんと知っていて、かならずゆっくりと、静かに巣に近づいていきました。

そして、巣の入り口まで来ると、すばやく前足を動かしました。

パシン！　パシン！

巣を出入りするハチを、かたっぱしからたたき落としていきます。やがて、巣の外にいるハチを全部やっつけると、今度は地面をほって巣をゆすりはじめました。中にいるハチたちを外に出し、最後の一ぴきまでたおすためです。

こうしてハチたちをすべて退治すると、ジャックはおいしそうにハチミツをぺろぺろとなめつくすのです。

また、あるときジャックは、木のえだにぶら下がったハチの巣を見つけました。しかし、やっとのことでとった巣には、ハチミツが入っていません。そのかわり、ハチの子を見つけ、おなかいっぱい食べました。

ある日、ランが仕事から帰ってくると、家の中がめちゃくちゃになっていました。食べものがそこら中に散らばって、その上をジルとジャッ

219ページのこたえ　×

クがころげまわっています。

「おまえたち！　なんてことをするんだ！」

　だいじな食べものが、ジャックたちのせいで全部むだになってしまいました。

「もう、うんざりだ！」

　おこったランは、二ひきの子グマを売ってしまうことにしました。けれどいざ、子グマたちがいなくなると、さびしくてしかたありません。

「ああ、おれはなんてばかだったんだ。ジャック、もどってきてくれ」

　ランは後悔しましたが、どうにもなりませんでした。

　それから数年後。ランは、「タラク山のクマ王」とよばれるクマを追っていました。村の羊や牛をおそう、とても強いクマです。

　ランは、わなをしかけることにしました。クマの中には、草の根やイチゴを食べるもの、サケや肉が好きなものなど、いろいろいますが、クマ王はどうやら、ハチミツが好物のようです。

　ハチミツのわなは、大成功でした。クマ王はみごとにひっかかり、町の動物園へ送られていきました。

　ランが、クマ王の様子を見に行ったときのことです。ランはふと、クマ王の耳に大きなあなが空いていることに気がつきました。

「ん？　これはまさか！」

　それは、昔、ランがジャックの耳に輪っかをつけたときのあなでした。

「なんてことだ、ジャック！　おまえだとわかっていたら、こんなことはしなかったのに……」

　ランは泣きながらあやまりました。けれども、おりの中のジャックは、もうランのことをおぼえていませんでした。

　ジャックの目はランを飛びこえて、はるかかなたにそそがれていました。まるで、生まれ育ったタラク山をさがしているようでした。

おはなし豆知識 ロシア語でクマは、「ハチミツを食べるもの」という意味の言葉です。

おはなしクイズ ジャックの好きな食べものはなに？　㋐イチゴ　㋑サケ　㋒ハチミツ

こたえは つぎのページ

梅雨になるとなぜ雨の日がつづくの？

雨のふる地域は、南から北へと変わっていきます

6月23日のおはなし

読んだ日にち（　年　月　日）（　年　月　日）（　年　月　日）

天気・気象

冷たい空気

温かい空気

春から夏へ変わるときに、雨やくもりの日が多くなる時期がありますね。これが「梅雨」です。

この時期の日本の上空には、「梅雨前線」とよばれる前線がずっといすわります。

「前線」というのは、温かい空気のかたまりと冷たい空気のかたまりがぶつかって、地上に接したところです。前線では、温かい空気のかたまりが冷たい空気のかたまりに冷やされて、雲ができます。この雲が、雨をふらすのです。

冬の間は、冷たい空気のかたまりが、日本の上空をおおっています。やがて夏が近づくと、南から温かい空気のかたまりがやって来て、ちょうど日本の上空でぶつかります。このふたつの空気のかたまりは、強さが同じくらいで、どちらもなかなか動きません。こうして、梅雨はおよそ一か月半つづきます。

梅雨は沖縄県からはじまって、少しずつ北に移動していきます。南からやって来る温かい空気のかたまりの力がしだいに強くなり、梅雨前線を北へおし上げていくからです。

梅雨に入る日を「梅雨入り」、梅雨が終わる日を「梅雨明け」といい、全国各地でその日がくると、ニュースなどで発表されます。

けれども、北海道には梅雨がないので、この発表がありません。梅雨前線の力は北へ行くにつれて少しずつ弱くなり、北海道にさしかかる前に、ほとんど消えてしまうのです。

日本で一年間にふる雨のうち、梅雨にふる雨の量は、二五～三〇パーセントをしめています。この時期にじゅうぶんな雨がふらないと、梅雨のあとにやって来る夏に水不足になり、わたしたちの生活や農作物に大きな影響が出ます。

ぐずついた天気がつづくのは、あまりうれしいことではありませんが、梅雨にふる雨は、わたしたちにとってたいせつな資源というわけですね。

ちなみに、雨の少ない年の梅雨を、「空梅雨」とよんでいます。

221ページのこたえ　ウハチミツ

おはなし豆知識　梅雨は、日本、韓国、中国などの東アジアの一部だけに起こる気象現象です。

おはなしクイズ　北海道に梅雨はある。〇か×か？

こたえはつぎのページ

6月24日のおはなし

しゃっくりはどうして出るの？

時間がたてば、自然におさまりますが……

読んだ日にち（　年　月　日）（　年　月　日）（　年　月　日）

からだ

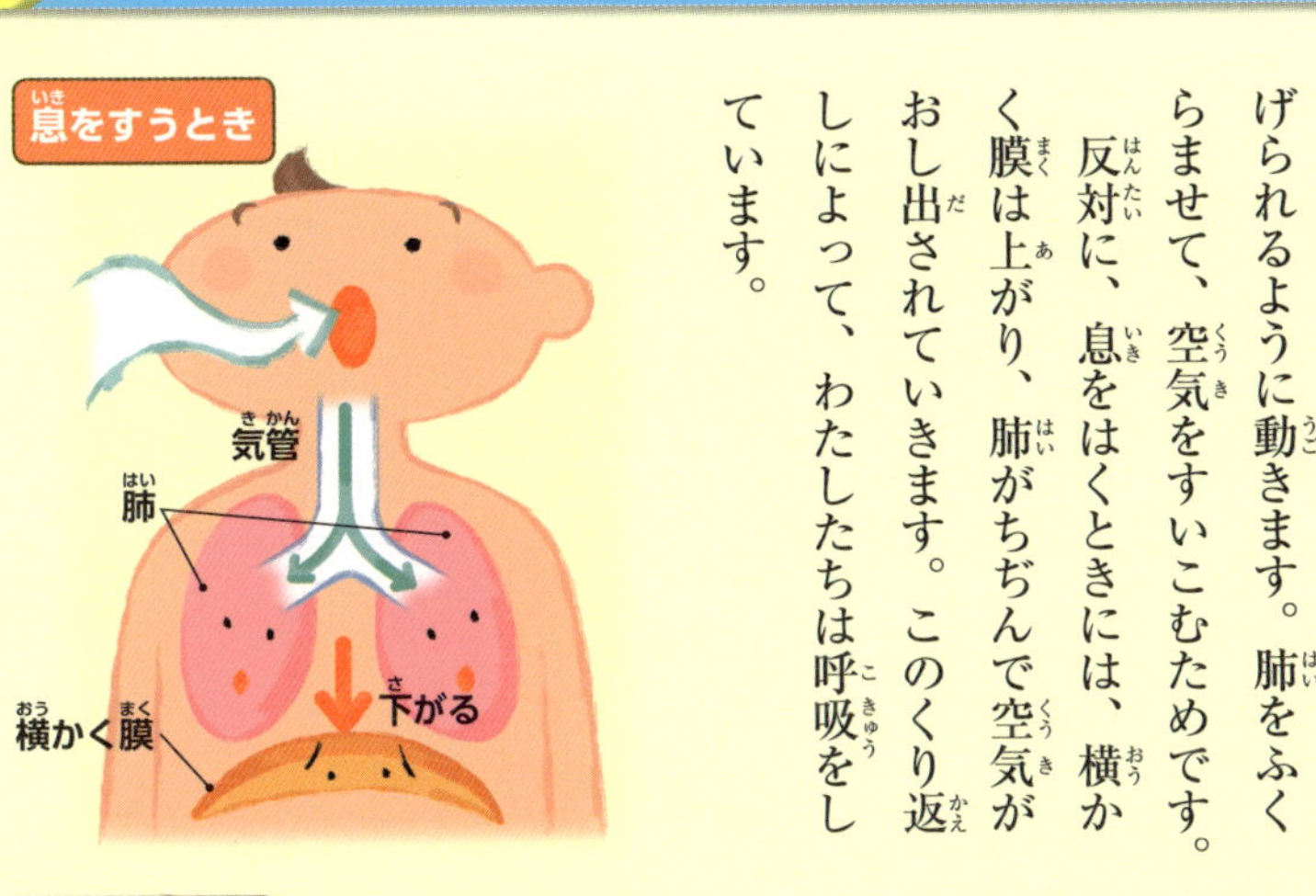

しゃっくりは、わたしたちのからだの中の「横かく膜」という部分がけいれんすることで起こります。

横かく膜は、むねとおなかの間にある、ドーム状の筋肉の膜です。わたしたちが呼吸をするときに、だいじなはたらきをしています。

息をすうとき、横かく膜は引き下げられるように動きます。肺をふくらませて、空気をすいこむためです。

反対に、息をはくときには、横かく膜は上がり、肺がちぢんで空気がおし出されていきます。このくり返しによって、わたしたちは呼吸をしています。

ところが、熱いものや冷たいものをいきなり食べたり、のどに食べものがつまったりしたときなど、空気のすいこみ方がいつもとちがうと、横かく膜は、けいれんを起こすことがあります。このけいれんしたときに息をすうと、「ヒック」という音が出るのです。

ところでみなさんは、しゃっくりをしているとき、「わっ！」と、おどろかされたことはありませんか？しゃっくりを止めるために、よく行われる方法ですよね。

おどろくと、一瞬、呼吸が止まります。横かく膜へのしげきがおさまるので、そのひょうしにしゃっくりが止まることがあるそうです。

このほか、ゆっくりと深呼吸をしたり、息をすってしばらく止めたり、息つぎをしないで水を飲んだりすることも、しゃっくりを止めるために効果的だといわれています。

しゃっくりを止めるには、横かく膜のけいれんを止めることが重要です。つまり、呼吸のリズムをもとにもどしてあげればいいのです。

とはいえ、しゃっくりはほとんどの場合、からだに害はありません。必死に止めようとしなくても、時間がたてば自然におさまります。

222ページのこたえ　×

おはなし豆知識　しゃっくりのよび方には、「ひゃっくり」や「さくり」というものもあります。

おはなしクイズ　しゃっくりは、横かく膜のけいれんによって起こる。〇か×か？

こたえはつぎのページ

昼と夕方で空の色が変わるのはどうして？

空の色のひみつは太陽の光……？

6月25日のおはなし

読んだ日にち（　年　月　日）（　年　月　日）（　年　月　日）

地球・宇宙

晴れた日に空を見上げると、とてもきれいな青い色が広がっていますね。けれども、空気をビニール袋に集めてみても、青く見えません。これはどうしてなのでしょう。

空が青い理由には、太陽の光が関係しています。

ふだん、太陽の光は白っぽく見えますね。しかし太陽の光を、「プリズム」という三角柱のガラスに通すと、赤、だいだい、黄、緑、青、あい、むらさきの七色の光の帯があらわれます。

これは太陽の光が、プリズムによって分かれて見えるようになったためで、じつは太陽の光は、たくさんの色がまざり合ってできているのです。

ここで、光の波長について説明していきましょう。

光は、波のようにゆれながら進む性質があります。波長とは、進むときにできる波の山と山のはばのことです。

プリズムを通った太陽の光が七色に見えるのも、この波長が関係しています。

太陽の七色の光は、赤、だいだい、黄、緑、青、あい、むらさきの順番に分かれていますが、これはそれぞれの光の波長の長さの順番でもあります。

わたしたちの目には、波長の短い光はむらさきや青に見え、波長の長い光は、赤く見えているのです。

また、波長の短い青い光は散らばりやすく、反対に波長の長い赤い光は散らばりにくいという、特徴があります。

それぞれの光の散らばりやすさが、空が青く見えるなぞを解くカギとなるので、おぼえておいてくださいね。

ちなみに、わたしたちの目に見える範囲の波長の光を、「可視光線」といいます。可視光線よりも短い波長の光は「紫外線」といい、長い波長は「赤外線」とよばれています。

では、空が青く見える理由をお話ししましょう。

空気の中には、ちりやほこり、分子など、目には見えない小さなつぶがたくさんただよっています。

太陽の光がその空気の中を通って地上にとどくとき、赤やだいだい、

223ページのこたえ

黄、緑の光は、このつぶにぶつからずにまっすぐ進むことができるので、わたしたちの目に直接とどきます。太陽の光は、この光がまざり合って黄色や白っぽい色に見えます。

いっぽう、青やあいの光はこのつぶにぶつかってしまいがちです。つぶにぶつかった青い光は、あちこちに散らばり、空いっぱいに広がっていきます。

こうして飛び散った青い光が、空全体を青く見せているのです。

ただ、一番散らばりやすいむらさきの光は、空のずっと上のほうでとても細かく散らばるため、地上まではあまりとどかないようです。

ところで、空はいつも青というわけではありませんね。夕方になると、きれいな赤い色にそまっていきます。

夕方の太陽は昼間とちがって低い位置にあります。そのため光は、わたしたちにとどくまでに空気の層をななめに通らなければなりません。昼間とくらべると、夕方のほうが空気の中を通る距離が長くなるというわけです。

空気の中を通る距離が長くなると、そのぶん、光がつぶにぶつかる回数もふえていきます。青い光はぶつかりすぎて、わたしたちの目にとどかなくなってしまいます。

そして、昼間はほとんどまっすぐに空気の中を通っていた赤い光は、つぶがふえたことでぶつかるようになります。今度は赤い光が空に飛び散るので、赤く見えるのですね。

また、空気の中に水滴やちりがたくさんあるときには、青っぽい光と赤っぽい光のどちらもつぶにぶつかって、散らばります。いろいろな色の光がまざり合って、空の色は白く見えるようになります。

反対に、空気の中の水滴やちりが少ないと、空はくっきりとした青になります。

みなさんは、秋晴れという言葉を聞いたことがありますか。

秋の空気には、ちりやほこりがあまりふくまれていないので、青い光だけがたくさん飛び散って、あざやかな青い空になるのです。高い山の上の空気もちりやほこりが少ないので、とてもきれいな空が見えますよ。

おはなし豆知識 夕やけにそまった空の色を、「あかね色」と表現することがあります。

おはなしクイズ 一番散らばりやすいのは青の光である。○か×か？

こたえは つぎのページ

いやなにおいはどうやって消すの？

においのつぶをとじこめる方法と、においそのものを消す方法があります

読んだ日にち（　年　月　日）（　年　月　日）（　年　月　日）

6月26日のおはなし

道具・もの

　わたしたちの生活の中には、いろいろなにおいがあふれています。玄関や台所、トイレなど、かぞえきれないほどです。

　いいにおいならば気になりませんが、いやなにおいはすぐに消えてほしいものですよね。

　においのもとは、小さなつぶのすがたをしています。このつぶが空気中をふわふわとただよって鼻の中に入ることで、わたしたちは「くさい」と感じたり、「いいにおい」と感じたりしています。

　くさいにおいを消すための方法のひとつとして、よく「炭」の力が利用されています。

　炭には、小さなあながたくさん空いています。このあなの中ににおいのつぶが入りこむと、出てこられなくなってしまいます。つまり、炭はにおいのつぶをとじこめておくことができるのです。

　ふつうの炭よりももっと小さなあながたくさん空いていて、より多くのにおいを取りのぞくことができるものを活性炭といいます。冷蔵庫の脱臭剤にも活性炭が入っています。

　小さなあなは、においのつぶ以外にも、水にふくまれているよごれをつかまえることができます。水の中に炭を入れておけば、水をきれいにしてくれるというわけです。

　この活性炭の力を利用しているのが、浄水器です。活性炭を使って水のにおいやよごれをとっているのです。

　このように、においやよごれに対してとてもすごい力をもっている炭ですが、永遠に効果を発揮することはできません。

　小さなあながにおいやよごれのつぶでいっぱいになると、取りのぞくことはできなくなってしまいます。

　炭は、においのもとをとじこめることで、においを消してくれますが、そのほかに、においのもと自体を消してしまうやり方もあります。消臭剤を利用した方法です。

　においのもとになる成分をばらばらにしたり、ほかのものと結びつけたりして、においのしない別のものに変えてしまうのです。

225ページのこたえ　×

おはなし豆知識　コーヒー豆のかすにも、炭と同じようににおいをとじこめておく力があります。

おはなしクイズ　炭は、永遠ににおいを消すことができる。〇か×か？

こたえはつぎのページ

6月27日のおはなし

恐竜はなぜいなくなったの？

一番よく知られている原因は、巨大いん石の衝突です

読んだ日にち（　年　月　日）（　年　月　日）（　年　月　日）

大昔の生きもの

恐竜は、今からおよそ二億五千万年前に地球上に生まれ、その後、たくさんの種類がくらしていました。

しかし、およそ六千六百万年前にとつぜんすがたを消してしまいます。このとき、恐竜以外の多くの生きものも絶滅しました。いったい、なにが起きたのでしょう。

恐竜たちの絶滅の原因にはいろいろな説があります。そのなかでも一番よく知られているのは、巨大いん石の衝突です。

いん石が地球にぶつかると、ちりや水蒸気があつい雲となって空をおおいます。そのため、太陽の光がさえぎられて、地球の温度は急激に低くなりました。また、大きな衝撃は地震や津波を引き起こし、森林火災も発生したといわれています。恐竜たちは、この大きな環境の変化にたえられなかったのです。

このときぶつかったとされるいん石のあとは、今でもメキシコのユカタン半島に残っています。巨大なクレーター（円形のくぼみ）は、直径一八〇キロメートルもあるそうです。

恐竜の絶滅の原因には、ほかにも、火山の噴火や病気など、いろいろな説がありますが、本当のところはまだわかっていません。今でも多くの人たちが、なぞをとき明かそうと研究しているのです。

およそ六千六百万年前に絶滅してから、ふたたび恐竜が地球上にあらわれたことはありません。しかし、今生きている鳥は、恐竜から進化した生きものだと考えられています。

一九九五年に、中国で発見された恐竜の化石には羽毛があり、現在の鳥にとてもよく似ています。

また、恐竜の化石の中には、たまごや子どもが巣に入っているものも見つかっています。巣で子育てをしていたのかもしれないという点でも、鳥と似ていると考えられています。

恐竜は、完全に絶滅したのではなく、今いる鳥たちにつながっているのかと思うと、なんだか少し身近な生きもののように感じられますね。

226ページのこたえ　×

おはなし豆知識　全長１メートル前後、体重１キログラム未満の小型の恐竜もいました。

おはなしクイズ　恐竜が絶滅した原因は、なにが地球に衝突したからだと考えられている？

こたえはつぎのページ

いろいろな生きものがいるのはなぜ？

ダーウィンはガラパゴスの島じまで、ある考えにたどりつきました

6月28日
のおはなし

読んだ日にち（　　年　　月　　日）（　　年　　月　　日）（　　年　　月　　日）

伝記

チャールズ・ダーウィン（一八〇九～一八八二年）

チャールズ・ダーウィンは、一八〇九年にイギリスで生まれました。勉強がきらいで、よくお父さんにしかられていましたが、好奇心はだれよりも強く、貝がらやこん虫などを集めて、観察するのが大好きな子どもでした。

大人になってからも、ダーウィンは、生きものや岩石や化石などの調査に夢中で取り組みます。

ある日、思いがけないさそいが飛びこんできました。

「世界をめぐる旅に、行く気はないかね？」

通っていたケンブリッジ大学の先生が、ビーグル号という調査船のメンバーに、ダーウィンをすいせんしてくれるというのです。世界中のさまざまな生きものを観察し、調査をするチャンスでした。

「もちろん、行かせてください！」

一八三一年、ダーウィンは大よろこびで船に乗りこみます。

ビーグル号は五年をかけて、世界中のいろいろな土地をめぐりました。

ダーウィンはそのたびに上陸して、標本づくりや化石の発掘に力をそそぎました。

出発から約四年がすぎたころ、ビーグル号は、ガラパゴス諸島に到着します。太平洋にうかぶ小さな島がいくつも集まった場所です。この島じまは近くにあるにもかかわらず、気候や気温がそれぞれちがい、生えている植物もさまざまでした。

「このカメは、あそこの島のカメで、こっちは、あのおくの島にいるカメだな」

あるとき、ダーウィンがつかまえたガラパゴスゾウガメを見て、島の人が言いました。

「どのカメが、どの島にいたのか、わかるのかい？」

ダーウィンがおどろいて聞くと、島の人たちはうなずきました。その島のカメにしかない特徴があって、それで見分けられるというのです。

227ページのこたえ
巨大いん石

「なぜ同じカメなのに、ちがいがあるのだろう」

ダーウィンは、この発見をきっかけにして、ひとつの考えにたどりつきました。「生きものは、それぞれの環境に合わせて、生きていきやすいように変化していく」ということです。まわりの環境は、いつも同じとはかぎりません。地震が起こったり、火山が噴火したりすれば、あっというまに変わってしまいます。

「まわりの変化に対応できなかったものは、死んでいったのだろう。でも、新しい環境に合わせて、自分たちのからだを進化させたものは、生きのびてこられたんだ」

そのころの世界では、すべての生きものは神さまによってつくられ、最初から今のすがたであると信じられていました。

ダーウィンも、世界を旅するまではそう信じていました。しかし、もう、自分の新しい考えのほうが正しいと信じるようになりました。

「生きものは、少しずつ形を変えて進化しているんだ！」

この考えをまとめるために、ダーウィンはいっそう研究にはげみました。そして一八五九年、およそ二十年もの研究のすえに、『種の起源』という本を出版したのです。

『種の起源』には、多くの批判がよせられました。それまで信じられてきたことがまちがっていたというのですから、世界の人たちは、さぞおどろいたことでしょう。なかには、ダーウィンのことを、「イギリスでもっともきけんな人物」と言う人もいました。けれどもダーウィンは、決して研究をやめませんでした。

現在、ダーウィンの考えは多くの人に受け入れられ、進化生物学の基礎としてみとめられています。

休むことなく観察し、考えつづけることで、ダーウィンは世界を変えてみせたのです。

おはなし豆知識　ダーウィンのおじいさんのエラズマスも、生きものの進化について研究していました。

おはなしクイズ　ダーウィンは、なんという船に乗って世界を旅した？

こたえはつぎのページ

かみなりはどうして大きな音を出して光るの？

雲の中からあふれた電気が一瞬にして飛び出します

読んだ日にち（　年　月　日）（　年　月　日）（　年　月　日）

みなさんは、入道雲を見たことがありますか？

入道雲は、夏の暑い日にあらわれる、ソフトクリームのような大きな雲です。この雲がどんどん成長していくと、「かみなり」を発生させるかみなり雲になっていきます。

雲がうかんでいる空の高いところでは、気温がとても低いので、空気中の水蒸気が冷やされて、雲の中にはたくさんの水や氷のつぶができています。

氷のつぶは、上下左右に動きまわる空気の力でぶつかり合って、静電気（60ページ）を発生させます。そして、この静電気は雲の成長とともにどんどんたまっていき、あるとき限界をむかえます。

ふつう、空気は電気を通しません。しかし、雲がもうこれ以上、中に静電気をためておけなくなると、無理やり空気の中を流れていきます。これが、かみなりです。

もう少しくわしく説明すると、雲の中にできた静電気は、小さな氷のつぶにプラスの電気を、大きな氷のつぶにマイナスの電気をあたえます。

マイナスの電気をもった大きな氷のつぶは、重いので雲の下のほうにたまっていきます。そして、このマイナスの電気の力によって、雲の上のほうと地上には、プラスの電気が集まります。

このとき、雲の下のほうにあるマイナスの電気と、雲の上のほうと地上にあるプラスの電気が磁石のように引き合うと、かみなりが発生するというわけです。

雲の中からあふれる電気は、一瞬にして飛び出します。ピカッと光るのは、かみなりの通り道にある空気がとても高温になるからです。その温度は、数万度にもなるといわれています。かみなりの通り道がギザギザになるのは、空気の中の通りやすいところを通るためです。

また、かみなりは落ちるときに、とても大きな音を出します。これは、熱せられた空気が急にふくらんで、まわりの空気がはげしくふるえるためです。

ところで、かみなりが鳴るときは、先にピカッと光ってから、少しおくれて音が聞こえてきますね。このずれには、光と音の進む速さが関係しています。光は一秒間に三〇万キロメートル（地球七周半分と同じ距離）という速さで進みますが、音は一秒間に約三四〇メートルしか空気の中を進むことができません。光が先にとどくのは、このためです。

かみなりがピカッと光ってから、音がするまで何秒かかったかをかぞえて、その秒数に三四〇をかけると、自分のいるところからかみなりまでのだいたいの距離（メートル）がわかります。

では、もしかみなりが近くで鳴ったら、どうすればいいのでしょう。

229ページのこたえ　ビーグル号

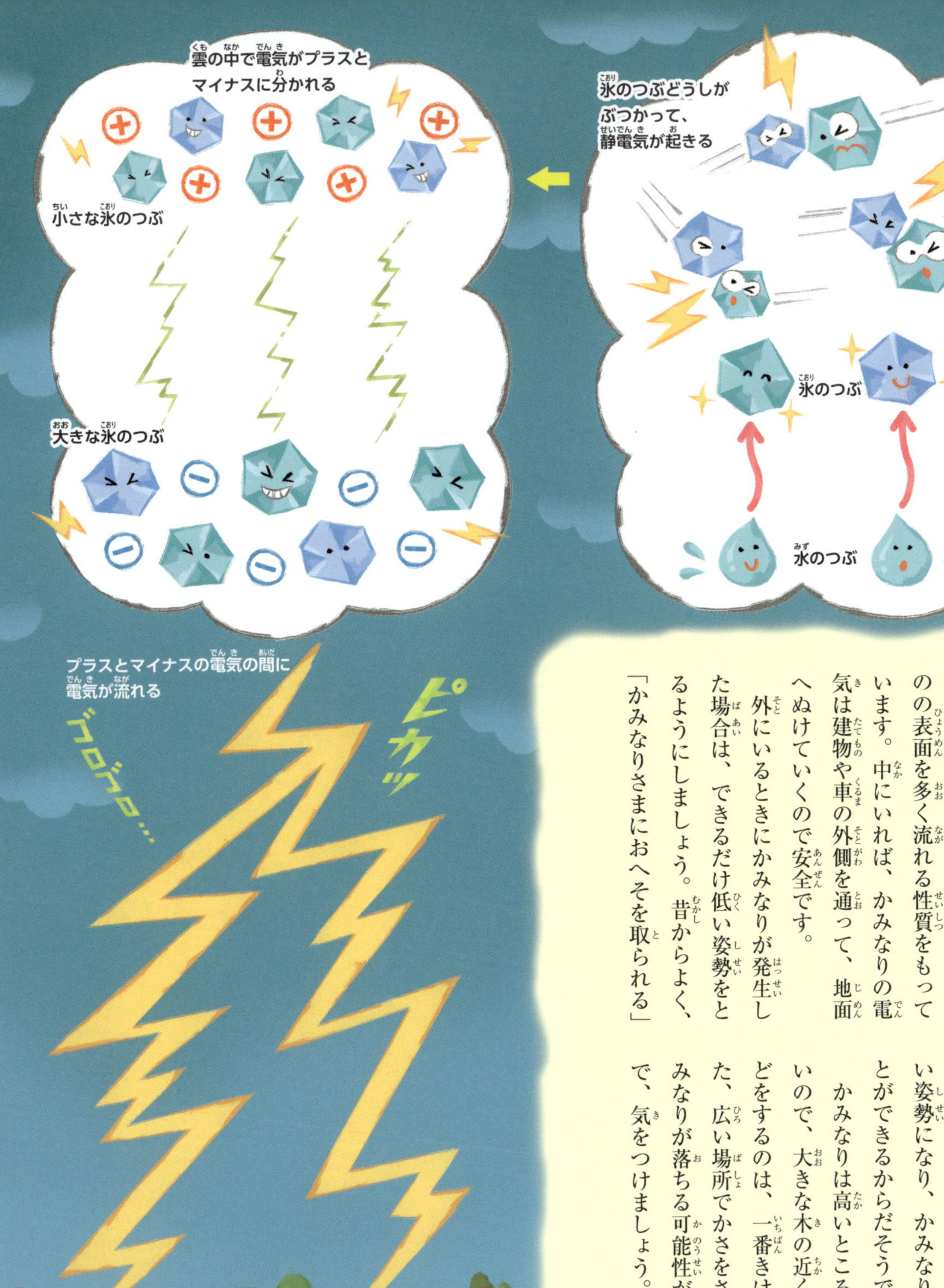

一番いいのは、建物や車の中に入ることです。かみなりの電気は、ものの表面を多く流れる性質をもっています。中にいれば、かみなりの電気は建物や車の外側を通って、地面へぬけていくので安全です。

外にいるときにかみなりが発生した場合は、できるだけ低い姿勢をとるようにしましょう。昔からよく、「かみなりさまにおへそを取られる」といいます。これは、おへそを守るように前かがみになると、自然と低い姿勢になり、かみなりをさけることができるからだそうです。

かみなりは高いところに落ちやすいので、大きな木の近くで雨宿りなどをするのは、一番きけんです。また、広い場所でかさをさすのも、かみなりが落ちる可能性が高くなるので、気をつけましょう。

おはなし豆知識 かみなりは、神さまが音を鳴らしているという意味の「神鳴り」から生まれた言葉です。

おはなしクイズ 雲の中で氷のつぶがぶつかると、なにがたまっていく？ ㋐水 ㋑雪 ㋒静電気

こたえは つぎのページ

虫は雨の日、どこにいるの？

雨から身を守るしくみをもっていますが……

読んだ日にち（　　年　　月　　日）（　　年　　月　　日）（　　年　　月　　日）

6月30日のおはなし

虫

晴れた日に外へ出ると、いろいろな場所で虫を見ることができますが、雨の日はあまり見かけません。では、虫たちはどこにいるのでしょう。

わたしたちは雨がふると、かさをさしたり、雨宿りをしたりしますね。虫たちも同じです。葉っぱのうらや、かげにそっとかくれて、雨がからだに当たらないようにしています。

虫のからだは、「クチクラ」というじょうぶな膜でおおわれています。このクチクラは、水を通さないようになっているので、少しくらいぬれても問題はありません。

また、チョウやガのはねには、「りんぷん」という粉がついていますが、これもクチクラでできています。りんぷんは、重なり合うようにびっしりとついています。

そのおかげで、チョウたちは、雨がふったあとも、すぐに飛び立つことができるのです。

このように、雨から身を守るしくみをちゃんともっている虫ですが、ときには、水たまりにおぼれて、ちっ息することもあります。

虫は、口ではなくからだの横にある小さなあなで呼吸しています。「気門」とよばれる部分です。からだが水につかると、この気門がふさがれ、呼吸ができなくなって死んでしまうのです。ですから、虫も雨宿りをするわけです。

ところでみなさんは、アリの巣を見たことがありますか？

地面の中に、まるで迷路のように広がっている巣。そんな巣の中に雨が入ったら、アリたちはおぼれてしまうのでしょうか。

いいえ、そんなことはありません。巣の中には空気がいっぱいあって、その空気の力によって、雨があまり入らないようになっています。また、もし入ったとしても、雨は入り口のまわりにある、巣をほるときに運び出した土や、まわりの土にしみこんでいくので、巣の中が水びたしになることはありません。

雨の日でも、アリたちは安心してすごすことができるのです。

231ページのこたえ　ウ 静電気

おはなし豆知識　りんぷんには色がついています。これが取れると、チョウのはねは透明になります。

おはなしクイズ　虫たちのからだは、なんという膜でおおわれている？

こたえは242ページ

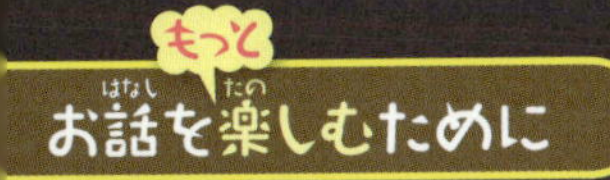

「太陽」って、どうなっているの？

太陽はガスでできていて、つねに光と熱をつくり出しています。太陽のように、自分で光と熱を出す天体を、「恒星」とよびます。地球から遠くはなれているので小さく見えますが、直径は地球のおよそ 109 倍もあります。太陽のつくりを見てみましょう。

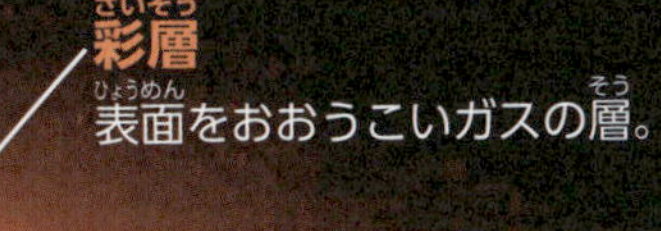

彩層
表面をおおうこいガスの層。

光球
地球から見える太陽の表面部分。

プロミネンス
ふき出したガスの雲。

白斑
一番温度が高いところ。白っぽく見える。

コロナ
表面をおおっているうすいガスの層。皆既日食のときにだけ見える。

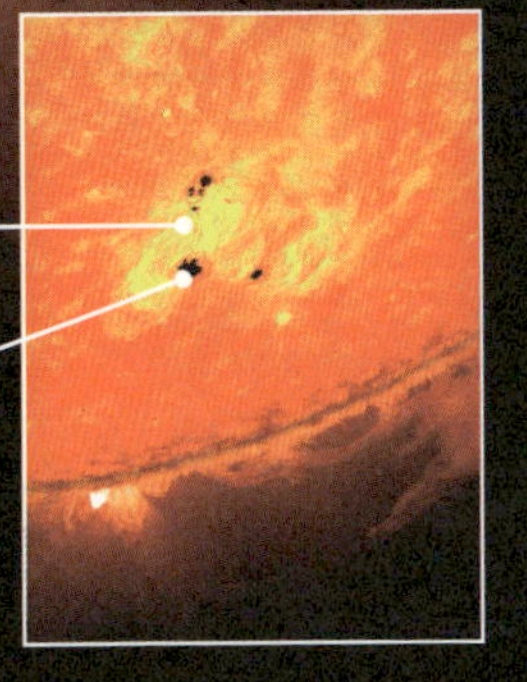

フレア
表面部分で起きる大爆発。

黒点
温度がほかより低いので黒く見える。

「太陽系」って、どうなっているの？

地球のほかにも、太陽の引力によって、太陽を中心にまわっている天体があります。その集まりを、「太陽系」といいます。太陽系には大小さまざまな天体がありますが、そのなかで、地球と同じ「惑星」について、見てみましょう。

木星

太陽から５番目の、太陽系で一番大きい惑星です。ほとんどが、ガスと、とけた金属でできています。自転が速く、木星の１日はたったの10時間ほどです。

- 直径　地球の約11倍
- 重さ　地球の約318倍
- １年　地球の約12年と同じ

海王星

太陽系で、太陽からもっとも遠い惑星です。ほとんどが氷とガスでできています。とても冷たい星です。

- 直径　地球の約４倍
- 重さ　地球の約17倍
- １年　地球の約165年と同じ

天王星

太陽から７番目の惑星。ほとんどがガスと氷でできている星です。自転軸が横になっていて、たての向きに自転しています。

- 直径　地球の約４倍
- 重さ　地球の約15倍
- １年　地球の約84年と同じ

土星

太陽から６番目の惑星です。ほとんどがガスでできていて、まわりに「環」が見えます。この環は氷や岩でできていて、土星のまわりをまわっています。

- 直径　地球の約10倍
- 重さ　地球の約95倍
- １年　地球の約30年と同じ

太陽からの距離と１年

惑星が太陽のまわりをまわる通り道（軌道）は、決まっています。太陽から遠いほど、１周するのに時間がかかります。地球は、太陽を１周するのに約365日かかり、これを１年としています。太陽から遠い惑星ほど、１年が長くなるのです。

金星

太陽から２番目の惑星です。日がしずんだ直後や日の出前に、低い空に明るく光って見えます。太陽に近いため、真夜中に見ることはできません。

- 直径　地球とほぼ同じ
- 重さ　地球の約５分の４
- １年　約225日

太陽

太陽系の中心です。

水星

太陽系のなかで一番太陽に近くて、一番小さい惑星です。大気はありません。表面には、月に似たクレーター（円形のくぼみ）がたくさんあります。

- 直径　地球の約５分の２
- 重さ　地球の約17分の１
- １年　約88日

地球

３番目に太陽に近い位置にあります。大気中に酸素があり、表面に水がたくさんあるのは、太陽系で地球だけです。生きものは地球以外では発見されていません。

- 直径　12,756キロメートル
- 重さ　約60億トンの１兆倍
- １年　約365日

火星

太陽から４番目の惑星です。表面は砂でできていて、さびた鉄がまざっているために赤く見えます。太陽系で一番大きな火山があります。

- 直径　地球の約２分の１
- 重さ　地球の約10分の１
- １年　約687日

地球はまわっている！

地球は、自分自身が回転する「自転」と、太陽のまわりをまわる「公転」という、ふたつの回転をしつづけています。この自転と公転によって、昼と夜、春夏秋冬が生まれるのです。

地球の自転

地球は、北極点と南極点を結んだ「自転軸（地軸）」を中心にして、約24時間をかけて１回転しています。これを「自転」といいます。太陽の光が当たる面は昼になり、当たらない面が夜となります。

約23.4度

自転軸（地軸）
この軸を中心に、約１日で１回転します。地軸は地球の公転面に対して、約23.4度かたむいています。

北極点

赤道
自転軸と直角になる平面のうち、地球の中心を通り、地表と交わる線のこと。

南極点

冬（冬至）
北半球では、昼の時間が１年で一番短くなる。日本では、12月22日ごろ

夏に日差しが強いのはどうして？

季節によって、太陽の光が当たる角度と時間が変わるためです。

夏は、昼に太陽が高くのぼるので、上のほうから日差しが当たります。光があまり広がらないので、強い光になります。

冬は、太陽が低くのぼるので、ななめに日差しが当たります。光が広がって、夏より弱い光になります。

夏　冬

地球の公転

地球は自転しながら、太陽のまわりを約365日かけて１周しています。これを「公転」といいます。公転面に対して自転軸が少しかたむいているので、太陽の光が当たる時間が季節によって変わります。日本の春夏秋冬がはっきりしているのは、このためです。

春（春分）

昼と夜の時間がほぼ同じ。日本では、3月21日ごろ

太陽

夏（夏至）

北半球では、昼の時間が１年で一番長くなる。日本では、6月22日ごろ

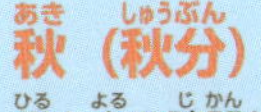

秋（秋分）

昼と夜の時間がほぼ同じ。日本では、9月23日ごろ

生命のうつり変わりを見てみよう！

地球が誕生したのは、約46億年前。それから最初の生命が生まれるまでには、とても長い時間がかかりました。そして、現在にいたるまで、地球上にはさまざまな種類の生きものが生まれています。その歴史の一部を順に見てみましょう。生きものの名前、いつごろ登場したか、からだの特徴などを紹介します。

三葉虫
（およそ５億年前）

海にすんでいた「節足動物」。いくつかの節に分かれた足をもち、カニやエビのように、かたいからをもつものもいました。

写真提供：群馬県立自然史博物館

ピカイア
（およそ５億年前）

ナメクジのようなすがたをした海の生きもの。はじめて背骨のもとになるものをもったといわれています。

写真提供：群馬県立自然史博物館

シアノバクテリア
（およそ27億年前）

細菌の仲間。「光合成」をはじめて行い、地球上に酸素をつくった生きものです。今も生き残っています。▶P.439

およそ５億4200万年前～
生物の種類がふえる
（カンブリア爆発）

およそ40億年前
最初の生命が生まれる

※イラストと写真は、化石をもとにした想像図、復元模型です。

アンキオルニス・ハックスレイ
（およそ1億5000万年前）

羽毛のある恐竜。大きさはニワトリくらいで、からだが重いため、飛べなかったと考えられています。▶P.375

メガネウラ
（およそ4億年前）

大きなこん虫で、はねを広げた長さが60センチメートルもありました。トンボに似ていますが、トンボの仲間ではないと考えられています。▶P.114

シーラカンス
（およそ4億年前）

筋肉の発達した強いひれをもつ魚。このひれが、のちに足へと進化し、四足動物が生まれたと考えられています。▶P.298

ティラノサウルス
（およそ7000万年前）

体長12メートルもある、大きな肉食恐竜。あごが大きく、歯もするどく、かむ力がとても強かったと考えられています。

写真提供：
ミュージアムパーク茨城県自然博物館

エオラプトル
（およそ2億5000万年前）

最初の恐竜といわれています。ぎざぎざの歯と、とがったツメで、トカゲやほ乳類をつかまえて食べていたようです。

模型制作：荒木一成
写真提供：福井県立恐竜博物館

イクチオステガ
（およそ3億6000万年前）

４本の足で、海から陸に上がったばかりの両生類です。実際は陸よりも水中にいることが多かったと考えられています。

写真提供：愛媛県総合科学博物館

およそ2億5000万年前～
恐竜の時代がはじまる

スミロドン
（およそ300万年前）

体長が２メートルにもなるネコの仲間で、マンモスなどをおそっていたと考えられます。大きな長い犬歯（きば）をもっていました。

写真提供：株式会社郡上ラボ

サヘラントロプス・チャデンシス
（およそ700万年前）

二足歩行をしたと考えられる最初の人類です。うでが長く、チンパンジーに似たすがたをしていたとされています。▶P.417

マイアサウラ
（およそ7000万年前）

草食恐竜。巣やたまごの化石が見つかっていることから、親が子育てをしていたといわれています。▶P.186

ホモ・サピエンス
（およそ20万～15万年前）

現在の人類。約８万～５万年前から、世界中に居場所を広げていったといわれています。

▶P.417

マンモス
（およそ400万年前）

ゾウに近い仲間で、大きなきばをもっています。最古のマンモスは、北アフリカで誕生したと考えられています。▶P.264

ヒラコテリウム
（およそ5000万年前）

ヒラコテリウムは、現在のウマの祖先のようなほ乳類です。恐竜が絶滅したあと、鳥類とほ乳類がふえました。

所蔵：馬の博物館

およそ20万～15万年前～
現代人（ホモ・サピエンス）があらわれる

およそ700万年前～
人類の祖先が誕生する

およそ6600万年前～
ほ乳類の種類がふえる

7月(がつ)のおはなし

文／森村宗冬

白い雲と黒い雲はどうちがうの？

雲に、白や黒の色がついているのでしょうか

7月1日のおはなし

読んだ日にち（　　年　　月　　日）（　　年　　月　　日）（　　年　　月　　日）

天気・気象

空にうかぶ雲は白い雲がほとんどですが、ときどき、黒っぽい雲もあります。同じ雲なのに、どうして色がちがうのでしょう。ごみやちりでも入っているのでしょうか。

雲は、水分をふくんだ空気のかたまりです。陸地や海の水分は、太陽の光に温められてどんどん蒸発し、水蒸気になって空高く上がっていきます。空の高いところは気温が低いため、水蒸気は急に冷やされ、小さな水や氷のつぶになります。これがたくさん集まったものが、雲です。

さて、みなさんも知ってのとおり、水や氷に色はありませんよね。無色で透明です。それなら、水や氷のつぶのかたまりである雲も、透明でいいはずです。なのに、白い雲や、黒い雲があるのは、なぜでしょうか。

色のちがいは、光がいろいろな方向に反射することで起こります。白く見える雲の中は、水や氷のつぶがまだ小さく、光が通りやすくなっています。たくさんの光が水や氷のつぶに当たって、いろいろな方向に反射します。すると、雲全体が明るく照らされ、白く見えるのです。

しかし、水蒸気の量がふえると、雲の中の水や氷のつぶはたがいにくっついて、どんどん大きくなっていきます。こうなると、雲があつくなって太陽の光は通りにくくなります。そして、光の反射の量は少なくなるのです。このため、かげができて雲が黒く見えます。

この黒い雲は、水分がぎっしりとつまった雲なので、とつぜん大雨をふらせることがあります。黒い雨雲が多いのは、そのためです。

水や氷のつぶの大きさのほかに、見る角度も関係しています。同じ雲でも、遠くからななめに見ると白く見えますが、下にいると太陽の光をさえぎり、光がとどかないので黒っぽく見えます。

また、雲を上から見るときはかげができないので、見えるのは白い雲ばかりです。飛行機の中から雲を見下ろす機会があったら、観察してみましょう。

232ページのこたえ　クチクラ

おはなし豆知識　飛行機で雲の上を飛んでいるときは、雨がふってくることはありません。

おはなしクイズ　雲をつくっている水や氷の色によって、雲の色が変わる。○か×か？

7月2日のおはなし

アサガオはどうして朝にさくの？

どうやって朝を感じているのでしょうか

読んだ日にち（　　年　　月　　日）（　　年　　月　　日）（　　年　　月　　日）

植物

夏のおとずれを感じさせてくれる、アサガオ。七月のはじめから、秋の終わりごろまで花をさかせるものもあります。八～九世紀ごろ、薬草として中国から種が入ってきてから、日本でも愛されつづけてきた花です。

アサガオは、漢字で「朝顔」と書きます。朝、花がさいて、昼にはしぼむからです。朝といっても、太陽がのぼりはじめてからではありません。あたりがまだ暗い午前三時から四時ごろには、つぼみが開きはじめています。

こんなに早起きをするのは、虫をよびよせるためです。

アサガオは花がさくときに、おしべの先がめしべの先にふれるつくりになっています。花が開くと、自動的に受粉できるのです。受粉とは、種をつくるために、おしべの花粉がめしべにつくことです（176ページ）。

これに失敗したときのために、虫に花粉を運んでもらう作戦も用意しています。あまい花のみつで虫をさそうのです。ところが、この方法は、かんたんそうに見えて、思ったよりたいへんなのです。虫の数にはかぎりがあるのに、たくさんの花が、虫に花粉を運んでもらおうとしているからです。そのため、植物たちは大昔から、虫をよびよせるくふうをしてきました。

アサガオが選んだのは、ライバルたちの少ない時間に花をさかせ、虫たちをよびよせるという方法です。つまり、夜が明けないうちからさきはじめるのは、子孫を残すためのアイデアなのです。

ところで、アサガオはどうして朝がわかるのでしょうか。アサガオは、朝になる時間を知っているわけではありません。じつは、「暗さ」を感じているといわれています。太陽がしずんで、暗い時間が約八～九時間つづくと、花がさきはじめるようにできているのです。ですから、暗くしないで、ずっと明るいままにすると、花がさくことはありません。

アサガオは、早起きをするという、ふたつ目の受粉法を身につけた、生き残り術の達人なのですね。

朝、太陽が出る前からさきはじめる

暗くなってから8～9時間はつぼみの状態

242ページのこたえ　×

おはなし豆知識　秋になって日がしずむのが早くなると、アサガオがさく時間も早くなります。

おはなしクイズ　アサガオは、虫に花粉を運んでもらわないと受粉できない。○か×か？

こたえはつぎのページ

新幹線っていつできたの？

情熱をかけて、新幹線の開通を実現させた技術者がいます

読んだ日にち（　年　月　日）（　年　月　日）（　年　月　日）

7月3日のおはなし

伝記

島秀雄（一九〇一～一九九八年）

一九六四年、東京オリンピックが開かれた年に、新幹線は誕生しました。生みの親となったのは島秀雄という人です。

秀雄の父親、安次郎は、国の鉄道事業にたずさわり、「車両の神さま」とよばれるほど優秀な技師でした。そんな父親の影響もあったのか、秀雄も東京帝国大学（今の東京大学）で機械工学を学び、「鉄道省」という国の役所に鉄道技師として入りました。

その後、秀雄は安次郎といっしょに、東京と山口県の下関を九時間で結ぶ、「弾丸列車計画」にかかわります。しかし、太平洋戦争で計画は中止となり、戦争が終わった翌年、安次郎はなくなります。

戦後の復興が終わった一九五〇年代の半ばに入ると、日本は「高度経済成長」とよばれる時代になります。経済が大きく発展し、たくさんの人やものが国の中を移動する機会がふえました。そこで、速く走れる新しい鉄道路線がもとめられ、国鉄（日本国有鉄道。今のJRのもとになった組織）によって、東海道新幹線が計画されます。これは、東京と新大阪を三時間十分で結ぶというもので、弾丸列車計画が基礎になっていました。その計画を実現させるためには、戦前から計画にたずさわっていた優秀な技師を集め、中心メンバーにする必要がありました。

ゼロ系新幹線

そこで国鉄は、当時、民間会社の社員になっていた秀雄に協力をもとめます。秀雄は、父親がやり残した仕事を完成させるべく、国鉄の依頼を受けました。こうして、新幹線計画は、実現に向けて大きく動きだしたのです。

工事は一九五九年四月からはじまりました。線路をしくために必要な土地の用意から、レールをしく工事、安全性を一番に考えた車両の開発など……。これらの作業は着ちゃくと進められ、東京オリンピックの直前に、新幹線が誕生したのです。時速二一〇キロメートルで走る、当時は世界一速い鉄道路線です。

島親子をはじめとして、たくさんの技術者がかかわってつくりあげた新幹線は、今も日本国内でのおもな移動手段のひとつとして、多くの人びとに利用されています。

243ページのこたえ　×

おはなし豆知識 島秀雄はD51（デゴイチ）をはじめ、数かずの蒸気機関車を設計しました。

おはなしクイズ 太平洋戦争前に考えられていた、東京と下関を９時間で結ぶ計画をなんという？

こたえはつぎのページ

7月4日のおはなし

虫めがねで光を集めるとどうなるの？

光をレンズの力で曲げるところがポイントです

読んだ日にち（　年　月　日）（　年　月　日）（　年　月　日）

道具・もの

光には「まっすぐ進む」という性質があり、ものにぶつかると反射します。光を反射させるものを「結晶体」とよんでいます。

「結晶体」とことなり、光を通すものを「非晶体」とよびます。この「非晶体」の代表的なものがガラスです。ガラスは分子のつながり方が不規則なため、そのすきまを光が通ります。ガラスは光を通すから透明に見えるのです。

　このガラスに加工をすることで、まっすぐ進む光を屈折するようにしたのが、虫めがねに使われている凸レンズです。

ものを大きく見る

レンズの焦点

虚像

光を集める

光が内側に屈折する

レンズの焦点

なぜ、凸レンズによって光が屈折するのでしょうか。

　凸レンズを見てみるとわかりますが、ふつうのガラス板とはことなり、真ん中の部分が少しあつくふくらんでいて、横から見ると、和菓子のどら焼きのような形をしています。

　ふつうのガラス板なら、光は空気中を進んできたのと同じようにまっすぐ進みます。いっぽう、凸レンズの場合は、曲がったガラスを通るときに、光は少し内側に屈折し、光の屈折という現象が起こるのです。

　凸レンズを通ってきた光が集まる場を「焦点」とよんでいます。虫めがねでものを見るとき、見るものが焦点の内側にあるときは「虚像」といって大きく見えます。でも、「焦点」の外側のものはさかさまになって見えます。これを「実像」といいます。火をつけたロウソクの前に、虫めがねをかかげてみてください。ロウソクが虫めがねの焦点より内側になるときは、正しいロウソク像がうつっていますが、焦点より外側にあるときはさかさまになったロウソク像がうつるはずです。紙に書いた文字でも同じ実験ができます。虫めがねを近づけたときは文字が大きく見え、遠く離すとさかさまになります。

「焦点」ができることは、虫めがねが光を集めるはたらきがあることも意味します。虫めがねで集めた太陽の光がまるくなるのは、太陽がまるいからです。蛍光灯の光を集めると、蛍光灯で光を出している蛍光管の形になります。

244ページのこたえ　弾丸列車計画

おはなし豆知識 ほかにも、光の屈折を利用したレンズに、魚眼レンズなどがあります。

おはなしクイズ 虫めがねに使われている、真ん中があつくなっているレンズをなんという？

太陽がしずまないことがあるの？

地球上には、1日中太陽が出ているところがあります

読んだ日にち（　　年　　月　　日）（　　年　　月　　日）（　　年　　月　　日）

7月5日のおはなし

地球・宇宙

　ヨーロッパやカナダの北部など、北極地域の一部では、夏になると、「白夜」という現象が見られます。真夜中になっても太陽がしずまず、いつまでも明るいまま、朝をむかえるのです。なぜ、このような現象が起こるのでしょうか。そのひみつは、地球のかたむきにあります。

　地球はつねに回転していて、その動きを「自転（236ページ）」といいます。回転するときは、台のついた地球儀と同じように、中心の軸が決まっているのです。実際の地球に台はありませんが、見えない軸を中心にまわっています。この軸を、「地軸」といいます。地軸は、地球の真ん中を通って、北極点（地軸の北端）と南極点（地軸の南端）を結んだところにあり、少しかたむいています。白夜が起こるのは、この軸のかたむきのためなのです。

　地球は、約二十四時間で一回転します。この回転の間に、太陽に照らされるところと、照らされないところが変わっていきます。昼と夜があるのは、このためです。

　太陽の光が当たっている部分は昼になっている地域、当たっていない部分は夜になっている地域です。

　さらに、地球は約一年かけて太陽のまわりをぐるっと一周します。この動きを「公転（237ページ）」といいます。この公転と自転が組み合わさって、一年三百六十五日、時間や季節のうつり変わりとともに、地球が太陽に照らされる場所も変わりつづけるのです。

北半球が夏の場合
地軸
北極
1日中、太陽が見える
南極
1日中、太陽が見えない

　地軸はかたむいているので、夏の北極地域では、ずっと光が当たっているところがあります。つまり、夜になっても、ずっと太陽が見えている状態です。これが「白夜」です。北極点では、この白夜が約半年もつづきます。

　白夜が起こると、太陽はふしぎな動きをします。東からのぼって西にしずむのではなく、地平線の上をころがるように、あまり高さを変えずに動いていくのです。

　また北極が白夜のとき、反対側の南極は「極夜」になります。太陽がまったく出てこなくなり、一日中ずっと夜のように暗い状態になります。

245ページのこたえ　凸レンズ

おはなし豆知識　白夜の日は、太陽の光が強いため、星が見えないことがほとんどです（77ページ）。

おはなしクイズ　太陽が1日中ずっと出てこない現象をなんという？

こたえはつぎのページ

7月6日のおはなし

タツノオトシゴって魚なの？

見た目と同じくらい、おもしろい特徴の持ち主です

読んだ日にち（　年　月　日）（　年　月　日）（　年　月　日）

水辺の生きもの

海の生物のなかでも、ユーモラスなすがたで人気のあるタツノオトシゴ。漢字では「竜の落とし子」と書きます。「竜（＝竜）」はとても大きく、ヘビに似ていて、空を飛べるという、想像上の生きものです。「落とし子」とは、子どものことです。英語では、「シーホース」とよばれています。シーは「海」、ホースは「馬」という意味です。

もちろん、タツノオトシゴは、竜の子どもでも海の馬でもありません。ヨウジウオ科という種類の魚なのです。魚とは思えないその外見から、「竜の子どものようだ」と思った昔の日本人が、タツノオトシゴと名づけたと考えられています。英語を使う人びとには、「馬に似ている」と思われたので、シーホースと名づけられたのでしょう。

タツノオトシゴが生息しているのは、熱帯や温帯とよばれる地域の温かい海です。サンゴが集まってできたサンゴしょう（87ページ）や、海藻がしげっているところにすんでいます。種類も多く、大きさ一・四センチメートルほどの小さなものから、三〇センチメートルをこえるものまで、いろいろです。肉食性で、自分よりも小さい魚やエビ、ほかの魚のたまごなどを、パイプのような細い口ですいこんで食べます。

ところで、ふつうの魚は尾びれを左右にふって泳ぎますね。しかし、タツノオトシゴは、頭を上、しっぽを下側に向けて立ったような状態で、むなびれと背びれをパタパタと動かして泳ぎます。

また、タツノオトシゴは、オスのおなかでたまごを育てることでも知られています。はんしょく期が近づくと、オスのおなかがふくらみ、「育児のう」というふくろができます。このふくろの中に、メスが数十～数百個のたまごをうみつけます。たまごはふくろの中でかえり、やがて子どもたちが、オスのおなかから出てきます。

ほかにも、海の中のものに化けて、敵の目をあざむくという特技もあります。しっぽをまきつけた海藻やサンゴに、からだの色を似せて、その場にまぎれるのです。

タツノオトシゴは、すがためずらしいだけでなく、ほかの魚とのちがいがたくさんあるのですね。

むなびれ

背びれ

タツノオトシゴ

246ページのこたえ　極夜

おはなし豆知識　タツノオトシゴには、歯と胃がありません。

おはなしクイズ　タツノオトシゴの子どもは、メスのおなかの中でたまごからかえる。○か×か？

天の川の正体ってなに？

夜空にうかぶ美しい景色は、なにからできているのでしょうか

7月7日のおはなし
七夕

読んだ日にち（　年　月　日）（　年　月　日）（　年　月　日）

地球・宇宙

上から見た図
太陽系
銀河系
横から見た図
銀河系
太陽系

天の川とは、夏の夜空に川が流れているかのように広がる、星ぼしの集まりです。じつは毎日見えているのですが、七月七日の七夕の夜に空を見上げる人が多いのは、「織姫と彦星」の話があるからでしょうか。

――昔むかし、天の川の西のほとりに、はたらき者のおひめさまがくらしていました。名を「織姫」といい、はた織りの仕事をしていました。いっぽう、天の川の東のほとりには、「彦星」という、これもはたらき者の、わかい男がいました。織姫の父親である天帝（天の神さま）のはからいで、ふたりは結婚しました。

ところが、ふたりはいっしょに楽しくくらすことばかりに夢中になり、まったく仕事をしなくなりました。そのため、天帝はとてもおこり、もとのように天の川の西側と東側にふたりを分け、はなればなれにしました。そして、一年に一度、七月七日の夜にだけ会うことをゆるしたのです。――

織姫星はこと座のベガ、彦星はわし座のアルタイルという、夏の星座になっています。

地球をはじめ、水星、金星、土星などの八つの惑星（234ページ）は、太陽のまわりをまわっています。この集団を、「太陽系」といいます。同じように、宇宙には、中心になる恒星と、そのまわりをまわる惑星の集団がいくつもあります。その集団がさらに集まったものを、「銀河」といいます。

太陽系がある銀河は、「銀河系」や「天の川銀河」とよばれ、約二千億個もの恒星が集まっています。上から見るとうずまき状、横から見るとうすい円ばんのような形をしています。

地球はいつも移動しているので、季節によって、銀河系の見え方が変わります。夏になると、地球は銀河系の中心を横側から見るような位置に来ます。すると、たくさんある星が、川のように長くつながって見えます。これが天の川の正体です。

天の川は、一年中見ることができますが、冬にはぼんやりとしています。地球が、銀河系の中心が見えない位置に移動するためです。

247ページのこたえ　×

おはなし豆知識 天の川が星の集まりだとわかったのは、17世紀のはじめです。

おはなしクイズ 天の川は7月7日にしか見ることができない。○か×か？

こたえはつぎのページ

7月8日のおはなし

草や葉っぱが緑色なのはなぜ？

じつは、植物の栄養のとり方と関係があります

読んだ日にち（　年　月　日）（　年　月　日）（　年　月　日）

植物

桜が散り、植物が本格的に生長をはじめる五月ごろは、「新緑の季節」などとよばれます。野も山も、草や木のわかい葉っぱの緑でいっぱいになります。花にはいろいろな色があるのに、葉っぱはどうして緑色をしているのでしょう。

　わたしたちと同じように、植物も栄養をとっています。とはいっても、なにかを食べているわけではありません。「光合成」という方法で、栄養をつくり出しているのです（94ページ）。

　水は、根っこからすい上げられ、「導管」という管を通って、くきや葉まで運ばれます。二酸化炭素は、「気孔」という、葉っぱのうら側にあるとても小さなあなから取りこまれます。太陽などの光は、葉っぱの表面から吸収します。これらがそろうと、光合成がはじまります。水と二酸化炭素を材料に、光がエネルギーとなって、「でんぷん」という栄養素をつくり出すのです。また、このとき酸素がつくられ、気孔から外に出されます。

　つくられた栄養は水にとけるブドウ糖にかえられて、水といっしょに、くきや葉っぱにある「師管」という管を通って、植物全体に送られます。こうして栄養が行き渡ると植物はぐんぐん育ち、栄養は地下のくきや根にでんぷんとしてたくわえられます。

　光合成は、葉っぱの中にある「葉緑体」という部分で行われます。葉緑体の「緑」という字がしめすように、葉っぱが緑色をしているひみつも、この葉緑体にあります。

　葉緑体は、葉っぱの断面をけんび鏡で見たときに見える、細胞という小さな部屋の中にあります。光をたっぷりと吸収できるように、葉っぱの中にならんでいるのです。

　葉緑体には、「クロロフィル（葉緑素）」という、光を吸収するための物質がふくまれています。このクロロフィルが緑色をしているので、葉っぱ全体が緑に見えるのです。

248ページのこたえ　×

おはなし豆知識　赤い海藻は、クロロフィルのほかに赤色の色素でも光合成を行います。

おはなしクイズ　葉緑体の中にある、光を吸収するための物質はなに？

こたえはつぎのページ

カにさされるとなぜかゆいの？

さされているときに、なかなか気づかないことと関係しています

読んだ日にち（　　年　　月　　日）（　　年　　月　　日）（　　年　　月　　日）

夏になると、どこからともなくカがやって来て、わたしたちの血をすいます。気づかないうちに、からだのあちこちをさされていて、とってもかゆい思いをしますね。カにさされると、なぜかゆいのでしょうか。

カは、口の先についている管を人間や動物のからだにさして、そこから血をすいます。ただし、すぐに血をすいはじめるのではなく、最初に、自分のだ液を出します。

だ液には、管をさしたり血をすったりしていることに気づかれないようにする、ますいのような役目があります。さらに、カのからだの中で、血がかたまらないようにするはたらきもあります。

カが血をすい終わって飛び立ったころ、じわりじわりとかゆくなってきます。これは、カのだ液にふくまれる成分によって引き起こされる、アレルギー（437ページ）が原因です。いつもとちがうものが血管に入ると、それを追い出そうと血液が集まってきて、ぷくっとはれたり、かゆくなったりするのです。

ところで、カはどうして人間や動物の血をすうのでしょうか。

カはふだん、草の汁や花のみつをすってくらしています。しかし、たまごをうむ時期になると、たまごをつくるために、「たんぱく質」という栄養素が必要になります。草の汁や花のみつにはあまりふくまれていないので、人間や動物の血から取り入れるのです。

つまり、血をすうのは、たまごをうむメスのカだけです。オスが血をすうことはありません。

メスのカがすう血の量は、一回に五〜七ミリグラムです。二、三日かけてカのからだの中で消化され、やがておなかの中に百〜四百個のたまごがつくられます。準備ができると水たまりなどにたまごをうみつけ、二、三日すると、「ボウフラ」とよばれる幼虫がかえります。ボウフラはさなぎになったあと、わたしたちがよく知るカのすがたに成長します。

そして、夏場になると、カは人間の体温やはく息にふくまれる二酸化炭素、あせのにおい、黒い服などによってきます。さされるとかゆいだけでなく、血管に管をさされるときに、病気がうつることもあります。特に外国では、こわい病気のもとをもっていることがあるので、虫よけスプレーを使うなどして、なるべくさされないように注意しましょう。

249ページのこたえ　クロロフィル（葉緑素）

おはなし豆知識　カは、気温が25〜30度くらいのときに活発に活動します。

おはなしクイズ　人間の血をすうのは？　㋐メスのカ　㋑オスのカ　㋒ボウフラ

こたえは つぎのページ

7月10日のおはなし
納豆の日

納豆はどうしてねばねばするの？

ほかに、糸を引く食べものを見たことがあるでしょうか

読んだ日にち（　年　月　日）（　年　月　日）（　年　月　日）

納豆は、大豆からできています。大豆は「畑の肉」とよばれるくらい、たくさんのたんぱく質やビタミンをふくんだ豆です。納豆をつくるときは、大豆をむし、熱いうちに水にとかした「納豆菌」をつけてパックに入れるか、納豆菌のついた稲わら（稲のもみを取ったもの）でつつみます。納豆菌は微生物の一種で、「ビフィズス菌」や「乳酸菌」などと同じように、わたしたちのからだにとっていいはたらきをしてくれる菌です。

大豆に納豆菌をつけたら、菌が活動しやすいようにあたたかいところに置いておきます。すると、納豆菌が大豆にふくまれる栄養分を食べて、どんどんふえていきます。このはたらきを、「発酵（205ページ）」といいます。

納豆菌が発酵するときにつくられるのが、「ポリグルタミン酸」という物質で、納豆のねばねばの正体です。ポリグルタミン酸は、くさりのように長くつながった物質のため、引っぱられたときに糸を引いて、ビヨーンとのびます。

さて、二十時間ほど発酵させたら、今度は五度くらいまで冷やします。冷やされると納豆菌の活動は止まるので、ほどよく発酵が進んだおいしい納豆が完成します。

ところで、納豆のねばねばを生み出しているポリグルタミン酸は、うまみ成分であるグルタミン酸が長くつながったものです。よくかきまぜて、うまみ成分を出してから食べると、よりおいしくなります。

また、ねばねばの成分は、うまみのほかに栄養面でもすぐれています。カルシウムの吸収を助けたり、胃や腸を通りやすくして消化をうながしたりします。

材料の大豆はもちろん、発酵させることで出るねばねばにも、たっぷりの栄養とおいしさがつまっている納豆は、成長期に進んで食べたい、すばらしい食べものなのです。

250ページのこたえ　㋐メスの力

おはなし豆知識　秋田県横手市は納豆が生まれたとされる地域のひとつで、「納豆発祥の地」の石碑があります。

おはなしクイズ　大豆は、たんぱく質やビタミンなどの栄養が豊富なことから、なんとよばれる？

こたえは つぎのページ

カニが横に歩くのはどうして？

7月11日のおはなし

たくさんの足をすばやく動かして、変わった進み方をします

読んだ日にち（　　年　　月　　日）（　　年　　月　　日）（　　年　　月　　日）

水辺の生きもの

カニといえば、横向きに歩く様子が思いうかびますね。目は正面についているのに、どうして横向きに進むのでしょうか。それは、カニの足のつくりのためです。

カニは、ハサミも入れて左右に五本ずつ、合わせて十本の足をもっています。足はそれぞれ、七つの節からなり、関節でつながっています。この関節は、人間のひじやひざと同じようなつくりになっています。

人間のひじやひざは、一方向にしかまがりません。手をのばし、手のひらを上に向けた状態でうでをまげると、顔のほうにまがります。反対のほうにはまがりませんね。カニの足の関節も同じです。そのため、ふつうに歩くときは、横に進むことしかできないのです。

ただし、足のつけ根の関節だけは、前後左右に動くようになっています。このため、ゆっくりと歩くときや、石をのぼったりするときなどは、前やななめに進むこともできます。しかし、本当に必要なときに少しの間、この進み方をするだけで、横向きに進むのが基本です。

また、種類によっては前に歩くことができるカニもいます。たとえば、日本列島近くの深い海の底にすんでいる「タカアシガニ」は、前後左右はもちろん、ななめにも歩くことができます。これは、足が細長いうえに、足の関節が自由に動き、足と足の間かくもはなれているからです。「ミナミコメツキガニ」というカニも、細長い足をもっていて、前に歩くことができます。

それから、うしろ向きに進むカニもいます。インド洋と太平洋のあたたかい海域にすむ「アサヒガニ」や「ビワガニ」です。うしろ向きに進むといっても、できるのはあとずさりする程度なので、敵におそわれても、すばやくにげることはできません。このため、すがたが目立つ昼間は、ほとんど海底の砂にもぐってかくれています。

251ページのこたえ　畑の肉

おはなし豆知識　北海道より北にすむ「タラバガニ」は、正確にはカニの仲間ではなく、ヤドカリの仲間です。

おはなしクイズ　カニは、前向きに歩くことができない。○か×か？

こたえはつぎのページ

7月12日のおはなし

砂漠ってどうしてできたの？

同じ砂漠でも、でき方によって種類が分かれます

読んだ日にち（　年　月　日）（　年　月　日）（　年　月　日）

地球・宇宙

植物がほとんど育たず、岩や砂だけのところを、「砂漠」といいます。現在、地球上の陸の面積のうち、約五分の一が砂漠でしめられているといわれています。自然にできる砂漠は、つぎの四つに分けられます。

ひとつ目は、「亜熱帯砂漠」です。地球上で、一年中ずっと暑いところを熱帯、つぎに暑いところを亜熱帯とよびます。熱帯では、海や地面の水分が太陽の熱で温められて、どんどん蒸発し、雲ができて雨がふります（86ページ）。雨がふったあと、雲があった場所には、水分の少ない空気が残ります。さらにその空気は、太陽の熱でからからにかわかされ、となりの亜熱帯へと流れていきます。このかわいた空気で乾燥が進み、亜熱帯砂漠ができるのです。

ふたつ目は、「海岸砂漠」です。冷たい海水のそばの地域では、太陽の熱で温められても海水が蒸発しにくいため、雲ができず、雨がふりにくくなります。こうして乾燥が進み、砂漠になるのです。

三つ目は、「内陸砂漠」です。内陸とは、まわりに海がない、陸にかこまれた地域のことです。この地域は海から遠いので、海のしめった空気がとどきません。そのため雨がふらず、どうしても乾燥が進みます。

四つ目は、「雨陰砂漠」です。これは、大きな山脈の風下の地域にできる砂漠です。水分をふくんだ空気が山脈にぶつかると、雲ができて、雨がふります。その雨で水分を使いきってしまうので、山をこえて低い土地へとおりていく空気は、すっかりかわいています。それで、風下の地域では、雨がふらずに乾燥が進み、砂漠になります。

ほかに、人間の活動が原因で、砂漠ができることもあります。もともと森林や農地だったところでも、木を切りすぎたり、放牧している家畜が植物を食べつくしてしまったり、連続して同じ作物をつくったりすると、土地がやせて植物が育ちにくくなり、やがて砂漠になります。

砂漠では、太陽の光が直接当たるので、昼はとても暑くなります。そのうえ、地面にも空気中にも水分が足りないため、熱をたくわえておくことができず、太陽がしずむと一気に寒くなります。また、食べものも水も不足し、とてもくらしにくい場所です。

今、地球では、砂漠化がどんどん進んでいます。自分たちのくらしを守るためにも、砂漠化についてよく知ることがたいせつです。

252ページのこたえ　×

おはなし豆知識　「砂丘」は砂漠とちがい、風や水で運ばれてきた砂がたまってできたものです。

おはなしクイズ　砂漠は、自然にできたもののほかに、人間が原因でできるものもある。〇か×か？

こたえはつぎのページ

虫がもつ本能ってなに？

7月13日のおはなし

ファーブルが行った、虫が生まれつきもっている性質を調べる実験

読んだ日にち（　年　月　日）（　年　月　日）（　年　月　日）

ファーブル昆虫記

「アナバチ」のおはなしより

〈土にあなをほり、こん虫を狩って生活するハチは、一般的に「アナバチ」とよばれています。これは、ファーブルがアナバチについて書いたお話です。〉

アナバチのなかでも、キバネアナバチはコオロギを狩り、ラングドックアナバチはキリギリスモドキという虫を狩っています。これらのハチは、自分より弱い虫ではなく、手強い相手を狩ります。これは生まれつきそなわっている性質、つまり、本能が命じているからなのです。

わたし（ファーブル）は、ハチの狩りの様子を観察するため、ハチが獲物をかかえて巣に帰るところを待ちぶせし、獲物と生きた虫をすりかえました。

相手が生きていると気づくと、ハチは相手をたちまちおさえこみ、大きなきばやとげだらけの太い足をふうじ、すばやくおしりの針を虫にさしました。ころすのではありません。神経をマヒさせて、ねむっているような状態にするのです。

このあとハチたちは、狩った虫を巣あなの中に持っていきます。そして、女王バチがその虫にたまごをうみつけます。虫は生きているので、時間がたってもくさることはありません。やがて、たまごからかえった幼虫にとって、この虫はごちそうです。安全な巣の中で虫を食べて育ち、大きくなって巣立っていきます。

狩りの方法は、だれかに教わるわけではありません。もちろん、キバネアナバチがコオロギを、ラングドックアナバチがキリギリスモドキを狩るのも、自然に行っています。本能の命ずるまま、みごとな狩りを行います。

ただ、本能にはマイナスの面もあります。たとえば、獲物の管理です。キバネアナバチは、本能にしたがって四回の狩りをします。一ぴきの幼虫のために、四ひきのコオロギが必要だからです。ただし、獲物を狩るキバネアナバチにとってだいじなのは、四回狩ることであり、巣あなに四ひきのコオロギを運ぶことではありません。入れる前にコオロギがころげ落ちるなどして、二、三びきしかいなくても、気づかずにあなをとじてしまいます。

このように、ハチたちは本能にしたがうだけで、考えることはしません。本能には、かしこさとおろかさがまぜこぜになっていることを、これらのハチたちは教えてくれます。

253ページのこたえ ○

おはなし豆知識 ラングドックアナバチは、おなかにたまごがあるキリギリスモドキのメスだけを狩ります。

おはなしクイズ キバネアナバチは、巣あなに4ひきのコオロギがいるか確認してあなをふさぐ。○か×か？

こたえはつぎのページ

女性ではじめてノーベル賞を受賞した人はだれ？

大好きな勉強をつづけ、道を切り開いた女性

読んだ日にち（　　年　　月　　日）（　　年　　月　　日）（　　年　　月　　日）

伝記

マリー・キュリー（一八六七～一九三四年）

ノーベル賞とは、物理学、化学、生理学・医学などの六つの分野で、すばらしい仕事をした人におくられる世界で有名な賞です（419ページ）。この賞を、一九〇一年からはじまりました。この賞を、女性ではじめて受賞したのがマリー・キュリーです。

マリーは、ポーランドのワルシャワで、五人兄弟のすえっ子として生まれました。とても勉強が好きで、十五歳のときに女学校を一番の成績で卒業しました。「もっと勉強したい」と思ったマリーと二番目のお姉さんは、はたらいてお金をためました。そしてやっとの思いで、まずはお姉さんがフランスの大学に進みました。マリーは、お姉さんが大学を出てはたらくようになったら、お姉さんをたよってパリに行こうと考えていました。

彼女たちが苦労したのは、家がまずしかったうえ、当時、ポーランドでは、女性が大学に入ることがみとめられていなかったからです。

それからしばらくして、マリーのお父さんが今までよりお金がもらえる仕事につき、家に少しばかりの余裕ができました。これをチャンスとして、マリーはフランスに向かい、パリのソルボンヌ大学に入学して物理学を学びました。

その後、大学を一番の成績で卒業したマリーは、物理学者のピエール・キュリーと結婚して、マリー・キュリーという名前になりました。そして、マリーは、夫といっしょに物理学の研究をするため、ポーランドへは帰らずにパリに残りました。

このころ物理学の世界では、いろいろな新発見がなされていました。特に注目されていたのは、鉱石から出る「放射線」の研究です。

キュリー夫妻もこれに強い関心をもち、熱心に研究して、放射性元素である「ポロニウム」と「ラジウム」の発見に成功します。

これにより一九〇三年、キュリー夫妻にノーベル物理学賞がおくられ、マリーは女性ではじめてのノーベル賞受賞者となりました。

254ページのこたえ　×

おはなし豆知識　マリーは1911年、ラジウムの研究で二度目のノーベル賞（化学賞）も受賞しています。

おはなしクイズ　マリーは、どんな学問で女性ではじめてのノーベル賞を受賞した？

こたえはつぎのページ

暑い日に食欲がなくなるのはなぜ？

7月15日のおはなし

夏の暑さは食欲をなくすだけでなく、ある病気の原因にもなります

読んだ日にち（　年　月　日）（　年　月　日）（　年　月　日）

からだ

夏の暑さがきびしいとき、なんだか食欲がなくなり、食べる量が少なくなることはありませんか？　食べる気が起きなくなるのには、いくつかの原因があります。

ひとつ目は、水分と栄養分の不足です。暑いとき、からだは体温を下げようとしてあせをかきます。すると、あせといっしょに塩分やミネラルがからだの外に流れ出します。その結果、体内の水分や塩分、ミネラルが不足して脱水症状を起こし、からだの調子が悪くなります。

ふたつ目は、胃腸のはたらきが悪くなることです。暑いところにいると、消化や吸収のはたらきが弱くなり、もたれた感じになったり、栄養をとりこみづらくなったりします。また、冷たい飲みものを飲むことがふえるので、おなかが冷えて、さらに胃腸が弱ります。胃腸の調子が悪いと、食べたいという気持ちも自然とにぶくなってきますね。

三つ目は、「自律神経」のみだれです。自律神経とは、消化や血液の流れ、あせや体温の管理など、からだのいろいろなはたらきを調節するものです。自律神経は、夏の暑さに負けないように、胃腸の調子や体温など、からだのはたらきを調節しようとします。しかし、暑い日がつづくと、自律神経にふたんがかかります。さらに、クーラーのきいたすずしい部屋と、外の暑い場所を行ったり来たりするなど、急に気温が変わることで、自律神経がからだのはたらきを調節しにくくなるのです。

こうして、自律神経がみだれてくると、食欲がなくなるだけでなく、消化不良による便秘や下痢、頭痛、立ちくらみ、イライラなど、からだ全体の調子が悪くなります。このような症状を、「夏バテ」といいます。

夏バテが起きたときは、熱中症にも気をつけなければなりません。熱中症は、暑さによってからだの水分や塩分、栄養分がうしなわれたり、体温の調節がうまくいかなかったりすることで、体調不良を起こす病気です。ときには、命を落とすこともあります。調子が悪いときは無理をせず、からだの様子を見ながら、栄養・運動・休養のバランスをととのえることがたいせつです。

255ページのこたえ　物理学

おはなし豆知識　日本では、夏の栄養補給として、土用の丑の日にウナギを食べる習慣があります。

おはなしクイズ　夏に食欲が落ちる理由のひとつは、水分と栄養分の不足である。○か×か？

こたえは つぎのページ

7月16日のおはなし

スポーツで新記録がどんどん出るのはなぜ？

なぞをとくかぎは、科学的な研究にあります

読んだ日にち（　年　月　日）（　年　月　日）（　年　月　日）

生活

かつては、スポーツの記録について、「陸上競技の一〇〇メートル走で、人類が一〇秒を切ることは不可能」「競泳の一〇〇メートル自由形で、五〇秒を切ることはない」といわれていました。

しかし、陸上競技の一〇〇メートル走においては、一九六八年のメキシコオリンピックで、アメリカのジム・ハインズ選手が九秒九五という記録を出し、はじめて一〇秒のかべをやぶりました。現在の世界記録は、ジャマイカのウサイン・ボルト選手がもつ九秒五八です。

競泳の一〇〇メートル自由形でも、一九七六年のモントリオールオリンピックで、アメリカのジム・モンゴメリ選手が、四九秒九九のタイムを出しました。現在の世界記録は、ブラジルのセザール・シエロフィリョ選手の四六秒九一です。

このように、記録がつぎつぎとぬりかえられるようになったのは、スポーツ科学の進歩と関係があります。

たとえば、昔は、ももやすねの筋肉が強いと速く走ることができると考えられていました。しかし、コンピュータでの分析方法が発達し、じつは、股関節の筋肉がたいせつだとわかったのです。そして、股関節の筋肉をうまく利用した走り方が研究され、記録がのびていきました。

また、効果的な練習方法はもちろん、間にとる休み時間の長さや、つかれをとるのに役立つ食べもの、回復を早めるためのマッサージ方法など、科学的なうらづけをもとにした方法もとり入れられるようになりました。これにより選手たちは、万全な状態で競技にのぞむことができるようになったのです。

さらに、競技用具も科学的に改良されるようになりました。たとえば、スピードスケートのシューズは、以前は、刃がつま先とかかとの部分に固定されていました。その後の研究により、かかと部分の刃がはなれる「スラップスケート」が生まれ、主流になります。このシューズは氷をける力を強めるはたらきがあり、記録をのばすのに役立っています。

また、競技施設も改良され、選手が実力を出しやすくなりました。

このように、選手と、選手をささえる人たちの力が合わさって、記録がのびつづけているのですね。現在も、研究が進められています。

256ページのこたえ　○

おはなし豆知識 陸上競技などのタイムをはかる時計も、進化しつづけています。

おはなしクイズ 競泳の100メートル自由形で、50秒を切った人はいない。○か×か？

空気には酸素以外のものもたくさんまじっているって本当？

はたらかないことで重要な役割を果たしているガスもあります

7月17日のおはなし

読んだ日にち（　年　月　日）（　年　月　日）（　年　月　日）

地球・宇宙

空気は酸素、ちっ素、二酸化炭素など、多くの成分からなる気体です。においも色もないため、まわりにあっても気にもしませんが、わたしたち人間をふくむ地球上のすべての生きものが生きていくうえで、なくてはならないものです。呼吸をするのに必要なだけではなく、有害な紫外線の吸収、地球の保温など、多くのはたらきをしています。

ところで、空気中の気体は酸素がもっとも多いとのイメージをもちがちですが、空気の約七八パーセントはちっ素です。そして約二一パーセントが、呼吸に必要な酸素です。この酸素が呼吸で吸収され、からだのすみずみに運ばれることで生きものは生きていけるのです。

また、空気中にはアルゴンという成分もふくまれています。量は全体の約〇・九三パーセントで、ちっ素、酸素に次いで三番目に多い気体です。

アルゴンとは、ギリシア語のアン（否定語）とエルゴン（はたらく）が結びついた言葉で、はたらかない、つまり「なまけもの気体」という意味です。

この名前をあたえられたのは、反応を起こしにくい、言葉を変えれば安定した性質をもつ気体だからです。しかし、この反応のにぶさで、世の中では重要な役割を果たしています。

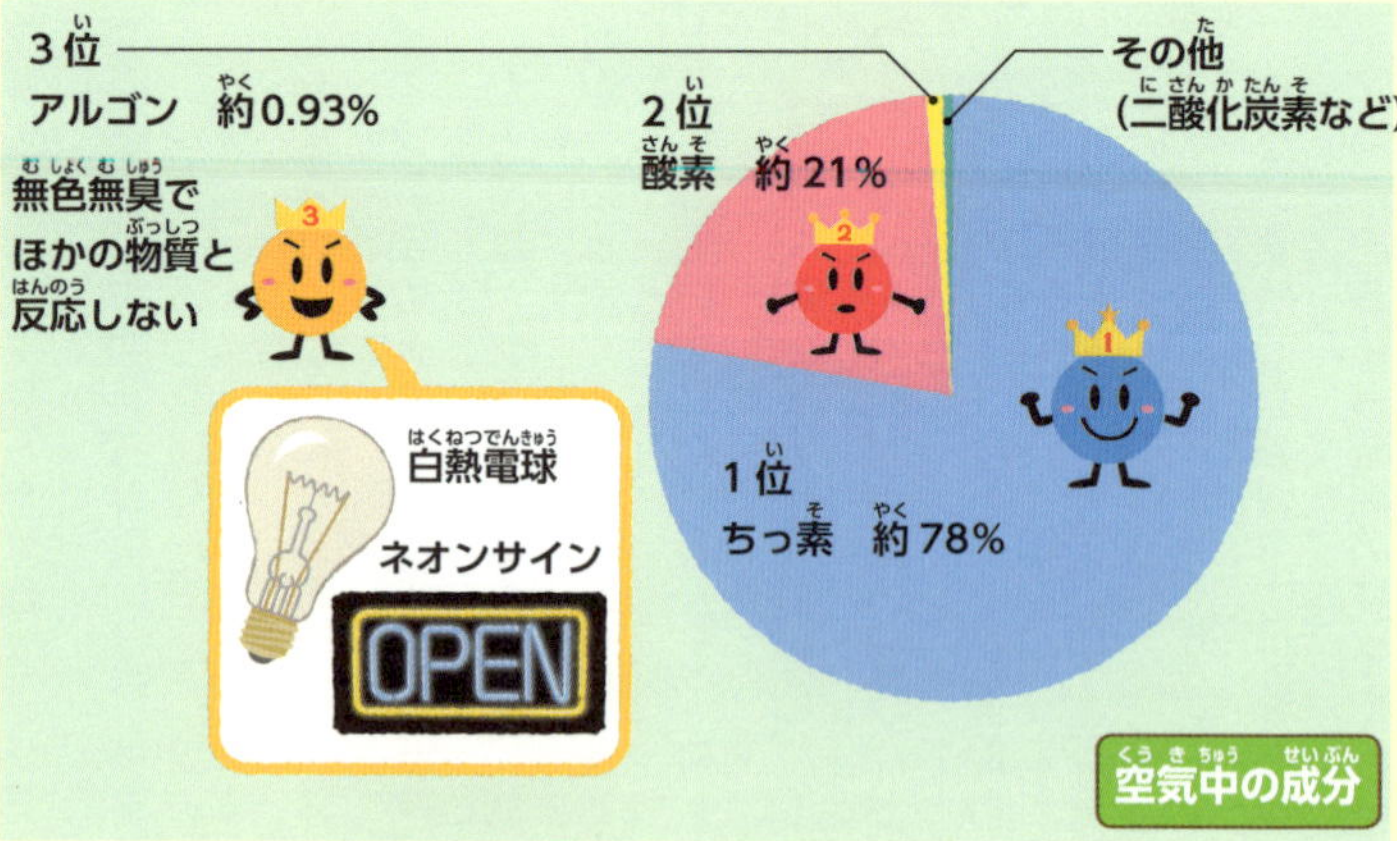

空気中の成分

たとえば、蛍光灯や電球、水銀灯には、このアルゴンが入っています。電球や電灯の光る部分は温度が高くなります。特にフィラメントが光を発する白熱電球は空気を入れておくとひじょうに高温になり、フィラメントが空気中の酸素と結びついて焼き切れてしまいます。真空にするとフィラメントは表面からどんどん蒸発してしまいます。ところが、アルゴンを入れておくとフィラメントと結びつくこともなく、フィラメントの蒸発をおさえてくれるのです。また、アルゴンはネオンサインでも使われています。無色透明な管にアルゴンを入れて高圧放電させると、青色にかがやくのです。

アルゴンは、工業の場では空気中の酸素などと金属との反応をふせぐ役割をする「保護ガス」として使われており、なくてはならない気体となっています。

257ページのこたえ　×

おはなし豆知識　アルゴンは反応を起こしにくいことから、長い間存在を知られていませんでした。

おはなしクイズ　空気の中で3番目に多い気体はどれ？　㋐ちっ素　㋑アルゴン　㋒酸素

こたえはつぎのページ

7月18日のおはなし

海の水がしょっぱいのはどうして？

はじめ、地球には海がありませんでした

読んだ日にち（　年　月　日）（　年　月　日）（　年　月　日）

地球・宇宙

海で泳いだことがあれば、海の水がしょっぱいことを知っていますよね。口に入ると、とても塩からく、目に入ると、しみてたいへんです。

海の水がしょっぱいのは、たくさんの塩がとけているからです。地球の海水からすべての塩を取り出して地球全体にまくと、地球の表面が、高さ八八メートルの塩の層でおおわれるくらいになるそうです。

海の水に大量の塩がとけていることは、地球の成り立ちと深い関係があります。大昔、生まれたばかりの地球は、真っ赤にとけたどろどろのマグマ（溶岩）におおわれた、火の玉のような熱い物体でした。もちろん、海はありません。

やがて地球が冷えてくると、空気の中にたっぷりふくまれていた水蒸気が冷えて雲になり、雨として地上にふりそそぎました。この雲の中には地球内部から出てきた強い「酸性」のガスがとけこんでいたので、このときふった雨水も強い酸性になりました。酸性の水には、ものをとかす性質があるため、地上の岩もとけます。この酸性の雨と岩にふくまれていた成分がまざり、化学反応をすることによって「塩化ナトリウム」という物質などになりました。この塩化ナトリウムなどが塩分なのです。

酸性の雨はふりつづけて、大地のくぼみにたまりました。こうしてできた、塩をたっぷりふくんだ大きな水たまりが、最初の海です。

その後も雨はふり、大地をとかしつづけました。

それから何十億年もかけて水分が蒸発し、雨がふって海の水がたまり、その水分が蒸発するとまた雨になって海の水がたまる、ということがくり返され、大地の塩は海へと運ばれ、塩は蒸発せずに海にとどまりました。その結果、海の水は今のようにしょっぱくなったのです。

258ページのこたえ　㋑アルゴン

おはなし豆知識　人間の血液はナトリウムやカリウムなどをふくんでいて、海水と成分が似ています。

おはなしクイズ　海水の中の塩を全部取り出してまくと、地球は塩におおわれる。○か×か。

こたえはつぎのページ

ゼリーはなぜプルプルしているの？

プルプルのもとになる材料は、意外なものからできています

読んだ日にち（　　年　　月　　日）（　　年　　月　　日）（　　年　　月　　日）

7月19日のおはなし

食べもの

ツルンとした食感で、のどごしがよいデザートのひとつ、ゼリーは、粉ゼラチンを使ってつくります。

たとえば、フルーツゼリーをつくる場合、粉ゼラチンのほかに、砂糖、ミカンやパイナップルなどのくだもの、水を用意します。

つくり方は、まず、なべに水と砂糖を入れて火にかけ、弱火でよくとかします。砂糖がとけたら、水でふやかしておいた粉ゼラチンを入れます。ふっとうしないように気をつけながら、よくかきまぜます。

つぎに、ゼリー型にくだものをならべ、そこに、なべの中身を流しこみます。

少しさましてから、冷蔵庫に入れて二〜三時間冷やせば、おいしいフルーツゼリーのできあがりです。

ところで、なぜゼリーは、あんなにプルプルしているのでしょう？

そのひみつは、材料に使った粉ゼラチンにあります。

ゼラチンは、たんぱく質をつくるもとになる「アミノ酸」という成分がたくさん集まってできています。アミノ酸はふつう、細長いくさりのような状態でつながっていますが、温度が変化すると、ちがった動きをします。

ゼラチンを熱いお湯でとかすと、アミノ酸はくさり状ではなくなり、自由に水の中を動きまわれるようになります。水のつぶも自由に動くので、ゼラチンは、トロトロの状態になります。

つぎに、とかしたゼラチンを冷やすと、アミノ酸がふたたびくさり状に結びつき、水のつぶが間にとじこめられて動きがにぶくなります。このとき、ゼラチンはプルプルのゼリー状になります。この、アミノ酸と水のつぶの動きの変化が、ゼリーがプルプルするひみつです。

さて、ゼリーをプルプルさせているゼラチンですが、なにからできているか知っていますか？　じつは、牛やブタなどの動物の骨や皮を煮こんだ「コラーゲン」を取り出したものです。コラーゲンはたんぱく質の一種で、健康にいい食べものです。

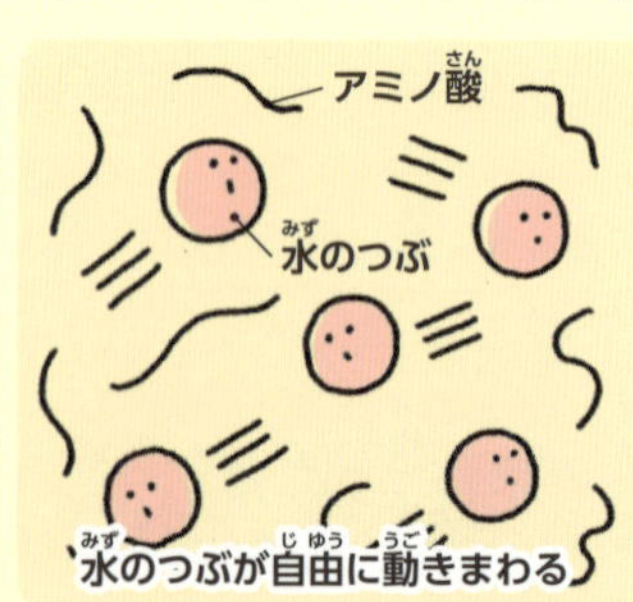

259ページのこたえ　○

おはなし豆知識　煮魚の煮汁がかたまった「煮こごり」は、魚のたんぱく質が変化してゼリー状になったものです。

おはなしクイズ　ゼラチンは、なにからできている？　㋐動物の骨や皮　㋑植物　㋒こんにゃく

こたえはつぎのページ

オオカミは頭がいいの？

人間のわなをうまくすりぬける、頭のいいオオカミがいました

読んだ日にち（　年　月　日）（　年　月　日）（　年　月　日）

「オオカミ王ロボ」のおはなしより

〈これは、シートンが書いた、かしこいオオカミのお話です。〉

アメリカのコランポー高原に、「オールド・ロボ（年をとったオオカミ）」「キング（王様）」とよばれるオオカミがいました。こんなにりっぱな名前がついたのは、このオオカミが怪物のように強かったからです。

ロボとそのあらあらしい手下たちは、高原の牧場の牛や羊をつぎつぎとおそいました。大好物は、肉がとりわけやわらかい、生まれてから一年ほどのめ牛です。ほかの牛や羊には、見向きもしません。そればかりか、おもしろ半分にころすのです。あるときは、ひと晩に二百五十頭もの羊がころされたこともありました。

もちろん、人びともロボ一味をほうっておいたわけではありません。なんとかやっつけようと、わなをしかけましたが、いつもロボに気づかれて失敗に終わっていました。

たとえば、死んだばかりの牛のからだのあちこちに、毒をぬっておいたことがありました。このとき、ロボ一味は、するどい嗅覚で毒のにおいをかぎ分け、毒のぬっていないところだけを食べて、ゆうゆうと引き上げていきました。

あるときは、毒をしこんだ牛の肉をいくつもしかけました。しかし、ロボは、肉をくわえて一か所に集めると、「人間なんてばかなものさ」とでも言いたげに、おしっこやふんをたっぷりとかけて立ち去りました。

こんな様子ですから、オオカミ用のわなも通用しません。においや土の表面の具合から、わながうまっていることを見やぶり、つぎつぎとほり出してしまいました。

ロボの用心深さは、これだけではありません。ロボは、鉄砲のこわさをよく知っていました。そのため、人間が鉄砲をとり出すと、すばやくにげていきました。

頭のよさで人間を出しぬいてきたロボでしたが、おくさんのブランカが人間にころされたときは、さすがにこんらんしました。そしてついに、わなにかかってしまうのです。

つかまったあと、食べものをあたえても、ロボはいっさい口にしませんでした。人間に自由をうばわれた怒りか、愛するブランカをうしなったかなしみか、あるいはその両方かもしれません。しばらくして、無敵のオオカミは息を引き取りました。

260ページのこたえ　㋐動物の骨や皮

おはなし豆知識　オオカミは夜でも目が見え、時速約50キロメートルで長い距離を走ることができます。

おはなしクイズ　ロボは、毒をぬった牛のわなにかかった。○か×か？

こたえはつぎのページ

足のうらはどうしてへこんでいるの？

小さいへこみが、人間が歩くための重要な役割を果たしています

読んだ日にち（　年　月　日）（　年　月　日）（　年　月　日）

7月21日のおはなし

からだ

足のうらをさわってみると、へこんでいる部分があります。はだしで歩いても地面につかないため、「土ふまず」とよばれています。なぜ、こんな部分があるのでしょうか？

人間の足の、くるぶしから下の部分は、片足二十六個の骨からできています。指の部分に当たるのは「趾骨」、真ん中が「中足骨」で、かかとの部分に当たるのは「足根骨」といい、大きく三つに分かれています。

これらのたくさんの骨と、骨と骨を結びつけている「じん帯」というすじと、まわりの筋肉にささえられて、アーチのような形の土ふまずがつくられているのです。

右足の骨

足根骨
中足骨
趾骨
土ふまず
アーチ

この土ふまずが、歩くときの衝撃を吸収する、たいせつなクッションの役目を果たしています。そしてじつは、四足歩行の動物には、土ふまずがありません。つまり、土ふまずこそ、人間が二本足で歩くために大きく進化した部分なのです。

土ふまずは、生まれたときにはほとんどありません。成長するにしたがって大きくなり、はっきりとくぼんだ形になってきます。

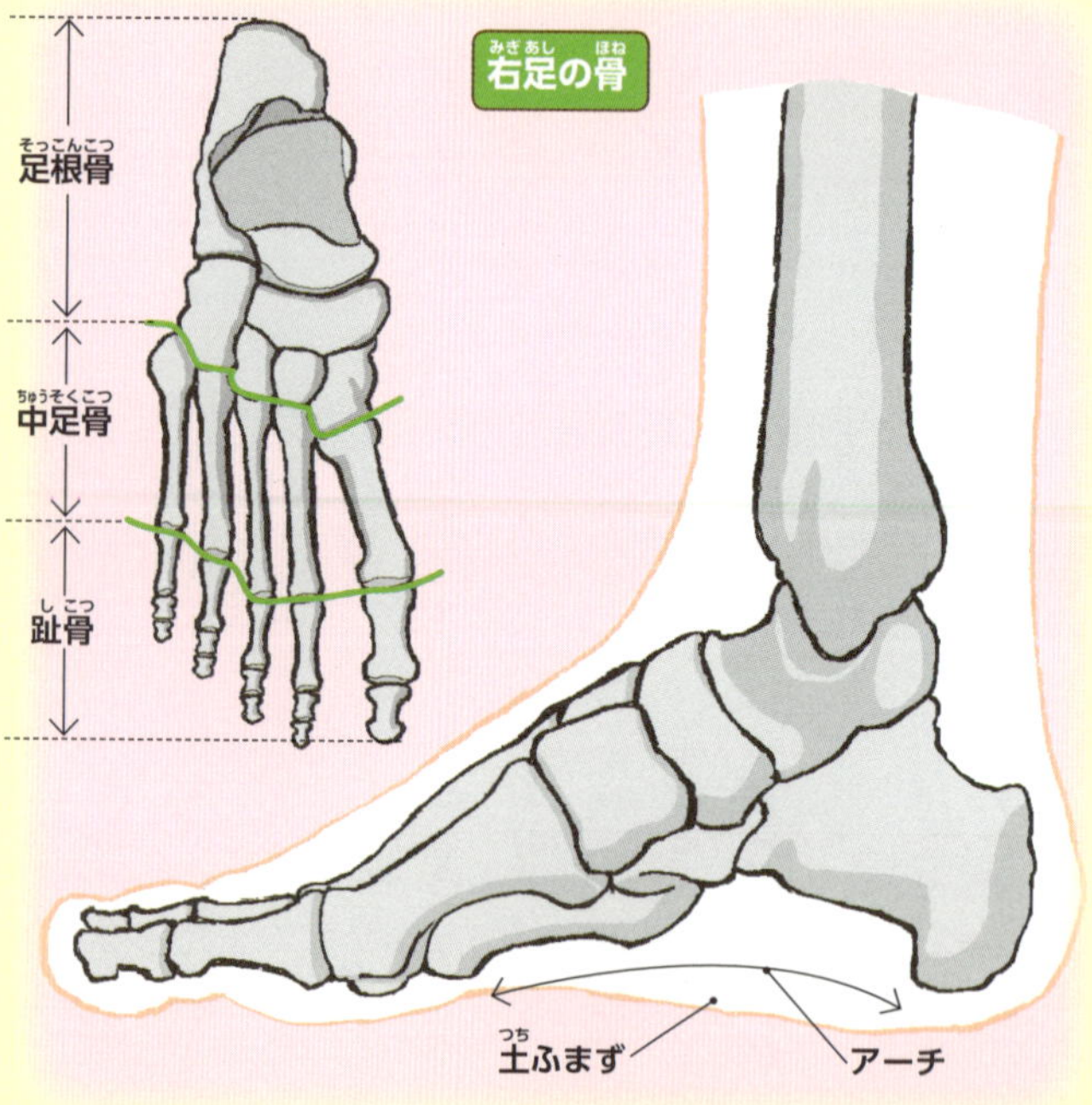

しかし、大人でも土ふまずがない人もいます。このような足は、「へん平足」とよばれています。じゅうぶんな運動をしなかったり、足に合わないくつを長い間はいていたりすると、足のうらのアーチがつくられず、土ふまずが発達しないのです。

土ふまずがない足は、クッションの役目をしてくれる部分がありません。このため、つかれやすいうえに、足に痛みを感じることが多くなるといわれています。また、ころびやすかったり、すばやい動きができなくなったりするなど、足の動き自体にも影響が出ます。

しっかりとした土ふまずをつくるには、はだしで歩く、指先がきゅうくつではないくつをはいて歩く、つま先立ちをする、足の指でタオルをつかむ、などの練習をするとよいといわれています。

261ページのこたえ　×

おはなし豆知識　土ふまずは、歩きはじめてから８歳ごろまでに、だんだん形がつくられていきます。

おはなしクイズ　土ふまずがない足を、なんという？

こたえはつぎのページ

7月22日のおはなし

ミミズはなにを食べて生きているの？

見た目からきらわれがちなミミズも、農家にとってはうれしい生きものです

読んだ日にち（　年　月　日）（　年　月　日）（　年　月　日）

虫

ミミズは、世界のいたるところで見られる生きものです。日本には二百種類ほどが生息しています。

ミミズの特徴は、骨がないことです。からだをささえているのは、中心を通っている長い腸と、そのまわりをおおう筒状の組織です。動くときは、この筒状の組織をのびちぢみさせます。このような生きものを、「環形動物」といいます。

ミミズは、農家の人たちにとってありがたい存在です。なぜなら、ミミズが土をゆたかにし、農産物の生長を助けてくれるからです。

ミミズが土をよくする理由は、たくさんあります。ひとつ目は、土の中を動きまわってくれることです。これは、人が土地をたがやすのと同じです。しかも、人の手が入らないようなおく深くまで進むので、水や空気が行き渡ります。

ミミズが動きまわるのは、土にまざっているくさった葉っぱや、動物や虫などの死がいを食べるためです。そして、土の中でおなかいっぱいになると、わざわざ地表まで来てふんをします。おく深くにある土を食べて、地表まで運んでくれるのですから、これも土地をたがやしていることになります。

ふたつ目は、ミミズのふんです。ミミズは、一日に自分の体重と同じくらいの量のふんをしますが、これはとてもいい肥料になります。そして、ミミズのふんがまざった土は、間に適度なすきまができるので、水や空気をたくわえるのにも、通すのにも、都合がいいのです。

三つ目は、ミミズの体液です。ミミズには肺がなく、皮ふで呼吸をしていて、からだがかわくと呼吸ができません。このため、いつも体液を出し、からだをぬるぬるさせています。体液には、土の中を動きまわりやすくする効果もあります。この体液のおもな成分は、「ちっ素」です。ちっ素は、植物が育つのに欠かせない物質で、化学肥料にはかならずふくまれています。つまり、ミミズは、作物の肥料となるふんや、作物の生長に必要なちっ素を出しながら、土をたがやしてくれているのです。

ミミズがたくさんいると、栄養がいっぱいふくまれ、ふかふかとしたいい土になります。そのため、昔から、「ミミズのいる土はいい土」といわれ、よろこばれるのです。

262ページのこたえ　へん平足

おはなし豆知識　ミミズはからだをふたつに切断されても死なず、分かれて２ひきになることもあります。

おはなしクイズ　ミミズは土に悪い影響をあたえる生きものである。○か×か？

こたえはつぎのページ

マンモスはゾウの仲間なの？

とても似ているふたつの動物のちがいとは？

読んだ日にち（　年　月　日）（　年　月　日）（　年　月　日）

7月23日のおはなし

大昔の生きもの

マンモスは、現在のアフリカゾウやアジアゾウと共通した祖先をもつ、約四百万年前に誕生したゾウに近い仲間です。

ゾウの祖先の仲間がいたのは、今から約六千万年前といわれています。からだは小さく、長い鼻もありませんでした。

やがて、地球の気候が寒くなり、森がへって草原がふえはじめると、多くの草食動物がエサをもとめて草原に出てきました。草原は見通しがよいので、肉食動物に見つからないよう、つねに注意しなければなりません。特にあぶないのは、水を飲むときです。からだをかがめて水を飲んでいるときにおそわれたら、あっというまにつかまってしまいます。

このため草食動物たちは、立ったまま水を飲み、おそわれてもすぐににげ出せるよう、からだを進化させました。多くの動物は首が長くなりましたが、ゾウ類は鼻が長くなりました。ゾウ類は、立ったままこの長い鼻で水をすい、口の中にそそぎこむようになったのです。また、草原でたくさんの草を食べて巨大なからだになったので、肉食動物からおそわれにくくなったものもいました。

そして約二百六十万年前、ついに地球全体が「氷河期」という、とても寒い時代に入ります。この環境の変化によって多くの動物たちが死んでほろびるなか、マンモスはなんとか生き残りました。あるものはあたたかい土地へと移動し、あるものは寒さにたえられるようにからだが変化したのです。

ケナガマンモスはそのなかでも、もっとも寒さに対応できるよう進化した種類です。体高は約三・五メートルあり、からだ全体が長い毛でおおわれていました。その毛は三〇センチメートルくらいの長さだったようです。ヨーロッパ、北アメリカ、アジアなどにすみ、マンモスのなかで一番はんえいしました。

しかしこのケナガマンモスをふくめた大きなマンモスは約一万年前に絶滅しました。あたたかい島にすんでいた体高一・八メートルのコビトマンモスも、それから数千年後に絶滅しています。マンモスが地球上からすがたを消した原因はわかっておらず、今も研究が進められています。

263ページのこたえ　×

おはなし豆知識　2010年に、シベリアで冷凍マンモスの全身が発掘されました。3万9000年前のものです。

おはなしクイズ　地球が寒い氷河期になると、マンモスは絶滅した。〇か×か？

こたえはつぎのページ

7月24日のおはなし

発明・発見

はじめての映画はどんなものだったの？

現在の映画の形になるまで、多くのアイデアと機械が生み出されました

読んだ日にち（　年　月　日）（　年　月　日）（　年　月　日）

少しずつ様子が変化している絵を、一秒の間に十まい以上連続して見ると、絵が動いているように見えます。これは、目の錯覚（326ページ）による「残像現象」というもので、イギリス人医師ピーター・M・ロジェットが、一八二四年に発見しました。

同じころ、写真撮影の技術が進み、一八八四年にはアメリカでロール式のフィルムが発明されました。それまでの写真は、フィルムを一まい一まい交換してとっていましたが、ロール式の登場により、連続した写真がとれるようになったのです。

残像現象と、つづけてとれるフィルムを組み合わせ、発明家たちは新しいアイデアを生み出しました。

一八八九年、発明王トーマス・エジソン（366ページ）が、連続写真をとる「キネトグラフ」を発明しました。一八九一年には、その写真を再生する「キネトスコープ」も発明します。小さな筒状の窓からのぞきこんで見る、ひとり用の機械でした。エジソンは、くしゃみをする助手を撮影して公開しました。これが、映画のはじまりです。

そして一八九五年に、フランスのリュミエール兄弟が、「シネマトグラフ」を発明しました。連続して撮影した写真を、スクリーンにうつし出す機械です。この発明により、映画は、おおぜいの人たちがいっしょに見て楽しめるものになりました。

日本ではじめて映画がスクリーンで上映されたのは、一八九七年です。写真が動くように見えるので、「活動写真」とよばれ、日本でも多くの映画がつくられるようになりました。

このころの映画は音がなく、色も白黒でした。そのため音楽などは、スクリーンの下にいるオーケストラが演奏していました。また、日本では「活弁士」とよばれる人が、スクリーンの横で、映画の内容を説明していました。

一九〇二年には、フランスで『月世界旅行』というSF映画がつくられました。十四分ほどの作品ですが、世界ではじめての、物語になっている本格的な映画でした。

その後、一九二七年に音声つきの映画が、一九三二年にカラー画面のアニメーション映画が生み出されました。今も、映画の撮影や映写の技術は、進化しつづけています。

264ページのこたえ　×

おはなし豆知識　「シネマ」は、ギリシャ語で「動く」という意味の「kinematos」からきています。

おはなしクイズ　日本に入ってきたばかりのころの映画は、なんとよばれていた？

こたえは つぎのページ

日本人がビタミンを発見したって本当？

ヨーロッパ人と日本人の体格のちがいをヒントに、大きな発見をした人がいます

7月25日のおはなし

読んだ日にち（　年　月　日）（　年　月　日）（　年　月　日）

伝記

鈴木梅太郎（一八七四〜一九四三年）

ビタミンとは、人が生きていくうえで必要な栄養素であり、ビタミンC、ビタミンEなど、いろいろな種類があります。これらのうち、「ビタミンB1」は、日本の鈴木梅太郎によって発見されました。

梅太郎は、静岡県の農家に生まれます。勉強が大好きで、十四歳のときに家を飛び出し、大学で農学を学びました。やがて農学博士となり、ドイツに留学します。

このとき梅太郎をおどろかせたのは、ヨーロッパ人と日本人の体格のちがいでした。背が高く、からだが大きいヨーロッパ人にくらべると、日本人は背が低く、からだが小さかったからです。梅太郎は日本に帰ると、ハトをふたつのグループに分け、いっぽうに肉だけを、もういっぽうには白米だけをあたえる実験をはじめます。ヨーロッパ人の主食が肉なのに対して、日本人の主食は米です。このちがいが体格の差になると考えたのです。

しかし、実験は失敗に終わりました。肉、白米、どちらのグループも、大きな差はなかったのです。しかし、思わぬ発見がありました。白米のみを食べていたハトたちが「脚気」という病気になったのです。脚気にかかると体力が急におとろえ、歩くことができなくなり、死んでしまいます。原因がわからないため、昔からおそれられていた病気でした。

白米のみをあたえていたハトたちが病気になったことから、梅太郎は、「白米だけでは足りない栄養があるのではないか？」と考え、ハトに米ぬかをあたえてみました。米ぬかとは、米を白米にするときに取りのぞく、外側の茶色の部分です。すると、ハトは体力をとりもどし、歩けるようになったのです。

梅太郎は、その後も研究を進め、一九一〇年に、米ぬかから「オリザニン」という物質を見つけ出します。

そのころ、ポーランドの科学者カシミール・フンクも同じ物質を発見し、「ビタミン」と名づけました。国際学会への発表が梅太郎よりひと足早かったため、ビタミンという名前が広く知られるようになります。

この栄養素の発見により、脚気は日本人にとっておそろしい病気ではなくなりました。梅太郎は、このあとも、日本人の健康のためにいろいろな研究を進め、一九四三年に文化勲章をさずけられ、同じ年の九月に六十九歳でなくなりました。

265ページのこたえ　活動写真

おはなし豆知識　梅太郎は「合成清酒」という、米を使わない日本酒の発明でも知られています。

おはなしクイズ　梅太郎の実験で、白米だけ食べていたハトがかかった病気は？

こたえはつぎのページ

毒をもつ生きものって見てわかるの？

毒をもっていることを、みずからアピールしている生きものがいます

読んだ日にち（　年　月　日）（　年　月　日）（　年　月　日）

動物

自然界には、毒をもった「有毒生物」がいます。植物が毒をもつのは、ほかの生きものから身を守るためです。菌類も、毒キノコなどは植物と同じ理由で毒をもっています。

動物では、魚類や両生類、は虫類などに、毒をもつ生物がたくさんいます。動物の場合、自分の身を守るのと同時に、狩りで相手をこうげきするために毒を必要とするのです。

ほ乳類で毒をもつのは、「トガリネズミ」の仲間と「カモノハシ」などです。一部のトガリネズミはだ液に毒をもっています。からだは小さいですが二百ぴきのネズミをころすほどの毒をもつといわれています。

カモノハシは、ほ乳類なのにたまごをうむふしぎな生きもの（142ページ）で、うしろ足のツメに毒をもっています。毒があるのはオスだけで、ほかのオスや敵と戦うときに使います。

毒をもつ生きもののなかには、からだの色がとても派手で、ひと目見ただけで毒があることがわかるものがいます。派手な色は、「警戒色」といって、自分に毒があることをアピールして、敵が近づかないようにするためのものです。

典型的な例が、ヤドクガエルです。中央アメリカから南アメリカの熱帯地方にすみ、大きさは三〜六センチメートルほどです。「動く宝石」とよばれるだけあって、草木がうっそうとしげるジャングルの中でも、すぐにわかるほど派手で、きれいなすがたをしています。からだの色は、青、黄、赤などさまざまです。そして、皮ふから強い毒を出します。直接さわると神経がしびれ、ほんの数ミリグラムでも毒がからだの中に入れば人間も死んでしまうほどです。

しかし、この毒は、ジャングルに住む人たちにとっては、ありがたいものでした。かれらは、ヤドクガエルの毒をふき矢の先にぬって、狩りをしていたのです。ヤドクガエルの名前の「ヤドク」は、「矢の毒」からきています。

ヤドクガエルのほかにも、クラゲやヘビ、イモリ、クモ、こん虫など、派手な色の生きものはたくさんいます。そのような生きものは、美しく、めずらしい色をしていますが、毒をもっていることが多いので、直接手でふれないようにしましょう。

ヤドクガエル

トガリネズミ

カツオノエボシ
（クラゲ）

カモノハシ

266ページのこたえ
脚気

おはなし豆知識　ハチや毛虫、貝、タコ、カニなど、ほかにも毒をもつ生きものはたくさんいます。

おはなしクイズ　ジャングルに住む人たちのふき矢の毒に使われるカエルは？

こたえは
つぎのページ

せんすいかんはなぜういたりもぐったりできるの？

空気の入ったうき輪を水にうかべたりしずめたりするのと同じです

7月27日のおはなし

読んだ日にち（　　年　　月　　日）（　　年　　月　　日）（　　年　　月　　日）

乗りもの

せんすいかんは、船の一種です。船には上向きにうく力（浮力）、下向きに地球に引っぱられる力（重力）がはたらいています。船は、うくのがふつうですが、せんすいかんは、うくこともぐることもできます。おもな仕事は、海のパトロールです。

海にもぐっているときに、せんすいかんの目となるのは「パッシブソナー」という装置です。わずかな音をとらえ、海上の船やほかのせんすいかんの動きをつかみます。

外の様子を見るときには、「潜望鏡」を使います。一五メートルほどにのびて、せんすいかんのまわりを三六〇度見ることができます。せんすいかんの内部には、操縦室や発令所など、運航に必要な場所はもちろん、食堂やトイレ、シャワーなど、生活に必要な場所もそなえられています。

せんすいかんがもぐることができるのは、空気を出し入れする装置のおかげです。海にもぐりたいときは、「フラッドホール」というあなから海水を海水タンク内に入れます。そのぶん、空気がぬけて海水の重みが加わるので、海にしずんでいきます。

うくときはどうするかというと、空気タンクから空気を出して海水タンク内に入れ、海水を外におし出すのです。すると、海水タンク内は空気で満たされます。海水がぬけたぶんだけ軽くなり、空気が入ってうく力が加わるため、海上にうかび上がることができます。空気の入ったうき輪を水にしずめ、手をはなすと、ぷかりとうくのと同じことが、せんすいかんにも起きるのです。

せんすいかんのほかにも海にもぐる船はあります。海の底を調べることを目的とした、せんすいていです。「しんかい6500」とよばれるせんすいていは名前どおり、海の中を深さ六五〇〇メートルまでもぐることができます。海底の資源や生きもの、さらに地震にかかわる現象などを調べるのに、利用されています。

せんすいかんを正面から見た図

空気タンク
海水タンク
浮力
海水を外におし出して、うく
重力
もぐっている状態
フラッドホール
海水を入れて空気を出し、もぐる
排気弁
ういている状態
潜望鏡

せんすいかんを横から見た図

267ページのこたえ　ヤドクガエル

おはなし豆知識　せんすいかんは、ハンドルを使って、上下左右の進みたい方向にかじをとることができます。

おはなしクイズ　せんすいかんがうくために必要なのは、なに？　㋐引力　㋑海水　㋒空気

7月28日のおはなし

鼻血が出るのはどうして？

鼻の中の細かい血管は切れやすいのです

読んだ日にち（　年　月　日）（　年　月　日）（　年　月　日）

からだ

人は、口と鼻の両方で空気をすうことができます。同じ空気をすうにしても、口と鼻では、肺にとどくまでの道のりがちがいます。

口からすう場合、空気はそのまま肺に送りこまれます。その空気が冷たくても、かわいていても、直接、肺にとどきます。

鼻からの場合、まず、鼻毛でごみが取りのぞかれます。それから適度な湿気が加えられ、温められてから肺に送りこまれます。どちらが肺にやさしいか、わかりますね。

空気を温めてくれるのは、鼻の中にある血管です。鼻のあなの入り口からちょうど一センチメートルくらいの場所に、たくさんの細かい血管が集まっているのです。

この血管は、とてももろく切れやすいので、鼻になにかが強く当たったときや、鼻のあなを指でいじったときだけではなく、鼻を強くかむだけでも切れてしまうことがあります。

かぜを引いているときなどは、鼻の中のねん膜が特に弱っているため、ちょっとしたしげきでも切れます。

また、特にしげきをあたえなくても、切れることがあります。たとえば、おふろで湯船に長くつかりすぎて、鼻血を出した経験はありませんか。これは、からだが温まって、血液のめぐりがよくなるためです。いきおいがついた血液の流れに、血管がたえられず、切れてしまうのです。アレルギー性鼻炎や花粉症などで鼻のねん膜が弱っていると、さらに鼻血が出やすくなります。

鼻血が出たときは、清潔なガーゼやティッシュペーパーで鼻をおさえたり、鼻のあなに脱脂綿を入れたりしたあと、小鼻のつけ根の部分を強くおさえて、鼻の位置を心臓よりも高くしましょう。この状態で、冷えたタオルなどで小鼻のつけ根を冷やすと、血管がちぢんで鼻血が止まりやすくなります。

昔は、横になったり上を向いたりするように言われていましたが、そうすると、血を飲みこんだり、気管に入ったりしてしまうので、すわって静かにしていましょう。

○ 小鼻のつけ根をしっかりおさえる

× 横になったり上を向いたりしない

268ページのこたえ　ウ空気

おはなし豆知識　大量の鼻血が30分以上止まらないときは、血液の病気の場合もあるので、注意しましょう。

おはなしクイズ　鼻血が出たときには、横たわるとよい。○か×か？

こたえはつぎのページ

ウミガメはたまごをうむときなぜ泣くの？

苦しかったり、かなしかったりして、泣いているのでしょうか

7月29日のおはなし

読んだ日にち（　　年　　月　　日）（　　年　　月　　日）（　　年　　月　　日）

水辺の生きもの

カメは「は虫類」といって、ヘビやトカゲと同じ仲間です。見た目の特徴は、なんといっても、からだをつつむ大きなこうらがあることです。休むときや、敵から身を守るとき、首や四本の足をこうらの中にすっぽりと引っこめます。

これらのカメのうち、特に海にすむものを「ウミガメ」とよび、陸上や川、池にすむカメと区別しています。ウミガメには、アカウミガメ、アオウミガメ、オサガメ、タイマイなど多くの種類がいます。

ウミガメには、ボートをこぐオールのような形をした足があります。ウミガメは、この足を使ってすばやく海の中を泳ぎまわります。

この足は、たまごをうむときにもとても役に立ちます。カメの仲間は、土や砂にあなをほって、たまごをうみます。ウミガメのメスも、産卵の時期になると、たまごをうむために静かな砂浜に上がってきます。そして、前後の足を使って砂をかきわけるようにして、一時間ほどほりつづけます。あなの深さは、約五〇センチメートルです。このあなに、ピンポン玉ほどの大きさのたまごを、百～百二十個くらいうみます。

産卵が終わると、ウミガメのメスは、ほかの動物にたまごをうんだことを知られないようにするため、足を使って、あなをもとどおりにうめもどして、海へと帰っていきます。

さて、ウミガメのメスは産卵するときに、両方の目からなみだのようなものを流します。たまごをうむのが苦しくて泣いているのでしょうか。

じつは、泣いているわけではなく、いらない塩分をからだの外に出しているだけなのです。ウミガメは、食べものを食べるときに、海水からよけいな塩分まで飲みこんでしまいます。そこで、目の上の少しうしろにある「塩類腺」というところから、体液といっしょに、いらない塩分をからだの外に出すのです。二～三時間近くかかる産卵の間、陸上で目がかわくのをふせぐ目的もあります。

こうしてうんだたまごは、約二か月後にかえります。砂からはい出た赤ちゃんガメたちは、けんめいに、お母さんガメがもどっていったのと同じ海に向かってはっていきます。

269ページのこたえ　×

おはなし豆知識　一度、産卵を経験したメスのウミガメは、つぎも同じ砂浜でたまごをうみます。

おはなしクイズ　ウミガメは、たまごをうむとき苦しくて泣いている。〇か×か？

こたえはつぎのページ

7月30日のおはなし

動物はむし歯にならないの？

野生動物より、ペットのほうがむし歯になりやすい環境にあります

読んだ日にち（　年　月　日）（　年　月　日）（　年　月　日）

動物

動物の歯は、食べるものの種類によって大きさも形もちがっています。

ライオンやトラなどの肉食動物は、歯のすべてがするどくとがっています。これは、とらえた獲物の肉をかみちぎり、骨をくだくためです。さらに、敵をいかくするときにも使われます。口を大きく開けて、歯をむき出しにするのです。

いっぽう、草食動物たちの歯は、すべて平たい形をしています。これは、草をすりつぶすためです。

いろいろなものを食べる雑食動物たちは、前歯にするどくとがった歯を、おく歯に平たい歯をもっています。とがった歯は肉などを食べるときに使い、平たい歯は木の実や植物などを食べるときに使うのです。

歯が生え変わる回数も、動物によってことなります。魚類やは虫類などは、使えなくなった歯はどんどんぬけ落ちて、新しい歯がつぎつぎに生えてきますが、ほ乳類は、一生のうちに生え変わる回数が種類ごとに決まっています。

ところで最近、ペットのむし歯がふえているそうです。飼い主が、ペットをかわいがるあまり、糖分の入った食べものをたくさんあげているためです。糖分は、むし歯の原因の「ミュータンス菌（198ページ）」の大好物です。動物は自分で歯みがきができないので、あまい食べものを食べると、歯に糖分がついたままになります。その糖分を取り入れて菌がどんどんふえ、やがてむし歯になるのです。

また、動物園でも、動物たちのむし歯はなやみの種だそうです。原因は、お客さんがついついあげてしまう、アメやチョコレートなどのあまいおかしや、人間の食べものです。

いっぽう、野生動物は、食べものによってむし歯になることは、ありません。なぜなら、自然界に糖分の入った食べものが多くないためです。まれに、肉食動物がむし歯になっていることがありますが、これは、けんかなどできずついた歯や、年をとってすりへった歯に、ばい菌がついたためです。

270ページのこたえ　×

おはなし豆知識　人間の赤ちゃんの歯にはミュータンス菌はいませんが、やがて大人からうつります。

おはなしクイズ　動物園の動物は、むし歯にならない。○か×か？

こたえはつぎのページ

花火はどうしていろいろな色があるの？

7月31日のおはなし

花火の玉がつくられるときの材料に、色のちがいのひみつがあります

読んだ日にち（　年　月　日）（　年　月　日）（　年　月　日）

道具・もの

夏になると、あちこちで花火大会が開かれますね。赤、青、緑、ほかにもいろいろな色があり、名前のとおり、色とりどりのほのおの花が夜空にいきおいよくさきます。

ちなみに、日本の花火は世界の中でも美しいといわれ、外国でもとても人気があります。

花火には、爆発してもえるときに、いろいろな色を出す薬がつまっています。この薬は、火薬と金属の化合物の粉からつくられています。火薬は、火がつくと爆発する粉で、爆発するとオレンジ色の光を出します。もし、火薬しかつめなければ、花火はオレンジ色の一色だけになります。

色のもとになっているのは、火薬の中にまぜる金属の化合物の粉です。金属の種類によって、もえるときに出る色がことなります。花火が爆発したとき、赤、青、緑などの色が出るのは、この粉の種類のちがいです。

花火玉は、「玉皮」というボールのような形のものに、火薬などをつめてつくられています。

まるく開く花火の玉皮の中を半分にわって見てみると、小さくてまるい玉がきれいにしきつめられています。これを、「星」とよんでいます。星には、玉の中の一番外側にならべる「親星」と、内側にならべる「しん星」があり、親星は花火のりんかくに、しん星は花火の中心になります。この星のならべ方で、花火の形が決まります。

それぞれの星は、色のもとになる金属の化合物の粉を、出したい色に合わせて重ねてつくられます。花火の色が爆発しながら変化するのは、星をつくるときに、色のもとになる金属の化合物の粉を、何色も重ねるからです。

花火玉の中心には、「割薬」とよばれる火薬が入っています。この火薬の部分から、玉の外側に向かって導火線がのび、火をつけると星が爆発するようになっています。

打ち上げ花火の玉は、「花火師」とよばれる職人の手作業でつくられています。星のならべ方や、色の出し方にくふうをこらし、数週間から一か月ほどかけてつくります。しあがり具合は、実際に花火を打ち上げてみないとわかりません。一発勝負の、まさに職人技ですね。

導火線
親星
火薬
しん星
玉皮

271ページのこたえ　×

おはなし豆知識　江戸時代の花火は火薬だけでつくられていたため、オレンジ色の１色だけでした。

おはなしクイズ　花火の玉の中に入れられる、小さくてまるい玉を、なんという？

こたえは274ページ

8月（がつ）のおはなし

文／山本省三

貝がらにはどうしていろいろな形があるの？

8月1日のおはなし

水辺の生きもの

貝がらの形でその貝のくらし方がわかります

読んだ日にち（　年　月　日）（　年　月　日）（　年　月　日）

まず、知っている貝の名前をあげてみましょう。アサリ、ハマグリ、サザエ、アワビ。これらの貝が、どんな形をしているか、わかりますか。

アサリとハマグリは、貝がらが二まい合わさって、貝のからだをつつんでいます。

サザエは、うずまきのようになった貝がらに、からだをもぐらせています。ですから、ゆでたり、焼いたりして身を取り出すと、しっぽのほうがくるくるとまるまっています。

では、アワビはどうでしょう。貝がらは一まいですが、内側を見ても、サザエのようにうずをまいてはいません。しかし、貝がらをよく見ると、うずまきのもようが残っています。

こうしたことから、アサリとハマグリは「二まい貝」、サザエとアワビは「巻貝」だとわかります。

では、なぜ、貝がらにはいろいろな形があるのでしょう。

もともと貝の祖先は、やわらかいからだをとげでつつんで守っている生きものでした。そのとげが集まって、貝がらになったのです。

貝がらが、二まいになったり、うずまきになったり、いろいろな形になったのは、すむ場所に合わせて、形が変わっていったからです。

たとえば、サザエは貝がらに角がありますが、潮の流れが速いところにすんでいるものは、角が長く、おだやかなところでは短くなっています。これは、角が長いと、ころがりにくく潮に流されないですむからです。

アワビは岩にはりついてすごすため、はがれにくいように、平らな形になったのでしょう。

アサリやハマグリなどの二まい貝は、ほとんどの種類が砂の中にもぐってくらしています。なかには、マテガイのように、細長い形をしたものもあります。

このように貝がらの形で、その貝のくらし方がわかるのです。

ちなみに、タコやイカも、もとは貝の仲間だったのですが、すばやく動けるようになったため、からだを守る必要がなくなり、ほとんどの種類でからがなくなりました。

マテガイ　サザエ

272ページのこたえ　星

おはなし豆知識　イカの仲間には、からがこうらとして、体内に残る種類がいます。

おはなしクイズ　サザエと同じ巻貝の仲間はどれ？　㋐アワビ　㋑アサリ　㋒ハマグリ

こたえはつぎのページ

噴火する山としない山があるのはなぜ？

富士山が日本一高い山になったひみつとは……

読んだ日にち（　年　月　日）（　年　月　日）（　年　月　日）

噴火する山と、しない山のちがいは、その山が火山かどうかで決まります。火山は、山の地下に「マグマ」があるかないかでわかります。

マグマというのは、岩が地下の熱でとけたものです。それが外へふき出すのが、「噴火」です。つまり、マグマがあるのが火山で、ないものは火山ではないので噴火はしません。

マグマがなぜふき出すのかというと、岩がマグマになるときに膨張して軽くなり、さらにマグマの中の水分が水蒸気となって膨張することで、おしあげられて山の上からふき出すのです。

マグマは、いっぺんに外へ出てしまうわけではありません。火山にもよりますが、数十年から数千年の間をおいて、噴火をくり返します。マグマが外へ流れ出たものは、「溶岩」とよばれます。

たとえば、鹿児島県にある桜島は、よく噴火するので、地下にマグマがある火山だとわかります。

では、富士山はどうでしょう。今生きている人で、富士山の噴火を見た人はいませんが、富士山は火山です。三百年ほど前に噴火したことが、昔の書物に残っているからです。

富士山は、噴火をくり返し、溶岩を何度も積もらせて、日本一高い山になりました。富士山の地下にマグマがあることは、調査などでもわかっています。今でも富士山は、いつ噴火してもおかしくない火山なのです。

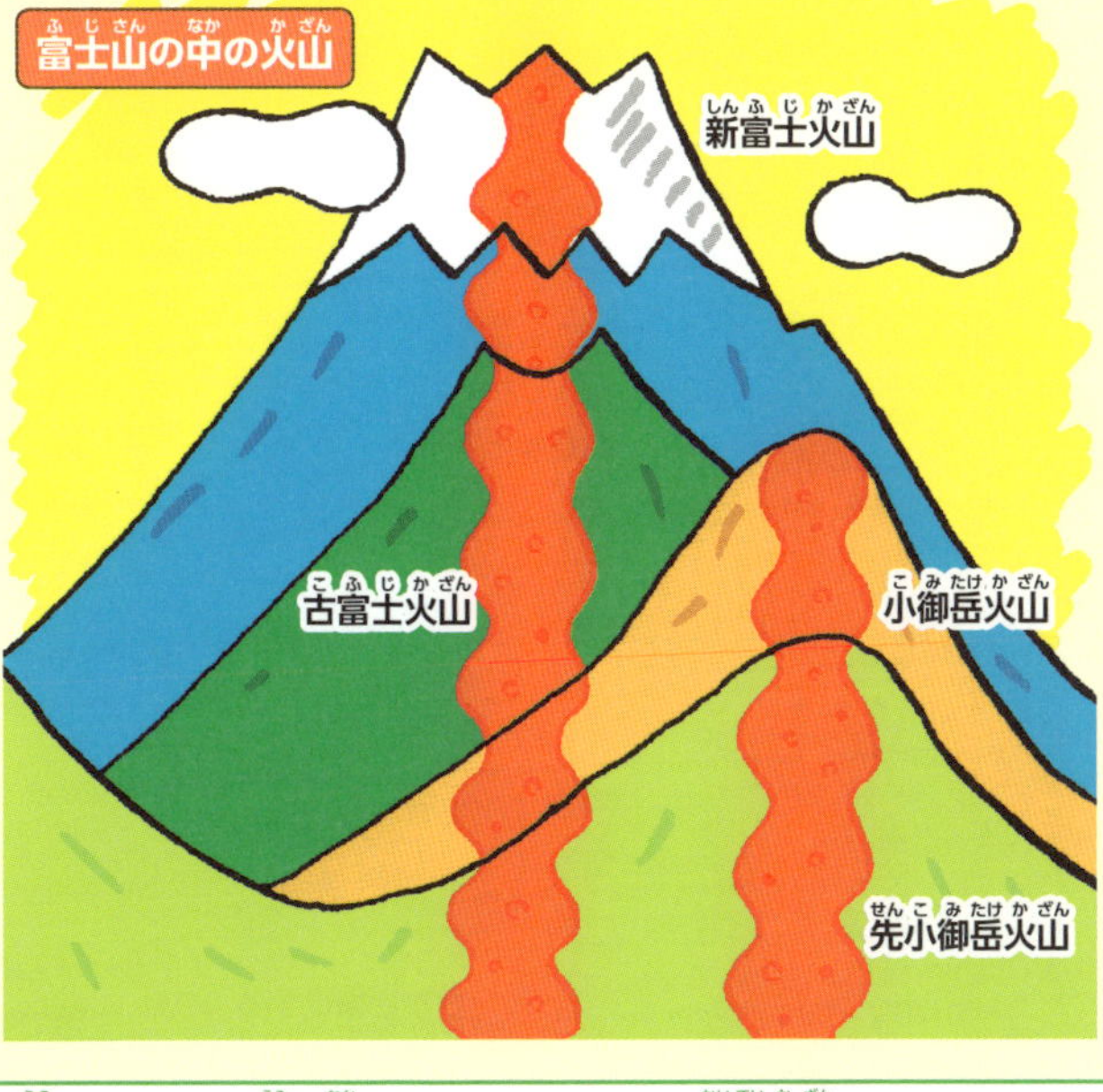

過去一万年以内に噴火した火山や現在も活発に活動している火山は、日本に百十一もあります。日本は、世界の中でも火山が特別多い国です。それは、日本列島が「環太平洋火山帯」という、火山ができやすいところの上にあるからです。

火山の噴火は大きなひがいをもたらしますが、火山があるといいこともあります。ふき出した溶岩によってふしぎな景色が生まれ、観光に役立ったり、マグマの熱で温泉（386ページ）がわいたりするからです。

火山のめぐみを受けつつ、安全に注意しながら、くらしていきたいものですね。

274ページのこたえ　㋐アワビ

おはなし豆知識　火山は陸の上だけでなく、海の中にもあり、それらは「海底火山」とよばれます。

おはなしクイズ　富士山が噴火したのは、およそ何年前？　㋐100年前　㋑200年前　㋒300年前

こたえは つぎのページ

ラムネのびんのガラス玉はどうやって入れたの？

ラムネのびんの口はガラス玉より小さいのに……

読んだ日にち（　　年　　月　　日）（　　年　　月　　日）（　　年　　月　　日）

8月3日のおはなし

道具・もの

ラムネが日本に伝わったのは、アメリカのペリー提督が一八五三年、黒船で浦賀（現在の神奈川県内）にやって来たときだといわれています。

当時のラムネのびんは、炭酸（正しくは二酸化炭素）がぬけないようにコルクでせんをして、あわのいきおいで飛ばないように、針金をまきつけてありました。

時間がたつと、炭酸がぬけてしまうコルクにかわって、ガラス玉でせんをするびんを発明したのは、イギリス人のハイラム・コッドという人です。一八七二年に発明されたこのびんは、「コッドびん」と名づけられ、日本には一八八七年に入ってきました。その後、日本でもびんがつくられ、全国に広まったのです。

さて、ガラス玉入りのびんは、どうやってつくるのでしょうか。

じつは、あとから、ガラス玉をびんの中に入れるわけではありません。昔は、びんを上下別べつにつくり、ガラス玉を入れてから、くっつけていましたが、手間がかかるので、びんの口を広くつくり、ガラス玉を入れてからガラスを熱でとかして、口をすぼめるようになりました。

現在では口を広くつくったびんにガラス玉を入れ、プラスチックのふたをつける方法もあります。

ガラス玉でせんができるわけも説明しておきましょう。

まず、ガラス玉入りのびんに、ラムネのあまみやかおりのついたシロップを入れます。つぎに、炭酸水を一気にそそぎこんだら、びんをすばやくさかさまにします。ガラス玉は、炭酸水にふくまれている炭酸ガスの圧力で、びんの口元にはめられたゴムの部分にすっぽりとおしこまれます。こうしてガラス玉が、せんの役目をすることになるのです。

ところで、どうして「ラムネ」というのか知っていますか。

レモン風味の飲みものを意味する、英語の「レモネード」という言葉がなまって、「レモネ→ラモネ→ラムネ」になったといわれています。

ただし、日本で今売られているほとんどのラムネは、レモンだけでなく、レモンの仲間のライムのかおりも加えられているそうです。

コロン
ガラス玉を入れる
ゴォ〜
びんの口を熱ですぼめる
ブクブク
シロップを入れてから炭酸水を入れる
キュッ
さかさまにする

275ページのこたえ　ウ　300年前

おはなし豆知識　ラムネに似た飲みものの「サイダー」は、リンゴ酒を意味する「シードル」がなまった言葉です。

おはなしクイズ　ガラス玉でせんをすることを発明したのは、どこの国の人？

こたえはつぎのページ

からいものを食べるとあせが出るのはなぜ？

からいと、熱く感じるのといっしょに、ひりひりして痛くも感じます

読んだ日にち（　年　月　日）（　年　月　日）（　年　月　日）

からだ

夏はあせをたくさんかく季節ですね。ところで、あせには三種類あることを知っていますか。

まずは、暑いときに出るあせです。このあせは蒸発するときにからだの表面の熱をうばって、体温を下げるはたらきをします。

ふたつ目は、はらはらドキドキしたときに、手足やわきの下にかくあせです。「冷やあせ」とか「あぶらあせ」ともよばれるものです。

三つ目が、カレーライスやキムチなど、からいものを食べたときに出るあせです。

なぜ、からいものを食べると、あせをかくのでしょう。しかも、あせをかくのは、顔と首のあたりまでです。全身にかくことはあまりありません。

そのわけは、じつはよくわかっていません。

からいものを食べると、舌がひりひりして痛くも感じます。お湯も熱いと、やはりひりひりしますね。

このことから考えられるのは、からさは、味を感じる神経を伝わって脳にとどくのではなく、熱さや痛みを感じる神経から脳に伝わっているのではないかということです。

そして、脳から、「からだの温度を下げなさい」という指令が出ることで、あせをかいて体温を早く下げようとするのです。

ところで、からい料理を好んで食べるのは、とても暑い地域と、逆に寒い地域が多いようです。暑いところでは、からいものを食べて、あせをかくことで体温を下げ、すずしくなる効果をもとめているのでしょう。寒いところでは、からさでからだを温めるのが目的なのでしょう。

さて、からさのもとになるのは、トウガラシやショウガなどですが、日本には、もうひとつ、からさを代表するものがあります。

それは、ワサビです。でもワサビを食べても、あせはあまり出ません。それは、ワサビのからさは、熱さではなく、冷たさを感じる神経をしげきするからだと考えられています。

276ページのこたえ　イギリス

おはなし豆知識　からみ成分をもつものには、このほかに、コショウやサンショウなどがあります。

おはなしクイズ　あせの種類は大きく分けて、いくつある？　㋐2つ　㋑3つ　㋒4つ

こたえはつぎのページ

ロケットはどうやって空を飛ぶの？

ロケットの種類は大きく分けてふたつあります

8月5日のおはなし

読んだ日にち（　年　月　日）（　年　月　日）（　年　月　日）

地球・宇宙

　二〇一〇年、惑星探査船「はやぶさ」が、世界ではじめて、月以外の小惑星イトカワから、地表の粉を地球に持ち帰りました。この「はやぶさ」を宇宙まで運んだのは、日本のH－ⅡAロケットでした。では、このロケットがどんなしくみで宇宙まで飛んでいくのかを説明しましょう。

　風船をふくらませて、手をはなすと、空気をふき出しながら、いきおいよく飛んでいきます。ロケットも同じように、空気のかわりにガスをふき出して、宇宙まで飛んでいくのです。

　このガスは、ロケットの中で燃料をもやしてつくられます。燃料をもやすためには、空気の中にふくまれる酸素が必要です。燃料と酸素が結びついて、はじめてもえるのです。

　ただし、宇宙には空気がないので、そこにふくまれる酸素もありません。そこでロケットには、燃料と酸素を積んでいかなければなりません。その燃料は、二種類あります。

　ひとつが固体燃料です。二〇一九年一月に打ち上げに成功したイプシロンは、固体燃料を使ったロケットです。燃料と酸素を出す酸化剤をかためたもので、あつかいやすいのが長所です。しかし、もやしたり、消したり、という調節がむずかしいため、ロケットの速さや向きをコントロールしにくいという欠点もあります。

　もうひとつが液体燃料です。燃料をノズルから霧のようにふき出してもやすため、バルブの開け閉めなどで、細かい調節ができます。ただし、そのぶん、部品の数が多くなり、つくるのにお金がかかりますし、故障も起こりやすくなります。

　このようにどちらにも長所短所がありますが、ロケットを飛ばす力が強いのは液体燃料です。そのため、より大きな人工衛星を宇宙へ運ぶことができます。そこで、日本のおもなロケットのH－ⅡAやH－ⅡBでは、液体燃料が使われているのです。

277ページのこたえ　㋑3つ

おはなし豆知識　固体燃料ロケットは、液体燃料ロケットよりも安く打ち上げることができます。

おはなしクイズ　ロケットを飛ばす力が強いのは液体燃料である。○か×か？

こたえはつぎのページ

8月6日のおはなし

石はどうしてかたいの？

石のでき方は大きく分けて３つあります

読んだ日にち（　年　月　日）（　年　月　日）（　年　月　日）

地球・宇宙

石と岩は、どうちがうのでしょう。石の大きなものを岩といい、ちがいは大きさにあります。これらをまとめて、「岩石」とよぶことにしましょう。

では、岩石はどうやってできるのでしょうか。

岩石のでき方は、大きく分けて三つあります。

ひとつ目は、火山の地下にある高温のマグマが、地表や地下で冷えてかたまってできるもので、「火成岩」といわれます。このとき、岩石のもとになる、かたい「鉱物」のつぶがくっつき合うので、かたくなることがあります。

ふたつ目は、地表の一部がけずられてどろや砂となり、時間をかけて積もってできるもので、「たい積岩」といわれます。さらに上に積もったどろや砂の重みでぎゅっとおさえつけられるので、とてもかたくなります。ちなみに、この岩石の中からは、動植物の化石が見つかることがあります（162ページ）。

三つ目は、一度できた火成岩やたい積岩が、地下の深いところで熱や圧力を受けてできる「変成岩」です。変成岩も熱や圧力によって、やはりかたくなるのです。

ここで、岩石のもとになる鉱物についても、紹介しておきましょう。岩石を虫めがねなどで拡大してみると、小さなつぶやはへんがたくさん見えます。そのひとつひとつが鉱物です。そして、多くの鉱物は、規則正しく「結晶」がならんでできています。

結晶の形は、サイコロやピラミッドのような形、ひし形の板や糸状のものなど、さまざまです。

岩石にふくまれる鉱物には、いろいろな種類があります（121ページ）。そのひとつに、「石英」があります。石英はとてもかたい鉱物です。なかでも、すきとおっていて、結晶の形がはっきりした石英は、「水晶」とよばれます。また、「長石」という鉱物は地球で一番多く見られ、岩石のほとんどに入っています。「雲母」という鉱物は、板のようにうすくはがれるのが特徴です。

岩石のできる場所

たい積岩
火成岩
マグマだまり
マグマの熱によってできた変成岩

278ページのこたえ ○

おはなし豆知識　鉱物の中で、かたくて色や光り方が美しくめずらしいものは、「宝石」とよばれます。

おはなしクイズ　火成岩は、なにが冷えてかたまってできたもの？

こたえはつぎのページ

バナナの皮の色が変わるのはなぜ？

8月7日のおはなし

バナナの皮は緑色から黄色、そしてこい茶色へと変化します

読んだ日にち（　年　月　日）（　年　月　日）（　年　月　日）

食べもの

わたしたちが食べているバナナは、アジアや南アメリカなどのあたたかい土地でつくられています。

バナナは、実がやわらかく、いたみやすいので、ふつう、緑色のうちに収穫します。

緑色のまま日本に運ばれてきたバナナは、「エチレン」というガスが入ったあたたかい部屋の中で黄色く加工してから売られます。

エチレンは、リンゴの実などからも出るもので、くだものを熟成させるはたらきがあります。ですから、緑色のバナナをリンゴといっしょにポリぶくろに入れておくと、リンゴから出るエチレンで、バナナが黄色くなります。

こうして、緑色から黄色に変わるバナナですが、それを冷蔵庫など気温の低いところにしばらく置くと、皮全体が黒く変色してしまいます。

バナナの木は、あたたかいところに生えている植物なので、バナナは寒さが苦手なのです。皮が黒くなったバナナは、味も落ちています。ですから、バナナを保存するときに、冷蔵庫に入れるのはやめましょう。

また、冷蔵庫に入れていないのに、バナナの皮の色が変わってくることがあります。よく見ると、それは皮にこい茶色の小さなぽつぽつができたためとわかります。

これは、バナナがいたんだのではなく、さらに熟してきた印です。このい茶色のぽつぽつは、「シュガースポット」とよばれています。「シュガー」は砂糖、「スポット」はぽつのことを意味します。あまさがましたバナナの皮にあらわれます。

このようにバナナの皮は、緑色から黄色、そしてこい茶色に変わるので、食べごろをしっかり見分ける目安になります。

あまいバナナを食べたかったら、シュガースポットが出るまで待ちましょう。

もし、冷やして食べたいときには、食べる数時間前に冷蔵庫に入れるようにしましょう。

279ページのこたえ　マグマ

おはなし豆知識　バナナはつるしておくと、いたみがおそくなります。

おはなしクイズ　バナナにできるこい茶色のぽつぽつは、くさりかけた目印になる。○か×か？

こたえはつぎのページ

8月8日のおはなし

そろばんっていつできたの？

大昔からある計算道具です

読んだ日にち（　年　月　日）（　年　月　日）（　年　月　日）

発明・発見

砂そろばん

そろばんのもとになるものがつくられたのは、大昔のことで、だれが発明したのかははっきりしていません。ただ、およそ四千年くらい前のエジプトやメソポタミア（今のイラクの一部）では、「砂そろばん」が使われていました。砂そろばんというのは、砂やどろに線を引いて、その上に石や貝がらを置いて計算するものです。

さらに二千五百年くらい前になると、エジプト、ギリシャ、ローマなどでは、平らな木の板や岩に線を引いておいて、小石や骨などの玉を置く「線そろばん」が生まれています。

その後、二千年くらい前のローマでは、青銅の板にみぞを彫り、そこに玉をはめこんだ「みぞそろばん」が使われていたといわれています。

このみぞそろばんが、中国に伝えられたのかどうかははっきりしていませんが、中国で千八百年くらい前に、今のそろばんに近い形のものが発明されました。そして、六百五十年くらい前にかかれた絵に、木の玉をぼうにさして使うそろばんがえがかれているので、そのころには、さかんに使われていたのではないかといわれています。中国では、このそろばんのことを「スアンパン」とよんでいました。

中国から日本に、このスアンパンが伝わったのは、五百年くらい前です。形は、上の玉がふたつ、下の玉が五つあるものでした。そろばんの名もスアンパンがなまって、「そろばん」になったといわれています。

江戸時代になると、商売がさかんになり、計算のためにそろばんがよく使われるようになりました。寺子屋（江戸時代の塾）に通う子どもたちも、文字の読み書きといっしょにそろばんの使い方を一生けんめいおぼえました。

そして、一九三五年に算術（今の算数）の教科書が大きくあらためられるのに合わせ、玉が上にひとつ、下に四つの今のそろばんの形が広まりました。

280ページのこたえ　×

おはなし豆知識　そろばんは、西洋では「アバカス」とよばれ、意味は「平らな板」です。

おはなしクイズ　はじめて日本に伝わったときから、そろばんの上の玉はひとつだった。〇か×か？

こたえはつぎのページ

山びこが聞こえるのはどうして？

8月9日のおはなし

空気のふるえが山にぶつかると、はね返ってもどってきます

読んだ日にち（　年　月　日）（　年　月　日）（　年　月　日）

生活

山にのぼって、「ヤッホー」と大きな声でさけぶと、同じ言葉がひびいて返ってきます。まるで、向かいの山にだれかがいて、返事をしたように聞こえます。これを、昔の人が山の神や木の精霊が返事をしたと考えたことから、山の神、木の精霊の意味で、それぞれ「山びこ」や「こだま」といいます。

山だけでなく、トンネルやふろ場でも、同じように、音がひびいて聞こえることがあります。

音は、空気がふるえることで伝わります（131ページ）。そのふるえが山やかべにぶつかると、はね返って、また空気をふるわせながらもどってきます。これが山びことなって聞こえるわけです。

音のはね返りは、かたいかべであるほどよく起こります。逆に、かべをスポンジなどやわらかいものにすると、音のはね返りが弱まって吸収されてしまいます。

音楽室やコンサートホールのかべに小さいあながたくさん空いているのは、あなに音をすいこませるためです。音がひびきすぎると、新しい音にまざってしまうからです。

ところで、運動会などで、何台かあるスピーカーから流れる音声が、ずれて聞こえたことはありませんか。

音のふるえは、水面にできる輪のように、音を出したところを中心に円をえがいて広がり、中心に近い場所ほど、早く聞こえます。

つまり、近くにあるスピーカーと遠くのスピーカーから同時に同じ音が出ても、先に耳にとどくのは近くのスピーカーからのもので、遠くからの音はおくれてしまうのです。

なお、音は、空気中を一秒間に約三四〇メートルの速さで進みます。山でさけんで、山びこが二秒たって返ってきたら、行きに一秒、帰りに一秒かかったことになり、向こうの山までは一秒分、つまり三四〇メートルはなれていることがわかります。

281ページのこたえ ×

おはなし豆知識 宇宙では音は聞こえません。なぜなら、ふるえを伝える空気がないからです。

おはなしクイズ 音楽室やコンサートホールのかべに小さいあなが空いているのは、なにをすいこませるため？

こたえはつぎのページ

樹液はなんのためにあるの？

木が、寒さやばい菌から自分を守るためのくふうです

読んだ日にち（　年　月　日）（　年　月　日）（　年　月　日）

植物

ホットケーキを食べるときに、とろりとかけるメープルシロップ。このメープルシロップは、なにからつくられるか知っていますか。

英語で「メープル」は、カエデという木のこと、「シロップ」は、こい砂糖液のことをあらわしています。「カエデのあまいしる」、つまり、カエデの木から出るあまい液（樹液）を煮つめて、さらにあまくしたものがメープルシロップなのです。

樹液は、光合成（94ページ）によって葉でつくられた栄養分を、木のすみずみまで送りとどけるはたらきをしています。この栄養分には、砂糖が入っているため、どの木の樹液もあまみをふくんでいます。

しかし、メープルシロップがとれるカエデの樹液は、特にあまいのです。どうしてでしょう。

それは、この木がカナダなどの寒い地域に生えているためです。冬になると、そのままでは木の中の細胞はこおり、生長できなくなって、木は死んでしまいます。そこで、カエデは冬に向かって生長を休み、根には、あまった栄養分をさらにあまい物質に変えて、ためておきます。

やがて春先になると、木はふたたび活動するために、根からあまい樹液を流して、生長の準備をはじめます。そういうわけで、カエデから特にあまい樹液がとれるのは、雪どけの春ごろだけなのです。

さて、どの木の樹液もあまいといいましたが、樹液には、木が自分を守るために、ばい菌や虫などをころす物質がまじっています。そのため、あまみより苦みが強くなっている樹液も少なくありません。これは特に、皮がうすく、きずつきやすい木に多く見られるようです。きずついた部分を樹液でおおい、ばい菌や虫が入りこまないようにするためです。

ただ、夏に虫が集まるクヌギの木は、皮があつく、樹液にばい菌をころす物質が少ないので、あまくなります。そして外気にふれて、樹液が発酵すると、虫たちにとっては、ますますおいしいものになります。

282ページのこたえ　音

おはなし豆知識　ゴムは、ゴムの木から出る樹液からつくられています。

おはなしクイズ　メープルシロップがとれる木はどれ？　㋐カエデ　㋑イチョウ　㋒ツバキ

こたえはつぎのページ

カブトムシって力持ちなの？

角の大きなカブトムシは、けんかばかりしています

読んだ日にち（　年　月　日）（　年　月　日）（　年　月　日）

カブトムシのオスには、大きな角がありますね。見るからに強そうですが、カブトムシの角は、なぜあるのでしょう。

それは、けんかをするときに使うためです。

カブトムシは、オスどうしでよくけんかをします。けんかの原因で多いのは、メスの取り合いです。気に入ったメスとどちらが結婚するか、争うのです。けんかでは、角を相手のからだの下に入れ、すくい上げるようにして、投げ飛ばします。そして、勝ったほうがメスと結婚できるのです。

ですから、けんかをする必要のないメスには、角はありません。

また、オスはなわばりを守るためにも、けんかをします。じゃまなオスを近づけさせないためや、エサの樹液をほかの虫に横取りさせないためです。

ところで、カブトムシとクワガタムシがけんかをしたら、どちらが強いでしょう。多くは、得意のすくい投げで、カブトムシが勝つようです。ただ、クワガタムシのあごでからだをはさまれ、身動きがとれなくなると、カブトムシは負けてしまいます。

このように、力強いこん虫のカブトムシですが、どのくらい力持ちなのでしょう。

大きいカブトムシは、体重が一〇グラムくらいあります。その角に、重りのついたひもをかけて引っぱらせてみます。すると、なんと二〇〇グラム、自分の体重の二十倍の重りを引くことができます。これは体重五〇キログラムの人が、ひとりで乗用車を一台引っぱるのと同じことになります。カブトムシがものすごい力持ちであることがわかりますね。

からだも角も大きなカブトムシはけんかが強く、けんかばかりするので、いつもきずだらけです。いっぽう、小さなカブトムシは、負けるのがわかっているので、あまりけんかはしません。そのかわり、大きなカブトムシがいないときに、こっそりメスと仲良くしたり、樹液をなめたりします。からだでなく知恵を使い、しっかり生きているのです。

283ページのこたえ　㋐カエデ

おはなし豆知識　もともと北海道にカブトムシはいませんでしたが、本州からもちこまれ、最近はふえています。

おはなしクイズ　カブトムシの角は、なんのために使われる？

こたえはつぎのページ

8月12日のおはなし

フンコロガシはどうしてふんをころがすの？

ファーブルはコガネムシの仲間を観察しました

読んだ日にち（　年　月　日）（　年　月　日）（　年　月　日）

ファーブル昆虫記

「スカラベ」のおはなしより

〈フランスの羊の牧場で、ファーブルは、ある虫を観察しました。これは、そのときのお話です。〉

地面の上を、自分のからだより大きな玉をころがしていく虫がいます。虫の名前は、「スカラベ・サクレ」といって、コガネムシの仲間です。

そして玉の正体は、なんと羊のふんです。スカラベは、どうしてふんをころがしているのでしょう。

それは、ふんがスカラベの食事になるからです。その場で食べてもいいのですが、仲間に横取りされることが多いので、遠くの巣まで運んでゆっくり食べようというわけです。

エサをぬすまれたり、おそわれたりする心配をしないで、ゆっくり食事をするには、大きな玉にして巣あなに運ぶのは、いい考えといえるでしょう。

スカラベは、ふんのにおいがするとすぐにかけつけて、頭のへりのぎざぎざと前足を使って、ふんをまるく切り取ります。材料を一からこねたりころがしたりして、まるくするわけではないのです。これをしんにして、さらにふんをはりつけ、大きくしていきます。まるくするのはもちろん、運ぶときに便利だからです。

また、自分のからだより大きくするのは、スカラベが大食いだからです。もともとふんは、動物が食べたものの残りかすなので、栄養が少ないのです。そのため、たくさん食べる必要があります。

スカラベは、遠くの巣あなにふんの玉を運ぶと、半日以上かけて、この玉をかじりつづけます。

スカラベ・サクレのようなフンコロガシの仲間で、とても小さなアシナガタマオシコガネという虫がいます。この虫は、ふんの玉をオスとメスで巣あなに運びます。そして、その玉にメスがたまごをうみつけます。

フンコロガシがふんの玉をころがすのは、食べるだけでなく、幼虫が育つためのゆりかごとして使うためでもあるのです。

284ページのこたえ　けんか

おはなし豆知識 ファーブルが調べた虫は、じつはスカラベ・サクレではなく、ティフォンタマオシコガネでした。

おはなしクイズ スカラベは、ふんを一からこねたりころがしたりして、まるくする。○か×か？

こたえはつぎのページ

「からくり儀右衛門」ってだれ？

8月13日のおはなし

「からくり人形」や「万年時計」を生み出した、東洋のエジソン

読んだ日にち（　　年　　月　　日）（　　年　　月　　日）（　　年　　月　　日）

伝記

田中久重（一七九九～一八八一年）

人形がみずから矢を取り、弓を引いて的に当てる。これは、日本に伝わる「からくり人形」のひとつです。江戸時代に、このからくり人形のおもしろさにとりつかれた少年がいました。田中久重です。

久重は、一七九九年、今の福岡県久留米市のべっこう（ウミガメのこうら）に細工をする職人の家に生まれます。おさないころに、見よう見まねで細工をおぼえた久重の器用さは、ずばぬけていました。

この地方では、お祭りのときに、ぜんまいや歯車など、いろいろなしかけを用いたからくり人形の乗った山車が名物となっていました。

久重は、子どものころに見たからくり人形を、本を見てひとりでつくり上げます。そして、家業を弟にまかせ、からくり人形師として生きていくことを決めたのです。

久重は「からくり儀右衛門」と名のり、自分でつくった人形を持って、大坂（今の大阪市）や京都、そして江戸（今の東京都）まで、人形の見世物をしてまわり、評判を集めます。

やがて、大坂や京都に住むようになった久重は、おりたたみ式のろうそく立てや、油が自動的にしんをのぼり、いつまでも消えない照明「無尽灯」などを発明し、有名になっていきます。

さらに天文学を学び、それをもとに、「須弥山儀」という和時計をつくります。また、西洋の科学技術を勉強し、洋時計やプラネタリウムなどがついた「万年時計」を一八五一年に完成させました。翌年には、蒸気船の模型もこしらえます。

これがみとめられ、佐賀藩（今の佐賀県）にまねかれた久重は、とうとう日本初の蒸気機関車の模型までつくり上げてしまいます。

時代が江戸から明治にうつっても発明をつづけ、工作機械、写真機などを開発します。一八七五年には、東京の銀座に工場を開き、電信、電話機などを製作します。

そして一八八一年、「東洋のエジソン」とまでいわれた久重は、数かずの発明品を残してなくなりました。

285ページのこたえ　×

おはなし豆知識　久重が銀座に開いた工場は、今の電機メーカー、東芝の創業につながりました。

おはなしクイズ　須弥山儀とはどんな機械？　㋐時計　㋑楽器　㋒地球儀

こたえはつぎのページ

8月14日
のおはなし

ドライアイスに水を入れるとけむりが出るのはなぜ？

とけても液体にならずにまわりをぬらさない、ふしぎな「氷」です

読んだ日にち（　　年　　月　　日）（　　年　　月　　日）（　　年　　月　　日）

道具・もの

アイスクリームやケーキを買ったときに、お店の人に「ドライアイスを入れますか？」と聞かれたことはありませんか。

ドライアイスは、白っぽい氷のように見えますが、ふつうの氷とどこがちがうのでしょうか。

氷は水をこおらせるとできますが、ドライアイスは「二酸化炭素」をこおらせたものなのです。二酸化炭素は、空気の中にふくまれている気体です。わたしたちのはく息にもふくまれています。

ドライアイスのつくり方は、つぎのとおりです。

まず、気体の二酸化炭素に強い圧力をかけて、液体にします。

つぎに、急に圧力を弱めると温度が下がり、液体の二酸化炭素は、細かい雪のような固体になるのです。これを集めてかためたのがドライアイスです。

ドライアイスという名前は、とけても液体にならず、まわりをぬらさない、「かわいている（ドライ）氷（アイス）」という意味でつけられています。

できあがったドライアイスの温度は、マイナス八〇度くらいと、とても冷たいので、直接さわると、皮ふが急に冷やされてこおりついてしまいます。素手ではさわらず、さわるときは、かならず、かわいた軍手などをしましょう。

ドライアイスを水に入れると、ブクブクとあわ立って、白いけむりのようなものが出てきますね。

これは、ドライアイスが水で温められ、とけて液体にならずに、いきなり気体の二酸化炭素になるからです。

でも、白いけむりは二酸化炭素ではありません。気体になった二酸化炭素は、目には見えないのです。けむりは、空気中にもともとある水蒸気が、冷たい二酸化炭素によって冷やされ、液体や固体のつぶになって白く見えるのです。これは、寒いときにはいた息が白く見えるのと同じです（431ページ）。

286ページのこたえ　㋐時計

おはなし豆知識　舞台の演出でも、波や滝などを表現するのにドライアイスが使われています。

おはなしクイズ　ドライアイスはなにでできている？

こたえはつぎのページ

山の向こうの天気がちがうのはなぜ？

風が山をのぼるとき、風に運ばれる空気の温度が変わります

読んだ日にち（　年　月　日）（　年　月　日）（　年　月　日）

8月15日のおはなし
終戦記念日

天気・気象

まだ夏にはなっていないのに、気温が三〇度をこえることがあります。こんな日に、テレビの天気予報などで、「フェーン現象」という言葉を聞いたことはありませんか。

風が山をのぼるときに、雨をふらせ、山の向こう側へふき下ろすときに、まわりの気温を上げることを、フェーン現象といいます。

「フェーン」とは、ヨーロッパのアルプスの谷にふく、かわいた熱い風のよび名です。そこから、このような風がふくとき、日本でもフェーン現象というようになりました。

でも、山のこちら側と向こう側で、なぜ天気が変わるのでしょうか。

その原因となるのは風です。風がふいてきて、山のすそにぶつかると、風は山の斜面にそってのぼっていきます。てっぺんに着くと、今度は反対側にくだっていきます。

風が山をのぼるとき、風に運ばれる空気の温度は、一〇〇メートルにつき約〇・五度下がります。つまり、高さ二〇〇〇メートルの山なら、空気の温度は約一〇度下がります。

空気の温度が下がると、空気にふくまれていた水蒸気の一部が水や氷のつぶに変わって、雲ができます。この雲が雨をふらせるのです（86ページ）。

雨をふらせて水分がなくなった風は、今度はかわいた風になって、てっぺんから反対側にくだっていきます。このとき、風に運ばれる空気の温度は、一〇〇メートルくだるごとに一度上がります。

山をのぼるときとくだるときで、温度の変わり方がちがうのは、空気のしめり気がことなるからです。高さ二〇〇〇メートルの山の場合、くだって山すそに着くころには二〇度も高くなります。

温度のうつり変わりを見てみると、はじめは二〇度だったとすると、山のてっぺんでは一〇度、反対側の山すそでは三〇度になり、山のこちら側と向こう側では、一〇度も気温の差が出るのです。

たとえば、このフェーン現象の影響で、二〇〇九年二月に、静岡県や神奈川県では、真冬なのに気温が二五度をこえたことがありました。

287ページのこたえ　二酸化炭素

おはなし豆知識　フェーン現象では、高温のかわいた風がふくので、山火事の原因にもなります。

おはなしクイズ　気温が上がるのは、風が山をのぼるときとくだるときの、どっち？

こたえはつぎのページ

8月16日のおはなし

ヒマワリはいつも太陽のほうを向いているの？

半分当たりで、半分はずれのその答えのわけとは……

読んだ日にち（　年　月　日）（　年　月　日）（　年　月　日）

植物

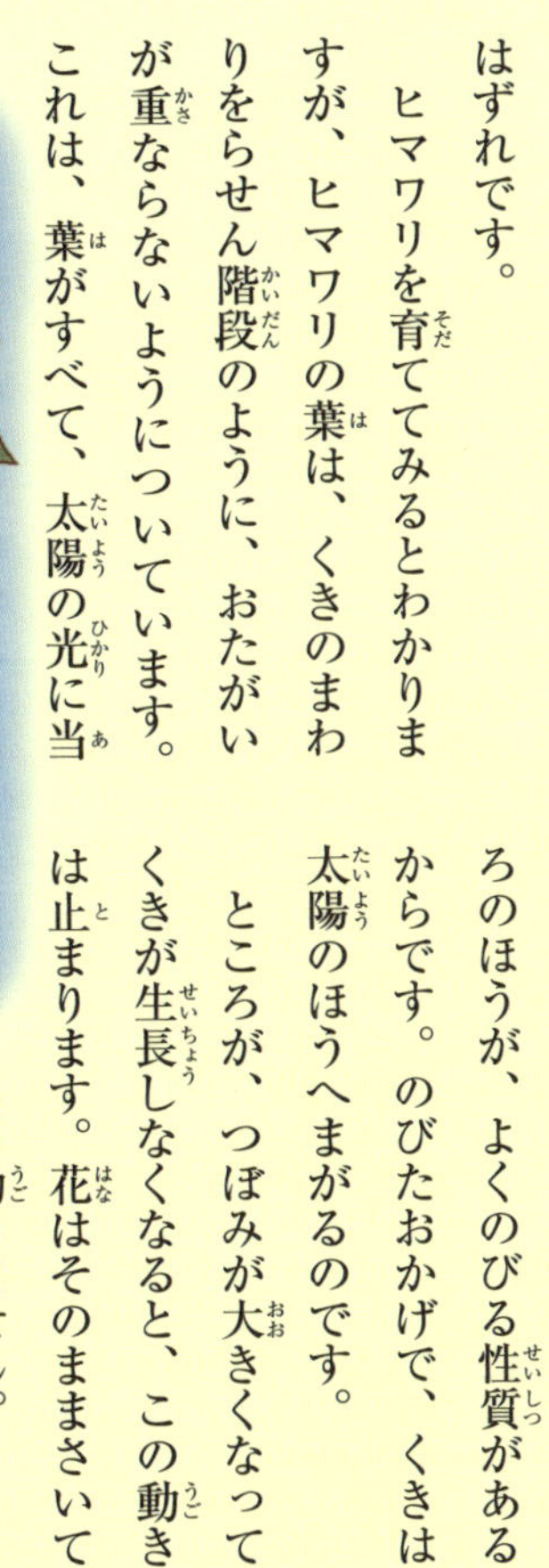

ヒマワリという名前は、「お日さまのほうを向いてまわる」という意味でつけられました。では、ヒマワリは、本当にいつも太陽のほうを向いているのでしょうか。

答えは、半分は当たりで、半分ははずれです。

ヒマワリを育ててみるとわかりますが、ヒマワリの葉は、くきのまわりをらせん階段のように、おたがいが重ならないようについています。これは、葉がすべて、太陽の光に当たるようにするためのくふうです。

ヒマワリのつぼみのつけ根、つまり、くきの先の部分も、いつも太陽のほうを向くようにのびています。それは、ヒマワリのくきが生長していくとき、太陽が当たらないところのほうが、よくのびる性質があるからです。のびたおかげで、くきは太陽のほうへまがるのです。

ところが、つぼみが大きくなって、くきが生長しなくなると、この動きは止まります。花はそのままさいて、もう動きません。

つまり、ヒマワリのくきは、太陽のほうを向いてまわるけれど、花はまわらないのです。

ですから、ヒマワリが、いつも太陽のほうを向いていると思われているのは、生長しているくきが、本当に太陽を追いかけているという意味で、半分当たりです。そして、花は太陽を追いかけないという意味で、半分はずれなのです。ちなみに、ヒマワリの由来は、花の形や色が太陽に似ているためともいわれます。

ところで、ヒマワリの花はひとつに見えますが、じつは、約千個の花の集まりなのです。さらに、その花は、よく見ると二種類あります。

まわりを取りかこむ黄色い花びらは、おしべもめしべもないので、種はできません。花粉をめしべにつけてくれるハチなどの虫に、花のありかを教えるのが役目です。

本当の花は、花びらの内側の茶色に見えるところです。ぽつぽつしたところの、それぞれひとつずつが小さな花なのです。おしべとめしべがあるので、種もできます。

種は食べたり、油をとったりすることができます。ヒマワリは見るだけでなく、人の役に立つ花でもあるのです。

288ページのこたえ　くだるとき

おはなし豆知識　太陽のほうに向かって生長するのは、ヒマワリだけでなく、ほとんどの植物がもつ特徴です。

おはなしクイズ　太陽のほうを向いて生長するのは、ヒマワリのどこ？　㋐くきの先　㋑おしべ　㋒花

こたえは つぎのページ

日に当たるとなぜ日焼けするの？

太陽の光の中にふくまれている紫外線のしわざです

読んだ日にち（　年　月　日）（　年　月　日）（　年　月　日）

8月17日のおはなし

からだ

　海やプールなどで、長い間太陽の光をあびると、はだの色がこくなったり、赤くただれたりして、日焼けをすることがありますね。これは、太陽の光の中にふくまれている紫外線のしわざです。

　太陽の光には、七つの色があることを知っていますか。これは、虹を見るとわかります。虹は、太陽の光が雨つぶに当たって七色に分かれて見えるものです（300ページ）。

　そのときにむらさき色の外側にあるのが、名前のとおりの「紫外線」です。赤色の外側には、「赤外線」もあります。しかし、どちらも人間の目には見えません。

　わたしたちが紫外線をあびると、からだの中で「ビタミンD」という栄養素がつくられます。ビタミンDには、骨をじょうぶにするはたらきがあります。さらに、紫外線はばい菌をころすので、皮ふ病を治す力ももっています。

　紫外線には、このようにいいところがあるいっぽうで、悪い面もあります。

　それは、はだを老化させる作用があり、しわができたり、たるんだりする原因になることです。

　さらにもっとこわいのは、皮ふがんを引き起こすことです。

　ところで、太陽の光に当たるとはだの色がこくなるのは、皮ふの中に、黒い色素である「メラニン」という物質がふえるからです。メラニンは、皮ふの表面に近いところに集まり、紫外線を吸収します。紫外線がわたしたちのからだに入りすぎないように、守ってくれるのです。

　メラニンがふえた皮ふは、あかなどといっしょにはだからはがれ落ちます。そして、しばらくすると、はだの色はもとにもどります。ただし、皮ふの深いところにできたメラニンは、残ってしみやそばかすになってしまいます。

　また、メラニンが吸収できないほど短時間に紫外線をたくさんあびると、はだはやけどをしたようになって、赤くただれます。

　このような紫外線の作用を知って、日光のあびすぎには気をつけてすごしましょう。

紫外線

メラニン

289ページのこたえ　㋐くきの先

おはなし豆知識 日本では、夏だけでなく、春や秋でも紫外線の量が多いので注意が必要です。

おはなしクイズ 日焼けではだの色がこくなるのは、皮ふの中になんという物質がふえるから？

こたえはつぎのページ

8月18日のおはなし

土の中にはどんな生きものがいるの？

小動物だけでなく、菌類や細菌類もいます

読んだ日にち（　年　月　日）（　年　月　日）（　年　月　日）

動物

今、森や林の中を散歩しているとしましょう。その足をとめたとき、片方のくつの下には、どれくらいの数の小動物がいると思いますか。

なんと、何万匹もいるのです。

ある研究者が調べたところ、一番多かったのが、糸のような細長いからだをしたセンチュウの仲間で、九割をしめていました。つぎがダニで、センチュウの四十分の一くらい。そのあとヒメミミズ、トビムシとつづきます。

この小動物たちがいるのは、表面からおよそ三〇センチメートルの深さまでで、そのうち、上から五センチメートルまでにほとんどの小動物がすんでいます。しめり気があり、エサもあってくらしやすいからです。

土の上では、日光が当たるので、植物が育ちます。それを食べる動物がいて、さらにその動物をエサにする動物もいます。この「食べる・食べられる」の関係を食物連鎖といいます。

では、暗い土の中で小動物たちはなにを食べて生きているのでしょう。

それはおもに落ち葉がくさったものです。くさらせる役目は、やはり土の中にいる大量のキノコやカビなどの菌類や細菌類です。この菌類や細菌類も落ち葉をくさらせ、そこから栄養をとっています。

オサムシやシデムシは動物の死がいを食べ、センチコガネやセンチュウは動物のふんを食べています。

土の中には、もう少し大きな動物、カニムシ、ミミズ、ヤスデ、ダンゴムシ、ムカデ、貝などがいることもあります。クモやムカデなどは、くさった落ち葉ではなく、ほかの動物を食べ、栄養をとります。

このほか、カエルやトカゲ、モグラなども土の中で、やはりほかの動物をエサにして生きています。

このように、土の中でも落ち葉からモグラなどまで、食べものは順につながっているのです。そして、土の中では、食べる・食べられるというつながりで見ると、上位にくるのはモグラです。しかし、そのモグラも死ぬと、菌類や細菌類の栄養になり、ほかの動物たちのエサになります。こうして、食べもののつながりは輪になっていくのです。

290ページのこたえ　メラニン

おはなし豆知識　土の中は適度に水がふくまれていて、乾燥しません。

おはなしクイズ　土の中で一番多い生きものはなに？　㋐ダニ　㋑トビムシ　㋒センチュウ

こたえはつぎのページ

クラゲが人をさすのはなぜ？

8月19日のおはなし

すばやく泳げないクラゲは、身を守るために毒をもっています

読んだ日にち（　年　月　日）（　年　月　日）（　年　月　日）

水辺の生きもの

海の中をプカプカとうかぶクラゲは、じつはあまり泳ぎが得意ではありません。からだをのびちぢみさせて、ほんの少し動くことはできますが、ほとんどのクラゲは、すばやく泳ぐことはできません。

ですから、ふだんは波や潮の流れに乗って、水中をただよっているのです。そして、かさからのびた口腕を使って、口に入ってくる小さなプランクトンを食べて生きています。

すばやく泳げないようでは、きけんな目にあったとき、さっとにげることはできません。そこで身を守るために、さらに口に入った獲物をにがさないためにも、ほとんどのクラゲが毒をもつようになりました。その中には、人間にとって猛毒のものもあります。

ヘビなどは、かむことで相手に毒が広がりますが、クラゲの場合は、まさに「さす」という言い方がぴったりです。

クラゲのかさのふちについた突起を「触手」といい、触手になにか生きものがさわると、触手からたくさんのとげが出て、相手にささります。そのとげのすきまを通って、細い管のような針がもっと深くささっていきます。そして、その管の中を通って、毒がそそぎこまれるのです。

ミズクラゲ

口腕

口

触手

オーストラリアには、人間がさされると、十五分くらいで命を落とすこともある、おそろしい毒クラゲがいます。また、弱い毒でも、二度目にさされると、からだが大きなショックを起こすことがあります。

さらに、クラゲの毒の針は、触手だけにあるわけではありません。種類によっては、からだ全体にあります。ですから、クラゲを手でさわるのは絶対にやめましょう。

もしクラゲにさされたら、すぐに海から上がって、じっとしているようにします。動くと、早く毒がまわるからです。

また、さされたところをさわると、針がおくに入るので気をつけてください。海水で触手をあらい流してから水道水であらい、お医者さんにみてもらいましょう。

291ページのこたえ　㋒センチュウ

おはなし豆知識　クラゲは海にいると思われがちですが、川やみずうみにすむ種類もいます。

おはなしクイズ　クラゲにさされたとき、まず、なにであらうとよい？　㋐海水　㋑水道水　㋒砂糖水

こたえはつぎのページ

8月20日のおはなし

ウサギの耳はどうして長いの？

左耳がギザギザの子ウサギのおはなしです

読んだ日にち（　年　月　日）（　年　月　日）（　年　月　日）

シートン動物記

「綿尾ウサギ」のおはなしより

〈これは、綿のようなふわふわした白いしっぽをもった、綿尾ウサギの親子のお話です。〉

親子は、沼の岸辺にある草の中の巣でくらしていました。

子ウサギの左耳には、ギザギザの大きなきずあとがありました。小さなころにヘビにかまれたのです。それで、「ぎざ耳ぼうや」とよばれていました。母ウサギは、ぎざ耳ぼうやが二度とそのような目にあわないように、身を守る方法を一生けんめい教えました。

そのひとつが、まわりの生きものの声に耳をかたむけることです。ウサギは大きく長い耳のおかげで、音がよく聞こえるのです。

「ぼうや、カケス（森にいる大声で鳴く鳥）は、とてもかしこい鳥よ。わたしたちをおそうタカやフクロウ、ネコが近づくと、カケスが鳴いて教えてくれるわ。カケスにとっても、敵だからね。そうしたら、イバラのしげみににげこむのよ」

ふさふさの毛があるので、イバラのとげはウサギにはささりません。

「水の中も安心よ。水をきらう動物も多いからね。ウシガエルが鳴くところには池があるはずだから、きけんを感じたら、声のするほうへ走るのよ」

もうひとつ、母ウサギが教えてくれたのが、うしろ足で地面をたたいて話すことです。

トンと一回たたけば「気をつけて」、ゆっくりのトントンは「おいで」、トントントンと速く打ちつづけるときは「急いで走れ」の合図です。長い耳のおかげで、この音は二〇〇メートルくらいはなれていても聞き分けられるのです。

ぎざ耳ぼうやは、母ウサギから学んだ知恵で、キツネや猟犬を追いはらうことができました。

また、ぎざ耳ぼうやよりからだの大きいオスのウサギがすみかを横取りしに来たときにも、追い返すことに成功しました。

やがて、やさしい母ウサギがなくなったあとは、メスのウサギと結婚し、子どもをたくさんつくりました。

292ページのこたえ　㋐海水

おはなし豆知識　ウサギは、左右の耳を音のする方向に別べつに動かすことができます。

おはなしクイズ　子ウサギの左耳をかんだのは、どんな動物だった？　㋐ワニ　㋑ヤマネコ　㋒ヘビ

こたえはつぎのページ

パブロフの犬の実験ってどんなものだったの？

8月21日のおはなし

食べものを見ると、よだれが出るしくみとは……

読んだ日にち（　年　月　日）（　年　月　日）（　年　月　日）

伝記

イワン・パブロフ（一八四九～一九三六年）

　朝早く、まだ開く前の図書館で、科学の本を読みふける青年のすがたがありました。のちに世界的な生理学者となるイワン・パブロフです。

　一八四九年、ロシアのリャザンで教会の司祭の長男として生まれたパブロフは、あとつぎとして、神学校に通っていました。

　当時の神学校では、いくつかの科学の本は、神の教えに反するとして、読んではいけないことになっていました。しかし、パブロフはどうしても科学の本を読みたいと思い、知り合いの図書館員にたのんで、こっそり入れてもらっていたのです。そこでパブロフは、動物のからだの中が細かくえがかれた本に、心を強くひかれました。

「できることなら、動物のからだの研究をしたいなあ」

　パブロフは、親の反対をおしきり、神学校をやめて、サンクトペテルブルク大学で動物生理学を学ぶことにしました。

　そして、大学を卒業したパブロフは、軍医学校をへて、ロシア初の医学研究所にまねかれます。設備のととのった研究所で、パブロフは前から準備していた、犬を使った実験を行いました。それは、犬がエサを口にしただけで、胃に消化液が出てくるかどうかをたしかめる実験でした。

　それまでは、食べたものが胃のかべをおすことで、消化液が出ると考えられていました。しかし、パブロフは実験の結果から、口のしげきが脳に伝わることで、胃に消化液が出ることを明らかにしたのです。

　この研究で、一九〇四年、パブロフはノーベル生理学・医学賞を受賞しました。

　その後、パブロフは犬に、ある音を聞かせてからエサをやることをくり返すと、その音を聞いただけで、犬の口がだ液でいっぱいになることも、実験して見つけました。

　このことから、生きものが生まれつきもっている能力で起こる反応を「無条件反射」、あとから学んだことで起こる反応を「条件反射」と分ける考えが生まれました。

　一九三六年にこの世を去ったパブロフは、脳の研究が今よりも進んでいなかった時代に、からだの器官と脳とのつながりに目を向けた学者でした。

チリーン

だ液をとるための道具

293ページのこたえ　㋒ヘビ

おはなし豆知識　パブロフは、実験に使う犬1頭1頭に、それぞれ名前をつけていました。

おはなしクイズ　パブロフが図書館でこっそり読んでいたのは、なんの本だった？　㋐童話　㋑歴史　㋒科学

こたえはつぎのページ

コウモリは鳥じゃないの？

ある音を聞き分けるために、大きな耳がついています

読んだ日にち（　　年　　月　　日）（　　年　　月　　日）（　　年　　月　　日）

動物

はばたいて空を飛ぶコウモリ。鳥のように見えますが、じつは、わたしたちと同じ、子どもを母乳で育てる「ほ乳類」です。

鳥との大きなちがいのひとつは、つばさが羽ではなく、指や足の間に広がったうすい膜でできていることです。飛ぶためにからだを軽くしたコウモリの足は、筋肉が退化しています。そのため、コウモリは、立つことができなくなり、とまるときは、さかさまにぶら下がって休むのです。

そして、もうひとつのちがいが、鳥の耳はあなだけで、出っぱりがないのに対して、コウモリは大きな耳をもっていることです。

じつはこの大きな耳は、コウモリが暗やみでもまわりのものにぶつからずに飛ぶために、たいへん役立っています。

おもに夜に活動するコウモリは、目だけにたよっていては飛ぶことができません。そこで、人間には聞こえない、とても高い音を出して、そのはね返ってくる音を聞き分けることで、獲物をさがしたり、じゃまなものをさけたりしているのです。

このとても高い音のことを「超音波」といいます。コウモリの中には、親子で超音波を出し合って、おたがいの位置をたしかめる種類もいます。

コウモリの耳は、この超音波のはね返りをもらさず集め、聞き取るために大きくなっているのです。

ところで、コウモリのほかにも、この超音波を使う動物がいます。

それはイルカです。イルカは、鼻のおくから出した音を、頭にある「メロン」という部分にひびかせて大きくします。音はここから前のほうに向かって、発せられます。この音のはね返りで、エサとなる魚のむれを見つけるのです。

でもイルカには、コウモリのような大きな耳はありません。おまけに、耳のあなには耳あかがつまっていてほとんど聞こえないのです。

そこで、イルカは下あごで音を集めて、骨にひびかせ、耳のおくまで伝えています。つまり、細長い下あごが耳のかわりをしているのです。

294ページのこたえ　ウ 科学

おはなし豆知識　コウモリのエサはおもにこん虫ですが、くだものを食べる種類もいます。

おはなしクイズ　コウモリやイルカが出す、とても高い音をなんという？

こたえはつぎのページ

大人はどうして肩がこるの？

8月23日のおはなし

からだ

人間が２本の足で立って歩くようになったからだと考えられています

読んだ日にち（　　年　　月　　日）（　　年　　月　　日）（　　年　　月　　日）

お父さんやお母さんへのプレゼントに、「肩たたき券」をおくったことはありませんか。肩たたきをしながら、いろいろとおしゃべりをするのは楽しいですね。

しかし、肩こりがひどくなると、からだがしびれたり、頭が痛くなったりするのでたいへんです。

肩こりには、少しふしぎなところがあります。まず、子どもにはあまり見られません。また、男の人より女の人に多く見られます。さらに、外国ではあまり聞きません。

そもそも、なぜ肩こりになるかというと、それは人間が二本の足で立って歩くようになったからだと考えられています。脳みそのつまった重い頭を細い首でささえるため、その重みが首から肩の筋肉にも伝わります。

筋肉がきんちょうしたりゆるんだりすることで、血液の流れはよくなります。しかし、ずっと同じ姿勢ですわっていたり、立ち仕事をつづけていたりすると、首や肩の筋肉がこわばり、血液のめぐりが悪くなります。その結果、筋肉がさらにかたまって、肩こりが起こります。

子どもは筋肉がやわらかいので、肩こりにはなりにくいのです。

女の人に肩こりが多いのは、男の人より首が細く、頭をささえる筋肉が弱いためのようです。

また、外国であまり聞かないのは、肩のつかれのことを、「肩こり」ではなく、「首のこり」ということや、筋肉の量が日本人より多く、頭の重みが肩に伝わりにくいことなどが考えられます。

最近では、歯を食いしばることが多いと、あごの関節がきんちょうして、それが首や肩の筋肉まで伝わって、肩こりになることがわかりました。がんばる人、負けずぎらいの人には、肩こりが多いのかもしれません。

肩こりを治すには、同じ姿勢をつづけないで、ときどき軽い運動をするなどして休むことがたいせつです。おふろに入って、肩にタオルを当てて温めたり、マッサージをしたりしてもよいでしょう。

295ページのこたえ　超音波

おはなし豆知識 人間の頭の重さは、大人でスイカ１個分と同じくらいの、約４キログラムもあります。

おはなしクイズ 肩こりは、同じ姿勢をつづけることで治る。○か×か？

こたえはつぎのページ

虫が明るいところに集まるのはなぜ？

多くの虫たちがもっているふしぎな習性です

読んだ日にち（　　年　　月　　日）（　　年　　月　　日）（　　年　　月　　日）

夏の夜、街灯にガなどの虫が集まっているのをよく見かけますね。また、明るいものならほのおの中でも飛んできて、焼け死んでしまうことから、「飛んで火に入る夏の虫」ということわざもあります。

虫はなぜ、明るいところに集まるのでしょうか。

じつは、こん虫の多くは、光の方向を目などで感じて動く必要があるのです。たとえば、アリは、太陽の位置などをたよりに巣にもどります。また、チョウやトンボは、いつも太陽の光が背中に当たるように飛ぶ性質があります。

夜に飛ぶ虫の代表にガがいますが、ガも真っ暗では飛べません。月の光をたよりに飛んでいるのです。そして、チョウやトンボと同じく、光を背中に受けて飛びます。

昔は、夜、明るい光は月しかありませんでした。しかし今は、月より身近なところに、街灯などの人工の光があります。ガは、その光を背中に当てようと近づいていきます。

では、集まった虫たちは、なぜ街灯のまわりをくるくるとまわっているのでしょうか。

もっとくわしく調べると、ガは光を感じたほうにより近づこうと、ふたつの目のうち、強く光を感じたほうに、からだをかたむけていることがわかります。

人工の光は、月よりとても近くにあるので、片側に光をあびようとすると、光のまわりをくるくるとまわりつづけてしまうのです。

月は遠くにあるので、ふたつの目で感じるのは、同じ強さの光です。そのため、からだをかたむけることなく飛べるのです。

光に集まるのはガだけでなく、多くの虫たちがもっている習性です。そこで、この習性を利用して、虫をつかまえることができます。

家の外でシーツなどの白い布を広げたところに、電球を灯すと、虫がたくさん集まってきてつかまえることができます。ただし、満月のときや風の強い日はあまりうまく集まりません。

296ページのこたえ ×

おはなし豆知識 街灯に集まってくる虫は、時間帯によって種類がちがいます。

おはなしクイズ 虫が街灯のまわりをまわるのは、からだのどこに光を当てるため？

こたえはつぎのページ

「生きた化石」ってどういうこと？

8月25日のおはなし

およそ4億年前と変わらないすがたの生きものがいます

読んだ日にち（　年　月　日）（　年　月　日）（　年　月　日）

大昔の生きもの

「生きた化石」とは、大昔から、すがたをほぼ変えずに生きのびている生きもののことです。

一九三八年、ある生きものが南アフリカで発見されました。

それは、「シーラカンス」という魚です。シーラカンスは、それまで化石でしか発見されていませんでした。そのため、およそ七千万年前に絶滅したと考えられていたのです。見つかったシーラカンスは、化石で残っている魚の特徴をしっかりもっていました。

地球の生きものは海で生まれ、その後、陸に上がりました（239ページ）。シーラカンスは、海から陸にうつるきっかけになった、魚のからだのある部分をそのまま残しているのです。

どこかというと、ひれです。ふつうの魚のひれは、うちわのように細い骨が何本もならび、うすい膜におおわれています。

ところが、シーラカンスのひれには、しっかりとした筋肉がついていて、特にむなびれとはらびれはじょうぶにできていました。つまり、このひれがやがて足に変わったことにより、生きものは陸へ上がって、歩くようになったことをしめしていると考えられます。

さらに、その後、生きたシーラカンスを海の中で観察することができたことで、筋肉のついたひれが、ふつうの魚にはできない細かな動きをすることもわかりました。

シーラカンスは、魚がどうやって陸の生きものに変化したのか、なぞのひとつをといてくれたのです。

化石からも大昔のいろいろなことがわかりますが、シーラカンスのような「生きた化石」からは、さらに多くを知ることができます。

「生きた化石」は、シーラカンスのほかにもあります。同じ海の生きものでは、貝がらをもつイカのようなオウムガイや、かたいこうらを背負ったクモやサソリの仲間のカブトガニなどがいます。そして、イチョウの木も、一種類だけが絶滅せずに生き残ったことから、やはり「生きた化石」とよばれています。

シーラカンスのひれ

297ページのこたえ　背中

おはなし豆知識　1938年の発見のあと、つぎに生きたシーラカンスが見つかるまで14年もかかりました。

おはなしクイズ　シーラカンスがほかの魚と大きくちがっているのは、どこ？　㋐えら　㋑うろこ　㋒ひれ

こたえはつぎのページ

宇宙人って本当にいるの？

地球のような惑星のどこかにいるかもしれません

読んだ日にち（　年　月　日）（　年　月　日）（　年　月　日）

2万5000年後……
メッセージ アリガトウ
オヘンジ マッテテネ

夜空を見上げると、たくさんの星が光っています。その中のどれかに、宇宙人がいるのではないかと思う人は少なくないでしょう。

しかし、残念ながら、自分で光を出す星である「恒星」には、宇宙人はいないと考えられます。それは、恒星は太陽と同じで、とてつもなく温度が高く、生きものがくらせないからです。

ですから、宇宙人がいるとしたら、地球のように、恒星のまわりにある「惑星」にいると考えられています。

ただし、惑星の中でも、恒星に近すぎると、温度が高すぎ、生きものにとって、なくてはならない水が蒸発してしまいます。逆に、恒星からはなれすぎると、今度は温度が低すぎて水がこおり、生きものは生きられません。温度もちょうどよく、水がたくさんある地球のような惑星なら、宇宙人がいるかもしれません。

しかし、惑星は、自分で光を出さないので、どこにあるのかを見つけるのはむずかしいのです。それでも、宇宙望遠鏡などを使って、太陽系の外にある惑星が千個以上見つかっています。その中に、生きもののいる星がないとはかぎりません。

これまで、天文学者やアメリカ航空宇宙局（NASA）は、宇宙人に向けて、地球からメッセージを送ってきました。

一九七四年には、プエルトリコにあるアレシボ天文台が、ヘルクレス座の「球状星団M13」に向けて、数字や人間の形、地球の人口などを電波信号に変えて送りました。しかし、球状星団M13にメッセージがとどくのは、計算によると、二万五千年後といわれています。そのため、もし宇宙人がいて、すぐ返事をくれたとしても、地球で受け取るのは、さらに二万五千年たってからです。

このように、宇宙人さがしはとてもむずかしく、ものすごく時間がかかります。

今のところ、地球以外で生きものが見つかったことはありません。また、「これが宇宙人からのメッセージだ」といえるものもとどいていません。しかし、どこかの星に宇宙人がいてもふしぎではないでしょう。

298ページのこたえ　㋒ひれ

おはなし豆知識　メッセージを球状星団M13あてに送ったのは、50万個もの恒星の集まりだからです。

おはなしクイズ　地球のように、恒星のまわりにある星をなんという？　㋐惑星　㋑すい星　㋒衛星

こたえは つぎのページ

虹はどうして7色なの？

雨上がりの空に、太陽と反対の方向にできます

8月27日のおはなし

読んだ日にち（　　年　　月　　日）（　　年　　月　　日）（　　年　　月　　日）

天気・気象

虹は、とてもきれいなものですね。そんな虹の正体は、じつは、わたしたちがいつもあびている太陽の光なのです。

太陽の光は、ふだんは白っぽく見えますが、本当はいろいろな色の光が集まったものです。

そのことは、光の色を分けることができる「プリズム」という三角柱のガラスに、太陽の光を当ててみるとわかります。太陽の光は、プリズムを通るときに折れまがり、赤、だいだい、黄、緑、青、あい、むらさきの七つの色に分かれて出てきます。

プリズムは、水を入れたペットボトルやガラスのコップでもかわりになるので、太陽の光を当ててためしてみるといいでしょう。

光は、通りぬけるもののさかい目で、折れまがる性質があります。さらに、折れまがる角度は、光の色によって少しずつちがいます。プリズムで太陽の光が七色に分かれるのは、こうした理由からです。

そして、雨つぶがプリズムの役目をしてできるのが、虹です。

雨上がりには、小さな雨つぶが、まだ空中にいっぱいただよっています。その雨つぶの中へ、雲から顔を出した太陽の光が当たって折れまがり、七色に分かれるのです。

虹が見えるのは決まって、太陽と反対の方向です。これは、雨つぶの中で二度折れまがった光が、わたしたちの目に飛びこんでいるからです。その雨つぶの先に虹が見えます。

さて、虹を自分でつくる方法を紹介しましょう。晴れた日の昼間に、太陽を背にして、きりふきやじょうろ、またはホースの先をおさえるなどして、細かい水のつぶをいっぱい出すようにします。すると、小さいながらも、きれいな虹があらわれます。

299ページのこたえ
㋐惑星

おはなし豆知識　虹の外側に、もうひとつの虹（副虹）がうっすら見えることがあります。

おはなしクイズ　虹はなんの光がはね返ってできるもの？

こたえはつぎのページ

8月28日のおはなし

鳥の親になった人がいたの？

ヒナが親について歩く習性から、大きな発見をしました

読んだ日にち（　年　月　日）（　年　月　日）（　年　月　日）

伝記

コンラート・ローレンツ（一九〇三～一九八九年）

「ぼく、ハイイロガンになりたい」
おさないころのコンラート・ローレンツが、ハイイロガンにあこがれたのは、大好きな童話の『ニルスのふしぎな旅』に、その鳥が出てくるからでした。

ローレンツは、一九〇三年、今のオーストリアのアルテンブルクに、医者の子どもとして生まれました。子どものころから動物好きで、動物の研究をしたかったのですが、お父さんのすすめでしぶしぶ医者になる勉強をつづけます。

それでも、動物の研究はあきらめきれません。ローレンツは、ペットショップで買ったカラスのヒナを育てるうちに、あることに気づきます。エサをくれるローレンツを親のように思い、すがたが見えないと鳴いてさがすのです。

そこでローレンツは、カラスのヒナをさらにたくさん飼い、観察して、日記につけました。この日記が、ドイツの有名な動物学者オスカル・ハインロート教授の目にとまり、動物学者への道が開けたのです。

そして、ローレンツは、あこがれのハイイロガンで、とても大きな研究成果をあげることになります。

人工的にたまごを温める機械の前で、ハイイロガンのヒナがかえるのを見守っているときでした。ローレンツは、生まれたばかりのヒナと目が合ったのです。その後、ヒナはローレンツを親だと思い、あとをついて歩くようになりました。

このことから研究を深め、ローレンツは、「動物は、生まれてはじめて見る動く大きなものを、親と思いこむ習性がある」ということを、証明してみせたのです。そして、この習性を、パチッと映像が脳に印刷されるようだとして、「刷りこみ」と名づけました。

ローレンツは、動物を間近に観察することで、その行動のなぞを明らかにする「動物行動学」という新しい学問をつくり上げました。これが評価され、研究仲間のニコ・ティンバーゲンとカール・フォン・フリッシュとともに、一九七三年、ノーベル生理学・医学賞を受賞しました。そして一九八九年、八十五歳でなくなりました。

300ページのこたえ
太陽

おはなし豆知識　ローレンツは、動物たちとすごした記録を、『ソロモンの指環』という本にまとめました。

おはなしクイズ　ローレンツが子どものころにあこがれた動物は、ウサギだった。〇か×か？

こたえはつぎのページ

わたがしはなぜふわふわなの？

とけて液体になった砂糖を回転させてつくります

8月29日のおはなし

食べもの

読んだ日にち（　年　月　日）（　年　月　日）（　年　月　日）

縁日で楽しみな遊びは、ヨーヨーつりや金魚すくいなど。食べものでは、焼きそば、たこ焼き、りんごあめにわたがしなどがありますね。

ところで、ふわふわしているわたがしは、なぜあのように、ふわふわしているのでしょう。縁日で見かけるわたがしをつくる機械は、大きなたらいのようなものの真ん中に筒があって、それが電気やガスの力でくるくるとまわるようになっています。

その筒になにか小さなつぶつぶを入れると、筒に空いた小さなあなから、わたのようなものが飛び出してきます。それをわりばしでまき取ると、わたがしができあがります。

筒に入れたつぶつぶは「ざらめ」といって、つぶのあらい砂糖の結晶です。

砂糖は温めると、とけて液体になります。筒の中で熱せられて液体になった砂糖は、くるくるまわされ、小さなあなから飛び出します。あなから飛び出した砂糖は、ものが回転するときに、外側に引っぱられるように感じる遠心力のはたらきで、遠くへ飛ばされます。そのため、砂糖の液体は、長くのびて糸のようになり、そのまま冷えてかたまります。

それをわりばしにまき取ると、糸と糸の間にすきまができて、ふわふわのわたがしができるのです。機械の回転が速いほど、きれいなわたがしができます。

わたがしをつくるときの砂糖の温度は、一四〇度を少しこえたくらいです。それより少し高い一六五度でつくるのが、べっこうあめです。さらに温度を高く、一九〇度まで上げると、プリンにかけるカラメルソースができあがります。液体の砂糖をこげつく直前まで煮つめたもので、あまいだけでなくちょっぴり苦い味もします。

このように砂糖は、温度によっていろいろなおかしになるのです。

なお、わたがしは、おもにざらめを原料としていますが、グラニュー糖でもできます。しかし、上白糖や黒砂糖を使うと、水分が多く、べとべとしてしまい、あのふわふわのわたがしにはなりません。

301ページのこたえ ×

おはなし豆知識　砂糖には、食べものをくさりにくくしたり、やわらかくしたりするはたらきがあります。

おはなしクイズ　わたがしはどの砂糖からできる？　㋐黒砂糖　㋑上白糖　㋒ざらめ

こたえはつぎのページ

8月30日のおはなし

目がまわるとふらふらになるのはなぜ？

からだが止まっても、脳はまだ止まっていないとかんちがいします

読んだ日にち（　年　月　日）（　年　月　日）（　年　月　日）

スイカわりをしたことがありますか。まず、ぼうをかまえ、スイカの位置をしっかりおぼえます。それから、目かくしをされて、からだをぐるぐるまわされますね。

そして、スイカがあるはずの場所をめざして歩いて行こうとすると、グラグラとめまいがして、まっすぐに歩こうとしてもふらふらしてしまいます。なかには、たおれこむ人もいます。どうしてこんなことが起こるのでしょう。

これは、わたしたちの耳のおくの「内耳」にある、からだのバランスを知る器官に原因があります。

その器官は、「三半規管」といって、液体のつまった三つの輪からできています。輪の向きはそれぞれちがい、中には筆の穂先のような毛の束があります。からだがゆれたり、まわったりすると、中の液体が動き、毛の束をなびかせます。毛の根元から神経を伝わって、その動きが脳へ伝えられるのです。

わたしたちはこうして、からだがまわっていることが自分でわかるようになっています。

この動きは、脳から目にも情報として送られて、目を動かします。からだがまわるのに合わせて、目を動かします。

このとき、からだがまわるのをやめたら、目の動きもぴたりと止めたらよいのですが、それがうまくいかないのです。

コップに水を入れて、ぐるぐるまわしてから置くと、中の水はしばらくの間まわっていますね。これと同じことが起こっています。

三半規管の中でも、中の液体が動きつづけているため、脳は「まだ止まっていない」とかんちがいしてしまうのです。そこで、脳から指令を受けて目が動きつづけ、からだのバランスがとれなくなって、ふらふらするというわけです。

からだをふらつかせないで、じょうずにスイカをわるには、バレリーナやフィギュアスケートの選手のように、くるくるまわるのになれ、脳が目の動きをすぐに止められるような訓練をつづけるしかありません。

302ページのこたえ　ウざらめ

おはなし豆知識　フィギュアスケートの選手は、回転する方向に目をよせて、目がまわらないようにしています。

おはなしクイズ　からだがまわっていることは、目の動きが脳に伝わることでわかる。○か×か？

こたえはつぎのページ

牛には4つの胃があるって本当？

なにを食べるかに関係しています

8月31日のおはなし

読んだ日にち（　　年　　月　　日）（　　年　　月　　日）（　　年　　月　　日）

動物

牛の消化管の長さは、一説によると体長のおよそ二十倍、羊は二十五倍。いっぽう、ライオンは四倍、ネコも四倍になります。ここからわかるのは、牛などの草食動物は、ライオンなどの肉食動物にくらべて、消化管がとても長いということです。

なぜ、草食動物の消化管は、肉食動物より長いのでしょうか。そのわけを説明する前に、食べものの入り口である、口の中をくらべてみましょう。

肉食動物の口の中を調べると、きばとよばれる二本の犬歯が大きくとがっていることがわかります。同じく門歯（前歯）と臼歯（おく歯）もとがっています。これは獲物にかみつき、つかまえ、にがさずに肉を引きさくためです。

いっぽう、草食動物は、門歯は大きく、とがってはいませんが、ほうちょうのように草をかみきりやすくなっています。また臼歯も大きく、平たくなっていて、ここで草をすりつぶします。

このように、食べるもののちがいによって歯の形に差があるのです。

そして、口につづく消化管ですが、長さがことなるのは、やはり食べものに関係しています。肉は消化されやすく、また栄養もゆたかなので、消化管は短くてすみます。

反対に、草などの植物はとても消化されにくく、栄養も少ないため、消化管を長くして、時間をかけて栄養をしぼりとる必要があるのです。

また、牛やキリンなどには、四つの胃があり、一度飲みこんだエサの草を口にもどしたり、それぞれの胃に送りこんだりと、ゆっくり消化していきます。そのとき、牛の消化管にいる微生物が草を分解するために大量のメタンガスを発生させます。

そのため牛はよくゲップをするのですが、はき出されるメタンガスは二酸化炭素の五十倍もの温室効果があるといわれ、地球温暖化の原因のひとつとされています。

牛には胃が４つあり、植物をエネルギーにかえるもっとも進化したシステムをもっている

口の中

1

2

3

4

反芻

303ページのこたえ　×

おはなし豆知識　草食動物の目は横向きについていて、広い範囲を見て敵からにげることができます。

おはなしクイズ　つぎの中で、胃が４つある動物はどれ？　㋐ライオン　㋑ネコ　㋒牛

こたえは306ページ

9月(がつ)のおはなし

文／天沼春樹

ボールはどうしてはずむの？

ボールがものにぶつかると、バネのような力がはたらきます

9月1日のおはなし

生活

読んだ日にち（　年　月　日）（　年　月　日）（　年　月　日）

ものがなにかにぶつかると、ぶつかった力と同じだけ、反対向きに反発する力を受けます。

ピンポン玉のように軽いものは、ぶつかった力ではね返されるので、よくはずみます。鉄の球は重いので、同じ力でぶつかっても、それほどははね返されません。

重さのほかに、材質も関係しています。ボールがかべやものに当たると、つぶれた形になります。すると、もとのまるい形にもどろうとする、バネのような力がはたらいて、その力でかべやものをおし返します。これが、はずむしくみです。ゴムボールは、外側のゴムがのびちぢみするので、バネのはたらきが大きくなります。そのうえ、中の空気も、一度ちぢんでからもとにもどろうとする性質があるので、よくはねます。

スポーツで使われるボールは、重さや材質を調整し、はずみ具合を計算してつくります。

たとえば、サッカーボールの内側には、空気がつまったゴム製のチューブがあります。このチューブは、やわらかなしばのグラウンド用には天然ゴム、かたい土のグラウンド用には合成ゴムが使われています。どちらの場所でも、ボールがはねる高さを同じにするためです。

一番外側の革は、正五角形十二まいと正六角形二十まいの革をぬい合わせてつくります。

天然の革を使うと、水をすいこんで重くなるので、水をはじく人工の革を使います。また、ぬい目から水がしみこまないように、特別な接着剤ではり合わせてつくる方法もあります。雨でも晴れでも、同じようにプレーするためのくふうです。

野球のボールは、かたいコルクのまわりに二種類のゴムをはり、そのまわりを太い毛糸、細い毛糸、綿の糸でぐるぐるまいて、牛の革をかぶせてぬい合わせます。

ところで、プロ野球では、「飛ぶボール」「飛ばないボール」がよく話題になります。野球のボールは、使う材料やゴムのはり方、糸のまき方が少し変わるだけで、はね返る力が変わります。使う革の質も、ピッチャーの投球に影響します。ほんのわずかなちがいでも、試合の結果に大きな差が出るので、公平に試合を行うために、ボールの調節はとてもたいせつな問題なのです。

一度つぶれた形になってからはずむ

304ページのこたえ　ウ牛

おはなし豆知識 ラグビーで使われるボールの形は、まるい球をのばしたような「長球」という形です。

おはなしクイズ ゴムボールは、一度ちぢんでからはね返る。〇か×か？

こたえはつぎのページ

9月2日のおはなし

ピーマンはなぜ苦いの？

緑色のピーマンも、生長するとあまくなります

読んだ日にち（　年　月　日）（　年　月　日）（　年　月　日）

食べもの

ピーマンと似たすがたの、「パプリカ」という野菜を知っていますか。おもにヨーロッパで栽培されていて、赤や黄、オレンジ、白、むらさき、黒などの色があり、とてもカラフルです。ピーマンのように苦くなく、あまい味がします。

じつはピーマンも、育てつづけると、パプリカのように赤くなります。パプリカとは品種がちがいますが、生長したピーマンは「赤ピーマン」とよばれ、苦みがとれて、あまくなります。つまり、ふだん食べているピーマンは、まだ熟していないうちに収穫されたものなのです。

緑色のピーマンを切ると、中に白い種が入っていますね。これは、種の赤ちゃんです。この種が黒くなるころに、実も赤く熟します。そして、動物たちに食べられて、種を遠くに運んでもらうのです。

ところが、種が完成しないうちに食べられると、種は死んでしまいます。ですから、種が赤ちゃんのころは実も緑色で、食べてもおいしくないように、苦みの成分をふくんでいるのです。

さて、みなさんはピーマンが好きですか？　子どものときは苦手でも、大人になって自然と好きになることがあります。なぜでしょうか。

わたしたちの舌の表面には、「あまさ」「塩からさ」「すっぱさ」「苦さ」「うまみ」を感じる細胞があります。子どもは、舌の大きさに対して味を感じる面積が大きいので、味にとてもびんかんです。そのぶん、大人よりもよけいに、ピーマンの苦さを感じるわけです。

また、子どもの舌は、毒のあるものや、からだによくないものの味をまだ区別できません。そのため、からいものや苦いものといった、しげきの強い味を自然とさけるようにできているといわれています。

少し苦いけれど、ビタミンCなどの栄養がたっぷりのピーマン。じつは、おいしく食べるコツがあります。油でいためると、苦さのもとになっている物質がとけて、とても食べやすくなるのです。ぜひ一度、ためしてみてください。

苦いぞ〜!!

あまくておいしいよ

種は白っぽく、実は緑色

種は黒っぽくなり、実も赤くなる

306ページのこたえ　○

おはなし豆知識　赤ピーマンには、ふつうのピーマンの倍以上も「カロテン」という栄養素がふくまれています。

おはなしクイズ　ピーマンを育てつづけると、パプリカになる。○か×か？

こたえはつぎのページ

ネコの目はなぜ暗いところで光るの？

暗いところでも、ものが見えるしくみがあります

読んだ日にち（　　年　　月　　日）（　　年　　月　　日）（　　年　　月　　日）

9月3日
のおはなし

動物

　ネコの目が、ぴかっと光って見えることがありますね。でも、これは、目から光線が出ているわけではありません。ネコは、夜に活動する「夜行性」の動物なので、暗いところでも、ものが見えるしくみをもっているのです。

　そもそも、ものが見えるというのは、どういうことでしょう。たとえば、目の前にいるネズミを見るときは、まず、ネズミに当たった光が反射して、ひとみ（瞳孔）に入ります。すると、目のおくの「網膜」というスクリーンのような部分にネズミがうつし出されます。その映像が神経細胞を通して脳に伝わると、脳がネズミと認識するのです。

　このとき、ひとみに入る光の量がわずかだと、映像が暗くなり、ネズミがよく見えません。しかし、ネコの場合、人間がものを見るのに必要な光の六分の一ほどの明るさでも、じゅうぶんに見えるそうです。

　それは、ひとみから入った光が一度網膜を通り、網膜のうしろにある「タペタム」とよばれる層で反射されるからです。そうすることで光の量が二倍にふえ、少しの光でも、ものが見えます。そして、ネコの目が光って見えるのは、この反射のためなのです。

ネコの目の断面図
ひとみ（瞳孔）
タペタム
網膜

人間の目
光
ネコの目
光
タペタムで反射される

　また、ひとみには、入る光の量を調節する、カメラのしぼりのようなしくみがあります。暗いところでは、光を多く集めるためにまるく広がり、反対に、明るいところでは細くなって、入る光の量を少なくするのです。ネコの目は、このはたらきが大きく、開いたり細めたりして、光の量を調節するのが得意なのです。

　物事や人の態度がころころ変わることを、ネコのひとみにたとえて、「ネコの目のように変わる」といいます。また、昔の人は、ネコのひとみの広がり具合を見て、時間を知ったともいわれています。

　ネコと同じように、キツネやオオカミなどの夜行性の動物たちも、網膜のうしろにタペタムがあります。鼻や耳も発達しているので、夜の狩りでも有利です。生活に合わせて、からだが発達しているのですね。

307ページのこたえ　×

おはなし豆知識　ネコは色を見分けるのが苦手で、たとえば、赤は灰色に近い色に見えているそうです。

おはなしクイズ　ネコの目には、光を反射させるしくみがある。○か×か？

こたえはつぎのページ

9月4日
のおはなし

イチョウには実のなる木とならない木があるの？

植物にも、オスとメスがあります

読んだ日にち（　年　月　日）（　年　月　日）（　年　月　日）

植物

黄色く色づいた美しいイチョウの葉と、地面に落ちるギンナンの実は、秋の終わりを感じさせてくれますね。ところで、イチョウには、実のならない木があることを知っていますか。イチョウには、オスの木とメスの木があって、実をつけるのはメスの木だけなのです。

植物の多くは、花の中におしべとめしべをもっていて、ひとつの花の中におしべとめしべがある種類と、おしべだけの花とめしべだけの花に分かれている種類があります。さらに、イチョウのように、木全体が、オスの木とメスの木に分かれている植物もあるのです。

四月ごろになると、オスのイチョウの木は、葉の間に穂のようなうす黄色の雄花をつけます。同じ時期に、メスのイチョウの木には、緑色のめ花がさきます。どちらの花にも花びらはなく、め花の先にある、実になる部分がむき出しになっています。

風で花粉を飛ばすので、虫や鳥をよびよせるための花びらをつける必要がなかったのです。また、むき出しになっていたほうが、花粉がめ花につきやすく、効率よく受粉できます。

受粉から半年ほどあとの十月ごろになると、メスの木が、黄色く熟した実を落とします。実はやわらかく、中にギンナンとよばれる種が入っています。わたしたちが食べるのは、かたいからにつつまれた、この種の中身なのです。

ギンナンはおいしいのですが、地面に落ちると、かなり強いにおいがします。これは、くさっているのではなく、実にふくまれる酸の成分のせいです。動物に食べられないように、においを出していると考えられています。

美しいイチョウ並木も、最近では、実をつけないオスの木だけを植えるところもふえているようです。においの強い実を、道路にまき散らさないようにするためです。

308ページのこたえ　○

おはなし豆知識　ヤマモモやモチノキ、サンショウなども、オスの木とメスの木に分かれています。

おはなしクイズ　ギンナンの入っている実をつけるのは、オスの木？　メスの木？

こたえは つぎのページ

車輪はいつできたの？

少ない力でものを運ぶための、画期的な発明です

9月5日のおはなし

読んだ日にち（　　年　　月　　日）（　　年　　月　　日）（　　年　　月　　日）

発明・発見

自動車のタイヤをはじめ、車輪はわたしたちの生活のさまざまな場面で役立っています。

重いものを動かすとき、ひもをつけて引っぱるよりも、車輪のついた荷車にのせたほうが、はるかに楽に運ぶことができます。これは、車輪が回転することで、地面とこすれ合う面がせまくなり、まさつが小さくなるためです。

コロ
スポーク
木製の車輪
石製の車輪
空どうになったぶん軽くなった

車輪ができる前は、重い石などを運ぶ場合、地面に丸太を何本もならべた「コロ」を使っていました。上に荷物をのせて、丸太がころがるのを利用して運びます。

コロは、少ない力でものを運ぶことができるすばらしいアイデアでした。けれども、遠くまで運ぶためには、丸太を何度も移動させなくてはなりませんでした。

人類が車輪を使いはじめたのは、今からおよそ五千年前の古代メソポタミア（今のイラクの一部）だといわれています。まるい台を回転させて陶器をつくる「ろくろ」に用いられ、同じころに、ものを運ぶための手おし車も使われだしました。

はじめのころの車輪は、木を輪切りにしたものや、石でつくられたものなど、まるいおぼんのような形でした。

およそ四千年前のメソポタミアで、今の車輪に近い形のものが登場します。自転車の車輪を木でつくったような形で、「スポーク」という細長いぼうを、輪っか状の外わくに向けて何本か渡したつくりです。

こうすることで車輪が軽くなるので、そのぶんスピードを出すことができます。特に、当時の戦車は馬にひかせていたので、軽くてスピードの出る車輪は、あっというまに広まりました。

今から約二千年前のローマ時代になると、車輪に鉄が使われるようになります。木製の車輪の外側に鉄をつけただけのものでしたが、木製の車輪よりもじょうぶだったため、その後、千九百年近くも使われつづけたのです。

今のような、ゴムのタイヤがついた、金属製の車輪が生まれたのは、一八六〇年代に入ってからです。

309ページのこたえ　メスの木

おはなし豆知識　時計や機械に使われる「歯車」は、車輪のしくみを応用してつくられました。

おはなしクイズ　上にものをのせて運ぶための丸太をなんという？　㋐カロ　㋑クロ　㋒コロ

こたえはつぎのページ

9月6日のおはなし

月はどうやってできたの？

いろいろな説があり、なぞをとき明かすための調査がつづけられています

読んだ日にち（　年　月　日）（　年　月　日）（　年　月　日）

地球・宇宙

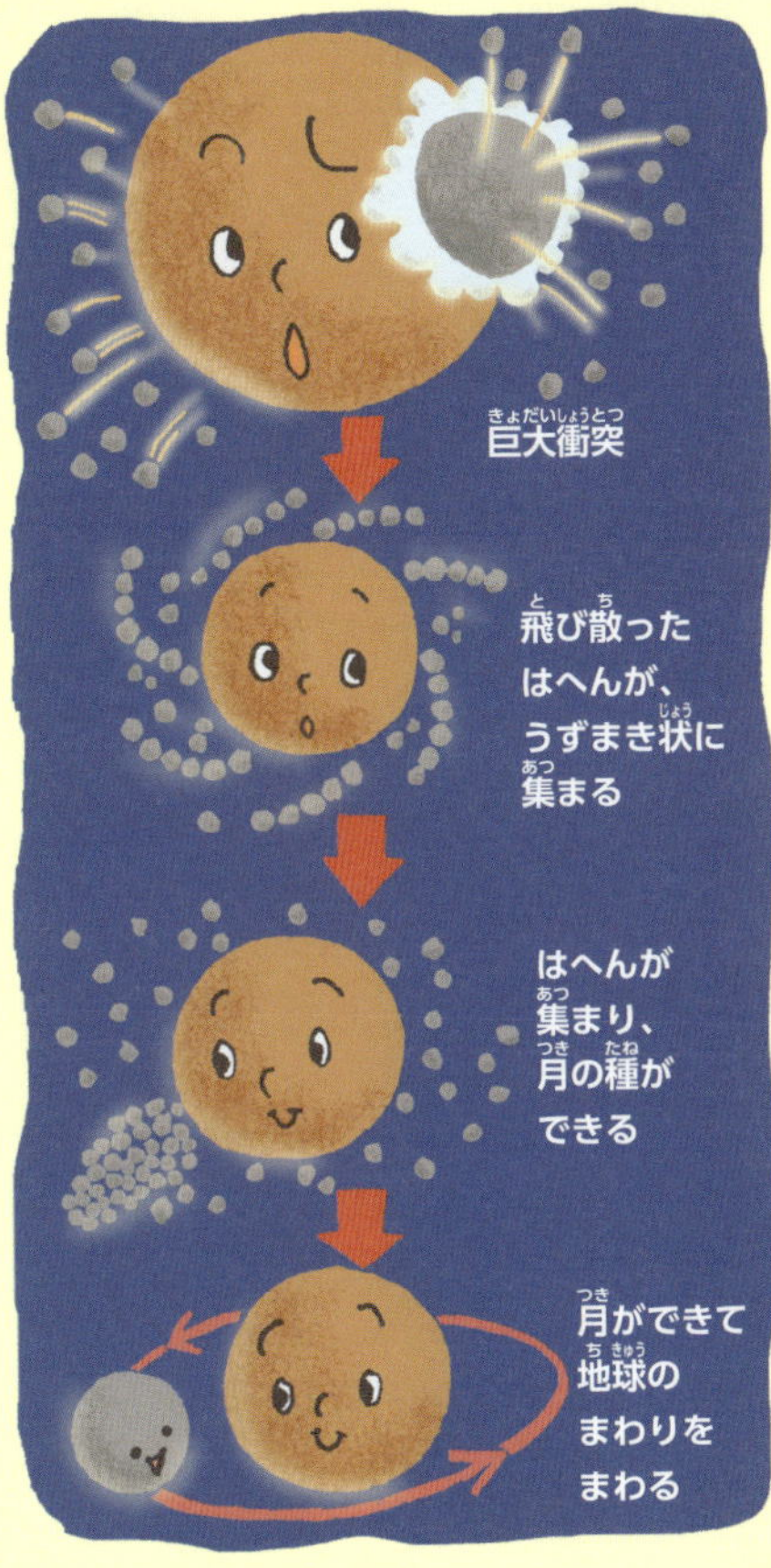

月は、地球のまわりをまわっている衛星です。直径は約三五〇〇キロメートルで、地球のおよそ四分の一です。惑星に対してこれほど大きな衛星は、たいへんめずらしいといわれています。また、地球と月はおよそ三八万キロメートル離れていて、これは地球がおよそ三十個も入る距離です。では、月は、どのようにしてできたのでしょう。

月の誕生については、これまでに、いろいろな説が考えられてきました。地球ができたばかりで、まだ熱くやわらかかったころ、地球から月がちぎれて飛び出したという「親子分裂説」や、たまたま地球の近くを通った星が、地球の引力につかまって衛星になったという「他人説（ほかく説）」、同じガスやちりから生まれて、大きいほうが地球、小さいほうが月になってまわりはじめたという「兄弟説（双子説）」などです。

しかし、これらの説にはつじつまの合わない部分があり、どれも正しいとは言いきれません。

現在、もっとも可能性が高いといわれているのが、「ジャイアント・インパクト説」です。地球が生まれたばかりのころに、とても大きな天体が地球にぶつかり、飛び散った地球のはへんが集まって、やがて地球の近くをまわる月になったという説です。大きな衝突だったので、「巨大衝突説」ともよばれています。

この説が生まれたのは、アメリカのアポロ宇宙船が、月から持ち帰った石がきっかけです。月にあった石から、地球が生まれたころのものと同じ種類の物質が見つかり、その後の研究で、衝突したことを示すものが発見されたのです。もし、ジャイアント・インパクト説が証明されれば、月を調べることで地球ができたころのことがわかるかもしれません。

月の探査は、日本でも行われています。二〇〇七年には、月を調べるために「かぐや」という月周回衛星が打ち上げられました。集められたぼう大な量のデータは、解析が進められ、月の地形図なども作成されています。

310ページのこたえ　ウコロ

おはなし豆知識　ジャイアント・インパクト説では、衝突前の大きな天体は火星ほどの大きさだったようです。

おはなしクイズ　2007年に打ち上げられた月周回衛星は？　㋐はやぶさ　㋑かぐや　㋒たけとり

こたえはつぎのページ

おふろで指がしわしわになるのはなぜ？

ぶよぶよと、皮ふがのびたように見えますが……

読んだ日にち（　年　月　日）（　年　月　日）（　年　月　日）

9月7日のおはなし

からだ

おふろに長く入っていると、手の皮がふやけて、しわしわになることがありますね。これは、皮ふにある「角質層」という部分に水がためこまれることで起こります。

わたしたちのからだの皮ふは、外側から「表皮」「真皮」「皮下組織」という三つの層に分けられます。

表皮の一番外側にあるのが、角質層です。おふろに長い時間つかっていると、角質層がたくさん水をすいます。しかし、その下にある部分はそのままなので、角質層だけがふくらんで、しわがよるのです。

特に、手の指先やつま先などは、つめがあるため、そのぶんよけいに皮ふがきゅうくつになって、しわが目立つのです。

水分をすって、しわしわになった手のひらや指も、おふろから上がって十五～三十分もすれば、水分が蒸発してもとにもどるので、心配はいりません。

そもそも、角質層というのは、外から水が入ってくるのをふせいだり、反対に、からだに水分が足りないときには、水をためこんだりする性質をもっています。そのうえ、手のひらや指には、あせを出す「汗腺」がたくさん集まっているため、もともと水分が多く、ふやけやすいのです。

さて、からだ全体にある角質層ですが、どの部分にあるかによって、そのあつみがちがいます。

なかでも、手のひらや足のうらは何層も重なっていて、ほかの部分よりあつくなっています。ものを持ったり、歩いたりするために、じょうぶにできているのです。かかとは、さらにあつく、手のひらの五倍ほどのあつみがあります。

このように、あつい皮ふがわたしたちのからだをおおい、守っています。体温や水分の量を調節したり、なにかにぶつかったときに外からの力をやわらげたり、からだの中にばい菌が入らないようにしたりと、たいせつな役割を果たしているのです。

311ページのこたえ ㋑かぐや

おはなし豆知識 現代の医療技術では、皮ふを移植する手術も実現しています。

おはなしクイズ 角質層はどこの一部？ ㋐表皮 ㋑真皮 ㋒皮下組織

こたえはつぎのページ

「モナ・リザ」をかいた人は科学者なの？

すべてのもののしくみをとき明かしたいという熱意のある人でした

読んだ日にち（　　年　　月　　日）（　　年　　月　　日）（　　年　　月　　日）

伝記

レオナルド・ダ・ヴィンチ（一四五二〜一五一九年）

ルーブル美術館に展示されている世界的な名画「モナ・リザ」の作者は、十五〜十六世紀のイタリアの画家レオナルド・ダ・ヴィンチです。

ダ・ヴィンチは、画家でありながら、機械の発明をしたり、動物のからだのしくみを医学的に研究したりするなど、科学者の顔ももっていました。

ダ・ヴィンチは、十四歳ごろから画家の修業をはじめ、芸術家として出発しました。そして、本物そっくりの絵をかくために、骨や筋肉の様子を正確に知ろうと考え、人間や動物のからだの解剖に立ち会うなどして観察しました。表面だけでなく、その内側はどうなっているのだろう、という強い好奇心があったのです。

はじめは絵をかくためにはじめた観察でしたが、ダ・ヴィンチは、しだいに自然界のしくみにひかれていきました。

また、橋や運河、武器などの、実用的な道具や機械を考えて、設計することもありました。

当時は、国王や、各地を治める領主から仕事をもらっていたので、美術的なものばかりではなく、建築学や土木工学といった方面で、自分の才能を売りこむためでした。

しかし、その研究や設計のおおもとには、すべてのもののしくみをとき明かし、便利なものをつくり出したいという熱意があったのです。

およそ五百年前に生きたダ・ヴィンチが、鳥を正確に観察して、グライダーのような飛行機械や、今のヘリコプターのようなプロペラでうき上がる機械の設計図を引いていたのは、おどろきです。

ダ・ヴィンチは、研究をぼう大な数のノートに記録していました。その半分以上はうしなわれましたが、それでも約七千ページものスケッチや設計図が残っています。

おもしろいことに、ノートの文字はすべて、「鏡文字」といって、鏡にうつさないとわからない、左右逆の文字で書かれています。その理由は、自分の発見や発明のひみつを守るためとも、ダ・ヴィンチが左ききだったからだともいわれています。

312ページのこたえ ㋐表皮

おはなし豆知識 レオナルド・ダ・ヴィンチという名前は、「ヴィンチ村のレオナルド」という意味です。

おはなしクイズ ダ・ヴィンチのノートは、どんな文字で書かれていた？

こたえはつぎのページ

トイレに流したものはどこに行くの？

流れていった先で、集められてきれいに処理されます

読んだ日にち（　　年　　月　　日）（　　年　　月　　日）（　　年　　月　　日）

9月9日のおはなし

生活

ジャーッと流すと、おしっこやうんち、トイレットペーパーまできれいに流してくれるトイレ。いったい、どこに流れていくのでしょう。

トイレを流すときや、じゃ口をひねると出てくる水を、「上水」といいます。上水は、浄水場できれいにされてから、家などに運ばれます。

いっぽう、使い終わって、トイレや排水溝に流される水は、「下水」といいます。それらはすべて、下水道を通って外へ流れていき、「水再生センター（下水処理場）」に集められます。そこでよごれをとってから、川や海にもどされるのです。

わたしたちのおしっこやうんちには、いろいろなばい菌がふくまれています。そのため、おしっこやうんちをそのまま川に流すと、川や海の水をよごす原因になります。

川や海には、けんび鏡でやっと見えるくらいの微生物がいて、水の中のよごれを食べます。よごれがひどいと、よごれを食べるときにたくさんの酸素を使うので、水の中が酸素不足になり、魚などの生きものが死んでしまうことがあります。その死んだ生きものがくさることで、さらに水がよごれるのです。

昔は、よごれた水もすべて、川や海にそのまますてていたので、ばい菌がはんしょくし、伝染病が発生することも少なくありませんでした。

さて、水再生センターに着いた下水は、まず「ちん砂池」に流れ着きます。ここは、しずみやすい大きな砂やごみを取りのぞく場所です。

大きなごみが取りのぞかれた下水は、つぎに、プールのようなところへ運ばれます。ここでは、プールにためた下水をゆっくりかきまわし、細かいごみをしずめて取りのぞきます。プールは細かく分かれていて、段階を追って、少しずつ下水の中のよごれがうすめられていきます。

313ページのこたえ
鏡文字

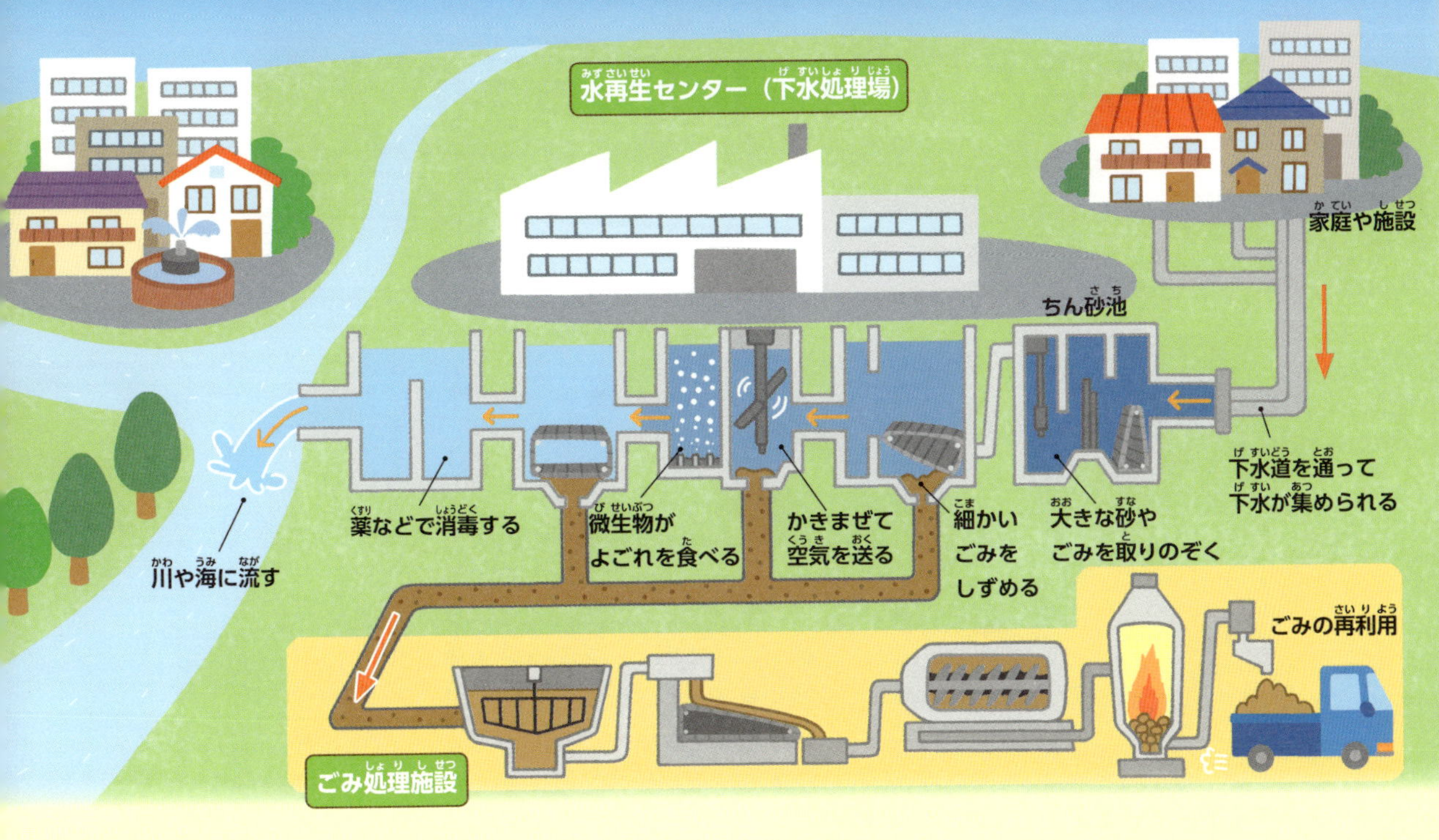

つぎのプールでは、微生物が活やくします。下水の中のよごれを食べ、食べた重みでプールの底にしずみ、よごれを取りのぞいてくれるのです。この微生物がよくはたらいてくれるように、機械を使って、水をかきまぜながら空気を送りこみます。

いくつものプールでごみが取りのぞかれ、きれいになったように見えても、まだまだ、きれいな水とはいえません。目に見えないばい菌がまざっているので、最後に、薬などで消毒をします。プールの水を消毒するときなどにも用いられる「塩素」が使われますが、環境を考えて、薬ではなく、紫外線やオゾンを利用して消毒する方法も開発されています。

こうして、水再生センターできれいになった水は、川や海に流されます。たくさんの手間をかけて、よごれを取りのぞいてから、また自然にもどすしくみになっているのです。

ところで、取りのぞかれたごみは、どこに行くのでしょう。それらは、ごみ処理施設に送られてもやされ、灰にされてうめ立てられたり、肥料やレンガの材料として再利用されたりします。最近では、炭のようにかためられ、火力発電所で電気を起こす燃料にも使われているそうです。

水再生センターでは、このように、水をきれいにするだけでなく、取りのぞいたごみも有効活用できるようにくふうしています。ただ、水再生センターにも、じつは苦手なものがあります。それは、油です。

油は水にとけないので、下水管にこびりついたり、分解するのに手間がかかったりするのです。油がかたまって、「オイルボール」という白いかたまりができることもあります。

下水がつまる前に、わたしたちも、油をふきとってから皿をあらう、油を薬品でかためて石けんとして再利用するなど、なるべく下水に流さないようにくふうしましょう。

おはなし豆知識 全国的に、「下水処理場」から「水再生センター」に名前を変える施設がふえました。

おはなしクイズ 下水の中のよごれを食べ、水をきれいにしてくれる生きものは？

こたえはつぎのページ

オジギソウはどうしておじぎをするの？

さわるとだらんとたれる、ふしぎな植物です

9月10日のおはなし

読んだ日にち（　　年　　月　　日）（　　年　　月　　日）（　　年　　月　　日）

植物

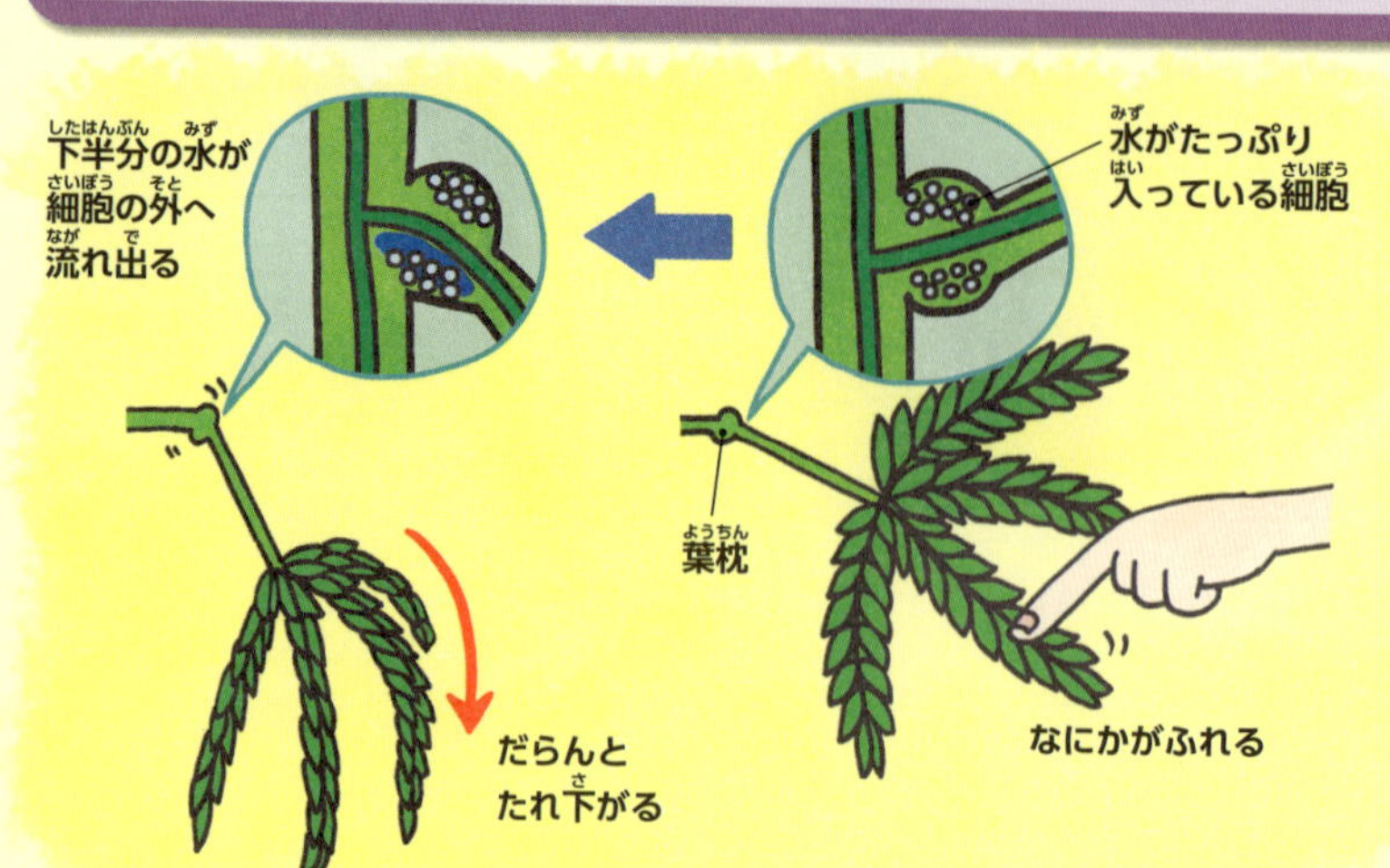

オジギソウを知っていますか？南アメリカのブラジル原産の植物で、さわったとたん、はずかしがっているように葉をとじて、うつむいてしまいます。「ネムリグサ」ともよばれる、ふしぎな動きをする植物です。

オジギソウの動きには、えだ全体が下にたれ下がる動きと、小さな葉がとじる動きの二種類があります。

どちらの動きもすばやいのですが、もとにもどるときはゆっくりと動きます。だらんとたれ下がった状態から完全にもどるまでに、十～三十分ほどかかります。

さて、オジギソウがおじぎをするひみつは、くきや葉のつけ根ひとつひとつにある「葉枕」というふくらんだ部分にかくされています。

葉枕にある細胞には、水がたっぷり入っているため、ふだんは、ぴんとはっています。しかし、なにかがふれると、中に入っている水が、下半分だけ細胞の外へ流れ出ます。そうすると、上の部分が重くなり、下の部分は水がぬけてちぢみます。それで、全体がだらんとたれ下がったようになるのです。

なにかがふれたとき、オジギソウにはとても弱い電気が流れ、それが信号となって、水を移動させます。

動物は筋肉を使って動きますが、動く植物のほとんどは、このように細胞の中の水を使います。

オジギソウがおじぎをする目的は、はっきりとわかっていません。動物や虫などの敵や、強い雨から身を守るためという説があります。

しかし、なにかがふれたときだけでなく、昼は葉を開き、夜になるとねむるように葉をとじるなど、光にも反応することがわかっています。

この理由は、葉の表面から、水分や熱をにがさないようにするためだと考えられています。そして、光に反応するときは、電気信号ではなく、葉を開いたりとじたりする物質が出ているそうです。

動く植物には、虫をつかまえる食虫植物（421ページ）や、暗くなると葉をとじるネムノキ、種を飛ばすホウセンカ、高い音に反応して動くマイハギなど、目的も動き方も、さまざまな種類があります。

315ページのこたえ　微生物

おはなし豆知識　チューリップやクロッカスの花も、朝夕の気温の変化を感じて開いたりとじたりします。

おはなしクイズ　オジギソウがおじぎをするのは、葉枕にある細胞の中のなにが動くから？

こたえはつぎのページ

空と宇宙のさかい目ってどこ？

空気はどこまであるのでしょうか

読んだ日にち（　　年　　月　　日）（　　年　　月　　日）（　　年　　月　　日）

地球・宇宙

地球は、大気（空気の層）に取りかこまれています。大気がある部分のことを、「大気圏」とよびます。大気圏は、地上から五〇〇キロメートルくらいのところまであります。

宇宙と地球の大きなちがいのひとつは、空気があるかないかです。地上から五〇〇キロメートルより上の部分は「外気圏」とよばれ、ほとんど空気がありません。ですから、そのあたりを、空と宇宙のさかい目といってよいのではないでしょうか。

大気圏は、特徴によって、つぎの四つに分けられます。

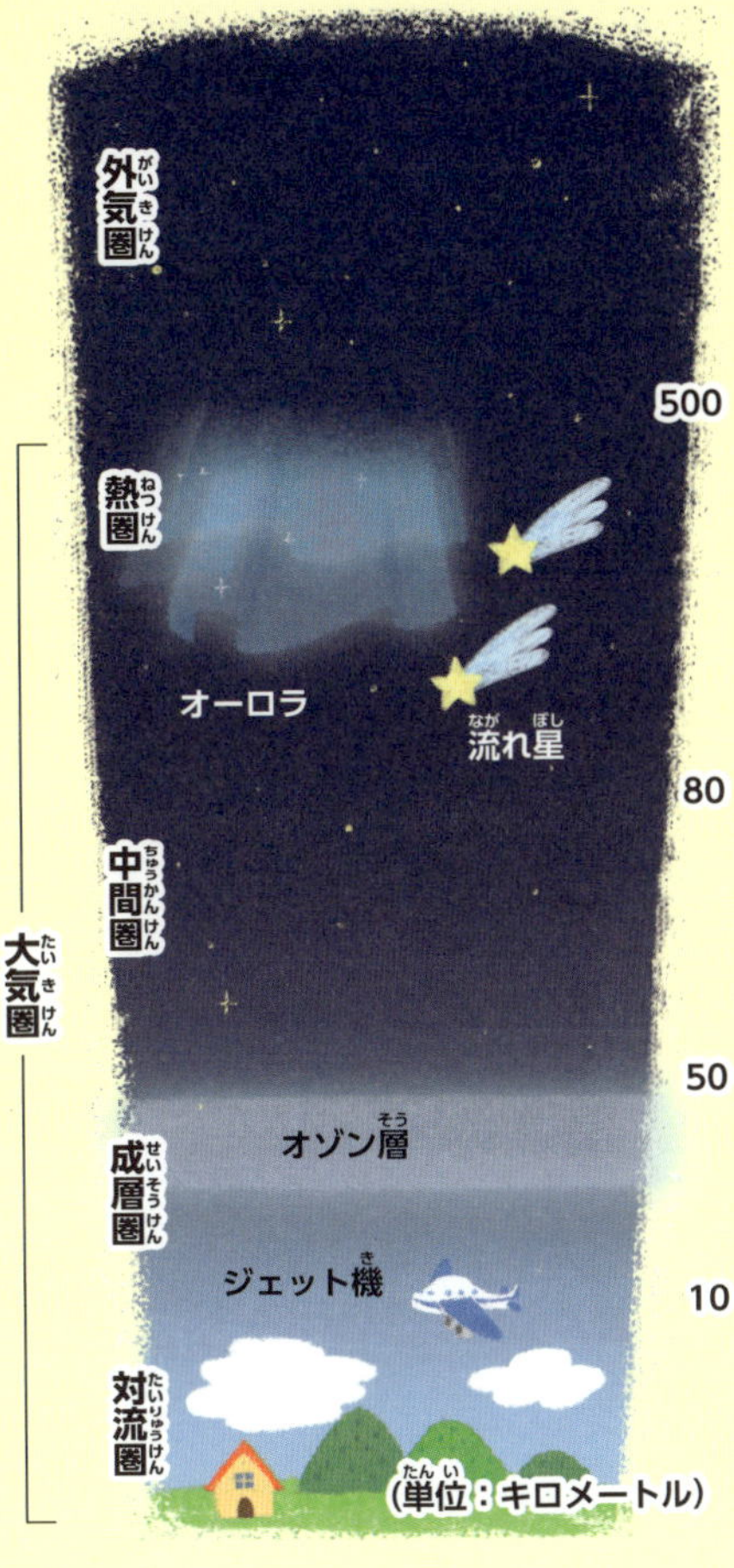

地上から一〇キロメートルくらいのところまでを、「対流圏」といいます。対流圏では、上へ行くにつれて気温が下がっていきます。冷たい空気と温かい空気が「対流」という流れを起こし、水蒸気が冷えて雲になり、雨や雪をふらせます。

対流圏より上の、五〇キロメートルまでの区域を、「成層圏」といいます。成層圏では、上へ行くほど気温が上がっていきます。この区域には、地球上の生きものを守る、「オゾン層」があります。オゾン層には、あびすぎると害になる紫外線を、吸収するはたらきがあるのです。

また、成層圏の中の下のほうは、天気が変わらないため、ジェット機はそのあたりを飛びます。ただし、成層圏のすぐ下には、「ジェット気流」とよばれる強い西風がふいているので、追い風や向かい風の影響を受けます。

成層圏の上の、地上から八〇キロメートルまでは、「中間圏」とよばれます。空気はとてもうすく、気温はマイナス九〇度ほどに下がります。ここには、地上からの電波を反射する「電離層」という層があります。電波を遠くへ飛ばすはたらきをもつため、通信に利用されています。

地上から八〇〜五〇〇キロメートルは、「熱圏」とよばれ、ほとんど大気がありません。オーロラがあらわれるのもこの区域で、地上からだいたい一〇〇〜五〇〇キロメートルあたりです。流れ星が見えるのも、熱圏から中間圏のあたりです。

316ページのこたえ　水

おはなし豆知識　国際航空連盟（FAI）という組織では、地上100キロメートル以上を宇宙としています。

おはなしクイズ　オーロラが出るのは、どのあたり？　㋐対流圏　㋑成層圏　㋒熱圏

こたえはつぎのページ

ドングリに小さなあなが空いているのはなぜ？

ファーブルは、ドングリのあなのひみつをつきとめました

9月12日のおはなし

読んだ日にち（　　年　　月　　日）（　　年　　月　　日）（　　年　　月　　日）

ファーブル昆虫記

「カシシギゾウムシ」のおはなしより

〈カシの木には、ドングリの実がなります。ある日、ファーブルは、落ちているドングリに小さなあなが空いているのに気がつき、そのひみつをさぐり出そうとしました。これは、そのときのお話です。〉

ストローのように細くて長い口をもつ、カシシギゾウムシという虫がいます（シギというくちばしの長い鳥やゾウに似ているので、その名前がついた虫です）。

わたし（ファーブル）は、その虫が、長い口をキリのように使って、ドングリにあなを空けているのを見つけます。その虫は、ドングリの上で足をふんばり、一時間もかけて、実にあなをほっていました。

「ほったあなにたまごをうみつけるのだろう」と考えたわたしは、研究室の中で、ドングリのついたカシの木のえだに、カシシギゾウムシのメスを置いて観察をはじめました。

このメスは、八時間もひとつのドングリにあなをほりつづけました。しかし、いよいよたまごをうむかと思ったとき、あっさりその実をすて、別の実をほりはじめたのです。

どうやら、たまごからかえった幼虫が食べやすいように、熟している実をさがしているようでした。ドングリの底のほうは、わたのようにやわらかく、生まれたばかりの幼虫が食べやすいのでしょう。

カシシギゾウムシがようやくあなをほり終え、あなの近くにおしりをほんの一瞬つけてはなれたとき、わたしはドングリを取り上げて確認し、おどろきました。長い口先でほったあなの底に、しっかりと、たまごがうみつけられていたのです。

いったいどうやって、一瞬で、実のおく底にたまごをうみつけたのでしょう。このなぞをとくために、メスのからだを解剖してみました。すると、長い口と同じくらいの、たまごをうむための管が、おなかにしまいこまれていたのです。たまごをうむときだけ、その管をシュッとあなの底までのばしていたのでしょう。

こうしてわたしは、ドングリのあなのひみつをつきとめたのでした。

317ページのこたえ　ウ 熱圏

おはなし豆知識　口の長いシギゾウムシの仲間は、日本にも50種類ほどいます。

おはなしクイズ　カシシギゾウムシは、口の管からたまごをうむ。○か×か？

こたえはつぎのページ

9月13日のおはなし

カルシウムってなに色？

牛乳は白色ですが……

読んだ日にち（　年　月　日）（　年　月　日）（　年　月　日）

からだ

「小魚や牛乳はカルシウムが多いから、たくさん食べたり飲んだりしなさい」と、一度は言われたことがあるかもしれませんが、ところでみなさんはカルシウムはなに色だと思いますか。

「牛乳みたいに白いのか」と思いがちですが、そうではありません。

カルシウムは金属で、じつは銀色なのです。金属は、電気がよく流れたり、たたくと広がったりのびたりし、色は金や銅のほかはみんな銀色です。これはカルシウムという物質だけのときです。わたしたちの体内や身のまわりにあるカルシウムは、カルシウムと他のもの（元素）が結びついた化合物になっています。

骨は、その金属のカルシウムにリンと酸素が結びついた「リン酸カルシウム」という化合物で、それが白い色をしているのです。「カルシウムは…」と言っているのは、正確には「カルシウムの化合物は…」ということなのです。

カルシウムは生きもののからだのなかにもっとも多くふくまれるミネラルで、人の体重の一～二パーセント（体重五〇キログラムの人で約一キログラム）ほどあります。その九九パーセントがこのリン酸カルシウムとして骨や歯などをつくり、残りのカルシウムは血液や筋肉にふくまれ、出血を止めるなどの役割をしています。

ところで、カルシウムは、どんな食べものにたくさんふくまれているのでしょうか。

牛乳・乳製品をはじめ、魚介類、納豆などの大豆製品、種や木の実、野菜類や海藻などに多くふくまれています。

カルシウムはおもに小腸から吸収されその後、骨にたくわえられますが、だいたい三か月サイクルで骨の外へ流れ出し、新しいカルシウムと入れかわります。子どものころは、骨にたくわえられるカルシウムのほうが多く、また骨芽細胞（184ページ）が活発にはたらくために骨が成長して背がのびます。いっぽう五十代になると骨にたくわえられるカルシウムより、外へ流れ出すほうが多くなるので、骨の量がへって、骨折などの原因のひとつになります。

カルシウムの性質

金属光沢がある

たたくと広がる

引っぱるとのびる

318ページのこたえ　×

おはなし豆知識　カルシウムが不足すると歯や骨が弱くなります。

おはなしクイズ　カルシウムは白色をしている。○か×か。

コアラの赤ちゃんは親のふんを食べるの？

動物には、いろいろな子育て方法があるのですね

読んだ日にち（　年　月　日）（　年　月　日）（　年　月　日）

9月14日のおはなし

動物

オーストラリア大陸だけにすむ野生のコアラは、ユーカリの木の上で、その葉っぱを食べてくらしています。

コアラの赤ちゃんは、お母さんのおなかにあるポケットの中で育ちます。生まれたときは、体長が二センチメートル、体重も〇・五グラムほどで、ポケットの中でお母さんのお乳を飲みます。

お乳を飲む時期が終わっても、すぐにユーカリの葉っぱを食べられるわけではありません。

生まれてから六か月ほどすると、赤ちゃんは、お母さんのポケットから外に顔を出すようになります。ポケットの出入り口は下側についていて、コアラの赤ちゃんが顔を出すと、ちょうどお母さんのおしりのそばに顔がくるようになっています。なぜそんなつくりになっているかというと、コアラの赤ちゃんは、ポケットから顔を出して、お母さんのふんを食べるからです。

お母さんコアラが赤ちゃんのために出すふんは、「パップ」とよばれる、盲腸で半分だけ消化したふんです。かたくて消化しづらいユーカリの葉も、お母さんが一度食べて消化することでやわらかくなり、赤ちゃんでも食べられるようになります。

また、赤ちゃんはパップを食べて、「腸内細菌」という微生物をからだに取り入れます。ユーカリの葉には、わずかに毒があるため、毒を分解できるように腸内細菌をふやすのです。そうしてだんだんと、自分でユーカリの葉を食べられるようになっていきます。パップは、とてもだいじな離乳食なのですね。

同じように、ウサギも自分のふんを食べます。ウサギは、食べた草が盲腸を通って出てきた、一回目のやわらかなふんだけを食べます。そのふんがもう一度消化されて出てきた、まるくてコロコロの乾燥したふんは食べません。

盲腸から出てきたふんには、たんぱく質をつくる腸内細菌や、ビタミンなどの栄養素がたくさんふくまれています。草だけを食べる動物は、微生物の力を借りて、からだの中で必要なたんぱく質をつくります。つまり、ふんを食べるのは、栄養を取り入れるためなのです。

ほかにも、ゾウやシマウマ、モルモットなど、自分のふんを食べる草食動物は数多く見られます。

319ページのこたえ　×

おはなし豆知識　コアラの盲腸は、ほ乳類の中で一番長く、2メートルほどもあります。

おはなしクイズ　コアラの赤ちゃんがお母さんのふんを食べるのは、お乳が出ないから。○か×か？

こたえはつぎのページ

9月15日
のおはなし

しらがになるのはどうして？

かみの毛に色をつけているのは……

読んだ日にち（　年　月　日）（　年　月　日）（　年　月　日）

からだ

わたしたち人間の頭には、およそ十万本ものかみの毛が生えています。かみの毛は、一日に約〇・三ミリメートルほどのび、三～六年で生え変わります。

かみの毛がのびるのは、ひとつひとつの毛根（かみの根元のふくらんだ部分）にある、「毛乳頭」と「毛母細胞」のはたらきによります。

毛乳頭は、血管を通って運ばれてくる栄養を集めておいて、かみの毛をつくるように、毛母細胞にはたらきかけます。指令を受けた毛母細胞は、分裂してその数をふやし、かみの毛を成長させます。

さて、このとき毛乳頭のまわりには、「メラノサイト」という細胞が集まり、「メラニン色素」という、色のもとになるつぶをつくります。そして、毛母細胞がかみの毛をつくるときに、このつぶがまざることで、かみの毛に色がつくのです。

ところが、なにかの理由でメラノサイトやメラニン色素がつくられなくなることがあります。すると、その毛根から生えてくるかみの毛には色がつかず、しらがになります。

しらがといっても、白い色がつくわけではなく、実際は、メラニン色素が入っていない透明なかみの毛になります。それが光って、白く見えるのです。色素が少しだけまざり、色がうすくなったり、白と黒のまだらになったりすることもあります。

メラニン色素がつくられなくなる理由は、まだはっきりとはわかっていませんが、年をとると細胞の力が弱くなるため、しらががふえます。

わかくても、病気やストレスでしらがが生えてくることがあります。血管がちぢんだり、栄養不足になったりするためだといわれています。

ところで、かみの毛には、黒や茶、金などいろいろな色がありますね。これは、黒っぽい色と、赤や黄色に近い色の、二種類のメラニン色素があるためです。日本人は黒っぽい色のメラニン色素が多いため、もともと黒髪の人が多いのです。かみの毛だけでなく、はだや目の色も、メラニン色素によって決まります。

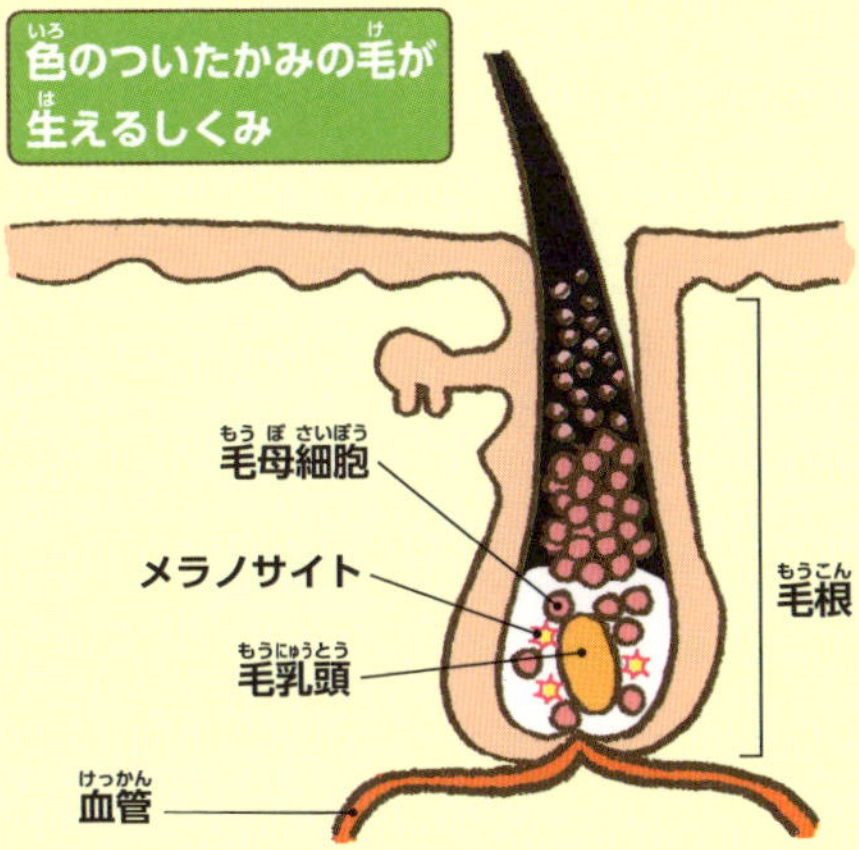

色のついたかみの毛が生えるしくみ

毛母細胞
メラノサイト
毛乳頭
血管
毛根

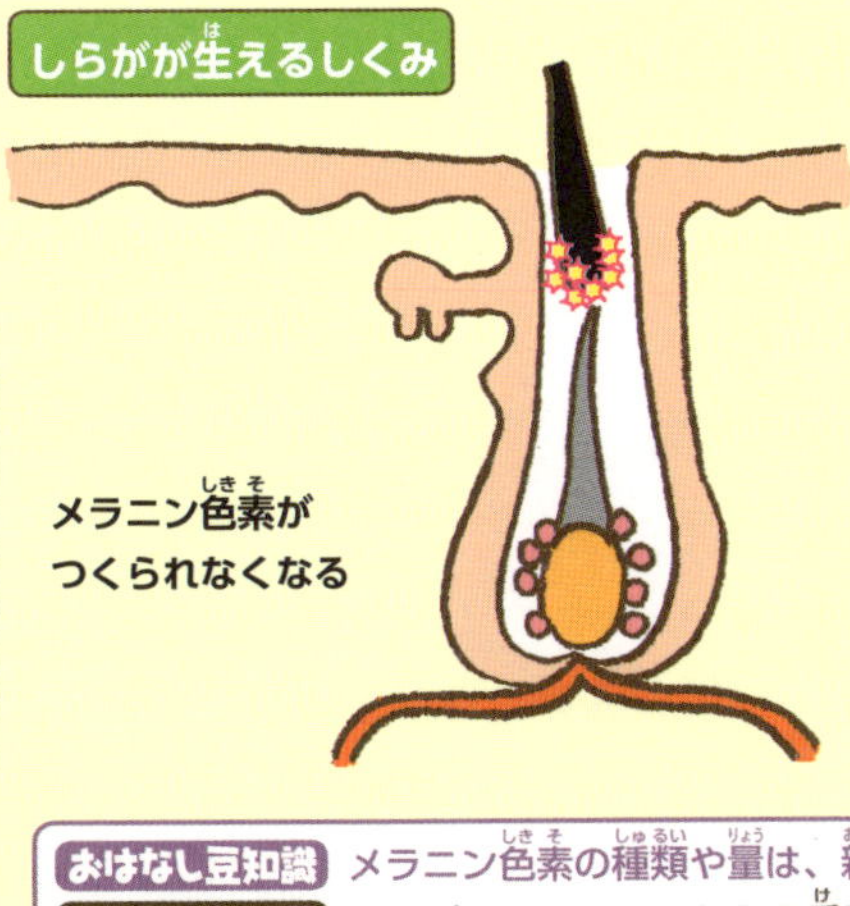

しらがが生えるしくみ

メラニン色素がつくられなくなる

320ページのこたえ　×

おはなし豆知識　メラニン色素の種類や量は、親から子への遺伝（80ページ）により受けつがれます。

おはなしクイズ　しらがになるのは、かみの毛になにが不足するから？

こたえはつぎのページ

海の魚は川にすめないの？

海と川にはどんな魚がすんでいるでしょう

読んだ日にち（　　年　　月　　日）（　　年　　月　　日）（　　年　　月　　日）

9月16日のおはなし

魚

海の魚と、川やみずうみの魚には、どんなちがいがあるのでしょう。

海にすむ魚を、「海水魚」といいます。生きもののからだには、塩水に長くつかっていると、からだの中にある水分がどんどん外に出ていく性質があります。しかし海水魚は、塩分をたくさんふくんだ海水の中でも、自分のからだの中の水分がにげないようなしくみをもっています。

水をたくさん飲みこんで水分を補い、さらにえらから塩分をすてたり、おしっこの量を少なくしたりして、からだから水分が出ていかないように調節しているのです。

いっぽう、川やみずうみといった真水にすむ「淡水魚」のほうは、水を飲むことはほとんどありません。塩分が少しもない真水に長くつかっていると、えらや皮ふを通して、自然と水分が入ってくるためです。

入ってきた水分は、おしっことしてどんどん外に出して、からだがふやけるのをふせぎます。

このように、海水魚も淡水魚も、からだの中の水分を調節するために、それぞれちがったしくみをもっています。ですから、多くの魚は、海水か淡水のどちらかにしかすめないのです。

けれども、海水でも淡水でも生活できる魚もいます。たとえば、サケは川で生まれ、海にくだって成長し、たまごをうむためにまた川にもどります。アユも同じです（168ページ）。

ウナギは反対で、たまごをうむために海にくだって、成長するのは海と川のさかい目の河口近くなどです。

このように、川と海を行き来する魚は、えらなどに塩分を調節するしくみをもっているのです。

ほかにも、水さえあればどこにでもすめる、すごい魚がいます。それは、ハゼです。海水と淡水の両方にすめるだけでなく、種類によっては、水辺のどろや砂の中でくらしているものもいます。ハゼは種類が多く、同じ仲間でも、見た目や特徴が全然ちがうことがあります。いずれにしても、からだを進化させることで、まわりの環境に合わせてくらせるしくみをつくってきたのですね。

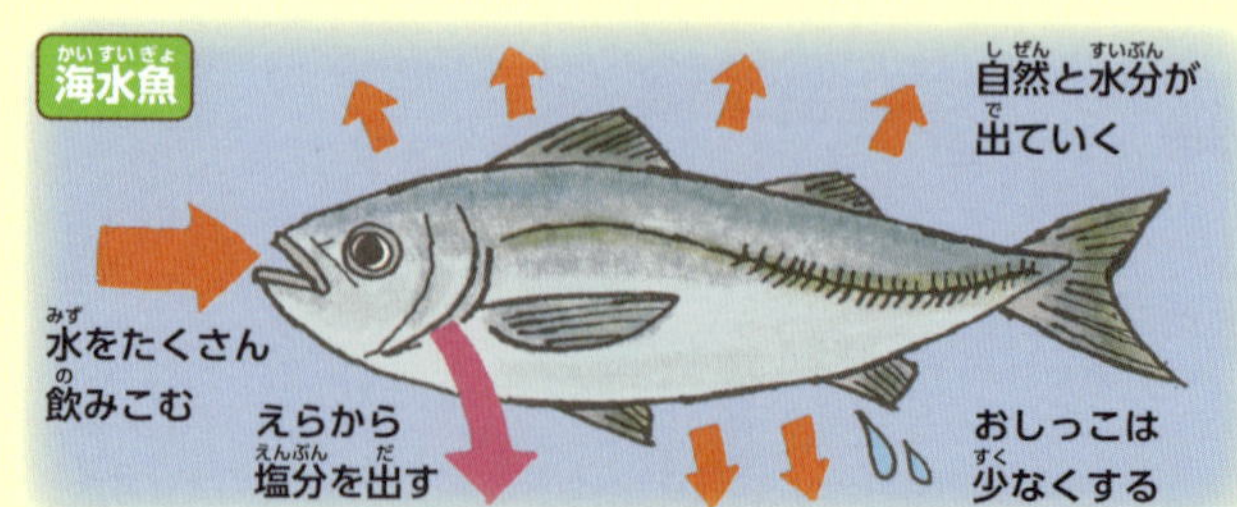

321ページのこたえ　メラニン色素

おはなし豆知識　海水魚と淡水魚のどちらも飼える「好適環境水」という水があります。

おはなしクイズ　淡水魚は、からだがふやけないように、どんどんおしっこを出す。〇か×か？

9月17日のおはなし

こんぺいとうはなぜとげとげしているの？

身近なふしぎをつきつめて研究した日本人物理学者がいました

読んだ日にち（　年　月　日）（　年　月　日）（　年　月　日）

伝記

寺田寅彦（一八七八～一九三五年）

地球物理学やX線の研究をはじめ、多くの分野に業績を残した物理学者がいました。東京帝国大学（今の東京大学）の地震研究所で、関東大震災や地震予知の調査なども行った、寺田寅彦です。

　寅彦は、むずかしい研究ばかりでなく、身近にある「なぜ？」という小さな疑問もたいせつにしていました。そして、「こんぺいとうのとげはどうしてできるのか」という疑問にも、本気でいどんだのです。

　こんぺいとうは、十六世紀にポルトガルから伝わったおかしです。つくり方は、まず氷砂糖に水を加え、煮つめてみつをつくります。つぎに、こんぺいとうの中心部分になる「ざらめ」という砂糖を回転するなべに入れ、最初につくった熱いみつを少しずつかけていきます。

　状態を見ながら熱し、みつをかけたりかきまぜたりをくり返していると、ざらめにみつがからみ、だんだん大きくかたまっていきます。

　そのかたまりどうしがくっつかないように作業をつづけていると、あるとき、角のような出っぱりができ、どんどんとげができていきます。とちゅうで味や色をつけながら、ころがして熱しつづけ、形がととのったら完成です。大きさにもよりますが、こんぺいとうができあがるまでには、なんと一～二週間もかかります。

　そしてふしぎなことに、このときできる角の数は、二十～二十四本のものが多いのだそうです。寅彦は、このように同じ形のものができるのには、なにか物理的な法則があるのではないかと、研究をはじめました。

　じつは、現代の物理学でも、このなぞに対する答えは出ていません。砂糖の結晶の形にひみつがあり、今も興味をもって調査をつづけている研究者もいます。

　寅彦は、ほかにも、ガラスに入るひびわれの形や、線香花火の火花の変化の様子など、身近にあるふしぎな現象を物理学にあてはめて考えました。ありふれたことがらの中に、たいせつな自然の法則がかくされていることがあると考えたのです。

　文学の才能も発揮し、文学と科学、両方の知識を活かして、寅彦独自の随筆を数多く残しました。また、文豪、夏目漱石とも親しく、小説『吾輩は猫である』の登場人物のモデルになったともいわれています。

322ページのこたえ　○

おはなし豆知識　「天災はわすれたころにやって来る」は、寅彦の言葉といわれています。

おはなしクイズ　こんぺいとうができるまでに、どれくらいの期間が必要？

こたえはつぎのページ

キツネがずるがしこいって本当？

知恵をはたらかせて助け合う、キツネの夫婦がいました

9月18日のおはなし

読んだ日にち（　年　月　日）（　年　月　日）（　年　月　日）

シートン動物記

「銀ギツネのドミノ」のおはなしより

〈お話や童話で、キツネはずるがしこい動物とされています。本当のキツネはどんな性格なのでしょう。これは、シートンが「ドミノ」と名づけた、銀ギツネのお話です。〉

ドミノと、ドミノの妻の「白えりさん」は、渡り鳥のガンのむれをねらっていました。二頭は、むれをはさんで草原にしのびよります。

まず、白えりさんが、草の中からピョンピョンはね、きみょうなダンスをはじめました。ガンたちの気を引きつけながら、じりじりと近づいていきます。白えりさんが少し近づくたびに、ガンのむれも、少しあとずさりします。しかし、ガンたちが動いていったほうの切りかぶのかげには、ドミノがかくれて待ちかまえていたのです。

ガンがきけんを感じて飛び立とうとするより早く、ドミノが飛び出して、あっというまにガンをつかまえました。ドミノと白えりさんの作戦勝ちです。

あるとき、白えりさんが猟犬に追いかけられているのを知ったドミノは、猟犬の近くまで行って自分がおとりになりました。すがたを見られたドミノは、三十ぴきもの猟犬と、たくさんの猟師に追われることになります。とちゅう、銃でわきばらをうたれ、走りすぎて足からも血が出て、からだ中ぼろぼろになりながらも必死で走りました。

おかをこえ、知っている山のふもとにようやくにげこんだとき、ドミノはさらなるピンチにおちいりました。それまでドミノを追いまわしていた猟犬たちとは別の、一ぴきの猟犬が、ドミノを追いかけはじめたのです。その猟犬は「ヘクラ」という名前で、かつてドミノの兄弟をころした、一番の敵でした。

体力もいよいよ限界になり、川のほとりに追いつめられたとき、ドミノはふと、川を流れる氷を見つけます。必死の思いでその上に飛び乗り、氷から氷へと飛び渡りました。

追ってきたヘクラも氷に飛び乗りましたが、川の真ん中におし出されて、引き返すことも向こう岸に渡ることもできないまま、滝に落ちてしまいました。ドミノは、猟犬たちからにげ切ったのです。

〈狩りや敵からにげる様子をずるがしこいと思う人もいるかもしれませんが、からだの大きくないキツネがきびしい自然の中で生きぬいていくためには、きっと、このような知恵や機転が必要なのでしょう。〉

323ページのこたえ　一～二週間

おはなし豆知識 銀ギツネは、黒の毛に少し白い毛がまじった種類のキツネです。

おはなしクイズ 白えりさんは、ガンと遊ぼうと思ってダンスをはじめた。○か×か？

こたえはつぎのページ

9月19日
のおはなし

月に住むことはできるの？

地球と月では、環境はどのようにちがうでしょう

読んだ日にち（　年　月　日）（　年　月　日）（　年　月　日）

地球・宇宙

人類ではじめて月におり立ったのは、アメリカの宇宙飛行士ニール・アームストロングで、一九六九年のことでした。近い将来には、月面に観測基地をつくって、人類が生活するようになるかもしれません。

さて、わたしたちにとって身近な月ですが、どんなところなのでしょう。月には、地球のような大気がほとんどありません。重力も地球の六分の一なので、地球にいるときと同じ力でジャンプすると、六倍もの高さまで飛ぶことができます。

それから、月の自転はゆっくりなので、昼と夜の長さは、それぞれ地球にいるときの約十四日ずつになります。つまり、月での一日は、地球の約二十八日分ということです。

温度の変化も大きく、場所によっては、昼間は一一〇度をこえ、夜はマイナス一七〇度くらいに下がります。大気が少なく、熱がほとんどそのまま伝わってくるので、太陽が出ている昼はとても暑く、太陽がしずむ夜はとても寒いのです。

また、地球の上空にはオゾン層や磁界があって、人体に有害な紫外線や放射線を弱めてくれますが、月には守ってくれるものがありません。

このように、わたしたちにとってはきびしい環境なので、月でふつうに生活することはできません。しかし、大気が少なく天気の影響がない月面は、地球や宇宙を観察するためには、とてもいい場所です。

そのため、きびしい環境から人間を守れるドームを建設したり、地下に住める場所をつくったりと、たくさんのアイデアがあります。

二〇一八年八月に、アメリカ航空宇宙局（ＮＡＳＡ）は、月のクレーター（円形のくぼみ）の表面に氷になった水があると発表しました。多くの人間が月に住むようになったら、食料も水も、すべて地球から運ぶわけにはいきません。水があれば、その水を使って酸素をつくったり、電気エネルギーを生み出したりすることもできるようになるのです。

将来的には、宇宙エレベーターで宇宙と地球を行き来するという、夢のような方法も考えられています。「テザー」とよばれる数万キロメートルもあるケーブルをつなげて、地上と宇宙ステーションをつなぐのです。修学旅行の行き先が、月や宇宙ステーションという時代が、やって来るかもしれませんね。

324ページのこたえ　×

おはなし豆知識　月は、１年に約3.8センチメートルも、地球から遠ざかっています。

おはなしクイズ　月での重力は、地球とくらべてどれくらい？　㋐６分の１　㋑６倍　㋒60倍

こたえはつぎのページ

目の錯覚ってどうして起こるの？

錯覚を利用した、ふしぎな絵を見たことがあるでしょうか

9月20日のおはなし

読んだ日にち（　年　月　日）（　年　月　日）（　年　月　日）

からだ

「だまし絵」といって、ひとつの絵の中に、ふたつの見え方がかくれていたり、平面にかかれているのに、まるで実際にそこにものがあるように立体的に見えたりする、ふしぎな絵があります。これは、人間の目の錯覚を利用したものです。

じつは、わたしたちの目には、まわりのものすべてが見えているわけではありません。目のおくには、映像をうつし出すスクリーンのようなはたらきをする「網膜」という膜がありますが、網膜には、光を感じない「盲点」という部分があります。目の中に入ってきた映像が、この部分にうつし出されても、見えないのです。左右どちらの目にも盲点がありますが、ふだんは、たがいに見えない部分を補い合っています。

また、網膜にうつる映像は立体的ではなく、平面で二次元です。それを脳で認識するときに、たて、横、おくゆきを計算して、三次元のものとして組み立て直しているので、立体的に見えるのです。

ところが、平面のところに立体的に見えるようなものをかくと、たて、横、おくゆきを計算しようとした脳がこんらんして、うまく判断できなくなります。それで、本当は平面のかべにかいただけの絵なのに、本物のように立体的に見えてしまうなど、平面と立体を使っただまし絵ができるのです。

このような目の錯覚が起こる理由のひとつは、脳のしくみが関係しています。わたしたちの脳には、目にうつったものを経験から判断するくせがあるといわれています。

たとえば、「遠くにあるものは、より小さく見える」と経験から知っているために、遠くにあるものを脳で認識するとき、実際はもう少し大きいはずだ、と判断します。また、「かげは、光が当たっている反対側にできる」と知っているので、光が当たっている側にかげがあると、おかしいと感じるのです。

このような、経験と脳のしくみを利用しただまし絵は、美術作品としてもたくさん残されています。調べてみるとおもしろいですよ。

325ページのこたえ　㋐6分の1

おはなし豆知識　絵が動いて見えたり、空間がねじれて見えたりと、ほかにもいろいろなだまし絵があります。

おはなしクイズ　網膜にある、光を感じない部分のことをなんという？

こたえはつぎのページ

数字っていつできたの？

いろいろな国で、使いやすい形に進化してきました

読んだ日にち（　年　月　日）（　年　月　日）（　年　月　日）

大昔の人は、ものの数をかぞえるとき、手の指を使ったり、大きな数になると、なわの結び目や小石でかんじょうしたり、動物の骨などに数をきざんだりして記録しました。

今から五千年以上も昔のエジプトで、一からはじまる数字が考えられ、植物からつくったパピルスという紙に書きつけられました。また、バビロニアでは、くさび形の数字をねん土の板に記録していました。

ものの売り買いをしたり、日にちをかぞえたりするのに、数字は、昔から人間のくらしになくてはならないものだったのです。

古代文明がさかえた地域では、それぞれの数字がくふうされ、ギリシャ数字やローマ数字、そして、中国では漢数字が考え出されています。

「なにもない」ことをあらわす、0（ゼロ）という数字が生まれたのはずっとあとで、六世紀中ごろのインドでのことだといわれています。0が登場したことによって、十ごとに位がくり上がる「十進法」という考え方も生まれました。

さらに、「0になにをかけても0になる」とか、「プラスの数」「マイナスの数」という数学的な発想が広がっていきました。つまり、0が生まれたことで、数を使った考え方が発展したのです。

0を使った十進法は、八世紀にインドの天文学者からアラビアに伝えられ、今、わたしたちが使っているアラビア数字であらわされるようになりました。もともとなかった0を取り入れたことで、10と1で11、100と1で101というように、数をわかりやすくあらわせるようになったのです。計算をするときも、とても便利です。

アラビア数字は、十一世紀にはヨーロッパにも広まり、今では世界中のさまざまな国で使われています。

ところで、今はもう身近になったコンピュータは、じつは0と1のふたつの数字だけで動いています。すべての命令は、0と1の組み合わせでできているのです。0の発見が、いかに大きな進歩であったかがわかりますね。

盲点 326ページのこたえ

おはなし豆知識 時間の分や秒は、60で位がくり上がる「六十進法」を使ってあらわしています。

おはなしクイズ 漢数字を考えた国は？　㋐エジプト　㋑中国　㋒日本

こたえはつぎのページ

食べてもいい花があるの？

ときどき、食べものにきれいな花がそえられていることがありますね

9月22日のおはなし

読んだ日にち（　　年　　月　　日）（　　年　　月　　日）（　　年　　月　　日）

植物

サラダやスープに、バラやペチュニア、キンギョソウなどの、きれいな色の花が入っているのを見たことがあるでしょうか。

それらは「エディブル・フラワー」といって、野菜と同じように食材として料理に使い、食べることができる花です。観賞用の花とちがい、病気や虫の害をふせぐための薬を、なるべく使わずに育てられています。

日本でも、菜の花やキクの花のおひたしなど、花を使った料理が昔からよく食べられてきました。

ただし、食べられる花があるからといって、どの花でも口に入れていいというわけではありません。

観賞用の花などは、食べる目的で育てられていないので、病気や虫の害をふせぐために、農薬などの薬が使われていることがあります。食用として売られている花か、薬を使わず自分で安全に育てた花以外は、食べないようにしましょう。

それから、なかには猛毒をもっている花もあるので、特に気をつけなければなりません。田んぼのまわりに生えていることが多いヒガンバナなどは、毒をもつ花としてよく知られていますが、スイセン、スズラン、フクジュソウといった、身近にさいていてなじみ深い花にも、毒があることがあります。

花だけではありません。スイセンは、くきがニラの葉に似ているため、まちがえて食べて中毒を起こすことが多いようです。

植物には、毒とまではいかなくても、苦かったりしぶかったりして食べにくい成分がふくまれていることがあります。たとえば、しぶガキのしぶさのもとは、「タンニン」という物質です。カキが熟すと、このタンニンが変化するので、しぶくなくなります。わざわざ実をしぶくするのは、ピーマン（307ページ）が苦いのと同じ理由です。中の種が完成するまでは、動物の苦手な味にしておきますが、種ができあがったら、動物が食べてくれるようにとてもおいしい実をつけて、種を遠くまで運んでもらうのです。

食べられる花や植物だけでなく、食べられないようにしているものことも調べてみると、植物が生き残るためのさまざまなくふうがわかっておもしろいですよ。

327ページのこたえ ㋑中国

おはなし豆知識 エディブル・フラワーは、きれいなだけでなく、栄養が豊富なものも多くあります。

おはなしクイズ 日本では、食べられる花をつくっていない。○か×か？

9月23日のおはなし

米はどうして白いの？

色のついた米はあるのでしょうか

読んだ日にち（　　年　　月　　日）（　　年　　月　　日）（　　年　　月　　日）

食べもの

白い米のほかに、少し茶色っぽい米を見たことはありませんか？　米は、同じ品種でも、加工のしかたによって色が変わるのです。

収穫したイネは、脱穀といって、稲穂からはずして、「モミ」という実だけにします。そのままでは食べられないので、外側のかたい部分をけずる精米加工をします。このとき、どのくらいけずるかによって米の色が変わります。

まず、モミの一番外側を取りのぞいたものが玄米です。米の芽のもとになる「はい」という部分がまだついていて、色も茶色です。玄米には、ビタミンやミネラルなどの栄養分や食物繊維が多いので、最近では好んで食べる人もふえています。

そして、玄米から、はいや茶色い「ぬか」を取ると白くなり、わたしたちがふだん食べている白米ができます。白米は細長くてまるっこい形ですが、よく見ると、少しだけくぼんだところがありますね。このくぼみは、はいがついていた部分です。

さらに、白米の一番外側の「はだぬか」という部分を取りのぞくと、ごはんをたく前に米をとぐ必要のない無洗米ができます。

これらの玄米や白米、無洗米は、「うるち米」です。米にはほかに、ねばり気をもつ成分をたくさんふくんでいる「もち米」があります。もち米は、ふかして赤飯にしたり、ついておもちにしたりします。もち米も、精米加工して食べることがほとんどなので、白い米になります。

つまり、米は外側のぬかの部分に色がついていますが、その部分を取りのぞくことで、白くなるというわけですね。ただし、ぬかの内側の部分に、もともと色がついているものもあります。黒米やむらさき米、赤米などといった品種です。

米は、世界全体で一年に四・九億トン以上も生産されています。その多くはアジアでつくられています。最大の生産国は中国で、つづいてインド、インドネシアです。

日本は昔から、みずみずしい稲穂がたくさん実る「みずほの国」とよばれてきました。日本の米は、質も味もよいため、海外でも人気があります。主食にパンを食べる家庭もふえていますが、古代から心をこめてつくってきた米を、これからもだいじにしたいですね。

モミ
玄米
はい
ぬか
白米
はだぬか
無洗米

328ページのこたえ　×

おはなし豆知識　五穀米や十穀米は、米に色がついているのではなく、麦やひえ、豆などがまざっています。

おはなしクイズ　色のついたうるち米はどれ？　㋐もち米　㋑玄米　㋒無洗米

こたえはつぎのページ

地球が動いていることはどうやってわかったの？

地球が宇宙の中心だと信じられていた時代がありました

9月24日のおはなし

読んだ日にち（　年　月　日）（　年　月　日）（　年　月　日）

伝記

ガリレオ・ガリレイ（一五六四〜一六四二年）

昔の人びとは、「太陽や月や星は、地球のまわりをまわっている」と信じていました。これを「天動説」といいます。十六世紀になると、ニコラウス・コペルニクス（133ページ）やヨハネス・ケプラーなどの天文学者が、「本当は、地球が太陽のまわりをまわっているのではないか」と考えはじめます。この考えを、「地動説」といいます。

ガリレオ・ガリレイは、一五六四年にイタリアのピサで生まれ、大人になると、大学で数学や天文学を教えました。

四十五歳のとき、オランダで望遠鏡が発明されたと聞き、自分でも二まいのレンズを使った望遠鏡をつくり、天体観測をはじめます。

「月の表面は、でこぼこしている」「月の満ち欠けは、実際に欠けているのではなく、地球のかげがうつっているのではないか」「木星のまわりを、四つの小さな衛星がぐるぐるまわっている」「太陽には黒い点があって、それが動いている」

こうした観測とたくさんの記録から、ガリレオは、地球もまるい星のひとつで、太陽のまわりをまわっているのだと確信しました。

そして一六三二年に『天文対話』という本をまとめ、地動説の正しさをうったえます。自分の考えを直接となえるのではなく、三人の人物が、「太陽が中心か、地球が中心か」についてそれぞれ意見を出し合うという形式をとりました。

この形式にしたのには、理由があります。当時、キリスト教では天動説が信じられていたため、ちがう意見を言うと、神にそむいたと判断されました。以前、地動説をとなえて罰せられた学者がいたのです。

ガリレオも、ローマ教皇庁からよび出され、裁判にかけられました。

「ガリレオ・ガリレイ、そのほうの地動説がまちがいであるとみとめなければ、キリスト教とローマ教皇庁にそむく大罪として処罰するぞ」

ガリレオは歯を食いしばりながら、まちがいをみとめる書類にサインをしました。

その後ガリレオは、見はりをつけられ、家にとじこめられ、一六四二年になくなりました。

ガリレオがなくなって三百五十年後の一九九二年、当時のローマ教皇がガリレオに謝罪しました。ついに、地動説がみとめられたのです。

329ページのこたえ
㋑玄米

おはなし豆知識　ガリレオが発見した木星の4つの衛星は、「ガリレオ衛星」とよばれています。

おはなしクイズ　ガリレオが天体観測のためにつくった道具は？　㋐コンパス　㋑鏡　㋒望遠鏡

こたえはつぎのページ

9月25日のおはなし

トンボの目はどうして大きいの？

まるくふくらんだ目の、どこで見えているのでしょう

読んだ日にち（　年　月　日）（　年　月　日）（　年　月　日）

秋の空を飛ぶトンボ。からだとくらべると、とても大きな目をしていますね。トンボの目は、「複眼」といって、一万～二万個もの小さな目がたくさん集まってできています。

トンボが特に大きな目をもっているのは、地上にいるこん虫とちがって、空を飛びながら狩りをするためです。トンボの目はドームのような形をしているので、真うしろ以外は、上下左右のすべての方向が見えています。飛んでいる虫をキャッチするのですから、獲物を見つけやすくするために、それだけまわりを広く見渡す力がいるのですね。

トンボの大きな目をつくっているひとつひとつの小さな目は「個眼」といい、六角形をしています。

個眼から光が入ると、目のおくにある、色や明るさを見分けるための細胞に送られます。その細胞から、ものを見るための「視神経」という神経に光の情報がとどけられ、脳に伝わっていきます。

一万～二万個ほどあるひとつひとつの個眼で見た景色が、視神経から脳に集められて、ひとつの像としてまとめられるのです。

ただし、トンボには、人間の目のようにはっきりと像が見えているのではなく、点の集まりのように見えるのではないかと考えられています。

さて、トンボの目をよく見ると、ふたつの複眼の間に、小さな目が三つついているのがわかります。これは「単眼」といって、明るさを見分けるはたらきをします。わずかな光の変化をすばやくとらえ、複眼のはたらきを助けているのです。

また、複眼には、人間や動物の黒目のような黒い点があります。でも、これは黒目ではありません。黒く見える場所は、個眼が特にたくさん集まっているところで、ほかの部分よりも、見る力がすぐれています。

トンボのなかでも、からだの大きなギンヤンマは、複眼が頭全体に広がっていて、まわりがよく見渡せます。じょうぶなはねを使って、時速三〇キロメートルもの速さで飛びながら、空中でハエやアブをつかまえます。たくさんの個眼で、動くものをすばやく見つけ、個眼の集まっている黒い点で、正確な位置をつきとめて狩りをするわけです。

330ページのこたえ　㋒望遠鏡

おはなし豆知識　トンボだけでなく、ほかのこん虫や、エビ、カニなども複眼をもっています。

おはなしクイズ　トンボの目のように、小さな目（個眼）がたくさん集まっている目を、なんという？

こたえは つぎのページ

どうしてごはん（米）はかむとあまくなるの？

肉をかんでもあまくならない、そのわけは……

読んだ日にち（　　年　　月　　日）（　　年　　月　　日）（　　年　　月　　日）

9月26日のおはなし

食べもの

ごはん（米）をよくかんでいると、だんだんあまくなることを知っていますか。ごはんの中には「でんぷん」というものが、たくさんふくまれています。ただ、でんぷんそのものはあまくありません。また、ごはんを口に入れたままかまずにいても、少しもあまく感じません。

ごはんをよくかむとあまくなるのは、だ液にふくまれているアミラーゼという酵素が、でんぷんをとても細かく分解するからです。

でんぷんは、炭素・水素・酸素がからみあったひじょうに複雑な物質ですが、それがとても細かく分解されると「糖」としてばらばらになり、あまみが感じられます。つまり、でんぷんはこの、糖がたくさんつながってできているものなのです。ごはんがあまく感じられるのは、よくかんで、ばらばらにされた糖のためなのです。

いっぽう、肉をいくらかんでいても、味はあまり変わりません。それは肉のような「たんぱく質」を分解できる酵素は、だ液ではなく胃の中にあるからです。酵素には、それがはたらく場所や相手がそれぞれ決まっているのです。

では、このように酵素が食べものを細かく分解するのは、どうしてでしょう。でんぷんなどの炭水化物や肉などのたんぱく質、そして油ぶんの脂質は、最初は大きな分子でできていて、そのままだと、栄養分をとりいれる小腸のかべを通りぬけることができません。

ですから、小腸が栄養分を吸収できるほど小さくしなければならないのです。このように、口からとりいれた食べものの大きな分子を小さく分解することを「消化」とよんでいます。

消化された栄養分は、約六メートルもの長さのある小腸のヒダにある細かな突起（柔毛）から、糖はそのまましみこんで吸収され、たんぱく質は、胃の中でペプシンという分解酵素によってアミノ酸に分解され、脂質はすい臓から出されるすい液にふくまれるリパーゼによって脂肪酸とモノグリセリドに分解されて吸収されます。このように、わたしたちの内臓は、口から入ってきた食べものをからだ全体にいきわたらせるようにはたらいているのです。

331ページのこたえ
複眼

おはなし豆知識　小腸から吸収された糖は、からだを動かすエネルギー源となります。

おはなしクイズ　ごはんはアミラーゼによって分解されて糖になる。○か×か？

こたえはつぎのページ

9月27日のおはなし

クレーン車はなぜあんなに力持ちなの？

小さな力で持ち上げるための、くふうがあります

読んだ日にち（　年　月　日）（　年　月　日）（　年　月　日）

乗りもの

ビルの工事現場で、まるで恐竜のように首を動かしながら、鉄骨や重いものを軽がると運ぶクレーン車。なんて力持ちなのでしょう。

クレーン車が重いものを持ち上げて運べるひみつは、クレーンに取りつけられている「滑車」にかくされています。滑車には、「定滑車」と「動滑車」があります。

定滑車とは、天井や柱に固定してある滑車のことです。ものを持ち上げるときには、定滑車に通したロープの先にものをつり下げて、反対側から引っぱります。このとき、引っぱる力は、ものの重さといっしょです。しかし、定滑車を使うと、力を入れやすい下向きの力で、ものを持ち上げられるようになるのです。

動滑車は、ロープのとちゅうの部分に取りつけられるので、固定されません。固定された定滑車と組み合わせて使うと、小さな力でものを持ち上げることができます。たとえば、定滑車とものの間に動滑車をひとつ入れると、引っぱる力は半分ですみます。ただし、ロープを動かす距離は二倍になるので、ものを持ち上げるための仕事の量は変わりません。

つまり、間に動滑車を入れると、引っぱる距離が長くなるぶん、小さな力ですむのです。これが、滑車のしくみで、とても大きな発明でした。

クレーン車は、いくつもの定滑車と動滑車を組み合わせるだけでなく、モーターを使って、小さな力で重いものを持ち上げることができます。

滑車のしくみ

クレーン部分だけでなく、クレーン車をささえるタイヤ部分も、考えてつくられています。重い荷物を持ち上げたときにもバランスをたもてるよう、ショベルカーと同じようにクローラー（189ページ）が使われています。

それから、「アウトリガー」とよばれる補助の足を出して、地面に固定できるタイプもあります。人間が足を開いて、こしを落としてふんばるときと同じしくみです。

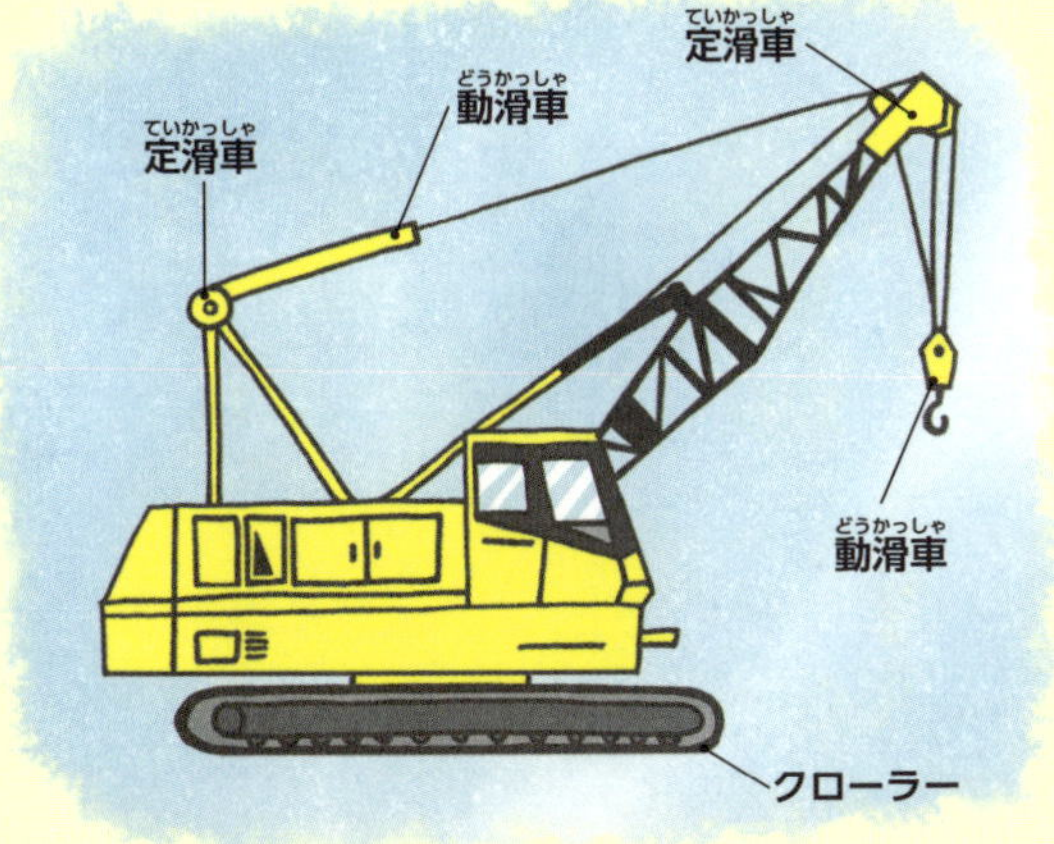

332ページのこたえ ○

おはなし豆知識　「クレーン」は、鳥の「ツル」を意味する英語です。

おはなしクイズ　天井や柱に固定してある滑車を、なんという？

こたえはつぎのページ

アイロンでしわがのびるのはなぜ？

9月28日のおはなし

アイロンの熱に、しわをのばすひみつがあります

読んだ日にち（　年　月　日）（　年　月　日）（　年　月　日）

道具・もの

アイロンをかけると、服のしわがピンとのびますね。そもそも、服にしわがよるのはなぜでしょう。

服の布地をよく見ると、あんだ糸でできています。その糸は、細い繊維が集まったものです。

この繊維を、「電子けんび鏡」というとても性能の高いけんび鏡で見ると、「分子」という集まりでできていることがわかります。わたしたちの目では見えませんが、服の布地は、とても細かい分子が、くさりのようにつながってできているのです。

しわのない状態の布は、分子の列がきちんとそろっています。ところが、洗たくしたり、服がこすれたりすると、だんだん列がみだれてきます。その状態でかたまったのが、しわというわけです。

では、アイロンをかけるとどうなるでしょう。まず、アイロンの熱で、もつれてかたまっていた繊維の分子が動きだします。そこへ、アイロンの底面で布をおす力が加わります。すると、繊維がととのって、分子がきちんと整列します。その状態で固定されるので、しわがなくなり、パリッとした布地にもどるわけです。

また、アイロンのスチーム機能を使って布に蒸気を当てると、繊維が水をすってふくらみ、もとにもどる力が大きくなるので、さらにしわがのびやすくなります。きりふきで水をかけてからアイロンをかけても、同じ効果があります。

繊維の分子が整列する　　繊維の分子がばらばら

このように、熱や水分を加えて、もつれた繊維の結びつきを弱くし、もとのように整列させるのが、アイロンのはたらきです。

繊維の分子を化学薬品などでかためて結びつきを強くしておくと、しわのできにくい服をつくることができます。このような布地や加工のことを、「形状記憶繊維」とか「防しわ加工」とよんでいます。

ところで、かみの毛につく寝ぐせも、服のしわができるのと同じしくみです。温めたタオルでむしたり、かみの毛に水をふきかけたりしてからドライヤーを使えば、きれいに直ります。かみの毛も、繊維の分子が集まってできているので、熱や水分を加えることで、繊維の分子が同じようにととのうのです。

333ページのこたえ　定滑車

おはなし豆知識 江戸時代のアイロンは「火のし」といって、中に炭火を入れて使っていました。

おはなしクイズ 繊維の分子を化学薬品などでかため、しわがつきにくくなる加工をなんという？

こたえはつぎのページ

9月29日のおはなし

台風はどこからやって来るの？

天気図を見るといつも西のほうからやって来る気がしますが……

読んだ日にち（　年　月　日）（　年　月　日）（　年　月　日）

天気・気象

台風が生まれるのは、日本の南側にある赤道近くの温かい海です。海水は、太陽の熱で温められ、水蒸気という目に見えないほどの小さな水のつぶになって空にのぼり、雲をつくります。

このとき、空気の流れが起きて、雲の中心に向かって強い風がふきこみます。水分をたくさんふくんだ雲はしだいに大きくなり、地球の自転（236ページ）の力を受けて回転しはじめます。こうしてできた大きな雲のうずが、台風になるのです。

中心近くにふく風の速さが、秒速一七・二メートル以上になったものが台風で、それより弱いものは「熱帯低気圧」とよばれます。

海の上にいる間、台風はどんどん成長します。海から発生するたくさんの水蒸気が、台風を大きくするエネルギーになるからです。反対に、大陸の上では水蒸気の量がへるので、台風の力は弱まって、熱帯低気圧となり、やがて消えていきます。

さて、南の海で生まれた台風は、いったいどうやって日本までやって来るのでしょうか。

台風は、まず、東からふいてくる風におされて、西や北西のほうに進みます。そして、西側の大陸からふいてくる風におされると、方向を変えて、日本に近づいてきます。

このふたつの風におされてやって来るため、台風はいつも、西側から日本に近づいてくるのです。

日本に台風を運んでくる風は、季節によって、ふく向きが変わります。南の海では一年中台風が生まれていますが、六～十月ごろは、ちょうど日本に向かうような方向に風がふいているので、その時期は、台風の直撃が多くなります。

ところで、台風が直撃したとき、天気図にはまだ台風があるのに、一部の地域だけ、ぽかっと晴れることがあります。どうしてでしょう。

台風の目

台風は、すごいスピードで回転しています。すると、外側に引っぱられるように感じる「遠心力」という力がはたらき、その力にさえぎられて、中心の部分には風がとどかないようになります。この中心の部分を、「台風の目」といいます。

台風の目の中に入った地域は、雨風がやみ、空が晴れ上がるのです。

ただし、台風の目のすぐ外側には雨を降らせる積乱雲があり、まわりをかべのように取りかこんでいます。そのため、台風の目が通りすぎると、また強い雨風がやって来ます。

334ページのこたえ　防しわ加工

おはなし豆知識　台風のうずは、北半球では時計と反対まわり、南半球では時計まわりになります。

おはなしクイズ　台風のもっとも中心の、風もなく雨もふっていない場所をなんという？

こたえはつぎのページ

チョウやカブトムシはなぜさなぎになるの？

9月30日のおはなし

さなぎの中で、いったいなにをしているのでしょう

読んだ日にち（　　年　　月　　日）（　　年　　月　　日）（　　年　　月　　日）

虫

　こん虫は、幼虫の状態でたまごからかえり、成長して成虫になります。幼虫から成虫になると、大きくすがたが変わります。トンボやバッタのように、幼虫の状態から脱皮をくり返して成虫になる方法を、「不完全変態」といいます。チョウやカブトムシのように、一度さなぎの状態になってから成虫になる方法を、「完全変態」といいます（14ページ）。

　不完全変態をするこん虫の幼虫は、たまごから出てきたときには、まだはねができていませんが、ほとんど成虫に近いからだつきです。

　いっぽう、さなぎをつくる完全変態をするこん虫は、幼虫と成虫が、ずいぶんちがった形をしています。成虫は六本の足をもちますが、幼虫は、イモムシやケムシ、カブトムシの幼虫などのように、「腹足」とよばれるたくさんの小さな足を、細かく動かして移動します。

　成虫と幼虫では、食べものもちがいます。チョウの幼虫は、植物の葉にとりついて葉を食べ、カブトムシの幼虫は、落ち葉などからできたやわらかい土を食べ、大きくなります。まだ、はねもたず、空を飛んだり木に止まったりする成虫とは、まったくちがう場所にいるのです。

　これは、成虫になるために、たくさんの栄養をたくわえる必要があるからです。からだのしくみを変えることは、たいへんなことなのです。

　じゅうぶんに栄養をたくわえると、幼虫は成虫になるための準備をはじめます。チョウやカブトムシはさなぎになり、あつくてじょうぶなからの中で、時間をかけてからだを変化させるのです。ただし、くわしいことはまだわかっていません。

　さなぎの中では、幼虫のからだがとけて、成虫になるための材料になります。六本の足も、はねも、この期間につくられていくのです。

　さなぎの中で成虫のからだができあがると、チョウやカブトムシは、さなぎをわって外に出てきます。羽化したばかりのときは、はねやからだもまだやわらかい状態です。しばらくすると、はねもからだもじょうぶになり、花や木のみつをもとめて飛び立っていきます。

チョウのさなぎ

カブトムシのさなぎ

335ページのこたえ　台風の目

おはなし豆知識　さなぎの色は、さなぎになるときの場所や状況によって変化します。

おはなしクイズ　カブトムシは、何度も脱皮をくり返して成虫になる。○か×か？

こたえは346ページ

もっと お話を楽しむために

発明と発見の歴史を見てみよう！

人間の歴史がはじまって以来、さまざまな人の知恵と努力で、文明・文化が発展してきました。人びとの生活を大きく変えた発明や発見と、発明や発見にかかわった人について、年代を追って紹介します。

ヒポクラテス

（紀元前460年ごろ～紀元前375年ごろ） ▶p.352

古代ギリシャ生まれの医者。病気の原因と治療法を研究し、「医学の父」とよばれています。

古代 ／ **原始時代**

石器

（250～260万年前）

▶p.350

石を打ちくだいて、するどいナイフやオノなどの道具（打製石器）をつくるようになりました。

車輪

（およそ5000年前）

▶p.310

古代メソポタミアで、陶器をつくる「ろくろ」と、ものを運ぶ手おし車に、車輪が使われはじめました。

そろばん

（およそ4000年前）

▶p.281

古代エジプトなどで、「砂そろばん」が使われていました。今のそろばんに近いものは、およそ1800年前の中国で発明されています。

くつ

（1万年以上前）

▶p.104

植物をあんだものや、動物の皮などで、足を熱やけがから守るためにつくられたのがはじまりです。

紙

（およそ5000年前）

▶p.58

古代エジプトでは、「パピルス」という植物で紙をつくっていました。その後、中国で、現在の紙の原型が発明されています。

時計

（およそ4000年前）

▶p.167

太陽の光を利用して時間をはかる「日時計」が発明されました。機械式の時計ができたのは、8世紀になってからです。

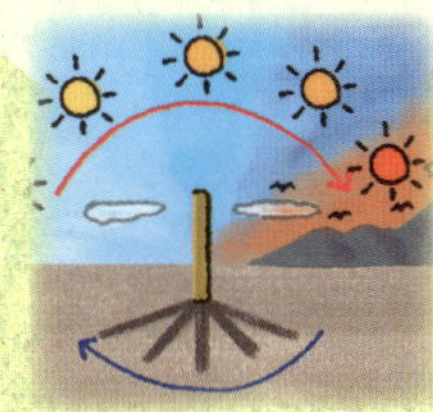

数字

（5000年以上前）

▶p.327

古代エジプトでは、「1」からはじまる数字が考えられました。「0」が生まれたのは、6世紀中ごろのインドといわれています。

杉田玄白

（1733〜1817年）

▶p.67

オランダ語の医学書『ターヘル・アナトミア』を前野良沢らとともに日本語に訳し、『解体新書』を出版しました。

ガリレオ・ガリレイ

（1564〜1642年）

▶p.330

望遠鏡で天体を観測して「地動説」を確信しましたが、その時代の社会には受け入れられませんでした。

レオナルド・ダ・ヴィンチ

（1452〜1519年）

▶p.313

「モナ・リザ」の作者ダ・ヴィンチは、画家でありながら、機械の発明をする科学者でもありました。

ジェームズ・ワット

（1736〜1819年）

▶p.26

蒸気の力でものを動かす装置「蒸気機関」を改良し、産業の発展に大きな役割を果たしました。

アイザック・ニュートン

（1642〜1727年）

▶p.74

すべてのものに引っぱる力があるという「万有引力の法則」など、さまざまな法則や理論を考え出しました。

ニコラウス・コペルニクス

（1473〜1543年）

▶p.133

当時の「天動説」で説明できないことをとき明かすため、天体を観察して「地動説」をみちびきました。

近世　中世

1800年ごろ　1500年ごろ

熱気球

（1783年）

▶p.120

フランスのモンゴルフィエ兄弟が、有人での熱気球の飛行に成功しました。

ピアノ

（1700年ごろ）

▶p.416

今のピアノのもとになるものは、イタリアの楽器職人バルトロメオ・クリストフォリがつくったといわれています。

活版印刷

（15世紀中ごろ）

▶p.218

ドイツのヨハネス・グーテンベルクが、１文字ずつ金属に彫った活字を組み合わせて大量印刷する方法を開発しました。

電池

（1800年）

▶p.389

イタリアのアレッサンドロ・ボルタが、２種類の金属を使って、現在の電池のもとをつくりました。

えんぴつ

（1760年）

▶p.163

ドイツのカスパー・ファーバーが、木の板にみぞをほって黒鉛のしんを入れる、今のえんぴつに近いものをつくりました。

せんすいかん

（1620年）

▶p.268

コルネリウス・ドレベルというオランダ人が、イギリスで木製のせんすいかんをつくりました。

グレゴール・ヨハン・メンデル

(1822〜1884年)

▶p.80

エンドウマメを使った実験で、「メンデルの法則」という遺伝のルールを発見しました。

華岡青洲

(1760〜1835年)

▶p.358

全身ますい薬「通仙散」を完成させ、1804年、世界ではじめて、全身ますいによる手術を成功させました。

伊能忠敬

(1745〜1818年)

▶p.196

暦学や天文学を学んだあと、全国を歩いて測量し、正確な日本地図をつくりました。

トーマス・エジソン

(1847〜1931年)

▶p.366

蓄音機や改良型の電球など、生涯で1200以上の発明をして、「発明王」とよばれました。

チャールズ・ダーウィン

(1809〜1882年)

▶p.228

ガラパゴス諸島の生きものをきっかけに「進化論」を考え、『種の起源』という本を出版しました。

エドワード・ジェンナー

(1749〜1823年)

▶p.175

「天然とう」という伝染病のワクチンを発見し、世界ではじめて、ワクチンによる予防接種を行いました。

近代

ジェットコースター

(1884年)

▶p.394

アメリカのラ・マーカス・トンプソンにより発明されました。日本では、1955年、東京の後楽園ゆうえんち（現在の東京ドームシティアトラクションズ）にはじめて登場しました。

アニメーション

(1825年)

▶p.152

イギリスのジョン・エアトン・パリスが発明した、目の錯覚を利用してものが動いて見える「ソーマトロープ」というしかけから発展しました。

かんづめ

(1804年)

▶p.93

ニコラ・アペールというフランス人が、かんづめのもととなる、食べものをびんづめにする方法を発明しました。

映画

(1895年)

▶p.265

フランスのリュミエール兄弟が、スクリーンに映像をうつし出す「シネマトグラフ」を発明しました。

電話

(1876年)

▶p.368

アメリカのグラハム・ベルによって、音声を電流に変えて送る装置として発明されました。

蒸気機関車

(1814年)

▶p.110

イギリスのジョージ・スチーブンソンが、蒸気機関車を研究し、世界ではじめて実用化に成功しました。

マリー・キュリー
(1867～1934年)

▶p.255

物理学者のピエール・キュリーと結婚し、夫婦で放射線を研究しました。1903年、女性ではじめてのノーベル賞を受賞しました。

ウィルヘルム・レントゲン
(1845～1923年)

▶p.150

人のからだを通りぬける「X線」を発見しました。X線を使った写真は、病気やけがの治療に役立てられています。

アルフレッド・ノーベル
(1833～1896年)

▶p.419

安全に使える爆薬「ダイナマイト」を発明しました。「人類に一番つくした人に賞をおくりたい」という考えのもと、ノーベル賞が設立されました。

ライト兄弟
(ウィルバー 1867～1912年、オービル 1871～1948年)

▶p.99

1903年、エンジンつきの飛行機「ライト・フライヤー1号」で、世界ではじめて空を飛びました。

北里柴三郎
(1853～1931年)

▶p.384

毒を打ち消す力をもった「抗体」を発見し、「血清療法」を開発するなど、細菌学者として活やくしました。

ロベルト・コッホ
(1843～1910年)

▶p.166

伝染病である「炭そ病」について研究し、「炭そ菌」という病原菌の存在をつきとめました。

近代

1945年ごろ

新幹線
(1964年)

▶p.244

東京オリンピック開催と同じ年に、東海道新幹線が開業。0系の「ひかり」は、最高速度で時速210キロメートルを記録しました。

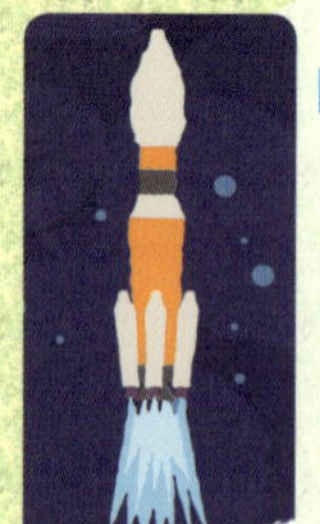

ロケット
(1926年)

▶p.278

アメリカのロバート・ゴダードが、世界ではじめて、液体燃料ロケットの打ち上げに成功しました。

ヘリコプター
(1907年)

▶p.144

フランスのモーリス・レジェやポール・コルニュが、ヘリコプターの有人飛行に成功しました。

月面着陸
(1969年)

▶p.325

アメリカのアポロ11号の船長ニール・アームストロングが、人類ではじめて月面着陸に成功しました。

ハッブル-ルメートルの法則
(1927・1929年)

▶p.348

ベルギーのルメートルとアメリカのエドウィン・ハッブルが、それぞれ宇宙がふくらみつづけていることを発見しました。

冷凍食品
(1923年)

▶p.363

アメリカ人のクラレンス・バーズアイが、食べものを急速に冷凍する方法を発明しました。

アルフレッド・ウェゲナー

(1880〜1930年)

▶p.54

ドイツの気象学者。大陸はもともとひとつだったという「大陸移動説」をとなえました。

野口英世

(1876〜1928年)

▶p.146

毒ヘビにかまれたときの治療法や梅毒の研究をしました。その後、「黄熱病」の研究に取り組みながら、いろいろな病に苦しむ人びとを救いました。

ロアール・アムンゼン

(1872〜1928年)

▶p.423

ノルウェーの探検家。犬にソリを引かせ、世界ではじめて南極点に立ちました。

コンラート・ローレンツ

(1903〜1989年)

▶p.301

ハイイロガンの実験と観察で、動物には「刷りこみ」という習性があることを証明しました。

アルバート・アインシュタイン

(1879〜1955年)

▶p.404

「特殊相対性理論」を発表し、物理学界をおどろかせました。さらに「一般相対性理論」を発表し、1921年にはノーベル賞を受賞しました。

鈴木梅太郎

(1874〜1943年)

▶p.266

米ぬかから「オリザニン」という現在のビタミンB_1にあたるものを発見しました。

現代

青色ＬＥＤ

(1989・1994年)

▶p.388

▲ＬＥＤ式信号機

青色ＬＥＤは、赤﨑勇教授、天野浩教授、中村修二教授が発明・開発し、2014年にノーベル賞を受賞しました。

地球温暖化

(1980年代末)

▶p.44

「温室効果ガス」の量が必要以上にふえ、地球が温暖化しているという問題が注目されはじめました。

ＩＣカード

(1970年)

▶p.402

情報を記録できるＩＣチップが内蔵されたカードは、日本では有村國孝が発明しました。

ｉＰＳ細胞

(2006年)

▶p.29

京都大学の山中伸弥教授を中心としたグループが、ｉＰＳ細胞（人工多能性幹細胞）を発明し、2012年にノーベル賞を受賞しました。

カーナビゲーション・システム

(1990年)

▶p.436

人工衛星によって位置を特定する「ＧＰＳ機能」を利用したカーナビが、開発されました。

ブラックホールの観測

(1970年代)

▶p.390

天体観測が発展し、中心に向かってちぢんでいく「ブラックホール」の存在が知られるようになりました。

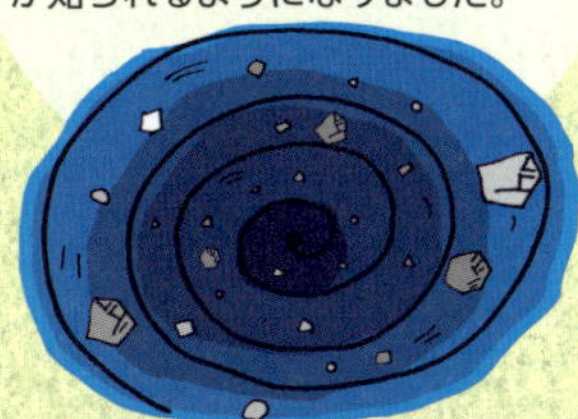

水・光・音について知ろう！

わたしたちにとって身近な「水」「光」「音」も、科学の目で見ると新しい発見があります。ここでは、それぞれの性質やふしぎな自然現象について紹介します。

水のふしぎ

水は、水の「分子」という小さなつぶが集まってできています。ふつうの状態では水ですが、温度によって水蒸気や氷にすがたを変えます。そのしくみを見てみましょう。

ジュースの入ったコップの外側がぬれるのはなぜ？ ▶p.100

水（液体）

温度が０度より高く、100度より低いとき

水のつぶは、それぞれ自由に動いています。入れものなど、まわりのものに合わせて形を変える、液体の状態です。

水を冷やすと氷になるのはなぜ？ ▶p.217

水蒸気（気体）

温度が100度以上のとき

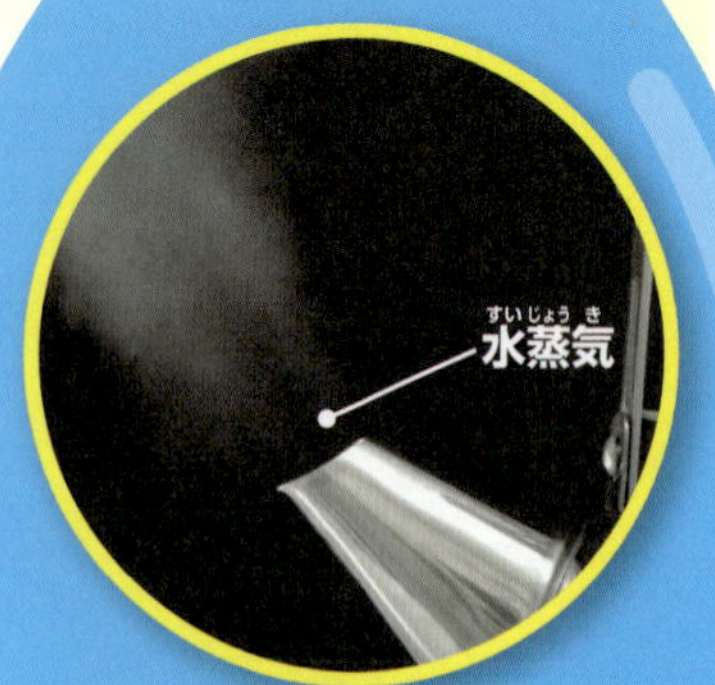

水はふっとうすると、水のつぶがばらばらにはなれ、液体のときよりもはげしく動きまわります。目に見えない気体の状態です。

気圧が変わると、変化がはじまる温度も変わります。たとえば、高い山の上では、100度以下でもふっとうします。

氷（固体）

温度が０度以下のとき

水のつぶどうしが規則正しくならんでくっついているので、ほとんど動かなくなります。こおってかたまった固体の状態です。

※水は100度以上でなくても常温で少しずつ蒸発して水蒸気になります。

光のふしぎ

もののの色が見えたり、ものが光ったりするのは、はね返ったり折れまがったりする光の性質によるものです。光によって起こる、ふしぎな自然現象を見てみましょう。

●太陽の光によって起こる光の現象

虹 ▶P.300

空気中をただよう水のつぶに、太陽の光が当たって折れまがり、いくつもの色に分かれて見えます。

オーロラ ▶P.396

太陽から出る「太陽風」が空気とぶつかり、光が出ます。北極や南極の近くの地域で見られます。

かげろう ▶P.187

温かい空気と冷たい空気のさかい目を通るときに、光がいろいろな方向に折れまがり、地面や遠くの景色がゆらゆらして見えます。

ダイヤモンドダスト

空気中でこおった水のつぶに、太陽の光が当たって、ダイヤモンドのようにキラキラと光って見えます。

●そのほかの光の現象

かみなり ▶P.230

雲の中で、氷のつぶがこすれ合ってできた静電気が、一気に流れるときに、ピカッと光ります。

流れ星 ▶P.411

宇宙にあるちりが、引力で地球のほうに落ちてくるとき、空気とはげしくこすれ合ってもえ、光を出します。

音のふしぎ

目には見えないけれど、広がったりひびいたりして聞こえてくる音。音とはいったいどのようなものなのか、考えてみましょう。

音の伝わり方

音の正体は、「ふるえ」です。ふるえは、空気や水、ものなどを通して、波のように伝わります。わたしたちの耳には、そのふるえを音として感じる器官がそなわっています。

▶P.131

音のはね返り方

音は、かたいものにぶつかるとはね返ります。おふろなど、しめ切ったせまい場所で歌うとよくひびくのは、音がかべや天井にはね返されるためです。山びこも同じしくみです。

▶P.282

聞こえる音と聞こえない音

人間は、低い音から高い音まで聞き分けられます。さらに、犬、コウモリ、イルカなどは、人間には聞き取れない、「超音波」というとても高い音を聞くことができます。

▶P.295

Q 花火やかみなりの音が、おくれて聞こえるのはなぜ？

A 打ち上げ花火が光って、少しおくれてから「ドーン」という音が聞こえてくることがあります。これは、音よりも、光のほうが速く伝わるからです。かみなりも、ピカッと光ったあとに、「ゴロゴロ」という音が聞こえてきます。

10月(がつ)のおはなし

文／下郷さとみ

秋になると葉が赤や黄色になるのはなぜ？

10月1日のおはなし

植物

だれかが色をそめているのでしょうか

読んだ日にち（　　年　　月　　日）（　　年　　月　　日）（　　年　　月　　日）

秋が深まり寒くなってくると、木の葉が色づきはじめます。赤くなるモミジや、黄色くなるイチョウが、とてもきれいですね。ところで、なぜ葉の色は変わるのでしょう。

葉の色は、葉の中にふくまれている「色素」の種類と量によって決まります。色素とは、緑や赤や黄色などの色のもとになるものです。ふだん、葉が緑色なのは、葉の中に「クロロフィル（葉緑素）」という緑色の色素がたくさんあるからです（249ページ）。クロロフィルは葉の細胞の中にある「葉緑体」というところにふくまれていて、太陽の光を吸収して、栄養分をつくり出す「光合成」を助けるはたらきをします。

秋になり太陽の光が弱まると、光合成の力も弱まり、根が水をすい上げる力もおとろえます。葉をつけたままにしておくと、葉から水分が出ていってしまうので、木は水分不足にならないように準備をはじめます。

葉は「葉柄」とよばれるじくでえだとつながっていて、中には「維管束」という管が通っています。光合成をするときは、この維管束を通して葉に水が運ばれ、光合成でつくられた栄養分が、葉からえだへもどされます。秋になり光合成をしなくなると、葉柄とえだの間に細胞のかべをつくります。そうして、葉に水分を送らないようにするのです。

光合成の役目を終えたクロロフィルは、しだいに分解されて色がなくなります。すると、もともと葉の中にあった「カロテノイド」という黄色い色素が目立つようになります。

さらに、葉の中で「アントシアン」という赤い色素ができます。こうして、葉の中の緑色の色素がしだいにへり、赤い色素がふえていきます。葉の色は、緑色→緑色と黄色と赤色のまざったような色→赤色へと、変わっていきます。

いっぽう、イチョウなど、葉が黄色くなる種類の木は、アントシアンをつくりません。カロテノイドだけが残るため、黄色になるのです。

クロロフィルの分解は、昼と夜の気温の差が大きいほど、早く進みます。ですから、冷えこみのはげしい年には色素がどんどん変化し、ひときわきれいに葉が色づくのですね。

336ページのこたえ ×

おはなし豆知識　黄色くなる葉は、「紅葉（赤い葉）」のかわりに「黄葉」と書くこともあります。

おはなしクイズ　葉を赤くする色素は？　㋐クロロフィル　㋑カロテノイド　㋒アントシアン

こたえはつぎのページ

10月2日のおはなし

男の子は成長するとどうして声が変わるの？

大人の男性と男の子の、のどのちがいとは……

読んだ日にち（　年　月　日）（　年　月　日）（　年　月　日）

男性は大人と子どもでは、のどのあたりにちがいがあるのがわかりますか。そう、大人の男性には、「のどぼとけ」がありますね。

のどぼとけは、「甲状軟骨」というやわらかい骨でできた出っぱりです。個人差がありますが、男の子は小学校高学年ごろから、のどぼとけが大きくなり、声が低くなります。これは、「声変わり」とよばれる思春期のからだの変化のひとつです。このくらいの年齢になると、ホルモンのはたらきによって、からだつきが変化しはじめます。

では、のどぼとけが大きくなると、なぜ声が低くなるのでしょう。

声は、のどのおくにある「声帯」というひだのような器官を、息でふるわせて出しています（151ページ）。声帯の位置は、ちょうどのどぼとけのあるあたりで、甲状軟骨に内側からくっついています。思春期になると、男性ホルモンのはたらきで甲状軟骨が前へ出っぱるように発達するので、甲状軟骨にくっついている声帯もいっしょに成長して、ひだの部分が長くなります。

声帯のひだは、長さが長いほど、息でふるえる速さがおそくなり、出る声が低くなるという特徴がありま す。つまり、のどぼとけが出て声帯が長く成長したぶんだけ、男の子は声が低くなるのです。

女の子は、思春期になっても、男の子のような甲状軟骨の変化がありません。のどぼとけも出ないし、声帯の長さも男の子ほどは変わらないので、声変わりもほとんどないのです。

子どものころは、声帯の長さに男女のちがいはなく、およそ一〇ミリメートルです。声の高さも似ています。ところが、大人では、声帯の長さは男性でおよそ二〇ミリメートル、女性でおよそ一六ミリメートルです。男性は、声変わりの前とあとでは、一オクターブほども声が低くなる（ドシラソファミレドと同じぶん）といわれています。

声変わりがはじまってしばらくは、声が出にくかったり、声がわれたりしがちになります。この時期は、声帯を痛めないよう、無理に大声や高い声を出すのはさけましょう。

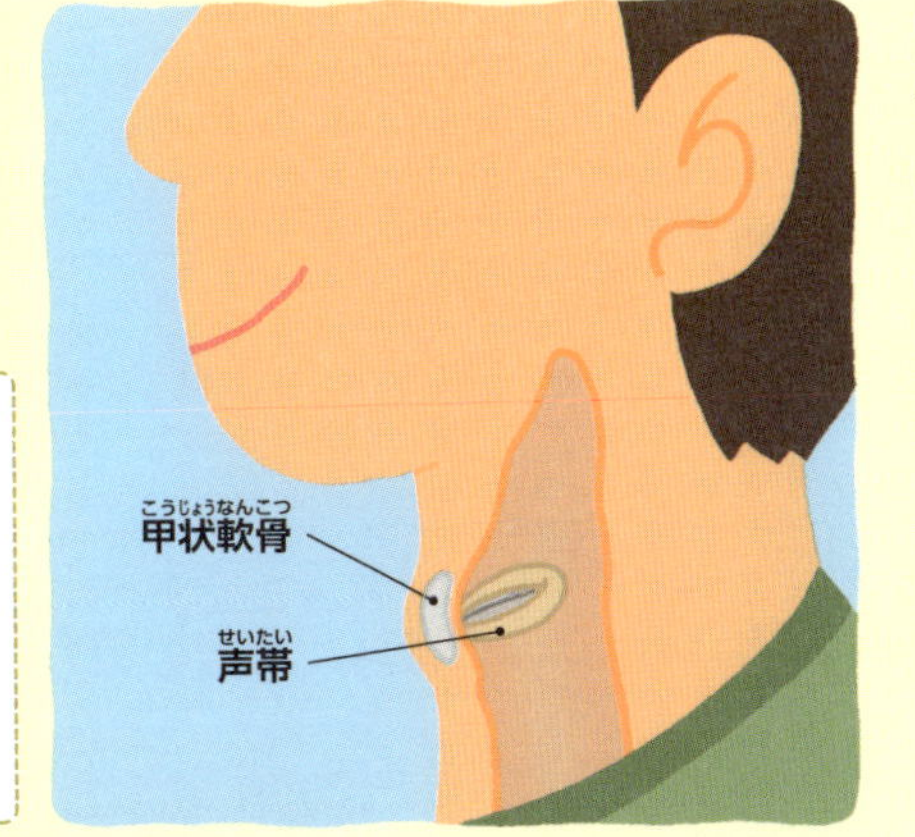

346ページのこたえ ㋒アントシアン

おはなし豆知識 のどぼとけは、「甲」のようにのどを守っているため、「甲状軟骨」という名前になりました。

おはなしクイズ 思春期に、男の子の声が低くなることを、なんという？

こたえはつぎのページ

宇宙に終わりはあるの？

10月3日のおはなし

宇宙に、はしっこはあるのでしょうか

読んだ日にち（　年　月　日）（　年　月　日）（　年　月　日）

地球・宇宙

宇宙空間をどこまでも進んでいくと、いつかは、はしっこにたどり着けるでしょうか。そして、その宇宙はどうやって生まれたのでしょう。

「大爆発」を意味する「ビッグバン」という言葉があります。宇宙は、なにもないところでとつぜん起きた、ビッグバンという大爆発とともに生まれたと考えられています。

今からおよそ百三十八億年前に、ビッグバンが起こりました。すると、ものすごく熱くて密度の高い火の玉のような宇宙が生まれ、急激にふくらみました。そして、ビッグバンから三分後には、宇宙にある星ぼしのもとになる物質が生み出されたのです。さらに、たくさんの物質がつくられたほか、星ぼしが集まって無数の銀河が生まれました。

宇宙の成長は、そこで止まりませんでした。じつは、宇宙は今でもふくらみつづけているのです。アメリカの天文学者エドウィン・ハッブルが、一九二九年にそのことを発見しました。しかし、最近になって、一九二七年にベルギーの天文学者のルメートルが、その二年後にハッブルが発見していたことがわかり、この発見を『ハッブル・ルメートルの法則』とよぶことになりました。

星には、地球に近づいてくるときは実際よりも青く見え、地球から遠ざかっていくときは実際よりも赤く見えるという性質があります。ハッブルが銀河を観測すると、たくさんの赤い光が確認され、銀河が、地球からどんどん遠ざかりつづけていることがわかりました。つまり、宇宙はふくらんでいるということです。

現在、宇宙は、ふくらみはじめてから百三十八億年分の広がりがあります。そして今、この瞬間もどんどん広がりつづけています。言いかえれば、宇宙にはまだまだふくらむ場所があるということなのです。

つまり、宇宙のどこまで行っても、「ここがはしっこ」という場所はありません。そういう意味では、宇宙に果てはありません。

◀エドウィン・ハッブル

347ページのこたえ　声変わり

おはなし豆知識　ビッグバンの前に宇宙がふくらみはじめたとする「インフレーション理論」説もあります。

おはなしクイズ　「ビッグバン」は日本語でどういう意味？

こたえはつぎのページ

10月4日のおはなし

ハチにさされると死んでしまうの？

どんなことに気をつければいいのでしょう

読んだ日にち（　　年　　月　　日）（　　年　　月　　日）（　　年　　月　　日）

虫

人がハチにさされて死ぬことはまれですが、それでも毎年、全国で二十件近くの死亡事故が起きています。なかでもスズメバチの仲間は、ハチにかかわる事故の一番の原因になっています。スズメバチは、ほかのこん虫をおそって獲物にする習性があり、からだが大きく、とてもこうげき的で毒も強いためです。

スズメバチやミツバチなどは、一ぴきの女王バチを中心に、たくさんのはたらきバチと少数のオスバチで、むれをつくって巣でくらしています。はたらきバチの役目のひとつは、敵から巣を守ることです。そのため、巣に近づくものは敵と見なして、毒針でさしてこうげきします。

はたらきバチはすべてメスですが、たまごはうみません。はたらきバチのおしりの先にある注射器のようなするどい毒針は、たまごをうむための管だった部分が変化してできたものです。そのため、オスのハチは毒針をもっていません。また、種類によって、針をもっていないハチや、針はあっても狩り以外の場面では使わないハチもいます。

さす種類のハチの中でも、特にスズメバチがきけんな理由は、人間がくらしている場所の近くに巣をつくるからです。キイロスズメバチは、家ののき下やかべの中に、まるくて大きな巣をつくります。クロスズメバチは、野山の地面の下や、木のうろ（木に空いた大きなあな）に巣をつくります。人が気づかずに巣に近づいてしまうおそれがあるのです。

ちぎれたからだの一部
かえし
ミツバチの毒針

さらに、スズメバチの針は、何度でもさすことができます。ミツバチの場合は、針の先につり針のような「かえし」がついています。さした相手からはなれるとき、ハチ自身のからだの一部がちぎれて、相手のからだに針といっしょに残ります。そのためミツバチは、一度さすと、じきに死んでしまうのです。

また、スズメバチには、こうげきする前に、針で敵に毒をふきかける習性があります。敵の居場所を仲間に知らせるための、においの印です。スズメバチは、このにおいを感じるとこうふんして、いっせいに敵にむらがってはげしくこうげきします。

スズメバチは、横方向の動きにこうふんしやすい性質があります。ですから、スズメバチに出合ったら、大さわぎせず、ゆっくりとあとずさりしながらにげるようにしましょう。

348ページのこたえ　大爆発

おはなし豆知識　ハチは、黒い色に対してもこうげき的になります。

おはなしクイズ　ミツバチは、一度針で敵をさすと死んでしまう。○か×か？

人がつくった最初の道具ってなに？

10月5日のおはなし

わたしたちは毎日いろいろな道具を使ってくらしていますが……

読んだ日にち（　年　月　日）（　年　月　日）（　年　月　日）

発明・発見

人間とほかの動物との大きなちがいは、道具をつくって使うことです。かんたんな道具をつくる動物は、ほかにもいます。たとえば、チンパンジーが葉を取りのぞいた木のえだでアリをつったり、カラスがえだの先をまげて木のあなからカミキリムシなどの幼虫をかき出したり、という様子が確認されています。しかし、いくつかの部品を組み合わせたり、道具を使ってさらに複雑な道具をつくり出したりできるのは、今のところ人間だけです。

人類はまず石器を使うようになりました。人類が石器を使ったことがはっきりしているのは、二百五十万～二百六十万年前の地層から石器が発見されているからです。最初に石器を使ったとされるのは人間の祖先だったと考えられている「アウストラロピテクス・ガルヒ」だといわれています。

人類が最初につくったとされる石器は、石を何度かたたき、少し形をととのえた初歩的な打製石器でした。これで木の実や動物の骨などを、たたきつぶして食べていたのでしょう。また、石を打ちくだいたときに出るうすいはへんを、ナイフのように使って、肉を切っていたとも考えられています。

同じく人間の祖先と考えられている「ホモ・ハビリス（能力のある人間）」も石器を使っていたようです。

その後、人間の祖先は世界中に広がりました。およそ百八十万年前には、アフリカからユーラシア大陸にかけて「ホモ・エレクトゥス（直立した人間）」があらわれました。

ホモ・エレクトゥスは、石の両面をくだいて先をとがらせた、オノのような形の打製石器を使っていました。この石器をつくるときは、石に動物の骨をあてがい、別の石でハンマーのようにたたくという、さらに高度な技術を使っていたと考えられています。

このように道具をつくるには、道具の使い方を考え、そして、使った結果を予想する「思考力」が必要です。ほかの動物は、生き残るために、目や耳、鼻などの感覚や、羽、足、しっぽなどを進化させてきました。人間は、知能を発達させることで、さまざまな道具を生み出してきたのですね。

349ページのこたえ

おはなし豆知識　火を使えるようになったことで、人類はさらに進歩したといわれています。

おはなしクイズ　「ホモ・ハビリス」は、どういう意味？

こたえはつぎのページ

10月6日のおはなし

犬はどうしてしっぽをふるの？

パタパタとしっぽをふる様子は元気でかわいらしいですね

読んだ日にち（　年　月　日）（　年　月　日）（　年　月　日）

犬は人間の言葉を話しませんが、表情やからだ全体を使って気持ちをあらわします。とりわけ、しっぽはとてもおしゃべりです。犬は、しっぽを使って、どんなメッセージをわたしたちに伝えているのでしょうか。

楽しいときやうれしいとき、あまえたいときに、犬はいきいきした表情で、いきおいよく左右にしっぽをふります。おしりもいっしょにくねくねしたり、前足をパタパタさせたりして、まるで、「わーい」とはずんだ声が聞こえてくるようです。

いっぽう、しっぽをゆっくりふっているときは、なにかに用心しているのかもしれません。犬の様子をよく観察してみましょう。首から尾にかけての毛がさか立っていたり、犬歯（きば）を見せたりしている場合は、相手を敵だと考えています。むやみに近づかないほうがいいでしょう。

しっぽをふらずに真上に上げて、落ち着いた様子のときは、自信にあふれた気持ちでいます。逆に、こわいときやいやなときはしっぽを下げて、うしろ足の間に入れることもあります。そして、耳をたおして頭を下げ、からだ全体もちぢこめて、びくびくとおびえた様子を見せます。

このほか、ねころんで、おなかを見せているときは、服従の気持ちをしめしています。自分のほうが相手よりも力が弱く、下の立場にあることを、こうして伝えるのです。

犬のしっぽは、背骨からつながっていて、先にいくにしたがって細くなっています。パタパタとよく動くのは、小さな骨がたくさんつながっているからです。

動物のしっぽには、もともと、からだのバランスをとる役目がありますが、犬はコミュニケーションの道具として、しっぽを使ってきました。犬の祖先のオオカミは、むれでくらす生きものです。むれの中には、はっきりとした上下関係があり、関係の安定や情報交換のために、さかんにコミュニケーションを取り合います。このようなオオカミの習性を、犬も受けついでいるのですね。

350ページのこたえ　能力のある人間

おはなし豆知識　ねるときなどに、からだを温めるためにしっぽをからだにまきつけることもあります。

おはなしクイズ　犬のしっぽは、小さな骨がつながってできている。○か×か？

こたえはつぎのページ

昔はおまじないで病気を治していたって本当？

病気の原因が、のろいだと信じられていた時代がありました

読んだ日にち（　年　月　日）（　年　月　日）（　年　月　日）

伝記

ヒポクラテス（紀元前四六〇年ごろ〜紀元前三七五年ごろ）

ヒポクラテスは、今からおよそ二千五百年前、ギリシャのコス島に生まれました。医者だったおじいさんやお父さんのあとをついで、ヒポクラテスも同じ道を進みました。

昔は、科学的な知識がとぼしく、病気の原因は、のろいや神がみのしわざだという考えが広く信じられていました。ヒポクラテスのおじいさんやお父さんは医者でもあり、神殿につかえる神官（儀式をとり行う人）でもありました。診療所は神殿の中にあり、神がみにいのりをささげて、まじないをほどこすといった、宗教的な儀式が治療として行われていたのです。

ところがヒポクラテスは、病気の原因はそのようなものではないと考え、まじないや宗教を、医療の場からしりぞけました。かわりに、患者の様子をしっかり観察しました。そして、治療の結果を記録し、病気の原因と、ききめのある治療方法をさぐりました。

その結果、病気は、生活環境や食事などの生活習慣によって起こるという考えにいたりました。

ヒポクラテスの行った治療方法は、からだを清潔にして、きちんと食事をとらせ、ゆっくり休ませるといった、今の時代にも通用するものでした。ヒポクラテスは、「経験科学」としての医学をはじめて行った人物となったのです。経験科学とは、経験の中から証拠を積み上げ、研究を進めていくことです。

ヒポクラテスは、弟子たちに、医学と医者としての心がまえを伝えました。のちに、その教えが本にまとめられました。これは『ヒポクラテス全集』として、今も残されています。その中でヒポクラテスは、「病気を治すのは患者自身のからだである」と語っています。その人自身がもつ、病気を治そうとする力を高めることが、なによりも重要だという考え方です。また、患者のひみつを守るたいせつさも説きました。これは今でも、医者のたいせつな心がまえのひとつになっています。

とても古い時代に、経験科学としての医学や医療にたずさわる人びとの心がまえをはじめてとなえたヒポクラテスは、尊敬をこめて「医学の父」とよばれています。

351ページのこたえ　○

おはなし豆知識 ヒポクラテスは、400種類以上のハーブについて調べ、本に残しました。

おはなしクイズ ヒポクラテスは、病気の原因を神のしわざと考えた。○か×か？

10月8日のおはなし

かぎをかけたり開けたりできるのはなぜ？

かぎの中身はどうなっているのでしょう

読んだ日にち（　年　月　日）（　年　月　日）（　年　月　日）

道具・もの

ドア用のかぎは、ドアに取りつける「じょう」と、じょうのあなにさしこむ「かぎ」でひと組になっています。「シリンダーじょう」という種類のものがよく使われています。

シリンダーは英語で、「円筒」という意味です。シリンダーじょうの中は、内筒と外筒の二重構造になっています。外筒は固定されていて、かぎあなにかぎをさすと、内筒がまわるしくみです。

代表的なシリンダーじょうであるピンタンブラーじょう」の細長いあなの中には、「キーピン」と「ドライバーピン」が一本ずつ上下にならんで入っていて、おくにあるばねがピンをおさえています。キーピンとドライバーピンを合わせた長さはどれも同じですが、長さの配分がひとつひとつちがいます。

さて、かぎをおくまでさしこんでみましょう。かぎのギザギザの位置は、ピンの位置とぴったり合うようになっていて、ピンをおし上げます。すると、キーピンとドライバーピンのさかい目のところが一直線にそろいます。そろった頭の線を、「シャーライン」といいます。

シャーラインがそろうと内筒がまわるので、内筒につながっている部品もいっしょにまわり、ドアを止めている金具を引っぱります。すると、ガチャッという音がして、かぎが開くのです。

ギザギザがついたかぎは、ディスクシリンダーといいます。日本で一番多く使われているかぎですが、道具を使ってこじ開ける「ピッキング」という、どろぼうがよく使う手口に弱い性質があります。

そこで、最近使われるようになってきているのが、「ディンプルシリンダー」です。これは、ギザギザのかわりにかぎの表面に小さなくぼ（ディンプル）のようなくぼみがたくさんついたかぎです。

ディンプルシリンダーは、くぼみの数や位置によって、かぎのちがいが千億通り以上にもなり、合いかぎをつくるのもむずかしいことから、防犯に強いかぎとされています。

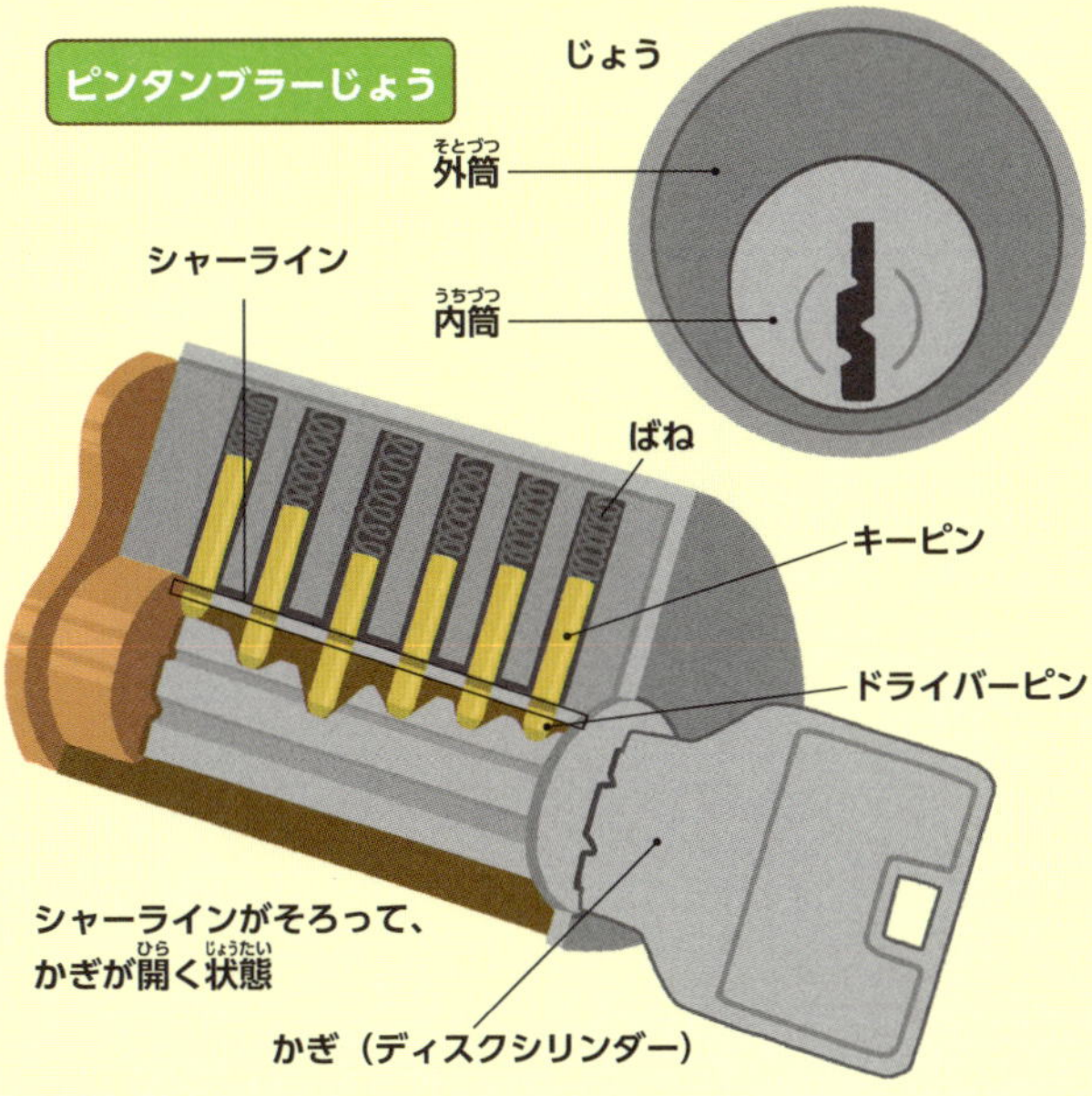

352ページのこたえ
×

おはなし豆知識　最近では、磁石や電気の力を使ったかぎが開発されています。

おはなしクイズ　かぎを使わずに、道具でこじ開けることをなんという？

こたえはつぎのページ

ハトが手紙をとどけていたって本当？

自分の家に帰る能力で、大活やくしたハトの話

10月9日のおはなし

読んだ日にち（　　年　　月　　日）（　　年　　月　　日）（　　年　　月　　日）

シートン動物記

「伝書バトのアルノー」のおはなしより

〈これは、シートンが書いた、伝書バトのお話です。〉

アルノーという名前の、一羽の伝書バトがいました。空を飛ぶすがたはまるで青い矢のようで、ほかのハトをよせつけない速さで飛んでいきます。アルノーは、数かずの長距離レースで優勝し、通信文を運ぶという重要な仕事でも大活やくしました。

伝書バトは、自分の巣のある方向を見きわめて、まちがいなくもどって来なくてはなりません。場所と方角を感じとるするどい感覚は、耳のおくにある「内耳」という部分にそなわっていると考えられています。

また、家に帰りたいという思いを達成するのが、強くてじょうぶなつばさです。これが、だいじな武器となるのです。

飛行訓練をするとき、かごのふたが開かれると、アルノーは真っ先に空高くまい上がります。レースのために連れて来られたのは見知らぬ土地ですから、高い場所からいち早く方向を見きわめるのです。そして、自分の家の方向に向かってまっしぐらに飛んでいきます。アルノーは、ほかのハトたちのようにとちゅうで虫を食べたり、水を飲んだりして時間を使うことはしません。

むずかしいのは、海の上です。目標にするものがなにもない海では、耳のおくにそなわった方向感覚だけをたよりに飛ばなければなりません。

あるときアルノーは、海上訓練のために船に乗せられました。ところが、十時間ほど進んだときにエンジンが故障し、船は深い霧の中をただよっていました。岸から三四〇キロメートルもはなれた場所でした。

船員は、アルノーの足に助けをよぶ手紙を結びつけ、空へはなちました。アルノーは高く上空へのぼると、やがて一点をめざして、ひとすじの光のように飛び去って行きました。

それから四時間四十分後。アルノーの飼い主は、風を切って小屋に飛びこんできたハトに気づきます。それはアルノーでした。飼い主はアルノーの足から通信文をほどき取ると、二分後には船会社へかけだしていました。こうしてアルノーは、そうなんした人の命を救う活やくまでしたのでした。

353ページのこたえ　ピッキング

おはなし豆知識　日本でも、1960年代ごろまで、新聞社などで伝書バトが通信文をとどけていました。

おはなしクイズ　伝書バトが方向を感じとるのは、からだのどの部分？　㋐耳　㋑舌　㋒羽

こたえはつぎのページ

10月10日のおはなし

からだ

ゲームをすると目がつかれるのはどうして？

画面を見ているとき、目の中ではなにが起こっているのでしょうか

読んだ日にち（　　年　　月　　日）（　　年　　月　　日）（　　年　　月　　日）

まず、ものが見えるしくみをかんたんに説明しましょう。

目の前にリンゴがあるとします。リンゴに当たってはね返った光が、目の表面をおおう「角膜」という透明な膜を通して、目の中に入ります。光は、レンズのようなまるい形をした「水晶体」を通ることで、一度一点に集められ、ピントが調整されます。そして、目の内側にある「網膜」というスクリーンのような場所に、リンゴの像がうつし出されます。うつし出された像の情報が、「視神経」を通って脳に送られると、脳は像の情報を処理して、「リンゴが見えた」と感じとるのです。

では、水晶体は、どうやってピントを合わせるのでしょう。

水晶体の上下の部分には、「毛様体筋」という、細い繊維状の筋肉があります。毛様体筋は、「チン小帯」という組織によって水晶体とつながっていて、ばねのようにのびちぢみして水晶体のあつみを調整しています。毛様体筋がきんちょうすると、輪ゴムがちぢんだようになり、水晶体がおされて、あつくなります。逆に、毛様体筋がゆるむと、輪ゴムがビヨーンとのびたような状態になり、水晶体はうすくなります。このように、近くのものを見るときは水晶体があつくなるよう、遠くのものを見るときはうすくなるよう、毛様体筋が調節することで、ピントを合わせるのです。

遠くを見るとき
近くを見るとき
毛様体筋
チン小帯
水晶体
（うすい）
（あつい）

長い時間、ずっと近くばかりを見ていると、毛様体筋がきんちょうしてちぢんだ状態がつづくことになります。ゲームをしているときは、目に力を入れて小さな画面を見つづけるので、とりわけ目がつかれやすくなるのです。また、夢中になって見ているときは、まばたきの数が少なくなります。すると、目がかわいたり痛んだりする原因になります。

一時的なつかれは、遠くを見たり、目を休めたりすることで治ります。ですが、ひどくなると、ピントを合わせるはたらきが弱くなって、遠くのものが見えづらくなります。ゲームをするときは、ときどき遠くを見たり、一時間に一回は休けいをはさんだりして、目を休ませましょう。目の健康のためにも、ほどほどがたいせつですよ。

354ページのこたえ　㋐耳

おはなし豆知識　目がつかれると、肩こりや頭痛につながることがあります。

おはなしクイズ　目の表面をおおう、透明な膜をなんという？

こたえはつぎのページ

山の高さってどうやってはかっているの？

長い定規で、実際にはかっているのでしょうか

10月11日のおはなし

読んだ日にち（　年　月　日）（　年　月　日）（　年　月　日）

地球・宇宙

土地の高さは、「標高（海抜）」という言葉であらわされます。日本では、東京湾の海水面の平均の高さを標高ゼロメートルと決めています。つまり、東京湾とくらべてどのくらいの高さにあるかで、土地の高さを決めているのです。東京湾だけでなく、地域によって、基準となる海を決めていることもあります。

山の標高は、「空中写真測量」という技術を使ってもとめます。まず、飛行機を飛ばして、山の上空から何まいかの写真をとります。少しずつ位置をずらしながら、真下の写真をとるのがコツです。

とった写真を特別な方法で重ね合わせて分析すると、平面の写真を立体的な像にあらわすことができます。この立体的な像から地面のもり上がりの度合いがわかり、山の高さを知ることができるのです。

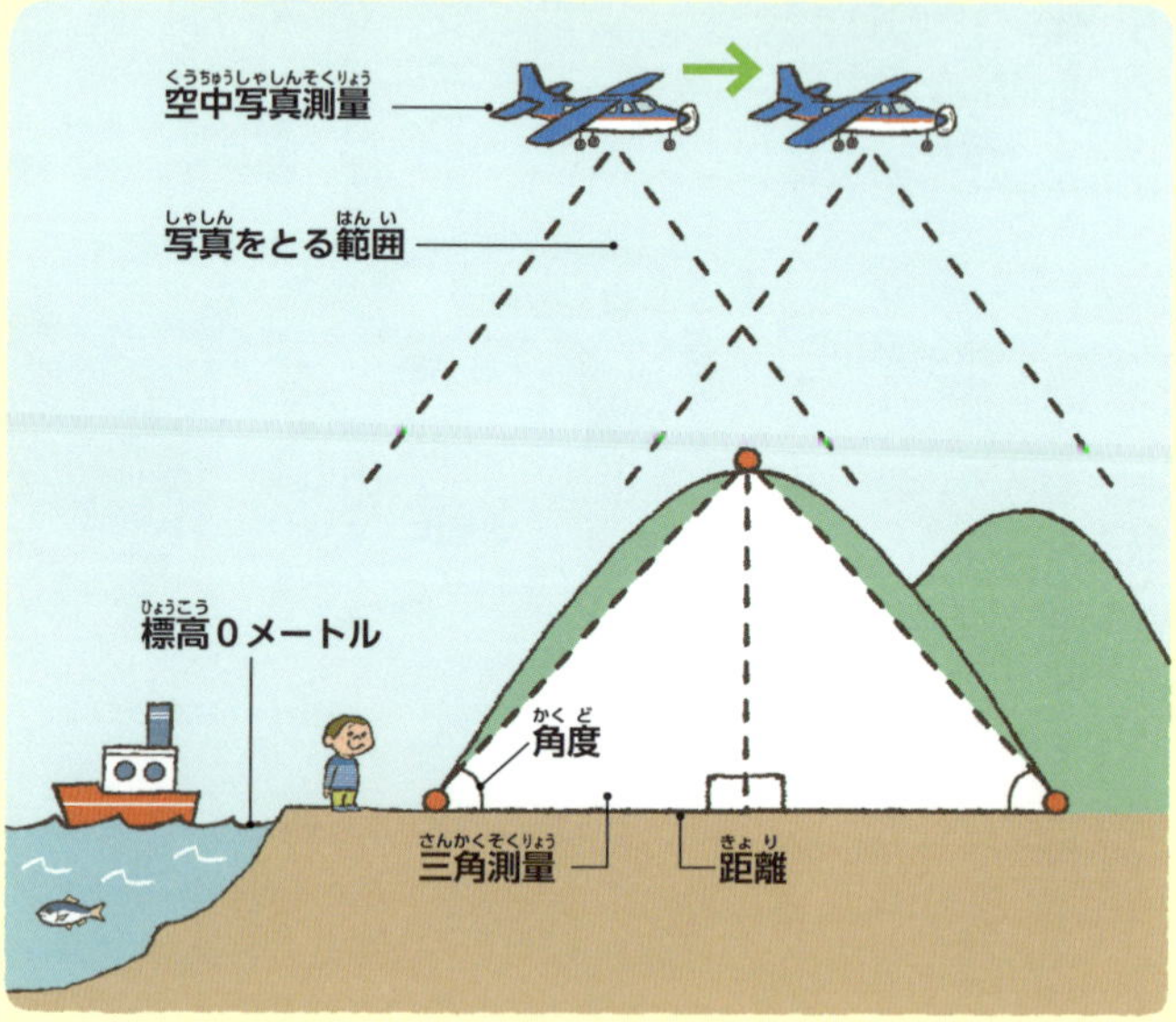

写真測量は、人が両目でものを見るときと同じしくみを使っています。わたしたちの目は、もののある場所が遠いか近いかというおくゆきをとらえる「遠近感」を感じとることができます。これは、左右の目が数センチメートルはなれていて、ほんの少しずれた場所から、それぞれの目でものを見ているからです。左右の目が見る像は少しだけちがうので、二まいの像を頭の中で重ね合わせて一まいの像としてとらえることで、ものが立体的に見えるのです。

飛行機のなかった時代は、山の上空から写真をとることはできなかったので、「三角測量」という方法で山の高さをはかっていました。これは、山を大きな三角形と考えて、計算で高さをもとめる方法です。

まず、山のふもとで、標高のわかるところから、ふたつの地点を定め、距離をはかります。つぎに、それぞれの地点から山の頂上を見上げたときの角度をはかります。これがわかれば、高校で習う数学の「三角関数」という方法で計算することができ、山の高さがわかるというわけです。

こうして昔の人は、数学の知識をたくみに使って、人が実際にはかれない山の高さを知ったのですね。

355ページのこたえ　角膜

おはなし豆知識　人工衛星から山にレーザーを当てて、はね返ってくる時間によって高さを知る方法もあります。

おはなしクイズ　土地の高さは、どこを基準に決められる？　㋐海水面　㋑山のふもと　㋒山の頂上

こたえはつぎのページ

10月12日のおはなし

建物にかみなりが落ちないのはなぜ？

かみなりの性質を利用した、あるものが使われます

読んだ日にち（　年　月　日）（　年　月　日）（　年　月　日）

発明・発見

かみなりには、建物や木のような、まわりとくらべて高くつき出たものや、金属性のものに落ちやすいという性質があります。そのため、高い建物の上には、かみなりのひがいをふせぐために、「避雷針」が取りつけられています。

避雷針は、とがった金属のぼうを屋根の上に立て、そのぼうに金属の長いワイヤーをつなぎ、その先を地上へ下ろして地面にうめたものです。避雷針に落ちたかみなりをワイヤーでみちびいて、地面に直接にがすことで、建物をひがいから守っています。漢字では、「雷を避ける」と書く避雷針ですが、実際は、「かみなりを引きよせる」ためのものなのですね。

日本では、「高さ二〇メートル以上の建物には避雷針を取りつけなければならない」と法律で定められています。二〇メートルというのは、おおよそ六階建ての建物の高さです。

避雷針は、アメリカのベンジャミン・フランクリンが発明したものです。フランクリンは、「アメリカ合衆国建国の父」のひとりでもあり、かみなりの正体が雲にたまった電気であることを証明しています。針金を取りつけたたこを雲の中にあげて、ライデンびん（今のバッテリーのようなもの）の中にかみなりをみちびいたところ、電気がたまっていることがわかったのです。

当時は、高い塔のある教会などにかみなりが落ちて、火事になる事故がよく起きていました。そこでフランクリンは、たこの実験で使ったような金属のぼうを立てて、ワイヤーでかみなりをみちびけば、建物を守ることができると考えました。こうして、避雷針が誕生したのです。

現代のわたしたちの生活は、電線や電話線、インターネット回線などの金属線につながった、さまざまな電子機器に取りかこまれています。建物に落ちたかみなりが金属線を伝って、これらの機器にひがいをおよぼさないためにも、避雷針の役目はますます重要になっています。

356ページのこたえ　㋐海水面

おはなし豆知識　1752年に行ったフランクリンの実験は、感電死のおそれがあるきけんな実験でした。

おはなしクイズ　フランクリンが、かみなりを調べる実験に使ったのは？　㋐たこ　㋑電話線

こたえはつぎのページ

ますい薬はどうしてできたの？

10月13日のおはなし

世界ではじめて全身ますい手術を成功させたのは、江戸時代の日本人医師でした

読んだ日にち（　年　月　日）（　年　月　日）（　年　月　日）

伝記

華岡青洲（一七六〇〜一八三五年）

ますいの技術がなかった時代には、手術は、患者にとってもなく大きな痛みと苦しみを強いるものでした。ヨーロッパや中国では、ますいのはたらきのある植物が古くから知られていましたが、手足のけがなどのかんたんな手術のあとに、痛み止めとして使われるくらいでした。ますいのはたらきのある植物は、使う量をあやまれば人が死ぬほどの毒草でもあり、全身ますいにはとても使えない、きけんなものだったからです。

ところが、今から二百年前、記録に残るなかでは世界ではじめて、全身ますいでの手術に成功した人がいました。紀伊国（今の和歌山県）の日本人医師、華岡青洲です。

青洲は、かみなりがはげしくひびき渡る日に生まれたといわれています。名前を「震」、よび名を「雲平」とつけられ、あとつぎとしての期待をこめて育てられました。おじいさんもお父さんも医師だったため、青洲も医師の道を進みます。

二十三歳になると京都へ行き、当時の最先端だった東洋医学やオランダ式の外科医学を学びました。そして三年後、ふるさとにもどり、お父さんの診療所をついだのです。

「手術で治る病に苦しむ人びとを救いたい」という強い願いがあった青洲は、ますい薬の開発に取り組みます。研究を重ねた結果、チョウセンアサガオやトリカブトを中心に、六種類の植物を一定の割合で調合すれば、ますいの効果が得られることがわかりました。どれもとてもきけんな毒草ですが、青洲は犬などの動物を使った実験を重ねて、完成にこぎつけます。しかし、動物実験だけでは人間に対する効果はわかりません。青洲は、すっかり行きづまってしまいました。

そんなとき、救いの手をさしのべたのが、青洲の母と妻です。ふたりは、「わたしたちを実験台に使ってください」と言って、ためらう青洲にせまったのです。何度かの人体実験をへて、ついに全身ますい薬、「通仙散」が完成しました。実験のとちゅうで母が命を落とし、妻は視力をうしなうという、重いぎせいのうえにもたらされた成功でした。

そして一八〇四年、青洲は世界ではじめての全身ますい手術を行っています。乳がんに苦しんでいた六十歳の女性の手術でした。青洲は、その後、七十四歳でなくなるまでの三十年の間、百五十例をこえる手術を行ったという記録が残っています。

357ページのこたえ　㋐たこ

おはなし豆知識　およそ2000年前の中国に、ますい手術を行う華佗という医師がいたといわれています。

おはなしクイズ　青洲がはじめて全身ますいを成功させたのは、なんの病気の手術？

こたえはつぎのページ

10月14日のおはなし

マツボックリってなに？

花なのか、種なのか、実なのか、ふしぎな形をしていますね

読んだ日にち（　　年　　月　　日）（　　年　　月　　日）（　　年　　月　　日）

植物

マツは日本で古くから愛されてきた木です。海岸ぞいに植えられているクロマツや、開けた明るい山に多いアカマツが代表的です。マツボックリはマツの球果（球形の実）で、マツカサともよばれます。

花がさく植物は、花びらのある「被子植物」と、花びらのない「裸子植物」に大きく分けられます。マツは、スギやイチョウなどと同じ裸子植物の仲間で、球果は裸子植物の針葉樹に見られる実です。

マツボックリには、魚のうろこのような「鱗片」が規則正しく重なってならんでいます。これらの鱗片は、マツボックリの中心にある軸にらせん状についていて、鱗片の一まい一まいのうら側に種ができます。

種が成熟すると、鱗片がかわいてそり返り、重なっていた鱗片どうしの間が開きます。そして、種が外にこぼれます。

クロマツやアカマツの種は、「種子翼」がついていて、鱗片のうら側にふたつずつできます。種子翼は、風で種を遠くへ運んでまき散らすための羽のようなものです。種を飛ばしたあと、役目を終えたマツボックリは、えだから落ちます。

マツは、一本の木に「雄花」と「め花」がつきます。花がさく春に、わかいえだの先のほうに、ツクシの頭のような茶色いものが集まってついています。これが雄花です。

雄花は風に乗せて、たくさんの花粉を飛ばします。花粉のつぶの両側には、風船のようなものがついていて、風に飛ばされやすくなっているのです。このように、風の力を借りて受粉を行う花を「風媒花」といいます。

め花は、えだの一番先についている、マツボックリに似た部分です。め花の鱗片のすきまから、雄花が飛ばした花粉が入って受粉します。そして、受粉の翌年の秋にようやく種が完成します。

春、マツのえだ先には、まだわかいマツボックリがついています。これは、前の年の春に受粉してできた、二年目のマツボックリです。これから少しずつ大きくなり、その年の冬には種を飛ばします。

358ページのこたえ　乳がん

おはなし豆知識　マツボックリは、晴れの日に遠くへ種を飛ばすために、雨の日はかさをとじます。

おはなしクイズ　マツボックリは、マツの葉っぱのことだ。○か×か？

こたえはつぎのページ

コオロギはどうやって鳴くの？

あの美しい音色はどうやってかなでているのでしょうか

10月15日のおはなし

読んだ日にち（　年　月　日）（　年　月　日）（　年　月　日）

ファーブル昆虫記

「コオロギ」のおはなしより

〈これは、ファーブルがコオロギのはねを調べたときのお話です。〉

すばらしい音楽をかなでるコオロギの楽器は、二まいの上ばねです。コオロギの上ばねは、右ばねが左ばねの上に重なっています。うらと表でつくりが少しちがいますが、左右のはねはどちらも同じ形です。はねの表側には、ギザギザしたかたいすじがあります。はねのうら側には、出っぱったすじがあります。

この、右ばねのうら側のすじと、左ばねの表側のかたいすじをこすり合わせると、音が出ます。そして、両方のはねについている、うすい膜をふるわせることで、美しい音色をひびかせるのです。

キリギリスはコオロギとは逆で、左のはねが上です。いうなれば、コオロギは「右きき」、キリギリスは「左きき」というわけです。キリギリスは、左ばねのうら側と右ばねの表側にしか、音を出すためのすじがありません。そのため、キリギリスが楽器を使うには、かならず「左きき」でなければなりません。

しかしコオロギは、両方のはねの表とうらに楽器をそろえています。ですから本当は、「右きき」でも「左きき」でも、どちらでもいいはずです。でもなぜ、「右きき」のコオロギばかりなのでしょう。

ふしぎに思ったわたし（ファーブル）は、実験をすることにしました。

コオロギの右ばね
うら側
表側
出っぱったすじ
ギザギザしたかたいすじ

左のはねが上、右のはねが下になるよう、入れかえるのです。はねをきずつけないよう、ピンセットでそっとつまんで、あべこべにしました。ところが、コオロギは、何度やっても、努力しながらはねをもとにもどしてしまいました。

今度は、脱皮して出てきたばかりの、まだやわらかいはねのコオロギでもためしてみました。やはりコオロギは、努力して「右きき」にもどしました。

それはなぜなのか。わたしはいさぎよく「わからない」とみとめたいと思います。

夏、オスのコオロギは、結婚相手をさがして歩きまわります。オスはメスのコオロギに出合うと、そのはねで美しい音楽をかなでて気をひきます。その情熱に動かされるようにして、メスはオスのプロポーズを受けるのです。

359ページのこたえ ×

おはなし豆知識 鳴くのは、オスのコオロギだけです。

おはなしクイズ コオロギが鳴くときに使う上ばねは、何まい？

雲と霧ってどうちがうの？

できている成分がちがうのでしょうか

読んだ日にち（　年　月　日）（　年　月　日）（　年　月　日）

天気・気象

みなさんは、霧を見たことがありますか。春や秋になると、朝方、外に霧が出ていることがあります。また、山にのぼると、上のほうに行くにつれて、霧が深くなります。もくもくとしていて、まるで雲の中に入ったような感じがしますね。雲と霧は、別のものなのでしょうか。

雲のできるしくみはこうです。まず、水が太陽などで温められて蒸発します。温かい空気は軽いので、上昇気流（下から上へ流れる空気の動き）が発生します。この気流に乗って、水蒸気をたくさんふくんだ空気が上にのぼります。そして、空気中のちりのまわりに、上空の冷えた水蒸気がくっついて、小さな水や氷のつぶになります。こうした目に見えるつぶがたくさん集まって、雲ができるのです。

雲も霧も、基本的なでき方は同じです。地面からはなれた空にうかんでいる場合は「雲」、地面の近くにただよっている場合は「霧」とよびます。たとえば、ふもとから見れば、山のてっぺんにかかるのは雲ですが、山のてっぺんにいる人にとっては霧というわけです。

また、一キロメートル先にあるものが、白くかすんで見えない場合を「霧」、見える場合を「もや」とよんでいます。

霧は、発生のしかたによって、いくつかの種類に分けられます。たとえば、風が弱くて晴れた朝に地面をおおうように出る霧を、「放射霧」といいます。これは、夜間に起こる放射冷却（地面の熱が外へ出て、まわりの気温を下げる現象）によって霧が発生するためです。まわりに山がある低い土地は、冷えて重くなった空気が流れこみやすいので、放射霧が発生しやすくなります。

今、東京では、霧の発生はほとんど見られません。年に四十日ほど霧が出ていた一九五〇年代とは、大ちがいです。これは、コンクリートの地面がふえて、水分をたくわえる土の地面がへり、空気の乾燥が進んだためです。また、夜になってもコンクリートが熱をたくわえているため、気温が下がりづらいからです。

人間の生活が、自然の現象にも影響をあたえているのですね。

360ページのこたえ　2まい

おはなし豆知識 朝、霧がたちこめる山地では、良質のお茶ができるといわれます。

おはなしクイズ 雲と霧のちがいは、できる場所のちがいである。〇か×か？

こたえはつぎのページ

夢ってどうしてすぐわすれちゃうの？

さっきまでおぼえていたはずなのに、あれれ……？

読んだ日にち（　年　月　日）（　年　月　日）（　年　月　日）

10月17日のおはなし

からだ

睡眠は、脳とからだを休ませて生命をたもつために欠かせないものです。ねむっている間の脳やからだの活動を観察すると、脳の休み方には、リズムがあることがわかります。

ねむってから三十分ほどで、脳は深いねむりに入り、これがしばらくつづいたあと、浅いねむりに入ります。脳は、こうした深いねむりと浅いねむりを、ひと晩に何度かくり返します。

およそ九十分ごとにおとずれる浅いねむりでは、からだはリラックスしていますが、脳は起きているときとよく似た状態になっています。また、眼球が、つぶったまぶたの下で、まるでなにかを見ているように動きます。このような浅いねむりの状態を、「レム睡眠」といいます。レム（REM）は、「急速眼球運動」という意味の英語の頭文字からとった言葉です。逆に、脳が深くねむっている状態を、「ノンレム睡眠」といいます。大人の場合、レム睡眠の合計時間は、睡眠時間全体の五分の一ほどです。

レム睡眠
ノンレム睡眠
90分
夢を見る

レム睡眠のとき、人は夢を見ています。このとき脳は、脳の中の情報を整理したり、記憶したりしていると考えられています。起きている間、脳には大量の情報が入ってきます。これらの中から、必要な情報を選び取って仕分けする作業や、選んだ情報を記憶として脳に記録する作業を、脳はレム睡眠のときに行っているのです。この作業中に、さまざまな情報が脳の中にうかんでくることで、夢を見ると考えられています。

また、日ごろ強くのぞんでいることや、気がかりなことが夢に出てくることがよくあります。考えていないつもりでも心のおくに引っかかっていることが、夢に出てくることもあります。人の心の状態が、夢に影響をあたえているのです。

レム睡眠があれば、人はかならず夢を見ています。しかし、朝起きたときに、「夢を見なかった」とか、「夢を見た気がするけど、どんな夢だったかおぼえていない」というのは、よくあることです。これは、記憶として残す必要がないと脳が判断するからだと考えられています。たしかに、なにもかもおぼえていたら、新しい情報が脳に入ってこなくなりますね。

361ページのこたえ　○

おはなし豆知識　犬やネコなど、人間以外のほ乳類の一部も、夢を見ると考えられています。

おはなしクイズ　夢を見ているのはどちらの状態？　㋐レム睡眠　㋑ノンレム睡眠

こたえはつぎのページ

食べものをこおらせると長持ちするのはなぜ？

冷凍食品の賞味期限を見ると、びっくりしますね

読んだ日にち（　年　月　日）（　年　月　日）（　年　月　日）

食べもの

昔から人は、食べものをからからにほしたり、塩づけや砂糖づけにしたりして、長持ちさせるくふうをしてきました。冷凍技術が発達した今は、生ものも新鮮なまま保存することができるようになりました。

食べものがいたんで食べられなくなるのには、いくつかの原因があります。食べものをくさらせたり、食中毒を起こさせたりする菌やかびなどの微生物がふえること。食品にふくまれるあぶら分が酸化する（空気中の酸素と結びついて変化し、からだに悪いあぶらになる）こと。生の肉や魚の中にもともとある「酵素」という成分が、たんぱく質を分解して変化させること、などです。

ただ、食べものはこおらせれば、微生物は死ぬか、ねむった状態になって、それ以上ふえることはありません。あぶら分の酸化や酵素による分解も、おさえられます。

マグロのさしみがいつでも食べられるのは、冷凍技術が進んだおかげです。マグロをとる漁船の多くは、日本から遠くはなれた海を何か月もかけて移動しながら漁をします。漁船には大きな冷凍庫がそなえられていて、とったマグロをマイナス六〇度の超低温ですばやくこおらせて、新鮮なまま保存します。

野菜や肉や魚は、小さな細胞が集まってできています。冷凍すると、ひとつひとつの細胞にふくまれる水分が、氷のつぶになってかたまります。超低温ですばやくこおらせた場合、できる氷のつぶが小さいので、細胞をこわさずに、おいしさをたもつことができるのです。

いっぽう、家庭用の冷凍庫の温度は、マイナス一八度ほどです。これくらいの温度では、氷のつぶが大きくなり、細胞をこわしてしまいがちです。また、冷凍庫のとびらを開けるたびに中の温度が上がるので、少しとけてはふたたびこおるということをくり返します。あぶら分の酸化も完全におさえることはできません。こうして少しずつ、味や品質が落ちていくのです。

冷凍食品は賞味期限の表示どおりに、また、家で冷凍したものはおよそ一か月を目安に、おいしいうちに食べ切るようにしましょう。

362ページのこたえ　㋐レム睡眠

おはなし豆知識　アイスクリームは、適切に冷凍保存すればくさらないので、賞味期限を書かないことがあります。

おはなしクイズ　家庭用の冷凍庫でこおらせると、氷のつぶは大きくなる。○か×か？

こたえはつぎのページ

魚はなぜむれで泳ぐの？

いっしょに泳いで、ぶつからないのでしょうか

10月19日のおはなし

読んだ日にち（　年　月　日）（　年　月　日）（　年　月　日）

魚

地球上には、およそ二万三千種の魚がいて、そのうち半分がむれでくらしているといわれています。水族館の大きな水そうの中で、イワシやアジの大群が泳いでいるのを見たことがあるかもしれませんね。なかにはイサキなどのように、からだが小さいうちはむれをつくって泳ぎ、大きくなるとあまりむれをつくらない魚もいます。

魚がむれをつくる理由は、ひとつは小さな魚が身を守るため、もうひとつは、大きな魚が効率よく獲物をつかまえるためです。

小さな種類の魚や稚魚（子どもの魚）は、カマスやマグロなどの大きな魚の獲物になります。

小さな魚は、大きなかたまりのようなむれをつくることで、大きな魚の目をあざむきます。敵が近づくと、むれが、すばやく左右に分かれてはまたひとつのかたまりにもどるという動きをくり返して、こうげきをかわすのです。

そして、いよいよ敵に追いつかれると、ぱっと広がって散りぢりになります。敵は一瞬、どの魚を追いかければいいのかわからなくなるので、そのすきににげようというねらいです。いっぽう、大きな魚は、むれをつくって大勢で獲物をおそうほうが、つかまえやすいのです。

魚のむれに、リーダーはいません。シマウマやゾウなどのほ乳類が、むれをつくるのとは大きなちがいです。リーダーがいないのに、同じ種類の魚だけで集まってむれをつくり、まるでだれかが号令をかけているように、いっせいに向きを変えて泳げるのはふしぎですね。

じつは魚は、からだから「フェロモン」というにおいの物質を出しています。このにおいに引きよせられて、仲間が集まるのです。また、魚は、からだの両側に「側線」という器官をもっていて、ここで水の流れや圧力の変化を感じとります。むれをつくる魚は、仲間と同じ方向に泳ぐ習性があります。そばにいる仲間との距離を、水圧や水流の変化を通して感じとり、目でも見てはかることで、ぶつからずにかたまりになって泳いだり、いっせいに向きを変えたりすることができるのです。

○ 363ページのこたえ

おはなし豆知識　魚のむれを、英語で「スクール・オブ・フィッシュ（魚の学校）」といいます。

おはなしクイズ　魚のむれにはリーダーがいる。○か×か？

こたえはつぎのページ

リサイクルってなに？

10月20日のおはなし

たいせつだといわれているけれど、どういうことでしょう

読んだ日にち（　年　月　日）（　年　月　日）（　年　月　日）

生活

わたしたちの生活は、食べものや工業製品、建築物など、たくさんのものにささえられています。ものをつくり出すためには、資源が必要です。日本では、一日当たり五〇〇万トンもの資源が、さまざまなものの生産に使われています。

ほとんどのものは、使われたあと、ごみになります。全国で出るごみの量は、一日あたり一一九万トン。これは、工場や建設現場などから出る「産業廃棄物」もふくめた数字です。それ以外の家庭や施設などから出る「一般廃棄物」だけを見ると、ひとり当たり、毎日およそ一キログラムものごみを出していることになります。

地球上の資源にも、ごみをうめ立てる場所にも、かぎりがあります。このままでは、資源はへるいっぽう、ごみはたまるいっぽうです。そこで重要になってくるのが、「リサイクル」という考え方です。英語で「リ」は「ふたたび」、「サイクル」は「循環」の意味があります。つまり、リサイクルは、ごみをふたたび資源にもどして再利用するということです。

たとえば、アルミ缶を熱でとかしてアルミのかたまりにすれば、これを原料にして、新しいアルミ缶をつくることができます。微生物の力を借りて生ごみから肥料をつくれば、野菜づくりに使えます。こうして、使い終わったものや残りものは、ごみではなく、たいせつな資源として役立てることができるのです。

リサイクルのほかにも、ごみをへらして資源をいかす方法があります。まず、なによりもたいせつなのが、「リデュース」です。これは英語で、「へらす」という意味です。むだな買いものやむだづかいをへらして、本当に必要なものだけを買い、そして、長持ちするものをだいじに使いましょう。

「リユース」もたいせつです。これは、「再利用」という意味です。たとえば古いタオルは、ぞうきんにしたり、なべを洗う前によごれをぬぐい取ったりするのに使えます。こうすれば、最後までむだなく使えて、排水もよごれません。できることからはじめてみましょう。

364ページのこたえ ×

おはなし豆知識　リサイクルできる資源を使った商品には、さまざまな種類があります。

おはなしクイズ　リユースは、なんという意味？

こたえはつぎのページ

エジソンはどうしてたくさん発明できたの？

失敗を前向きにとらえることが、成功へのかぎでした

10月21日のおはなし

読んだ日にち（　　年　　月　　日）（　　年　　月　　日）（　　年　　月　　日）

伝記

トーマス・エジソン（一八四七～一九三一年）

「発明王」とよばれるエジソンは、おさないころから、目にうつるものすべてに興味をもち、自分でためしてみないと気がすまない性格でした。お母さんから勉強を教わり、本もたくさん読みましたが、なかでも科学の本に夢中で、自分でも実験をするようになっていきました。そして、八十四歳でなくなるまでに千二百以上もの発明を世に送り出したのです。

　電話機や蓄音機（録音して再生する機械）、改良型の電球や活動写真機（映画を上映する機械→265ページ）、タイプライターにトースターなど、エジソンの発明の多くは、今もわたしたちの生活に役立つ便利な機械のもとになるものばかりです。

　エジソンは、たび重なる失敗にくじけず、つねに考えることをやめなかったことから、現在、「不屈の人」として知られています。たとえば、蓄音機の発明をしたときもそうです。今では、かんたんに人の声や音を録音することができますが、当時は大発明でした。

　エジソンは、海岸によせては返す波が、砂の上にもようをきざむ様子を見て、あることをひらめきました。そして、板の上に砂をうすくまいてピアノの上に置き、音楽を演奏するという実験をしました。すると、音に合わせて、いろいろな砂のもようができることがわかりました。音のふるえが、砂にもようをきざんだのです。エジソンは、この音のふるえを記録できれば、音を再現できるのではないかと考えました。

　数かずの実験と失敗を重ねたすえに、とうとう蓄音機が完成しました。機械についた取っ手をぐるぐるまわしながら、ラッパの口に向かって歌をうたうと、針が「スズ」というやわらかい金属に当たって、音のふるえを記録していくというしくみです。そして、きざまれたみぞの最初の位置まで針をもどして、もう一度取っ手をまわすと、さっき歌った声がみごとにラッパの口からひびいてきました。

　実験がなかなかうまくいかないとき、エジソンは、「失敗したのではない。うまくいかない方法を一万通り発見したのだ」と言っていたそうです。失敗からも前向きに学ぶエジソンだからこそ、すばらしい発明王になれたのですね。

365ページのこたえ　再利用

おはなし豆知識　エジソンがはじめて蓄音機にふきこんだ曲は、「メリーさんの羊」でした。

おはなしクイズ　エジソンが残した発明品の数はどのくらい？　㋐12　㋑120　㋒1200以上

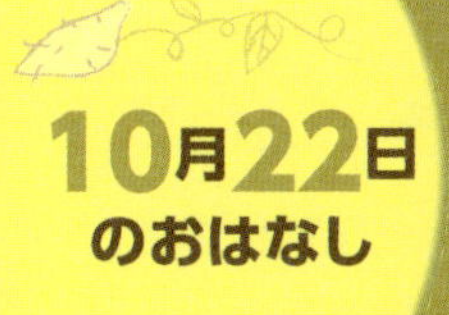

10月22日のおはなし

ほくろってどうしてできるの？

なかったはずの場所に、とつぜんほくろができることがあります

読んだ日にち（　年　月　日）（　年　月　日）（　年　月　日）

からだ

人のはだやかみの毛、ひとみなどには、色がついています。これらの色は、からだにある「メラニン」という色素（小さな色のつぶ）によるものです。メラニンは、「色素細胞」というところでつくられていて、量が多いほど、色は黒や赤などに近い、こい色になります。はだの色が人種によってちがうのは、皮ふにあるメラニンの量によるものです。

ほくろは、医学用語では、「母斑細胞性母斑」といいます。これは、皮ふの中の「母斑細胞」とよばれる細胞が異常にふえて、かたまりになったものです。母斑細胞もメラニンをつくり出すため、黒く見えます。直径が一・五センチメートルより小さなものは「ほくろ」、それよりも大きなものは「黒あざ」とよばれています。

生まれたばかりの赤ちゃんには、ほくろはほとんどありません。ほくろは三歳ごろからあらわれはじめて、二十歳から三十歳ごろにふえます。できても、いつのまにか色がうすくなったり、消えてしまったりするほくろもあります。黄色人種である日本人の場合は、平均で十個、白色人種では二十～五十個のほくろがあるといわれています。

母斑細胞は、色素細胞ができるときに、うまくその細胞になれずに変化してできます。これは、人がまだお母さんのおなかの中にいる時期に起こりますが、原因はよくわかっていません。母斑細胞は年齢とともに異常にふえることがあり、そのときにほくろができるのです。

ほくろができても、健康に問題はありません。ただ、手のひらや足のうらにできるほくろは、「メラノーマ（悪性黒色腫）」という皮ふのがんに変化することがあるので、注意が必要です。また、さかい目がぼやけているほくろや、手や足のつめに黒い線が出る症状も、メラノーマの可能性があるので、気になるときは病院でみてもらいましょう。メラノーマになる原因のひとつに、日焼けのしすぎがあります。太陽光線にふくまれる「紫外線（290ページ）」という光が、皮ふをいためるためです。「日焼けはほどほどに」がたいせつですね。

ウ 1200以上
366ページのこたえ

おはなし豆知識 年をとって皮ふの下の血管が広がり、まるで赤いほくろのように見えることもあります。

おはなしクイズ はだやかみの色、ほくろの色のもとになっている色素は？

こたえはつぎのページ

携帯電話で話せるしくみは？

線がつながっていないのに、どうして話せるのでしょうか

10月23日のおはなし

読んだ日にち（　年　月　日）（　年　月　日）（　年　月　日）

道具・もの

音や声は波の一種です。音や声が起こす「ふるえ」が空気の中を波のように伝わることで、音や声がとどきます。音色や声質、大きさのちがいは、音の波の長さや高さのちがいによって生まれます。

糸電話（131ページ）で遊んだことがある人は多いでしょう。糸電話は、声が起こすふるえを糸に伝えて、相手まで声をとどけます。電話線でつながったふつうの電話も、基本的なしくみは糸電話と同じです。電話機は、声が起こすふるえを電気や光の信号に変えて、電線や光ファイバー（光を通す通信ケーブル）などの電話線を通して相手の電話機まで送ります。そして、相手の電話機で、信号をふたたび「ふるえ」にもどすことで、声が聞こえるのです。

では、電話線が引かれていない携帯電話は、どのようなしくみでつながるのでしょうか。順を追って説明しましょう。

携帯電話をかけると、携帯電話機が声を電波に変えます。そして、電波をラジオのように無線で空に飛ばします。その電波を、近くに建っている携帯電話会社の「無線基地局」のアンテナが受信します。無線基地局は、全国各地に建てられており、基地局どうしの間は、「ケーブル」という信号を伝える線でつながっています。ひとつの基地局で受信された電波は、ケーブルを伝って、電話をかけた相手の近くにある基地局まで送られます。そして、相手の近くにある基地局から電波が無線で飛ばされます。その電波を相手の携帯電話機がキャッチして、電波をふたたび声にもどす、というわけです。

大きな地震のあとに、携帯電話がつながらなくなることがあります。その理由のひとつは、基地局と基地局をつなぐケーブルが切れてしまうことです。ではなぜ、わざわざいくつも基地局を経由して電波を送るのでしょう。その理由は、遠くにいる相手の携帯電話機まで直接電波をとどけるためには、ひじょうに強い電波を出さなくてはならないからです。そうなると、携帯電話機は、ポケットに入るような大きさでは、とてもすまなくなるのです。

367ページのこたえ　メラニン

おはなし豆知識　1985年につくられた日本の携帯電話第1号は、重さが約3キログラムもありました。

おはなしクイズ　携帯電話の無線基地局どうしは、なにでつながっている？

こたえはつぎのページ

10月24日のおはなし

カメムシがくさいのはどうして？

くさいにおいをさせて、なにかいいことがあるのでしょうか

読んだ日にち（　年　月　日）（　年　月　日）（　年　月　日）

虫

地方によって、「へこき虫」「へっぴり」「へくさんぼ」などのよび名があるカメムシ。どの名前も、手でつかむと、くさいにおいを出すところからきています。

カメムシというのは、カメムシ科などに属するこん虫全体の名前です。カメムシの仲間には、前から二本目の足のつけ根あたりに、「臭腺」とよばれるにおいを出す器官があります。外からしげきを受けると、ここから強れつなにおいのする液をふき出します。この液は、くさいだけでなく有害で、人間のはだにつくと水ぶくれになることもあるほどです。

カメムシは、集まってくらす習性をもつものが多く、一ぴきが液をふき出したとたん、まわりにいた仲間がいっせいに飛び立つ様子が観察できます。このことから、カメムシのくさい液は、敵を追いはらうとともに、においで仲間にきけんを知らせる役目があると考えられています。こうしてカメムシは、敵から身を守っているのです。

カメムシの仲間の多くは、植物の汁をすって生きています。ダイコンやブロッコリーなどのアブラナ科の野菜の葉には、「ナガメ」という、黒地にオレンジ色や赤のもようのあるカメムシがよくついています。

カメムシの仲間には、このように目立つ色やもようをもつ種類が多いのです。わざと目立つもようを身につけて、「くさい液を出す虫だぞ」と知らせることで、敵をよせつけないくふうをしていると考えられています。

くさいにおいで身を守るこん虫は、ほかにもいます。たとえば、アゲハチョウの仲間の幼虫は、さわると赤や黄色の二本の角のようなものを出しながら、頭を持ち上げます。この角のようなものは、「臭角」とよばれ、くさいにおいがします。においを出しながらおどすようなポーズをとることで、敵を追いはらおうというわけです。また、テントウムシも、きけんがせまると、足の関節から、くさいにおいのする黄色の液を出します。敵に食べられないよう、液には毒がふくまれています。

368ページのこたえ　ケーブル

おはなし豆知識　においを出したカメムシをびんにとじこめると、自分のにおいで死ぬことがあります。

おはなしクイズ　カメムシは、集団でくらすことが多い。○か×か？

こたえはつぎのページ

日本にもオオカミはいるの？

山の中には野生のオオカミがいるのでしょうか

10月25日のおはなし

読んだ日にち（　年　月　日）（　年　月　日）（　年　月　日）

動物

オオカミは、犬の祖先だとされる動物で、ヨーロッパからシベリアにかけてのユーラシア大陸北部や、アメリカ大陸北部の森林地帯にすんでいます。十頭前後でむれをつくってくらし、シカやノウサギなどをおそって食べます。むれごとに広いなわばりをもち、獲物をさがしながら一日に数十キロメートルも移動することがあります。獲物を見つけると、遠ぼえをして仲間に知らせます。

　かつては、日本にもオオカミがいました。本州と四国と九州にニホンオオカミが、北海道にエゾオオカミがすんでいましたが、どちらも百年ほど前に絶滅したと考えられています。明治時代に入って人口がふえて、町や農地が広がり、オオカミのくらす場所と人のくらしが重なるようになったからです。家畜や人をおそうこともあるオオカミは、きけんな動物とされて、たくさんころされました。さらに、狂犬病や、それ以外の犬の病気がうつるなどして、日本のオオカミは絶滅したのです。

　世界各地に、同じようにオオカミがいなくなった地域があります。それらのなかには、オオカミを復活させる計画が実施されている地域もあります。オオカミがいなくなったことで、シカなどの草食動物がふえすぎて、木が食べつくされたからです。たとえば、一九九五年にオオカミを復活させたアメリカのイエローストーン国立公園では、現在、およそ百頭のオオカミがくらしています。

　日本でも同じ理由から、オオカミのむれを復活させようという声があります。しかし、オオカミは、一頭当たり一〇〇平方キロメートル近くもの広いなわばりを必要とします。東京ドーム二千個分以上の広さです。そのため、人のくらしが自然環境のすぐ近くまで入りこんでいる日本では、「オオカミと人が共生するのはむずかしい」という意見が、多くの専門家から出ています。生きものをいったん絶滅させると、復活させるのがどんなにむずかしいか、ということがよくわかります。

369ページのこたえ ○

おはなし豆知識 日本には、オオカミを神としてまつっている神社があります。

おはなしクイズ かつて、北海道にすんでいたオオカミの種類は？

こたえはつぎのページ

10月26日のおはなし

地球や月はどうしてまるいの？

まるくない形の星はないのでしょうか

読んだ日にち（　年　月　日）（　年　月　日）（　年　月　日）

地球・宇宙

地球や月のまるい形には、「引力」が関係しています。引力とは、ものとものとの間にはたらく、たがいに引き合う力のことです。

わたしたちの身のまわりにあるものは、宇宙の大きさとくらべればほんの小さなものです。小さな物体には、人が感じとれるほどの大きさの引力ははたらきません。しかし、地球や月のように大きな物体になると、それだけ大きな引力がはたらきます。

地球や月がもつ引力は、地面から球体の中心に向かって引きよせる力を生みます。この力を「重力」といいます。ものの重さは、その物体におよぶ重力の大きさをはかっているのです。月の上でものの重さが六分の一になるのは、月が地球よりも小さく、そのぶん、重力が地球の六分の一しかないからです。

地球も月も、できたばかりのときには、凹凸のあるいびつな形をしていました。しかし、地球や月の重力はとても大きいので、凹凸をくずすほどの力があります。そうして自分自身のもつ重力によって、表面の出っぱりがくずれ、少しずつ平たくなっていきました。山がけずられたり、谷がうめられたりしたのです。こうして長い時間をかけて、今のようなまるい形になりました。

まるい形は、力のつり合いが一番安定している形です。中心から表面までの距離がどの地点でも同じで、どの地点でも同じ大きさの重力がはたらくからです。しゃぼん玉を思いうかべてみてください。自然にまるい形になるのは、膜がやぶれないように、つり合いのとれた安定した形になろうとするからです。

ただ、地球は、正確にいうとまんまるではありません。その場で回転したり（自転）、太陽のまわりをまわったり（公転）しているので、外側に引っぱられるように感じる遠心力がはたらき、赤道のあたりがふくらんだような形をしています。

また、星のなかには、まるくないものもあります。太陽系にたくさん存在する小さな天体がそうです。

たとえば、小惑星探査機「はやぶさ」が、二〇一〇年に岩石の細かいつぶを地球に持ち帰ってきたことで有名になった小惑星「イトカワ」は、ソラマメを細長くしたような形をしています。小惑星は小さすぎて、岩石をおしつぶすほどの大きな重力をもたないので、まるい形になれないのです。

自転
太陽
地球
遠心力で赤道のあたりがふくらむ
公転

370ページのこたえ　エゾオオカミ

おはなし豆知識　小惑星イトカワは、日本の宇宙開発の父、糸川英夫にちなんで名づけられました。

おはなしクイズ　地球や月はできたばかりのとき、でこぼこのあるいびつな形だった。○か×か？

こたえはつぎのページ

ナメコはどうしてぬるぬるしているの？

ぬるぬるには、いろいろな役割があります

読んだ日にち（　　年　　月　　日）（　　年　　月　　日）（　　年　　月　　日）

10月27日のおはなし

食べもの

ナメコは漢字で「滑子（ぬめるキノコ）」と書くように、かさの表面をおおうぬめりが特徴です。野生のナメコは日本と台湾にありますが、食用にしているのは日本だけです。日本では、つるんとしたぬめりと歯ごたえが好まれ、みそ汁の具や、大根おろしとあえた酢のものなどにして、よく食べられています。

ナメコは寒い地域の森に多く、かれた木を栄養にして育ちます。ブナなどの森の中で、たおれた木の上や切りかぶなどに、野生のナメコがかたまりになって生えていることがあります。

ぬめりは、ナメコがまだ小さいときにたくさんあり、成長するとともに少しずつなくなっていきます。ナメコのぬめりのおもな成分は、「ムチン」という、アミノ酸とブドウ糖などがたくさんくっついてできた物質です。オクラやヤマイモ、コンブなどがもつぬるぬるの正体も、同じくムチンです。じつは、人間も、ムチンをからだの中でつくり出しています。たとえば、胃はねん膜の表面から、ぬるぬるとしたねん液を出していますが、そのおもな成分はムチンで、強い酸性の胃酸からねん膜を守るはたらきをしています。

ナメコのぬるぬるにも、自分のからだを守る役目があります。ナメコは、しめった環境でしか大きく育たないので、ぬめりでからだをおおうことで乾燥から身を守っているのです。また、寒い地域が好きなナメコですが、あまり寒すぎると成長がおそくなります。ぬめりには寒さをふせぐ効果があり、野生のナメコは、寒い日にはぬめりが多くなることが観察されています。

また、ナメコが好きなじめじめした場所には、落ち葉やキノコを食べるナメクジなどの生きものもたくさんいます。ぬめりには、そのような生きものに食べられるのをふせぐ役目もあるのです。ぬるぬるのコートを身にまとうことで、ナメコは乾燥や寒さや敵から身を守っているのですね。

371ページのこたえ ○

おはなし豆知識 ナメクジのからだのぬるぬるも、ムチンによるものです。

おはなしクイズ ナメコのぬめりは、成長とともにふえる。○か×か？

10月28日のおはなし

心とからだって結びついているの？

心は、いったいどこにあるのでしょう

読んだ日にち（　年　月　日）（　年　月　日）（　年　月　日）

からだ

心とは、気持ちの動きや、ものごとを理解したり考えたりするはたらきのことです。たとえば心には、うれしい、かなしい、楽しい、怒りなどの気持ちの動き（情動）や、ものごとを筋道立てて考える力（理性）、理解して記憶にとどめる力（記憶）、なにかを決めてそれを実現しようとする力（意志）などがあります。

「むねに手を当ててよく考える」という言葉があるように、昔の人は、心は心臓に宿ると考えていました。研究が進んだ今では、脳のはたらきが心を生み出すということがわかっています。では、脳と心はどのように結びついているのでしょうか。

わたしたちの脳はいくつかの部分に分かれていて、それぞれに決まった役割があります。大脳の内側には、「大脳辺縁系」と名づけられた部分が広がっています。うれしい、かなしいなどの情動のはたらきをになうのが、この大脳辺縁系です。

さらに、大脳辺縁系は、「自律神経系」をはたらかせる役割もしています。自律神経系というのは、体温を調節したり、心臓を休まず動かしつづけたりといった、命をたもつために欠かせないからだのしくみのことです。

ところで、きんちょうしているときは、心臓がドキドキしたり、顔が赤くなったり、あせをかいたりしますね。急におしっこに行きたくなったりもします。気持ちの状態が、からだに影響をおよぼすのです。心の中でも特に情動は、からだのはたらきと強く結びついています。

では、心とからだはどうして結びついているのでしょうか。

人は、きけんを前にすると、おそれを感じてきんちょうします。きけんにうまく立ち向かうには、とっさにものごとを判断して、すばやくからだを動かす必要があります。そのために、心臓を速く動かして全身に酸素を行き渡らせたり、また体温を上げたりして、からだの調子を高めるよう、大脳辺縁系が自律神経系に指令を出すのです。逆に、安心しているときは、からだをゆったりさせて休ませます。

じつは、大脳辺縁系は、人間だけでなく鳥類やほ乳類などの動物の脳にもあります。人間がほかの動物とちがうところは、大脳辺縁系の外側に「大脳皮質」を発達させ、知性や理性などで情動をコントロールできるようになったことです。

372ページのこたえ ×

おはなし豆知識　進化論で有名なダーウィンは、200年も前から、心とからだの結びつきをとなえていました。

おはなしクイズ　脳にあって、情動のはたらきをになっているのは？　㋐大脳辺縁系　㋑自律神経系

こたえはつぎのページ

F1の車はどうしてあんなに速く走れるの？

ふつうの車と、どのようにちがうのでしょうか

10月29日のおはなし

読んだ日にち（　年　月　日）（　年　月　日）（　年　月　日）

乗りもの

F1（フォーミュラ1）というのは、フォーミュラカーというレーシングカーで走るレースのことです。「フォーミュラ」は、「規格（製品などに定めた基準）」という意味の英語です。「タイヤにもコックピット（運転席）にもおおいがなく、むき出しの状態になっている」という規格にそってつくられた車が、フォーミュラカーです。

フォーミュラカーの最高速度は、時速三〇〇キロメートル以上にも達します。今の新幹線の最高速度が時速三二〇キロメートルですから、ものすごい速さですよね。

この速さには、いろいろなひみつがあります。むだをはぶいた軽い車体と強いエンジン、空気の抵抗を小さくする流線型の車体などです。

また、飛行機のつばさをうら返しにしたようなしくみの部品（ウイング）を取りつけて、車体を地面におしつけるようにして走ります。速く走れば走るほど、強くなる向かい風を受けて車体がうき上がらないようにするためです。

それから、これらのさまざまなくふうをささえる、もうひとつの大きなひみつがあります。それが、特殊なタイヤです。安定して速く走るためには、すべったり空まわりしたりせずに、タイヤがしっかり地面をとらえてまわる必要があります。そのためには、地面と接する面積が広いタイヤでなくてはなりません。そこで、やわらかいゴムでできた、幅が広くてみぞのないタイヤが使われているのです。

レースのとちゅうでタイヤを交換するのは、タイヤがやわらかいため、すぐにすりへってしまうからです。また、雨の日には、水ですべらないように、下から水をかき出すためのみぞがきざまれたタイヤを使います。

F1レースにいどむドライバーは、いつも命のきけんととなり合わせです。事故が起きれば、一瞬で車がもえ上がるきけんもあります。そんな万が一の事故にそなえて、ドライバーが着るレース用のスーツは、八五〇度もの高温の中で三十五秒間も生きられる、特別な素材でつくられています。

ウイング

ウイング

373ページのこたえ ㋐大脳辺縁系

おはなし豆知識　F1レースに参加できるのは、特別な免許（スーパーライセンス）をもったドライバーだけです。

おはなしクイズ　フォーミュラカーは、うき上がらないよう車体が重くなっている。〇か×か？

こたえはつぎのページ

恐竜の色はどうやって知るの？

図鑑を見ると、派手な色の恐竜がたくさんのっていますが……

読んだ日にち（　年　月　日）（　年　月　日）（　年　月　日）

恐竜の多くは、トカゲのようなうろこのあるはだ（皮ふ）をもっていたと考えられています。しかし、皮ふの色については、まだほとんどわかっていません。皮ふはくさりやすいので、かたい骨や歯のように化石として残るのはむずかしいからです。

アンキオルニス・ハックスレイ

アンキオルニス・ハックスレイの化石の一部

恐竜の復元図は、その恐竜が生きていた場所と似た環境にすむ、現代の動物のからだの色やもようを参考にしながら、想像でえがかれています。

恐竜のなかには、からだが鳥のような羽毛でおおわれていたものもいました。羽毛がそのまま残っている化石が見つかって、わかったことです。二〇〇九年には中国で、世界でもっとも古い羽毛恐竜の仲間の全身の化石が発見され、「アンキオルニス・ハックスレイ」と名づけられました。化石の羽毛の部分は、もようがあったことが見てわかるほど、よい状態をたもっていました。

色を調べるため、電子けんび鏡で羽毛の化石をくわしく観察すると、二種類の「メラノソーム」という色のもとが見つかりました。

メラノソームとは、細胞の内部にある小器官で、中にメラニンという色素をふくんでいます。見つかったメラノソームは、黒や灰色のもとになる「ユーメラニン」というメラニンをふくむものと、赤や黄色のもとになる「フェオメラニン」というメラニンをふくむものでした。どちらのメラニンも、現代の鳥の仲間の羽毛にふくまれる色素です。

全身の化石の二十九か所から羽毛化石の一部を取り出して調べた結果、からだ全体の羽毛の色やもようが明らかになりました。アンキオルニス・ハックスレイは、全身が黒っぽい羽毛でおおわれ、現代の鳥の風切り羽のような部分には白と黒のしまもようがあったこと、頭から首のうしろにかけては、くすんだ赤色の、とさかのような羽毛が生えていたことがわかりました。

トカゲのような皮ふの恐竜の仲間でも、皮ふが残ったミイラ状の化石が見つかることがあります。状態のよいミイラ化石が見つかれば、今後、皮ふの色やもようがわかるのではないかと期待されています。

374ページのこたえ　×

おはなし豆知識　鳥は、恐竜の１グループ（獣脚類）から進化して生まれたと考えられています。

おはなしクイズ　アンキオルニス・ハックスレイの色がわかったのはどの部分？　㋐羽毛　㋑目　㋒舌

こたえはつぎのページ

ガスはどうやってつくられているの？

10月31日のおはなし

ひねるだけでガスコンロの火がつきますが……

読んだ日にち（　　年　　月　　日）（　　年　　月　　日）（　　年　　月　　日）

生活

家庭で使われているガスには、二種類あります。ガスボンベを使っている家のガスは「LPガス（液化石油ガス）」で、LPガスでないほうは「都市ガス」です。都市ガスは、地面の下にうめたガス管を通して、ガスの状態のままでそれぞれの家庭にとどけられます。

都市ガスのおもな成分は、「メタン」という種類のガスで、天然ガスともよばれています。地下数千メートルの深い地層に、大量のガスがたまった「ガス田」という状態で発見される、天然の地下資源です。日本は天然ガスのほとんどを海外にたよっていて、オーストラリア、マレーシア、カタールなどの国ぐにから輸入しています。

天然ガスは、マイナス一六二度まで冷やすと液体に変わり、体積も六百分の一までへるという性質があります。この液体の状態を、「液化天然ガス」とよびます。地下からくみ上げられた天然ガスは、液化天然ガスの状態にしてガスタンカーにつめられ、冷やしたまま輸出されます。こうすれば、一度にたくさんの量を運べるからです。日本に到着すると、港の液化天然ガスタンクにいったん貯蔵して、不純物を取りのぞくなどの処理をします。そのあと、ガスの状態にもどし、ガスホルダーまで送ります。ガスホルダーとは、まるい形をした大きなガスタンクです。ここにためられたガスが、ガス管を通して各家庭に送られているのです。

いっぽう、家庭用のLPガスのおもな成分は、「プロパン」という種類のガスです。おもに石油を原料にしてつくられ、日本はほとんどをアメリカから輸入しています。プロパンガスは少しの圧力をかけるだけで液体（LPガス）に変わります。このLPガスをガスタンカーにつめて日本まで運び、港でLPガスタンクに移します。そして、液体のままガスボンベにつめて、各家庭にとどけられるのです。

天然ガスもプロパンガスも、もやすと二酸化炭素と水しか出ません。すすや硫黄酸化物などの有害な物質が出る石炭とくらべて、とてもクリーンな燃料といえますね。

375ページのこたえ　㋐羽毛

おはなし豆知識　ガスは、もれたときに気づくように、わざとタマネギがくさったようなにおいがついています。

おはなしクイズ　日本では、ガスのほとんどを輸入している。○か×か？

こたえは378ページ

11月のおはなし

文／山下美樹

鏡ってどうしてものがうつるの？

11月1日のおはなし

光をよく反射するものほど、くっきり顔がうつります

読んだ日にち（　　年　　月　　日）（　　年　　月　　日）（　　年　　月　　日）

道具・もの

みなさんは、鏡のほかに顔をうつせるものを、どのくらい知っていますか。水たまりにガラス、スプーンやアルミホイルなど、考えてみるとけっこうあることに気づきます。

しかし、どれも鏡ほどくっきりとはうつりません。鏡と、これらのちがいは、なんでしょうか。

それは、目に見える光をどのくらいはね返すことができるかということです。光をはね返すことを、光の「反射」といいます。光をよく反射するものほど、顔がくっきりとうつります。つまり、鏡は光の反射を利用した道具なのです。

わたしたちの身のまわりで、光をよく反射するものは、金属です。なかでも、一番よく光を反射するのは「銀」です。ただ、銀は貴重な金属なので、これで鏡をつくるとお金がかかります。銀をうすく平らにすれば安くできますが、銀はやわらかく、うすくするとゆがんでしまいます。

そこで、今つくられている鏡は、ガラスのうら面にうすい銀をはりつけています。ガラスは透明なので、おくの銀まで光がとどき、よくはね返って、くっきりと見えるのです。

さて、みなさんは鏡を見て、「左右が逆転しているな」と思ったことはありませんか。

人と向かい合って、同時に右手を上げてみます。向かい合っている人の右手は、自分の左側にありますね。しかし、鏡の中の自分は、右手を上げれば、右側の手を上げています。

左右が逆転して見えるのは、鏡にとどいた光をそのまま、まっすぐはね返しているからです。ですから、鏡にうつった自分のすがたは、向かい合った人から見た自分のすがたとはちがいます。鏡と写真の自分をくらべてみるとよくわかります。

ところで、鏡には、真ん中がへこんだ「凹面鏡」、真ん中がふくらんだ「凸面鏡」というものもあります。

凹面鏡は上下がさかさまにうつりますが、光を多く集められます。凸面鏡は中央がひきのばされますが、広い範囲をうつせます。スプーンの表とうらでためすといいでしょう。

ほかにも、二まいの鏡を向かい合わせにしてのぞくと、鏡の中の自分がいくつもつづいて見えるなど、鏡にはおもしろい発見がありますよ。

376ページのこたえ　○

おはなし豆知識　反射式の望遠鏡は凹面鏡で、自動車のサイドミラーの多くは凸面鏡でできています。

おはなしクイズ　鏡をつくるために、ガラスのうら面にはりつけるものは？

こたえはつぎのページ

酢はどうしてすっぱいの？

「酢酸」というすっぱさを感じる成分でできています

読んだ日にち（　年　月　日）（　年　月　日）（　年　月　日）

酢は、すっぱさが特徴の調味料です。酢と人のかかわりは長く、人類がはじめてつくり出した調味料だといわれています。もっとも古い記録では、今から七千年も前から酢がつくられていたと書かれています。

では、酢はどうやってつくるのでしょうか。

酢の原料は、お酒です。お酒の中に「酢酸菌」という菌が入ると、酢酸菌はお酒のアルコールを食べて、酢酸に変えていきます。この酢酸こそが、酢の成分なのです。

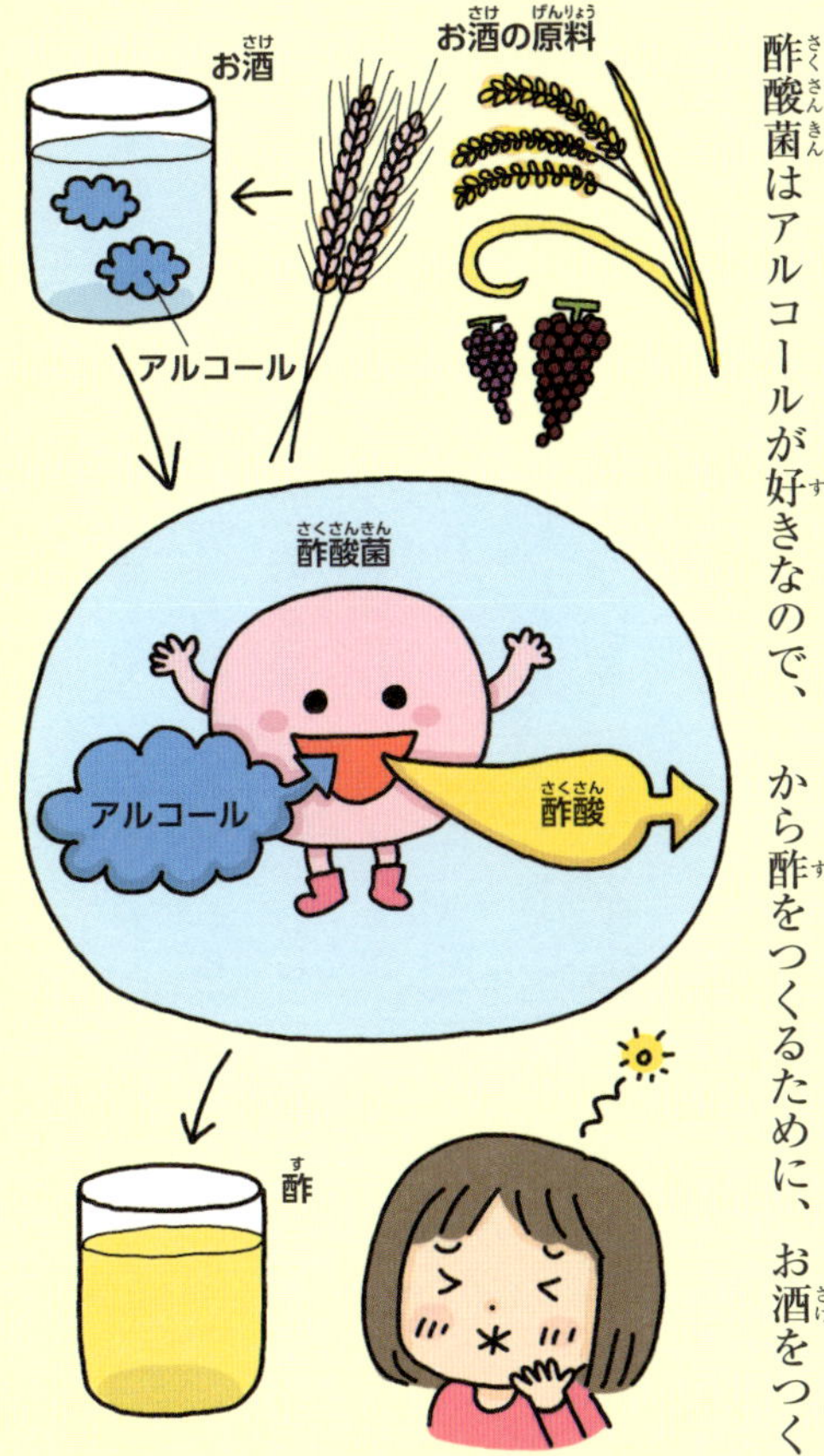

酢酸菌はアルコールが好きなので、お酒のある場所の空気中には、たいてい酢酸菌がすんでいます。ですから、お酒の管理を失敗すると、酢になることがあります。

英語で酢のことを、「ビネガー」といいますが、これは、フランス語の「すっぱいワイン」を意味する言葉からきています。

酢になってしまったワインを最初に味わった人は、きっとおどろいたことでしょう。現代では、お酒の管理もしっかりしていますから、酢はお酒の失敗作ではありません。最初から酢をつくるために、お酒をつくります。酢のアルコール分は約〇・二パーセントで、これは、子どもが口にしても安心な量です。

お酒はその原料によって、種類がちがいます。たとえば、日本酒は米、ビールは麦、ワインはブドウが原料です。同じように、お酒を原料にしている酢も、種類がたくさんあります。世界中の酢を集めると、およそ四千種類にもなるそうです。

これだけ広まった理由のひとつは、酢がとてもくらしに役立つからです。酢には、食べものをくさりにくくする力があります。ですから、くさりやすい魚を酢めしでにぎるすしは、とてもよい調理法といえます。

また、酢には、おなかの調子をととのえる、食欲をそそう、つかれをとる、などの効果もあります。さらに、食材の色をきれいにたもったり、よごれ落としとしてそうじに使ったりすることもできます。酢は、いろいろな場面で活やくしているのです。

378ページのこたえ　銀

おはなし豆知識　料理によって合う酢はちがいます。すしに合うのは、米でできた米酢です。

おはなしクイズ　英語で酢のことをなんという？

こたえは つぎのページ

おねしょをするのはどうして？

成長するにつれ、自然となくなっていきます

読んだ日にち（　年　月　日）（　年　月　日）（　年　月　日）

11月3日のおはなし
文化の日

からだ

わたしたちはねているとき、意識がはたらいていなくても、呼吸しています。心臓は、「自律神経」のはたらきにより、自動的に動くからです（40ページ）。おかげで、わたしたちは朝までぐっすりねむれます。

ただ、意識がはたらかないからこそ起こる問題もあります。おねしょもそのひとつです。昼間は、ひとりでちゃんとトイレでおしっこができるのに、ふしぎですね。

おねしょは、ぜんぜんしない人、たまにする人、毎日する人といろいろです。おねしょがつづくと、なぜなのか気になりますね。

おねしょの原因はさまざまですが、ここでは、原因になりやすいものを、紹介しましょう。

ひとつは、夜、脳から、「おしっこの量をへらせ」と命令を出す「ホルモン」が少ない場合です。

人は、夜、おしっこをつくる量をへらします。おしっこをするために何度も起きていたら、からだがしっかり休めないからです。しかし、おしっこをへらすホルモンが少ないと、昼間と同じ量のおしっこがじん臓でつくられてしまいます。

もうひとつは、おしっこをためる「ぼうこう」が小さい場合です。

おしっこをへらすホルモンが出ていても、まったくおしっこがつくられないわけではありません。夜の間につくるおしっこをためられるだけのぼうこうの大きさがないと、おしっこを朝までがまんできないのです。

ただ、ホルモンが少ないのも、ぼうこうが小さいのも、成長とちゅうの子どもではめずらしいことではありません。成長の速さにちがいはあっても、みんな大人になります。成長するにつれ、おねしょは自然となくなっていくので、あまり心配はいりません。

ただ、たまに病気がかくれている場合があります。心配なときは、病院で相談するとよいでしょう。

また、なやみごとがあったり、不規則な生活をしていたりすると、自律神経のはたらきが悪くなります。すると、おねしょがふえることもあります。おねしょがつづく人は、規則正しい生活を心がけてください。

おしっこをへらすホルモンが少ない

昼間と同じ量のおしっこがつくられる

おしっこをためるぼうこうが小さい

379ページのこたえ　ビネガー

おはなし豆知識　おねしょをしないためには、夕方から水分や塩分のとりすぎに気をつけるようにしましょう。

おはなしクイズ　おしっこをためているところは、からだのどこ？

11月4日のおはなし

服にくっつく種や実があるのはなぜ？

人や動物に遠くへ運んでもらって仲間をふやします

読んだ日にち（　年　月　日）（　年　月　日）（　年　月　日）

植物

山や野原を歩いていて、洋服にとげとげした植物の種や実がくっついたことはありませんか？　もしかしたら、くっつく種や実で、遊んだことがある人もいるかもしれませんね。

種や実が人や動物にくっつくのには、ちゃんと理由があります。

植物は人や動物とちがって、自分で歩くことができません。そこで、仲間をふやす手段として、種や実をできるだけ遠くへ運ぼうとしているのです。

種や実を運ぶ方法はいくつかあります。大きく分けると、「近くに落とす」「さやをはじいて自分で飛ばす」「風や水に運んでもらう」「動物に食べられ、ふんにまざって外に出してもらう」「人や動物にくっつく」などがあります。

ここでは、「人や動物にくっつく」オナモミの例を紹介しましょう。

アジア原産のオナモミの高さは、二〇センチメートルから一メートルほど。さらに、あとから日本に入ってきた北アメリカ原産のオオオナモミは、二メートルまで生長するものもあります。最近よく見られるのは、ほとんどオオオナモミです。野原や道ばたなど、どこにでも生えます。

オナモミは、キクの仲間の一年草です。一年草とは、種から芽が出て、新しく種をつくってかれるまでの期間が一年の植物です。

オナモミは、キクの仲間でも大きな花はさきません。夏になると、よくのびたくきの先に、ボール状の黄緑色の雄花が集まってさきます。その下に、緑色のとげをもつ実があり、その実の先にめ花のめしべが出ています。

このめしべに花粉がくっつくと、実がふくらみ、とげも立ってフグの仲間のハリセンボンのようになります。実が熟すとぽろっとはずれるので、人や動物が通ると、かんたんにくっつきます。しかも、とげの先はフックのようにまがっていて、一度くっつくとなかなかはずれません。このため、「ひっつき虫」というあだ名でよばれています。

こうして、人や動物が気づいて落とすまで、中の種は人や動物といっしょに遠くまで旅をするのです。

380ページのこたえ　ぼうこう

おはなし豆知識　くっつく種や実には、ほかにも、ネバネバした液を出してくっつくものもあります。

おはなしクイズ　オナモミは、なにを利用して種を運ぶ？　㋐風　㋑水　㋒人や動物

こたえはつぎのページ

クモの巣はどうやってつくられるの？

11月5日のおはなし

ファーブルは、ナガコガネグモの巣づくりを観察しました

読んだ日にち（　　年　　月　　日）（　　年　　月　　日）（　　年　　月　　日）

ファーブル昆虫記

「ナガコガネグモ」のおはなしより

〈これは、ファーブルが、ナガコガネグモを観察したときのお話です。〉

クモの巣のあみは、獲物をつかまえるためのわなです。人間もあみを使いますが、クモのあみはもっとよくできています。このお話を読めば、みなさんもわたし（ファーブル）のようにきっと感心することでしょう。

ナガコガネグモは、あみをはる場所を決めると、おしりにあるいぼから細い糸を引き出し、うしろ足でえだ先に引っかけます。上へ行ったり、下へ行ったり、だいたい四五センチメートルくらいの空間に糸をはります。一見、でたらめなはり方のようですが、いっとき使うだけの足場なので、それでいいのです。

足場ができると、あみの中心を通るじょうぶな糸を一本はり、巣づくりのスタートです。中心には、白い点をつけて目印にします。クモは、この目印から、太いしっかりした糸をはっていきます。それはまるで、自転車の車輪のようです。中心から右下に、つぎは左上にといった具合に、バランスよく糸をはります。

かならず中心にもどってからつぎの糸をはるので、中心はクッションのように大きくなります。放射状の糸は、全部で三十二本。糸の間かくはすべて同じです。道具もないのに、なぜ同じ間かくで糸をはれるのか、本当にふしぎです。

放射状の糸が完成すると、今度は、それぞれの糸の間にほとんど見えない細い糸をはります。中心からくるくるまわりながら、うずまき状にあみをはるのです。こうして、人の手のひらほどの大きさになったものを、わたしは「休み場」とよんでいます。その理由は、あとでわかります。

休み場ができたら、外に向かって、太い糸で足場をつくります。

そのあとは、いよいよあみづくりの本番です。ここだけべとべとする糸を使い、外から中心に向かって、うずまき状にぐるぐるはっていきます。足場にした糸はまるめてかたづけます。休み場にたどりつくまで、だいたい三十周。大人のクモだと、三十分から一時間でつくり上げます。

さあ、クモの巣の形になりました。でも、ナガコガネグモは、休み場の中心から上下のはしまで、糸を白いリボン状にジグザグとおりこみます。まるでサインでもしているようですが、わたしはあみをより強くするた

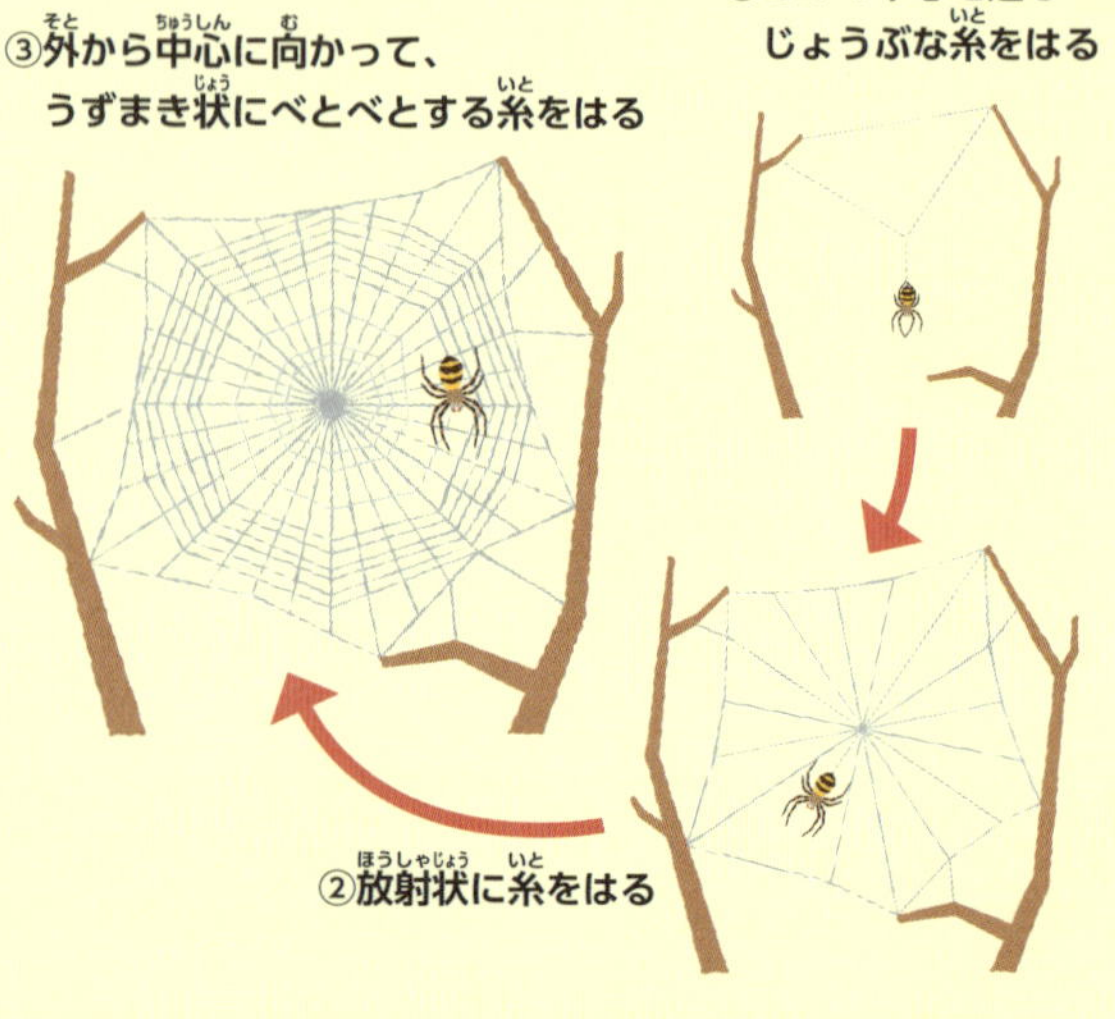

①あみの中心を通るじょうぶな糸をはる

②放射状に糸をはる

③外から中心に向かって、うずまき状にべとべとする糸をはる

381ページのこたえ　ウ人や動物

めのものだと考えています。

最後は、中心にあるクッション状の糸のかたまりをはがして完成です。はがしたものはすてるのだろうと思いましたが、クモは食べてしまいました。きっと、またおなかの中で糸の材料になるのでしょう。

さて、あみをよく見てみましょう。べとべとのうずまき状の糸にだけ、しずくがついています。

調べてみると、糸は管のようになっていて、中からべとべとの液がじわじわしみ出るしくみでした。あみがかわかないから、虫をしっかりつかまえられるのです。また、この糸はよじれていて、ゴムのようにのびるため、大きな虫がかかっても、かんたんには切れません。

では、なぜクモは、自分のあみのべとべとの糸に引っかからないのでしょうか。わたしは、クモの足の先から、あぶらのようなものが出ているのではないかと考えました。

そこで、クモには気の毒ですが、あぶらを落とす薬を足につけて、あみの上にもどしてみました。すると、自分のあみにくっついたではありませんか。やはり、足から出るあぶらのようなもののおかげで、あみの上を自由に動けるのです。

クモは、獲物がかかるまで、あみの中心でじっと待ちます（だから、「休み場」なのです）。安心して休めるように、べとべとしない糸でつくるのはとうぜんのことです。

もうひとつ、実験をしてみました。死んだバッタをあみにくっつけたのです。しかし、クモはエサが目の前にあるのに食べません。今度はバッタをゆらしてみます。すると、クモはさっとやって来ました。つぎに、バッタと同じ大きさのにせエサをあみにくっつけ、ゆらしてみました。すると、クモはエサだと思って食べようとしたのです（もちろん、すぐにだまされたと気づきました）。

つまり、夜、狩りをするクモは、目より、あみのゆれで伝わる情報を信用しているのです。

おはなし豆知識 クモがあみにかからないのは、べとべとしない放射状の糸の上を歩くからともいわれます。

おはなしクイズ クモの巣の放射状の糸の間かくは、ばらばらである。○か×か？

こたえは つぎのページ

「日本の細菌学の父」ってどんな人？

伝染病の研究に打ちこみ、ノーベル賞の候補にもなりました

11月6日のおはなし

読んだ日にち（　　年　　月　　日）（　　年　　月　　日）（　　年　　月　　日）

伝記

北里柴三郎（一八五三〜一九三一年）

細菌がからだの中に入ることで人から人へうつる病気を、「伝染病」といいます。昔は、伝染病でなくなる人がたくさんいました。そんな死の病に立ち向かった細菌学者に、北里柴三郎がいます。

柴三郎は、江戸時代の終わりに熊本県に生まれました。やがて、東京医学校（今の東京大学医学部）に進み、「病気を予防できる医者になりたい」と思うようになります。明治時代になっても、日本では、コレラなどの伝染病で多くの人がなくなっていたのです。

学校を卒業し、念願の医者になった柴三郎は、衛生局（今の厚生労働省）につとめます。

その後、コレラの原因である「コレラ菌」の研究がみとめられ、ドイツへの留学が決まりました。留学先は、ロベルト・コッホの研究室。コッホは、コレラ菌の発見者で、すぐれた細菌学者でした（166ページ）。

コッホを尊敬していた柴三郎は、夢中で研究に打ちこみます。そして、だれもがあきらめていた「破傷風菌」を単独で取り出すことに成功しました。破傷風菌は、全身がけいれんして死ぬこともある破傷風というおそろしい病気の原因となる細菌です。

さらに、柴三郎は、破傷風菌の毒を弱めて注射した動物の血液のうわずみ（血清）の中に、毒を打ち消す力をもった「抗体」を世界ではじめて発見しました。

一八九〇年、この血清を使った世界初の治療法「血清療法」を、仲間とともに開発します。当時、病気を予防するワクチンはありましたが、ききめがおそいのが問題でした。血清療法はききめが早く、予防だけでなく、重病人の治療にも使えました。

一八九二年、日本にもどった柴三郎は、ドイツのような伝染病の研究所をつくろうとします。しかし、国や大学は協力してくれませんでした。

そんなとき、慶應義塾大学の創始者である福沢諭吉が、研究所を建ててくれたのです。柴三郎は、福沢の期待にこたえ、一八九四年、世界ではじめて「ペスト菌」を発見します。

やがて柴三郎の研究所は、コッホやフランスのルイ・パスツールの研究所とならぶ、「世界三大研究所」とよばれるほど有名になりました。

383ページのこたえ
×

おはなし豆知識　柴三郎は、慶應義塾大学に医学科をつくり、初代学部長として福沢に恩返しをしました。

おはなしクイズ　柴三郎が世界ではじめて発見したのはどれ？　㋐コレラ菌　㋑破傷風菌　㋒ペスト菌

11月7日のおはなし

ダチョウは飛べないの？

からだの大きさのわりに、とても小さいつばさをもっていますが……

読んだ日にち（　年　月　日）（　年　月　日）（　年　月　日）

ダチョウは、長い首と足が特徴の、世界で一番大きな鳥です。アフリカ大陸の草原や砂漠にすみ、最大のものは、体長二・五メートル以上、体重は一五〇キログラムにもなります。人間よりずっと大きいダチョウは、空を飛べるのでしょうか。

じつは、ダチョウのからだは、空を飛べるようにはできていません。空を飛ぶ鳥は、つばさをはばたかせるため、むねに強くて大きな骨と筋肉をもち、からだを軽くするために、骨の中は空どうになっています（66ページ）。ところが、ダチョウは、むねの骨もつばさも、からだの大きさのわりにとても小さいのです。骨もスカスカではなく、じょうぶにできています。

大昔、ダチョウの祖先は、空を飛ぶことができました。しかし、天敵だった大きな恐竜がいなくなり、飛ぶことをやめたのです。かわりに、大きなからだと、速く走れる強くて長い足をもつ鳥に進化しました。

ダチョウの足の指は二本で、一本がとても大きく、地面をけりやすい形になっています。にげるときの一歩の幅は、三～五メートル、スピードは最高時速七〇キロメートル。これは、ライオンより速いスピードです。また、ダチョウのキックは強力で、ライオンをたおしてしまうほどです。

にげ足が速く、キック力もあるダチョウですが、敵にあまりおそわれなくなるのは、大きくなってからです。たまごから無事に出てこられても、ヒナから大人になれるのは、十羽のうち一、二羽しかいません。速く走れないヒナの間は、おそわれるきけんがいっぱいです。ただ、成長すると、五十年以上も生きます。

大昔、小さな恐竜の一部が空を飛べるように進化し、鳥の祖先になりました。さらに、その一部は飛ぶことをやめ、別の進化を選びました。ダチョウは、速く走れる強くて長い足の力で生きぬいてきたのです。

なお、ダチョウとそっくりの骨格をもち、高速で走ることができたと考えられている、「ダチョウ恐竜」とよばれる恐竜の化石が見つかっています。鳥の直接の祖先ではなく、少し遠い親せきですが、おもしろいぐうぜんですね。

384ページのこたえ　㋒ペスト菌

おはなし豆知識　ダチョウは、たまごの大きさも鳥の中で最大で、１個が約1.5キログラムもあります。

おはなしクイズ　ダチョウの足の指は何本ある？　㋐２本　㋑３本　㋒４本

こたえはつぎのページ

温泉はどうして温かいの？

世界の中でも特に温泉が多い日本では、いろいろな場所で楽しめます

読んだ日にち（　年　月　日）（　年　月　日）（　年　月　日）

11月8日のおはなし

地球・宇宙

温泉とは、硫黄や炭酸などの成分が、法律で決められた量より多くとけている温かい水のことです。

温泉は世界中にありますが、その多くが火山のある場所と重なっています。温泉と火山には、どのような関係があるのでしょうか。

火山の近くでは、地球の内部の熱でどろどろになった熱いマグマが、地面の近くまで上がってきています。このマグマによって温められたわき水が、温泉なのです（122ページ）。

温泉には、マグマから出たガスや、そのほかの成分がとけこんでいます。場所によってふくまれる成分が変わるので、温泉の色やにおいにちがいが出るのです。たとえば、硫黄が水素とくっつくと、くさったたまごのようなにおいになります。

日本は小さな島国ですが、活動中の火山が百十一もある火山大国です（275ページ）。そのおかげで、世界の中でも特に温泉が多く、いろいろな温泉を楽しむことができます。

ところで、温泉につかると、家のおふろよりからだがぽかぽかすると思ったことはありませんか。

これは、温泉の成分による効果です。人間のからだはじゅうぶんに温まると、あせをかいて体温を下げようとします。しかし、温泉では中にふくまれている成分がはだの表面をおおうので、あせをかきにくくなります。そのため、温泉から上がったあとも、ぽかぽかがしばらくつづくのです。

ほかにも温泉によって、きずが早く治る、はだがすべすべになる、などの効果があります。

ところで、温泉は近くに火山がない場所にもあります。これは、火山ではなく地中の熱（地熱）によって温められた温泉です。

地面の下は、地球の中心に行くほど温度が高くなります。中心の温度は、およそ六〇〇〇度もあると考えられています。

日本には、地下一〇〇〇メートルくらいまでほると、四〇度以上の温泉の出る場所がたくさんあります。大昔の海水が、温泉として地上にわき出ることもあります。

温泉に入るときは、火山型か地熱型かを考えてみたり、温泉の成分や効果の表示を読んだりするなどして、ゆっくり楽しみましょう。

385ページのこたえ　㋐2本

おはなし豆知識　野生のサルが温泉に入るのは、じつは世界中で日本だけに見られる光景です。

おはなしクイズ　わき水を温めるマグマをふくんだ、日本に111ある山をなんという？

こたえはつぎのページ

11月9日のおはなし

モグラはどうしてトンネルをほるの?

土の中にすみ、ミミズなどのエサを食べます

読んだ日にち(　年　月　日)(　年　月　日)(　年　月　日)

動物

モグラは、絵本やゲームなどでおなじみの生きものです。トンネルをほるモグラの絵を、一度は見たことがあるでしょう。では、なぜモグラは、トンネルをほるのでしょうか。

それは、土の中で自分だけのなわばりをもってくらしているからです。モグラは、ミミズやコガネムシの幼虫などのエサをとるため、なわばり中にトンネルをはりめぐらしています。なわばりをとられないよう、トンネルのパトロールは欠かしません。

一ぴきのモグラのなわばりの大きさは、二五メートルプールくらいあり、トンネルの長さは、一〇〇メートルほどです。エサをとるトンネルは、地上から一〇センチメートルくらい、巣は五〇センチメートルくらいの深さのところにつくります。トンネルをほったあとの土は、外にかき出します。このもりあがった土は、なわばりのあちこちにできます。「モグラ塚」とよばれ、なわばりのあちこちにできます。

ほとんど土の中ですごすモグラには、どんな特徴があるでしょうか。

からだは、まるい筒のような形をしており、トンネルを進むのにぴったりです。からだの毛は短く、ブラシのように生えていて、前後どちらに進んでも毛なみがみだれません。さわってみると、ビロードのようにやわらかです。

土をほり出すのは、長いツメのついた大きな前足です。この前足を、平泳ぎのように動かして土をほるのです。目はとても小さくて、ものを見ることはできず、明るさを感じるだけです。そのかわり、長い鼻とひげで、じょうずにエサをさがします。

トンネルほりは大仕事なので、モグラは一日に体重の半分ものエサを食べます。しかも、半日なにも食べないと死んでしまいます。モグラは、畑の土などミミズがたくさんいる場所でないと、生きていけないのです。

畑でよくモグラ塚が見つかるのは、エサを食べるためです。作物は食べませんが、トンネルほりで作物の根をきずつけてしまうことがあります。

386ページのこたえ　火山

おはなし豆知識　モグラのふんだけを栄養にして育つ、ナガエノスギタケというキノコがあります。

おはなしクイズ　モグラがトンネルをほったあとにできる土の山を、なんという?

こたえはつぎのページ

体温でとける金属があるって本当？

地球に少ししかない金属です

読んだ日にち（　　年　　月　　日）（　　年　　月　　日）（　　年　　月　　日）

道具・もの

金属には、熱に強くてかたいというイメージがありますね。ところが、「ガリウム」は、人の体温でもとけてしまうふしぎな金属です。スプーン曲げのマジックで使われたりするので、見たことがあるかもしれません。

ガリウムでつくられたスプーンは、つやのある銀色で、ふつうのスプーンと見分けがつきません。ただ、ガリウムは金属では二番目に低い二九・八度でとける性質があります。ですから、こすったときの熱だけでもスプーンを曲げることができます。さらに、しばらく体温で温めつづけると、トロトロにとけてしまいます。

ただ、とけたガリウムには、手やガラス、金属にくっつきやすい性質があります。ほかの金属にしみこんで、こわれやすく変化させることもあります。ですから、ガリウムをさわった手でほかのものをさわったり、口に入ったりしないよう注意が必要です。実験は、かならず大人といっしょに行いましょう。

ところで、ガリウムはわたしたちの身近なところでも使われています。みなさんがよく見かけるのは、イルミネーションや信号機のLED照明でしょう。じつは、ガリウムを使った青色LEDの発明によって、赤・緑・青の光の三原色がそろい、すべての色をLEDで表現できるようになったのです。発明した日本人研究者は、のちにノーベル物理学賞を受賞しています。ほかにも、スマートフォンなどのハイテク機器の部品、病気を見つける検査薬など、いろいろな分野で利用されています。ほとんどの場合で、ガリウムとちっ素などの化合物が使われています。

ガリウムは、地球に少ししかない貴重な金属（レアメタル）です。日本ではリサイクルして、ガリウムをむだなく使うくふうをしています。

ガリウムでできたスプーンの変化

低　29.8度　温度　高

かたい金属の状態

体温で折れ曲がる

お湯でとける

LED式信号機

青信号の青緑色のLEDにも、青色LEDと同じくガリウムが使われている

青色LED

387ページのこたえ　モグラ塚

おはなし豆知識　ガリウムより低い温度でとける金属は水銀だけで、およそマイナス39度で液体になります。

おはなしクイズ　ガリウムをしばらく体温で温めるとどうなる？　㋐われる　㋑きえる　㋒とける

こたえはつぎのページ

11月11日のおはなし

電池ってだれがつくったの？

今の形になるまでに、いろいろな人のくふうがありました

読んだ日にち（　年　月　日）（　年　月　日）（　年　月　日）

発明・発見

時計、リモコン、携帯電話など、わたしたちの身のまわりには、電池を使う電気製品があふれています。

今は、電池の形や種類もさまざまで持ち運びもかんたんですが、ここにいたるまでには多くの人のくふうがありました。

イタリアの物理学者ルイージ・ガルバーニは、死んだカエルの足に鉄のぼうと針金をつけると、ピクピクと動くことを発見し、一七九一年、カエルの筋肉や神経には電気があると発表しました。

しかし、それを知ったイタリアの物理学者アレッサンドロ・ボルタは、鉄のぼうと針金でカエルに電気が流れたからだと考えます。

一八〇〇年、ボルタが、ガルバーニの実験で起こったことをたしかめようとつくった装置が、世界で最初の電池となりました。つまり、ガルバーニのまちがいをヒントに、ボルタが電池を発明したというわけです。

ボルタがつくった電池は、二種類の金属の間に食塩水でぬらした布をはさみ、いくつも重ねたものです。金属は種類によって、電気を通す力がちがいます。電池はこの力の差を利用して、電気をつくるのです。

このボルタの電池が、現在使われている電池のもとになっています。ただ、食塩水を大量に使うので、大きいうえ、運ぶのがたいへんでした。

「液体式ではなく、かわいた電池にすれば使いやすいのではないか」

そう思いついたのは、日本の時計職人だった屋井先蔵です。

一八八五年、屋井は電池で正確に動く電気時計を発明します。ただ、液体式電池は使いづらいため、新しい電池の研究をしていたのです。

研究を重ねた結果、液体をどろどろにして、こぼれにくく運びやすくした「屋井乾電池」を完成させました。一八八七年、屋井が二十四歳のときです。

ただ、まずしい屋井には、発明したことを証明するための特許を取るお金がありませんでした。そのため、乾電池の発明者として有名になったのは、翌年、最初に特許を取ったドイツのカール・ガスナーです。

屋井の名は世界で広まりませんでしたが、「乾電池」という言葉に、屋井の努力がつまっています。

ボルタがつくった電池

屋井乾電池

388ページのこたえ ㋒とける

おはなし豆知識　電池にプラス極(+)とマイナス極(−)があることから、日本では十一月十一日が「電池の日」です。

おはなしクイズ　電池を発明するきっかけになった生きものは？　㋐ネズミ　㋑ヘビ　㋒カエル

こたえはつぎのページ

ブラックホールってなに？

目に見えず、強い力でまわりのものをすいこみます

11月12日のおはなし

読んだ日にち（　年　月　日）（　年　月　日）（　年　月　日）

地球・宇宙

宇宙にはいろいろな星があります。太陽のように、自分から光や熱を出している天体を、「恒星」といいます。恒星にも人間と同じように寿命があり、どのような最後をむかえるかは、星の重さによって変わります。

太陽の三十倍以上の重さがある恒星は、超新星爆発という大爆発を起こしたあと、「ブラックホール」になります。

ブラックホールになる星は、超新星爆発のあと、自分の重さをささえきれなくなって、中心に向かってひたすらちぢんでいきます。光までも中心に引きずられていくため、目には見えません。その様子がまるで黒いあなのようなので、ブラックホールと名づけられました。

それでは、目に見えないのに、なぜ、ブラックホールがあることがわかったのでしょうか。

最初に見つかったブラックホールは、もうひとつの星とペアになって、引力によって引き合い、たがいのまわりをまわっていました。そして、もうひとつの星からガスをすい取っていたのです。すい取られたガスは、高速で回転して高温になり、目に見えないX線を大量に出します。このX線を観測して、ブラックホールを見つけることができたのです。

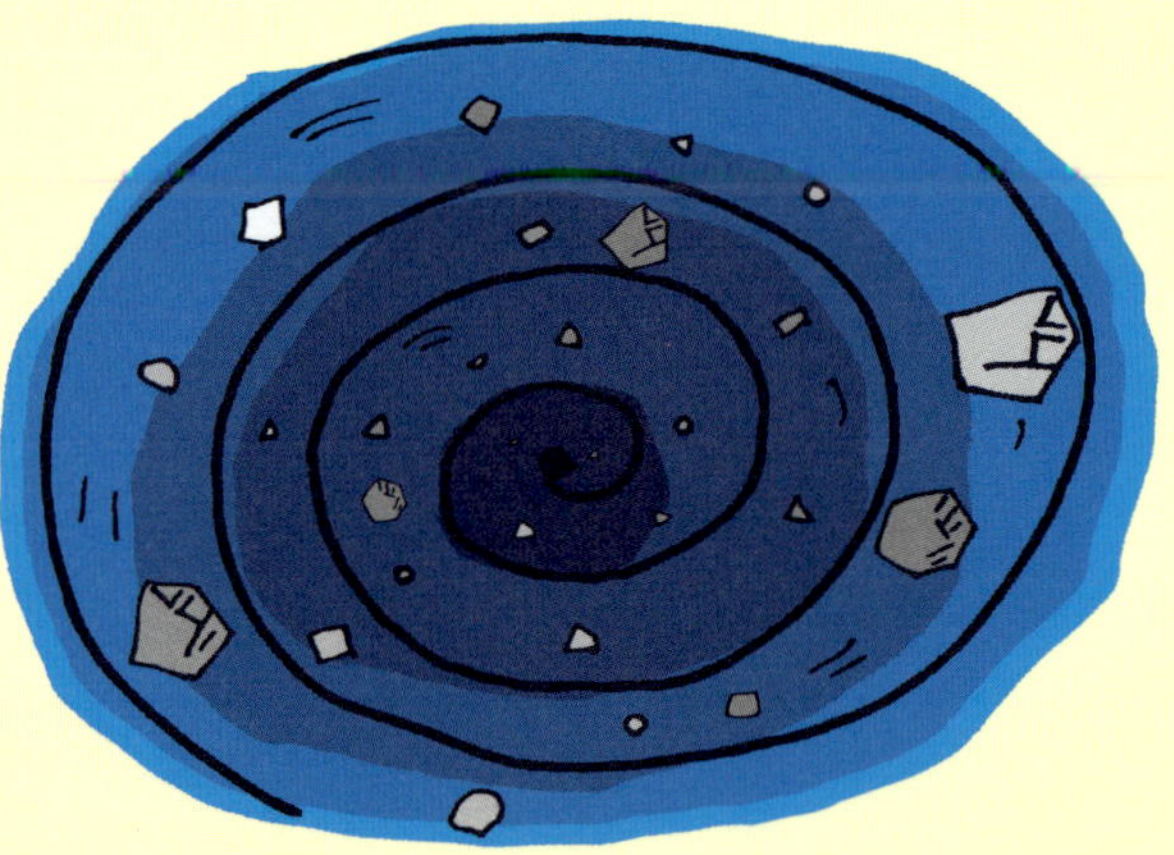

ブラックホールを観測するために、日本とアメリカなどが今も共同で人工衛星を開発しています。ですが、ほかの星とペアにならないブラックホールは、まだ見つけることができていません。

一九九〇年代になると、死んだ星からできるものより、ずっと大きなブラックホールがあることもわかってきました。

それは、銀河の中心にあるブラックホールです。太陽系がある銀河の中心にも、巨大なブラックホールがあることがわかっています。ただ、中心にブラックホールがない銀河もあり、そのしくみはまだわかっていません。

また、小さいブラックホールほど寿命が短く、最後は爆発して蒸発すると考えられています。ただし、計算上の予想なので、証拠は見つかっていません。

みなさんが大きくなるころには、もう少しブラックホールのなぞがわかっているかもしれませんね。

389ページのこたえ ㋒カエル

おはなし豆知識　地球と同じ重さのブラックホールがあるとすると、大きさは２センチメートル弱です。

おはなしクイズ　ブラックホールを見つけるきっかけになったのは？　㋐α線　㋑X線　㋒β線

こたえはつぎのページ

11月13日のおはなし

泣くと鼻水まで出るのはなぜ？

水のようなさらさらの鼻水が出てきます

読んだ日にち（　年　月　日）（　年　月　日）（　年　月　日）

からだ

泣くと、目からなみだが出ますね。

ところが、はげしく泣くと、なみだだけではなく、鼻水まで出てきてしまいます。

鼻水といえば、かぜをひいたときや、花粉症などのアレルギーのときに出るものというイメージがあります。それなのに、泣いているときにも出てくるのは、なぜでしょうか。

なみだと鼻水がつくられるのは、別べつのところです。

なみだは、上まぶたのうらにある、「涙腺」というところでつくられ、「涙のう」というところにためられます。目を乾燥から守るため、まばたきをするたびに少しずつなみだは出ていますが、ぽたっとこぼれることはありません。

鼻水は、鼻の中のねん膜の下にある「鼻腺」というところでつくられます。なみだと同じように、鼻を乾燥から守るため、鼻水はつねにつくられています。鼻水には、すった空気を適度にしめらせるほか、外から入ったごみや細菌をあらい流す役目があります。

ふだん、鼻水が出ないのは、すぐに蒸発してしまったり、鼻のねん膜にある鼻毛とは別の細かい毛の動きによって、鼻のおくのほうに向かって流れているからです。

しかし、ごみや細菌がたくさん入ってくると、これらをあらい流すために、鼻水が大量につくられ、あふれます。かぜや花粉症などのアレルギーのとき、鼻水が出るのはこのためです。

さて、なみだと鼻水には別の役割があって、それぞれ別のところでつくられることがわかりました。では、大泣きしたときの鼻水も、鼻腺でつくられたものなのでしょうか。

じつは、はげしく泣いても、鼻腺でつくられる鼻水の量は変わりません。涙腺でなみだが大量につくられるだけです。ただ、目と鼻は、「鼻涙管」という細い管でつながっています。そのため、あふれたなみだは目から出るだけではなく、鼻涙管を通って、鼻からも出てきてしまうのです。

これが、泣いたときに出る鼻水の正体です。つまり、鼻を通って出たなみだというわけです。ですから、なみだと同じさらさらの状態で出てくるのですね。

390ページのこたえ　㋑X線

おはなし豆知識　ねばり気のある鼻水が鼻にたまっていると、鼻息が出たときに、「鼻ちょうちん」ができます。

おはなしクイズ　鼻水をつくっているのはどこ？　㋐涙腺　㋑鼻腺　㋒鼻涙管

こたえはつぎのページ

救急車のサイレンの音が変わるのはどうして？

11月14日のおはなし

近づくときは高い音で、通りすぎた瞬間に音が低くなります

読んだ日にち（　年　月　日）（　年　月　日）（　年　月　日）

生活

みなさんは、救急車のサイレンを聞いたことがありますか？　近づいてくるときは高い音なのに、通りすぎた瞬間に音が低くなりますね。

音を出しているものが止まっていて、あなたが動いているときにも、同じことが起きます。

たとえば、電車に乗っているときに、ふみ切りに近づくと、「カンカン」という音が高く聞こえ、通りすぎると、音が低くなります。これを、「ドップラー効果」とよびます。

ドップラー効果は、音の性質と関係があります。音は「音波」といって、空気をふるわせながら波のように伝わります。

音楽をきくときに、スピーカーに手を当ててみてください。音に合わせて、スピーカーの表面がふるえているのがわかります。この音波が、わたしたちの耳の中にある「こまく」という膜をふるわせ、音として聞こえるのです。

音波は、山と谷をえがく波のくり返しでできています。音の高さは、山（谷）から、つぎの山（谷）までの長さで決まり、これを「波長」とよびます。

波長が短いときは、耳にとどく波の数が多くなり、音が高くなります。波長が長いときは、波の数が少なくなり、音が低くなります。

さて、救急車のサイレンは、同じ高さの音のくり返しですが、近づくときと遠ざかるときで、音が変わるのはふしぎですね。

じつは、音波には、ちぢんだりのびたりする性質があるのです。救急車が近づくとき、音波はぎゅっとちぢめられて、波長が短くなります。逆に、遠ざかるときは音波がのばされて、波長が長くなります。つまり、音を出すものと聞く人の間で、動く速さや向きに差があると、音の高さが変わって聞こえるというわけです。

救急車の中にいる人は、サイレンと同じ速さで動いているので、聞こえる音の高さは変わりません。また、車の速度がおそいと、波長の変化が小さすぎるため、人が音の高さの変化を聞き分けることはできません。

ドップラー効果は、サイレンやふみ切りの音以外でも感じることができます。身のまわりで、音の高さが変わるものにはどんなものがあるか、さがしてみましょう。

ピーポーピーポー
ピーポーピーポー

391ページのこたえ　(イ)鼻腺

おはなし豆知識　ドップラー効果は、走る車の速さや、投げたボールの速さをはかる機械にも応用されています。

おはなしクイズ　救急車の中にいる人が聞いているサイレンの音の高さは、変わらない。○か×か？

こたえはつぎのページ

11月15日のおはなし

雪を人工的につくることができるって本当？

世界ではじめて人工雪をつくることに成功した日本人がいます

読んだ日にち（　年　月　日）（　年　月　日）（　年　月　日）

伝記

中谷宇吉郎（一九〇〇～一九六二年）

雪の結晶の美しさにひかれ、世界ではじめて人工雪をつくった日本人がいます。「雪博士」とよばれた、中谷宇吉郎です。

宇吉郎は、明治時代の終わりに、石川県に生まれました。高校生のとき、アインシュタインの相対性理論（404ページ）と出合ったのがきっかけで、物理の道へ入る決心をします。

進学した東京帝国大学（今の東京大学）では、すぐれた物理学者の寺田寅彦（323ページ）の指導を受け、卒業後は寺田のもとで、電気で起こす火花などの研究をつづけます。

雪の研究をはじめたのは、北海道帝国大学（今の北海道大学）の研究者になって二年後の一九三二年です。雪の写真家ウィルソン・ベントレーによる雪の結晶の写真集を見て、その美しさに感動したのです。

宇吉郎は、十勝岳という山で、雪の結晶の写真をとりはじめました。さらにその数は、数年で約三千まい。結晶に、針や柱の形、六角形など、結晶の形ごとにグループ分けを進めました。十勝岳は世界中で見られるさまざまな形の雪の結晶のほとんどが見られる、特別な場所だったのです。

順調に進む研究で最大の問題は、雪がふる秋と冬しか研究ができないことでした。宇吉郎は思いました。

「自分で雪の結晶をつくりたい」

やがて、部屋の温度をマイナス五〇度まで下げられる特別な研究室が大学に完成し、宇吉郎の人工雪づくりのチャレンジがはじまりました。

雪の結晶は、中心に「核」がないとできません。自然の雪は、小さなちりが核です。実験では、ちりのかわりに、いろいろな動物の毛をつるして、そこで結晶を成長させることにしました。

こうして、一九三六年三月、ウサギの毛を核にして、世界初の人工雪の結晶をつくることに成功します。きれいな六角形の結晶でした。

やがて、温度と水分量を変えると、結晶の形が変わることがわかりました。反対に、結晶の形を見れば、温度と水分量がわかるのです。この関係をまとめた図表は、「中谷ダイヤグラム」とよばれ、世界に広まりました。ほかにも、宇吉郎は、雪の本や資料をたくさん書き残しています。

392ページのこたえ ○

おはなし豆知識　宇吉郎の研究成果は、生家あと近くの「中谷宇吉郎 雪の科学館」で見ることができます。

おはなしクイズ　雪の結晶の中心にかならずあるものは、なに？　㋐氷のつぶ　㋑核　㋒動物の毛

こたえは つぎのページ

ジェットコースターがさかさまになっても落ちないのはなぜ？

ある力がじゅうぶんにはたらくためです

11月16日のおはなし

読んだ日にち（　　年　　月　　日）（　　年　　月　　日）（　　年　　月　　日）

乗りもの

ジェットコースターは、遊園地の中で人気のある乗りものです。高くのぼったかと思うと、一気に急降下したり、ときにはぐるりと宙返りしたりと、スリル満点ですね。

みなさんは、「なんでさかさまになっても落ちないの？」と、ふしぎに思ったことがあるかもしれません。「安全バーがなかったら、わたしたちは落ちちゃうの？」と、思った人もいるかもしれませんね。

ジェットコースターがさかさまになっても落ちないのは、安全バーでおさえているからではありません。

じつは、安全バーがない状態で宙返りをしても、人は落ちないのです。もちろん、ほかの事故やけがをふせぐために、安全バーは必要ですから、絶対にはずしてはいけません。

では、なぜ、さかさまになっても人は落ちないのでしょうか。それは、「遠心力」という力がじゅうぶんにはたらくからです。じつは遠心力は、わたしたちにとって身近な力です。

たとえば、脱水が終わったあとの洗たく機の中をのぞいてみると、服が洗たくそうのかべにはりついています。これは遠心力が強くかかるからです。

また、車や電車に乗って急カーブをまがると、まがる方向ではなく、直進の方向にからだが引っぱられます。これも遠心力です。

どちらも、スピードを出してまわる運動をするときに、引っぱられるように感じる力が強くなりますね。ジェットコースターも同じです。

宙返りでさかさまになったときには、上に向かう遠心力がはたらいています。下に落ちようとする力より、遠心力のほうが強ければ、落ちずに宙返りできるのです。

ジェットコースターが高いところから急降下するのは、スピードを出して遠心力を強くするためです。

じつは、ジェットコースターが機械の力をかりるのは、最初の一番高い坂をのぼるときだけです。残りは、自然に落ちるいきおいを利用して、宙返りしたり、坂をのぼったりしているのです。

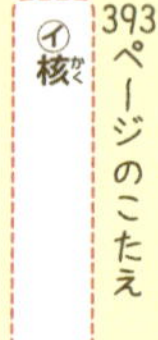

393ページのこたえ　㋑核

おはなし豆知識　ジェットコースターは、最初の坂の高さが高いほど、速くなります。

おはなしクイズ　ジェットコースターが宙返りしても平気なのは、なんという力のおかげ？

11月17日のおはなし

日本と外国で時間がちがうのはどうして？

地球が「自転」をしていることと関係があります

読んだ日にち（　年　月　日）（　年　月　日）（　年　月　日）

地球・宇宙

太陽は、朝、東の空からのぼって、夕方、西の空へしずみます。まるで太陽が動いているように見えますが、動いているのは地球のほうです。

地球は、北極と南極を軸にして、東向きに回転しています。これを、「自転」といいます（236ページ）。そのため、太陽が東からのぼってくるように見えるのです。地球はおよそ二十四時間かけて、一回自転しています。一日の長さとは、この自転一回にかかる時間のことです。

昼間とは、太陽がのぼってからしずむまでの時間です。家に地球儀があれば、少しはなれたところから電球の光を当ててみてください。電球に近いほうの半分が明るく、反対側の半分は、かげで暗いことがわかります。つまり、明るい半分は、太陽が当たる昼間で、かげの暗い半分は、夜ということです。日本が太陽の真正面にあるとき、日本のうらにある国は、かげの中で真っ暗ですね。

では、地球儀を東の方向にまわしてみたとしましょう。明るい部分がずれていきますが、明るい昼間は、つねに地球の半分だけです。日本から見ると、太陽は西へかたむいていきます。そして、かげの部分に入ると、太陽がしずんで夜になります。

さて、地球はいつも半分が昼で、半分が夜ということがわかりました。この状態で、もし世界中のどこでも同じ時刻だったら、どうでしょう？　同じ時刻なのに、昼の国と夜の国があって、とても不便ですね。

そこで、地球を、北極と南極の軸を中心に、たてに二十四の地域に分けて、さかいの線をこえるたびに時刻を一時間ずつずらすのです。世界の時刻の基準となる最初の線は、イギリスのロンドン（グリニッジ天文台）を通っています。

ロンドンから、東にかぞえて九本目の線が、日本の兵庫県明石市を通っています。そこで、日本では明石市の時刻を日本全体の標準時と決めています。

つまり、日本の時刻は、ロンドンより九時間進んでいることになります。たとえば、日本が昼の十二時のときには、ロンドンは、夜中の三時です。この差を「時差」といいます。

394ページのこたえ　遠心力

おはなし豆知識　日本の中で時差はありませんが、横長のロシアは、国の中で９時間も時差があります。

おはなしクイズ　日本の標準時はどこで決まる？　㋐北海道　㋑東京都　㋒兵庫県

こたえはつぎのページ

オーロラは日本からは見えないの？

オーロラが見えるのは、北極や南極に近い寒い地域ですが……

読んだ日にち（　年　月　日）（　年　月　日）（　年　月　日）

11月18日のおはなし

天気・気象

オーロラがうつっている写真は、たいてい雪景色ですね。実際、オーロラが見えるのは、北極や南極に近い寒い地域です。

特にオーロラがよく見えるのは、北極や南極の近くにドーナツ形に広がる「オーロラベルト」とよばれる地域です。

地球の一番はしにある北極点や南極点は、ドーナツのあなの部分に当たり、かえってオーロラは見えません。また、日本は、オーロラベルトよりずっと南にあるため、ふだんオーロラは見えないのです。

オーロラは、太陽からふき出るガスにふくまれる小さな電気のつぶが、地球の大気にぶつかってかがやく現象です。この電気のつぶの流れを、「太陽風」といいます。太陽風は、つねに太陽から飛んできていますが、オーロラの見える場所はかぎられています。これには、地球の磁力が関係しています。

地球は、大きな磁石のようになっていて、北極と南極を結ぶように磁力がはたらいています。この磁力が、太陽風をはじくバリアとなっているのです。ただ、この磁力にそって、一部の太陽風が飛んできて、北極や南極の上空に入りこみます。そのため、オーロラが見えるのは、北極や南極に近い地域だけなのです。

オーロラの色は、地上からの高さによって、だいたい決まっています。これは、大気の成分が高さによって少しちがうからです。高さ一〇〇キロメートルあたりではむらさき色やピンク色、一〇〇～二〇〇キロメートルでは緑色、二〇〇～五〇〇キロメートルでは赤色に見えます。オーロラの色の中で、よく見られるのは緑色です。

ふだん、日本では見えないオーロラですが、太陽の活動がさかんになる時期に見えることがあります。

太陽の表面で「フレア」という爆発（233ページ）が大規模に起こると、地球の磁力がみだれて、広い範囲に太陽風が入りこむからです。ただし、ほとんどは日本の一番北にある、北海道でしか見ることはできません。また、空の下のほうがぼうっと赤く見えるので、火事とまちがえる人もいます。

395ページのこたえ　ウ兵庫県

おはなし豆知識　太陽の活動はおよそ11年ごとに活発になり、前回は2013年から2014年にかけてでした。

おはなしクイズ　北極や南極の近くに広がるオーロラがよく見える地域をなんという？

こたえはつぎのページ

11月19日
のおはなし

寒くなると葉が落ちるのはなぜ？

寒くて乾燥するからだを守るため、冬休みに入ります

読んだ日にち（　年　月　日）（　年　月　日）（　年　月　日）

植物

秋になると、モミジやイチョウなどの木の葉が赤や黄色になって、とてもきれいですね。

緑の葉が、赤や黄色に変わることを、「紅葉」といいます（346ページ）。紅葉のあと、葉はだんだんカサカサしてきて、色も茶色っぽくなり、最後は木から落ちます。

みなさんも、秋や冬に、たくさんの葉が木の根元に落ちているのを見たことがあるでしょう。このような、葉が落ちる木を、「落葉樹」といいます。葉を落とす木という意味です。

では、なぜ落葉樹は葉を落とすのでしょうか。それには、葉の役目を知る必要があります。

木も人間のように、大きくなります。人間は成長するために、食事をとって栄養をもらいますね。木は食べることができないので、自分で栄養をつくります。その工場になるのが、葉です。水と空気と太陽の光ででんぷんなどの栄養分をつくり、からだを大きくするエネルギーにするのです。

太陽が出ている時間が長い春や夏は、たくさん栄養をつくることができます。しかし、昼が短く空気が乾燥する秋になると、栄養があまりつくれなくなります。しかも、落葉樹の葉は平べったくてうすいので、秋から冬にかけては必要な水分が出ていきます。木は水がじゅうぶんでないと、かれてしまいます。

そこで、木はからだを守るために、葉を落とすのです。栄養をつくる工場がない冬の間、木はほとんど生長せず、冬休みに入ります。そうすることで、春にまた葉をつける元気を残しておくことができるのです。

「でも、冬に緑の葉をつけている木もあるよ」と、思った人もいるかもしれませんね。クリスマスにかざるもみの木などは、冬でも緑の葉をつけています。

このような木を、「常緑樹」といいます。常緑樹は、葉が針のように細かったり、ぶあつくなっていたりして、水分が出ていきにくいつくりになっています。そのため、葉の命が長く、少しずつ葉の交代をします。だから、いつも緑の葉をつけていられるのです。

396ページのこたえ　オーロラベルト

おはなし豆知識　落ち葉は、虫や微生物などによって土の栄養に変えられ、木の肥料にもなります。

おはなしクイズ　秋や冬に葉を落とす木をなんという？　㋐広葉樹　㋑常緑樹　㋒落葉樹

こたえはつぎのページ

電線にとまっている鳥は感電しないの？

電気が流れていても平気なのでしょうか

読んだ日にち（　年　月　日）（　年　月　日）（　年　月　日）

生活

電線は、わたしたちの家に電気を運ぶ電気の道です。その中には電気が流れているのに、電線にとまっている鳥をよく見かけますね。なぜ感電しないのだろうと、ふしぎに思った人も多いことでしょう。

町中を通る電線は、安全のために、電気を通さないビニールなどのカバーでおおわれています。ですから、鳥がとまっても感電することはありません。

しかし、太陽の光や雨、風などでカバーが少しずついたんでいくと、電気を通してしまうことがあります。また、場所によってはカバーのない電線もあります。そこへ鳥がとまるのはあぶない気がしますね。

じつは、鳥が一本の電線にとまっているだけなら、感電はしません。電気は、別の通り道がなければ、電線の中を通るだけだからです。

しかし、二本の電線に片足ずつとまったり、別の電線にいる鳥とくっついたりすると、一本目の電線から二本目の電線に、電気の通り道ができます。つまり、直接的でも間接的でも、二本の電線にさわった鳥は感電してしまうのです。

人間の場合は、鳥より気をつけなければなりません。わたしたちは飛ぶことができないので、足が地面についています。地面は電気の通り道になるので、わたしたちが電線にさわると、一本でも感電する可能性があるのです。

「電線は、高くてとどかないからだいじょうぶ」と、油断するのはきけんです。たとえば、電線に引っかかったものを、長いぼうなどで取ろうとして感電することがあるからです。

また、ふだんならとどかない電線が、台風などで切れて地面にたれ下がっていることがあります。この電線も感電のきけんがあるので、絶対にさわってはいけません。

もし、電線になにかを引っかけたり、切れた電線を見つけたりしたら、まず、その場からはなれましょう。それから、大人に電力会社の人をよんでもらってください。

397ページのこたえ　ウ 落葉樹

おはなし豆知識　鉄塔の電線はさわらなくてもきけんです。たこあげやラジコンで遊ぶときは気をつけましょう。

おはなしクイズ　2本の電線に片足ずつとまった鳥は、感電する。○か×か？

こたえはつぎのページ

11月21日のおはなし

かぜをひくと熱が出るのはなぜ？

かぜの原因となるウイルスとからだが戦っている証拠です

読んだ日にち（　年　月　日）（　年　月　日）（　年　月　日）

からだ

かぜをひくと、せきやくしゃみ、鼻水、熱といった、いやな症状が出ます。のどや頭が痛くなることもありますね。

しかし、いつも同じ症状とはかぎりません。かぜのおもな原因となるウイルスには、二百以上の種類があるからです。ウイルスは、寒くて乾燥した季節をこのみます。そのため、冬になると、かぜで学校を休む人が多くなるのです。なお、インフルエンザもウイルスが原因ですが、重い症状が出るので、ふつうのかぜとは区別されます（427ページ）。

さて、かぜをひくと、そのときどきでいろいろな症状が出ますが、たいていの場合は熱が出ます。ふだんよりちょっと熱が出るだけのこともあれば、高い熱が出ることもあります。熱が出ると頭がぼーっとしてくるので、熱は出ないほうがいいと思う人も多いでしょう。

でも、意外かもしれませんが、ある程度、熱は出たほうがいいのです。熱が出るのは、からだがウイルスと戦っている証拠だからです。

もう少しくわしく、からだのしくみを説明しましょう。かぜをひくと、わたしたちのからだは全力でウイルスを外に出そうとします。それが、せきやくしゃみ、鼻水といった症状としてあらわれます。

同時に、ウイルスをやっつけるための細胞が、ウイルスのいるところにかけつけます。この細胞が活動をはじめると、脳から「熱を出せ」という命令が出ます。ウイルスをやっつける細胞は、熱が出ているほうが活動が活発になるからです。

また、ウイルスは低い温度をこのむため、熱が出ると、それだけウイルスをやっつけやすくなるのです。

ですから、熱が出たからといって、すぐに下げる必要はありません。軽いかぜなら、からだを温めて温かいものを食べるだけで、ウイルス退治の手助けになります。あとは、無理せずにからだを休めましょう。

熱が下がって、あせが出たら、からだが「もうだいじょうぶ！」と判断した証拠です。ただし、高熱がつづくときは、がまんせずに病院へ行きましょう。

398ページのこたえ

おはなし豆知識　薬の抗生物質は、細菌が原因のかぜにはききますが、ウイルスのかぜにはききません。

おはなしクイズ　かぜをひいたとき、「熱を出せ」と命令を出すのは、からだのどの部分？

こたえはつぎのページ

ヒトデって動物なの？

岩や砂地にじっとしているなぞの生きものの正体とは……

読んだ日にち（　　年　　月　　日）（　　年　　月　　日）（　　年　　月　　日）

11月22日のおはなし

水辺の生きもの

海や水族館で、星形のヒトデを見たことはありますか？　しばらく見ていても岩や砂地でじっとしているので、「本当に生きものなの？」と、思うかもしれませんね。

でも、ヒトデをうら返すと、ゆっくりからだをくねらせてもとにもどろうとします。ヒトデは、自分で動くことができる動物なのです。

少しむずかしい言葉になりますが、ヒトデは、「棘皮動物」というグループの生きものです。「棘皮」とは、とげのような皮ふをもっているという意味です。ヒトデをさわってみると、ざらざらとした手ざわりにおどろくことでしょう。

また、ヒトデは変わったからだをしています。放射状にのびているのは、うでです。一番多いのは五本うでのヒトデです。口はからだのうら側の真ん中にあります。からだの表側の中心には、なんとおしりのあながあるのです。

放射状にのびているのがうでなら、ヒトデはどうやって歩くのでしょう。

二本のうでを、足のように立てて歩くと思っている人がいますが、そうではありません。うでの下には、「管足」という小さな管状の足が、かぞえきれないほど生えています。この管足を動かして、星形のまま少しずつ時間をかけて移動するのです。管足の先には、吸盤がついていて、水そうのかべや岩の上でも進むことができます。

さて、少しずつしか進めないヒトデは、おとなしい生きものに思えますね。しかし、ヒトデはほとんどが肉食性です。特に、貝が好物ですが、弱ったカニや魚なども食べます。

ヒトデは、獲物を見つけると、じわじわとおおいかぶさり、管足の吸盤を使って貝をこじ開けます。そして、口から胃ぶくろを出し、消化液でとかして食べるのです。

ヒトデも、大きなホラ貝などには食べられてしまいます。そんなとき、ヒトデはうでを自分で切ってにげることがあります。

ヒトデのうでは、切れてもまた生えるからです。真っぷたつに切ると、それぞれから、からだが生えて、二ひきになることもあります。ゆっくりとしか動けないぶん、とても生命力が強い動物なのです。

399ページのこたえ　脳

おはなし豆知識　見た目はまったくちがいますが、ウニやナマコも棘皮動物の仲間です。

おはなしクイズ　ヒトデはなにを使って歩く？　㋐うで　㋑管足　㋒とげ

こたえはつぎのページ

11月23日のおはなし
勤労感謝の日

カンガルーみたいなネズミがいるって本当？

シートンが見つけた足あとは、小さいネズミのものでした

読んだ日にち（　年　月　日）（　年　月　日）（　年　月　日）

シートン動物記

「カンガルーネズミ」のおはなしより

〈ある朝、シートンは家の前で、細い二本の足あとを見つけました。これは、そのときのお話です。〉

二本足で歩くのは人間と鳥くらいですが、この足あとは鳥のものではないようです。そばには、もっと小さな足あともあります。まるで、毛皮のスリッパをはいた妖精が、お供とダンスをしたかのようでした。

わたし（シートン）のわなに、このふしぎな妖精がかかったときは、おどろきました。妖精の正体は、全身がうす茶色の毛でおおわれた、愛らしい小さなネズミだったからです。

大きなうるうるした目と、カンガルーのように力強いうしろ足をもち、長いしっぽの先にはふさがついています。お供の足あとだと思ったのは、しっぽのふさのあとでした。

この愛らしい動物を見たのははじめてでしたが、以前、人から聞いたカンガルーネズミだとすぐにわかりました。カンガルーのように、二本足でぴょんぴょん飛びはねるので、「トビネズミ」ともよばれます。わたしは、土を入れた大きな箱を用意し、このネズミを観察することにしました。

カンガルーネズミは、大きな箱のはしからはしまで、軽がるひとっ飛びできました。しかも、空中に飛び上がってから、しっぽを使って方向を変えることもできるのです。

あなほりの名人であることも、すぐにわかりました。えんぴつの先ほどの、小さなうすピンクの前足を休むことなく動かし、うしろ足の間から、土をどんどんかき飛ばします。そうして、トンネルや山や谷を、自由自在につくってしまうのです。

わたしは、このネズミのすみかを調べてみたくなりました。注意深く地面をほっていくと、すみかは大きな動物をよせつけない、とげだらけの草の地下にありました。たくさんの出入り口とトンネルがあり、まるで迷路です。ひみつの道を知らなければ、敵は真ん中の寝床にたどり着けません。食べもの用の倉庫もあり、その知恵とくふうに感心させられました。

つかまえたネズミは、ある日、天井をかじり、にげ出しました。ふたたび手に入れた自由を楽しむように、ぴょんぴょん飛びはねています。

400ページのこたえ
㋑管足

おはなし豆知識　ネズミカンガルーという小さなカンガルーもいます。

おはなしクイズ　カンガルーネズミが２本足で飛びはねるすがたからついた名前は？

こたえはつぎのページ

カードを近づけるだけでお金をはらえるのはなぜ？

11月24日のおはなし

ＩＣカードと読み取り機でお金の情報をやり取りしています

読んだ日にち（　年　月　日）（　年　月　日）（　年　月　日）

道具・もの

みなさんは、「ＩＣカード」とよばれるプラスチックのカードを使って、電車やバスに乗ったことはありますか。自動改札機にＩＣカードをかざすだけで、運賃をはらうことができます。目的地までの運賃を調べて、きっぷを買う必要はありません。

ＩＣカードには、「接触式」と「非接触式」の二種類があります。

接触式は、カードを読み取る機械にさしこんで使います。クレジットカードやキャッシュカードでよく使われ、金色の四角いＩＣチップが外から見えるのが目印です。

電車やバスで使われているのは、非接触式です。よく見ると、何まいかのカードがはり合わされているのがわかるでしょう。すべての部品がカードの中に入っているので、ＩＣチップがこわれにくくなっています。

ＩＣカードには、計算機能と金額などさまざまな情報が入っています。

そのため、読み取り機との間で情報をやり取りすることで、安心して運賃をはらうことができるのです。

非接触式ＩＣカードでしはらいにかかる時間は、わずか○・一秒ですから、改札で立ち止まる必要はありません。現在の自動改札は、一分間に六十人も通ることができます。

さて、自動改札ではカードをピッとかざすので、接触していると思う人がいるかもしれませんね。

しかし、カードを少しうかしていても、情報のやり取りはできます。カード入れやおさいふに入れたままでも、運賃のしはらいができるのは、非接触式だからこそです。

それなのに、自動改札機には、「ふれてください」などと書かれていますね。これは、読み取り機に入っている磁石の力を借りて、カードに電流を流し、情報のやり取りに利用するからです。読み取り機が発生させる磁石の力がおよぶのは、約一〇センチメートルの距離だけです。そこで、確実に情報のやり取りをするために、かざすのではなくふれることをすすめているのです。

非接触式のＩＣカードは、今も新しい機能の開発がつぎつぎと進んでいます。将来は、今よりもっと身近で便利になることでしょう。

401ページのこたえ　トビネズミ

おはなし豆知識　地域や鉄道会社によってＩＣカードの種類はことなりますが、一部では相互に利用できます。

おはなしクイズ　非接触式ＩＣカードでしはらいにかかる時間は？　㋐1秒　㋑0.5秒　㋒0.1秒

こたえはつぎのページ

11月25日のおはなし

土星にはどうして環があるの？

地球から望遠鏡で見る土星の環はまるで板のようです

読んだ日にち（　年　月　日）（　年　月　日）（　年　月　日）

地球・宇宙

土星は、太陽系の惑星の中できれいな環があることで有名です。木星、天王星、海王星にも環がありますが、土星の環ほどはっきりしていません。地球から望遠鏡で見る土星の環は、まるで板のようです。しかし、じつは数センチメートルから数メートルほどまでの氷のかけらが、円ばん状に集まったものです。氷は光をよくはね返すので、土星の環は小さな望遠鏡でも見ることができます。

さらに、土星を観測する探査機がとった写真では、それぞれの環にバウムクーヘンのようなしまもようが見えます。つまり、土星の環は細い環がたくさん集まって、大きな環に見えているのです。その幅は、一番広いところで、約二万五〇〇〇キロメートルもあります。

土星の環が最初に発見されたのは、一六五五年です。しかし、環ができた理由については、今もはっきりわかっていません。現在有力なのは、土星のまわりをまわる衛星にぶつかった小天体が、ばらばらになったあとだという説です。

土星のまわりをまわる衛星は六十個以上あり、土星の環をつくる氷も、衛星の引力の影響を受けています。近年では、たがいにぶつかったり、かきまぜられたりして、はげしく動いていることがわかってきました。

ところで、地球から見る土星の環のかたむきは、つねに変わっていることを知っていますか。

土星は二五度以上かたむいたまま、太陽のまわりを約三十年かけて一周しています。そのため、地球から見た土星の環のかたむきも、約三十年で、真横になる→環の北側が見える→真横になる→環の南側が見える、と変わります。

土星の環の幅にくらべて、あつみはとてもうすく、数メートルから数百メートルしかありません。そのため、地球から見た環の向きが真横になる数日間は、土星の環が地球から完全に見えなくなります。

探査機の活やくにより、二十一世紀に入ってからも、土星の新しい衛星や環の発見がつづいています。なかには、土星を一周していない形の環も発見されました。

これからも、土星のなぞが少しずつとかれていくことでしょう。

環の北側が見える土星

402ページのこたえ　㋒0・1秒

おはなし豆知識　土星の環が地球から完全に見えなくなる現象がつぎに起きるのは、2025年です。

おはなしクイズ　土星の環はおもになにからできている？　㋐ガス　㋑金属　㋒氷

こたえはつぎのページ

「20世紀最大の天才」ってどんな人？

世界をおどろかせたふたつの理論を考えました

11月26日のおはなし

読んだ日にち（　　年　　月　　日）（　　年　　月　　日）（　　年　　月　　日）

伝記

アルバート・アインシュタイン（一八七九～一九五五年）

のちに「二十世紀最大の天才」といわれるアルバート・アインシュタインは、ドイツに生まれます。

少年時代から科学が大好きで、物事が「なぜそうなるのか」をいつも考えていました。ほかの人が「そういうものだ」ですませてしまうことも、科学の力で説明したいと思っていたのです。ただ、学校は苦手で、ひとりで物理や数学ばかり勉強する、目立たない学生でした。

大学卒業後は、特許局というところにつとめながら、ひとりで物理の勉強をつづけました。やがて、「ものの動く速さのちがいによって、時間と空間はのびちぢみする」という考えを思いつきます。

たとえば、光に近い速さの宇宙船で旅に出た人は、地球で待っていた人より年をとりません。このような考えをまとめて、一九〇五年に発表したのが、「特殊相対性理論」です。

研究者ではないアインシュタインの考えは、物理学界をおどろかせました。それまで、二百年以上も物理の常識と思われていたニュートンの法則では、時間の長さは一定で変わらないとされていたからです。それでも、すぐれた物理学者たちに受け入れられ、アインシュタインは一気に有名な物理学者になりました。

一九一六年には、特殊相対性理論をさらに発展させた「一般相対性理論」を発表します。当時では観測がむずかしかった遠い宇宙のしくみまで、くわしくとき明かすことが目的でした。一九二二年には、ノーベル物理学賞を受賞します。日本へ向かうとちゅうで受賞の知らせを受け、到着後、大かんげいを受けました。

ふたつの相対性理論の発表以来、ほかの物理学者たちによって、相対性理論をもとにした新しい理論がいくつも生まれました。ブラックホールや、ビッグバンもその一例です。

また、相対性理論の正しさをたしかめる実験は、今もつづけられています。さらに、相対性理論やほかの理論を統一し、宇宙のすべてを明らかにしようとするこころみもあります。アインシュタインは、宇宙のなぞをとく宿題を、わたしたちに残したのかもしれませんね。

403ページのこたえ
ウ 氷

おはなし豆知識　ノーベル物理学賞は、相対性理論ではなく、光の性質の新発見に対しておくられました。

おはなしクイズ　アインシュタインがノーベル賞の知らせを聞いたとき、どこの国へ向かうとちゅうだった？

こたえはつぎのページ

11月27日のおはなし

クジャクにはどうしてきれいな羽があるの？

目玉もようがじまんのかざり羽をもつのは、オスだけです

読んだ日にち（　年　月　日）（　年　月　日）（　年　月　日）

「きれいな鳥」と聞いて、クジャクを思いうかべる人は多いでしょう。「かざり羽」をおうぎのように広げるすがたは、とてもきれいですね。

しかし、羽を広げるのはオスだけです。メスには、オスのような長いかざり羽はありませんし、色もずっと地味で目立ちません。

オスはふだん、このかざり羽をとじて、引きずって歩いているので、尾だと思う人が多いようです。でも、じつはこしから生えている羽なのです。動物園などで、羽を広げているクジャクに出合うことがあれば、かざり羽がこしから生えていることがわかるでしょう。また、ふだんはかくれている短い尾羽を見ることもできます。

では、なぜオスだけにきれいな長いかざり羽があるのでしょうか。

それは、メスに気に入ってもらうためです。クジャクの世界では、きれいな羽をもったオスしか人気がありません。なぜか、メスはきれいな羽のオスとしか結婚しないのです。

ですから、きれいな羽のオスだけが子どもを残せるわけです。その結果、クジャクのオスの羽は、どんどんきれいに進化していきました。

オスは、プロポーズをしたいメスがやって来ると、目玉もようがじまんのかざり羽をさっと広げます。そして、「見て、見て」と言っているかのように、ときどき羽をふるわせ、シャラシャラと音を立てます。すると、かざり羽は光を受けて、虹色にかがやきます。メスが興味をもってくれれば、プロポーズ成功ですが、そうかんたんにはいかないようです。

さて、このかざり羽は、恋の季節が終わるとぬけてしまいます。クジャクの恋の季節は春の間です。夏から秋に羽がぬけて、メスとあまり変わらないすがたになります。そして、冬には新しいかざり羽が生えはじめ、つぎの恋の季節の準備に入ります。メスに気に入ってもらうため、毎年、かざり羽を新しくするのです。

ですから、クジャクを見に行くなら、春の動物園がいいでしょう。運がよければ、メスにプロポーズしているところが見られますよ。

404ページのこたえ　日本

おはなし豆知識 ほとんどの鳥は、オスがきれいで、メスとはちがう種類に見えることもあります。

おはなしクイズ クジャクのかざり羽はどこから生えている？　㋐こし　㋑しり　㋒肩

こたえはつぎのページ

イクラってたまごなの？

11月28日のおはなし

プチプチとした食感が楽しい、人気のすしネタのひみつ

読んだ日にち（　年　月　日）（　年　月　日）（　年　月　日）

食べもの

イクラは、プチプチとした食感が人気の食べものです。すしのネタとしてなじみがあるので、日本の食べものだと思っている人も多いようですが、海外でも食べられています。「イクラ」という言葉は、明治時代にロシアから伝わりました。「魚のたまご」という意味のロシア語です。日本各地へ広まったのは、大正時代の終わりごろでした。

では、イクラの親はどんな魚なのでしょうか。ロシア語では、タラのたまごの「タラコ」も、チョウザメのたまごの「キャビア」も、すべて「イクラ」とよばれます。

しかし、日本でイクラと言うときは、ほとんどの場合、サケのたまごをさします。サケによく似た、カラフトマスのたまごもイクラとよぶことがありますが、マスコ、マスイクラという名でよぶほうが一般的です。

イクラはオレンジ色をしていますが、これはサケのおなかの中にあるときから、ほぼ同じ色です。お店で売られているイクラのほうが、塩やしょうゆにつけられているぶん、少し色がこくなります。

サケの身もオレンジ色ですが、もともとは色が白い白身魚です。

身やたまごが赤っぽくなるのは、エサにふくまれる赤い色素によるものです。この成分には、老化をふせぐ、つかれにくくなる、病気になりにくくなるといった効果があります。川をのぼるサケにとっても、そのサケを食べるわたしたちにとっても、健康にいい成分なのです。

ところでみなさんは、スジコとイクラを見くらべたことがありますか。スジコは全体が膜でおおわれているので、別の魚のたまごと思うかもしれませんね。

しかし、どちらもサケのたまごです。スジコには、かたまりのまま味つけしたものと、味つけしていない生のものがあります。イクラは、生のスジコをばらばらにしてから、味つけしたりしたものです。

生のスジコを七〇度くらいのお湯の中に入れると、外の膜だけがちぢんで、たまごを取り出しやすくなります。こうしてほぐれたたまごに、調味料を加えて一晩ねかせれば、好きな味のイクラをつくることができます。おうちの人といっしょにつくると、楽しいですよ。

405ページのこたえ　㋐こし

おはなし豆知識　サケは、たんぱく質などの栄養も豊富です。調理しだいで、皮や骨まで食べられます。

おはなしクイズ　「イクラ」は、もともとどこの国の言葉？　㋐ロシア　㋑アメリカ　㋒カナダ

こたえはつぎのページ

動物はどうして冬眠するの？

寒くて食べものの少ない冬を生きのびるためです

読んだ日にち（　　年　　月　　日）（　　年　　月　　日）（　　年　　月　　日）

動物

冬は、動物にとってつらくきびしい季節です。寒さで体温が下がりすぎると、動物は生きていけません。たくさん食べれば体温をたもてますが、冬は一年で一番エサが少なくなる季節です。では、動物はどうやって冬を生きのびるのでしょう。

動物が生きのびる方法のひとつとして、「冬眠」があります。秋にたくさん食べて脂肪をため、巣あなの中で春が来るまでねむるのです。

冬眠する間は、心臓の動きがおそくなり、体温が下がって、使うエネルギーをギリギリまで節約します。敵のいる外でエサさがしをする必要もなく、かしこい冬のすごし方といえそうです。ただ、春に目が覚めずに死んでしまうこともあります。

冬眠する動物の中で、ここではクマとシマリスの例を紹介しましょう。

クマは、かなり省エネタイプの冬眠をします。がけや木の下などに大きな巣あなをつくって冬眠し、オスは春まで目を覚ましません。

いっぽう、メスは冬眠中に子どもをうみます。母グマも子グマもほとんどねてすごしますが、子グマはお母さんのおっぱいを飲んで育ちます。母グマは水もエサもとらずにおっぱいをあげつづけるので、春には体重が三分の一もへってしまいます。

シマリスの冬眠は、もう少し活動的です。からだに脂肪をためこむかわりに、冬眠用にほった巣あなにドングリをためこみます。その量は、体重の十倍にもなります。そして、冬眠中もときどき目を覚まして、ドングリを食べ、ねる部屋とは別につくったトイレでふんもします。

ほ乳類だけでなく、ヘビやカエルも冬眠します。ヘビやカエルは、気温で体温が変化する「変温動物」です。寒さで体温が下がりすぎると、エサがあっても動けません。ですから、冬眠するのが一番なのです。

なお、人に飼われている動物は冬眠しません。エサをじゅうぶんもらえますし、人間の家はあたたかいからです。ただ、ハムスターやカメなどは、寒い場所で飼っていると、冬眠してしまいます。冬眠する動物を飼うときは、きちんと温度管理をすることがたいせつです。

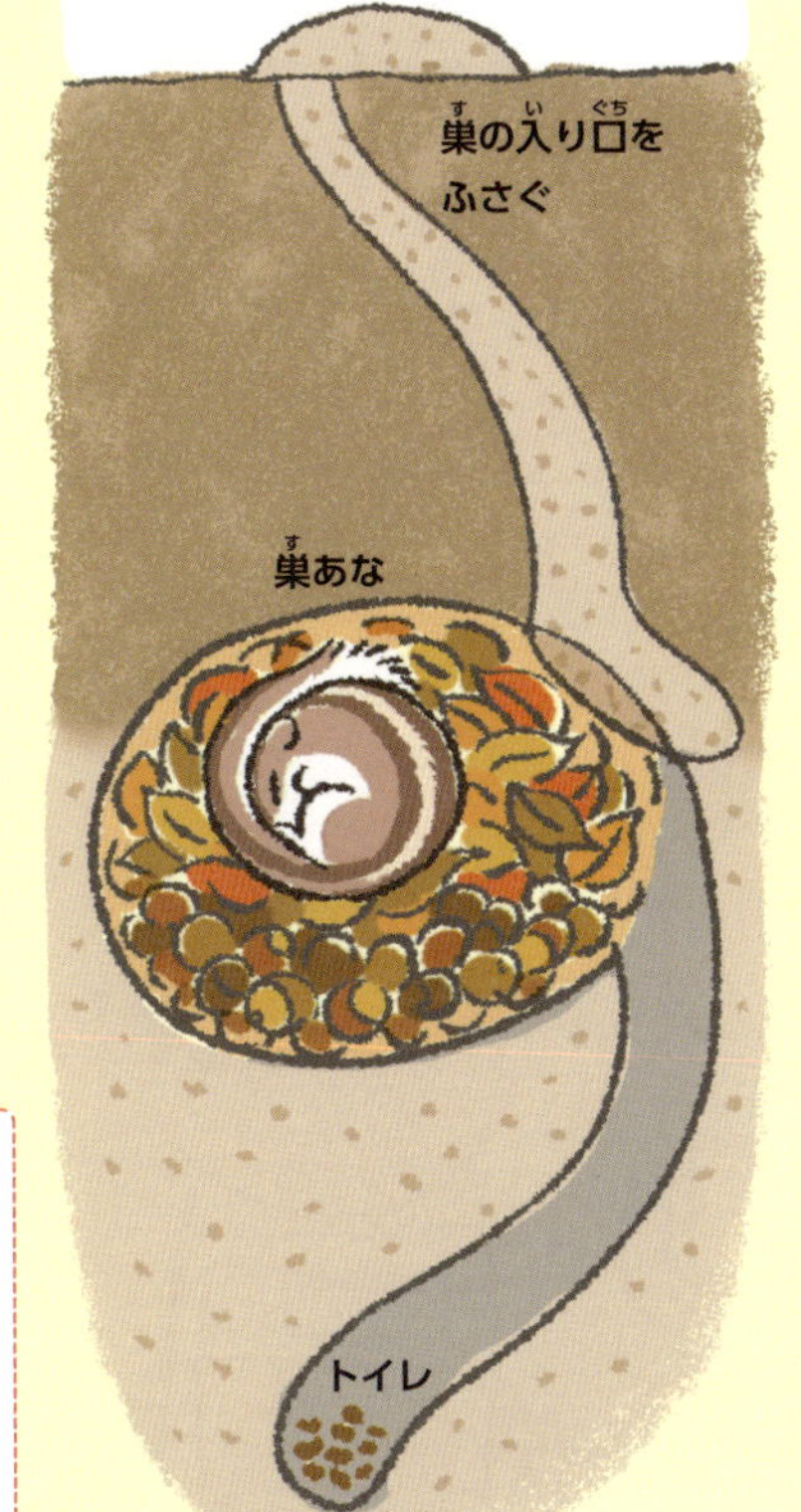

406ページのこたえ ㋐ロシア

おはなし豆知識　ホッキョクグマは、メスは冬眠して子育てをしますが、オスは冬眠しません。

おはなしクイズ　シマリスは、冬眠用の巣あなになにをためておく？　㋐ミルク　㋑ドングリ　㋒水

こたえはつぎのページ

重いものを持つときに声を出すのはなぜ？

わたしたちのからだは、脳のコントロールで全力を出せないようになっています

11月30日のおはなし

読んだ日にち（　　年　　月　　日）（　　年　　月　　日）（　　年　　月　　日）

からだ

　スポーツ選手が試合のときに、大きな声を出しているすがたを見たことがある人は多いでしょう。重量挙げやハンマー投げなど、力を出したい、ここぞという場面で、さけび声をあげています。

　ただのかけ声と、ばかにしてはいけません。かけ声には、からだの力を引き出す効果があるのです。

　これは実験でもたしかめられていて、「シャウト効果」とよばれています。シャウトは英語で、「さけぶ」という意味です。さけぶだけで力が出るなんて、まるで魔法のじゅもんのようですね。

　わたしたちのからだは、脳のコントロールによって、全力を出せないようになっています。そのため、ふだんわたしたちが出している力は、二〇～三〇パーセントくらいです。全力を出しきったと思ったときでも、五〇パーセントくらいの力しか出ていません。

　なぜ、一〇〇パーセントの力を出せないかというと、そこまで力を出すと、筋肉や骨を痛めるからです。

　でも、命がかかったピンチのときには、けがをしても命を守らなければなりません。人は、死のきけんを感じるときだけ、全力を出せるようになっています。

　日本には、昔から、「火事場のばか力」という言葉があります。火事のとき、重い家具を運んでにげたという言い伝えからきた言葉です。つまり、脳に、「今はピンチだ」と思わせることができれば、ふだんより力を出せることになります。

　その方法として、よく使われるのが、さけぶことです。大声でさけぶと、脳がこうふんして戦いにそなえる状態をつくり出すことができます。スポーツ選手たちは、このしくみをうまく使って、いい結果を出しているのです。

　もちろん、大記録を出すには、日ごろのトレーニングが一番たいせつです。ただ、気合を入れるためのかけ声を出すだけでも、五パーセントくらい力がアップします。

　みなさんも、なにか重いものを運ぶとき、「よいしょ」と思わず声が出たことはありませんか。無意識にやっていることが、じつは自分の力をふだんより引き出していたなんて、おどろきですね。

よいしょ

・・・・

407ページのこたえ　㋑ドングリ

おはなし豆知識　脳がこうふんすると、ふだんより力が出るほか、痛みも感じにくくなります。

おはなしクイズ　さけぶことで、ふだんより力が出ることを、なに効果という？

こたえは410ページ

12月のおはなし

文／野村一秋

まゆ毛やまつ毛があまりのびないのはなぜ？

長くのばせる毛は、どれくらいあるのでしょうか

読んだ日にち（　年　月　日）（　年　月　日）（　年　月　日）

12月1日のおはなし

からだ

まゆ毛とまつ毛の役割

日差しをさえぎる

あせなどから目を守る

人間のからだには、手のひらや足のうら、くちびるなどをのぞいて、ほぼ全身に毛が生えています。全部合わせると、五十万本ほどの毛が生えているといわれています。

これらの毛は、それぞれに理由があって生えています。かみの毛は頭を守るためです。鼻毛（173ページ）は、気管（空気の通り道）にごみや細菌が入らないようにするためです。

同じように、まゆ毛やまつ毛にも、ちゃんと役目があります。

まゆ毛は、ひたいから流れ落ちてくるあせが、目に入らないようにします。あせがまゆ毛を伝って、顔の横に流れていくようになっているのです。上下のまつ毛は、あせや虫、ごみが目に入らないようにしています。また、日差しが強いときには、日よけの役目もしています。

それぞれの毛は、のびる速さがちがいます。かみの毛は、一日で約〇・三ミリメートルのびるといわれています。それにくらべて、まゆ毛やまつ毛は、一日で〇・一八ミリメートルほどしかのびません。

また、生え変わる速さもちがいます。毛は、それぞれ成長する期間が決まっていて、それをすぎると自然にぬけるようにできているのです。

皮ふの下にある毛の根元の部分を、「毛根」といいます（321ページ）。毛の成長期には、毛根にある細胞がどんどんふえて、毛がのびます。

成長期が終わると細胞がふえなくなって、根元の部分から自然とぬけ落ちます。毛がぬけた毛あなは、しばらく休んでから、また新しい毛をつくりはじめます。

季節や年齢によってもちがいますが、かみの毛は、毎日、五十～百本ほどぬけています。そして、男性は三～五年、女性は四～六年ですべてのかみの毛が生え変わります。

まゆ毛やまつ毛がぬけるのは一日に数本で、三～四か月ほどですべて生え変わります。のびる速さもゆっくりで、長くのびる前にぬけ落ちて生え変わるので、かみの毛のように長くはならないのです。

ほかの毛も、それぞれの役割に合わせて、必要な長さになるようにできています。

408ページのこたえ　シャウト効果

おはなし豆知識　上のまつ毛は、下のまつ毛よりも長くて本数も多くなっています。

おはなしクイズ　のびる速さは、かみの毛よりもまゆ毛のほうが速い。〇か×か？

流れ星ってどこへ行くの？

ぴかっと光ってすぐに消えてしまいますが……

読んだ日にち（　年　月　日）（　年　月　日）（　年　月　日）

昔から、流れ星が見えたときには、「光っているうちに、三回願いごとをとなえるとかなう」といわれています。ちょうせんしてみたけれど、あっというまに消えてしまうので、うまくできなかったという人もいるかもしれませんね。

さて、消えた流れ星は、いったいどこへ行ったのでしょうか。

宇宙には、小さな砂つぶのようなちりがたくさんただよっています。地球がその近くを通ると、地球の引力に引っぱられて、秒速二〇～七〇キロメートルという、ものすごいスピードで、ちりが落ちてきます。すると、地球をとりまいている空気とはげしくぶつかり合ってまさつが起こり、もえます。そのときに、光って見えるのが流れ星です。

このちりは、もともと小さなものなので、すぐにもえつきてなくなります。ですから流れ星は、あっというまに消えて見えなくなるのですね。

流れ星は、雲の少ない夜に、暗くて空気のきれいな地域から見ていれば、一時間に十個くらいは見られます。夜の暗さに目をならして、空全体をながめるのがコツです。

光りながら地球に向かってくるもののなかには、もえつきずに地上に落ちてくるものもあります。これを、「いん石」といいます。いん石は、小惑星の石や岩のかけらからできているので、ちりがもとになっている流れ星とはちがいます。

小惑星は、惑星になれなかった直径数メートルから数百キロメートルの星です。それらのうち、太陽のまわりをまわっているとちゅうで地球に引きよせられたものが、落ちてくるのです。流れ星と同じように、空気との衝突でもえますが、大きなものはもえつきずに、地上に落ちてくるというわけです。

いん石は、石でできているものがほとんどですが、鉄でできているものや、石と鉄がまざり合ってできているものもあります。

いん石の重さは、ふつう数百グラムから数キログラムですが、大きなものもあります。アフリカで発見された、現在、世界最大のいん石である「ホバいん石」は、たてと横の長さがそれぞれ二・七メートルで、重さが六六トンもあるそうです。

410ページのこたえ ×

おはなし豆知識 「流星群」が来ると、一度にたくさんの流れ星を見ることができます。

おはなしクイズ 宇宙から、もえつきずに地上に落ちてくる小惑星のかけらはなに？

こたえはつぎのページ

江戸時代にもカレンダーはあったの？

12月3日のおはなし

太陽や月や星の動きをもとに新しい暦がつくられました

読んだ日にち（　年　月　日）（　年　月　日）（　年　月　日）

伝記

渋川春海（一六三九～一七一五年）

江戸時代にもカレンダー（暦）はありましたが、今とはまったくちがうものでした。「太陰暦」といって、月の満ち欠けをもとにしてつくられた暦です（88ページ）。月が地球のまわりを一周する期間は、平均すると約二十九・五日なので、一か月二十九日の月（小の月）と三十日の月（大の月）に分けていました。

しかし、一年はおよそ三百六十五日なので、大小の月を十二か月組み合わせただけでは、暦と実際の季節とで、ずれが起きてしまいます。そこで、二～三年に一度、十三か月になる年をつくって調節していました。

このようなしくみだったため、今年が大の月なのか小の月なのか、今年が十二か月なのか十三か月なのかを知るために、どの家でもカレンダーは欠かせないものでした。

ところが、当時のカレンダーは、八百年以上も昔に中国から伝わってきた暦をもとにつくられていたので、日食や月食（169ページ）の予報がはずれることがありました。

そこで、新しい暦が必要だと考えた人がいました。渋川春海です。

春海は、一六三九年に、京都で生まれました。お父さんが囲碁の名人だったので、春海も子どものころから囲碁を教わります。天文学にも興味をもっていて、毎日、太陽や月や星を観察していました。七歳のころには、まわりの大人に、その動きを説明していたほどです。

二十一歳になると、江戸幕府で囲碁を教える仕事につきますが、暦学や天文学の研究もつづけました。

そして、三十四歳のとき、それまでの暦はもう古いので、「授時暦」という中国の新しい暦に変えるべきだと、幕府に意見書を出します。しかし、その暦も日食の予報に失敗したため、意見は聞き入れてもらえませんでした。

春海は、失敗の原因が、中国と日本では、地球上の位置がちがうことだとつきとめます。そして、自分で観測をつづけて、日本に合うように授時暦を改良しましたが、しばらく採用してもらえませんでした。

一六八五年にようやく、春海の暦がみとめられ、当時の年号をとって「貞享暦」に変わりました。これが、日本人がつくった最初の暦です。

411ページのこたえ　いん石

おはなし豆知識 現在使われているカレンダーは、「グレゴリオ暦（太陽暦）」です。

おはなしクイズ 江戸時代のカレンダーは、1年が13か月のときもあった。〇か×か？

こたえはつぎのページ

12月4日
のおはなし

死んだふりをする虫がいるの？

さわると動かなくなる、ふしぎな虫がいます

読んだ日にち（　年　月　日）（　年　月　日）（　年　月　日）

ファーブル昆虫記

〈さわったとたんに足をちぢめたり、ころんとあお向けになったりして、動かなくなる虫がいます。死んだふりでもしているのでしょうか？　疑問をもったファーブルが行った、実験の様子を見てみましょう。〉

オオヒョウタンゴミムシは、体長が一～二センチメートルほどの虫です。ひょうたんのように真ん中がくびれたからだは黒光りしていて、大きなあごとギザギザのついた前足があります。ほかのこん虫やミミズ、カタツムリなどを食べます。

実際に飼ってみると、とても強い虫だということがわかりました。ふだんは砂にほった巣あなのおくにいますが、獲物の気配を感じると外に飛び出していき、あごでくわえて、あなに引きずりこんで食べるのです。

わたし（ファーブル）はまず、この虫が動かなくなってからふたたび動きだすまでの時間をはかってみました。結果はまちまちで、さわらないようにそっとしておくと、やがて動きだします。そのうちに、何度もくり返していると、死んだふりをしなくなることもわかりました。

つぎは、やわらかい砂の上に置いてみました。すぐに死んだふりをやめて、あなをほってにげ出すのではないかと思ったからです。しかし、今度も動きだすまでの時間は、ばらばらでした。置かれた場所は、どうやら関係ないようです。

ひょっとしたら、虫は人間を見ているのではないかと思いついて、部屋のすみにかくれてみました。結果は同じです。わたしが見ていなくても死んだふりをつづけるのは、どうしてなのでしょう。

動かなくなっているときに、ハエを近づけてみました。ハエにふれられると、オオヒョウタンゴミムシは、足をぶるぶるふるわせて、パッと起き上がりました。カミキリムシがさわったときも、台を振動させたときも、動きだしました。ためしに光を当ててみても、すぐに起き上がり、にげ出しました。

死んだふりをしているのであれば、敵にさわられても、ゆらしても、光を当てても、相手をだますために死んだふりをつづけるはずです。振動や光などのしげきがきっかけとなって、あわてて動きだす様子から、じつは死んだふりをしているわけではないことがわかりました。どうやら、この虫は、気をうしなっていただけのようなのです。

「オオヒョウタンゴミムシ」のおはなしより

412ページのこたえ　○

おはなし豆知識　オオヒョウタンゴミムシは夜行性で、昼間は砂の巣あなの中でねています。

おはなしクイズ　オオヒョウタンゴミムシが動かなくなったのはなぜ？　㋐死んだふり　㋑気をうしなっていた

こたえはつぎのページ

信号はだれが動かしているの？

変わるのが早い信号機、おそい信号機があるような気がしますが……

読んだ日にち（　　年　　月　　日）（　　年　　月　　日）（　　年　　月　　日）

12月5日のおはなし

生活

信号機は、どれもみな同じように動いているわけではありません。道路のこみ具合に合わせて、色を変えるタイミングを調整しています。

その仕事をしているのが、「交通管制センター」です。交通管制センターは、道府県警の本部（東京都は警視庁）にあり、信号機はここでコントロールされています。ただし、すべての信号機がつながっているわけではありません。なかには、自動制御されているものもあります。

信号機をコントロールするためには、まず、道路の交通状況を知らなければなりません。その情報を集めるのが、交差点や道路に設置されている「交通監視カメラ」や「車両感知器」です。交通監視カメラは、大きな交差点などの交通状況を撮影し、車両感知器は、通行する車の台数を自動的に測定して、センターに情報を送っています。それに加えて、パトロール中のパトカーや警察ヘリコプターからも、渋滞状況などの情報が送られます。

こうして、交通管制センターに集まってきた交通情報は、コンピュータで分析され、大型の地図板に表示されます。モニターテレビにも映像がうつし出されるので、担当者はそれらを見ながら道路の渋滞状況を調べます。そうやって、信号機を調整するのです。

交通管制センターでは、交通情報をドライバーに知らせる仕事もしています。道路に設置された「交通情報板」で渋滞情報などを表示したり、インターネットやテレビ、ラジオを通して、情報を伝えたりしています。

ところで、信号機の色は、だれにでもわかりやすいようにするため、今の三色に決められました。色の順番は、向かって右から、赤、黄、青です。赤はきけんを知らせる重要な色なので、木などでかくれないように、道路の中央側に置いているのです。右側通行の国では日本と反対で、左から赤、黄、青の順になります。

また、雪の多い地域の信号機はたて型です。よこ型だと、ランプのツバの上に雪が積もりやすく、信号が見えにくくなるためです。色は、上から赤、黄、青の順です。

ほかにも、音の出る信号機や矢印のついた信号機、歩行者用や電車用など、使う場所や人に合わせて、いろいろな信号機があります。

413ページのこたえ　㋑気をうしなっていた

おはなし豆知識　日本ではじめて押しボタン式の信号機が設置されたのは、1934年です。

おはなしクイズ　日本の信号機の場合、向かって一番右側は、なに色？

12月6日のおはなし

こん虫には血がないって本当？

こん虫が血を流しているのを見たことがあるでしょうか

読んだ日にち（　年　月　日）（　年　月　日）（　年　月　日）

虫

小さなこん虫も、人間と同じように空気をすって生きています。食べものを食べて、ふんをします。そして、血だってちゃんとあります。ただ、人間の血とは少しちがいます。

こん虫の血の色は、人間のような赤ではなく、だいたいが透明や緑色です。においもありません。人間の血が赤いのは、「ヘモグロビン」という赤い色の物質が入っているからです。しかし、こん虫の血には、このヘモグロビンがありません。血をつくっている成分や、食べるものの色が関係しています。

それから、人間のからだは、すみずみまで血管がはりめぐらされていて、心臓から送られた血が全身に流れるようなしくみになっています。ところが、こん虫のからだには血管がありません。そのかわり、「背脈管」という太い管が一本、背中の真ん中を通っていて、心臓と血管の役目をしています。背脈管がぎゅっとちぢまると、血が前のほうに送られて、その先から、からだ全体にしみ出すように流れ出ていきます。

背脈管（こん虫にとっての心臓と血管）

こん虫のからだの中には血管がないので背脈管からしみ出した血は、いろいろな器官のすきまを流れます。

からだ全体の状態は、ちょうど、血でいっぱいになったふくろの中に、腸などの内臓が入っているような感じです。そして、その血はふたたび背脈管にすいこまれて全身に流れ出す、というサイクルをくり返します。触角や大あごなどの細かな部分にも、血は流れています。

人間とちがうところは、ほかにもあります。たとえば、こん虫には骨がありません。全身をおおっているからがからだをささえているので、骨は必要ないのです。ただ、からは、人間の皮ふのようにのびないので、からだが大きくなるたびに脱皮をしなくてはいけません。

脳のつくりもちがいます。じつは、こん虫の脳はひとつだけではありません。からだの中に小さな脳のようなものをいくつかもっているので、おどろくことに頭がなくなっても動くことができるこん虫が多いのです。

おはなし豆知識　カ（250ページ）をたたいたときに出る赤い血は、カがすった人間の血です。

おはなしクイズ　こん虫の血は、赤い。○か×か？

こたえはつぎのページ

414ページのこたえ　赤

ピアノはだれがつくったの?

いろいろな方法がためされ、今の美しい音色にたどりつきました

12月7日のおはなし

発明・発見

読んだ日にち（　年　月　日）（　年　月　日）（　年　月　日）

今のピアノの原型は、一七〇〇年ごろに、イタリアのバルトロメオ・クリストフォリという楽器職人がつくったといわれています。

ピアノが発明されるまでは、「クラヴィコード」と「チェンバロ」という鍵盤楽器が使われていました。

クラヴィコードは、鍵盤をおすと、そのおくにあるぼうが弦をつき上げて音が出ます。鍵盤をおさえる力によって音の強弱はつけられますが、音がとても小さくて、楽器のそばにいる数人にしか聞こえませんでした。

チェンバロは、鍵盤をおすと、おくにあるぼうが弦をひっかくようにはじいて音が出ます。クラヴィコードよりも大きな音が出ましたが、音の強弱はつけられませんでした。

そこで生まれたのが、ピアノです。ピアノの鍵盤をおすと、中にあるハンマーが弦をたたき、たたかれた弦がふるえて、音が出ます。鍵盤のおし加減で、小さくてやさしい音から大きくて力強い音まで、思いのままに出すことができます。

音の強弱や音色を自由にあやつれるピアノの誕生によって、作曲家たちの表現力がゆたかになり、つくる音楽の幅も広がりました。大きなホールでの演奏会もできるようになりました。

ヨーロッパ各地で改良され、人気の楽器となったピアノは、一八二三年にはじめて、日本にやって来ました。ドイツ人医師シーボルトによって持ちこまれたのです。

その後、明治時代になると、日本でも西洋の音楽が紹介されるようになり、これを楽しむ人がふえていきました。それに合わせて、ピアノの輸入がさかんになりました。

日本ではじめてピアノをつくったのは、今の静岡県浜松市の山葉寅楠です。部品もふくめて国産ピアノの第一号で、一九〇〇年のことです。

ピアノに似た形の楽器に、オルガンや鍵盤ハーモニカ、アコーディオンなどがありますが、音の出るしくみはちがいます。これらは、弦をたたくのではなく、笛のように、空気の流れで音が出るしくみです。

ハンマーのしくみ

鍵盤をおすとハンマーが弦をたたく

弦　ハンマー　鍵盤

× 415ページのこたえ

おはなし豆知識　自動演奏や録音などができる、電子ピアノもあります。

おはなしクイズ　ピアノを発明したのはどこの国の人？　㋐日本　㋑ドイツ　㋒イタリア

人間は昔サルだったって本当？

祖先の祖先の祖先の……とたどっていくと……

読んだ日にち（　　年　　月　　日）（　　年　　月　　日）（　　年　　月　　日）

動物

わたしたちヒトは、ほ乳類のなかの「霊長類」というグループに分けられます。そしてじつは、サルも同じグループの仲間です。

たしかに、サルと人間は似ているところがありますが、もとをたどれば、同じ生きものなのでしょうか。

人間の祖先を昔へ昔へさかのぼっていくと、サルの仲間にたどりつきます。その後、今からずっと大昔に、サルやゴリラなどに分かれました。

サルの仲間のうち、人間に一番近いのはチンパンジーですが、人間とチンパンジーが同じ祖先から分かれたのは、約七百万年も昔のことです。分かれたあと、チンパンジーはチンパンジー、人間は人間として、それぞれ別べつに進化していきます。ですから、人間とサルは似ていても、まったく別の生きものなのです。

進化というのは、時間がたつにつれて、形やしくみがよりよく変わっていくことです。では、人間はどのように進化してきたのでしょう。

人間がサルの仲間と一番ちがうところは、まっすぐ立って二本足で歩けることです。

一説では二足歩行をした最初の人類は、約七百万年前の「サヘラントロプス・チャデンシス」（240ページ）といわれています。

その後、約二百五十万年前にあらわれた「アウストラロピテクス・ガルヒ」や、約二百四十万年前にあらわれた「ホモ・ハビリス」がかんたんな道具（石器）をつくったといわれています。そして、脳がどんどん発達し、進化してきたのです。

今から約百万年前ごろになると、「ホモ・エレクトゥス」が火を使いはじめたといわれています。ホモ・エレクトゥスはアフリカで進化しましたが、十万年前ごろにはほとんどいなくなりました。

二十万～十五万年前にアフリカで生まれたのがわたしたち「ホモ・サピエンス」の祖先です。複雑な道具をくふうしてつくるようになりました。そして、世界中に広がり、現在のようなくらしをするまでになったのです。

ホモ・エレクトゥス
火を使うようになった

ホモ・サピエンス
複雑な道具をつくるようになった

㋒イタリア
416ページのこたえ

おはなし豆知識 人間の足は歩きやすいつくりですが、サルの足はものをつかめるようになっています。

おはなしクイズ ホモ・エレクトゥスがはじめて行ったのは？　㋐二足歩行　㋑火を使った　㋒言葉を話した

こたえはつぎのページ

ミカンの実についている白いすじはなに？

栄養がたくさんつまっているといわれますが……

12月9日のおはなし

読んだ日にち（　　年　　月　　日）（　　年　　月　　日）（　　年　　月　　日）

食べもの

ミカンの皮をむくと、実に白いすじがついていますね。取ってから食べる人も多いようですが、このすじの正体はなんでしょうか。

まず、ミカンを観察してみましょう。一番外側の皮の表面には、ポツポツと小さなくぼみがあり、油がたまっています。この油はいいにおいのもとですが、ミカンを食べに来る虫をよせつけないためのものです。

上についている緑色の部分は、ヘタです。ミカンがまだ木についていたとき、ここがえだとつながっていたのです。ヘタを取ると、その下に、小さな点てんが円の形にならんでいます。この点てんは、水や栄養の通り道だった管です。葉っぱでつくられた栄養は、ここを通って実に送られます。

皮をむくと、実がつまったふくろがたくさんあります。ふくろの中には、果汁たっぷりの小さなつぶつぶの実がつまっています。そして、ふくろの外側には、白いすじがついています。

この白いすじは、ヘタの下にならんでいる点てんから管を通って運んだ水や栄養を、ひとつひとつのふくろにとどけるためのものです。つまり、ヘタの点てんと、ひとつひとつのふくろは、管を通してつながっているのです。だから、この白いすじやふくろにも栄養がたくさんふくまれています。それから、おもしろいことに、ヘタの下の点てんの数をかぞえれば、皮をむかなくてもふくろの数がわかるのですよ。

さて、あまくておいしいミカンには、栄養もたっぷりです。実の部分には、たくさんの水分がふくまれていて、その中に糖分がとけています。少しすっぱい味のもとは、「クエン酸」で、つかれをとってくれます。ビタミンCもたくさんふくまれているので、かぜの予防にもなります。

ところで、ミカンをたくさん食べて、手のひらやはだが黄色くなったことはないでしょうか。それは、ミカンのオレンジ色のもとになっている「カロテノイド」のせいです。一時的なもので、しばらくするともとにもどりますから、心配いりません。

417ページのこたえ　㋑火を使った

おはなし豆知識　ミカン３個で、１日に必要な量のビタミンCがとれるといわれています。

おはなしクイズ　ミカンの白いすじに栄養はふくまれていない。○か×か？

こたえはつぎのページ

12月10日のおはなし

ノーベル賞ってどうやってできたの？

さまざまな思いがこめられた賞です

読んだ日にち（　年　月　日）（　年　月　日）（　年　月　日）

伝記

アルフレッド・ノーベル（一八三三〜一八九六年）

第一回のノーベル賞の授賞式は、一九〇一年十二月十日に、スウェーデンのストックホルムで行われました。それ以降、毎年、世界の人びとのために役立つ研究や活動をした人に、この賞がおくられています。

ノーベル賞をつくったのは、アルフレッド・ノーベルという人です。ノーベルのお父さんは発明家でしたが、事業がうまくいっていなかったので、一家はまずしいくらしをしていました。生まれつきからだが弱かったノーベルですが、勉強が大好きで、成績は優秀でした。

やがて、お父さんがロシアではじめた火薬工場が成功したので、家族そろってロシアに引っこします。それまでのまずしかった生活とはがらりと変わり、家庭教師をつけて勉強し、フランスやアメリカにも留学することができました。

ノーベルがニトログリセリンの研究をはじめたのは、三十歳のときです。ニトログリセリンは、とても威力のある爆薬で、トンネルをほるときなどに役立っていました。しかし、運ぶとちゅうでの事故が多く、たくさんの人がなくなりました。液体の爆薬なので、少しでも衝撃をあたえると爆発してしまうのです。このニトログリセリンを、ノーベルはどうしても安全に使えるように改良したいと思い、研究をつづけました。

実験中の事故で弟をなくすという、つらい思いもしましたが、一八六六年、ノーベルが三十三歳のときに、新しい爆薬が完成しました。液体のニトログリセリンを「珪藻土」という土にまぜて、安全に使えるようにした「ダイナマイト」です。

ところが、ダイナマイトが活やくしたのは、工事現場だけではありませんでした。戦争に使われたのです。

ダイナマイトが売れて大金持ちになったものの、自分の発明で多くの人の命をうばったことに、ノーベルは心を痛めました。そして、遺言状で、「人類のために一番つくした人に賞をおくるように」と言い残したのです。

ノーベル賞は、この遺言と遺産をもとにつくられた賞なので、授賞式は、ノーベルがなくなった十二月十日に、ノーベルの生まれ故郷であるストックホルムで行われるのです。

418ページのこたえ ×

おはなし豆知識　ノーベル賞の受賞者には、賞状とメダルと賞金がおくられます。

おはなしクイズ　ノーベルがニトログリセリンを改良して発明した、強力な爆薬はなに？

こたえはつぎのページ

車よいするのはどうして？

車のゆれやかたむきで、ある器官がバランスをくずすのです

12月11日のおはなし

読んだ日にち（　　年　　月　　日）（　　年　　月　　日）（　　年　　月　　日）

からだ

人間は、まわりを見ながら、自分がどういう位置にいるのか、どう動いているのかをつねに感じとっています。それらを感じとるのは、じつは、目だけではありません。耳のはたらきも必要なのです。

耳には、音を聞くだけでなく、バランスをたもつ役割もあります（303ページ）。からだの動きやかたむきを感じとって、脳に伝えるのです。これは、耳のおくの「内耳」というところにある、「三半規管」と「前庭」という器官のはたらきです。

内耳から情報を受けた脳は、目からの情報と合わせて、うまくからだのバランスをたもつことができるように、からだに命令を出します。

ところが、乗りものに乗って、長い時間、不規則なゆれや、はげしいかたむきを感じていると、内耳の器官の調子がくるってくることがあります。脳に正しい情報を伝えられなくなるのですね。

そうなると、内耳からの情報と、目からの情報にずれが生まれ、脳がこんらんします。こんらんした脳は、この状態を不快と判断して、自律神経をしげきします。

自律神経とは、心臓や胃などの臓器の動きや、あせ、なみだなど、全身のあらゆるはたらきを調節するところです。しげきを受けた自律神経がこうふんすると、それらのはたらきをうまく調節できなくなり、気分が悪くなることがあるのです。これが、「乗りものよい」です。

乗りものによいやすい人とよいにくい人がいますが、からだのバランスをたもとうとするはたらきがびんかんな人ほど、よいやすいようです。また、子どもは乗りものに乗った経験が少ないので、よいやすいともいわれています。

乗りものよいをふせぐには、乗りものになれるのが一番です。乗る前によい止めの薬を飲んでおくのも、効果があります。ゆれの少ない席にすわったり、遠くの景色を見てすごしたりするのも、いいですね。

反対に、睡眠不足や空腹の状態は、よいやすくなります。それから、乗りものよいを気にしすぎるのも、よくありません。楽しい気分で乗りものに乗るといいでしょう。

419ページのこたえ　ダイナマイト

おはなし豆知識　車の中で、自分が運転しているつもりになるとよわない、という研究報告もあるそうです。

おはなしクイズ　人間がからだのバランスをたもつには、目のほかに、どこのはたらきが必要？

12月12日のおはなし

虫を食べる植物があるって本当？

生きるために進化をとげた、ふしぎな植物です

読んだ日にち（　　年　　月　　日）（　　年　　月　　日）（　　年　　月　　日）

植物

虫や微生物を食べる植物のことを、「食虫植物」といいます。特別な形の「捕虫葉」という葉っぱで虫をつかまえ、栄養にします。

食虫植物の虫のつかまえ方には、つぎの五種類があります。

ハエトリグサなどは、「はさみこみ式」です。捕虫葉は、人間が手首を合わせて、両手を花のように開いた形に似ています。虫がやって来ると、葉をさっととじます。とじた葉は、ちょうど指を組んだような形になるので、中の虫はにげられません。

モウセンゴケなどは、「ねばりつけ式」です。捕虫葉の表面にべたべたとねばりつく液を出して、虫をはりつけてつかまえます。虫がにげようともがくと、葉がまきついてきて、虫をおさえこんでしまいます。

ウツボカズラなどは、「落としあな式」です。捕虫葉が、えりのついたつぼのような形になっていて、近づいてきた虫がすべって落ちてきたところをつかまえます。えりも、つぼの内側も、ぬるぬるとすべりやすくなっているので、中に落ちた虫はにげ出すことができません。

タヌキモなどは、「すいこみ式」です。これは、水の中でくらす食虫植物が、微生物などをつかまえる方法です。捕虫葉がふくろのようになっていて、入り口にあるとげに微生物がふれると、まわりの水といっしょに、すいこみます。

ゲンリセアなどは、「さそいこみ式」です。らせん状の捕虫葉がのびていて、虫や微生物などを水といっしょにすいあげて、つかまえます。葉には切れこみがあって、そこから微生物が入ります。

このように、虫を食べて生長する食虫植物ですが、じつは、ふつうの植物と同じように、光合成（94ページ）もできます。ただ、養分の少ない土地に生えているので、足りない栄養を補うために、虫をつかまえるようになったといわれています。

はさみこみ式

葉をとじてはさむ

ねばりつけ式

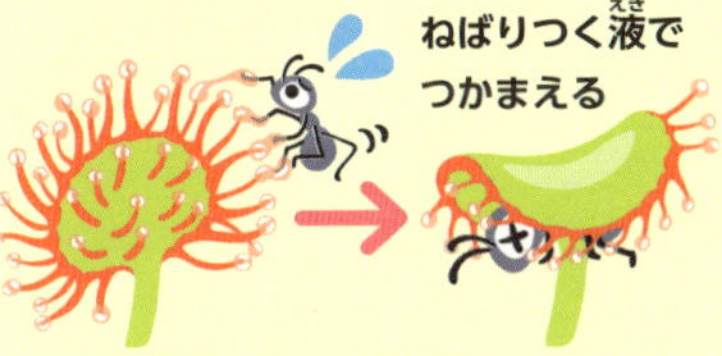

落としあな式

すいこみ式

さそいこみ式

耳　420ページのこたえ

おはなし豆知識 ハエトリグサは、約0.1～0.3秒もの速さで捕虫葉をとじます。

おはなしクイズ 食虫植物は、虫が養分になるので光合成は行わない。〇か×か？

こたえはつぎのページ

空気がなくなることはないの？

みんながどんどんすっているけれど……

読んだ日にち（　年　月　日）（　年　月　日）（　年　月　日）

12月13日のおはなし

地球・宇宙

空気は、色もにおいもない気体です。まわりにあっても意識はしませんが、わたしたちが生きていくために、なくてはならないものです。呼吸をするのに必要なだけでなく、地球全体をおおうことで、地球を温めたり、有害な紫外線を吸収したりしています。宇宙から落ちてくるいん石などによる大きな被害がないのも、空気のおかげです。

人や動物がふえて、どんどんすっていますが、空気がなくなることはないのでしょうか。

地球は、空気の層でぐるりとおおわれています（317ページ）。空気のあるところを、「大気圏」といいます。大気圏は、地上から五〇〇キロメートルくらいまでありますが、上空へ行くほど空気はうすくなります。

空気が地球のまわりにとどまっているのには、「重力」が関係しています。重力とは、地球が地球の中心に向かってものを引きつける力です。地球をおおっている空気も、重力によって、地球の中心に向かってつねに引っぱられています。

ですから、空気が宇宙ににげていくことはなかなかないので、心配しなくても、だいじょうぶなのです。

ところで、空気はなにからできているのでしょう。

空気の約七八パーセントは、「ちっ素」です。ちっ素は、生きもののからだをつくる「たんぱく質」のもととなる成分です。そして、約二一パーセントは、わたしたちの呼吸に欠かせない「酸素」です。そのほか、アルゴン（258ページ）や二酸化炭素などの気体が少しずつふくまれています。

空気のなかでも酸素は、わたしたちがものを考えたり、からだを動かしたりするエネルギーをつくり出すために、とても重要です。

酸素をつくり出しているのは、地上にある植物です。わたしたち人間や動物たちがはき出す二酸化炭素をすって、酸素に変えてくれるのです（94ページ）。

そのため、植物がなくならないかぎり、とつぜん、酸素がなくなることはありません。

421ページのこたえ　×

おはなし豆知識　体重50キログラムの人で、1日に約20キログラムもの空気をすいこみます。

おはなしクイズ　空気は、上空へ行けば行くほどうすくなる。○か×か？

こたえはつぎのページ

12月14日のおはなし

はじめて南極に行った人はだれ？

情熱と行動力で夢をかなえた探検家がいます

読んだ日にち（　　年　　月　　日）（　　年　　月　　日）（　　年　　月　　日）

伝記

ロアール・アムンゼン（一八七二〜一九二八年）

はじめて南極点まで行ったのは、ロアール・アムンゼンという、ノルウェーの探検家です。

アムンゼンは、ノルウェーの首都オスロの近くの村で生まれました。

アムンゼンが探検家になりたいと思ったのは、十五歳のときに読んだ本がきっかけでした。イギリスの探検家ジョン・フランクリンが、北極圏を調査したときの探検記です。

お母さんの希望で、大学では医学の勉強をしますが、探検家の夢はすてていませんでした。机の上にはフランクリンの写真を置き、北極の探検にたえられるようにと、冬のどんなに寒い日でも、窓を開けたままねていたそうです。

二十一歳のとき、お母さんがなくなると、アムンゼンは大学を中退して、探検家の道へ進みます。極地の探検では、探検隊長が船長をかねるべきだとわかると、船員としてはたらきながら、航海士と船長の免状を取りました。オスロ大学で地磁気の研究をしたあと、ドイツへ行って海洋学や気象学も勉強しました。

一九一〇年八月九日、オスロの港から、アムンゼンたちを乗せたフラム号が出発しました。

北極点に行くために探検家になったアムンゼンですが、北極点には、一年以上も前に、アメリカの探検家ロバート・ピアリーが到達していたので、まだだれも到達していない南極点に向かったのです。

じつはこのとき、イギリスの探検家ロバート・スコットの探検隊も南極点に向かっており、ふたつの隊の競争になりました。

先に南極大陸に着いたのはスコット隊です。スコット隊は、エンジンのついたソリと小型の馬で南極点をめざしました。しかし、寒さのためにエンジンが動かなくなったり、氷の上で馬のひづめがすべってうまく走れなかったりで、思うように進めませんでした。

いっぽう、アムンゼン隊は、犬にソリを引かせたので、スコット隊よりひと月も早く南極点に到達しました。

情熱をかけて学び、行動にうつしたアムンゼンの夢が、ついにかなったのです。一九一一年十二月十四日のことでした。

422ページのこたえ ○

おはなし豆知識　南極点の標識は、氷とともに１年間に10メートルほど移動しています。

おはなしクイズ　アムンゼンはどこの国の探検家？　㋐イギリス　㋑ノルウェー　㋒アメリカ

こたえはつぎのページ

冬にだけ見られる鳥は、どこからやって来るの？

12月15日のおはなし

冬をこすために日本にやって来る鳥がいます

読んだ日にち（　　年　　月　　日）（　　年　　月　　日）（　　年　　月　　日）

鳥

ナベヅルやマナヅルは、秋になると、ロシアなどの北の国からやって来て、日本で冬をすごします。そして、春になると、北へ帰っていきます。ツルは、もともと寒い地域にすんでいるので、あたたかい時期にたまごをうんでヒナを育て、寒くなってエサがなくなると、冬をこすためにやって来るのです。

こんなふうに、毎年決まった季節に決まった場所を行き来する鳥を、「渡り鳥」といいます。

渡り鳥は、日本に来る時期や目的によって、三つに分けることができます。ツルやカモ、ハクチョウなどのように、冬を日本ですごす鳥を、「冬鳥」とよんでいます。ツバメのように、春になると東南アジアなどの南の地域からやって来て、日本でたまごをうんでヒナを育て、秋になるとまた南へ帰る鳥を、「夏鳥」とよびます。そして、シギのように、渡りのとちゅうで日本に立ちよる鳥は、「旅鳥」とよばれます。

日本で見られる鳥の多くは、これらの渡り鳥ですが、スズメや、ツルの仲間のタンチョウなどのように、一年中、日本でくらす鳥もいます。こういう鳥を、「留鳥」といいます。

では、渡り鳥たちは、どうやって決まった季節を知り、まよわずに、遠い国から海を渡って飛んでくることができるのでしょうか。

鳥は、昼の長さの変化で季節を知ります。日本の場合、昼の長さは、冬至の日（十二月二十二日ごろ）が一番短く（236ページ）、その日以降、少しずつ長くなっていきます。すると、渡り鳥のからだの中で、変化が起こりはじめます。たまごをうむための準備をしたり、長い距離を飛ぶときのエネルギーになる脂肪をたくわえたりするのです。

また、飛んでいく方向は、からだにそなわった体内時計と、太陽や星の位置からわり出しています。たとえば、「太陽が一番高くなった方角が真南」といった具合です。星のならびと方角の関係は、巣にいるヒナのときに記憶されるようです。ですから、とちゅうで迷子にならずに、海をこえられるのですね。

飛ぶ時間は、カモのように昼も夜も飛びつづけたり、ツバメのように昼の間だけ飛んで夜は休んでいたり、ツグミのように昼は休んで夜に飛んだりと、いろいろあります。

423ページのこたえ　㋑ノルウェー

おはなし豆知識　渡り鳥は、星が出ていない夜でも、風向きや地球の磁気を感じて正しい方角を見分けます。

おはなしクイズ　ツルのように、日本で冬をすごす鳥をなんという？　㋐夏鳥　㋑冬鳥　㋒留鳥

こたえはつぎのページ

12月16日のおはなし

波はどうしてできるの?

大きい波、小さい波、いろいろありますが……

読んだ日にち（　年　月　日）（　年　月　日）（　年　月　日）

地球・宇宙

波は、海の上をふく風によってできます。海の上で風がふきはじめると、小さくて細かい「小波」ができます。そのまま風がふきつづけていると、波がだんだん高くなってきて、「風浪」とよばれる波になります。風浪というのは、風でできた波ということです。風が強くなり、ふく時間が長くなるにつれて、波はますます高くなってきます。

そのうち、波がくだけて「白波」ができるようになります。沖の波が海岸に近づくと、「くだけ波」になります。さらに、海岸に打ちよせて「磯波」になります。磯波は、「まき波」と「くずれ波」に分けられます。

まき波は、冬の荒海に見られる波で、海岸の砂を引きずるように運びます。くずれ波は、春から夏にかけて見られる波です。おだやかな波で、沖合の海底から海岸に、砂を運びます。

このように、風の強さやふく時間によって波の種類が変わります。風がふいていないときでも波はあったよ、と思う人がいるかもしれませんね。風浪は、風がやんだあとも残ります。また、波には、伝わっていく性質があるので、沖のほうの風でできた波が、風のない海岸まで伝わってきます。こういう波を、「うねり」といいます。うねりは、波の一番もり上がった部分が、まるみをおびています。

夏の終わりに見られる「土用波」は、遠くにある台風でできた風浪が伝わってきたうねりです。

こんなふうに、波にはいろいろな名前がつけられています。

一九六〇年代に行われた調査では、夏のハワイ島やアメリカ西海岸に来るうねりが、南極大陸の周辺の海から伝わってくることがわかりました。

海岸から見ていると、波は動きながらやって来るように見えますが、海水は、その場で上下に動いているだけです。この運動が、となりへとなりへとつぎつぎに伝わっていき、波になっておしよせてくるように見えるのです。

424ページのこたえ　㋑冬鳥

おはなし豆知識　風浪のほかに、船の動きによるものや、地震などによってできる津波もあります。

おはなしクイズ　風でできた波は？　㋐風船　㋑風浪　㋒風鈴

こたえはつぎのページ

水草はなぜ水の中で生きていられるの？

空気がないところで、苦しくないのでしょうか

読んだ日にち（　　年　　月　　日）（　　年　　月　　日）（　　年　　月　　日）

12月17日のおはなし

植物

池や沼、川などの中でくらす植物を、「水草」といいます。水草は、地上の植物と同じように、光と水と二酸化炭素から養分と酸素をつくる光合成（94ページ）を行います。

地中に根をはっていない水草や、光のとどきにくい水中にしずんでいる水草は、まわりの水から直接、水分や養分を取り入れます。

水草は、空気や養分の少ない水の中でくらすために、陸上の植物には見られない、いろいろなくふうをしています。そのくふうのしかたやすむ場所によって、つぎの四つの種類に分けられます。

ハスやヨシなどの「抽水植物」は、岸に近いところでくらしています。根やくきの一部だけが水の中で、大部分のくきや葉は水の上にのびている水草です。ハスは、水底のどろの中に、「地下茎」というくきを横にのばして育ちます。地下茎からのびたくきは、水の上の葉や花とつながっています。秋になると、葉でつくられた養分が地下茎の先にためられて太くなります。これが、わたしたちが食べるレンコンです。

スイレンなどの「浮葉植物」は、岸からややはなれたところで、水底に根やくきをはります。くきを長くのばして、水面に葉をうかべてくらす水草です。スイレンの葉は平たくて、下側に空気が入るすきまがたくさんあるので、水にうくことができます。くきの中にも空気がつまっています。水面でさく花は、水をはじくようになっています。

セキショウモなどの「沈水植物」は、さらに岸からはなれた深いところに根をはり、からだ全体を水中にしずめてくらす水草です。水の流れでちぎれないように、くきは細長く、やわらかくなっています。この水草は、水の中でも光合成を行って、酸素を出します。この酸素が水にとけることで、水中の酸素がふえるので、水中の生きものにとっては、だいじな水草です。

ホテイアオイやウキクサなどの「浮遊植物」は、水底に根をはらず、水面にういてくらす水草です。水にうくのは、葉の根元やくきのうらに空気をためて、うきぶくろのようにしているからです。水の中にたれさがった根は、引っくり返らないように、おもりの役目をしています。

このように、水草は、水の中でくらせるようなからだのつくりをしているのです。

425ページのこたえ　㋑風浪

おはなし豆知識　セキショウモは、水の流れを利用して、雄花ごとめ花まで運んで受粉する「水媒花」です。

おはなしクイズ　ハスの地下茎で食べられる部分は？　㋐レンコン　㋑ダイコン　㋒ニンジン

こたえはつぎのページ

12月18日のおはなし

インフルエンザってなに?

かぜとどうちがうのでしょうか

読んだ日にち(　年　月　日)(　年　月　日)(　年　月　日)

からだ

インフルエンザウイルスという病原体が引き起こすのが、「インフルエンザ」です。症状はかぜ(399ページ)に似ていますが、高熱がつづくなど、かぜよりも重くなります。うつる力がとても強く、気温が低くて空気が乾燥している冬になると、一気に流行します。

ウイルスなどの病原体がからだの中に入って、病気にかかることを、「感染」といいます。

インフルエンザの感染には、手などについたウイルスによる「接触感染」と、せきやくしゃみでまき散らされたウイルスによる「飛沫感染」があります。からだに入ったウイルスは、まず、のどにはりついて仲間をふやします。そして、からだのあちこちに広がります。

インフルエンザにかかると、四〇度近くの高熱が出ます。熱が出るのは、低い温度を好むウイルスをやっつけるための、からだのはたらきです。けれども、熱が出ると、エネルギーをたくさん使うため、全身がだるくなったり、関節が痛くなったりするのです。

インフルエンザのウイルスはあっというまにふえます。ですから、インフルエンザかもしれないと思ったら、早めに病院へ行って検査をしてもらいましょう。

インフルエンザを予防する方法として、予防接種(175ページ)があります。人間のからだには、一度戦った病原体をおぼえていて退治する、「めんえき」という力があります。予防接種は、ウイルスをうすめてつくったワクチンを注射して、からだの中にめんえきをつくるのです。

ただし、インフルエンザウイルスには、A型、B型、C型の三つのタイプがあるため、予防接種をしても、型がちがうと効果はありません。A型だけでも百四十四種類以上あり、今も種類はふえつづけています。

また、動物から感染する型もあります。はじめは同じ種類の動物どうしでうつりますが、とつぜん人間にも感染するようになり、一度人間に感染すると、人から人へ、つぎつぎにうつります。これが、「新型ウイルス」です。このように変化する力があることが、インフルエンザウイルスのこわいところです。

予防接種をするのはもちろん、特に冬は人ごみをさけ、ふだんから栄養と休養をたっぷりとり、うがいや手あらいをし、ウイルスが入りこむすきをつくらないことがだいじです。

426ページのこたえ ㋐レンコン

おはなし豆知識 予防接種のワクチンをどの型にするかは、世界の流行状況を見ながら国が決めています。

おはなしクイズ インフルエンザの病原体はなに?

こたえはつぎのページ

いろいろな色のびんがあるのはなぜ？

見た目がよくなるだけでなく、あることに効果があります

12月19日のおはなし

読んだ日にち（　　年　　月　　日）（　　年　　月　　日）（　　年　　月　　日）

道具・もの

ガラスびんには、どんな色があるか知っていますか。透明なものだけではなく、茶色や緑色などがありますね。びんにはどうして、いろいろな色がついているのでしょうか。

まず、ガラスびんがなにでできているのかを見てみましょう。ガラスびんの原料は、「けい砂」や「石灰石」「ソーダ灰」などです。けい砂は、石英という鉱物の砂で、石灰石は石灰岩からできています。ソーダ灰はまったく水をふくまない炭酸塩という物質です。これらの原料を、一六〇〇度という高温でとかし、金型に流してかためます。

こうしてできたガラスびんには、色もにおいもついておらず、空気や水分を通さないのが特徴です。

ガラスびんに入れるものは、長い間保存したいものや、一度ふたを開けてから、しばらく保存するものがほとんどです。たとえば、食べものや薬品などです。

空気や水を通さないため、保存に向いているガラスびんですが、透明なガラスびんの場合、光をよく通します。食べものや薬品などの中には、光、特に紫外線に当たると、性質が変わるものがあります。

そこで、そのような変化をふせぐために、びんに色をつけるようになりました。ガラスびんに色がついているのは、中に入っているものを紫外線から守るためなのです。

紫外線

ある実験では、紫外線をさえぎる効果が高いのは、茶色のびんだということがわかっています。そのため、紫外線に弱いビタミン類がふくまれる栄養ドリンクなどは、茶色のびんに入れられています。

ただし、実際にお店にならんでいるびんを見てみると、茶色だけでなく、緑色や青色、水色、透明など、いろいろなびんが使われています。

これは、紫外線をさえぎる効果だけでなく、見た目の美しさも考えて、びんの色を決めているためです。

また、赤ワインの場合は特別で、ワインの赤色を守る効果がある緑色がよく使われるようです。

ところで、ガラスびんは、リサイクルすることができます。細かくくだかれて、新しいガラスびんなどの材料になるのです。使い終わった空きびんは、キャップなどをはずしてよくあらってから、地域のルールにしたがって色別に分けて、回収してもらうようにしましょう。

427ページのこたえ　インフルエンザウイルス

おはなし豆知識　透明のびんの上に、色つきのラベルをはって、中身を保護する方法も開発されています。

おはなしクイズ　茶色のびんは、中に入っているものを紫外線から守る効果が高い。○か×か？

こたえはつぎのページ

12月20日のおはなし

しもばしらってどうしてできるの？

ふつうの氷とはでき方がちがうのでしょうか

読んだ日にち（　年　月　日）（　年　月　日）（　年　月　日）

天気・気象

サクッ、サクッと気持ちのいい音がする、しもばしらをふんだことはありますか。しもばしらは、土の中の水分がこおってできたものです。長さ数センチメートルほどの、細い氷の柱が集まったものをいいます。

しもばしらができやすいのは、冬の明け方です。なぜ明け方が多いかというと、夜から朝にかけてぐっと気温が下がるためです。気温が〇度以下になると、地面の表面近くの水分がこおって、小さな氷のつぶができます。すると、土にふくまれている水分が、土の間の細かいすきまを通って下から上がってきます。

水は、細い管のようなすきまがあると、その中に入って上がっていく性質があるのです。これを、「毛細管現象」といいます。

上がってきた水分はこおって、すでにできている氷をおし上げます。水分は、すきまを通ってつぎつぎに地上に上がっていって、こおります。

こうしてできた氷が、どんどんつながって、しもばしらになります。

しもばしらは、地表面の近くの水分がなくなるまでのびつづけます。ときには、長さが一〇センチメートル以上になることもあります。

寒い朝にできるしもばしらですが、気温がマイナス一〇度以下になると、土全体が冷えてこおってしまうのでできません。地表が〇度以下で、しかも、地面全体が少し温かい状態のときにできるのです。

また、土の中に小さなすきまがたくさんある赤土でできやすく、じゃりや砂のようにすきまが大きい地面や、ねん土のようにしまった地面ではできにくくなります。

ところで、しもばしらに似た名前の現象に「しも」がありますが、でき方がまったくちがいます。しもは、空気中の水蒸気がこおって、小さな氷の結晶ができ、窓や道ばたの草などにくっついたものです。

しもばしらのでき方

水分が土のすきまを上がる

地表に出てこおる

しもばしらができる

428ページのこたえ　〇

おはなし豆知識　赤土は関東地方に多いので、関東地方ではよくしもばしらができます。

おはなしクイズ　しもばしらは、土の中の水分がこおってできたもの。〇か×か？

12月21日のおはなし

電車はなぜガタンゴトンと音がするの？

1年中安全に走るためのくふうがかくされています

読んだ日にち（　　年　　月　　日）（　　年　　月　　日）（　　年　　月　　日）

乗りもの

電車に乗ると、規則正しくガタンゴトンという音が聞こえることがあります。この音の正体はなんでしょう。答えは、電車がレールのつなぎ目を通るときの音です。

レールは、鉄でできています。鉄には、温度の変化によって長さが変わる性質があるため、レールは温度が上がるとのびて、下がるとちぢみます。それで、つなぎ目に少しすきまを空けてあるのです。もし、このすきまがなかったら、夏の暑いときに、レールがのびてぶつかり、まがってしまうからです。

日本の鉄道の標準レールの長さは、一本二〇～二五メートルです。これを木で固定して、つないでいきます。つなぎ目は、真夏でも一ミリメートルのすきまができるように空けてあります。このすきまがあるため、電車は音がしたりゆれたりするわけです。そこで考え出されたのが、「ロングレール」です。

これは、二五メートルのレールをつなぎ合わせて、一本を二〇〇メートル以上にしたものです。新幹線では、一本の長さが一〇〇〇メートル以上のロングレールが使われています。つなぎ目は、鉄がのびちぢみしてもぶつからないように、ななめに交差させる「伸縮継目」というつなぎ方にしてあります。

すきまがなくなめらかになり、つなぎ目の数も少なくなったので、音やゆれがへり、乗り心地がよくなりました。

ところで、電車を安全に走らせるためには、レールの点検が欠かせません。毎日たくさんの電車が通るので、レールの位置がずれたり、すりへったり、きずができたりすることがあります。このため、どの鉄道会社も、定期的に点検をして、補修や交換をしています。

「ドクターイエロー」は、東海道・山陽新幹線の線路を点検する車両です。車体が黄色なのでこうよばれていますが、正式には、「新幹線電気軌道総合試験車」といいます。十日に一度、新幹線の運行の合間に、東京から博多間を行き来します。時速二七〇キロメートルで走りながら、レールや信号、トロリ線（電車に電気を送る電線）などを点検します。

標準レールのつなぎ目

ロングレールのつなぎ目

429ページのこたえ ○

おはなし豆知識　JR東日本の鉄道のレールを点検する車両は、「イーストアイ」とよばれています。

おはなしクイズ　鉄は、温度が上がるとちぢむ。○か×か？

12月22日のおはなし

寒いとどうして息が白くなるの？

いろいろなすがたに変身する水の性質にひみつがあります

読んだ日にち（　年　月　日）（　年　月　日）（　年　月　日）

生活

冬になると、はく息が白く見えますね。これは、からだから出た温かい息が、外の冷たい空気で急に冷やされるからです。

わたしたちがはく息は、体温と同じくらいの温度です。この息の中には、水蒸気がふくまれています。

水蒸気は、小さな水のつぶがばらばらになって飛びまわっている気体で、目には見えません。ただ、冷やされると小さなつぶどうしがくっついて、だんだん大きくなります（342ページ）。そして、空気中をただようほこりのつぶともくっつき、目に見えるくらいの大きさの水のつぶになると、白く見えるのです。

お湯がわいているやかんのそそぎ口から、白い湯気が出ているのを見たことはありませんか。この湯気も、水蒸気が外の空気にふれて、冷やされてできた水のつぶです。

このとき、やかんの様子をよく見ると、白い湯気はそそぎ口から少しはなれたところに見えます。口元のところはなにも見えません。この見えない部分が、水蒸気です。やかんの中で水を温めると水蒸気になり、外へ出て、空気で冷やされて白い湯気になる、というわけです。息が白くなるのと、やかんの白い湯気は同じしくみなのですね。

はいた息が白く見えはじめる目安は、外の気温が一三度以下になったときです。つまり、はいた息が白く見えたら、気温は一三度以下だと予想できます。

同じ気温でも、晴れの日より雨の日のほうが白く見えやすいようです。雨の日は、空気にふくまれる水分の量が多いので、水蒸気が集まって水のつぶになりやすいからです。

また、温かい飲みものを飲んだあとも、白く見えやすくなります。口の中で息が体温よりも高くなり、外の気温との差が大きくなるためです。

さて、手を温めるときは「ハー」、お茶を冷ますときは「フー」と息をふきますね。「ハー」とふくと温かく、「フー」とふくと冷たく感じますが、じつはどちらも同じ温度なのです。ちがうのは、ふく息の速さだけです。「フー」と強く息をふきかけると、温かい空気がふきとんで、冷たい空気が流れこむので、冷たく感じるのです。

430ページのこたえ　×

おはなし豆知識　南極では息が白くなりません。水蒸気が水のつぶになるための、ほこりなどがないからです。

おはなしクイズ　やかんから出る白い湯気の部分は、水蒸気である。○か×か？

こたえはつぎのページ

ホタルイカはどうして光るの？

からだの中に電池が入っているのでしょうか

読んだ日にち（　　年　　月　　日）（　　年　　月　　日）（　　年　　月　　日）

12月23日のおはなし

水辺の生きもの

ホタルイカは、胴の長さが六～七センチメートルほどの小さなイカです。ふだんは陸から遠くはなれた、深さ二〇〇～六〇〇メートルくらいの海の中にすんでいますが、春先、たまごをうむ時期になると、岸のほうによってきます。

ホタルイカは、からだが青白く光ります。何百ぴきも集まると、まるで、海にうかぶイルミネーションのようになります。

光っているのは、からだに千個ほどついている「発光器」です。発光器は、細かいつぶのような形で、皮ふのはら側の全面についています。目にも五つ、うでにも、大きくて明るい発光器が三つついています。

発光器は、からだの中にある光る物質と酸素が合わさって、反応することによって光ります。火や電気を使って光をつくるのとはちがって、熱くなることはありません。

ホタルイカがこのように光るのは、自分の身を守るためだと考えられています。ホタルイカは、はら側を下にし、からだを水平にして泳ぎます。下から見上げると、太陽の光で照らされた水面をバックに、かげがくっきりとうかび上がるので、敵に見つかりやすいのです。そこで、太陽の光に合わせて自分が光ることで、自分のかげを消しているというわけです。ですから、発光器ははら側にしかついていないのです。

うでの発光器は、敵からにげるときに使います。フラッシュのようにぴかっと光らせて、敵をおどろかせたり、敵の目をくらませたりします。仲間どうしの合図にも使うようです。

ほかに、光る生きものでよく知られているのは、ホタルですね。ホタルも、ホタルイカと同じように、発光器を光らせます。

ゲンジボタルは、たまごや幼虫、さなぎのときにも光ります。おそわれないように、敵に警告しているといわれています。成虫になってからは、光で合図を送りながら、オスが結婚相手をさがします。メスも光って、合図を返します。

深海にすむチョウチンアンコウという魚は、頭についた角のようなところに発光器があります。その光で小魚をおびきよせ、近よってきたところをパクリと食べるのです。

皮ふのはら側の全面に発光器がついている

目の発光器

うでの発光器

431ページのこたえ　×

おはなし豆知識 春の富山湾では、青白く光るホタルイカのむれで、海面に光の帯ができます。

おはなしクイズ ホタルイカのからだは、光ると熱くなる。〇か×か？

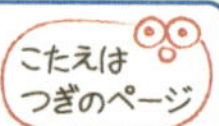

12月24日のおはなし

トナカイにはどうして角があるの？

オスの角、メスの角、それぞれ観察してみると……

読んだ日にち（　年　月　日）（　年　月　日）（　年　月　日）

動物

トナカイは、ウシ目シカ科の動物で、奈良公園で見かけるニホンジカや、北海道にいるエゾシカなどと同じシカの仲間です。

角の生えた動物というと、こうしたシカの仲間を思いうかべる人が多いかもしれませんが、ほかにもたくさんいます。牛、羊、ヤギなどのウシ科の動物や、サイ、キリンにも角があります。

でも、同じ角でも、シカの仲間とこれらの動物では大きなちがいがあります。シカの仲間は毎年新しい角に生え変わりますが、ほかの動物の角は、一生生え変わることはないのです。それに、シカの仲間の角はえだ分かれしていますが、ほかの動物の角はえだ分かれしません。

シカの仲間は、毎年四月ごろに古い角がぽろっと落ちて、そのあとに、新しい角がのびてきます。大きくてりっぱな角は、メスの気を引いたり、オスどうしでメスをうばい合ったりするために使います。ほかに、なわばりを争うときにも使います。メスには必要ないので、オスだけに生えるというわけです。

また、メスには赤ちゃんをうむというだいじな役目があるので、きけんな目にあったときに森の中をにげやすいように角がない、という説もあります。

そんなシカの仲間のなかで、トナカイだけはちがいます。トナカイは、メスにもりっぱな角が生えているのです。

それにはちゃんとした理由があります。トナカイはとても寒いところにすんでいるので、角を使って、積もった雪の下から食べものをさがさなければなりません。ですから、メスにも角が必要なのです。

ところで、トナカイの角は、オスとメスで生え変わる時期がちがいます。オスの角は毎年十一月から十二月にかけて落ちて、メスの角は春に落ちるようです。冬はおなかの中で赤ちゃんを育てる時期なので、メスは、春になってから新しい角をつくるのに栄養をまわすためだと考えられています。

ということは、クリスマスにサンタクロースが乗るそりを引っぱっているのは、みんなメスのトナカイなのでしょうか。おもしろいですね。

432ページのこたえ　×

おはなし豆知識　シカの角は、４歳くらいまでは、年をとるごとにえだ分かれの数がふえます。

おはなしクイズ　シカの仲間はみんな、オスにもメスにも角がある。○か×か？

こたえはつぎのページ

どうしてへそがあるの？

生まれてくる前、へそはなにとつながっているのでしょう

読んだ日にち（　年　月　日）（　年　月　日）（　年　月　日）

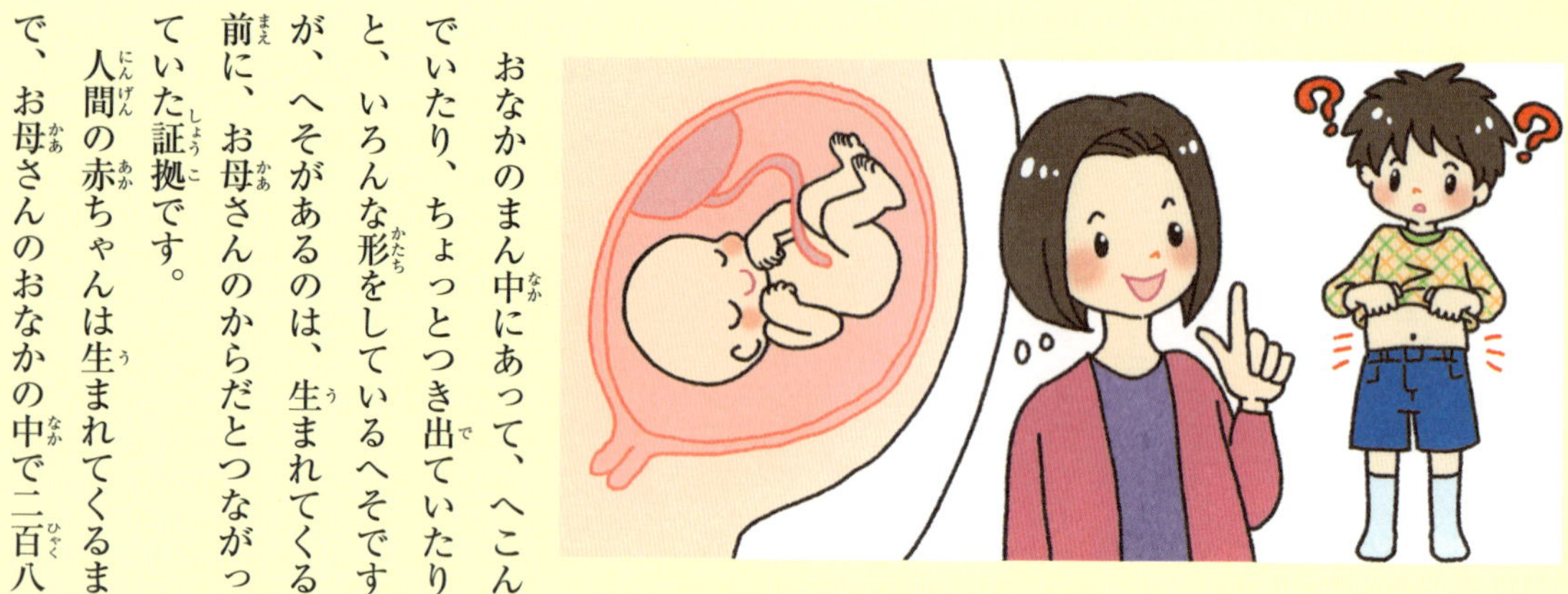

おなかのまん中にあって、へこんでいたり、ちょっとつき出ていたりと、いろんな形をしているへそですが、へそがあるのは、生まれてくる前に、お母さんのからだとつながっていた証拠です。

人間の赤ちゃんは生まれてくるまで、お母さんのおなかの中で二百八十日間（約四十週）ほどくらします。赤ちゃんはその間に成長するのですが、おなかの中では呼吸をしたり食べたりすることができません。

では、酸素や栄養分はどうしているのでしょうか。

お母さんのおなかの中にできた「胎盤」というものと赤ちゃんのおなかが管のようなものでつながっていて、それを使って成長に必要なものをもらっているのです。その管は「へそのお」とよばれています。

赤ちゃんが生まれてくるときは、へそのおが胎盤とつながったままなので、生まれるとすぐに切りはなします。そうすることで、赤ちゃんは自分の力で呼吸をしたり、おっぱいを飲んだりすることができるようになります。切りはなしたあとに残ったへそのおは自然に取れて、おなかにへそができます。つまり、へそは取れたへそのおのあとなのです。

へその内側やまわりには、おなかを守っている脂肪や筋肉がないため、へそを強くさわると内臓をしげきしておなかが痛くなることがあります。

犬やネコ、ハムスターなどの動物も、母親のおなかの中で大きくなって生まれてくるので、人間と同じようにへそがあります。へそのおは母親が自分でかみ切ります。

現在いるほ乳類の多くの種は、母親のおなかの中で大きくなって生まれてきます。「ほ乳」とは母親のお乳で育てるという意味で、生まれると母親のお乳で育てるのが特徴です。

鳥や魚、カエルなど、たまごで生まれてくる動物にはへそがありません。たまごのからは、空気は通しますが栄養は通さないため、栄養分がたまごの中に入っています。黄身がその栄養分です。スーパーマーケットなどで売られているニワトリのたまごは、温めてもヒヨコになりませんが（158ページ）、栄養分がたっぷりとつまった食品です。

433ページのこたえ
×

おはなし豆知識 赤ちゃんのへそのおは、生まれてから１か月程度で自然に取れます。

おはなしクイズ たまごで生まれてくる動物にはへそがある。○か×か。

リスはなにを食べてくらしているの？

1年中食べものにこまらないようにするくふうを見てみましょう

読んだ日にち（　年　月　日）（　年　月　日）（　年　月　日）

シートン動物記

〈これは、シートンが書いたハイイロリスのお話です。シートンは、旗のようなしっぽのこのリスを、「旗尾リス」とよぶことにしました。〉

旗尾リスは、農家の飼いネコに育てられ、幸せにくらしていました。ところがある日、すみかにしていた納屋が火事でもえて、母ネコも農家の人もいなくなってしまいます。旗尾リスはしかたなく、ひとり、森でくらすことにしました。

夏の間のごちそうは、ハチミツやハチの子、虫やキノコです。

秋になって、木の実が実るころになると、旗尾リスはヒッコリーの実をさがしました。木の実のなかでも、これが一番のごちそうです。ほかの動物たちに食べられないように、秋のうちにかくしておかないと、食べものが少なくなった冬に、食べることができません。

地面に落ちているヒッコリーの実を見つけると、まず、からをむいて、においをかぎます。そして、両方の前足で実を持って、重さをはかります。軽いものは、虫が実を食べてしまって中が空っぽなので、すてます。大きな実なのにちょっとだけ軽いものは、中にまだ虫がいるので、その虫を食べてから、すてます。重さがちょうどよくて、しっかりしている実は、においを調べてから、口にくわえてくるくると三回まわして、持ち主のしるしをつけます。

そのあと、実をくわえたまま、二、三回はねとんでから、その場所に前足であなをほってうめます。上からトントンと土をたたいて、落ち葉をかきよせればできあがり。こうして、一個ずつうめていくのです。

そのころ、旗尾リスには家族ができていました。おくさんと子リスが二ひきです。みんなではたらいて、一日で千個も実をうめました。それを七日間、休みなくつづけました。

うめたヒッコリーの実は、冬にほり出して食べます。深い雪の上から、においをかぎつけるのです。

でも、食べずにそのまま残しておく実もたくさんあります。そういう実が、春に芽を出して、ヒッコリーの木に育ちます。育った木は、わたしたちがくらすために必要な木材や、洪水などから守ってくれる大きな森になります。こうして、リスがひとつひとつていねいにうめた実が、大きな木になって、わたしたちの生活をささえてくれているのですね。

「旗尾リス」のおはなしより

434ページのこたえ ×

おはなし豆知識 ヒッコリーの実は、地面にうめないと芽を出しません。

おはなしクイズ ハイイロリスは、ヒッコリーの実を集めて自分の巣あなにかくす。○か×か？

こたえはつぎのページ

カーナビはなぜ車の位置がわかるの？

自動車が動くのを、どこかで撮影しているのでしょうか

読んだ日にち（　　年　　月　　日）（　　年　　月　　日）（　　年　　月　　日）

12月27日のおはなし

道具・もの

「カーナビ」というのは、「カーナビゲーション・システム」を略した言葉で、自動車がいる位置を調べて、モニター画面に地図で表示したり、目的地をさがして案内したりする電子機器のことです。

　カーナビで自動車の位置を特定するには、ＧＰＳ（全地球測位システム）衛星を利用します。

　ＧＰＳ衛星は、アメリカで打ち上げられた人工衛星で、三十一基が地上から約二万キロメートルの上空で、地球のまわりをまわっています。

　では、どうして自動車がいる位置を調べることができるのか、そのしくみを説明しましょう。

　ＧＰＳ衛星は、一秒間に千回、正確な時刻を発信しています。そして、自動車に取りつけているカーナビが、その情報を受信します。

　三十一基のＧＰＳ衛星は、地球全体をまんべんなくかこむように飛んでいるので、自動車がどこにいても、電波を受け取ることができます。カーナビは、送られてきた時刻の情報と、電波を受け取った時刻を記録して、その時間差を計算します。電波は、秒速三〇万キロメートルの速さで進むことがわかっているので、電波がとどくのにかかった時間がわかれば、ＧＰＳ衛星から自動車までの距離が計算できるのです。

　ただ、ひとつのＧＰＳ衛星からの電波だけでは、位置がわからないので、四つのＧＰＳ衛星から電波を受信します。四つのＧＰＳ衛星は、それぞれはなれたところを飛んでいるので、四か所からの情報を組み合わせれば、正確な位置を特定できます。

　位置がわかると、今度はカーナビに内蔵されている地図と、特定した位置を重ねて、モニター画面に表示します。こうして、乗っている人に自動車の位置がわかるのです。

　ＧＰＳ衛星は、もともと軍隊で使われていたものです。今では、自動車だけでなく、船や飛行機、国際宇宙ステーション（ＩＳＳ）でも利用されています。また、スマートフォンにもＧＰＳ機能がついていて、自分のいる位置をたしかめたり、目的地をさがしたりすることができます。

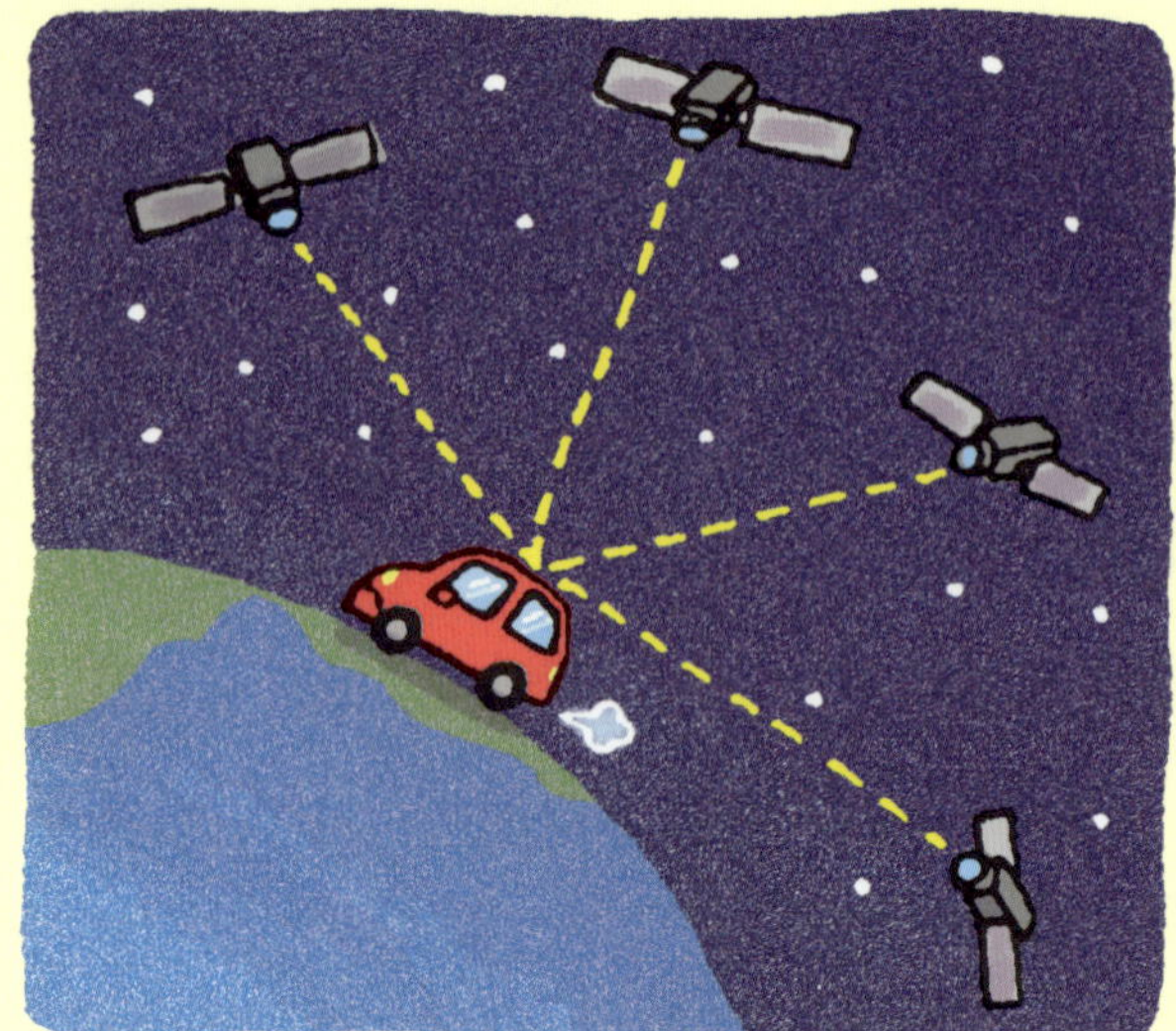

435ページのこたえ　×

おはなし豆知識　カーナビは、地上の電波で渋滞などの道路情報も知ることができます。

おはなしクイズ　カーナビは、GPS衛星から発信される電波を利用している。○か×か？

こたえはつぎのページ

12月28日のおはなし

アレルギーってなに？

なにが原因で起こるのでしょう

読んだ日にち（　年　月　日）（　年　月　日）（　年　月　日）

からだ

人間のからだには、外から入ってきた悪いものと戦い、また入ってきたときにそなえて、その悪いものをおぼえておくはたらきがあります。これを、「めんえき」といいます。

アレルギーは、めんえきのはたらきが強すぎて、外から入ってきたものにびんかんに反応するために起こります。本当はからだにとって悪いものではなくても、悪いものだとまちがえて判断して、戦うように指令を出してしまうのです。

アレルギーの原因になるものを、「アレルゲン」といいますが、アレルゲンがからだの中に入ってくると、それを退治するものがつくられます。これを「抗体」といいます。

抗体がからだの細胞をしげきすると、細胞から「ヒスタミン」という化学物質が出てきます。この物質が、かゆみなどを引き起こすのです。

アレルギーには、いろいろな種類があります。まず、食べものがアレルゲンになる「食物アレルギー」。これは、腸でめんえきがはたらきすぎることで起こります。じんましん、はき気、下痢、呼吸困難などの症状が出ます。

空気中のアレルゲンによって起こるアレルギーには、「花粉症」や「気管支ぜんそく」などがあります。花粉症のおもなアレルゲンは、スギ花粉です。抗体が、鼻や目のねん膜の細胞をしげきするとヒスタミンが出て、くしゃみや鼻水、目のかゆみなどの症状が出ます。気管支ぜんそくは、ほこりやペットの毛などがアレルゲンになります。こちらも、気管支のねん膜にある細胞からヒスタミンが出て、のどのおくの空気の通り道がせまくなり、呼吸困難などの症状が出ます。

アトピー性皮ふ炎もアレルギーです。アレルゲンは、牛乳やたまごなどの食べもの、ダニやほこり、洗ざいなどが考えられていますが、まだはっきりとはわかっていません。症状は、しっしんやかゆみです。

これらのアレルギーは、アレルゲンをさけたり、体質が変わったりすることで、自然に治ることもあります。まだわかっていないことも多く、原因や治療方法の研究が、今も進められています。

436ページのこたえ

おはなし豆知識　病院などで、アレルギーの原因となるアレルゲンを調べることができます。

おはなしクイズ　食べものが原因で起こるアレルギーを、なんという？

こたえはつぎのページ

星座ってだれが見つけたの？

たくさんの人が名前をつけ、多くの星座が生まれました

12月29日のおはなし

読んだ日にち（　年　月　日）（　年　月　日）（　年　月　日）

星座が生まれたのは、今から五千年以上も前のことです。メソポタミア（今のイラクの一部）に住んでいた羊飼いたちが、羊の番をしながら、星空をながめてつくったのがはじまりといわれています。

その当時のメソポタミアの人たちにとって、星は、時間や季節のうつり変わりを知るうえでたいせつなものでした。それぞれに名前をつけて、星の動きを知ったのです。

やがて、星座はギリシャに伝わり、ギリシャ神話と結びついて数がふえていきます。

二世紀には、ギリシャの天文学者プトレマイオスが星の動きを整理して、星座を四十八にまとめました。これが、現在の星座のもとになっています。

十五世紀になると、ヨーロッパの人たちが船に乗って地球の南側に行くようになり、それまで見たことのなかった星で、星座をつくるようになります。こうした新しい星座づくりは、十七世紀にさらに流行し、どんどん星座がふえていきました。

星座がつくられたのは、ヨーロッパだけではありません。中国では、二千四百年前に「二十八宿」という星座がつくられました。中央アメリカのマヤの人たちも、独自の星座をつくっていました。

このように、星座は世界のいろいろなところでつくられていたので、同じ星にちがう星座の名前がつけられているなど、こんらんが起きるようになっていきます。

そこで、一九二八年、国際天文学連合の第三回総会で、星座は世界共通のものに統一され、八十八の星座が決められました。

ところで、星座うらないで使われる星座は、十二の星座を生まれ月に当てはめたものですが、自分の誕生日にその星座を見ることはできません。これは、日中に一番高くのぼったときの太陽と重なる星座を、その月の星座と決めたためです。

たとえば、三月二十一日から四月十九日はおひつじ座ですが、この時期のおひつじ座は太陽と同じ側にあるので、地球からは見られないということです。

437ページのこたえ　食物アレルギー

おはなし豆知識　昔の中国には、トイレやうんちの星座までありました。

おはなしクイズ　現在、世界で統一されている星座の数はいくつ？　㋐48　㋑88　㋒128

こたえはつぎのページ

12月30日のおはなし

地球ではじめに生まれた生きものは?

からだを分けてふえるふしぎな生きものがはじまりといわれています

読んだ日にち(　年　月　日)(　年　月　日)(　年　月　日)

大昔の生きもの

地球は、今から四十六億年ほど前に誕生しました。できたばかりの地球は、どろどろにとけたマグマでおおわれていたので、まだ、生きものはいませんでした。

地球ではじめに生まれた生きものは、「単細胞生物」です。約四十億年前に、海の中で誕生したと考えられています。

単細胞生物は、たったひとつの細胞でできている、とても単純なつくりの生きものです。細胞とは、からだをつくっている基本となるもので、中に遺伝の情報などが入っています。人間のからだが約三十七兆個の細胞でできていることを考えると、単細胞生物がどれほど小さくて、単純なつくりか想像できるでしょう。

多くの生きものは、オスとメスが親となって子どもをつくり、子どもは、両親の遺伝子を半分ずつ受け取ります(30ページ)。

単細胞生物も、ほかの生きものと同じように自分の子どもをつくってふえますが、つくり方はまったくちがいます。単細胞生物は、「細胞分裂」といって、自分のからだをふたつに分けて子孫をふやします。オスとメスがなく、ひとりで子どもをつくるのです。ふたつに分かれた細胞はそれぞれ成長し、また細胞分裂して子孫をふやすことができます。

細胞分裂でできた子どもは、親のコピーなので、見た目も特徴も、親とまったく同じです。人間の子どもは、両親から半分ずつ遺伝子をもらうので、親とまったく同じにはなりませんよね。

地球にはじめて生まれた単細胞生物は、自然にできた養分をとっていたか、光合成以外の方法で栄養をつくっていたようですが、どうしてとつぜん生まれたのかなど、くわしいことは、まだわかっていません。

その後、しばらくの間、単細胞生物は海の中でくらしていました。しかし、海の中に栄養が少なくなってくると、光合成をして、自分で栄養をつくり出す生きものがあらわれました。「シアノバクテリア」という生きものです。この生物によって、はじめて地球に酸素がつくり出されたと考えられています。

シアノバクテリア

しだいに、酸素を利用する生きものが生まれました。そして、単純な細胞のつくりだった生きものも進化し、やがて、陸で生活する生きものもあらわれました。さらに、海の中、陸の上、それぞれの場所で進化が進んでいったのです。

438ページのこたえ ㋑88

おはなし豆知識 アメーバやクロレラ、細菌類なども、単細胞生物です。

おはなしクイズ 地球ではじめに生まれた生きものは? ㋐動物 ㋑単細胞生物 ㋒植物

こたえはつぎのページ

そばってどうやってつくるの？

長生きを願って食べるそば。材料に健康のひみつがあります

読んだ日にち（　年　月　日）（　年　月　日）（　年　月　日）

12月31日のおはなし　大みそか

食べもの

十二月三十一日は大みそか。その日に食べるものといえば、やっぱり、年越しそばですね。

そばの原料は、そば粉です。そば粉というのは、ソバ（タデ科の一年草）の実の皮を取って、くだいて、粉にしたものです。

では、つくり方を説明しましょう。まず、そば粉と小麦粉をまぜ合わせます。そば粉だけではねばりが出ないので、小麦粉を加えるのです。

このとき、小麦粉を二割、そば粉を八割入れたそばを、「二八そば」といいます。小麦粉を入れず、そば粉だけでつくる「十割そば」や、小麦粉を三割、そば粉を七割入れる「三七そば」などもあります。

つぎに、まぜた粉に水を入れて、練ります。水は、粉をまぜながら、数回に分けて入れます。はじめのうちはかきまぜて、小さなかたまりどうしを練り合わせ、だんだん大きなかたまりにしていきます。白い粉が見えなくなるまで、両手でしっかりとこねていきます。

練り終わったら、かたまりをめんぼうにまきつけて、ころがすようにしてのばします。

ソバ

ソバの実

のばしてうすくなったそばは、折りたたんで、はじから同じ間かくで細く切っていきます。切ったそばをゆでれば、できあがりです。

そばのおもな成分はでんぷん（炭水化物）ですが、たんぱく質、ミネラル、ビタミンなどの栄養素もたくさんふくまれています。特に、たんぱく質が豊富です。そばのたんぱく質には、八種類の「必須アミノ酸」という人間のからだでつくることのできない成分がふくまれているのです。

そばは、栄養価が高いだけでなく、病気をふせぐ力があるといわれています。たとえば、そばにふくまれるルチンは、血管を強くし、血圧を下げる効果があります。良質のたんぱく質やビタミンEも肝臓を守り、強くします。

ただ、そばをゆでるときに、ルチンはお湯にとけ出してしまいます。そこで、そばを食べたあとのつゆにゆで汁（そば湯）を入れて飲みます。お湯にとけ出したルチンも、しっかりとることができます。

439ページのこたえ　㋑単細胞生物

このページのこたえ

おはなし豆知識　「練り３年、延し（のばし）３月、切り３日」といわれるほど、練りはむずかしいようです。

おはなしクイズ　そばをつくるときに、ねばりを出すために使うのはなんという粉？

こたえはこのページ

ジャンル別さくいん

からだ

1月9日 正座をすると足がしびれるのはなぜ？……28
1月19日 ねているときも心臓はずっと動いているの？……40
1月25日 赤ちゃんは生まれる前、なにをしているの？……48
1月28日 けがのあとにかさぶたができるのはどうして？……52
2月7日 鳥はだはどうして立つの？……64
2月12日 おふろに入るのはどうして？……69
2月17日 生きものはどうしていつか死ぬの？……75
2月24日 血液型を調べるのはどうして？……83
3月1日 おっぱいはどうしてふくらむの？……90
3月9日 あせやなみだにはいろいろな種類があるって本当？……98
3月14日 つめやかみの毛はどうして切っても痛くないの？……103
3月18日 歩くときにどうして手もいっしょに動くの？……107
3月29日 あざはどうして青くなるの？……118
4月1日 おやつを食べるのはどうして？……130
4月8日 赤ちゃんはどうしてすぐに泣くの？……137
4月14日 走るとわきばらが痛くなるのはなぜ？……143
4月22日 声の高さを変えられるのはなぜ？……151
4月27日 飲んだぶんと同じだけおしっこが出るの？……157
5月3日 飛行機に乗ると耳がへんになるのはなぜ？……164
5月12日 鼻毛って必要なの？……173
5月23日 折れた骨はどうやって治るの？……184
5月29日 夜ねないといけないのはなぜ？……190
6月4日 むし歯になりやすい人がいるって本当？……198
6月12日 のどちんこってどうしてあるの？……208
6月18日 ふたごはどうしてそっくりなの？……216
6月24日 しゃっくりはどうして出るの？……223
7月9日 カにさされるとなぜかゆいの？……250
7月15日 暑い日に食欲がなくなるのはなぜ？……256
7月21日 足のうらはどうしてへこんでいるの？……262
7月28日 鼻血が出るのはどうして？……269
8月4日 からいものを食べるとあせが出るのはなぜ？……277
8月17日 日に当たるとなぜ日焼けするの？……290
8月23日 大人はどうして肩がこるの？……296
8月30日 目がまわるとふらふらになるのはなぜ？……303
9月7日 おふろで指がしわしわになるのはなぜ？……312
9月13日 カルシウムってなに色？……319
9月15日 しらがになるのはどうして？……321
9月20日 目の錯覚ってどうして起こるの？……326
10月2日 男の子は成長するとどうして声が変わるの？……347
10月10日 ゲームをすると目がつかれるのはどうして？……355
10月17日 夢ってどうしてすぐわすれちゃうの？……362
10月22日 ほくろってどうしてできるの？……367
10月28日 心とからだって結びついているの？……373
11月3日 おねしょをするのはどうして？……380
11月13日 泣くと鼻水まで出るのはなぜ？……391
11月21日 かぜをひくと熱が出るのはなぜ？……399
11月30日 重いものを持つときに声を出すのはなぜ？……408
12月1日 まゆ毛やまつ毛があまりのびないのはなぜ？……410
12月11日 車よいするのはどうして？……420
12月18日 インフルエンザってなに？……427
12月25日 どうしてへそがあるの？……434
12月28日 アレルギーってなに？……437

食べもの

1月3日 おもちはどうしてすぐかたくなるの？……20
1月24日 もやしはなぜ白いの？……47
2月2日 たまごの白身はどうして焼くと白くなるの？……59
3月4日 かんづめの食べものはどうしてくさらないの？……93
4月10日 パンはどうしてふっくらしているの？……139
4月30日 すぶたにパイナップルを入れるのはなぜ？……160
5月11日 メロンやスイカの皮にもようがあるのはなぜ？……172
5月19日 みそってどうやってつくるの？……180
6月10日 食べものにカビが生えるのはなぜ？……205
7月10日 納豆はどうしてねばねばするの？……251
7月19日 ゼリーはなぜプルプルしているの？……260
8月7日 バナナの皮の色が変わるのはなぜ？……280
8月29日 わたがしはなぜふわふわなの？……302
9月2日 ピーマンはなぜ苦いの？……307
9月23日 米はどうして白いの？……329
9月26日 どうしてごはん（米）はかむとあまくなるの？……332
10月18日 食べものをこおらせると長持ちするのはなぜ？……363
10月27日 ナメコはどうしてぬるぬるしているの？……372
11月2日 酢はどうしてすっぱいの？……379
11月28日 イクラってたまごなの？……406
12月9日 ミカンの実についている白いすじはなに？……418
12月31日 そばってどうやってつくるの？……440

植物

1月21日 木は長生きって本当？……43
1月26日 薬草ってなんの役に立つの？……49

2月11日 サボテンはどうしてとげだらけなの？…68
2月21日 ジャガイモを置いておくと芽が出るのはなぜ？…79
3月5日 草や木は水だけで生きられるの？…94
3月20日 タケノコはいつ竹になるの？…109
4月3日 タンポポのわた毛はどこへ行くの？…132
4月9日 種から育てない植物があるのはなぜ？…138
5月4日 木を切りすぎるとどうなるの？…165
5月15日 花がいいにおいなのはなぜ？…176
5月22日 サクランボはサクラの木になるの？…183
6月13日 花のさく時期はどうやって決まるの？…209
6月21日 植物のつるはどうしてまきつくの？…219
7月2日 アサガオはどうして朝にさくの？…243
7月8日 草や葉っぱが緑色なのはなぜ？…249
8月10日 樹液はなんのためにあるの？…283
8月16日 ヒマワリはいつも太陽のほうを向いているの？…289
9月4日 イチョウには実のなる木とならない木があるの？…309
9月10日 オジギソウはどうしておじぎをするの？…316
9月22日 食べてもいい花があるの？…328
10月1日 秋になると葉が赤や黄色になるのはなぜ？…346
10月14日 マツボックリってなに？…359
11月4日 服にくっつく種や実があるのはなぜ？…381
11月19日 寒くなると葉が落ちるのはなぜ？…397
12月12日 虫を食べる植物があるって本当？…421
12月17日 水草はなぜ水の中で生きていられるの？…426

動物

1月7日 ネコの舌がざらざらしているのはどうして？…25
1月11日 動物にオスとメスがあるのはなぜ？…30
2月6日 盲導犬っていつからいるの？…63
2月18日 牛は毎日お乳が出るの？…76
3月2日 ネコはなぜせまいところや高いところによくいるの？…91
3月12日 ラッコはずっと水の上で生活しているの？…101
3月19日 動物園のゾウは1日にどれくらいのエサを食べるの？…108
4月7日 犬が片足を上げておしっこをするのはなぜ？…136
4月13日 カモノハシはほ乳類なのになんでたまごをうむの？…142
4月26日 カメレオンのからだの色はなぜ変わるの？…156
5月9日 ライオンって本当に強いの？…170
5月24日 ヘビはどうして足がないのに動けるの？…185
6月2日 ハムスターはどうしてまわるのが好きなの？…195
6月17日 ゴリラはやさしいって本当？…215
7月26日 毒をもつ生きものって見てわかるの？…267
7月30日 動物はむし歯にならないの？…271
8月18日 土の中にはどんな生きものがいるの？…291
8月22日 コウモリは鳥じゃないの？…295
8月31日 牛には4つの胃があるって本当？…304
9月3日 ネコの目はなぜ暗いところで光るの？…308
9月14日 コアラの赤ちゃんは親のふんを食べるの？…320
10月6日 犬はどうしてしっぽをふるの？…351
10月25日 日本にもオオカミはいるの？…370
11月9日 モグラはどうしてトンネルをほるの？…387
11月29日 動物はどうして冬眠するの？…407
12月8日 人間は昔サルだったって本当？…417
12月24日 トナカイにはどうして角があるの？…433

鳥

1月14日 ペンギンが寒いところで生きられるのはなぜ？…34
1月23日 ツルやフラミンゴはなぜ1本足でねむるの？…46
2月9日 鳥はなぜ空を飛べるの？…66
3月30日 フクロウはどうして暗やみでも飛べるの？…119
4月18日 地球上で一番大きいたまごをうむ鳥ってなに？…147
4月28日 たまごを温めたらヒヨコは生まれるの？…158
6月7日 ハトはどうして首をふって歩くの？…202
6月16日 ツバメはなぜ人の家に巣をつくるの？…214
11月7日 ダチョウは飛べないの？…385
11月27日 クジャクにはどうしてきれいな羽があるの？…405
12月15日 冬にだけ見られる鳥は、どこからやって来るの？…424

魚

1月17日 魚にも鼻や耳があるの？…38
2月5日 魚にはなぜうろこがあるの？…62
3月3日 カレイはどうしてあんなに平たいの？…92
3月24日 海の深いところに生きものはいるの？…113
4月6日 ハリセンボンの針は本当に千本あるの？…135
5月7日 アユはどうして川をさかのぼるの？…168
9月16日 海の魚は川にすめないの？…322
10月19日 魚はなぜむれで泳ぐの？…364

虫

1月13日 寒くなると、こん虫のすがたが見られなくなるのはどうして？…32
2月23日 アリの巣の中はどうなっているの？…82
3月13日 ダンゴムシがまるくなるのはなぜ？…102

- 4月20日 チョウがまっすぐ飛ばないのはなぜ？ 149
- 6月30日 虫は雨の日、どこにいるの？ 232
- 7月22日 ミミズはなにを食べて生きているの？ 263
- 8月11日 カブトムシって力持ちなの？ 284
- 8月24日 虫が明るいところに集まるのはなぜ？ 297
- 9月25日 トンボの目はどうして大きいの？ 331
- 9月30日 チョウやカブトムシはなぜさなぎになるの？ 336
- 10月4日 ハチにさされると死んでしまうの？ 349
- 10月24日 カメムシがくさいのはどうして？ 369
- 12月6日 こん虫には血がないって本当？ 415

水辺の生きもの

- 1月2日 タコのすみとイカのすみはどうちがうの？ 19
- 2月13日 カメはどうしてじっとしているの？ 70
- 2月28日 サンゴって生きているの？ 87
- 5月10日 ザリガニやカニは、ハサミをどうやって使うの？ 171
- 5月31日 カタツムリにはなぜからがあるの？ 192
- 6月1日 オタマジャクシとカエルはどうして似てないの？ 194
- 7月6日 タツノオトシゴって魚なの？ 247
- 7月11日 カニが横に歩くのはどうして？ 252
- 7月29日 ウミガメはたまごをうむときなぜ泣くの？ 270
- 8月1日 貝がらにはどうしていろいろな形があるの？ 274
- 8月19日 クラゲが人をさすのはなぜ？ 292
- 11月22日 ヒトデって動物なの？ 400
- 12月23日 ホタルイカはどうして光るの？ 432

大昔の生きもの

- 1月20日 恐竜は日本にもいたの？ 42
- 3月25日 大昔にもこん虫はいたの？ 114
- 5月25日 恐竜はたまごから生まれたの？ 186
- 6月27日 恐竜はなぜいなくなったの？ 227
- 7月23日 マンモスはゾウの仲間なの？ 264
- 8月25日 「生きた化石」ってどういうこと？ 298
- 10月30日 恐竜の色はどうやって知るの？ 375
- 12月30日 地球ではじめに生まれた生きものは？ 439

地球・宇宙

- 1月5日 地球は何歳なの？ 22
- 1月12日 満ち潮と引き潮があるのはどうして？ 31
- 1月22日 地球温暖化はよくないことなの？ 44
- 2月4日 地球の大きさってはかれるの？ 61
- 2月19日 星や月は昼の間どこにあるの？ 77
- 2月25日 宇宙では水も空中にうくって本当？ 84
- 3月8日 北極や南極ってどのくらい寒いの？ 97
- 3月28日 地球ってなにでできているの？ 117
- 4月5日 どうくつってどうやってできるの？ 134
- 4月12日 宇宙で宇宙服を着るのはなぜ？ 141
- 4月24日 川のはじまりはどこなの？ 153
- 5月1日 化石ってどこにあるの？ 162
- 5月8日 日食ってどうして起こるの？ 169
- 5月21日 春・夏・秋・冬があるのはどうして？ 182
- 6月11日 月はどうしていろいろな形になるの？ 206
- 6月15日 地震はどうして起こるの？ 212
- 6月25日 昼と夕方で空の色が変わるのはどうして？ 224
- 7月5日 太陽がしずまないことがあるの？ 246
- 7月7日 天の川の正体ってなに？ 248
- 7月12日 砂漠ってどうしてできたの？ 253
- 7月17日 空気には酸素以外のものもたくさんまじっているって本当？ 258
- 7月18日 海の水がしょっぱいのはどうして？ 259
- 8月2日 噴火する山としない山があるのはなぜ？ 275
- 8月5日 ロケットはどうやって空を飛ぶの？ 278
- 8月6日 石はどうしてかたいの？ 279
- 8月26日 宇宙人って本当にいるの？ 299
- 9月6日 月はどうやってできたの？ 311
- 9月11日 空と宇宙のさかい目ってどこ？ 317
- 9月19日 月に住むことはできるの？ 325
- 10月3日 宇宙に終わりはあるの？ 348
- 10月11日 山の高さってどうやってはかっているの？ 356
- 10月26日 地球や月はどうしてまるいの？ 371
- 11月8日 温泉はどうして温かいの？ 386
- 11月12日 ブラックホールってなに？ 390
- 11月17日 日本と外国で時間がちがうのはどうして？ 395
- 11月25日 土星にはどうして環があるの？ 403
- 12月2日 流れ星ってどこへ行くの？ 411
- 12月13日 空気がなくなることはないの？ 422
- 12月16日 波はどうしてできるの？ 425

天気・気象

- 1月31日 天気予報がはずれることがあるのはなぜ？ 56
- 2月27日 雨や雪がふるのはどうして？ 86
- 3月6日 飛行機雲は飛行機の出すけむりなの？ 95
- 3月26日 風はなぜふくの？ 115
- 4月19日 春になっても富士山の上に雪があるのはなぜ？ 148
- 5月18日 空からふってくるひょうってなに？ 179
- 5月26日 「かげろう」ってなに？ 187
- 6月23日 梅雨になるとなぜ雨の日がつづくの？ 222
- 6月29日 かみなりはどうして大きな音を出して光るの？ 230
- 7月1日 白い雲と黒い雲はどうちがうの？ 242

ジャンル別さくいん

8月15日 山の向こうの天気がちがうのはなぜ？……288
8月27日 虹はどうして7色なの？……300
9月29日 台風はどこからやって来るの？……335
10月16日 雲と霧ってどうちがうの？……361
11月18日 オーロラは日本からは見えないの？……396
12月20日 しもばしらってどうしてできるの？……429

乗りもの

1月15日 飛行機はどうやって飛ぶの？……35
2月20日 新幹線の鼻はなぜとんがっているの？……78
3月31日 熱気球はどうしてうくの？……120
4月15日 ヘリコプターはなぜ空中で止まっていられるの？……144
5月28日 ショベルカーのタイヤはなぜまるくないの？……189
6月8日 電気だけで動く車はあるの？……203
7月27日 せんすいかんはなぜういたりもぐったりできるの？……268
9月27日 クレーン車はなぜあんなに力持ちなの？……333
10月29日 F1の車はどうしてあんなに速く走れるの？……374
11月16日 ジェットコースターがさかさまになっても落ちないのはなぜ？……394
12月21日 電車はなぜガタンゴトンと音がするの？……430

道具・もの

1月4日 石けんを使うときれいになるのはなぜ？……21
1月18日 温度計で温度がはかれるのはなぜ？……39
2月1日 紙ってなにでできているの？……58
2月8日 えんぴつの文字はなぜ消しゴムで消えるの？……65
3月7日 磁石はどうやってつくっているの？……96
3月22日 ろうそくに火がつくのはなぜ？……111
4月2日 糸電話はなぜ声が聞こえるの？……131
4月29日 水筒のお茶がずっと冷たいままなのはなぜ？……159
5月6日 時計はなぜ右まわりなの？……167
5月30日 そうじ機はどうやってごみをすうの？……191
6月9日 お金はどうやってつくるの？……204
6月26日 いやなにおいはどうやって消すの？……226
7月4日 虫めがねで光を集めるとどうなるの？……245
7月31日 花火はどうしていろいろな色があるの？……272
8月3日 ラムネのびんのガラス玉はどうやって入れたの？……276
8月14日 ドライアイスに水を入れるとけむりが出るのはなぜ？……287
9月28日 アイロンでしわがのびるのはなぜ？……334
10月8日 かぎをかけたり開けたりできるのはなぜ？……353
10月23日 携帯電話で話せるしくみは？……368
11月1日 鏡ってどうしてものがうつるの？……378
11月10日 体温でとける金属があるって本当？……388
11月24日 カードを近づけるだけでお金をはらえるのはなぜ？……402
12月19日 いろいろな色のびんがあるのはなぜ？……428
12月27日 カーナビはなぜ車の位置がわかるの？……436

生活

1月1日 お正月におせち料理を食べるのはなぜ？……18
1月6日 ほこりはどこから出てくるの？……24
2月3日 ドアノブをさわるとパチッとするのはなぜ？……60
2月29日 2月29日がある年とない年があるのはなぜ？……88
3月11日 ジュースの入ったコップの外側がぬれるのはなぜ？……100
3月17日 歩道の黄色いでこぼこはなんのためにあるの？……106
4月16日 視力はなぜ「C」のマークで検査するの？……145
4月23日 アニメはどうやってつくられているの？……152
5月13日 トンネルってどうやってほるの？……174
5月27日 しゃぼん玉はどうしてふくらむの？……188
6月5日 自分でふくらませた風船はなぜ飛んでいかないの？……199
6月19日 水を冷やすと氷になるのはなぜ？……217
7月16日 スポーツで新記録がどんどん出るのはなぜ？……257
8月9日 山びこが聞こえるのはどうして？……282
9月1日 ボールはどうしてはずむの？……306
9月9日 トイレに流したものはどこに行くの？……314
10月20日 リサイクルってなに？……365
10月31日 ガスはどうやってつくられているの？……376
11月14日 救急車のサイレンの音が変わるのはどうして？……392
11月20日 電線にとまっている鳥は感電しないの？……398
12月5日 信号はだれが動かしているの？……414
12月22日 寒いとどうして息が白くなるの？……431

シートン動物記

1月27日 犬は飼い主のことをどうしておぼえているの？……50
2月15日 動物と友だちになるにはどうすればいいの？……72
3月16日 カラスが苦手なものってなに？……105
5月20日 アライグマはどんなくらしをしているの？……181
6月22日 クマの好きな食べものはなに？……220
7月20日 オオカミは頭がいいの？……261
8月20日 ウサギの耳はどうして長いの？……293
9月18日 キツネがずるがしこいって本当？……324
10月9日 ハトが手紙をとどけていたって本当？……354
11月23日 カンガルーみたいなネズミがいるって本当？……401

12月26日 リスはなにを食べてくらしているの？……435

ファーブル昆虫記

2月26日 木の中にトンネルをほる虫がいるの？……85
3月23日 モンシロチョウはキャベツが好きなの？……112
4月25日 アリはどうやって道をおぼえるの？……154
5月16日 虫のオスとメスはどうやって出合うの？……177
6月6日 くるくるまかれた葉っぱはだれがつくったの？……200
7月13日 虫がもつ本能ってなに？……254
8月12日 フンコロガシはどうしてふんをころがすの？……285
9月12日 ドングリに小さなあなが空いているのはなぜ？……318
10月15日 コオロギはどうやって鳴くの？……360
11月5日 クモの巣はどうやってつくられるの？……382
12月4日 死んだふりをする虫がいるの？……413

伝記

1月8日 蒸気機関ってなに？（ワット）……26
1月16日 江戸時代の「悲劇の天才」ってどんな人？（平賀源内）……36
1月30日 地面が少しずつ動いているって本当？（ウェゲナー）……54
2月10日 からだのしくみってどうやってわかったの？（杉田玄白）……67
2月16日 ものはどうして上から下に落ちるの？（ニュートン）……74
2月22日 お父さん似、お母さん似はなぜあるの？（メンデル）……80
3月10日 はじめての飛行機はどうやって空を飛んだの？（ライト兄弟）……99
3月21日 蒸気機関車はどうやってつくられたの？（スチーブンソン）……110
3月27日 地震のゆれがだんだん大きくなるのはなぜ？（大森房吉）……116
4月4日 昔の人は地球は動かないと思っていたの？（コペルニクス）……133
4月17日 千円札にえがかれている人ってどんな人？（野口英世）……146
4月21日 レントゲン写真にはなにがうつるの？（レントゲン）……150
5月5日 「細菌」ってなに？（コッホ）……166
5月14日 予防接種ってどうして必要なの？（ジェンナー）……175
5月17日 「歩く百科事典」とよばれた人ってだれ？（南方熊楠）……178
6月3日 地球1周分も歩いた人がいたの？（伊能忠敬）……196
6月14日 雑草という名の植物はないって本当？（牧野富太郎）……210
6月28日 いろいろな生きものがいるのはなぜ？（ダーウィン）……228
7月3日 新幹線っていつできたの？（島 秀雄）……244
7月14日 女性ではじめてノーベル賞を受賞した人はだれ？（キュリー）……255
7月25日 日本人がビタミンを発見したって本当？（鈴木梅太郎）……266
8月13日 「からくり儀右衛門」ってだれ？（田中久重）……286
8月21日 パブロフの犬の実験ってどんなものだったの？（パブロフ）……294
8月28日 鳥の親になった人がいたの？（ローレンツ）……301
9月8日 「モナ・リザ」をかいた人は科学者なの？（ダ・ヴィンチ）……313
9月17日 こんぺいとうはなぜとげとげしているの？（寺田寅彦）……323
9月24日 地球が動いていることはどうやってわかったの？（ガリレオ）……330
10月7日 昔はおまじないで病気を治していたって本当？（ヒポクラテス）……352
10月13日 ますい薬はどうしてできたの？（華岡青洲）……358
10月21日 エジソンはどうしてたくさん発明できたの？（エジソン）……366
11月6日 「日本の細菌学の父」ってどんな人？（北里柴三郎）……384
11月15日 雪を人工的につくることができるって本当？（中谷宇吉郎）……393
11月26日 「20世紀最大の天才」ってどんな人？（アインシュタイン）……404
12月3日 江戸時代にもカレンダーはあったの？（渋川春海）……412
12月10日 ノーベル賞ってどうやってできたの？（ノーベル）……419
12月14日 はじめて南極に行った人はだれ？（アムンゼン）……423

発明・発見

1月10日 「iPS細胞」ってなに？……29
1月29日 ガムはだれがつくったの？……53
2月14日 チョコレートはだれがつくったの？……71
3月15日 くつはいつからはくようになったの？……104
4月11日 メートルってどうやって決めたの？……140
5月2日 えんぴつっていつできたの？……163
6月20日 印刷はいつからできるようになったの？……218
7月24日 はじめての映画はどんなものだったの？……265
8月8日 そろばんっていつできたの？……281
9月5日 車輪はいつできたの？……310
9月21日 数字っていつできたの？……327
10月5日 人がつくった最初の道具ってなに？……350
10月12日 建物にかみなりが落ちないのはなぜ？……357
11月11日 電池ってだれがつくったの？……389
12月7日 ピアノはだれがつくったの？……416
12月29日 星座ってだれが見つけたの？……438

用語さくいん

あ

- ICカード 341 402
- iPS細胞 29 341
- アイロン 334
- 青色LED 341 388
- あか 69
- 赤ちゃん 48 137 142 434
- あざ 118
- アサガオ 219 243
- あせ 69 98 256 277 410
- アニメーション(アニメ) 152 339
- 天の川 248
- 雨 86 123 222 259
- アユ 168 322
- アライグマ 181
- アリ 33 82 154 232
- アルコール 39 139 379
- アルゴン 258 422
- アレルギー 24 250 437
- 胃 127 304 332
- イカ 19
- イクラ 406
- 石 121 279
- イチョウ 298 309 346
- 遺伝(子) 29 30 80 216 439
- 糸電話 131 368
- 犬 50 63 136 294 351
- 印刷 218 338
- いん石 227 411
- インフルエンザ 399 427
- 引力 31 74 84 371
- ウイルス 173 175 399 427
- ウサギ 293 320
- 牛 76 304
- 宇宙飛行士 84 141
- 宇宙服 141
- 海 23 113 123 259 425
- ウミガメ 15 270
- うるう年 88
- うるち米 20 329
- うろこ 62 185
- 衛星 311
- X線 150 390
- エピオルニス 147
- F1 374
- 遠心力 84 191 302 335 371 394
- えんぴつ 65 163 338
- オオカミ 261 370
- オーロラ 317 343 396
- お金 204
- オジギソウ 316
- おしっこ 136 157 322 380
- オタマジャクシ 194
- おっぱい 90
- おねしょ 380
- おもち 20
- おやつ 130
- 温泉 122 386
- 温度計 39

か

- カ 250
- カーナビゲーション・システム(カーナビ) 341 436
- 貝 192 274 291
- カエル 15 194
- 鏡 378
- かぎ 353
- 角質層 69 103 312
- かげろう 187 343
- かさぶた 52
- 火山 122 275 386
- ガス 376
- かぜ 399
- 風 115 288 335 425
- 化石 42 162 186 227 298 375
- カタツムリ 192
- 滑車 333
- カニ 171 252
- カビ 139 205 291
- カブトムシ 32 284 336
- 花粉 13 176 243 289 309 359
- 紙 58 337
- かみなり 230 343 357
- かみの毛 103 321
- ガム 53
- カメ 70 228 270
- カメムシ 369
- カメレオン 156
- カモノハシ 142 267
- カラス 105
- ガリウム 388
- カルシウム 18 47 62 70 98 125 319
- カレイ 92
- 川 122 153
- かんづめ 93 339
- 気圧 56 164
- キツネ 324
- キノコ 178 291
- 球根 138
- 恐竜 42 186 227 375
- 霧 361
- 銀河 248 348 390
- 菌類 16 291
- クジャク 405
- くつ 104 337
- クマ 220 407
- クモ 32 291 382
- 雲 95 123 179 230 242 361
- クラゲ 292
- 車よい 420
- クレーン車 333
- 携帯電話 368
- 消しゴム 65
- 血液型 83
- 血管 28 34 41 64 118 269
- コアラ 320
- 光合成 94 249 283 346 426
- 恒星 22 233 248 299 390
- 公転 237 246 371
- コウモリ 295
- 紅葉 346 397
- 声 131 151 347
- 氷 97 217 287 342
- コオロギ 360
- 五感 128
- 呼吸 41 94 194 223
- 心 373
- こまく 131 164 392
- ゴリラ 215
- こんぺいとう 323

さ

- 細菌 166 198 291 320 384
- サイレン 392
- サクランボ 183
- さなぎ 14 33 85 336
- 砂漠 253
- サボテン 68
- ザリガニ 171
- サンゴ 87
- 酸素 40 94 111 199 249 258 278 422 426
- ジェットコースター 339 394
- 紫外線 70 290 367
- 磁石 96
- 地震 116 212
- 自転 77 236 246 325 371 395
- しもばしら 429
- ジャガイモ 79 125
- しゃっくり 223
- しゃぼん玉 188
- 車輪 310 337
- 重力 74 84 148 325 371 422
- 樹液 85 283
- 寿命 43 75
- 消化 126 160 256 304 332
- 蒸気機関 26
- 蒸気機関車 26 110 339
- 食虫植物 421
- 食物繊維 18 125 329
- 食物連鎖 291

食欲 256
ショベルカー 189
しらが 321
視力 145
深海 113
新幹線 78 244 340
信号 106 388 414
心臓 40
巣 33 82 154 214 232 382
酢 379
スイカ 172
水蒸気 26 86 95 100 179 230 242 335 342 361 431
水素 111 199 203
数字 327 337
星座 248 438
精子 30 216
声帯 151 347
静電気 60 230
石けん 21
ゼリー 260
せんすいかん 268 338
前線 56 222
センチュウ 291
ゾウ 75 108 264
そうじ機 191
そば 440
そろばん 281 337

た

ダイオウイカ 113
大気圏 317 422
台風 335
太陽 22 31 88 169 233 246 396
太陽系 22 234 248 390
太陽の光 169 182 206 224 290 300 343 346
タケノコ 109
タコ 19
ダチョウ 147 385
タツノオトシゴ 247
種 132 138 176 289 319 359
たまご 14 59 142 147 158
ダンゴムシ 102 291
炭水化物 20 125 130
炭素 111 163
たんぱく質 18 59 124 130 160 250 332 440
タンポポ 49 132 138
地球温暖化 44 341
ちっ素 199 258 263 422
地動説 133 330
チョウ 14 32 112 149 232 336
腸 127 157
チョコレート 71
月 31 77 169 206 311 325 371
土ふまず 262
ツバメ 15 214
つめ 103
梅雨 182 222
ツル 46 424
つる植物 219
天気予報 56
点字ブロック 106
電車 430
電線 398
電池 203 338 389
天動説 133 330
でんぷん 20 94 249 332 440
トイレ 314
どうくつ 134
冬眠 32 407
毒 79 267 292 349
時計 167 337
土星 234 403
トナカイ 433
ドライアイス 287
鳥はだ 64
トンネル 174
トンボ 331

な

内耳 38 303 354 420
流れ星 343 411
納豆 251
波 425
なみだ 98 137 391
ナメコ 372
なわばり 136 170 387
南極 34 97 246 396 423
におい 136 176 226 369
二酸化炭素 44 94 139 199 250 258 287 422
虹 300 343
日食 169
ネコ 25 91 308
熱気球 120 338
年輪 43
脳 126 294 373
ノーベル賞 29 255 301 388 404 419
のどちんこ 208

は

ハチ 254 289 349
は虫類 15 42 186 270
ハト 202 266 354
鼻毛 173 410
鼻血 269
バナナ 280
花火 272 344
鼻水 391
ハムスター 195
ハリセンボン 135
パン 125 139
ピアノ 338 416
ピーマン 125 307
飛行機 35 99 164
飛行機雲 95
微生物 16 93 139 180 205 251 320 363
ビタミン 18 47 70 125 130 266 290 418
ヒトデ 400
ヒマワリ 289
日焼け 290
ひょう 179
ヒラメ 92
風船 199
フクロウ 119
ふたご 216
ブラックホール 341 390
噴火 275
フンコロガシ 285
ヘビ 185
へそ 231 434
ヘリコプター 144 340
ペンギン 34 46
胞子 16 205
ボール 306
ほくろ 367
ほこり 24
ホタルイカ 432
北極 97 246 396
ほ乳類 15 142 202 240 267 295 373 407 434
ホルモン 90 347 380

ま

マグマ 23 122 275 279 386
ますい薬 358
まつ毛 410
マツボックリ 359
まゆ毛 410
マンモス 240 264
ミカン 418
水草 426
みそ 180
満ち潮 31
ミミズ 263 291
むし歯 198 271
虫めがね 245
メートル 140

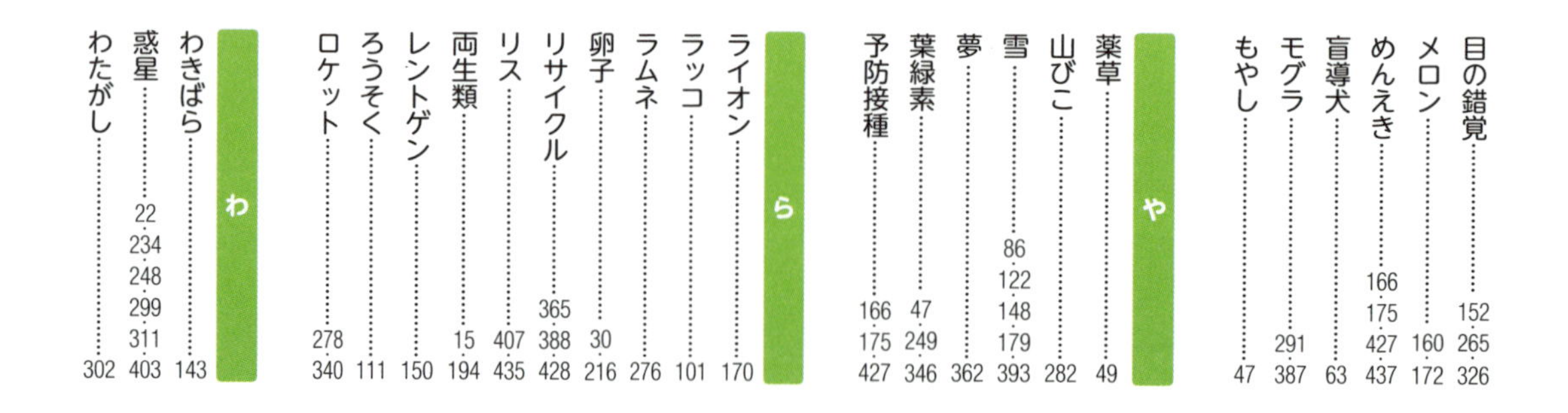

目の錯覚 152 265 326
メロン 160 172
めんえき 166 175 427 437
盲導犬 63
モグラ 291 387
もやし 47

や

薬草 49
山びこ 282
雪 86 122 148 179 393
夢 362
葉緑素 47 249 346
予防接種 166 175 427

ら

ライオン 170
ラッコ 101
ラムネ 276
卵子 30 216
リサイクル 365 388 428
リス 407 435
両生類 15 194
レントゲン 150
ろうそく 111
ロケット 278 340

わ

わきばら 143
惑星 22 234 248 299 311 403
わたがし 302

☆ 執筆

1月：深田幸太郎（1～12日・14～31日）・山内ススム（13日）
2月：飯野由希代、3月：山畑泰子、4月：早野美智代、5月：山内ススム、
6月：長井理佳（1～15日）・髙木栄利（16～30日）、7月：森村宗冬、8月：山本省三、
9月：天沼春樹、10月：下郷さとみ、11月：山下美樹、12月：野村一秋

☆ 協力

岡信子（日本児童文芸家協会顧問・日本文藝家協会理事）

☆ イラスト

秋野純子　いけだこぎく　大島加奈子　オフィスシバチャン　柿田ゆかり　鴨下潤
川添むつみ　くどうのぞみ　これきよ　すみもとななみ　ゼリービーンズ　タカタカヲリ
たなかあさこ　ＴＩＣＴＯＣ　常永美弥　鶴田一浩　中野ともみ　はっとりななみ
ひしだようこ　矢寿ひろお

☆ 写真協力
（50音順／アルファベット順）

青沼秀彦／荒木一成／石川県ふれあい昆虫館／魚津水族館／馬の博物館／愛媛県総合科学博物館／
大分県農林水産研究指導センター林業研究部 きのこグループ／株式会社郡上ラボ／
群馬県立自然史博物館／サケのふるさと千歳水族館／東樹宏和／徳島県立博物館／名古屋港水族館／
名古屋市東山動植物園／福井県立恐竜博物館／宮城教育大学「マイクロバイオ・ワールド」／
宮城蔵王キツネ村／ミュージアムパーク茨城県自然博物館／有限会社とまとランドいわき／
AIA／AURA／Carnegie Institution of Washington／Goddard Space Flight Center／
HMI／Hubble Heritage Team／Jim Bell (Cornell)／
Johns Hopkins University Applied Physics Laboratory／JPL／Marit Jentoft-Nilsen／
NASA／NASA GSFC／Nazmi El Saleous ／Reto Stöckli／SDO／
Space Telescope Science Institute／STEREO science team／STScI

☆ 装丁イラスト

菅野泰紀

☆ 装丁・本文デザイン

安達勝利、大場由紀、髙島光子（株式会社ダイアートプランニング）

☆ 校正協力

月岡廣吉郎、有限会社一梓堂

☆ 編集協力

株式会社童夢

☆ ポスター

編集協力／株式会社 アマナ NATURE & SCIENCE Div.
協力／大宮理
イラスト／いずもり・よう
デザイン／ニシ工芸株式会社

☆**監修者紹介**

左巻 健男（さまき たけお）
1949年栃木県小山市生まれ。千葉大学教育学部中学理科専攻卒業、東京学芸大学大学院教育学研究科修士課程修了。東京大学教育学部附属中・高等学校教諭、京都工芸繊維大学教授、同志社女子大学教授などを経て法政大学教職課程センター教授。専門は理科教育（小学校・中学校・高校の理科で何をどのように教えるか）、科学コミュニケーション（科学を一般の人にどう伝えるか）。
著書に、「面白くて眠れなくなる」シリーズの『物理』『化学』『地学』『理科』『人類進化』『元素』『物理パズル』（以上、ＰＨＰ研究所）、『図解　身近にあふれる「科学」が３時間でわかる本』『図解　身近にあふれる「生き物」が３時間でわかる本』（以上、明日香出版社）など多数。

※本書は、2014年刊行の『「なぜ？」に答える科学のお話 366』（長沼毅監修）を再編集し、改訂したものです。

[新訂版]「なぜ？」に答える科学のお話366
生きものから地球・宇宙まで

2019年3月19日　第１版第１刷発行

監修者　左巻 健男
発行者　後藤 淳一
発行所　株式会社ＰＨＰ研究所
東京本部　〒135-8137　江東区豊洲5-6-52
児童書出版部　☎03-3520-9635（編集）
普及部　☎03-3520-9630（販売）
京都本部　〒601-8411　京都市南区西九条北ノ内町11
PHP INTERFACE　https://www.php.co.jp/
印刷所
製本所　図書印刷株式会社

ISBN978-4-569-78848-7

NDC407　448P　25cm

『[新訂版]「なぜ？」に答える科学のお話366』に登場する伝記の人物

※左上のヒポクラテスから横読みで生年順にならんでいます。

ヒポクラテス
▶p.352

ダ・ヴィンチ
▶p.313

コペルニクス
▶p.133

ガリレオ
▶p.330

渋川春海（しぶかわはるみ）
▶p.412

ニュートン
▶p.74

平賀源内（ひらがげんない）
▶p.36

杉田玄白（すぎたげんぱく）
▶p.67

ワット
▶p.26

伊能忠敬（いのうただたか）
▶p.196

ジェンナー
▶p.175

華岡青洲（はなおかせいしゅう）
▶p.358

スチーブンソン
▶p.110

田中久重（たなかひさしげ）
▶p.286

ダーウィン
▶p.228

メンデル
▶p.80

ノーベル
▶p.419

コッホ
▶p.166

レントゲン
▶p.150

エジソン
▶p.366

パブロフ
▶p.294

北里柴三郎（きたさとしばさぶろう）
▶p.384

牧野富太郎（まきのとみたろう）
▶p.210

ライト兄弟（きょうだい）
▶p.99

南方熊楠（みなかたくまぐす）
▶p.178

キュリー
▶p.255

大森房吉（おおもりふさきち）
▶p.116

アムンゼン
▶p.423

鈴木梅太郎（すずきうめたろう）
▶p.266

野口英世（のぐちひでよ）
▶p.146

寺田寅彦（てらだとらひこ）
▶p.323

アインシュタイン
▶p.404

ウェゲナー
▶p.54

中谷宇吉郎（なかやうきちろう）
▶p.393

島秀雄（しまひでお）
▶p.244

ローレンツ
▶p.301